# 亿级流量Java高并发与网络编程实战

颜群◎编著

北京大学出版社
PEKING UNIVERSITY PRESS

# 内 容 提 要

本书以实战化训练为宗旨，用详尽且经典的案例阐述了 Java 高级编程中的重点、难点。每个案例都配有精练的描述和完整的代码，可以帮助读者快速地掌握书中的各个知识点。

本书由核心技术、应用框架和数据处理三部分组成。核心技术介绍了与高并发相关的架构设计及多线程、NIO、网络编程等底层技术；应用框架讲解了目前流行的一些高并发及分布式框架技术，如 Disruptor、Spring Boot、Spring Cloud 等，这些技术也是目前在国内外互联网企业中被广泛应用的；数据处理部分重点介绍了如何优化数据，如何使用关系型数据库、非关系型数据库及大数据领域的 MapReduce 技术处理海量数据，从而为高并发场景提供一套完善的存储方案。

本书适合高级程序员、架构师和已有 Java 基础并且想要快速提升编程能力的初级程序员阅读。如果你正在设计或研发一套大型项目，或者想学习 Java 领域的高级知识，或者对系统性能有一定的追求，那么本书可以帮你快速达成目标。

**图书在版编目（CIP）数据**

亿级流量 Java 高并发与网络编程实战 / 颜群编著 . — 北京：北京大学出版社，2020.4
ISBN 978-7-301-31190-5

Ⅰ . ①亿… Ⅱ . ①颜… Ⅲ . ① JAVA 语言 – 程序设计Ⅳ . ① TP312.8

中国版本图书馆 CIP 数据核字 (2020) 第 018384 号

| | |
|---|---|
| 书　　名 | 亿级流量 Java 高并发与网络编程实战<br>YIJI LIULIANG JAVA GAOBINGFA YU WANGLUO BIANCHENG SHIZHAN |
| 著作责任者 | 颜群　编著 |
| 责任编辑 | 吴晓月　刘沈君 |
| 标准书号 | ISBN 978-7-301-31190-5 |
| 出版发行 | 北京大学出版社 |
| 地　　址 | 北京市海淀区成府路 205 号　100871 |
| 网　　址 | http://www.pup.cn　　新浪微博：@ 北京大学出版社 |
| 电子信箱 | pup7@pup.cn |
| 电　　话 | 邮购部 010-62752015　发行部 010-62750672　编辑部 010-62570390 |
| 印 刷 者 | 北京市科星印刷有限责任公司 |
| 经 销 者 | 新华书店 |
| | 787 毫米 ×1092 毫米　16 开本　41 印张　810 千字 |
| | 2020年4月第1版　2020年12月第3次印刷 |
| 印　　数 | 5001—7000册 |
| 定　　价 | 128.00 元 |

# 前言

INTRODUCTION

## 为什么要写这本书

随着软件行业的飞速发展，互联网公司对开发者的技能要求也越来越高。而高并发、网络编程、微服务、海量数据的处理等技能，是每一个开发者进阶时的必学知识。为了帮助初级开发者快速掌握这些实用技术，本书以“理论 + 范例”的形式对各个知识点进行了详细的讲解，力争让读者在实践中快速掌握相关知识。

本书的创作缘起于在线教育。2018 年暑假，我将录制的部分课程发布在网易云课堂、腾讯课堂等平台，期望帮助更多的 Java 开发者和学习者。不久后，我陆续收到了 W3Cschool、爱课邦（爱奇艺合作方）、CCtalk（沪江旗下教育平台）等知名在线教育平台的入驻邀请。同时，岳福丽编辑也联系到了我，在多次深入沟通后，我决定用文字的形式向 Java 爱好者分享自己的知识，之后就开始了本书的编写工作。

在编写本书期间，我在工业和信息化部人才交流中心——蓝桥学院担任西北地区的教学督导，同时也从事公司在西安地区的教学工作。本书的部分内容来自我和罗召勇、徐静、张超等老师的日常交流，并且也参考了多位优秀的已就业学生的反馈意见。

## 读者对象

有 Java、数据库和 Web 基础的学生。

初、中级 Java 开发人员。

想学习高并发或互联网新技术的高级 Java 程序员、互联网架构师。

高校及软件开发培训机构的教师和学生。

## 本书特色

### 案例完整

本书的所有案例都是以“理论讲解 + 环境搭建 + 完整代码及分析 + 运行截图”这种完善的结构进行讲解。此外，复杂的案例配有项目结构图，难度较高的案例还分析了底层源码。所有案例的讲解都考虑到了读者可能会遇到的各种问题。例如，在讲解 MapReduce 时，考虑到部分读者可能没有 Linux 基础，就以非常精练的语句讲解了如何在虚拟机上安装 Linux 系统环境（并且讲解了 CentOS 6 和 CentOS 7 两种常用版本），以及 Linux 常用操作，并且对 Linux 的讲解范围仅限于 MapReduce 所涉及的范围，确保讲解的重点没有偏离。

如果你希望通过阅读本书快速实现某些功能，那么直接按照书中的操作步骤和源码输入就可以了。

如果你希望深入学习书中的某些技术，可以仔细阅读书中的知识点、图解、源码及分析过程，并通过书中的运行截图来验证代码。当然，动手实践书中的相关案例也是不可或缺的。

如果你希望成为高并发或架构设计的高手，就需要细心研读书中的每句讲解，动手实践书中的所有案例，并将这些知识运用到自己的实际工作中。

### 案例经典实用

本书中的案例大多是由真实项目简化而来，既体现了所述知识点的精华，又屏蔽了无关技术的干扰。此外，本书在讲解案例时，也充分考量了相关知识的实际应用场景，对同一个技术在多个场景下的不同角色做了充分讲解。

## 本书的编写思路

本书从并发的底层核心技术（第 2~6 章）、互联网应用框架（第 7~13 章）、数据处理（第 14~18 章）等三部分对高并发系列技术做了系统讲解，几乎所有的知识点都配有详细的案例代码、运行流程的解读及运行结果的截图。

本书的前两章，介绍了全书的知识体系、各章节之间的内在联系，从宏观的角度介绍了大型项目的架构设计和系统分析。然后讲解了全书所涉及的核心底层技术、应用框架和数据存储 / 数据处理等技术。总体遵循了“宏观掌握—基础功底—应用框架—数据处理”的讲解思路。

相信读者通过阅读本书，可以快速掌握架构设计和高并发等各方面的实用技术，切实提高自己的技术水平。也希望读者能够将其中的技术用于自己的日常开发工作中，对已有项目进行升级改造，进而提高项目的质量和后续的开发效率。

## 阅读本书需要的知识储备

为了便于阅读，下面列出了阅读本书的各个章节时需要的知识储备。其中“必备基础”是阅读时必须掌握的知识，“最佳搭配”是阅读时如果已经掌握了所述知识，则效果更佳。

◇ **第 1 章　高并发概述**

必备基础：无　　　　最佳搭配：有软件开发经验

◇ **第 2 章　系统分析与大型互联网架构设计**

必备基础：Web 后台开发　　　　最佳搭配：有并发编程及架构设计经验

◇ **第 3 章　高并发相关 JVM 与 JDK 新特性案例讲解**

必备基础：Java SE　　　　最佳搭配：JVM、函数式编程

◇ **第 4 章　实战解析多线程并发包**

必备基础：Java SE、多线程　　　　最佳搭配：有并发编程经验

◇ **第 5 章　分布式网络编程核心技术——远程调用**

必备基础：Java SE、Socket 编程　　　　最佳搭配：计算机网络

◇ **第 6 章　NIO 案例解析与高性能聊天室实战**

必备基础：Java SE、IO 编程　　　　最佳搭配：Reactor 模式、Proactor 模式

◇ **第 7 章　高性能 NIO 框架 Netty 实例详解**

必备基础：Java SE、B/S 架构、C/S 架构　　　　最佳搭配：NIO、RPC

◇ **第 8 章　主流 RPC 框架解析与跨语言调用案例**

必备基础：Java SE、RPC　　　　最佳搭配：Python、NodeJs、Hadoop

◇ **第 9 章　实战解析高并发框架 Disruptor**

必备基础：Java SE、多线程　　　　最佳搭配：有并发编程经验

◇ **第 10 章　手把手开发微服务构建框架 Spring Boot**

必备基础：Java SE、Java Web　　　　最佳搭配：SSM

◇ **第 11 章　Spring 全家桶——使用 Spring Boot 整合常见 Web 组件**

必备基础：Java SE、SSM、Spring Boot、MySQL　　　　最佳搭配：Redis、消息队列

◇ **第 12 章　微服务治理框架 Spring Cloud 理论与案例解析**

必备基础：Java SE、SSM、Spring Boot、MySQL　　　　最佳搭配：分布式、集群、网关、Git

◇ **第 13 章　通过案例讲解分布式服务框架 Dubbo**

必备基础：Java SE、SSM、Maven、MySQL　　　　最佳搭配：分布式、集群

◇ **第 14 章　MySQL 性能调优案例实战**

必备基础：MySQL　　　　最佳搭配：有性能优化经验

◇ **第 15 章 基于海量数据的高性能高可用数据库方案的设计与实现**

必备基础：MySQL、CentOS 搭建、Oracle　　　　　最佳搭配：有架构设计经验

◇ **第 16 章 使用 Redis 实现持久化与高速缓存功能**

必备基础：Java SE、MySQL　　　　　最佳搭配：有架构设计经验

◇ **第 17 章 分布式计算框架 MapReduce 入门详解**

必备基础：Java SE、CentOS 搭建　　　　　最佳搭配：有分布式开发经验

◇ **第 18 章 通过典型案例剖析 MapReduce 内部机制**

必备基础：Java SE、CentOS 搭建、MapReduce　　　　　最佳搭配：有分布式开发经验

## 致谢

在编写本书的过程中，得到了尚硅谷机构和张龙老师的大力帮助，在此表示衷心的感谢。

感谢在本书策划和编写过程中提供指导的岳福丽编辑、左琨老师、孔长征老师，他们给了我很多创作灵感。

最后也要感谢我的家人，本书是在我家宝宝出生后的第一年编写的，是父母和妻子帮我全心全意地照顾宝宝，我才可能专心地编写本书。

## 读者交流

由于笔者能力有限，书中难免会有一些疏漏之处，还望读者朋友能够批评指正。本书附赠的范例文件和拓展资料，请扫描左下方二维码，关注“博雅读书社”微信公众号，根据提示获取。如果您对本书中介绍的技术有任何的意见或建议，都欢迎您能通过电子邮件反馈给我（157468995@qq.com）。如果你想学习本书的内容，但没有掌握相关的基础知识，也请扫描右下方的二维码，在公众号中回复“课程”，免费获取基础知识的视频课程和资料。

# 目录

CONTENTS

# 第1章

# 高并发概述

在初步掌握了基础编程之后，如何提高编程能力是每一个开发者都关心的问题。对于 Java 语言来说，高并发是每一个程序员进阶路上的必学技术，但同时也经常是一门令人望而却步的技术。本章作为纲领性章节，将向读者介绍高并发的应用场景、市场需求，以及从业者的薪资水平。

## 1.1 大型系统的技术基石——高并发

小到门户网站的并发阅读量、在线聊天功能，大到春运期间 12306 官网的并发购票数、双十一等电商大促销时的并发交易量、电商秒杀、除夕夜微信红包的并发量……这些无不体现了高并发技术的刚性需求。

在双十一等电商大促活动后，除了屡创新高的交易额外，另一个十分抢眼的看点就是各大电商平台在峰值时刻处理的并发量。显然，对于高并发的掌握能力，在一定程度上反映了一个电商平台的技术水平。我们也经常能看到一些国内外互联网企业频繁地推出各种高并发方面的新技术框架，可见对高并发的极致追求一直是各大互联网企业不断挑战、乐此不疲的研究方向。实际上，从软件技术诞生以来，开发人员从来没有停止过对高并发技术的钻研。随着数据时代的到来，如何处理海量数据也是高并发的研究方向之一。

此外，相信很多读者在一些抢购等高并发场景中都遇到过“系统繁忙，请稍后再试”等异常反馈情况，这也说明了高并发技术虽然十分重要，但也存在着巨大的技术挑战和提升空间。

“高并发技术”是一个广义的概念，是指一种高效地实现并发需求的解决方案，是技术领域的名称，可以包含架构设计、SOA（面向服务的架构）、分布式、微服务、数据处理、多线程等众多细分的知识。

现在从技术的角度简要介绍一下如何处理高并发请求。举个例子，电商的秒杀活动会带来非常大的高并发请求，为了避免超额的高并发请求冲垮电商的服务器，就需要对所有的并发请求进行处理。一般而言，可以先通过验证码和 IP 限制等手段拦截非法的用户请求，然后搭建服务集群，将合法的并发请求进行分流。之后还可以在服务器内部设置最大连接数、最大并发数等服务参数，并通过消息队列对海量的并发请求进行削峰填谷处理。此外，为了让数据库稳定地处理高并发请求，还需要通过缓存中间件减少用户请求数据库的次数，并通过服务降级等策略减轻高并发峰值期间对系统的访问压力。最后，为了在极端情况下仍然能保证数据的安全性，还需要搭建数据库集群并设置合理的隔离机制。由此可见，高并发贯穿在项目设计的方方面面，从网关到服务器开发，再到数据设计等环节都需要考虑高并发情况下的应对策略。本书所讲解的技术知识，就是这种高并发环境下的解决方案。

## 1.2 高并发技术的市场需求与从业者的薪资水平

机遇与挑战并存，高并发技术虽然有着较高的学习门槛，但是一旦掌握该知识就会在技术上取得质的提升，从而快速提高自身的竞争力，得到丰厚的回报。根据国内外各大招聘网站提供的信息显示，高并发技术已经成为高级 Java 工程师、分析师、架构师必须掌握的一门技术。

大家都知道架构师是软件开发团队中非常重要的角色，甚至许多人也把成为架构师作为自己不懈奋斗的目标。然而架构师的一项非常重要的能力指标，就是能够设计出一套解决高并发的软件系统，由此可见高并发技术的重要性。

从目前的情况来看，无论是游戏行业还是互联网行业，无论是软件开发公司还是大型网站，都对高并发技术人才有着巨大的需求，因此，无论为了是面试还是为了工作，学习高并发技术刻不容缓。

当然，高并发相关岗位的薪资待遇也一直处于业内的高水平，熟练掌握或精通高并发的专业人员更是难求。据一些资深 HR 朋友介绍，有高并发工作经验的求职简历一旦挂到各大招聘或求职网站上，很快就会被高薪抢走。

为了更加清晰地认识高并发的技术需求，笔者在查阅了大量的高级 Java 岗位的招聘需求后，归纳了以下招聘中需求的热点技术。本书中的一些技术选型，也参考自其中。

### 1. 岗位要求

（1）有三年以上软件开发工作经验。

（2）熟悉 Linux 系统，熟悉常用 SHELL 命令。

（3）熟悉常用的构建工具，如 Gradle、Maven 等。

（4）熟练使用 Intellij Idea、Tomcat、Nginx、Git/GitHub 等工具。

（5）熟练掌握 Java SE、Web、数据库基础知识。

（6）对常用开源框架，如 Spring 生态（ Spring Boot/Cloud 等）、MyBatis、Netty、RabbitMQ 等有深入了解。

（7）熟悉多线程、高并发编程。

（8）具备良好的编码习惯，优秀的文档编写能力。

（9）有一定的源码阅读能力和经验，熟悉 JVM。

（10）具备良好的表达和沟通能力，强烈的责任心和团队合作意识，优秀的自学能力、抗压能力，较强的独立意识和解决问题能力。

### 2. 加分项

（1）有大规模高并发开发的经验。

（2）有金融 / 医疗等具体项目所需的专业领域知识，或相关行业的开发经验。

（3）有多级缓存开发的经验。

（4）有 SQL 优化等性能调优经验。

## 1.3 本书阅读建议

笔者长期从事研发及教学工作，遇到过很多学生反馈“教材能看懂、上课能听懂、代码能读懂，但就是自己写不出来”的问题。对此，给大家的建议就是多实践，多输出。本书提供了非常丰富的经典案例，并且所有案例都经过了笔者的测试，全部可以成功运行。读者一定要自己动手操作书上的所有案例（至少两遍），并且要能够成功运行。在笔者看来，最常见的一种错误学习方法就是只动眼、动耳，不动手。

还要提醒大家的是，本书虽然是实战型的书籍，但是对所有的重难点都配有详细的图文讲解，大家在实践完书中的案例后，要尽可能地理解每个案例背后的实现原理。因为很多开源框架为了让开发者使用起来更便捷，都对底层代码进行了不同程度的封装，我们经常只需要调用几个 API 就能实现一些强大的功能。甚至在使用了 Spring Boot 后，很多配置型的代码也都可以彻底省略。因此，在应用层面，经常很容易出现实现了功能，但对实现的原理依旧不清晰的情况。此外，各个开源框架也在频繁地升级，即使我们能够记住当前版本的所有 API 名称，但是在框架升级之后，很多已有的 API 会被废弃，并会引入许多新的 API 名词，因此就会造成我们记忆里的很多 API 已经过时的情况。所以，我们不能满足于“将某个功能成功实现了”，而应该尽力理解各个功能背后的实现理论。因为不论 API 怎么变，底层的原理都是大同小异的。

最后，当把书中的所有知识和案例完全理解之后，建议大家再以架构师的角度思考书中的每一个技术在架构设计中的作用。例如，书中介绍的 JUC、NIO、MySQL 性能调优可以用于高性能的编写项目中每一个模块，Spring Boot 的自动装配等功能可以大幅度地提高开发效率，Redis 可以用于应用程序与数据库之间的缓存，而 Netty、RPC 框架、Spring Cloud 和 Dubbo 等技术可以将不同模块进行整合。类似这样，从整体的角度分析各个技术在大型项目中具体的角色，加深对每个技术的理解。

# 第 2 章

# 2 系统分析与大型互联网架构设计

优秀的软件系统虽然各不相同，但都遵循着相同的设计原则。本章将介绍大型系统在设计时需要重点考虑的一些原则和设计要点，并且会对系统架构的演进方案和具体的架构设计进行概述，希望能够引起大家对架构设计的思考。

## 2.1 系统分析原则——如何从全局掌控一个大型系统

在开发大型系统时，除了根据业务需求实现相应的功能模块外，还需要从高性能和高可用等多个维度对系统进行设计。本节将从高并发、容错性和可扩展等多个方面对开发大型系统的原则进行阐述，希望能够引发读者对如何从全局掌控一个大型系统设计的思考。

### 2.1.1 ▶ 高并发原则

高并发是每个大型项目都无法回避的问题，那么如何保证项目在高并发环境下的正常运行呢？简单地说，可以通过垂直扩展和水平扩展来实现。下面来具体讲解垂直扩展和水平扩展的知识。

垂直扩展：通过软件技术或升级硬件来提高单机的性能。就好比当一头小牛无法拉动货物时，就把小牛换成体能强壮的大牛。

水平扩展：通过增加服务器的节点个数来横向扩展系统的性能。就好比当一头牛无法拉动货物时，就可以把货物拆分，然后用多头牛去拉，即分布式；或者用多头牛一起去拉这一批货物，即集群。

显然，垂直扩展是最快的方法，只需要购买性能更强大的硬件设备就能迅速提升性能。但单机的性能是有极限的，一头牛再厉害也拉不动一座小山。因此，大型互联网系统对高并发的最终解决方案是水平扩展。

具体地讲，在技术层面，可以使用缓存减少对数据库的访问，用熔断或降级提高响应的速度，通过流量削峰等手段在项目的入口限流，先拆分项目或使用微服务技术快速构建功能模块，然后再用 Spring Cloud 或 Dubbo 等统一治理这些模块，通过中间件搭建基于读写分离的高可用数据库集群等。在系统的测试阶段，还可以使用 JProfiler 等工具进行性能分析，寻找性能瓶颈，从而有针对性地优化。

衡量高并发的常见指标包括响应时间、吞吐量或 QPS（Query per Second，每秒查询率）、并发用户数等。

### 2.1.2 ▶ 容错原则

如果高并发使用不当，就容易造成各种逻辑混乱的情景，因此我们就需要对各种潜在的问题做好预案，确保系统拥有一定的容错性。例如，使用 Spring Boot+Redis 实现分布式缓存，使用 MQ 实现分布式场景下的事务一致性，使用 MQ、PRG 模式、Token 等解决重复提交问题，使用“去重表”实现操作的幂等性，使用集群或 Zookeeper 解决失败迁移问题……

此外，在分布式系统中，网络延迟等问题是不可避免的。一般来讲，可以在长连接的环境下通过“心跳检测机制”来处理。例如，在正常的网络环境下，当用户点击了手机上某个 App 的“退出”按钮后，就会调用服务端的 exit() 等退出方法，从而注销用户的状态。如果用户的手机信号中断、关机或处于飞行模式，该如何判断用户的状态呢？除了通过 Session 有效时长进行判断外，还可以采用心跳检测机制判断：客户端每隔 60 s 向服务端发送一次心跳，如果服务端能够接收到，就说明客户端的状态正常；如果服务端没收到，就再等待客户端下一个 60 s 发来的心跳；如果连续 $N$ 次都没接收到某个客户端心跳，就可以认定此客户端已经断线。

为了进一步提高容错性，还可以预先采用“隔离”的手段。例如，对于秒杀等可预知时间的流量暴增情况，就可以提前将秒杀隔离成独立的服务，防止秒杀带来的流量问题影响到系统中的其他服务。当然，如果预计流量的增加不是特别多，也可以使用多级缓存来解决高并发问题。

## 2.1.3 ▶ CAP 原则

分布式系统包含了多个节点，多个节点之间的数据应该如何同步？在数据同步时需要考虑哪些因素？CAP 原则就给出了这些问题的答案。CAP 原则是理解及设计分布式系统的基础，包含了 C（Consistency，一致性）、A（Availability，可用性）、P（Partition tolerance，分区容错性）三个部分，三者的具体含义如下。

一致性 C：在同一时刻，所有节点中的数据都是相同的。例如，当客户端发出读请求后，立刻能从分布式的所有节点中读取到相同的数据。

可用性 A：在合理的时间范围内，系统能够提供正常的服务。换句话说，不会出现异常或超时等不可用现象。

分区容错性 P：当分布式系统中的一个或多个节点发生网络故障（网络分区），从而脱离整个系统的网络环境时，系统仍然能够提供可靠的服务。也就是说，当部分节点故障时，系统还能够正常运行。

如图 2-1 所示，如果客户端发出的写请求成功更新了服务 A，但由于网络故障没有更新服务 B，那么下一次客户端的读请求应该如何处理？要么允许服务 A 和服务 B 中数据不一致，即牺牲数据的一致性；要么在设计阶段，就严格要求服务 A 和服务 B 中的数据必须一致，当向任何一个服务中写失败时，就撤销全部的写操作并提示失败，即牺牲了写操作的可用性。

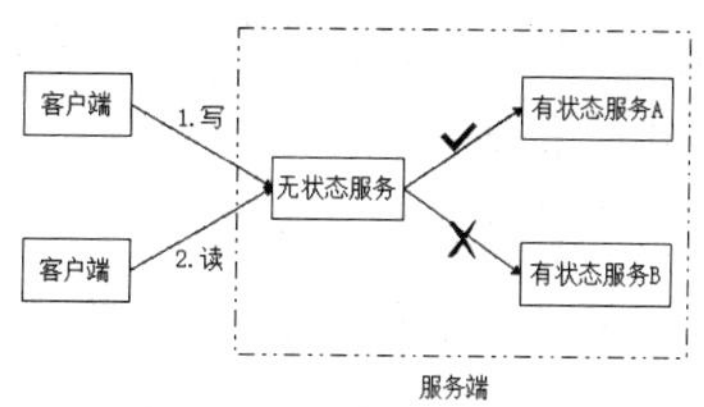


图 2-1　一致性与可用性的选择

因此，就有了著名的 CAP 原则：在任何一个分布式系统中，C、A、P 三者不可兼得，最多只能同时满足两个。一般而言，分布式必然会遇到网络问题，分区容错性是最基本的要求。因此，在实际设计时，往往是在一致性和可用性之间根据具体的业务来权衡。

## 2.1.4 ▶ 幂等性原则

分布式系统提供的各个模块是通过网络进行交互的，而网络问题会对用户请求服务的次数造成影响。如图 2-2 所示，在分布式系统中，如果模块 A（如商品服务）已经成功调用了模块 B（如支付服务），但由于网络故障等问题造成模块B在返回时出错，就可能导致用户因为无法感知模块A是否成功执行，从而多次主动执行模块A，造成模块A的重复执行。例如，当用户在购买商品时，如果在点击“支付”按钮后不能看到“支付成功”等提示，就可能再次点击“支付”按钮，就会造成用户多次支付的异常行为。然而实际上，“支付”操作在用户第一次点击时就已经成功执行了，只是在给用户返回结果时出了错。

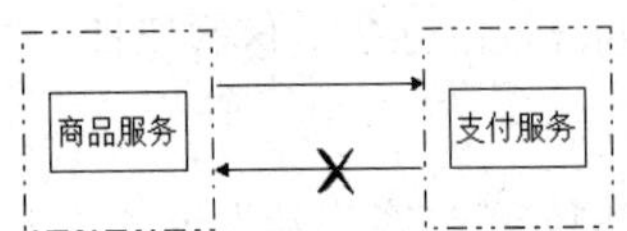


图 2-2 由于返回失败而导致用户重复支付

实际上，当我们在使用消息队列和异步调用时，都需要考虑触发的动作是否会被重复执行。为了避免这种重复执行的问题，就可以使用幂等性原则。

幂等性原则是对调用服务次数的一种限制，即无论对某个服务提供的接口调用多次或是一次，其结果都是相同的。

对于分布式或微服务系统，为了实现幂等性，可以在写操作之前先通过执行读操作来实现。例如，商品服务在调用支付服务的接口时，只需要严格按照以下步骤执行就能实现幂等性。

（1）读操作：查询支付服务中的支付状态（已支付或未支付）。

（2）写操作：若已支付，直接返回结果；若未支付，先执行支付操作，再返回支付结果。

对于分布式、微服务或单系统等各种系统，还可以使用更加通用的“去重表”方式来实现幂等性，具体操作如下。

（1）每个操作在第一次执行时，会生成一个全局唯一ID，如订单ID。

（2）在“去重表”中查询“1”中的ID是否存在。

（3）如果存在，直接返回结果；如果不存在，再执行核心操作（如支付），并将“1”中的ID存入“去重表”中，最后返回结果。

除了以上介绍的两种方法外，还可以通过CAS算法、分布式锁、悲观锁等方式实现幂等性。

特殊的是，查询和删除操作是不会出现幂等性问题的，查询一次或多次，删除一次或多次的结果都是一样的。

除了幂等性外，还需要注意表单重复提交的问题。二者的主要区别是用户的操作意图不同：幂等性是由于网络等故障，用户不知道第一次操作是否成功，因此发送了多次重复操作，意图在于确保第一次的操作成功；而表单重复提交是指用户已经看到了第一次操作成功的结果，但是由于误操作或其他原因再次点击了“刷新页面”等功能按钮，导致多次发送相同的请求。可以通过Token令牌机制、PRG模式、数据库唯一约束等方法避免表单的重复提交问题。

## 2.1.5 ▶ 可扩展原则

项目的规模会随着用户数量的增加而增大，因此大型系统务必要在设计时就考虑到项目扩展的解决方案。可扩展原则要从项目架构、数据库设计、技术选型和编码规范等多方面考量。例如，可以使用面向接口、前后端分离及模块化的编程风格，采用无状态化服务，使用高内聚低耦合的编程规范等，力争在设计时预留一些后期扩展时可能会使用到的接口，或者提前设计好项目扩展的解决方案。

以下是实现可扩展原则的一些具体措施，供读者参考。

定义项目插件的统一顶级接口，在扩展功能时使用方便扩展的集成自定义插件（如 MyBatis 插件开发的流程）。

使用无状态化的应用服务，避免开发后期遇到 Session 共享等数据同步问题。

使用 HDFS 等分布式文件系统，在存储容量不足时迅速通过增加设备来扩容。

合理地设计了数据库的分库分表策略及数据异构方式，就能快速进行数据库扩容。

使用分布式或微服务架构，快速开发并增加新的功能模块。

如果在系统设计时就考虑了可扩展的各种手段，就能在系统遇到瓶颈或业务需求改变时快速做出更改，从而大幅提高开发效率。

再通过横向扩展 MapReduce 的方法，感受一下良好的扩展性对系统扩展带来的便捷。图 2-3 所示是 MapReduce 的组织架构，如果需要通过增加节点个数来提升 MapReduce 的并行计算性能，就只需要在新的节点上配置好 MapReduce 相关环境，然后设置一些配置文件即可（通常情况，这些配置文件可以直接从其他 Slaver 节点复制而来），完全不需要额外的编码工作就能达到性能扩展的目的。

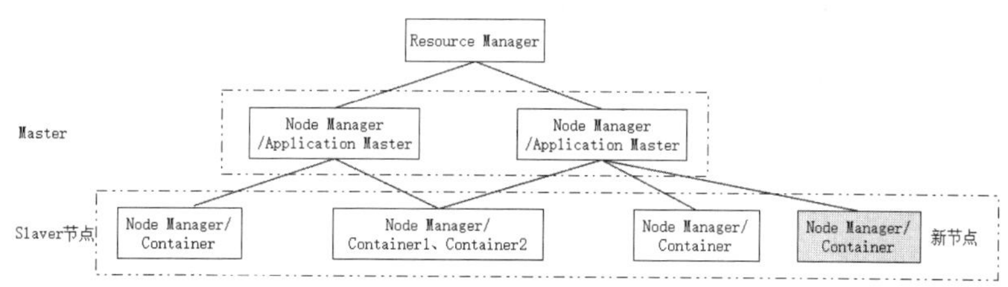


图 2-3 通过增加新节点横向扩展 MapReduce 运算性能

## 2.1.6 ▶ 可维护原则与可监控原则

一个设计优良的项目不仅能够加速项目的研发，而且能在项目竣工后提供良好的可维护性与可监控性。因此在设计阶段，要考虑项目的可维护原则与可监控原则。

可维护原则是指系统在开发完毕后，维护人员能够方便地改进或修复系统中存在的问题。可维护原则包含了可理解性、可修改性和可移植性等多方面因素，在上一小节中介绍的可扩展原则也可以归纳为可维护原则中的一个细分领域。通常可以从以下 5 个方面来实现项目的可维护原则。

（1）项目的日志记录功能完善，易于追溯问题、统计操作情况。

（2）有 BugFree 等 Bug 管理工具。

（3）有丰富的项目文档和注释。

（4）统一的开发规范。例如，变量命名要尽量做到见名知意、少用缩写，代码缩进规范，面向接口编程，编码与配置分离，适当地使用设计模式等。

（5）使用模块化的编程模式。

可监控原则是指对系统中的流量、性能、服务、异常等情况进行实时监控。理想的状态是，既有仪表盘形状的图形化全局监控数据，又有基线型用于显示各个时间段的历史轨迹，还有一些关键业务的变动对比图（对比业务变更前后，用户流量的变化情况等）。

此外，还需要对项目中的一些关键技术做性能的监控，确保新技术的引入的确能带来性能的提升。例如，从理论上讲，引入缓存应该能够带来访问速度的提升，但如果缓存对象选取不当、缓存块大小等参数设置得不合适，也许会造成性能不升反降的情形。因此，不能盲目地相信一些技术的广告词（尤其是在第一次使用时），要结合自己的实践、测试和监控情况进行具体的分析。

## 2.2 系统设计要点：在设计阶段提前规避问题

在系统设计时，如果能预先看到一些问题，并在设计层面提前解决，就会给后期的开发带来很大的便捷。相反，有缺陷的架构设计可能会导致后期的开发工作十分艰难，甚至会造成“推倒重来”的情形。因此，在系统设计阶段，应该尽可能地规避项目开发中可能会遇到的各种问题。本节选取了几个经典的问题进行介绍。

### 2.2.1 ▶ Session 共享问题

在 Web 项目中，Session 是服务端用于保存客户端信息的重要对象。单系统中的 Session 对象可以直接保存在内存中，但在分布式或集群环境下，多个不同的节点就需要采取措施来共享 Session 对象，具体可以使用以下 3 种方式。

#### 1.Session Replication

Session Replication 是指在客户端第一次发出请求后，处理该请求的服务端就会创建一个与之对应的 Session 对象，用于保存客户端的状态信息，之后为了让其他服务端也能保存一份此 Session 对象，就需要将此 Session 对象在各个服务端节点之间进行同步，如图 2-4 所示。

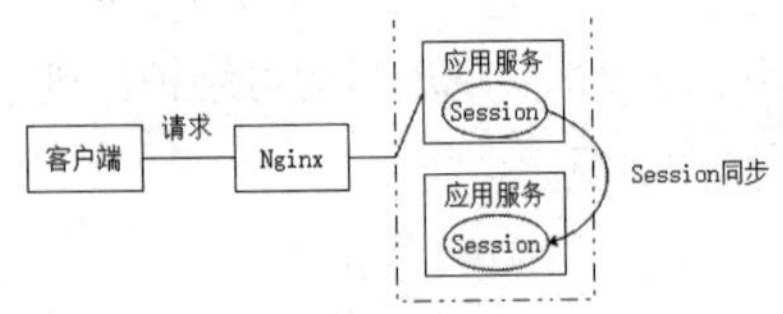


图 2-4 Session Replication

Session Replication 的这种 Session 同步机制虽然能够使所有的服务节点都拥有一份 Session 对象，但缺点也是很明显的，具体介绍如下。

首先容易引起广播风暴。试想，如果有 50 个服务节点，当一个节点产生了 Session 对象后，就需要将该 Session 对象同步到其他 49 个节点中，因此会增大网络的开销。

其次会造成严重的冗余。如果有多个用户同时在访问，那么每个服务节点中都会保存多个用户的 Session 对象。服务节点的个数越多，Session 冗余的问题就越严重。因此，Session Replication 方式只适用于服务节点较少的场景。

#### 2.Session Sticky

Session Sticky 是通过 Nginx 等负载均衡工具对各个用户进行标记（如对 Cookie 标记），使每个用户在经过负载均衡工具后都请求固定的服务节点，如图 2-5 所示。

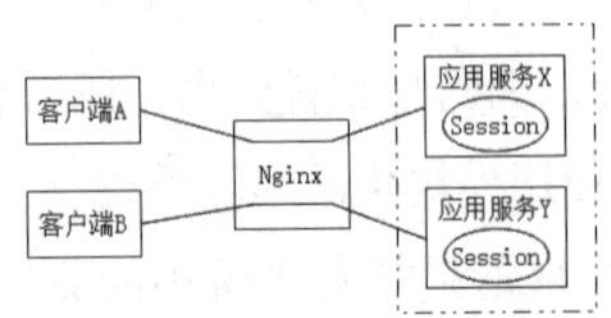


图 2-5 Session Sticky

客户端 A 的所有请求都被 Nginx 转发到

了应用服务 X 上，客户端 B 的所有请求都被转发到了应用服务 Y 上，因此，各个服务中的 Session 就无须同步。但此种做法也有严重的弊端，如果某个服务节点宕机，那么该节点上的所有 Session 对象都会丢失。

### 3. 独立 Session 服务器

除了 Session Replication 和 Session Sticky 两种方式外，还可以将系统中所有的 Session 对象都存放到一个独立的 Session 服务中，之后各个应用服务再分别从这个 Session 服务中获取需要的 Session 对象，如图 2-6 所示。在大规模分布式系统中，推荐使用这种独立 Session 服务方式。这种方式在存储 Session 对象时，既可以用数据库，又可以使用各种分布式或集群存储系统。

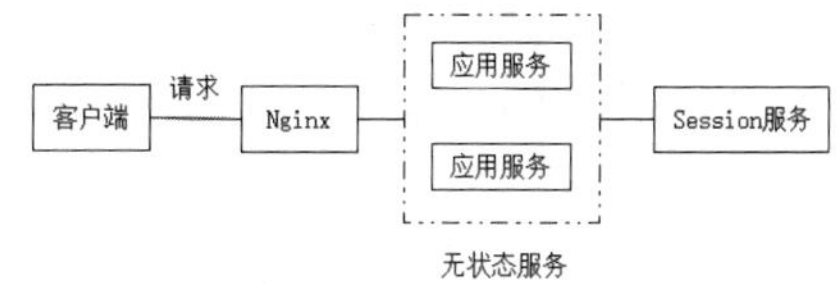


图 2-6　独立 Session 服务器

## 2.2.2 ▶ 优先考虑无状态服务

在使用了“独立 Session 服务器”后，应用服务就是一种“无状态服务”，换句话说，此时的应用服务与用户的状态是无关的。例如，无论是哪个用户在什么时间发出的请求，所有的应用服务都会进行完全相同的处理：先从 Session 服务中获取 Session 对象，再进行相同的业务处理。

读者也可以根据“有状态服务”来对比理解“无状态服务”。“有状态服务”是指不同的应用服务与用户的状态有着密切的关系。例如，假设应用服务 A 中保存着用户 Session，应用服务 B 中没有保存，之后，如果用户发出一个请求，经过 Nginx 转发到了应用服务 A 中，那么就可以直接进行下单、结算等业务；而如果用户的请求被 Nginx 转发到了应用服务 B 中，就会提示用户“请先登录……”。类似这种不同应用服务因为对用户状态的持有情况不同，从而导致的执行方式不同，就可以理解为“有状态服务”。

总的来讲，“无状态服务”有很多优势，具体介绍如下。

### 1. 数据同步

“有状态服务”为了在不同的服务节点之间共享数据，必然会进行数据同步，而不同节点之间的数据同步又会带来 CPU/ 内存损耗、网络延迟、数据冗余等问题；而“无状态服务”不需要数据同步。

### 2. 快速部署

如果系统的压力太大，就需要增加新的服务节点对系统扩容。如果采用的是“有状态服务”，就需要在扩容后先将其他服务节点上的 Session 等信息同步到新节点上；而如果采用的是“无状态服务”，就不必同步。由此可见，快速部署的优势本质上也归功于“数据同步”。

实际上，这里介绍的“状态”不仅仅是 Session，也可以是任意类型的数据（结构化数据、非结构化数据）、文件等。因此，要想真正地实现应用服务的“无状态”，就需要先将各种类型的“状态”各自集中存储，具体存储方式如下。

（1）Session 等保存在内存中的数据：构建独立的服务，如 Session 服务。

（2）结构化数据：MySQL 等关系型数据库。

（3）非结构化数据。

- 适合存储非结构化数据的数据库，如

HBase 等；

- 如果是海量的“状态”，也可以存储在 ElasticSearch 等搜索引擎中。

（4）文件。

- 独立文件服务器，如 HDFS、FastDFS 等；
- CDN。

以上存储方式的对应关系，如图 2-7 所示。

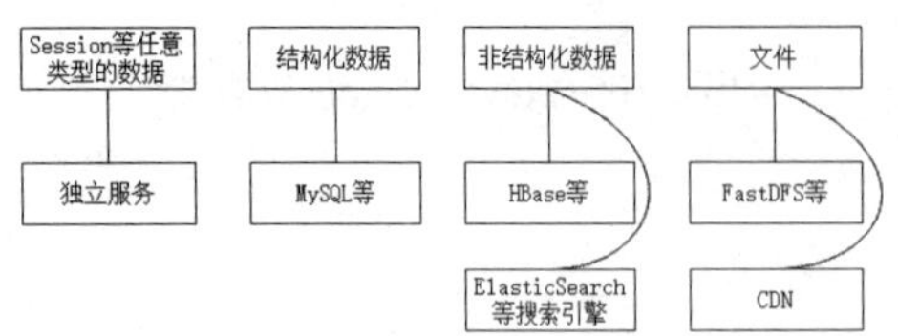


图 2-7 “状态”的存储方式

明确了各个“状态”的存储方式后，我们就可以搭建出一套可快速扩容的系统。将系统中的应用服务设置为“无状态”，并注册到 Eureka 或 Zookeeper 中。因为是“无状态”的服务，因此单个服务的宕机、重启等都不会影响到集群中的其他服务，并且很容易对应用服务进行横向扩展。另一方面，将带有数据的服务设置为“有状态”，并进行集群的“集中部署”（如 MySQL 集群），从而降低集群内部数据同步带来的延迟。

**说明：**“集中部署”是指尽可能地将相同或相关的数据、业务部署在同一机房中，利用内网提高数据的传输速度，尽量避免跨机房调用，如图 2-8 所示。

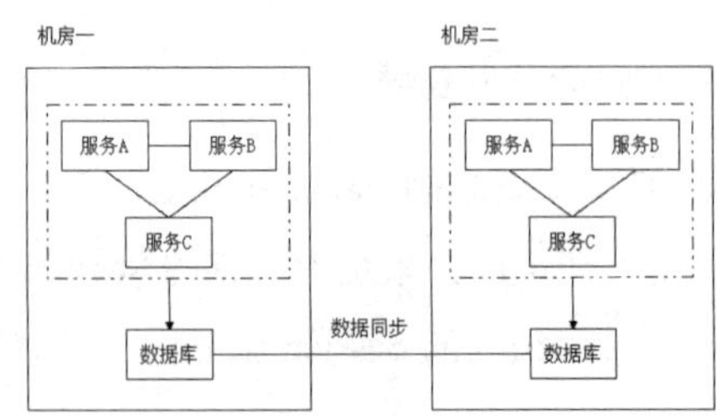


图 2-8 多机房部署

在实际部署时，可通过 IP 分组等方法尽量避免跨机房的数据传输、接口调用。并且使用 DNS、Nginx 等工具在某个机房整体故障时，将流量快速转接到其他机房。

最后要提醒大家的是，“无状态服务”虽然有很多的优势，但也不能盲目地将其作为唯一的选择。任何技术或架构的选择，都得看具体的业务场景，如在小型项目或仅有一个服务的项目中，就可以采用“有状态服务”来降低开发难度，缩短开发周期。

## 2.2.3 ▶ 技术选型原则与数据库设计

在做技术选型时，既要注意待选技术的性能，又要考虑技术的安全性，并预估这些技术是否有足够长的生命力，项目组新成员能否快速掌握，而不能一味追求技术的先进性。

这里以设计数据库为例，介绍一种数据库选型的思路。

以 MySQL 数据库为例，各种版本的 MySQL 默认的并发连接数为一二百，单机可配置的最大连接数为 16384（一般情况下，由于计算机自身硬件的限制，单机实际能够负载的并发数最多为一千左右）。因此，高并发系统面临的最大性能瓶颈就是数据库。我们之前设计各种缓存的目的，就是尽可能地减少对数据库的访问。

除了在页面、应用程序中增加缓存外，还可以在应用程序和数据库之间加一层 Redis 高速缓存，从而提高数据访问的速度并且减少对数据库的访问次数，具体设计步骤如下。

（1）搭建高可用 Redis 集群，并通过主从同步进行数据备份、通过读写分离降低并发写操作的冲突、通过哨兵模式在 Master 挂掉后选举新的 Master。

（2）搭建双 Master 的 MySQL 集群，并通过主从同步做数据备份。

（3）通过 MyCat 对大容量的数据进行分库 / 分表，并控制 MySQL 的读写分离。

（4）通过 Haproxy 搭建 MyCat 集群。

（5）通过 Keepalived 搭建 Haproxy 集群，通过心跳检测机制防止单节点故障；并且 Keepalived 可以生成一个 VIP，并用此 VIP 与 Redis 建立连接。

以上步骤如图 2-9 所示。

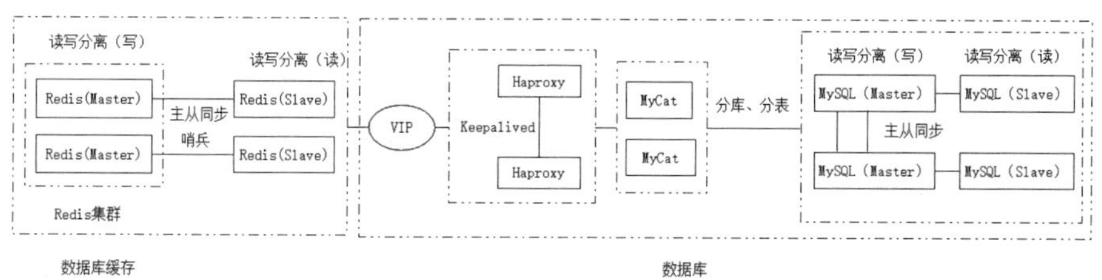


图 2-9　高性能高可用数据库架构

在实际进行数据库开发时，还需要合理使用索引技术及适当设置数据库的各项性能参数，从而最大限度地优化数据访问操作。

## 2.2.4 ▶ 缓存穿透与缓存雪崩问题

缓存可以在一定程度上缓解高并发造成的性能问题，但在一些特定场景下缓存自身也会带来一些问题，比较典型的就是缓存穿透与缓存雪崩问题。

**注意**：为了讲解方便，本小节用 MySQL 代指所有的关系型数据库，用 Redis 代指所有数据库的缓存组件。

### 1. 缓存穿透

缓存穿透是指大量查询一些数据库中不存在的数据，从而影响数据库的性能。例如，Redis 等 KV 存储结构的中间件可以作为 MySQL 等数据库的缓存组件，但如果某些数据没有被 Redis 缓存却被大量查询，就会给 MySQL 带来巨大压力，如图 2-10 所示。

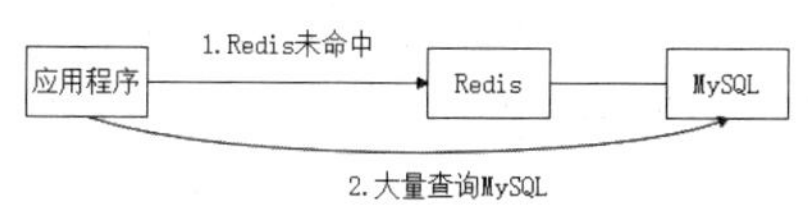


图 2-10　缓存穿透

前面介绍过，单机 MySQL 最大能够承受的并发连接数只有一千左右，因此无论是设计失误（如某个高频访问的缓存对象过期）、恶意攻击（如频繁查询某个不存在的数据），还是偶然事件（如由于社会新闻导致某个热点的搜索量大增）等，都可能让 MySQL 遭受缓存穿透，从而宕机。

理解了缓存穿透的原因后，解决思路就已经明确了，举例如下。

（1）拦截非法的查询请求，仅将合理的请求发送给 MySQL。例如，可以使用验证码、IP 限制等手段限制恶意攻击，并用敏感词过滤器等拦截不合理的非法查询。

（2）缓存空对象。例如，假设在 iPhone 9 上市后，可能会导致大量用户搜索 iPhone 9，但此时 Redis 和 MySQL 中还没有 iPhone 9 这个词。一种解决办法就是，将数据库中不存在的 iPhone 9 也缓存在 Redis 中，如 Key=iPhone 9,value=""。之后，当用户再次搜索 iPhone 9 时，就可以直接从 Redis 中拿到结果，从而避免对 MySQL 的访问，如图 2-11 所示。

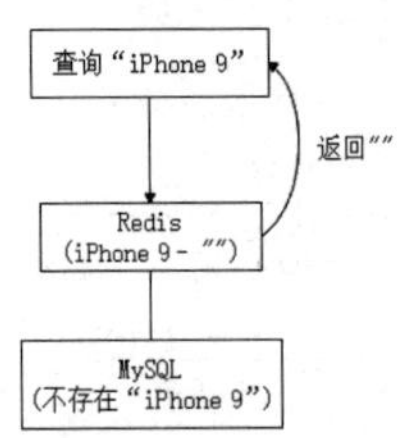


图 2-11　缓存空对象

> **注意** 为了减少Redis对大量空对象的缓存，可以适当减少空对象的过期时间。

（3）建立数据标识仓库。将 MySQL 中的所有数据的 name 值都映射成 Hash 值，例如，可以将“商品表”中的商品名“iPhone 8”映射成 MD5 计算出来的 Hash 值 b2dd48ff3e52d0796675693d08fb192e，然后再将全部 name 的 Hash 值放入 Redis 中，从而构建出一个“数据库中所有可查数据的 Hash 仓库”。之后，每次在查询 MySQL 之前都会先查询这个 Hash 仓库，如果要查询数据的 Hash 值存在于仓库中，再进入 MySQL 做真实的查询，如果不存在则直接返回。

需要注意的是，由于不同数据的 Hash 值在概率上可能相同，因此可能会漏掉对个别数据的拦截，如图 2-12 中的“B”。

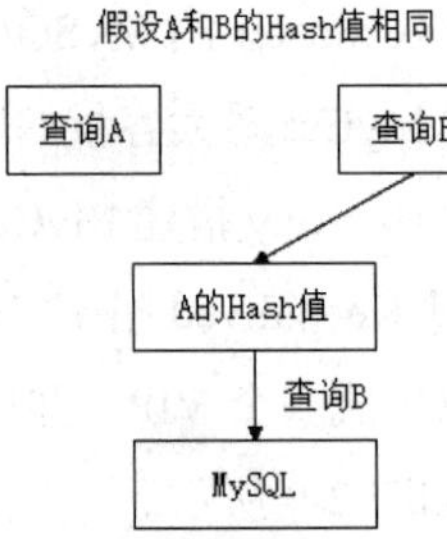

假设A和B的Hash值相同

查询A　查询B

A的Hash值

查询B

MySQL

图 2-12　不同数据的 Hash 值相同而造成的问题

**2. 缓存雪崩**

除了缓存穿透外，在使用缓存时还需要考虑缓存雪崩的情况。缓存雪崩是指由于某种原因造成 Redis 突然失效，造成 MySQL 瞬间压力骤增，进而严重影响 MySQL 性能，甚至造成 MySQL 服务宕机。以下是造成缓存雪崩的两个常见原因。

（1）Redis 重启。

（2）Redis 中的大量缓存对象都设置了相同的过期时间。

为了避免缓存雪崩的发生，可参考以下解决方案。

（1）搭建 Redis 集群，保证高可用。

（2）避免大量缓存对象的 Key 集中失效，尽量让过期时间分配均匀一些。例如，可以将各个缓存的过期时间乘以一个随机数。

（3）通过队列、锁机制等控制并发访问 MySQL 的线程数。

## 2.2.5 综合因素

除了前面介绍的一些原则和设计要点外，系统设计者还需要考量项目的各个功能模块是否都符合相关法律法规，项目组员之间是否有足够的沟通，项目的迭代周期是否合适，各种技术中的性能参数如何优化，如何根据项目情况决定测试与实施的方式，如何在不同的技术之间做平滑迁移，客户在使用时是否有方便的反馈渠道，项目的开发成本是否符合预期等问题。

## 2.3 大型系统的演进

接下来介绍的是大型系统的设计架构。笔者会站在系统演进的角度，逐步介绍大型系统在发展史上遇到的一些经典问题，并给出各种问题的解决方案。读者可以通过本节的介绍理解架构演进的缘由。

### 2.3.1 不同类型的服务器

对于大型项目来说，为了保证较高的性能，至少需要 3 台服务器：应用服务器、数据库服务器和文件服务器。并且不同类型的服务器对硬件的需求也各不相同。例如，应用服务器主要是处理业务逻辑，因此需要强大的 CPU 支持；数据库服务器的性能依赖于磁盘检索的速度和数据缓存的容量，因此需要速度较快的硬盘（如固态硬盘）和大容量的内存；文件服务器主要是储存文件，因此需要大容量的硬盘。

### 2.3.2 集群服务与动静分离

现在，虽然将服务器分成了应用服务器、数据库服务器和文件服务器，但是每台子服务器仅有一台，并且单一应用服务器能够处理的请求连接是有限的。例如，单个 Tomcat 最佳的并发量是 250 左右，如果并发的请求大于 250 就要考虑搭建 Tomcat 集群（可以使用 Docker 快速搭建）。使用集群除了能解决负载均衡外，还有另一个优势：失败迁移。当某一台应用服务器宕机时，其他应用服务器可以继续处理客户请求。

集群有了，是否就适合存放全部数据并能处理全部请求了呢？还可以进一步优化为“动静分离”。

静：如果是观看电视剧、电影、微视频、高清图片等大文件的静态请求，最好使用 CDN 将这些静态资源部署在各地的边缘服务器上，使用户可以就近获取所需内容，以降低网络拥塞，提高用户访问响应的速度。如果是 HTML、CSS、JS 或小图片等小文件的静态资源，就可以直接缓存在反向代理服务器上，当用户请求时直接给予响应。还可以用 Webpack 等工具将 CSS、JavaScript、HTML 进行压缩、组合，并将多个图片合成一张雪碧图，最终将静态资源统一打包，从而减少占用前端资源，并减少对静态资源的请求次数。

动：如果是搜索、增、删、改等动态请求，就需要访问我们自己编写并搭建的应用服务器。

之后，如果并发数继续增加、项目继续扩大，就可以使用分布式对项目进行拆分。

### 2.3.3 分布式系统

分布式系统可以理解为将一个系统拆分为多个模块并部署到不同的计算机上，然后通过网络将这些模块进行整合，从而形成的一个完整系统。在实际应用时，分布式系统包含了分布式应用、分布式文件系统和分布式数据库等类型，具体介绍如下。

分布式应用：将项目根据业务功能拆分成不同的模块，各个模块之间再通过 Dubbo、Spring Cloud 等微服务架构或 SOA 技术进行整合。像这种根据业务功能，将项目拆分成多个模块的方式，也称为垂直拆分。此外，也可以对项目进行水平拆分，例如，可以将项目根据三层架构拆分成 View 层、Service 层、Dao 层等，然后将各层部署在不同的机器上。

分布式文件系统：将所有文件分散存储到多台计算机上。

分布式数据库系统：将所有数据分散存储到多台计算机上（后文中会介绍“使用 Oracle 搭建分布式数据库”）。

### 2.3.4 ▶ 提高数据的访问性能

分布式系统搭建完毕后，接下来可能遇到的问题是如何提高数据的访问速度。一种解决方案就是在应用服务器上使用缓存。缓存分为本地缓存和远程缓存。本地缓存的访问速度最快，但是本地机器的内存容量、CPU 能力等有限。远程缓存就是指用于缓存分布式和集群上的数据，可以无限制地扩充内存容量、CPU 能力，但是远程缓存需要进行远程 IO 操作，因此缓存的速度比本地缓存慢。

如果缓存没有命中，就需要直接请求数据库，当请求量较大时，就需要对数据库进行读写分离，并且用主从同步对数据库进行热备份。如果是海量数据，除了可以用关系型数据库搭建分布式数据库外，还可以使用 Redis、Hbase 等 NoSQL 数据库。相应地，在处理海量数据时，也推荐使用 ElasticSearch 或 Lucene 等搜索引擎，并用 Hadoop、Spark、Storm 等大数据技术进行处理。

值得一提的是，在微服务架构中，数据库的使用比较灵活，每个微服务都可以有自己独立的数据库，或者多个微服务之间也可以交叉使用或共享同一份数据库。

### 2.3.5 ▶ 跨语言 RPC 整合

最后还要注意，各种语言都有自己擅长的一面，例如，Java 更适合开发大型网站，Spark 更适合处理实时运算，Python 更适合人工智能等方面。因此在很多大型公司中，不同部门开发的服务可能是基于不同的编程语言，那么此时就可以使用 Thrift、gRPC 等 RPC 技术将这些服务进行整合。

但要注意，使用 RPC 会给整个系统增加一层跨语言的中转结构，因此必然会带来一定程序的性能损耗。一般来讲，进行 RPC 跨语言调用是一种不得已而为之的做法。

## 2.4 大型系统架构设计

在设计大型系统的架构时，要特别注意对流量的控制，可以采取降级、限流和缓存等策略。本节先介绍一种常见的流量负载架构，然后给出一种流行的软件技术选型，供读者在开发时参考。

## 2.4.1 ▶ 服务预处理——限流与多层负载

为了保证亿级流量下的高性能及高可用，除了精湛的编码功底和巧妙的算法外，还需要对海量请求进行多级限流和多层负载。本小节提供几种处理客户端海量请求的思路，供读者参考。

（1）拦截非法请求，从而进行一定程度的限流，举例如下。

① 加入验证码，防止机器人恶意攻击。

② 隐藏秒杀入口地址，确保用户在进行了合理的操作后才能进入。

③ 限制 IP 操作：对于秒杀等限量业务，限制某一 IP 能够发起请求的次数。

④ 延长用户操作时间：为避免用户刷单，可以对具体业务在操作时间上进行限制，如同一用户 5s 内只能进行一次操作。

（2）通过 LVS 对客户请求进行分流（负载均衡），并通过 Keepalived 实现多机部署、防止单点故障。

（3）通过 Nginx 将请求进行动静分离：将静态请求部署到 CDN 上进行加速（或直接在 Nginx 中缓存），将动态请求发送给 MQ 进行流量削峰（当有大量请求时，为减轻服务端压力，可以先在 MQ 中设置可接收的最大请求量；超过最大值的请求将被直接丢弃）。

关于 Nginx 还需要注意以下两点。

① Nginx 处于 OSI 网络模型的第七层（应用层），除了实现动静分离外，还可以用于各种策略的负载均衡（如轮询、指定访问的 URL 规则）；而 LVS 处于 OSI 的第四层（传输层），是利用 Linux 内核直接对流量进行转发，可靠性高并且对 CPU 及内存的消耗低。

② Nginx 还可以实现定时器、封禁特定 IP/UA 等功能，并且可以通过缓存、Lua 插件等实现一些简单的功能，直接处理一部分用户请求，从而减轻服务端的压力。

（4）可以将同一个服务多次部署到多个节点上，形成集群服务（如图 2-13 中有两个“服务 A”），并用 Nginx 进行整合，用来实现并发请求的负载均衡和失败迁移。

（5）项目中的所有服务都可以通过 Maven 或 Gradle 进行依赖管理，并使用 Git/GitHub 进行版本控制和团队协作开发。

以上步骤如图 2-13 所示。

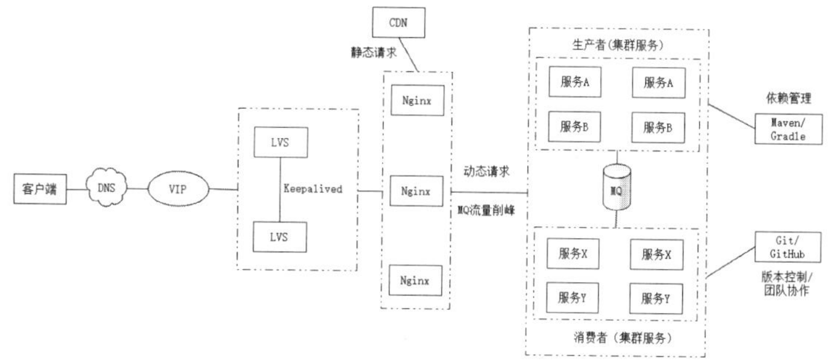


图 2-13　请求处理流程

（6）进一步扩容。以上架构已经能够扛得住千万级的流量了，但如果遇到“双十一购物”“12306 抢票”“大型电商秒杀”等亿级流量，还需要做进一步改进。

如图 2-14 所示，可以进行以下两点扩充，搭建最终的 LVS+Nginx+DNS 负载架构。

① 通过 DNS 绑定多个 LVS 组成的集群，进一步实现负载均衡。

② 通过 Nginx 将动态请求的路径转发到特定的服务地址上。例如，当用户访问 lanqiao.org/payment/ 时，Nginx 将该请求分发到服务 A 上，当用户访问 lanqiao.org/goods/ 时，Nginx 将该请求分发到服务 B 上。

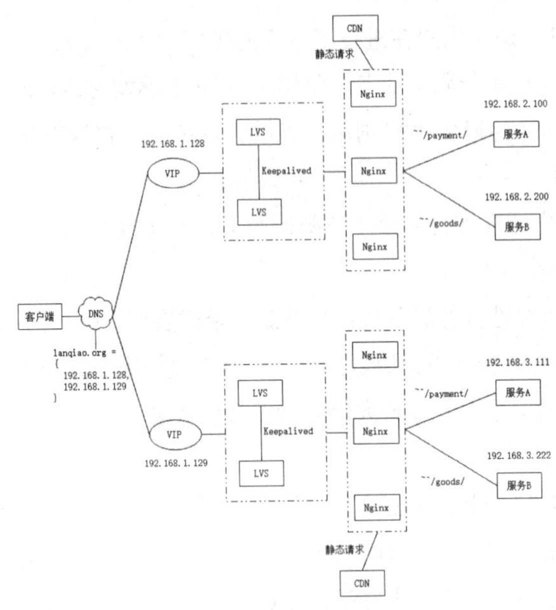


图 2-14　多级负载架构

值得注意的是，如果系统本身不是很大，就没有必要使用以上所有组件。实际上，根据 OSI 七层网络模型，我们可以在第二层、第三层、第四层和第七层等多层分别进行负载，然后再把它们串起来，形成级联负载。甚至还可以购买 F5、Array 等硬件设备再实现硬负载。但级联的层次越多，就会造成请求在系统内的路径越长，因此也会对系统的实时性和稳定性造成影响。简言之，每增加一个中间件，一方面能够解决当下面临的问题，但同时也存在着一定的弊端，在实际使用时一定要结合项目的具体情况以及压力测试的结果权衡考量。

### 2.4.2 ▶ 各组件的技术选型建议

海量请求在经过多级限流和多层负载后，就会抵达应用服务进行实际的处理。复杂的大型系统可以采用分布式或微服务架构搭建具体的应用服务。以微服务架构为例，可以使用以下技术处理用户的具体请求。

（1）通过 Zuul 再次屏蔽某些不合理请求，或生成各个微服务的虚拟地址。

（2）发来的请求经过 SpringMVC 等控制器进行跳转，并通过 Ribbon 或 Feign 进行客户端负载均衡，发送给一个压力较轻的服务端处理。

（3）控制器根据具体情况，可以请求 Eureka 中已注册的微服务，也可以通过 gRPC、Thrift、Netty+Protobuf 等 RPC 方式整合其他语言提供的服务。

（4）微服务可以使用 Spring Boot 进行快速构建，并用 Spring Cloud 组装各个微服务。例如，将各个微服务注册到 Eureka 中，并通过 Hystrix 进行熔断处理或服务降级、通过 Dashboard 进行服务监控等；此外，每个微服务可以使用经典的 MVC 模式或三层架构。

当然，除了用 Spring Cloud 搭建微服务架构外，还可以使用 Dubbo+Zookeeper 的方式。

（5）对于不同的服务，适当选取相应的技术。例如，使用 ElasticSearch 实现搜索功能、使用 Shiro 或 Security 实现安全处理、使用 FastDFS 或 HDFS 实现分布式文件系统、使用 MapReduce 进行分布式离线计算、使用 Storm 进行流式计算、使用 Spark 进行实时计算。

（6）各模块、各服务之间使用 Restful 风格相互调用，并通过 JSON 格式返回处理结果。

以上步骤如图 2-15 所示。

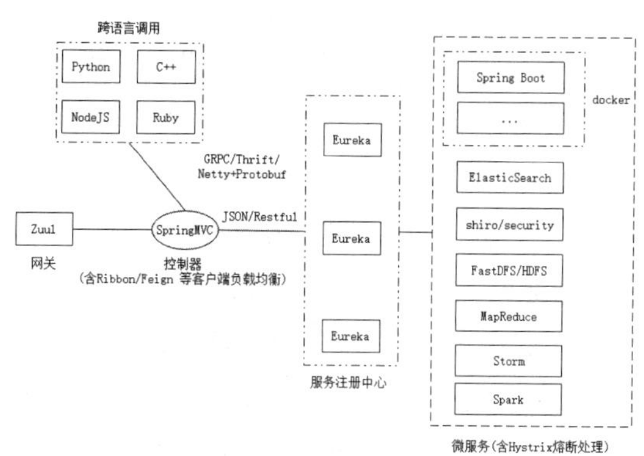


图 2-15　技术选型参考

在实际开发时，除了以上架构中的技术外，还需要通过 JVM、JUC、Netty 等高性能底层技术来提高项目的效率和健壮性，并且使用 Future 模式等提高对用户的响应速度。

## 2.5 分布式 ID 生成器

本章的最后，再详细介绍一个分布式系统必然要面对的技术——分布式 ID 生成器，作为本书实战性案例的开端。

在分布式系统中，如何在各个不同的服务器上产生 ID 值？例如，有一个订单系统被部署在了 A、B 两个节点上（即两台计算机上），那么如何在这两个节点上各自生成订单 ID，并且保证 ID 值不会冲突？

通常有以下 3 种解决方案。

① 使用数据库的自增特性（或 Oracle 中的序列），不同节点直接使用相同数据库的自增 ID 值。

② 使用 UUID 算法产生 ID 值。

③ 使用 SnowFlake 算法产生 ID 值。

由于 Java 提供了对 UUID 的支持，可以直接通过 UUID.randomUUID() 获取到 UUID 值。因此本节主要介绍 SnowFlake 算法。

SnowFlake 算法被称为雪花算法，是由 Twitter 提出的一种生成 ID 的算法，该算法会生成一个 64bit 的整数，但实际只使用 63bit，共可以表示 263 个 ID 值。如果用十进制表示，就是 9223372036854775808 个 ID 值。

SnowFlake 的组成结构如图 2-16 所示。

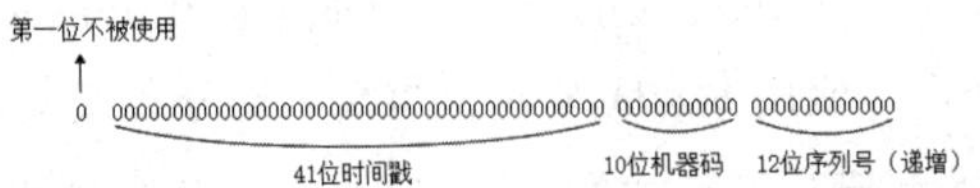


图 2-16　SnowFlake 的 ID 结构

SnowFlake 算法生成的 ID 是 64 位的，而 Java 中 long 类型也是 64 位的，因此可以用 long 来存储 ID 值。

41 位时间戳：表示某一时刻的时间戳（时间戳：假设设置的起始时间是 2018-01-01T00：00：00.000，那么该起始时间到某一时刻所经过的毫秒数，就称为“某一时刻的时间戳”）。41 位时间戳可以表示 $2^{41}$ 个数字，如果用每一个数字表示 1ms 的时间，那么 41 位的时间戳可以表示 69 年的时间 [$2^{41}$/(1000*60*60*24*365)=69]。因此，如果以 2018-01-01T00：00：00.000 作为起始时间，41 位随机数可以表示 2018—2087 这 69 年间的任一时刻（精确到 ms）。

10 位机器码：可以将机器的 MAC 地址或 IP 地址等唯一标识符转换成的 10 位二进制数字，也可以将 10 位机器码拆分成“5 位地理位置 +5 位机器编号”的形式。总之，就是想通过 10 位与节点有关的物理信息（或各种标识信息），对不同节点生成不同 ID 值。

12 位序列号：0、1、2、3…12 位递增数字的二进制表示形式。

SnowFlake 算法采用“41 位时间戳 +10 位机器码 +12 位序列号”的大致思想是，当多个节点需要生成多个 ID 值时，先判断这些节点是否是在同一时刻（精确到 ms）生成的 ID。如果不是，可以直接根据 41 位时间戳区分出 ID 值；如果是在同一时刻生成的，就再根据“10 位机器码和 12 位序列号”区分 ID 值。

Twitter 在 GitHub 上给出了 SnowFlake 算法的 Scala 源码，以下是翻译过来的 Java 版代码（本算法中，将 10 位机器码看作“5 位 datacenterId + 5 位 workerId”）。

》【**源码**：demo/ch02/SnowFlake.java】

Twitter 在 GitHub 上给出了 SnowFlake 算法的 Scala 源码，笔者也将其翻译成了对应的 Java 版源码，读者可以在本书赠送的配套资源中查看。

# 第3章

3

# 高并发相关 JVM 与 JDK 新特性案例讲解

本章讲解 JVM 的底层模型，并介绍 JVM 对解决高并发问题提供的支持。最后为了让读者能更好地理解本书中的案例代码，还会阐述 JDK 8 中新增的 Lambda 和 Stream 等新特性的使用。

# 3.1 JVM 核心概念及 JVM 对高并发的支持

JVM 是安装在操作系统上的 Java 虚拟机，Java 代码直接操作的对象就是 JVM（而不是操作系统）。不论是哪种操作系统，只要安装了 JVM 就能屏蔽各自操作系统的差异性，从而以一种相同规范的“虚拟机”形式和 Java 字节码交互。因此 Java 就可以实现“一次编写，到处运行”的平台无关性。JVM 所处的位置如图 3-1 所示。

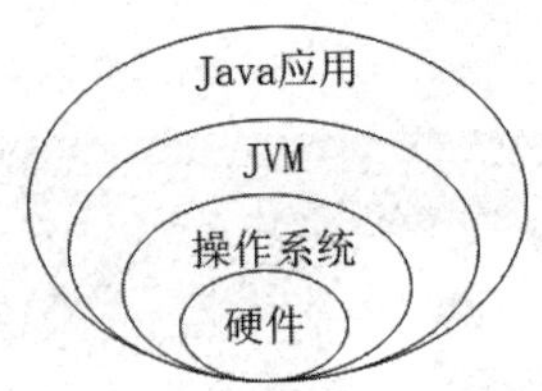


图 3-1　JVM 位置

本小节将对 JVM 的内存区域与内存模型进行讲解，这些 JVM 的基础知识也是本书后续讲解高并发技术的理论基础。

## 3.1.1 ▶ 内存区域与内存模型

### 1. JVM 内存区域

JVM 在运行时，会将其管理的内存区域划分为方法区、堆、虚拟机栈、本地方法栈和程序计数器等 5 个区域；前 2 个区域是所有线程都可以共享的区域，而后 3 个区域是各个线程私有的，如图 3-2 所示。

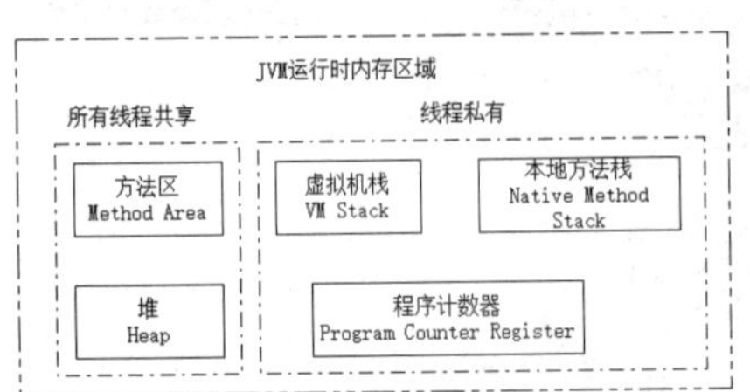


图 3-2　JVM 运行时的内存区域

### 2. JVM 内存模型（Java Memory Model，简称 JMM）

JMM 用于定义程序中变量的访问规则，即在 JVM 中如何将变量存储到内存，以及如何从内存中获取变量（此处的变量是指能被所有线程共享的变量，不含线程私有的局部变量和方法参数）。

与 JVM 内存区域不同，JMM 是从另一个角度对内存进行划分，分为主内存和工作内存。

JMM 规定所有的变量都存储在主内存中，每个线程还拥有自己独立的工作内存。主内存中的变量会通过复制的方式留给线程的工作内存一个副本，供各个线程独立使用。也就是说，线程对变量的所有读写操作都是在工作内存中进行的，工作内存中的副本变量会通过 JMM 与主内存中的原变量保持同步，如图 3-3 所示。

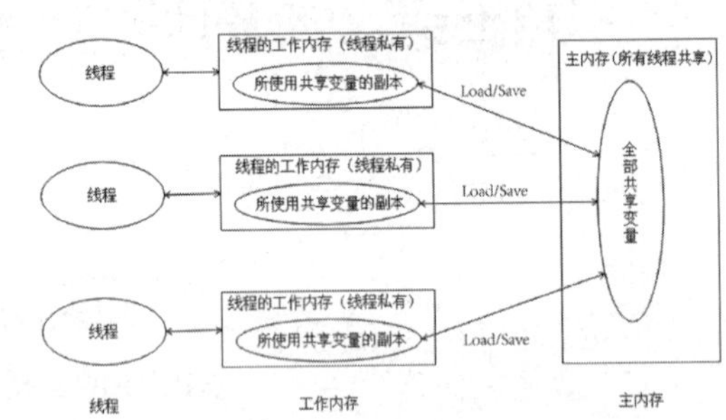


图 3-3　线程的工作内存与主内存

除此以外，各个线程在运行期间必须遵循以下规定。

（1）只能访问自己工作内存中的变量。

（2）无法直接访问其他线程工作内存中

的变量。

（3）可以通过主内存，间接访问其他线程工作内存中的变量。例如，假设线程 B 要访问线程 A 中的变量 *a*，经历的大致步骤如下。

① 等待线程 A 将工作内存中变量 *a* 的副本更新到主内存中（Save）。

② 从主内存中，将更新后的变量 *a* 复制到线程 B 的工作内存中（Load），如图 3-4 所示。

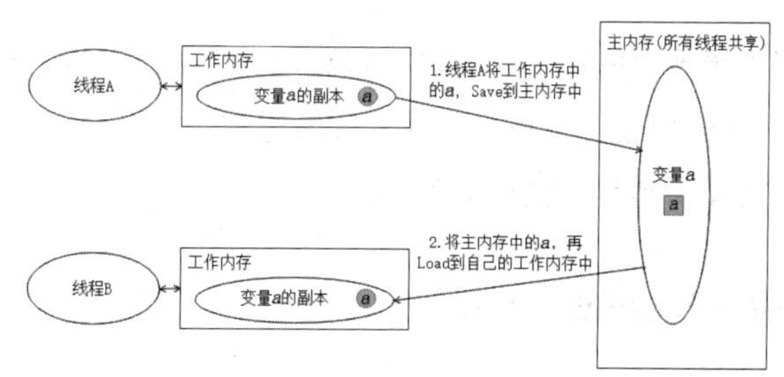


图 3-4　线程间访问变量的流程

实际上，除了上述步骤外，不同线程之间在进行数据交互时要完整地经历如图 3-5 所示的 8 个步骤：

① Lock：把主内存中的变量标识为一条线程独占状态；

② Read：把主内存中的变量读取到工作内存中；

③ Load：将变量放入变量副本中；

④ Use：把变量副本传递给线程使用；

⑤ Assign：把线程正在使用的变量传递到工作内存中的变量副本中；

⑥ Store：把工作内存中的变量副本传递到主内存中；

⑦ Write：将变量副本作为一个变量放入主内存中；

⑧ UnLock：解除线程的独占状态。

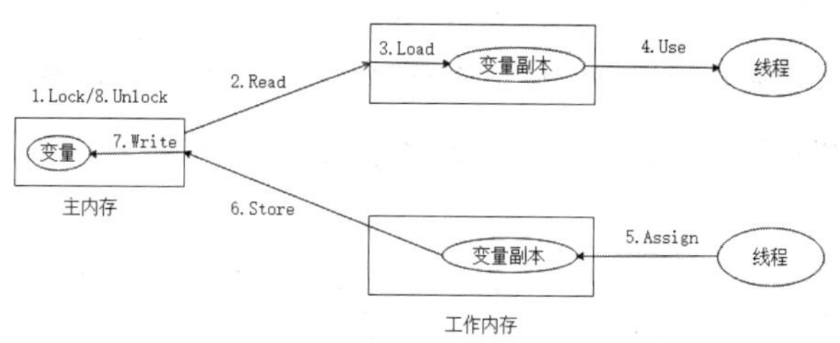


图 3-5　线程间共享变量的完整步骤

JVM 还要求以上 8 个步骤的操作都是原子性的，但是对于 64 位的数据类型却有着非原子性协议，JVM 允许 64 位的 long 和 double 类型在执行 Load、Store、Read 和 Write 操作时，分成两次 32 位的原子性操作。这就意味着，多个线程共享一个 long 或 double 类型时，某一个线程理论上可能读到半个 long 或 double 值。如果真的遇到这种错误情况，读者可以使用 volatile 关键字来避免 JVM 的这种误操作。但从实际情况来看，目前主流的 JVM 都已经允许将 64 位的数据类型直接设置为原子性操作，一般情况下读者是不需要手动添加 volatile 的。

### 3.1.2 ▶ 使用 volatile 解决可见性与重排序问题

volatile 是 JVM 提供的一个轻量级的同步机制，除了能够“避免 JVM 对 long/double 的误操作”外，还有以下两个作用。

#### 1. volatile 修饰的变量可以对所有线程立即可见

前面讲过，不同线程如果要访问同一个变量，就必须借助主内存进行传递；但是如果给变量加了 volatile 关键字，则该变量的值就可以被所有线程即时感知（即某一个线程对 volatile 变量进行的任何操作，都会在第一时间同步到其他线程中）。

#### 2. volatile 可以禁止指令进行“重排序”优化

在理解“重排序”以前，有必要先了解一下“原子性”，因为重排序的排序对象必须是原子性的语句。但是在 Java 中，并不是所有语句都是原子性的。例如，如果已经存在变量 num，那么对 num 的赋值语句 num=10 是一个原子性操作；但是如果不存在 age，声明并赋值 age 的语句 int age = 23 就不是一个原子性操作，该语句会在最终执行时拆分成以下两条语句：

① int age；

② age=23。

重排序是指 JVM 为了提高执行效率，会对编写的代码进行一些额外的优化。例如，会对已经写完的代码指令，重新进行排序。重排序所实现的优化不会影响单线程程序执行结果，代码如下所示。

```
int height = 10 ;
int width ;
width = 20 ;
int area = height * width ;
```

再次强调，重排序的原则是“不会影响单线程程序执行结果”。因此，本段代码的实际执行顺序可以是 1、2、3、4，也可以是 2、3、1、4，还可以是 2、1、3、4 等，因为这几种可能的最终执行结果都是相同的。

更加细致地研究上述代码发现，由于第 4 行不是原子性操作，因此第 4 行可以拆为以下两条语句。

```
4-1. int area ;
4-2. area = height * width
```

了解完原子性和重排序之后，再来看一个双重检查方式的懒汉式单例模式。

**范例 3-1** 单例模式

›【源码：demo/ch03/Singleton.java】

```
public class Singleton {
    private static Singleton instance = null;// 多个线程共享 instance
```

```
    private Singleton() {}
    public static Singleton getInstance() {
        if (instance == null){
            synchronized(Singleton.class){
                if (instance == null)
                    instance = new Singleton();
                }
        }
        return instance;
    }
}
```

上述代码的第 8 行也不是一个原子性操作，JVM 会在执行时将这条语句大致拆分为以下 3 步。

（1）分配内存地址、内存空间。

（2）使用构造方法实例化对象。

（3）将 Instance 赋值为第 1 步分配好的内存地址。

由于重排序的存在，第 8 行的内部执行顺序可能是 a、b、c，也可能是 a、c、b；如果是后者，当某一个线程 X 正在执行第 8 行，具体是刚执行完 c 但还没执行 b 时（即 Instance 虽然已被赋了值、不再为 null，但还没有实例化），另一个线程 Y 正好此时抢占了 CPU 并且执行到第 5 行，判断 Instance 不为 null，因此线程 Y 会直接返回 instance 对象，但此 Instance 却是线程 X 还没有实例化的对象，所以后续在使用 Instance 时就会出错。

为了避免这种因为 JVM 重排序而造成的问题，我们就可以给 Instance 加上 volatile 关键字，如下所示。

```
private volatile static Singleton instance = null;
```

这样一来，就算真正意义上实现了单例模式。

实际上，volatile 是通过“内存屏障”来防止指令重排序的，具体的实现步骤如下：

①在 volatile 写操作前，插入一个 StoreStore 屏障；

②在 volatile 写操作后，插入一个 StoreLoad 屏障；

③在 volatile 读操作前，插入一个 LoadLoad 屏障；

④在 volatile 读操作后，插入一个 LoadStore 屏障。

此外，要特别注意的一点是，虽然 volatile 修饰的变量具有可见性，但是并不具备原子性，因此 volatile 不是线程安全的。要理解这点，就得明确区分“原子性”和“重排序”的概念：原子性是指某一条语句不可再拆分，而重排序是指某一条语句内部的多个指令的执行顺序。下面通过一个示例来说明 volatile 非线程安全。

**范例 3-2** volatile 非线程安全

》【源码：demo/ch03/TestVolatile_1.java】

```
public class TestVolatile_1 {
public static volatile int num = 0;
public static void main(String[] args) throws Exception {
  for (int i = 0; i <100; i++) {
    new Thread(new Runnable() {
      @Override
      public void run() {
        for (int i = 0; i <20000; i++) {
          num++;//num++ 不是一个原子性操作
        }
      }
    }).start();
  }
  Thread.sleep(3000);// 休眠 3 秒，确保创建的 100 个线程都已执行完毕
  System.out.println(num);
 }
}
```

当初始 num=0 时，创建了 100 个线程，并且每个线程都会执行 20000 次 num++。因此如果 volatile 是线程安全的，那么最终应该打印 2000000，但实际结果并非如此，运行结果如图 3-6 所示。

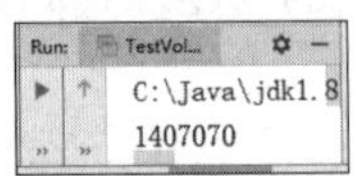


图 3-6　非线程安全的运行结果

从运行结果可以发现，volatile 并不能将所修饰的 num 设置为原子性操作（如 num ++ 就不是原子性操作），这会造成 num++ 被多个线程同时执行，最终导致出现漏加的线程不安全的情况（即最终的结果值远小于 2000000）。

如果要将本程序改进为线程安全，可以使用 java.util.concurrent.atomic 包中提供的原子类型，代码如下。

**范例 3-3** atomic 原子性

》【源码：demo/ch03/TestVolatile_2.java】

```
public class TestVolatile_2 {
public static AtomicInteger  num = new AtomicInteger(0);
public static void main(String[] args) throws Exception {
  for (int i = 0; i <100; i++) {
    new Thread(new Runnable() {
```

```
        @Override
        public void run() {
          for (int i = 0; i <20000; i++) {
            num.incrementAndGet() ;// num 自增，功能上相当于 int 类型的 num++ 操作
          }
        }
      }).start();
    }
    Thread.sleep(3000);// 休眠 3 秒，确保创建的 100 个线程都已执行完毕
    System.out.println(num);
  }
}
```

运行结果如图 3-7 所示。

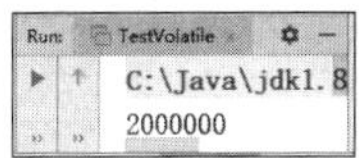


图 3-7　原子性操作的运行结果

除了本例使用的 AtomicInteger 外，在 java.util.concurrent.atomic 包中还提供了形如“Atomic×××”的其他常见的原子性变量对象。

观察 AtomicInteger 的源代码，可以看到一个 compareAndSet() 方法，其源码如下所示。

**【源码：java.util.concurrent.atomic.AtomicInteger】**

```
public final boolean compareAndSet(int expect, int update) {
return unsafe.compareAndSwapInt(this, valueOffset, expect, update);
}
```

此方法是实现原子性操作的关键，它实现了CAS算法，而CAS算法能够保证变量的原子性操作。

## 3.2 Java 对同步机制的解决方案及案例解析

解决并发环境下线程安全问题的最基本策略就是使用“锁”。本节将详细地介绍如何用各种方式的“锁”来实现同步机制，从而保障共享资源在高并发环境中的线程安全性。

### 3.2.1 使用 synchronized 解决并发售票问题与死锁演示

当多个线程同时访问同一个资源（对象、方法或代码块）时，经常会出现一些“不安全”的情况。例如，假设有 100 张火车票，同时被 t1 和 t2 两个站点售卖，就可能会出现火车票数据“不安全”的情况，代码如下。

**范例 3-4** 并发售票

**【源码：demo/ch03/ThreadDemo01.java】**

```
public class ThreadDemo01 implements Runnable {
  //100 张火车票
  private int tickets = 100;
  @Override
  public void run() {
    while (true) {
      sellTickets();// 调用售票方法
    }
  }
  // 售票方法
  public  void sellTickets() {
      if (tickets >0) {
 /* 打印线程名和剩余票数（假设剩余票数就是该车票的编号，例如，剩余票数为 100，
就表示此时正在售卖的票的编号为 100）*/
          System.out.println(Thread.currentThread().getName() + tickets);
          tickets--;
      }
  }

  public static void main(String[] args) {
      ThreadDemo01 t = new ThreadDemo01();
      // 创建两个线程并执行
      Thread t1 = new Thread(t);
      Thread t2 = new Thread(t);
      t1.setName("t1 售票站点 ");
      t2.setName("t2 售票站点 ");
      t1.start();
      t2.start();
  }
}
```

运行此程序，一种可能的结果如图 3-8 所示。

```
C:\Java\jdk1.8.0_101\bi
t2售票站点100
t1售票站点100
t2售票站点99
```

图 3-8　并发售票的运行结果

可以发现，t1 和 t2 两个线程同时销售了编号为 100 的车票，显然是不对的。造成这种错误的原因是 t1 和 t2 在争夺资源（即变量 tickets）时，同时执行了 sellTickets() 方法，代码如下。

```
public void sellTickets(){
    if(tickets > 0){
        System.out.println(Thread.currentThread().getName + tickets);
        tickets--;
    }
}
```

初始 tickets=100，假设 t2 刚刚执行完第 12 行但还没有执行第 13 行（即还没有 tickets--）时，t1 也去执行了第 12 行，就会出现重复打印 ticket=100 的情况。

“非线程安全”就是指这种由于线程的异步特性而造成的并发问题。为了解决这种问题，可以使用 synchronized 关键字给共享的资源加锁。

具体地讲，可以使用 synchronized 来给方法或代码块加锁，语法如下所示。

### 1. 给方法加锁

```
访问修饰符 synchronized 返回值 方法名 (){
...
}
```

### 2. 给代码块加锁

```
synchronized( 任意对象 ){
...
}
```

给代码块加锁时，传入的“任意对象”该如何理解？例如，有多个人（多线程）去使用卫生间，如果某一个人（线程）已经占用了卫生间，那么他就可以在卫生间门口挂个牌子表示有人，也可以把卫生间门口的提示灯打开表示有人。因此，无论是“牌子”“提示灯”还是其他物体都没关系，只要能告知其他人（其他线程）该卫生间已被占用就可以了。同样地，在多线程看来，无论用什么对象，都可以实现加锁的目的。

对共享资源加锁或解锁的时机如下所述。

加锁。当某一个线程开始访问某个资源时，该线程就会对这个资源加锁，之后就会独占该资源。

解锁。当满足以下任一条件时，独占该资源的线程就会对该资源进行解锁：

①线程将资源访问完毕时；

②线程访问资源出现了异常时。

以给方法 methodX() 加锁为例，methodX() 被加了锁之后，只能允许锁的拥有者去执行 methodX()。具体地讲，当有多个线程同时访问 methodX() 时，多个线程之间会去争夺 methodX() 的访问权（即争夺锁）。同一时间只能有一个线程（称为 A）立刻执行 methodX()，其他线程只能等待（A 在执行该 methodX() 时，会给该方法加锁）。当 A 执行完 methodX() 后，会给 methodX() 解锁；其他线程发现 methodX() 被解锁后，就会再次去争夺 methodX() 的访问权，获胜者再去加锁并单独访问 methodX()……

因此，只需要给 sellTickets() 方法加上 synchronized，就可以保证“线程安全”，代码如下所示。

```
public  synchronized void sellTickets() {
  if (tickets >0) {
      System.out.println(Thread.currentThread().getName() + tickets);
      tickets--;
  }
}
```

**注意**

（1）什么时候需要加 synchronized？当某一个资源被共享时，就可以考虑给该资源加上 synchronized，确保线程安全；但如果某资源不是共享资源（不会被多个线程共用），就不需要加 synchronized。

（2）当被加了锁的资源在执行过程中出现异常时，锁也会被释放。因此，在并发程序中一定要将异常及时处理，否则会影响并发的逻辑。

（3）如果给某个资源加了锁，在多线程共享时要注意避免产生死锁。例如，有 2 个共享资源 resource1 和 resource2，如果某一时刻线程 1 给 resource1 加了锁并同时等待使用 resource2，而与此同时，线程 2 也给 resource2 加了锁并在等待使用 resource1，这样便形成了死锁，两个线程会一直处于等待状态（都在等待对方释放资源），如图 3-9 所示。

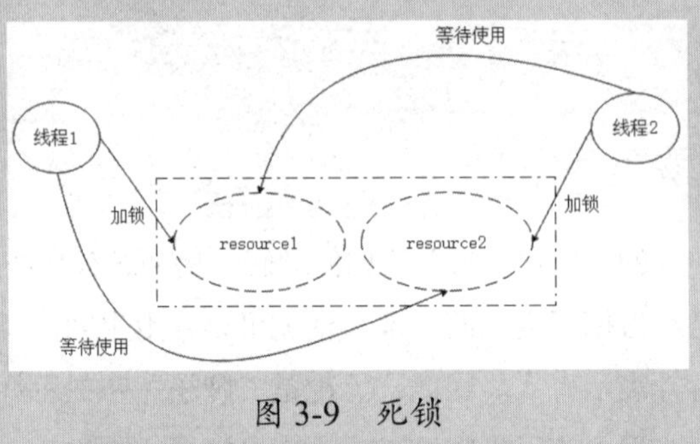


图 3-9　死锁

## 范例 3-5　死锁

**【源码**：demo/ch03/DeadLock.java**】**

鉴于篇幅有限，读者可以在本书赠送的配套资源中查看本例源码。

产生死锁的根本原因有两个：一是系统资源有限，如果本例中有多个 resource1，那么线程 1 和线程 2 各自就能够获取一个 resource1，就不会出现死锁；二是多个线程（或进程）之间的执行顺序不合理。可以通过“打破死锁的 4 个必要条件”“银行家算法”等方式来避免死锁的产生，读者可以自行查阅操作系统的相关知识进行学习。

### 3.2.2 ▶ 使用线程通信、队列及线程池模拟生产者与消费者场景

多个线程在争夺同一个资源时，为了让这些线程协同工作、提高 CPU 利用率，可以让线程之间进行通信，具体可以通过 wait() 和 notify()（或 notifyAll()）实现，这些方法的含义如下所述。

（1）wait()：使当前线程处于等待状态（阻塞），直到其他线程调用此对象的 notify() 方法或 notifyAll() 方法。

（2）notify(): 唤醒在此对象监视器上等待的单个线程；如果有多个线程同时在监视器上等待，则随机唤醒一个。

（3）notifyAll(): 唤醒在对象监视器上等待的所有线程。

简言之，wait() 会使线程阻塞，而 notify() 或 notifyAll() 可以唤醒线程，使之成为就绪状态。

在实际使用这些方法时，还要注意以下几点。

（1）这 3 个方法都是在 Object 类中定义的 native 方法，而不是 Thread 类提供的。这是因为 Java 提供的锁是对象级的，而不是线程级的。

（2）这 3 个方法都必须在 synchronized 修饰的方法（或代码块）中使用，否则会抛出异常 java.lang.IllegalMonitorStateException。

（3）在使用 wait() 时，为了避免并发带来的问题，通常建议将 wait() 方法写在循环的内部。JDK 在定义此方法时，也对此增加了注释说明，以下是 Object 类的部分源码。

》【源码：java.lang.Object】

```
public class Object {
   ...
   public final void wait(long timeout) throws InterruptedException {
      ...
   }
/*
JDK 对 wait() 方法的说明：建议将 wait() 写在循环的内部
As in the one argument version, interrupts and spurious wakeups are
 possible, and this method should always be used in a loop:

...
*/
   public final void wait() throws InterruptedException {
      wait(0);
   }
}
```

下面，通过一个生产者与消费者的案例，强化对线程通信的理解。本案例的执行逻辑如下所述。

（1）生产者（CarProducter）不断地向共享缓冲区中增加数据（本例用 cars++ 模拟）。

（2）同时，消费者不断地从共享缓冲区中消费数据（cars--）。

（3）共享缓冲区有固定大小的容量（本例为 20）。

（4）当产量达到最大值（20）时，生产者无法再继续生产，生产者的线程就会通过 wait() 使自己处于阻塞状态；直到有消费者减少了产量后（<20），再通过 notify() 或 notifyAll() 唤醒生产者去继续生产。

（5）当产量为 0 时，消费者无法再继续消费，消费者线程就通过 wait() 使自己处于阻塞状态；直到有生产者增加了产量后（>0），再通过 notify() 或 notifyAll() 唤醒消费者去继续消费。

这样一来，生产者和消费者就会在共享缓冲区 0~20 的范围内，达成一种动态平衡，如图 3-10 所示。

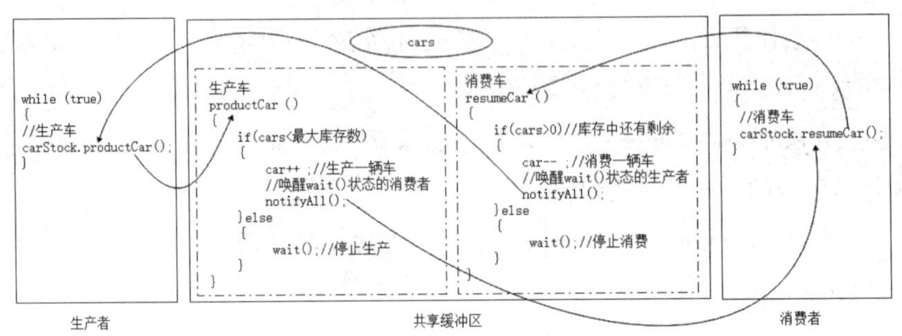


图 3-10　生产者与消费者

## 范例 3-6　生产者与消费者

【源码：demo/ch03/ProducerAndConsumer.java】

```
//car 的库存
class CarStock {
  // 最多能存放 20 辆车
  int cars;

  // 通知生产者去生产车
  public synchronized void productCar() {
  try {
    if (cars <20) {
      System.out.println(" 生产车 ...."+ cars);
      Thread.currentThread().sleep(100);
      cars++;
      // 通知正在监听 CarStock 并且处于阻塞状态的线程（即处于 wait() 状态的消费者）
       notifyAll();

    } else {// 超过了最大库存 20
        /* 使自己（当前的生产者线程）处于阻塞状态，等待消费者
执行 car--( 即等待消费者调用 notifyAll() 方法 )*/
```

```
wait();

      }
    } catch (InterruptedException e) {… }
  }

  public synchronized void consumeCar() {// 通知消费者去消费车
    try {
      if (cars >0) {
        System.out.println(" 销售车 ...."+ cars);
        Thread.currentThread().sleep(100);
        cars--;
        notifyAll();
       // 通知正在监听 CarStock 并且处于阻塞状态的线程（即处于 wait() 状态的生产者）
      } else {
       /* 使自己（当前的消费者线程）处于阻塞状态，等待生产者执行 car++( 即等待生产者调用
notifyAll() 方法 )*/
        wait();
      }
    } catch (InterruptedException e) {… }
  }
}
// 生产者
class CarProducter implements Runnable {
  CarStock carStock;
  public CarProducter(CarStock clerk) {
    this.carStock = clerk;
  }

  @Override
  public void run() {
    while (true) {
      carStock.productCar(); // 生产车
    }
  }
}

// 消费者
class CarConsumer implements Runnable {
  CarStock carStock;
```

```
    public CarConsumer(CarStock carStock) {
        this.carStock = carStock;
    }

    @Override
    public void run() {
        while (true) {
            carStock.consumeCar();// 消费车
        }
    }
}

// 测试方法
public class ProducerAndConsumer {
    public static void main(String[] args) {
        CarStock carStock = new CarStock();
        // 注意：生产者线程和消费者线程，使用的是同一个 carStock 对象
        CarProducter product = new CarProducter(carStock);
        CarConsumer resumer = new CarConsumer(carStock);
        //2 个生产者，2 个消费者
        Thread tProduct1 = new Thread(product);
        Thread tProduct2 = new Thread(product);
        Thread tConsumer1 = new Thread(resumer);
        Thread tConsumer2 = new Thread(resumer);
        tProduct1.start();
        tProduct2.start();
        tConsumer1.start();
        tConsumer2.start();
    }
}
```

运行程序，某一时刻的运行截图如图 3-11 所示。

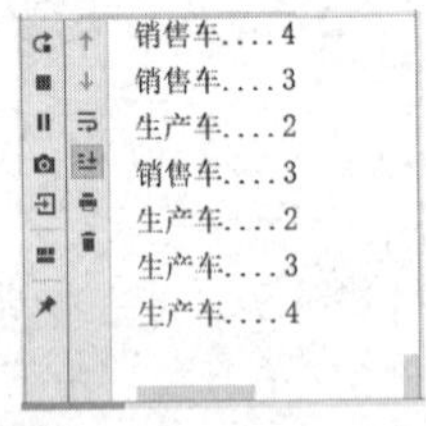


图 3-11　生产者与消费者共享变量程序运行截图

以上范例，是一个非常简单的生产者与消费者共享变量程序，生产者和消费者之间仅仅共享了一个 int 变量，如图 3-12 所示。

图 3-12　生产者与消费者之间共享变量

接下来，使用队列、线程池等技术对本程序进行改进，并且此次共享的数据是一个 BlockingQueue 队列，该队列中最多可以保存

100 个 CarData 对象，如图 3-13 所示。

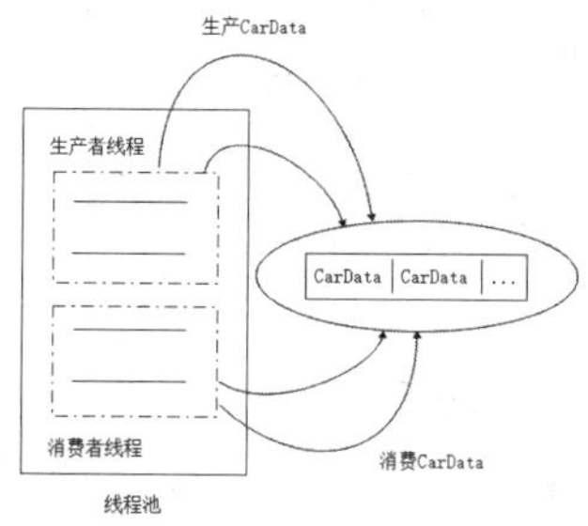


图 3-13　生产者与消费者之间共享队列

**范例 3-7　生产者与消费者**

### 1. 汽车实体类 CarData

**》【源码**：demo/ch03/producerconsumer/CarData.java**】**

```
public class CarData {
  private int id ;
  // 其他字段，getter/setter
}
```

### 2. 汽车库存类 CarStock，包含了共享缓冲区 BlockingQueue 对象

**》【源码**：demo/ch03/producerconsumer/CarStock.java**】**

```
public class CarStock {
  // 统计一共生产了多少辆车
  private static int count = 0;
  // 存放 CarData 对象的共享缓冲区
  private BlockingQueue<CarData>queue;

  public CarStock(BlockingQueue<CarData> queue) {

    this.queue = queue;
  }
  // 生产车
  public synchronized void productCar() {
  try {
      CarData carData = new CarData();
      // 向 CarData 队列增加一个 CarData 对象
      boolean success = this.queue.offer(carData, 2, TimeUnit.SECONDS);
```

```
      if (success) {
        int id = ++count;
        carData.setId(id);
        System.out.println(" 生产 CarData，编号："+ id + "，库存："+ queue.size());
        Thread.sleep((int) (1000 * Math.random()));
        notifyAll();
      } else {
        System.out.println(" 生产 CarData 失败 ....");          } else {
        System.out.println(" 生产 CarData 失败 ....");
      }
      if (queue.size() <100) {
      } else {
        System.out.println(" 库存已满，等待消费 ...");
        wait();
      }
    } catch (InterruptedException e) {… }
  }

  // 消费车
  public synchronized void consumeCar() {
    try {
      // 从 CarData 队列中，拿走一个 CarData 对象
      CarData carData = this.queue.poll(2, TimeUnit.SECONDS);
      if (carData != null) {
        Thread.sleep((int) (1000 * Math.random()));
        notifyAll();
        System.out.println(" 消费 CarData，编号："+ carData.getId() + "，库存 : "+ queue.size());
      } else {
        System.out.println(" 消费 CarData 失败 ....");
      }
      if (queue.size() >0) {

      } else {
        System.out.println(" 库存为空，等待生产 ...");
        wait();
      }
    } catch (InterruptedException e) {… }
  }
}
```

### 3. 生产者类 CarProducter

【源码：demo/ch03/producerconsumer/CarProducter.java】

```
public class CarProducter implements Runnable {
  // 共享缓存区
  private CarStock carPool;
  // 多线程的执行状态，用于控制线程的启停
  private volatile boolean isRunning = true;

  public CarProducter(CarStock carPool) {
    this.carPool = carPool;
  }

  @Override
  public void run() {
    while (isRunning) {
      carPool.productCar();
    }
  }

  // 停止当前线程
  public void stop() {
    this.isRunning = false;
  }
}
```

### 4. 消费者类 CarConsumer

【源码：demo/ch03/producerconsumer/CarConsumer.java】

```
public class CarConsumer implements Runnable {
  // 共享缓存区：CarData 队列
  private CarStock carPool;

  public CarConsumer(CarStock carPool) {
    this.carPool = carPool;
  }

  @Override
  public void run() {
    while (true) {
```

```
            carPool.consumeCar();
        }
    }
}
```

#### 5. 测试类 TestProducerAndConsumer

【源码：demo/ch03/producerconsumer/TestProducerAndConsumer.java】

```
public class TestProducerAndConsumer {
    public static void main(String[] args) throws Exception {
        // 共享缓存区：CarData 队列
        BlockingQueue<CarData> queue = new LinkedBlockingQueue<CarData>(100);
        //CarData 库存，包含 queue 队列
        CarStock carStock = new CarStock(queue);
        // 生产者
        CarProducter carProducter1 = new CarProducter(carStock);
        CarProducter carProducter2 = new CarProducter(carStock);
        // 消费者
        CarConsumer carConsumer1 = new CarConsumer(carStock);
        CarConsumer carConsumer2 = new CarConsumer(carStock);
        // 将生产者和消费者加入线程池运行
        ExecutorService cachePool = Executors.newCachedThreadPool();
        cachePool.execute(carProducter1);
        cachePool.execute(carProducter2);
        cachePool.execute(carConsumer1);
        cachePool.execute(carConsumer2);
        // carProducter1.stop(); 停止 p1 生产
        // cachePool.shutdown();// 关闭线程池
    }
}
```

某一时刻的运行截图如图 3-14 所示。

```
消费CarData，编号：1564，库存：48
消费CarData，编号：1565，库存：47
消费CarData，编号：1566，库存：46
生产CarData，编号：1613，库存：47
```

图 3-14　生产者与消费者的运行截图

## 3.2.3 ▶ 使用 Lock 重构生产消费者及线程通信

在前面两个生产者与消费者程序中，都是使用 synchronized（给生产或消费）的方法加锁，然后通过 wait() 和 notifyAll() 进行线程通信。除此以外，还可以使用 Lock 给方法加锁，然后使用 Condition 接口提供的 await() 和 signalAll() 进行线程通信。二者的对应关系如表 3-1 所示。

表 3-1　两种加锁方式的对比

| 加锁目的 | synchronized 关键字 | Lock 接口的 lock()、unlock() 方法 |
| --- | --- | --- |
| 使当前线程处于等待状态 | wait() | Condition 接口提供的 await() 方法 |
| 唤醒当前对象的线程 | notify()、notifyAll() | Condition 接口提供的 signal()、signalAll() 方法 |

下面使用 Lock 和 Condition 重构之前的第一个生产者消费者程序。

**范例 3-8** 使用 Lock+Condition 实现生产者与消费者

### 汽车库存类 CarStock

**》【源码：demo/ch03/lock/CarStock.java】**

```
class CarStock {
  int cars;
  private Lock lock = new ReentrantLock();
  private Condition condition = lock.newCondition();
  // 生产车
  public void productCar() {
    lock.lock();
    try {
      if (cars <20) {
        System.out.println(" 生产车 ...."+ cars);
        cars++;
        condition.signalAll();// 唤醒
      } else {
          condition.await();
      }
    } catch (..) {...}
    finally {
        lock.unlock();
    }
  }
// 消费车
```

```
public void consumeCar() {
    lock.lock();
    try {
        if (cars >0) {
            System.out.println(" 销售车 ...."+ cars);
            cars--;
            condition.signalAll();// 唤醒
        } else {
            condition.await();// 等待
        }
    } catch (...) {...}
    finally {
        lock.unlock();
    }
  }
}
```

其余代码，与之前的完全相同。

**范例 3-9** 线程交替打印

再来完成一道线程通信的例题：建立 3 个线程，第一个线程打印 1、第二个线程打印 2、第三个线程打印 3；要求 3 个线程交替打印，即按照 123123123123…的顺序打印。

做本题的思路：先让第一个线程打印 1，然后通知第二个线程打印 2；第二个线程打印完 2 后，再通知第三个线程打印 3；第三个线程打印完 3 后，再通知第一个线程打印 1，如此循环。此外，每个线程在打印前，需要先判断，如果还没轮到自己打印，则等待；如果轮到自己，就立刻打印，并在打印完毕后通知下一个线程，代码如下所示。

### 1. 打印类 LoopPrint123

**【源码：demo/ch03/print/LoopPrint123.java】**

```
public class LoopPrint123 {
    // 初始值
    private int number = 1;
    //Lock 对象
    private Lock lock = new ReentrantLock();
    // 通知打印 1 的信号
    private Condition con1 = lock.newCondition();
    // 通知打印 2 的信号
    private Condition con2 = lock.newCondition();
    // 通知打印 3 的信号
```

```
private Condition con3 = lock.newCondition();

public void print1() {
  lock.lock();
  try {
    // 本方法只能打印 1，如果不是 1 就等待
    if (number != 1) {
      con1.await();
    }
    // 如果是 1，就打印 "1"
    System.out.println(1);
    // 打印完 "1" 之后，去唤醒打印 "2" 的线程
    number = 2;
    con2.signal();
  } catch (…) {…}
  finally {
    lock.unlock();
  }
}
public void print2() {
  lock.lock();
  try {
    // 本方法只能打印 2，如果不是 2 就等待
    if (number != 2) {
      con2.await();
    }
    // 如果是 2，就打印 "2"
    System.out.println(2);
    // 打印完 "2" 之后，去唤醒打印 "3" 的线程
    number = 3;
    con3.signal();
  } catch (…) {…}
  finally {
    lock.unlock();
  }
}

public void print3() {
  lock.lock();
  try {
```

```
            // 本方法只能打印 3，如果不是 3 就等待
            if (number != 3) {
                con3.await();
            }
            // 如果是 3，就打印 "3"
            System.out.println(3);
            // 打印完 "3" 之后，去唤醒打印 "1" 的线程
            number = 1;
            con1.signal();
        } catch (⋯) {⋯}
        finally {
            lock.unlock();
        }
    }
}
```

**2. 测试类 TestLoopPrint123**

❱【源码：demo/ch03/print/TestLoopPrint123.java】

```
public class TestLoopPrint123 {
    public static void main(String[] args) {
        LoopPrint123 loopPrint = new LoopPrint123();
        // 创建一个线程，用于不断地打印 1( 通过 print1() 方法 )
        new Thread(() -> {
            while (true) {
                loopPrint.print1();
            }
        }).start();

        // 创建一个线程，用于不断地打印 2( 通过 print2() 方法 )
        new Thread(() -> {
            while (true) {
                loopPrint.print2();
            }
        }).start();

        // 创建一个线程，用于不断地打印 3( 通过 print3() 方法 )
        new Thread(() -> {
            while (true) {
```

```
            loopPrint.print3();
        }
    }).start();
  }
}
```

某一时刻的运行截图，如图 3-15 所示。

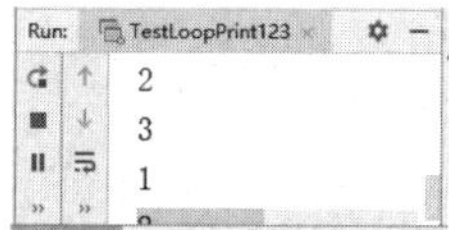


图 3-15　线程交替打印的运行截图

本例使用的是 Lock 和 Condition 的通信方式，读者可以使用 synchronized 中的 wait() 和 notify() 进行尝试。

Lock 和 synchronized 两种加锁方式的主要区别如表 3-2 所示。

**表 3-2　两种加锁方式的区别**

| | synchronized | Lock |
|---|---|---|
| 形式 | Java 的关键字 | 接口<br>常用的实现类是 ReentrantLock |
| 锁的获取（加锁） | 如果要访问的资源已被其他线程加了锁，那么就会一直等待 | 有多种方式<br>可以与 synchronized 类似一直等待；也可以先尝试获取锁，如果被占用就放弃获取，而不再一直等待 |
| 锁的释放形式（解锁） | 1. synchronized 修饰的方法或代码执行完毕<br>2. 发生异常 | 必须使用 unlock() 方法释放<br>一般建议将 unlock() 写在 finally 代码块中 |
| 锁的状态 | 无法判断 | 可以判断 |
| 中断等待 | 不支持 | 支持 |

通过表 3-2 可知，如果使用 synchronized 加锁，当发生死锁时，相互争夺资源的线程就会一直等待。而如果使用 Lock 加锁，就可以避免这种情况。

## 范例 3-10　尝试加锁

当一个线程加锁后，另一个线程不会一直等待，而会持续尝试 5ms，如果一直失败再放弃加锁。

**》【源码：demo/ch03/lock/TestTryLock.java】**

```
...
public class TestTryLock extends Thread {
  static Lock lock = new ReentrantLock();
  @Override
  public void run() {
```

```
        boolean isLocked = false;
        String currentThreadName = Thread.currentThread().getName();
        try {
            // 在 5ms 的时间内，始终尝试加锁
            isLocked = lock.tryLock(5, TimeUnit.MILLISECONDS);
            System.out.println(currentThreadName + "- 尝试加锁： "+ isLocked);
            if (isLocked) {
                // 如果尝试成功，则加锁
                Thread.sleep(20);
                System.out.println(currentThreadName + "- 加锁成功 ");
            } else {
                System.out.println(currentThreadName + "- 加锁失败 ");
            }
        } catch (… ) {… }
         finally {
            if (isLocked) {
                System.out.println(currentThreadName + "- 解锁 ");
                lock.unlock();
            }
        }
    }

    public static void main(String[] args) {
        TestTryLock t1 = new TestTryLock();
        TestTryLock t2 = new TestTryLock();
        t1.setName("t1");
        t2.setName("t2");
        t1.start();
        t2.start();
    }
}
```

运行结果如图 3-16 所示。

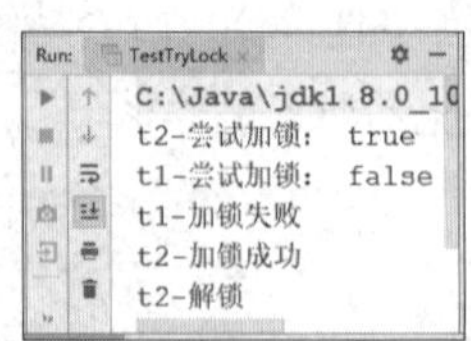


图 3-16　使用 Lock 避免死锁

本程序使用 tryLock() 对资源进行加锁，各种加锁方法的简介如下。

（1）lock()：立刻获取锁，如果锁已被占用则等待。

（2）tryLock()：尝试获取锁，如果锁已被占用则返回 false，且不再等待；如果锁处于空闲，则立刻获取锁，并返回 true。

（3）tryLock(long time, TimeUnit unit)：与 tryLock() 的区别是，该锁会在 time 时间段内不断地尝试，unit 是 time 的时间单位。

### 范例3-11 中断等待

如果线程 A 使用 Lock 方式加了锁，并且长时间独占使用，那么线程 B 就会因为长时间都无法获取锁而一直处于等待的状态，但是这种等待的状态可能被其他线程中断。

**【源码：demo/ch03/lock/TestInterruptibly.java】**

```
...
public class TestInterruptibly {
  private Lock myLock = new ReentrantLock();
  public static void main(String[] args) throws InterruptedException {
    TestInterruptibly myInter = new TestInterruptibly();
    MyThread aThread = new MyThread(myInter);
    aThread.setName("A");
    MyThread bThread = new MyThread(myInter);
    bThread.setName("B");
    aThread.start();
    bThread.start();
    Thread.sleep(1000);
    /*
      main 线程休眠 1s，A、B 线程各休眠 5s，即当 main 结束休眠时，A、B 仍然在休眠。
因此 ,main 线程会中断 B 线程的等待
    */
    bThread.interrupt();
  }

  public void myInterrupt(Thread thread) throws InterruptedException {
    // 注意，此次是使用 lockInterruptibly() 加锁
    myLock.lockInterruptibly();
    try {
      System.out.println(thread.getName() + "- 加锁 ");
      Thread.sleep(3000);
    } finally {
      System.out.println(thread.getName() + "- 解锁 ");
      myLock.unlock();
    }
  }
}
```

```
class MyThread extends Thread {
    private TestInterruptibly myInter = null;

    public MyThread(TestInterruptibly myInter) {
        this.myInter = myInter;
    }

    @Override
    public void run() {
        try {
            myInter.myInterrupt(Thread.currentThread());
        } catch (Exception e) {
            System.out.println(Thread.currentThread().getName() + " 被中断 ");
        }
    }
}
```

运行结果如图 3-17 所示。

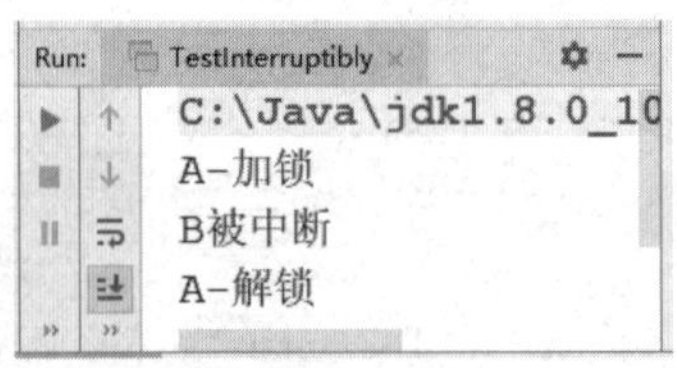


图 3-17　中断等待的运行结果

本程序中使用 lockInterruptibly() 进行加锁，与使用 lock() 的区别如下。

lock(): 一个线程加了锁之后，其他线程只能等待、不能被中断。

lockInterruptibly()：一个线程加了锁之后，其他线程因为无法获取锁而导致的等待状态可以被中断。

通过以上示例可以发现，Lock 比 synchronized 拥有更加强大的加锁功能。

### 3.2.4 ▶ CAS 无锁算法

为了保证共享的资源在并发访问时的数据安全，是否必须对共享的资源加锁（synchronized，Lock）？并非如此。还可以使用 CAS（Compare and Swap）无锁算法。

实际上，加锁是处理并发最简单的方式，但对系统性能的损耗也是巨大的。例如，加锁、释放锁会导致系统多次进行上下文切换（内核态与用户态之间的切换），造成调度延迟等情况。因此，为了减少加锁对性能的损耗，还可以通过 CAS 算法来保证数据的安全。

加锁的方式可以理解为一种悲观的策略，该策略总是假设对数据的访问是不安全的（在一个线程访问数据的同时，其他线程也会修改此数据），因此总是会对要访问的数据加锁，然后独占式访问。

与之相反，CAS 算法是一种乐观的策略，该策略总是假设对数据的访问是安全的（在一个线程访问数据的同时，其他线程不会操作此数据），因此每次会直接访问数据，访问时可能出现以下两种情况。

（1）如果要访问的数据已被其他线程修改（即数据不安全），就会放弃此次访问，再重新获取最新的数据（即被其他线程修改后的数据）；如果重新获取最新数据时，又被另外的线程修改了刚刚“最新”的数据，就再次放弃此次访问，再重新获取最新的数据……

（2）如果要访问的数据没有冲突（从上次访问以后，没有其他线程对该数据进行修改），就直接访问该数据。

不难发现，CAS 算法没有加锁操作，因此不会出现死锁。

### 3.2.5 ▶ 使用信号量（Semaphor）实现线程通信

Semaphore 称为信号量，是引自操作系统中的概念。在 Java 中，Semaphore 可以通过 permits 属性控制线程的并发数。

在使用了 Semaphore 的编程中，默认情况下所有线程都处于阻塞状态。可以用 Semaphore 的构造方法设置可执行线程的并发数（即 permits 的值，如 3），然后通过 acquire() 方法允许同一时间只能有 3 个线程同时执行；并且在这 3 个线程中，如果某个线程执行完毕，就可以调用 release() 释放一次执行的机会，然后从其他等待的线程中随机选取一个来执行。

**范例 3-12** 线程控制

同一时间内最多允许 3 个线程同时执行，但却有 8 个线程在尝试并发执行。

》【源码：demo/ch03/TestSemaphore.java】

```
...
public class TestSemaphore {
  public static void main(String[] args) {
    ExecutorService executor = Executors.newCachedThreadPool();
    // 同一时间，只允许 3 个线程并发访问
    Semaphore semp = new Semaphore(3);
    // 创建 8 个线程
    for (int i = 0; i < 8; i++) {
      final int threadNo = i;
      //execute() 方法的参数：重写了 run() 方法的 Runnable 对象
      executor.execute(() -> {
            try {
              // 同一时间，只能有 3 个线程获取允许执行
              semp.acquire();
```

```
                System.out.println(" 得到许可并执行的线程 : " + threadNo);
                Thread.sleep((long) (Math.random() * 10000));
                //得到许可的线程执行完毕后，将机会转让给其他线程
                semp.release();
            } catch (InterruptedException e) {… }
        }
    };
}
// executor.shutdown();
}
}
```

运行结果如图 3-18 所示。

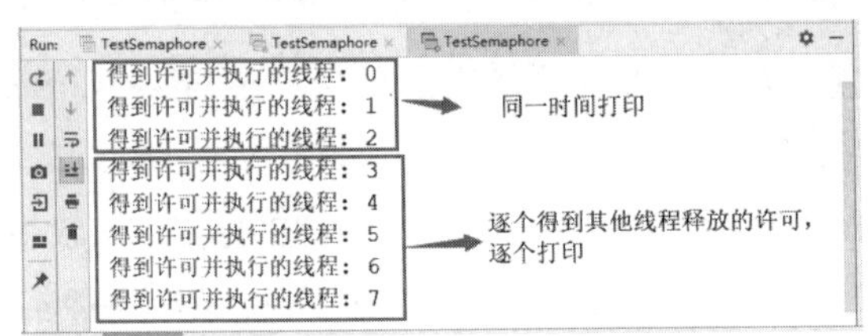


图 3-18　使用 Semaphor 实现线程通信

**范例 3-13　线程交替打印**

前面，我们使用 Lock+Condition 的方式做过“三个线程循环打印 123…”的题目，读者可以使用 Semaphore 重做此题。

▶【源码：demo/ch03/print/LoopPrint123WithSemaphore.java】

鉴于篇幅有限，读者可以在本书赠送的配套资源中查看本例源码。

## 3.3 不可不学的 Java 新特性

在本书的示例代码中，出现了大量 Lambda 表达式等 JDK 8 版本提供的 Java 新特性，并且这些新特性在 Java 发展史上也很重要。本节将对一些重要的新特性进行详尽且深入的讲解。

### 3.3.1 ▶ Lambda 及函数式接口实例讲解

在 JDK 8 出现以前，无法将方法作为参数传递给另一个方法，也无法将方法作为另一个方法的返回值。而在 JavaScript、Scala 等函数式语言中，将方法作为另一个方法的参数或返回值十分常见，并且是非常有价值的做法。JDK 8 新增加的 Lambda 就提供了这一功能，实现了 Java 向函数式编程风格的迈进。

JDK 8 提供的 Lambda 表达式可以让代码的编写变得更简洁、更紧凑，并且 Lambda 可以作为

一段可传递的代码（可用于传递一种行为，而不仅仅是值）。可以将 Lambda 理解成一种匿名函数，即没有访问修饰符、返回值类型、方法名的函数。严格来讲，在 Python、Scala 等语言中，Lambda 表达式的类型的确是函数，但是在 Java 中 Lambda 语法属于一种对象类型。

一个 Lambda 表达式由以下三部分组成。

（1）用逗号分隔的参数列表。

（2）箭头符号（→）。

（3）方法体（表达式或代码块）。

接下来，通过实例演示 Lambda 表达式的具体用法。

在编写多线程程序时，经常会写出以下形式的代码。

**范例 3-14** Lambda 表达式基础

**【源码：demo/ch03/jdk/HelloWorld.java】**

```
public class HelloWorld {
public static void main(String[] args) {
  new Thread(new Runnable() {
    @Override
    public void run() {
      System.out.println("Hello World");
    }
  }) .start();
 }
}
```

以上代码，就可以用 Lambda 表达式来进行简化，写成以下等价形式的代码。

**【源码：demo/ch03/jdk/HelloWorld.java】**

```
public class HelloWorld {
public static void main(String[] args) {
    new Thread( () ->System.out.println("Hello World") ) .start();
}
}
```

如何理解这段用 Lambda 简化了的程序呢？其实 Lambda 表达式的一个重要特点就是简化，就是将代码中“没用的废话”全部删除，如下所示。

```
public class HelloWorld {
         public static void main(String[] args) {
                  new Thread(new Runnable(){
                           @Override
                           public void run() {
```

```
                    System.out.println("Hello World");
                }
            }).start();
    }
}
```

以上代码，将 new Thread() 中“没用的废话”全部删除后，就只剩下了 () 和 System.out.println(“Hello World”)，再将二者用“->”连接起来，就成了简化后的代码，即 Lambda 表达式。

继续分析，剩下的 () 和 System.out.println(“Hello World”) 具体是什么。

（1）()：方法的参数列表。

（2）System.out.println(“Hello World”)：方法体。

也就是说，Lambda 表达式只留下了方法中最重要的参数列表和方法体，而将其余的代码全部删除。因此 Lambda 表达式可以看作以下格式：

方法的参数列表 -> 方法体

继续分析，本程序 new Thread(x) 中，x 应该是一个 Runnable 类型的对象，而简化后的代码直接将“() ->System.out.println(“Hello World”)”作为一个对象传入 x 中。这就是之前说的“Lambda 可以作为一段可传递的代码”，即 Lambda 可以作为一个对象传递到方法的参数中。

再深入思考，将 Lambda 表达式作为参数传递到了“new Thread(x) .start();”的 x 中，实际上就是通过 Lambda 表达式重写了 Thread() 构造方法所需要的 Runnable 对象中的 run() 方法，为什么写的 Lambda 表达式一定会重写 run() 方法，而不是 Runnable 中的其他方法呢？因为 Runnable 接口中有且仅有一个抽象方法 run()，Runnable 源码如下所示。

**【源码：java.lang.Runnable】**

```
@FunctionalInterface
public interface Runnable {
    public abstract void run();
}
```

因此，用 Lambda 表达式作为一个对象传入方法的参数时（如 new Thread(lambda 表达式).start ），就必须保证 Lambda 表达式充当的这个对象所属的接口（如 Runnable）仅有一个抽象方法。并且，JDK 8 将这种“只包含一个抽象方法的接口”称为函数式接口，并且可以用 @FunctionalInterface 进行标注。使用函数式接口，需要注意以下两点。

（1）如果某个接口只包含一个抽象方法，但没有标注 @FunctionalInterface。JDK 仍然会将此接口看作函数式接口。

（2）函数式接口存在一种特殊情况，如果某个接口中有多个抽象方法，但只有一个方法是该接口新定义的，其他抽象方法都和 Object 类中已实现的方法有相同的定义，那么该接口依然是函数式接口，如下所示。

**范例 3-15** 特殊的函数式接口

**【源码：demo/ch13/jdk/MyFunctionalInterface.java】**

```
@FunctionalInterface
public interface MyFunctionalInterface {
    public abstract void method() ;
    public abstract String toString();
    public abstract boolean equals(Object obj);
}
```

以上代码，虽然接口 MyFunctionalInterface 中有 3 个抽象方法，但由于仅 method() 这一个方法是本接口新定义的，而其他 toString() 和 equals() 两个方法的定义与 Object 中的完全相同，因此 MyFunctionalInterface 依旧是一个函数式接口。而且，如果直接调用 MyFunctionalInterface 中的 toString() 或 equals() 方法（注意，这两个方法没有被具体实现），就相当于调用了 Object 类中的相应方法。为何会这样？笔者认为，也许是因为 "Everything is an Object" 接口也默认继承自 Object，因此 MyFunctionalInterface 就继承了 Object 中已实现的方法。

综上所述，以后在用 Lambda 表达式作为对象时，就必须先准备好一个函数式接口。这个接口可以是自定义的接口，只要接口中仅有一个抽象方法即可；也可以是 JDK 8 中 java.util.function 包内的接口，该包内的接口就是 JDK 8 已定义好的各种函数式接口。

常见的四大核心函数接口如表 3-3 所示。

**表 3-3 四大核心函数式接口**

| 函数式接口 | 接口中的抽象方法 | 简介 |
|---|---|---|
| Consumer<T> | void accept(T t)<br>有参数，无返回值 | 消费型接口：将传入的参数 t 处理后，无返回<br>可以理解为将 t 给消费了 |
| Supplier<T> | T get()<br>无参数，有返回值 | 供给型接口：没有任何传入参数，但却返回了一个值<br>可以理解为不需要提供原料，但却会回报一个值 |
| Function<T, R> | R apply(T t);<br>有参数，有返回值 | 函数型接口：传入一个参数 t，处理后，返回另一个值 r<br>可以理解为对传入的参数进行了加工，并将加工后的结果返回 |
| Predicate<T> | boolean test(T t) | 断言型接口：对传入的参数 t 进行自定义规则的断言，并将断言的结果以 boolean 类型返回 |

接下来，讲解 Lambda 表达式的两种编写风格。

### 1. Lambda 表达式编写风格一

**范例 3-16** Lambda 表达式风格一

函数式接口名 引用名 = Lambda 表达式。

例如：

Predicate<Integer> p = num -> num<10。

**【源码：demo/ch03/jdk/TestLambda.java】**

鉴于篇幅有限，读者可以在本书赠送的配套资源中查看本例源码。

**范例 3-17 类型推测**

类型推测也是 Lambda 提供的一个特性，读者可以再通过以下示例深入体会。

**【源码：demo/ch03/jdk/TestLambda.java】**

```
public void testLambda {
  IntConsumer ic = (int x) -> System.out.println(x) ;
  ic.accept(10);

  Consumer<String> c = (String x) -> System.out.println(x) ;
  c.accept("hello");
  /* 以上两个 lambda 表达式，右侧的 lambda 可以根据指定的输入参数类型 int 或 String，判断 x 的具体
类型 */
  IntConsumer ic2 = (x) -> System.out.println(x) ;
  ic2.accept(10);

  Consumer<String> c2 = (x) -> System.out.println(x) ;
  c2.accept("hello");
  /* 以上两个 lambda 表达式完全相同，因此可以只通过 lambda 的“类型推断”机制，根据上下文自动
判断类型是 String 或 int*/
}
```

### 2. Lambda 表达式编写风格二

**范例 3-18 Lambda 表达式风格二**

将 Lambda 表达式所代表的函数式接口对象作为一个方法的传入参数。

例如：

String upperStr = upper((str) -> str.toUpperCase(),"hello world")。

**【源码：demo/ch03/jdk/TestLambda.java】**

鉴于篇幅有限，读者可以在本书赠送的配套资源中查看本例源码。

除了 java.util.function 包外，JDK 还提供了很多其他的函数式接口，例如，之前用到的 Runnable，以及比较器 Comparable 接口等都属于函数式接口。

总之，凡是用到了函数式接口的地方，就可以使用 Lambda 表达式来简化代码。

### 3.3.2 ▶ 5 种形式的方法引用演示案例

Lambda 表达式可以用于简化代码。更进一步，当满足某些条件时，Lambda 表达式可以进一步简化为方法引用。在介绍方法引用之前，先看一下 java.util.function 包中的 BiFunction 接口，其源码如下所示。

▶【源码：java.util.function.BiFunction】

```
@FunctionalInterface
public interface BiFunction<T, U, R> {
  R apply(T t, U u);
  ...
}
```

现使用 Lambda 表达式实现此接口，如下所示。

**范例 3-19 BiFunction 接口的实现**

本次实现的功能：求两个数的最大值。

▶【源码：demo/ch03/jdk/TestBiFunction.java】

```
public static void test01(){
    BiFunction<Integer,Integer,Integer> bf = (a,b) ->{
      return Math.max(a, b); // 仅引用了一个已存在的方法，用于求 a、b 的最大值
  };
}
```

类似上例的代码，在很多时候使用 Lambda 表达式作为函数式接口的对象时，仅仅是引用了一个已存在的方法。对于这种情况，就可以使用方法引用做进一步简化，方法引用的符号是“::”，代码如下。

**范例 3-20 方法引用**

▶【源码：demo/ch03/jdk/TestMethodRef.java】

```
    // 方法引用形式一：“类名 :: 静态方法名”
public static void test01(){
  // 与上述 lambda 表达式等价的方法引用形式
  BiFunction<Integer, Integer, Integer> bf = Math::max;
  // 计算结果并打印
  int result = bf.apply(20, 10);
  ...
}
```

在使用方法引用时，必须满足一个条件，即 Lambda 所重写方法的参数列表，必须与所引用方法的参数列表一致（或可兼容）。例如，在上例中，Lambda 重写的是 BiFunction 接口中的 Integer apply(Integer t, Integer u) 方法，方法的参数列表是 (Integer ,Integer )；Lambda 引用的方法是 int max(int a, int b)，参数列表是 (int, int )，即参数列表与 apply() 的兼容。因此，就可以使用方法引用。

具体地讲，方法引用可以分为以下五种形式。

### 1. 类名 :: 静态方法名

如上述的 Math::max，其中 Math 是类，而 max 是一个 static 方法。

### 2. 对象名 :: 非静态方法

范例 3-21 方法引用

【源码：demo/ch03/jdk/TestMethodRef.java】

```
// 方法引用形式二："对象的引用 :: 非静态方法名"
public static void test02(){
  ArrayList<String> list = new ArrayList<>() ;
  list.add("zs") ;
  /* lambda 形式
     Predicate<String> predicate = (x) -> list.add(x) ;
  */
  /*
    等价的方法引用形式
    下条语句中，等号左侧接口中的方法 test(): 入参是 String，返回值是 boolean
    等号右侧 add(): 入参 String，返回值是 boolean。二者的入参和返回值一致，因此也可以
使用方法引用
    并且此时，list 是一个对象，add 是一个非静态方法，因此，本次方法引用的形式是
"对象的引用 :: 非静态方法名"
   */
   Predicate<String> predicate = list::add ;
}
```

对于这种形式，使用最多的是 System.out.println() 方法，该方法在 JDK 中涉及的部分源码如下所示。

（1）System 类。

【源码：java.lang.System】

```
public final class System {
...
```

```
public final static PrintStream out = null;
...
}
```

（2）PrintStream 类。

【源码：java.io.PrintStream】

```
public class PrintStream extends FilterOutputStream implements Appendable, Closeable
{
  ...
  public void print(char c) {...}
  public void println() {
     newLine();
  }
...
}
```

也就是说，打印语句最终是由 out 对象调用的非静态方法 print() 或 println()。因此，打印语句也可以写成方法引用的形式，如下所示。

**范例 3-22** 方法引用

【源码：demo/ch03/jdk/TestMethodRef.java】

```
public void test02_2(){
    //lambda 表达式的形式
    PrintStream ps = System.out;
    Consumer<String> con = (str) ->ps.println(str);
    // 或者直接写成： Consumer<String> con = (str) -> System.out.println(str);

   // 等价的方法引用形式
    Consumer<String> con2 = ps::println;
    // 或者直接写成：Consumer<String> con2 = System.out::println; 此种方式更为常见

    // 使用举例
    con2.accept("Hello World");
}
```

### 3. 类名 :: 非静态方法

前两种方式的方法引用，在传统的 Java 语法中对应着“类名 :: 静态方法”和“对象名 :: 非静态方法”，很容易理解。但是第三种方法引用在 Java 语法中对应的原型是“类名 :: 非静态方法”，这种方式在 Java 语法中并不推荐。因此在方法引用中也必须满足特殊的条件时才能使用，即 Lambda 表达式参数列表的第一个参数必须是方法的调用者，其他参数必须是方法的参数，如图 3-19 所示。

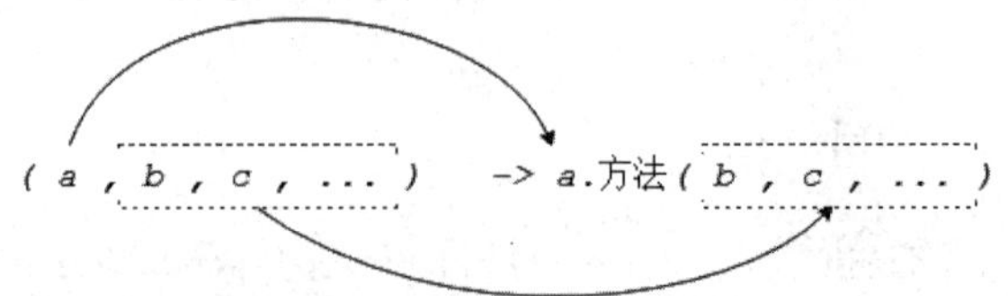


图 3-19 类名调用非静态方法的方法引用

**范例 3-23** 方法引用

【源码：demo/ch03/jdk/TestMethodRef.java】

```
// 方法引用形式三："类名 :: 非静态方法"
public void test03() {
   /*
    lambda 形式：
     第一个参数 a，正好是 equals() 方法的调用者；第二个参数 b，正好是方法的参数，满足条件
   */
  BiPredicate<String, String> bp = (a,b) -> a.equals(b) ;
  // 等价的方法引用形式：
  BiPredicate<String, String> bp2 = String::equals;
  System.out.println(bp2.test("hello", "hello"));
}
```

此外，方法引用还可以演变为构造器引用和数组引用。

#### 4. 构造器引用

形式：类名 :: new。

例如：

Supplier<Person> s = Person::new。

**范例 3-24** 构造器引用

【源码：demo/ch03/jdk/TestMethodRef.java】

鉴于篇幅有限，读者可以在本书赠送的配套资源中查看本例源码。

需要注意，在使用构造器引用时，无论是引用无参构造器还是有参构造器，统一使用的都是“Person::new”。这是因为，构造器引用能够根据等号左侧需要的参数类型自动推测出相匹配的构造方法。

#### 5. 数组引用

形式：元素类型 [] :: new。

对于数组的创建，基本都是传入一个数字，返回一个数组对象。例如，String[] str = new String[ 数字 ]，正好与函数式接口 Function<Integer, 元素类型 []> 相对应。

**范例 3-25** 数组引用

》【源码：demo/ch03/jdk/TestMethodRef.java】

```
// 方法引用形式五，数组引用："元素类型 [] :: new"
public void test05(){
    //lambda 表达式的形式
    Function<Integer, String[]> fun = num ->new String[num];
    // 等价的数组引用的形式
    Function<Integer,String[]> fun1 = String[]::new;

    // 使用举例
    String[] strs = fun.apply(10);
    System.out.println(strs.length);
}
```

### 3.3.3 ▶ 通过案例详解 Stream 流式处理的生成、转换与终端操作

首先说明，本小节讲解的 Stream 是指 JDK 8 中提供的 java.util.stream 包中的流，而不是 I/O 操作中的流。

Lambda 和 Stream 的出现，使 Java 向函数式编程迈出了重要的一步。Stream 主要对集合、数组等批量数据提供了非常便利的操作。需要注意，Stream 指的是一种“操作”，因此它不会存储数据。

使用 Stream 需要经历如图 3-20 所示的 3 个步骤。

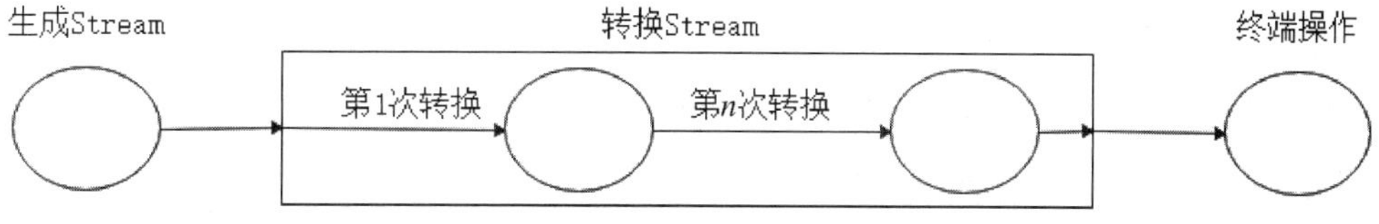


图 3-20　Stream 执行流程

下面，我们就通过案例来学习如何执行每一个步骤。

#### 1. 生成 Stream

Stream 操作的是“大批量”数据，因此生成 Stream 实际就是如何将集合等“大批量”类型转为 Stream 类型。有以下几种常见的方式。

（1）通过集合、数组提供的方法。

① 通过 Collection 提供的 stream() 和 parallelStream() 方法，相关 JDK 源码如下所示。

**【源码：java.util.Collection】**

```
public interface Collection<E>extends Iterable<E> {
  ...
  default Stream<E> stream() {
      return StreamSupport.stream(spliterator(), false);
  }
  default Stream<E> parallelStream() {
      return StreamSupport.stream(spliterator(), true);
  }
}
```

> **注意**：既然 Collection 中有创建 Stream 的方法，那么它的子接口 List、Set 等也拥有这些方法。

② 通过 Arrays 提供的各种重载的 stream() 方法。

**【源码：java.util.Arrays】**

注意，stream() 的参数只能是 double[]、int[]、long[] 和对象 [] 4 种类型，并不是任意类型的数组都可以通过 stream() 方法转为 Stream。例如，stream() 就不能将 char[]、boolean[] 等类型的数组转为 Stream。

（2）通过接口提供的方法。

通过 Stream 接口提供的 of()、iterate()、generate() 方法，以及 Stream 的内部接口中的 build() 方法，相关 JDK 源码如下所示。

**【源码：java.util.stream.Stream】**

```
public interface Stream<T>extends BaseStream<T, Stream<T>> {
public static<T> Stream<T> of(T t) {
      return StreamSupport.stream(new Streams.StreamBuilderImpl<>(t), false);
  }
  @SafeVarargs
  @SuppressWarnings("varargs") // Creating a stream from an array is safe
  public static<T> Stream<T> of(T... values) {
      return Arrays.stream(values);
  }
  public static<T> Stream<T> iterate(final T seed, final UnaryOperator<T> f)
{ ... }
```

```
    public static<T> Stream<T> generate(Supplier<T> s) { … }
    …
    public interface Builder<T>extends Consumer<T> {
      …
      Stream<T> build();
    }
}
```

其中，of() 方法可以将传入的数据转为一个 Stream；iterate() 和 generate() 可以生成“无限流”，即 Stream 中的元素有无穷多个，一般会结合 limit() 使用，limti() 可以控制 Stream 中的元素个数。

Stream 接口还提供了其他很多返回值为 Stream 方法，例如 <R> Stream<R> map(Function<? super T, ? extends R> mapper) 等。但这些方法通常是用于“转换 Stream”的，而不是这里讨论的“生成 Stream”。

（3）生成其他类型的 Stream。

以上两种方式，创建的都是 Stream 类型的流。实际上，除了 Stream 流外，JDK 8 还提供了很多其他类型的流，它们全部都继承自 BaseStream 接口，如图 3-21 所示。

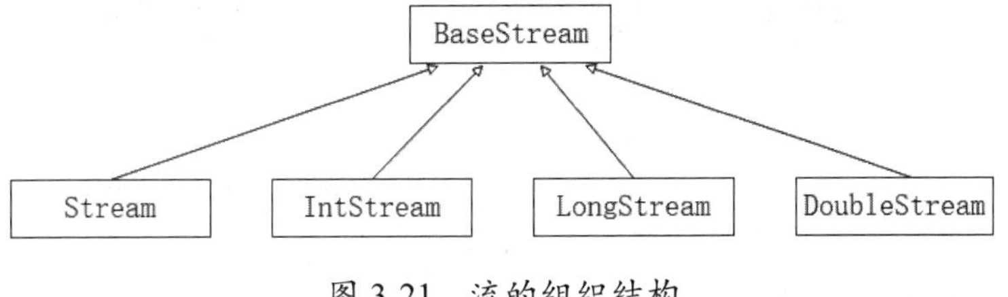


图 3-21　流的组织结构

> **注意**
>
> Stream、IntStream、LongStream 和 DoubleStream 是同一级别的流，这四者之间并没有继承关系。

不同的流对应着不同的生成方法，举例如下。

① 通过 java.util.Random 类产生各种数字类型的流，如 public IntStream ints()、public DoubleStream doubles() 等方法。

② java.util.BitSet 提供的 public IntStream stream() 方法，java.util.regex.Pattern 类提供的 public Stream<String> splitAsStream(final CharSequence input) 等。

**范例 3-26** 创建流

【源码：demo/ch03/jdk/TestStreamAPI.java】

```
// 创建 Stream
public void test01() {
```

```
    // 通过 Collection 提供的 stream() 和 parallelStream() 方法创建流
    List<String> list = new ArrayList<>();
    list.add("hello");
    list.add("world");
    // 将 list 中的元素以 " 流元素 " 的形式，存放于 Stream 中
    Stream<String> strStream = list.stream();
    Stream<String> strParallelStream = list.parallelStream();
  ...
  }
```

鉴于篇幅有限，读者可以在本书赠送的配套资源中查看本例完整源码。

### 2. 转换 Stream

"转换 Stream"就是对"生成的 Stream"进行的各种操作，如 filter() 过滤、limit() 限制等。可以对同一个 Stream 进行多次转换操作。

常见的转换方法如表 3-4 所示。

表 3-4 常见的转换 Stream 的方法

| 转换方法 | 功能 |
|---|---|
| filter(Predicate<T>) | 筛选出符合条件的元素 |
| map(Function<T, U>) | 将流中的各个元素，统一进行某种转换操作<br>map() 是一对一的操作。例如，假设流中有 10 个元素，那么可以通过 map() 将这 10 个元素全部变为大写 |
| flatMap(Function<T, Stream<U>> | 与 map() 类似，但不同的是 flatMap() 是一对多的操作 |
| distinct() | 删除流中重复的元素 |
| sorted() | 将流中的元素，按 Comparable 中的 compareTo() 排序（称为内部排序）<br>一般可用于比较的类，都已经实现了 Comparable 接口，例如 String 的定义：public final class String implements Comparable<String>,... |
| Sorted(Comparator<T>) | 将流中的元素，按自定义比较器 Comparator 中的 compare() 排序（称为外部排序）。自定义比较器，需要根据业务需求自己编写 |
| limit(long) | 将流中的元素，截取成指定个数的元素 |
| skip(long) | 跳过流中前 *n* 个元素，即从第 *n*+1 个元素开始使用 |

需要注意的是，转换操作是惰性的，只会改变流管道中的元素，不会立刻执行任何操作。

**范例 3-27** 转换 Stream 操作

【源码：demo/ch03/jdk/TestStreamAPI.java】

```
// 转换 Stream 操作
public void test02() {
```

```
    //----------------limit() 操作 -------------------------
    // 产生以 0 开始偶数组成的流，并且只使用前 5 个数字
    Stream<Integer> stream = Stream.iterate(0, x -> x + 2).limit(5);
    System.out.println("limt(5)，截取无限流中的前 5 个元素：");
    stream.forEach(x -> System.out.print(x+"\t") );
/*
    注意：一个 Stream 对象只能被终端操作使用一次，而上述的 forEach() 就是一个终端操作
（用于迭代流中的各个元素）。因此，后续如果还要使用 Stream 对象，就必须重新生成
    */

    ...

    /*
删除流中重复的元素：如果流中元素为对象类型，需要通过 " 重写 hashCode() 和 equals()"
来告诉程序什么样的对象可以作为同一个元素（例如，可以认为 : 当 name 和 age 相同时，
就作为同一个对象）
*/
    Person[] pers = new Person[]{new Person("zs", 23), new Person("zs", 23),
new Person("ls", 24)};
    System.out.println("\ndistinct()，删除无限流中的重复元素（对象类型）：");
    Stream.of(pers).distinct().forEach(x -> System.out.print(x+"\t"));

    ...

}
```

鉴于篇幅有限，读者可以在本书赠送的配套资源中查看本例完整源码。

**范例 3-28** 转换 Stream 操作（排序操作）

在转换操作中，还可以使用 sorted() 进行排序操作，读者可以在本书赠送的配套资源中查看示例源码。

》【**源码**：demo/ch03/jdk/Person.java】

》【**源码**：demo/ch03/jdk/TestStreamAPI.java】

### 3. 终端操作

终端操作就是对转换后的 Stream 进行的操作，每进行一次终端操作，就会结束一个 Stream 对象。因此，以后如果还想对 Stream 进行转换操作，就必须重新生成。

常见的终端操作如表 3-5 所示。

表 3-5　常见的 Stream 终端操作

| 终端操作 | 功能 |
| --- | --- |
| forEach(Consumer<T> action) | 遍历操作流中的每个元素 |
| toArray() | 将流的元素转为一个数组 |
| reduce(BinaryOperator<T> )<br>reduce(T identity, BinaryOperator<T> )<br>reduce(U,BiFunction<U, T, U>,BinaryOperator<U>) | 将流中的元素进行规约（聚合），即将多个元素值按照某种约定，汇聚成一个值 |
| collect(Collector<T, A, R> collector)<br>collect(Supplier<R>, BiConsumer<R,T>, BiConsumer<R, R>) | reduce 是将流中的元素聚合成一个值，而 collect() 是将流的元素聚合成一个集合（或一个值）。集合（或值）的类型，由 collect() 的参数指定 |
| min(Comparator<T>) | 通过自定义比较器，返回流中最小的元素 |
| max(Comparator<T>) | 通过自定义比较器，返回流中最大的元素 |
| count() | 返回流中元素的个数 |
| boolean allMatch(Predicate<T>)<br>boolean anyMatch(Predicate<T>)<br>boolean noneMatch(Predicate<T>) | 判断流中的元素是否全部与 Predicate 条件一致<br>判断流中的元素是否存在一个与 Predicate 条件一致的元素<br>判断流中的元素是否没有元素与 Predicate 条件一致 |
| findFirst() | 返回流中的第一个元素 |
| findAny() | 根据特定算法，返回流中的某一个元素 |

**范例 3-29　终端操作**

【源码：demo/ch03/jdk/TestStreamAPI.java】

```
public void test03() {
  ...

   // 聚合成一个 Map 集合：实现按 key 分区 ( 根据 age 是否大于 24)
   Map<Boolean, List<Integer>> agePartition =
Arrays.stream(pers).map(Person::getAge).collect(Collectors
.partitioningBy(age -> age >24));
   System.out.println("Collectors.partitioningBy( age -> age>24 ): "+ agePartition);

   ...
 }
```

鉴于篇幅有限，读者可以在本书赠送的配套资源中查看本例完整源码。

# 第4章

# 4

# 实战解析多线程并发包

JDK 从 5.0 开始提供了并发工具包 java.util.concurrent，简称 JUC。JUC 封装了并发编程中常用的并发容器类、线程池等工具类，是 Java 并发史上的一次重大更新。本章讲解 JUC 中常用工具类的核心语法，并通过具体案例演示每个工具类的实际使用场景。

# 4.1 JUC 核心类的深度解析与使用案例

本节将详细地介绍 JUC 包中的 CopyOnWrite、ReadWriteLock、ConcurrentHashMap、BlockingQueue 和 CountDownLatch 等常用并发工具类，这些工具类是对多线程高级编程的重要支撑。

## 4.1.1 ▶ 使用 CopyOnWrite 实现并发写操作

先回顾几个常见的同步容器类，如 Hashtable、Vector 和 Stack 等。其中 Stack 继承于 Vector。同步容器类是一种串行化、线程安全的容器，在特定情况下会对资源加锁。因此在多线程环境中，能降低应用的吞吐量。此外，同步容器类在早期设计时没有考虑一些并发问题，因此在使用时经常会出现 ConcurrentModificationException 等并发异常，代码如下。

**范例 4-1** 并发读写

**【源码：demo/ch04/TestCopyOnWriteArrayList.java】**

```
public class TestCopyOnWriteArrayList {
  public static void main(String[] args) {
    Vector<String> names = new Vector<>() ;
    names.add("zs") ;
    names.add("ls") ;
    names.add("ww") ;
    Iterator<String> iter = names.iterator();
    while(iter.hasNext()) {
        System.out.println(iter.next());
        names.add("x");
    }
  }
}
```

运行此程序，就会出现如图 4-1 所示的异常。

```
C:\Java\jdk1.8.0_101\bin\java.exe ...
zs
Exception in thread "main" java.util.ConcurrentModificationException
    at java.util.ArrayList$Itr.checkForComodification(ArrayList.java:901)
    at java.util.ArrayList$Itr.next(ArrayList.java:851)
    at juc.TestCopyOnWriteArrayList.main(TestCopyOnWriteArrayList.java:14)

Process finished with exit code 1
```

图 4-1　并发异常

如果将程序中的 Vector 改为 ArrayList（即改为 ArrayList<String> names = new ArrayList<>()，其余代码不变），本程序仍然会抛出 ConcurrentModificationException 异常，并且产生异常的原因和使用 Vector 是相同的。鉴于实际开发更多的是使用 ArrayList，因此接下来以 ArrayList 为例，进

行讲解。

简单地说，造成此 ConcurrentModificationException 异常的原因有以下几点。

（1）ArrayList 有一个全局变量 modCount（从父类 AbstractList 继承而来），并且在 ArrayList 的内部类 ITR 中有一个 expectedModCount 变量。

（2）当对 ArrayList 进行迭代（iter.next()）时，迭代器会先确保 modCount 和 expectedModCount 的值一致，如果不一致就会抛出 ConcurrentModificationException 异常。

（3）本例中，在迭代的同时，又进行了写操作（names.add(...)），而写操作时会改变 modCount 的值（modCount++），因此就导致了 modCount != expectedModCount，最终抛出 ConcurrentModificationException 异常。

JDK 中相关的源代码如下所示。

**》【源码：java.util.AbstractList】**

```
public abstract class AbstractList<E>extends AbstractCollection<E> implements List<E> {
  ...
protected transient int modCount = 0;
...
}
```

**》【源码：java.util.ArrayList】**

```
public class ArrayList<E> extends AbstractList<E>
implements List<E>, RandomAccess, Cloneable, java.io.Serializable
{
   public boolean add(E e) {
     ensureCapacityInternal(size + 1);
...
   }
private void ensureCapacityInternal(int minCapacity) {
...
     ensureExplicitCapacity(minCapacity);
}
private void ensureExplicitCapacity(int minCapacity) {
modCount++;// 可以发现，add() 操作会修改 modCount 的值
...
}
private class Itr implements Iterator<E> {
...
int expectedModCount = modCount;
    ...
```

```
public E next() {
    checkForComodification();
...
 }

final void checkForComodification() {
    // 如果 expectedModCount 与 modCount 不一致，抛异常
if (modCount != expectedModCount)
throw new ConcurrentModificationException();
    }
}
}
```

除了 add() 外，ArrayList 的其他写操作也可能抛出 ConcurrentModificationException 异常。此外，源码中用 expectedModCount = modCount 来确保数据一致性的方法被称为“fail-fast 策略”，与 CAS 思想有着异曲同工之处。

一种解决 ConcurrentModificationException 异常的简单方法，就是将之前使用的同步类容器，改为并发类容器。

JUC 提供了多种并发类容器来改善性能，并且也解决了上述异常，如表 4-1 所示。因此，如果在多线程环境下编程，建议使用并发类容器来替代传统的同步类容器。

**表 4-1　与同步类容器相对应的并发类容器**

| 同步类容器 | 并发类容器 |
|---|---|
| HashTable | ConcurrentHashMap |
| Vector | CopyOnWriteArrayList |

除了 ConcurrentHashMap 和 CopyOnWriteArryList 外，JUC 还提供了 CopyonWriteArraySet、ConcurrentLinkedQueue、PriorityBlockingQueue 等并发类容器。

现在，把之前程序中的 Vector 改为 CopyOnWriteArrayList（即改为 CopyOnWriteArrayList <String> names = new CopyOnWriteArrayList<String>()，其余代码不变），就能够得到正常的输出结果，运行结果如图 4-2 所示。

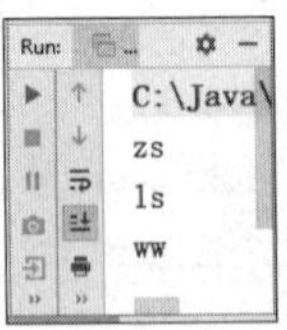


图 4-2　使用并发类容器的运行结果

CopyOnWrite 容器（包含 CopyOnWriteArrayList 和 CopyOnWriteArraySet），正如它的名字一样，当遇到写操作（即增删改）时，就会将容器自身复制一份。以增加为例，当向一个 CopyOnWrite 容器增加元素时，会经历以下两步。

（1）先将当前容器复制一份，然后向新的容器（复制后的容器）里添加元素（并不会直接向当前容器中增加元素）。

（2）增加完元素后，再将引用指向新的容器，原容器等待被 GC 收集。

以上流程如图 4-3 所示。

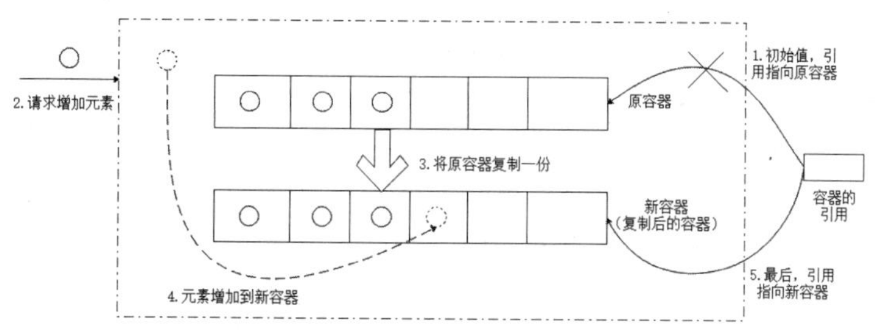


图 4-3　CopyOnWrite 执行流程

实质上，CopyOnWrite 就是利用冗余实现了读写分离。在对容器进行写操作的同时（即容器已经复制了一份，但引用还没有改变指向的时候），原容器仍然可以处理用户的读请求。这样一来，既没有加锁，又以读写分离的形式处理了并发的读和写请求，即在原容器中处理读请求，在新容器中处理写请求。

因此，如果对于“读多写少”的业务，就更适合使用 CopyOnWrite 容器；但如果是“写多读少”就不适合，因为容器的复制比较消耗性能。

## 4.1.2 ▶ 使用 ReadWriteLock 实现读写锁

为了更好地解决多个线程读写带来的并发问题，JUC 还提供了专门的读写锁 ReadWriteLock，可以分别用于对读操作或写操作进行加锁，ReadWriteLock 在 JDK 中的源码如下所示。

》【源码：java.util.concurrent.locks.ReadWriteLock】

```
package java.util.concurrent.locks;
public interface ReadWriteLock {
    Lock readLock();
    Lock writeLock();
}
```

源码中 readLock() 和 writeLock() 的含义如下。

（1）readLock()：读锁。加了读锁的资源，可以在没有写锁的时候被多个线程共享。换句话说，如果 t1 线程已经获取了读锁，那么此时存在以下状态：

①如果 t2 线程要申请写锁，则 t2 会一直等待 t1 释放读锁；

②如果 t2 线程要申请读锁，则 t2 可以直接访问读锁，也就是说 t1 和 t2 可以共享资源，就和没加锁的效果一样。

（2）writeLock()：写锁，是独占锁。加了写锁的资源，不能再被其他线程读或写。换句话说，如果 t1 已经获取了写锁，那么此时无论线程 t2 要申请写锁或者读锁，都必须等待 t1 释放写锁。

**范例 4-2 读写锁**

**【源码：demo/ch04/TestReadWriteLock.java】**

```
...
public class TestReadWriteLock {
    // 读写锁
    private ReentrantReadWriteLock rwl = new ReentrantReadWriteLock();
    public static void main(String[] args) {
        TestReadWriteLock test = new TestReadWriteLock();
        //t1 线程
        new Thread(() -> {
            // 读操作
            test.myRead(Thread.currentThread());
            // 写操作
            test.myWrite(Thread.currentThread());
        }, "t1").start();

        //t2 线程
        new Thread(() -> {
            // 读操作
            test.myRead(Thread.currentThread());
            // 写操作
            test.myWrite(Thread.currentThread());
        }, "t2").start();

    }

    // 用读锁来锁定读操作
    public void myRead(Thread thread) {
        rwl.readLock().lock();
        try {
            for (int i = 0; i < 10000; i++) {
                System.out.println(thread.getName() + " 正在进行读操作 ");
            }
            System.out.println(thread.getName() + "=== 读操作完毕 ===");
        } finally {
            rwl.readLock().unlock();
        }
    }
```

```
    // 用写锁来锁定写操作
    public void myWrite(Thread thread) {
      rwl.writeLock().lock();
      try {
        for (int i = 0; i < 10000; i++) {
          System.out.println(thread.getName() + " 正在进行写操作 ");
        }
        System.out.println(thread.getName() + "=== 写操作完毕 ===");
      } finally {
        rwl.writeLock().unlock();
      }
    }
}
```

本程序有 2 个线程，如果一个线程获取了读锁（readLock().lock()），那么与此同时，另一个线程也可以读取该读锁中的资源，运行结果如图 4-4 所示。如果一个线程获取了写锁（writeLock().lock()），那么另一个线程就必须等待写锁的释放，运行结果如图 4-5 所示。

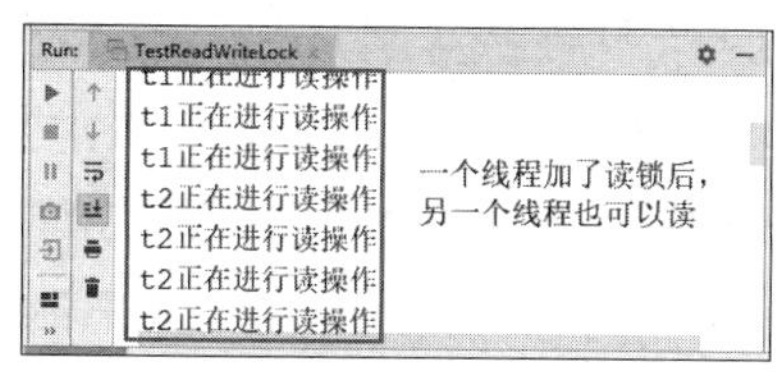


图 4-4　读锁

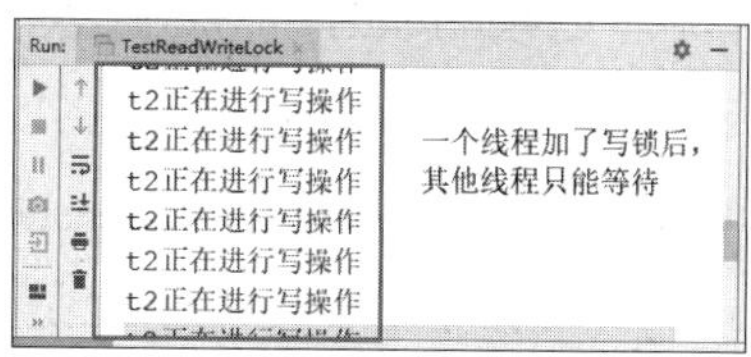


图 4-5　写锁

## 4.1.3 ▶ ConcurrentHashMap 的底层结构与演进过程

CopyOnWrite 容器可以解决 List 等单值集合的并发问题。与之类似，ConcurrentHashMap 可以用于解决 HashMap 等 KV 集合的并发问题。本小节将讲解 JDK 7 和 JDK 8 两个重要版本中的 ConcurrentHashMap 底层结构，读者可以从中体验源码设计思路的演进。

### 1. JDK 7 中的 ConcurrentHashMap

先回顾一下 HashMap。在 JDK 8 以前，HashMap 是基于数组 + 链表来实现的。整体上看，HashMap 是一个数组，但每个数组元素又是一张链表，如图 4-6 所示。

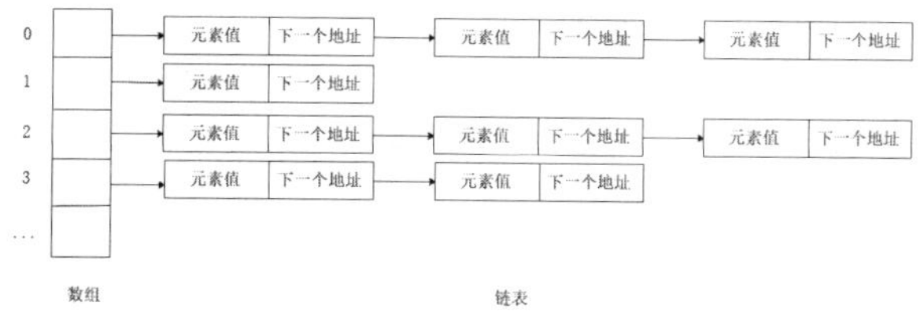


图 4-6　JDK 7 中的 HashMap 结构

当向HashMap中增加元素时，会先根据此元素Key的hash值计算出该元素将要保存在数组中的下标。如果多个元素计算出的下标值相同，就会以链表的形式存储在数组的同一个元素中。

JDK 8 以前的 ConcurrentHashMap 间接地实现了 Map<K,V>，并将每一个元素称为一个 segment，每个 segment 都是一个 HashEntry<K,V> 数组（称为 table），table 的每个元素都是一个 HashEntry 的单向队列，如图 4-7 所示。

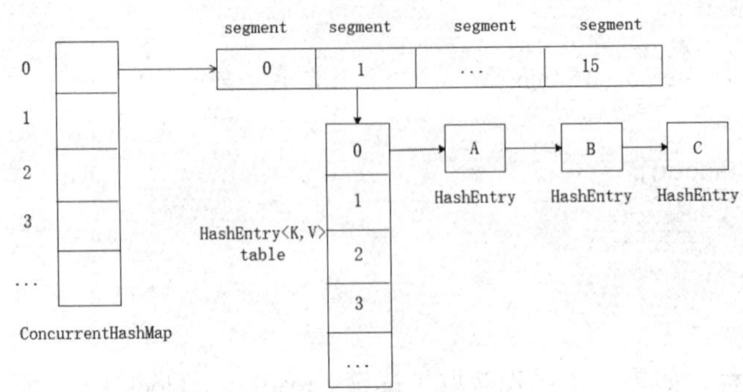


图 4-7　JDK 7 中的 ConcurrentHashMap 结构

默认情况下，ConcurrentHashMap 会生成 16 个 segment。

采用此结构的 ConcurrentHashMap 解决并发问题的思路是更加细粒度地给 Map 加锁。HashMap 是非线程安全的，而线程安全的 Hashtable 在并发写环境下，会给整个 Hashtable 容器加上锁。但是如果有多个线程同时修改 Hashtable，仍然会发生写冲突，从而导致并发异常；而 ConcurrentHashMap 不会给整个容器加锁，而是会给容器中的每个 segment 都加一把锁（即将一把“大锁”拆分成了多把“小锁”）。这样一来，在第一个线程修改 segment-1 的同时，其他线程也可以修改其余的 segment，即只要各个线程同一时刻访问的是不同的 segment，就不会发生写冲突。

### 2. JDK 8 中的 ConcurrentHashMap

从 JDK 8 开始，HashMap/ConcurrentHashMap 的存储结构发生了改变，增加了条件性的 “红黑树”。

为了优化查询，当链表中的元素超过 8 个时，HashMap 就会将该链表转换为红黑树，即采用了数组 + 链表 / 红黑树的存储结构，如图 4-8 所示。

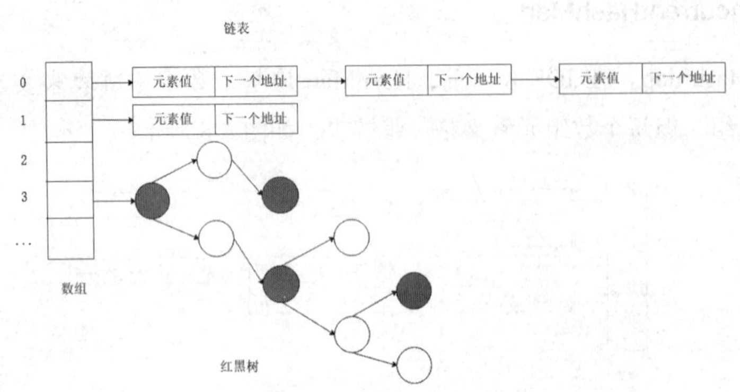


图 4-8　JDK 8 中的 HashMap 结构

不仅是 HashMap，JDK 8 中的 Concurrent HashMap 也改为数组 + 链表 / 红黑树的存储结构，并且废弃了 segment（即放弃了对 segment 的加锁操作），采用了比之前 segment 还要细粒度的“锁”，直接采用 volatile HashEntry<K,V> 对象保存数据，即对每一条数据直接通过 volatile 避免冲突（即将 segment 的“小段锁”，改为对每个元素进行一次 volatile）。此外，JDK 8 中的 ConcurrentHashMap 还使用了大量的 synchronized 和 CAS 算法来保证线程安全。

虽然 ConcurrentHashMap 比 HashMap 更加适合高并发场合，但在 JDK 8 中二者的结构图基本一致，读者可以用上面的 HashMap 结构图来理解 ConcurrentHashMap。

另外需要注意的是，ConcurrentHashMap 和 HashMap 是同一层次的，它们都是 AbstractMap 的子类，二者之间没有继承关系。

**范例 4-3 ConcurrentHashMap 使用方式**

在代码层面，ConcurrentHashMap 与 HashMap 的使用方法也非常类似，读者可以自行查阅 API 进行学习，以下是一个 ConcurrentHashMap 的基础示例。

》【源码：demo/ch04/TestConcurrentHashMap.java】

```
public class TestConcurrentHashMap {
public static void main(String[] args) {
    ConcurrentHashMap<String, String> chm = new ConcurrentHashMap<>();
    chm.put("key1", "value1");
    chm.put("key2", "value2");
    chm.put("key3", "value3");
    chm.putIfAbsent("key3", "value3");// 如果 key 已存在，则不再增加
    chm.putIfAbsent("key4", "value4");// 如果 key 不存在，则增加
    System.out.println(chm);
 }
}
```

运行结果如图 4-9 所示。

图 4-9 ConcurrentHashMap 示例

## 4.1.4 ▶ 使用 BlockingQueue 实现排序和定时任务

之前在生产消费者程序中使用到的 BlockingQueue，也是 JUC 提供的一个用于控制线程同步的队列，BlockingQueue 还可以对队列中的元素排序，以及实现定时任务等功能，其在 JDK 中的源码如下所示。

》【源码：java.util.concurrent.BlockingQueue】

```
public interface BlockingQueue<E> extends Queue<E> {
```

```
boolean add(E e);
boolean offer(E e);
void put(E e) throws InterruptedException;
boolean offer(E e, long timeout, TimeUnit unit)  throws InterruptedException;
E take() throws InterruptedException;
E poll(long timeout, TimeUnit unit)   throws InterruptedException;
int remainingCapacity();
boolean remove(Object o);
public boolean contains(Object o);
int drainTo(Collection<? super E>c);
int drainTo(Collection<? super E>c, intmaxElements);
}
```

其中，向队列中增加元素的方法是 add()、put() 和 offer()，具体如下所述。

（1）add()：向 BlockingQueue 中增加元素。如果 BlockingQueue 中有剩余空间，则返回 True，否则抛出异常，通常与 poll() 结合使用。

（2）offer()：向 BlockingQueue 中增加元素。如果 BlockingQueue 中有剩余空间，则返回 True，否则返回 False，通常与 poll() 结合使用。

（3）put()：向 BlockingQueue 中增加元素。如果 BlockingQueue 中有剩余空间，则直接入队；否则，当前线程会一直等待，直到 BlockingQueue 中有剩余空间，通常与 take() 结合使用。。

从队列中取出元素的方法是 poll() 和 take()，具体如下所述。

（1）poll()：取出排在 BlockingQueue 队首的元素；若队列为空，则会持续等待一定的时间，如果等待之后队列仍然为空则返回 NULL。

（2）take()：取出排在 BlockingQueue 队首的元素；若队列为空，则当前线程一直等待。

其余方法的介绍如表 4-2 所示。

**表 4-2　BlockingQueue 中操作队列元素的方法**

| 方法 | 简介 |
|---|---|
| remainingCapacity() | 返回队列的剩余容量。注意：当线程 A 调用此方法后，队列可能被其他线程进行了增减操作，因此线程 A 看到的数字不具备实时性 |
| remove(Object o) | 删除队列中的 o 元素 |
| contains(Object o) | 判断队列中是否包含 o 元素 |
| drainTo(Collection<E> c) | 将队列中的元素全部转移到集合 c 中 |
| drainToCollection<E> c, int maxElements) | 将队列中的前 maxElements 个元素，转移到集合 c 中 |

BlockingQueue 的实现类可以分为有界队列和无界队列两种，有界队列是指队列中的元素个数是有限的，而无界队列指的是队列中的元素个数可以是无穷多个。BlockingQueue 的常见实现类如下所述。

（1）ArrayBlockingQueue：由数组构成的有界阻塞队列，队列的大小由构造方法的参数指定。

（2）LinkedBlockingQueue：由链表结构组成的有界阻塞队列。可以通过构造方法的参数指定队列的大小；如果使用的是无参构造方法，则队列默认的大小是 Integer.MAX_VALUE。

（3）PriorityBlockingQueue：一个支持优先级排序的无界阻塞队列，排序规则可以通过构造方法中的 Comparator 对象指定。

（4）DelayQueue：一个支持延迟存取的无界队列，如队列中的某个元素必须在一定时间后才能被取出。

**范例 4-4** 优先级阻塞队列

使用 PriorityBlockingQueue，对队列中的 MyJob 对象排序。

### 1. 实体类

**》【源码：demo/ch04/MyJob.java】**

```
...
public class MyJob implements Comparable<MyJob> {
  private int id;

  public MyJob(int id) {
    this.id = id;
  }
  // 省略 setter、getter

  @Override
  public int compareTo(MyJob job) {
    return this.id > job.id ? 1 : (this.id < job.id ? -1 : 0);
  }
  @Override
  public String toString() {
    return String.valueOf(this.id);
  }
}
```

### 2. 测试类

**》【源码：demo/ch04/TestPriorityBlockingQueue.java】**

```
public class TestPriorityBlockingQueue {
  public static void main(String[] args) throws Exception{
```

```
    // 通过构造方法，传入一个实现了 Comparable 接口的 MyJob 类，在 MyJob 类中通过重写
compareTo() 定义了优先级规则
    BlockingQueue<MyJob> priorityQueue = new PriorityBlockingQueue<MyJob>();
    priorityQueue.add(new MyJob(3));
    priorityQueue.add(new MyJob(2));
    priorityQueue.add(new MyJob(1));
    // 注意：优先级的排序规则，会在第一次调用 take() 方法之后才生效
    System.out.println(" 队列："+ priorityQueue);// 默认队中的顺序是 3，2，1
// 排序后，队中的顺序是 1，2，3
    System.out.println(" 取出队列中的一个元素：" +priorityQueue.take().getId());
System.out.println(" 容器："+ priorityQueue);
  }
}
```

运行结果如图 4-10 所示。

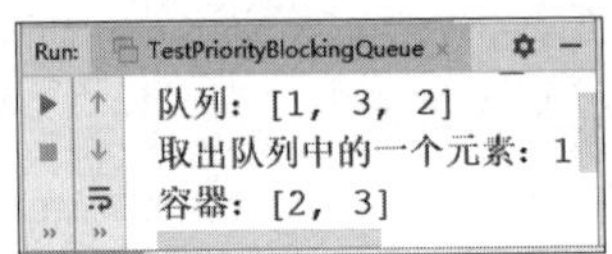


图 4-10　优先级队列

**范例 4-5**　延迟阻塞队列

3 位游泳者同时进入游泳馆，各自的游泳时间分别是 30 分钟、45 分钟、60 分钟，按规定到了结束时间后游泳者自动离开。请用队列模拟以上场景。

### 1. 游泳者类

》【源码：demo/ch04/swim/Swimmer.java】

```
...
public class Swimmer implements Delayed {
  private String name;
  private long endTime;
  public Swimmer(String name, long endTime) {
    this.name = name;
    this.endTime = endTime;
  }
  // 省略 setter、getter
  /*
```

```
    获取剩余时间。
    如果返回正数，代表剩余的时间；
    如果返回 0 或者负数，说明已超时；当超时时，才会让 DelayQueue 的 take() 方法真正取出元素
   */
   @Override
   public long getDelay(TimeUnit unit) {
     return endTime - System.currentTimeMillis();
   }

   // 线程（游泳者）之间，根据剩余时间的大小进行排序
   @Override
   public int compareTo(Delayed delayed) {
       Swimmer swimmer = (Swimmer) delayed;
       return this.getDelay(TimeUnit.SECONDS)
 - swimmer.getDelay(TimeUnit.SECONDS) >0 ? 1 : 0;
   }
}
```

### 2. 游泳馆类

**【源码：demo/ch04/swim/Natatorium.java】**

```
public class Natatorium implements Runnable {
    // 用延迟队列模拟多个 Swimmer，每个 Swimmer 的 getDelay() 方法表示自己剩余的游泳时间
    private DelayQueue<Swimmer>queue = new DelayQueue<Swimmer>();
    // 标识游泳馆是否开业
    private volatile boolean isOpen = true;
    // 向 DelayQueue 中增加游泳者
    public void addSwimmer(String name, int playTime) {
      // 规定游泳的结束时间
      long endTime = System.currentTimeMillis() + playTime * 1000 * 60;
      Swimmer swimmer = new Swimmer(name, endTime);
      System.out.println(swimmer.getName() + " 进入游泳馆，可供游泳时间："
+ playTime + " 分 ");
      this.queue.add(swimmer);
    }
   @Override
   public void run() {
     while (isOpen) {
       try {
```

```
            /*
             * 注意：在 DelayQueue 中，take() 并不会立刻取出元素。
             * 只有当元素 (Swimmer) 所重写的 getDelay() 返回 0 或者负数时，才会真正取出该元素
             */
            Swimmer swimmer = queue.take();
            System.out.println(swimmer.getName() + " 游泳时间结束 ");
            // 如果 DelayQueue 中的元素已被取完，则停止线程
            if (queue.size() == 0) {
                isOpen = false;
            }
        } catch (InterruptedException e) {
            e.printStackTrace();
        }
    }
  }
}
```

### 3. 测试类

》【源码：demo/ch04/swim/TestNatatorium.java】

```
public class TestNatatorium {
    public static void main(String args[]) {
        try {
            Natatorium natatorium = new Natatorium();
            Thread nataThread = new Thread(natatorium);
            nataThread.start();
            natatorium.addSwimmer("zs", 30);
            natatorium.addSwimmer("ls", 45);
            natatorium.addSwimmer("ww", 60);
        } catch (Exception e) {
            e.printStackTrace();
        }
    }
}
```

运行结果如图 4-11 所示，当 3 位游泳者的游泳时间结束时，就会陆续收到提示。

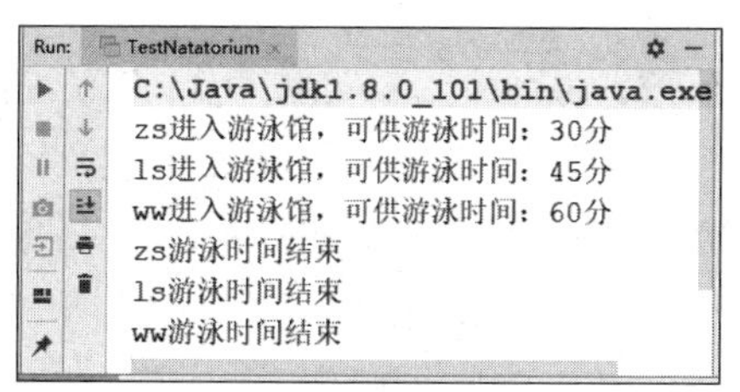


图 4-11　延迟队列

## 4.1.5 ▶ 通过 CountDownLatch 实现多线程闭锁

CountDownLatch 是一个同步工具类，可以用来协调多个线程的执行时间。例如，可以让 A 线程在其他线程运行完毕后再执行。也就是说，如果其他线程没有执行完毕，则 A 线程就会一直等待。这种特性，也称为线程的闭锁。顾名思义，"闭锁"就是指一个被锁住了的门将线程 A 挡在了门外（等待执行），只有当门打开后（其他线程执行完毕），门上的锁才会被打开，A 才能够继续执行。

闭锁通常用于以下场景。

（1）确保某个计算，在其需要的所有资源都准备就绪后再执行。

（2）确保某个服务，在其依赖的所有其他服务都已经启动后再启动。

（3）确保某个任务，在所有参与者都准备就绪后再执行。

在 JUC 中，可以使用 CountDownLatch 实现闭锁。其原理是，CountDownLatch 在创建时，会指定一个计数器，表示等待线程的执行数量（例如，5 就表示当 5 个线程执行完毕后，再结束闭锁，使 A 能够继续执行）。之后，其他每个线程在各自执行完毕时，分别调用一次 countDown() 方法，用来递减计数器，表示有一个线程已经执行完毕了。与此同时，线程 A 可以调用 await() 方法，用来等待计数器的值为 0。如果计数器的值大于 0，那么 await() 方法会一直阻塞；直到计数器为 0 时，线程 A 才会继续执行。如果线程 A 一直无法等到计数器为 0，则会显示等待超时；当然也可以在线程 A 等待时，通过程序中断等待。

**范例 4-6　线程闭锁**

以下程序中，用 Main 线程模拟上述的 A 线程，即只有在其他线程全部执行完毕后，Main 再继续执行，如下所示。

**【源码：demo/ch04/TestCountDownLatch.java】**

```
...
public class TestCountDownLatch {
  public static void main(String[] args) {
    // 计数器为 10
    CountDownLatch countDownLatch = new CountDownLatch(10);

    /*
```

资源下载码：20302

```
将 CountDownLatch 对象传递到线程的 run() 方法中，当每个线程执行完毕 run() 之后都会将计数器减 1
*/
        MyThread myThread = new MyThread(countDownLatch);
        long start = System.currentTimeMillis();
        // 创建 10 个线程，并执行
        for (int i = 0; i < 10; i++) {
            new Thread(myThread).start();
        }
        try {
            /*
主线程(main)等待：等待的计数器为0，即当 CountDownLatch 中的计数器为 0 时，main 线程才会继续执行。
*/
            countDownLatch.await();
        } catch (InterruptedException e) {
            e.printStackTrace();
        }
        long end = System.currentTimeMillis();
        System.out.println("耗时：" + (end - start));
    }
}
class MyThread implements Runnable {
    private CountDownLatch latch;

    public MyThread(CountDownLatch latch) {
        this.latch = latch;
    }
    @Override
    public void run() {
        try {
            Thread.sleep(3000);
        } catch (InterruptedException e) {
            e.printStackTrace();
        } finally {
            // 每个子线程执行完毕后，均触发一次 countDown()，将计数器减 1
            latch.countDown();
        }
    }
}
```

运行结果如图 4-12 所示。

图 4-12　CountDownLatch 程序

现在，我们站在 Main 线程的角度，分析一下本程序。在本程序中，Main 线程经历了以下步骤。

（1）在开始时记录了执行时间 start 。

（2）在执行时创建了 10 个子线程，并通过 CountDownLatch 的 await() 方法等待子线程执行完毕。

（3）当子线程全部执行完毕后，Main 线程结束了 await() 等待，继续向下执行，继而记录了结束时间 end。

（4）最后通过 end-start 计算出 Main 线程的耗时。

读者可以思考，如果将本程序的 countDownLatch.await() 和 latch.countDown() 注释掉，那么 Main 线程的执行时间大约会是多少？

## 4.1.6 ▶ 使用 CyclicBarrier 在多线程中设置屏障

与 CountDownLatch 类似，CyclicBarrier 也可以用于解决多个线程之间的相互等待问题。CyclicBarrier 的使用场景是，每个线程在执行时，都会碰到屏障，该屏障会拦截所有线程的执行（通过 await() 方法实现）；当指定数量的线程全部就位时，所有的线程再跨过屏障同时执行。

现举例说明 CountDownLatch 和 CyclicBarrier 的区别。假设有 A、B、C 3 个线程，其中 C 是最后一个加入的线程。

（1）使用 CountDownLatch，可以实现当 A 和 B 全部执行完毕后，C 再去执行。

（2）使用 CyclicBarrier，可以实现 A、B 等到 C 就绪后（await() 表示就绪），A、B、C 三者再同时去执行。

**范例 4-7** 线程屏障

3 个人去开会，只有当 3 个人都抵达之后，会议才开始。换句话说，当最后一个人抵达后，会议就开始。

**》【源码：demo/ch04/TestCyclicBarrier.java】**

```
...
public class TestCyclicBarrier {
    static class MyThread implements Runnable {
        // 用于控制会议开始的屏障
        private CyclicBarrier barrier;
        // 参会人员
        private String name;

        public MyThread(CyclicBarrier barrier, String name) {
```

```
        this.barrier = barrier;
        this.name= name;
    }

    @Override
    public void run() {
        try {
            Thread.sleep((int) (10000 * Math.random()));
            System.out.println(this.name + " 已经到会 ...");
            barrier.await();
        }catch (InterruptedException e) {
            e.printStackTrace();
        } catch (BrokenBarrierException e) {
            e.printStackTrace();
}
        System.out.println(this.name+ " 开始会议 ...");
    }
  }

  public static void main(String[] args) throws IOException, InterruptedException {
    // 将屏障设置为 3，即当有 3 个线程全部执行完 await() 时，再一起释放
    CyclicBarrier barrier = new CyclicBarrier(3);
    ExecutorService executor = Executors.newFixedThreadPool(3);
    //3 个人去开会
    executor.submit(new MyThread(barrier, "zs"));
    executor.submit(new MyThread(barrier, "ls"));
    executor.submit(new MyThread(barrier, "ww"));
    //executor.shutdown();
  }
}
```

运行结果如图 4-13 所示。

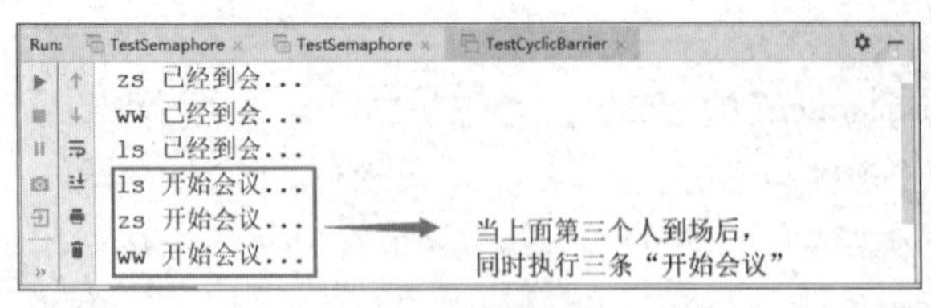


图 4-13　CyclicBarrier 程序

## 4.1.7 ▶ 使用 FutureTask 和 Callable 实现多线程

要创建一个线程，可以是继承自 Thread 类，或者实现 Runnable 接口。但 JUC 还提供了另外一

种方式，通过 Callable+FutureTask 创建并使用线程。在此先介绍一下 FutureTask 和 Callable 的核心用法。

### 1. FutureTask

Future 是 JDK 提供的用于处理多线程环境下异步问题的一种模式，而 FutureTask 就是对 Future 模式的一种实现。下面先通过一段对话了解一下什么是“Future 模式”。

老板：“小王，把会议纪要整理好给我。”

小王：“好的，没问题。”

随后，小王立刻开始整理，几分钟之后，小王将整理好的文件送给了老板。

以上情景，在多线程之中就称之为“Future 模式”。当客户端（老板）向服务端（小王）发起一个请求时，服务端会立刻给客户端返回一个结果（“好的，没问题”），但实际上任务并没有开始执行。客户端在拿到“假的”响应结果的同时，服务端才会去真正执行任务，并在任务处理完毕后，将真正的结果再返回给客户端（“将整理好的文件送给了老板”）。Future 模式的处理流程如图 4-14 所示。

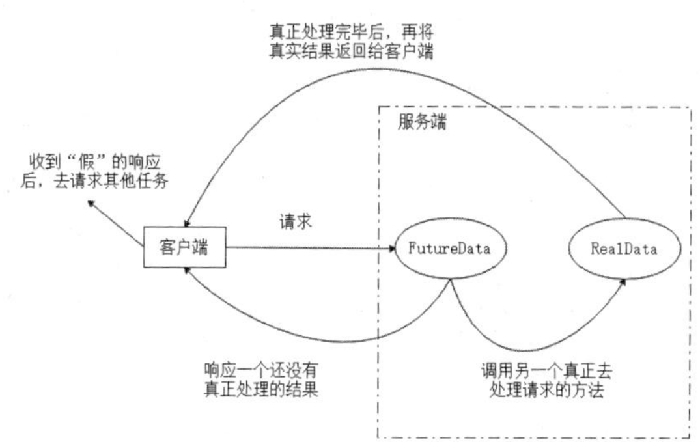


图 4-14　Future 模式

Future 模式的最大好处就是客户端在发出请求后，可以马上得到一个结果（假的结果），而不用一直等待着服务端来处理。

在使用 FutureTask 时，get() 方法就用于返回服务端真正处理后的真实值（RealData）。由于服务端不一定马上能处理完毕，因此在调用 get() 方法时会出现一定时间的阻塞（等待服务端处理完毕）。

### 2. Callable

Callable 和 Runnable 类似，都是创建线程的上级接口。二者不同的是，在用 Runnable 方式创建线程时，需要重写 run() 方法；而用 Callable 方式创建线程时，需要重写 call() 方法。更重要的是，run() 方法没有返回值，但 call() 方法却有一个类型为泛型的返回值（即 call() 的返回值可以是任意类型），而且可以通过 FutureTask 的 get() 方法来接收此返回值。此外，get() 方法也是一个闭锁式的阻塞式方法，该方法会一直等待，直到 call() 方法执行完毕并且 return 返回值为止。需要注意的是，

call() 方法和 run() 方法一样，也是通过 start() 来调用的。

**范例 4-8　多线程求和**

本示例是使用 Callable 创建线程计算 1~100 之和并返回给 Main 线程的 sum 变量，如下所示。

**【源码：demo/ch04/TestCallable.java】**

```
...
public class TestCallable {
  public static void main(String[] args) {
    // 创建一个 Callable 类型的线程对象
    MyCallableThread myThread = new MyCallableThread();
    // 将线程对象包装成 FutureTask 对象，并接收线程的返回值
    FutureTask<Integer> result = new FutureTask<>(myThread);
    // 运行线程
    new Thread(result).start();
    // 通过 FutureTask 的 get() 接收 myThread 的返回值
    try {
      Integer sum = result.get();// 以闭锁的方式，获取线程的返回值
      System.out.println(sum);
    } catch (InterruptedException | ExecutionException e) {
      e.printStackTrace();
    }
  }
}

class MyCallableThread implements Callable<Integer> {
  @Override
  public Integer call() throws Exception {
    System.out.println(" 线程运行中 ... 计算 1~100 之和 ");
    int sum = 0;
    for (int i = 1; i <= 100; i++) {
      sum += i;
    }
    return sum;
  }
}
```

运行结果如图 4-15 所示。

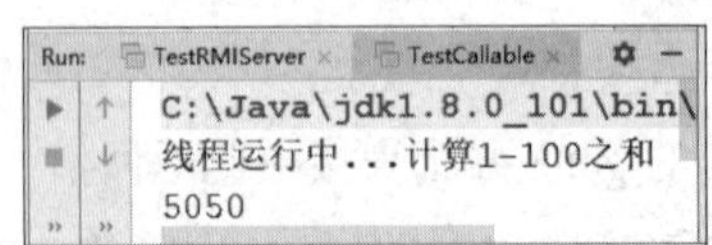


图 4-15　Callable 程序

## 4.2 通过源码掌握并发包的基石 AQS

在介绍 AQS 之前，先回顾一下 CountDownLatch、ReentrantLock、Semaphore 和 ReentrantReadWriteLock 等 JUC 包中一些常见并发工具类的源码。读者可以先尝试从这些源码中寻找它们的共同之处。

**》【源码：java.util.concurrent.CountDownLatch】**

```
public class CountDownLatch {
    private static final class Sync extends AbstractQueuedSynchronizer { ...} ...
}
```

**》【源码：java.util.concurrent.locks.ReentrantLock】**

```
public class ReentrantLock implements Lock, java.io.Serializable {
    ...
    private final Sync sync;
    abstract static class Sync extends AbstractQueuedSynchronizer { ...} ...
}
```

**》【源码：java.util.concurrent.Semaphore】**

```
public class Semaphore implements java.io.Serializable {
    ...
    private final Sync sync;
abstract static class Sync extends AbstractQueuedSynchronizer {...} ...
}
```

**》【源码：java.util.concurrent.locks.ReentrantReadWriteLock】**

```
public class ReentrantReadWriteLock implements ReadWriteLock, java.io.Serializable {
    ...
    final Sync sync;
    abstract static class Sync extends AbstractQueuedSynchronizer { ...} ...
}
```

可以发现，以上这些并发工具类，都使用到了一个相同的类：AbstractQueuedSynchronizer（简称 AQS）。实际上，JUC 包中的大部分并发类，都直接或间接地依赖了 AQS，而 AQS 也称为 JUC 的基石，学习 AQS 是每一个 Java 开发人员的必经之路。

## 4.2.1 ▶ AQS 原理解析

在 AQS 中，维护着一个表示共享资源加锁情况的变量 volatile int state，以及一个 FIFO 的线程阻塞队列(称为 CLH 队列)。当多个线程并发访问共享资源时，如果共享资源已经被某个线程加了锁，那么其他线程在访问此共享资源时就会被加入 CLH 队列中，如图 4-16 所示。

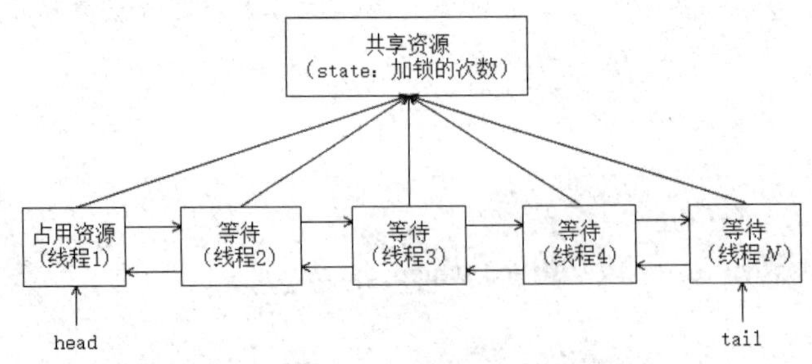


图 4-16 AQS 结构

state 表示共享资源被线程加锁的次数。例如，当 state 的值为 1 时，就表示共享资源被某个线程加了一次锁；当 state 的值为 0 时，就表示共享资源没有被加锁，随时可以访问。

AQS 类中提供了 3 种访问 state 的方法，如表 4-3 所示。

表 4-3 state 的访问方法

| 方法 | 简介 |
| --- | --- |
| int getState() | 获取 state 值 |
| void setState(int newState) | 直接设置 state 值 |
| compareAndSetState(int expect, int update) | 使用 CAS 算法，设置 state 值 |

除了加锁次数外，并发的线程在访问共享资源时都会使用以下一种或两种加锁方式。

(1) Exclusive：独占方式，同一时间内只能有一个线程访问资源，如 ReentrantLock 采用的是独占方式。

(2) Share：共享方式，同一时间内允许多个线程并发访问资源，如 CountDownLatch 采用的是共享方式。

其中 Exclusive 方式的加锁与解锁，在 AQS 源码中对应的实现方法，如表 4-4 所示。

表 4-4 Exclusive 方式的加锁与解锁方法

| 方法 | 简介 |
| --- | --- |
| boolean tryAcquire(int arg) | 尝试获取资源，如果成功，就给该资源加 arg 个锁，并独占该资源 |
| boolean tryRelease(int arg) | 尝试释放资源，如果成功，就释放该资源的 arg 个锁 |
| boolean isHeldExclusively() | 判断当前线程，是否正在独占共享资源 |

例如，ReentrantLock 的 state 初始时为 0（即共享资源没有被加锁）。当某个线程 A 调用 lock() 方法时，lock() 会在底层触发 tryAcquire(1)，把该资源的 state 修改为 1，表示给该资源加了一把锁，之后就可以独占使用该资源。之后，其他线程如果再调用 lock() 方法，就会失败并进入阻塞状态（因为 ReentrantLock 是独占方式，同一时间只能被一个线程加锁）。只有在线程 A 调用

unlock()（unlock() 会触发 tryRelease(1)，表示将 state 的值减 1，即把 state 的值设置为 0），也就是在把资源的锁释放后，其他线程才能访问该资源。简言之，当 state=0 时，表示资源未被加锁，任何线程都可以访问；当 state>0 时（ReentrantLock 是可重入锁，即同一个线程可以对某一资源多次加锁，因此 state 可以是一个任意的正数），表示资源已被加了锁，其他线程不能访问。

共享方式的加锁与解锁，在 AQS 源码中对应的方法如表 4-5 所示。

表 4-5　Share 方式的加锁与解锁方法

| 方法 | 简介 |
| --- | --- |
| int tryAcquireShared(int arg) | 尝试给该资源加 arg 个共享锁，并访问该资源。<br>返回值是一个 int 类型。<br>返回负数：加共享锁失败，当前线程会进入 CLH 等待。<br>返回 0：当前线程加共享锁成功，但后续其他线程无法再加共享锁。<br>返回正数：当前线程加共享锁成功，并且后续其他线程也可以再加共享锁 |
| boolean tryReleaseShared(int arg) | 尝试释放该资源的 arg 个锁 |

例如，CountDownLatch 的构造方法 CountDownLatch(int count) 可以将 state 的初始值设置为 count，并交给 count 个子线程去并发执行，与此同时主线程会进入阻塞状态。当每个子线程执行完毕后，都会调用一次 countDown()，countDown() 会在底层调用 tryReleaseShared(1)，即把 state 减 1。因此，当所有子线程全部执行完毕后，state 的值就会变为 0。而当 state=0 时，就会唤醒主线程，从而实现闭锁功能。

综上所述，在 JUC 提供的同步类（或者自定义的同步类）中，如果要提供独占的访问方式，就只需要实现 AQS 的 tryAcquire() 方法和 tryRelease() 方法；如果要提供共享的访问方式，就只需要实现 AQS 的 tryAcquireShared() 方法和 tryReleaseShared() 方法；如果既要提供独占方式，又要提供共享方式，只需要将以上 4 个方法全部实现即可，如 JUC 中的 ReentrantReadWriteLock 类就同时实现了独占和共享两种方式，其源码如下所示。

**【源码**：java.util.concurrent.locks.ReentrantReadWriteLock】

```
public class ReentrantReadWriteLock implements ReadWriteLock, java.io.Serializable {
  ...
  final Sync sync;
  ...
abstract static class Sync extends AbstractQueuedSynchronizer {
    ...
    //独占方式解锁
    protected final boolean tryRelease(int releases) { ... }
    //独占方式加锁
    protected final boolean tryAcquire(int acquires)  {...}
    //共享方式解锁
    protected final boolean tryReleaseShared(int unused) { ... }
```

```
        //共享方式加锁
        protected final int tryAcquireShared(int unused) { ... }
          ...
    }
  ...
  }
```

## 4.2.2 ▶ AQS 源码解读

之前介绍的 tryAcquire()、tryAcquireShared() 等同步方法，在 AQS 中的源码如下所示。

❯【源码：java.util.concurrent.locks.AbstractQueuedSynchronizer】

```
protected boolean tryAcquire(int arg) { throw new UnsupportedOperationException();}
protected boolean tryRelease(int arg) {throw new UnsupportedOperationException();}
protected boolean isHeldExclusively() { throw new UnsupportedOperationException();}
protected int tryAcquireShared(int arg) { throw new UnsupportedOperationException();}
protected boolean tryReleaseShared(int arg) { throw new UnsupportedOperationException();}
```

这几个方法的具体含义，已在前面做过介绍。在源码中，如果操作成功，则返回 True；如果操作失败，就抛出一个 UnsupportedOperationException 异常。这是因为 AQS 本身是作为同步类的基类，充当的是一个设计者的角色（相当于接口的概念），因此 AQS 中的方法都比较抽象。如果某个同步类实现了 AQS，就需要重写这些方法。例如，以下是 ReentrantLock 对其中一部分方法的重写。

❯【源码：java.util.concurrent.locks.ReentrantLock】

```
...
public class ReentrantLock implements Lock, java.io.Serializable {
  ...
private final Sync sync;
abstract static class Sync extends AbstractQueuedSynchronizer {
    ...
    final boolean nonfairTryAcquire(int acquires) {
      final Thread current = Thread.currentThread();
      int c = getState();
      if (c == 0) {
        if (compareAndSetState(0, acquires)) {
          setExclusiveOwnerThread(current);
          return true;
        }
      }
```

```
        else if (current == getExclusiveOwnerThread()) {
            int nextc = c + acquires;
            if (nextc <0) // overflow
                throw new Error("Maximum lock count exceeded");
            setState(nextc);
            return true;
        }
        return false;
    }

    protected final boolean tryRelease(int releases) {
        int c = getState() - releases;
        if (Thread.currentThread() != getExclusiveOwnerThread())
            throw new IllegalMonitorStateException();
        boolean free = false;
        if (c == 0) {
            free = true;
        setExclusiveOwnerThread(null);
    }
    setState(c);
    return free;
}

...
static final class NonfairSync extends Sync {... }
...
static final class FairSync extends Sync {
...
protected final boolean tryAcquire(int acquires) {
    final Thread current = Thread.currentThread();
    int c = getState();
    if (c == 0) {
        if (!hasQueuedPredecessors() && compareAndSetState(0, acquires)) {
            setExclusiveOwnerThread(current);
            return true;
        }
    }
    else if (current == getExclusiveOwnerThread()) {
        int nextc = c + acquires;
        if (nextc <0)
```

```
            throw new Error("Maximum lock count exceeded");
        setState(nextc);
        return true;
    }
    return false;
  }
 }
 ...
 public boolean tryLock() {
    return sync.nonfairTryAcquire(1);
 }
 ...
}
```

### 4.2.3 ▶ 独占模式源码解读

现在开始，我们来学习 AQS 中对“独占方式”加锁及释放锁的源码。

前面讲过，如果线程 A 在访问某个资源时，发现该资源已被其他线程加了锁，那么线程 A 将会被加入 CLH 等待队列。“加入 CLH 等待队列”这个动作，就对应 AQS 源码中的 addWaiter(Node) 方法，如下所示。

》【源码：java.util.concurrent.locks.AbstractQueuedSynchronizer】

```
private Node addWaiter(Node mode) {
    Node node = new Node(Thread.currentThread(), mode);
    // 先尝试以一种 " 快速方式 " 将访问失败的线程加入 CLH 队尾
    Node pred = tail;
    if (pred != null) {
        node.prev = pred;
        if (compareAndSetTail(pred, node)) {
            pred.next = node;
            return node;
        }
    }
 // 如果 " 快速方式 " 入队失败，再通过 enq() 将线程加入 CLH 队尾
    enq(node);
    return node;
}
...
private Node enq(final Node node) {
```

```
// 如果出现冲突，就根据 CAS 算法 " 自旋 "，直到 Node 成功被加入队尾
  for (;;) {
    Node t = tail;
// 如果 CLH 为空，则 new 一个新的 Node，并将 head 和 tail 都指向该 Node
   if (t == null) {
     if (compareAndSetHead(new Node()))
       tail = head;
     } else {
// 如果 CLH 不为空，直接将 node 加入队尾
       node.prev = t;
       if (compareAndSetTail(t, node)) {
         t.next = node;
         return t;
       }
     }
   }
}
```

上述代码中，Node 是对访问线程进行的封装，即 Node 包含了线程本身、线程在队列中的前驱节点 / 后继节点、线程在 CLH 中的等待状态等，如下所示。

**》【源码**：java.util.concurrent.locks.AbstractQueuedSynchronizer **】**

```
public abstract class AbstractQueuedSynchronizer
extends AbstractOwnableSynchronizer  implements java.io.Serializable {
...
  static final class Node {
    // 共享模式的 Node
  static final Node SHARED = new Node();
    // 独占模式的 Node
  static final Node EXCLUSIVE = null;
  /*
Node 的等待状态，共有 CANCELLED、SIGNAL、CONDITION、PROPAGATE 4 种状态。初始时，
  waitStatus 为 0
*/
    volatile int waitStatus;
    /*
失效状态：如果在 CLH 中的线程等待超时或被中断，就需要从 CLH 中取消该 Node 结点，并将该 Node
的 waitStatus 设置为 CANCELLED
注意、CANCELLED 的值为 1，也是所有状态中，唯一一个大于 0 的值
```

```
    static final int CANCELLED =  1;
    /*
可理解为第二执行状态：如果某一个 Node 的前驱结点正在加锁并占用资源，当这个前驱结点释放锁后，就会将 waitStatus=SIGNAL 的 Node 中的线程唤醒执行。也就是说，waitStatus=SIGNAL 的 Node，就是除了正在占用资源的线程以外，第二个能够占用资源的 Node
*/
    static final int SIGNAL    = -1;
    /*
waitStatus=CONDITION 的 Node（记为 Node-C），表示 Node-C 中的线程正在等待某一个 Condition；当其他线程调用了该 Condition 的 signal() 方法后，就会将 Node-C 从等待队列转移到同步队列，等待获取同步锁
*/
    static final int CONDITION = -2;
    // 在共享模式中，waitStatus=PROPAGATE 的 Node 中的线程处于可运行状态
    static final int PROPAGATE = -3;
    //CLH 中，当前等待 Node 的前驱节点
    volatile Node prev;
    //CLH 中，当前等待 Node 的后继节点
    volatile Node next;
    // 在 CLH 中，当前线程的 Node
    volatile Thread thread;
    ...
}
  // 指向 CLH 中的第一个结点，也就是正在占用资源的 Node
  // 指向 CLH 中的最后一个结点，也就是最近一个因为访问资源失败，而加入 CLH 的 Node
  private transient volatile Node tail;
  // 资源状态，即资源被加锁的次数
  private volatile int state;
  protected final int getState() {
    return state;
  }
  protected final void setState(int newState) {
    state = newState;
  }
  ...
}
```

在 AQS 的源码中，还提供了 acquireQueued() 方法和 acquire() 方法。如果线程 A 访问资源失败，就会以 Node 的形式（记为 Node-A）被加入 CLH 队尾，进入等待状态。那么，Node-A 在 CLH 中是如何等待，如何前移到 CLH 队首的呢？这些就是由 acquireQueued() 方法所定义的。acquireQueued() 会先判断当前 Node 是不是 CLH 中的第二个节点（即之前讲的“第二执行状态”）。

如果是，就通过“自旋”不断去尝试占用资源；如果不是，则安心地处于等待状态，直到自己前移到第二个位置。这就好像我们在超市购物后，在收银台前等待结账的动作。如果我们是排队付款队列中的第二个人，那么就会时刻准备在第一个人结束付款后立即占用收银台（占用资源），这里的“时刻准备”就是上面的“自旋”状态；反之，如果我们不是排队付款的前两个人，而是在队列中处于靠后的位置，那么就可以放心地休息一会儿，直到自己移动到了第二个位置。

具体的 acquireQueued() 方法及相关方法的源码，如下所示。

**【源码**：java.util.concurrent.locks.AbstractQueuedSynchronizer】

```
final boolean acquireQueued(final Node node, int arg) {
// 是否成功获取到资源。需要注意此变量表示的是 "failed"：如果成功获取，则返回 false；
如果失败，则返回 true
  boolean failed = true;
  try {
// 在等待的过程中，是否被中断过
    boolean interrupted = false;
// 自旋
    for (;;) {
// 获取当前结点的前驱结点
      final Node p = node.predecessor();
/*
如果前驱结点是 head( 即第一个结点，也就是正在占用资源的结点 )，那么自己就是第二个结点。
因此，此时就通过自旋不断的尝试获取资源（tryAcquire(arg)）
*/
      if (p == head && tryAcquire(arg)) {
/*
如果成功获取到资源，则表示此时自己已经是第一个结点了。此时，就将自己设置为头结点
        */
setHead(node);
/*
因为当前结点的前驱 p 已经将资源使用完毕了，因此可以断开它的引用，便于 GC 回收
*/
        p.next = null;
failed = false;
        return interrupted;
      }
// 如果当前结点不在前两个位置，则放心地等待，直到被唤醒（unpark()）
      if (shouldParkAfterFailedAcquire(p, node) &&
        parkAndCheckInterrupt())
```

```
// 如果当前线程在等待的过程中被中断过，就将 interrupted 标记为 true
            interrupted = true;
        }
    } finally {
    if (failed)
        cancelAcquire(node);
    }
}
…
/*
shouldParkAfterFailedAcquire() 总体是说：如果当前 Node 不在前两个位置，那么应该可以安心地等待了。但是要考虑一些特殊情况：例如，如果前面的某些 Node 是无效状态，那么当轮到这些无效 Node 占用资源时，这些 Node 将会放弃占用，因此 CLH 会迅速切换到下一个 Node。还是以在超市排队结账为例，如果我们不是前两个排队的人，那么一般来讲就可以放心休息一会儿。但是，如果在前面排队的人中，有一些并不是真正要结账的人呢？例如，一家四口都在排队，但当这 4 个人前移到队首时，可能仅仅有一个人付款买单，其他 3 个人会迅速出队。因此，我们的 " 放心休息 " 还需要两个条件：①需要在前面排队的人中，找到一个会真正付款买单的人，然后移动到这个人的后面（相当于插队，插在了那些仅仅排队，但不买单的人前面）；②告诉前面这个真正买单的人“如果轮到你买单了，告诉一下我（唤醒当前线程），我就可以开始准备了（自旋、不断尝试占用资源）”
*/
private static boolean shouldParkAfterFailedAcquire(Node pred, Node node) {
// 获取前驱结点的等待状态
    int ws = pred.waitStatus;
/*
如果前驱结点的状态是 SIGNAL，就表示这个前驱结点会在自己前移到第一位（即占用资源状态）时，告知自己一下。这样当前结点就可以放心休息了
*/
    if (ws == Node.SIGNAL)
        return true;
/*
如果前驱结点的等待状态 >0，即 waitStatus 为 CANCELLED 失效状态时，当前结点就一直前移，一直移动到一个真正等待的结点后面
*/
    if (ws >0) {
    do {
            node.prev = pred = pred.prev;
        } while (pred.waitStatus >0);
        pred.next = node;
    } else {
    /*
```

```
如果前驱结点是正常等待状态，就把前驱的状态设置成 SIGNAL（即告诉前驱：当你移动到第一位占用资源时，告诉我一声，以便我开始“自旋”尝试获取资源）
*/

    compareAndSetWaitStatus(pred, ws, Node.SIGNAL);
  }
  return false;
}
...
// 当前 Node 放心等待的方法
private final boolean parkAndCheckInterrupt() {
// 调用 park() 方法，让当前线程进入 waiting 状态
  LockSupport.park(this);
/*
如果被唤醒，还要检查是否是被中断的。（线程会在以下两种情况下被唤醒：1. 正常调用 unpark() 被唤醒；2. 被 interrupt() 方法中断）
*/
  return Thread.interrupted();
}
```

接下来，再来学习一下 AQS 中独占模式下线程获取共享资源的顶层方法 acquire()，源码如下所示。

**【源码**：java.util.concurrent.locks.AbstractQueuedSynchronizer**】**

```
public final void acquire(int arg) {
/*
尝试独占资源的流程如下所示：
①如果执行 tryAcquire(arg) 后的结果为 true，就表示当前线程将资源独占成功，并直接结束此方法；
② addWaiter()：如果独占失败，就将该线程的 Node 标记为独占模式，并加入到 CLH 的队尾；
③因为是独占模式，当前 Node 独占失败后就会在 CLH 中等待（即处于阻塞状态），直到等待结束后成功独占资源；
④如果当前 Node 独占失败，并且在 CLH 中等待的过程中出现了中断，就还需要执行 selfInterrupt()。
*/
```

acquire() 方法的执行逻辑，如图 4-17 所示。

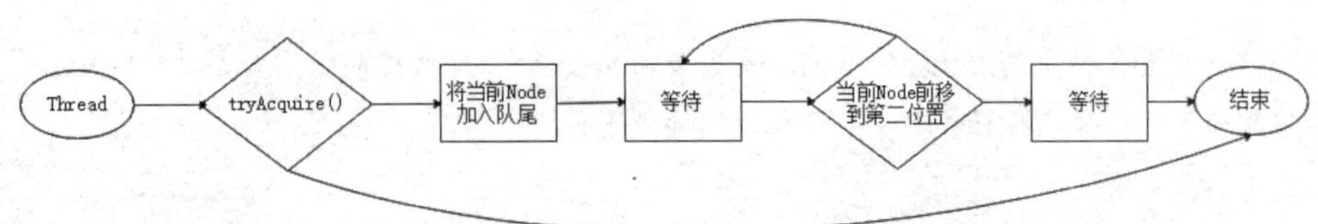


图 4-17　acquire() 方法的执行逻辑

读者可以尝试用此方法的逻辑，去理解 Lock 接口中的 lock() 方法。

acquire() 是获取共享资源的顶层方法(即加锁操作)，与之相反，release() 就是释放锁的顶层方法。例如，每执行一次 release(1)，就会将共享资源上加锁的次数减 1。如果 state=0，就说明共享资源被彻底释放了，此时就会唤醒 CLH 中下一个等待的线程。

release() 在 AQS 中的源码如下所示。

【源码：java.util.concurrent.locks.AbstractQueuedSynchronizer】

```
public final boolean release(int arg) {
// 通过 tryRelease(arg)，释放加在共享资源之上的 arg 个锁。如果释放成功，则返回 true
  if (tryRelease(arg)) {
// 获取 CLH 中的头结点
    Node h = head;
// 唤醒 CLH 中的下一个结点
    if (h != null && h.waitStatus != 0)
      unparkSuccessor(h);
    return true;
  }
  return false;
}
```

其中，用于唤醒 CLH 中下一个结点的 unparkSuccessor() 方法的源码如下所示。

【源码：java.util.concurrent.locks.AbstractQueuedSynchronizer】

```
// 唤醒 CLH 中下一个 " 正常等待状态的 " 结点
private void unparkSuccessor(Node node) {
  // 获取正在占用资源的当前结点
  int ws = node.waitStatus;
// 将结点的状态，通过 CAS 恢复成初始值 0
  if (ws <0)
  compareAndSetWaitStatus(node, ws, 0);
  // 获取下一个结点，也就是下一个即将被唤醒的结点
  Node s = node.next;
/*
如果下一个结点是 null，或是失效状态（关闭状态，即 waitStatus=1，且是唯一一个 >0 的状态值）
就将下一个结点设置为 null；并从尾部往前遍历，直到找到一个处于正常等待状态的结点，进行唤醒
```

```
*/
  if (s == null || s.waitStatus >0) {
    s = null;
    for (Node t = tail; t != null && t != node; t = t.prev)
//waitStatus <= 0 的节点，都是正常等待状态的节点
      if (t.waitStatus <= 0)
        s = t;
  }
  if (s != null)
// 通过 unpark() 方法，唤醒下一个结点
    LockSupport.unpark(s.thread);
}
```

以上，就是对于独占模式加锁和解锁的源码解读。而对于共享模式，加锁的顶层方法是 acquireShared(int)，解锁的顶层方法是 releaseShared(int)，思路与独占模式大体相同，读者可以尝试自行阅读这些源码。

## 4.3 实战线程池

与数据库连接池的原理类似，线程池就是将多个线程对象放入一个池子中，之后就可以从该池子中获取、使用及回收线程。在学习线程池之前，还需要先明确以下两点。

（1）每一个线程，在一段时间内只会执行一个任务。

（2）线程池中的各个线程，是可以重复使用的。

### 4.3.1 ▶ 5 种类型线程池的创建方式

在实际开发时，可以根据具体的业务需求通过 JUC 提供的 Executors 类，来创建各种类型的线程池。各种类型的线程池都有自己的独特之处，其中最常用的 5 种类型的线程池的创建方式如下所述。

（1）Executors.newSingleThreadExecutor()。

创建只有一个线程的线程池（SingleThreadPool）。如果往该线程池中提交多个任务，那么这些任务将会被同一个线程顺序执行。

（2）Executors.newCachedThreadPool()。

创建可以存放多个线程的线程池（CachedThreadPool），这些线程可以同时执行。默认情况下，如果某个线程的空闲时间超过 60 s，那么此线程会被终止运行并从池中删除。

（3）Executors.newFixedThreadPool( 线程数 )。

创建拥有固定线程数的线程池（Fixed Thread Pool）。既然池中的线程数是固定的，那么即使

某个线程长时间没有任务执行，那么也会一直等待，不会从池中删除。

一般情况下，线程数应该和本机 cpu 的核数保持一致（或整数倍）。获取本机 cpu 的核数的代码是 Runtime.getRuntime().availableProcessors()。

（4）Executors.newSingleThreadScheduledExecutor()。

创建一个可用于“任务调度”的线程池（Single Thread Scheduled Pool），并且池中只有一个线程。“任务调度”是指可以让任务在用户指定的时间执行。

（5）Executors.newScheduledThreadPool()。

创建一个可用于“任务调度”的线程池（Scheduled Thread Pool），并且池中有多个线程。

以上方式所创建的线程池（即以上方法的返回值）可以分为两类：前 3 种方式会创建 ExecutorService 类型的线程池；后两种方式会创建 ScheduledExecutorService 类型的线程池（继承自 ExecutorService）。ExecutorService 和 ScheduledExecutorService 的具体使用方法如下所述。

### 1. ExecutorService 线程池

可以通过 submit() 方法向 ExecutorService 中提交 Callable 或 Runnable 类型的线程任务，任务提交后就会被线程池中的线程领取并执行。线程执行完毕后，会将结果返回到 Future 对象中，具体执行如下。

（1）如果提交的是 Callable 类型的线程任务，线程通过 Callable 中的 call() 方法执行任务，并用 Future 对象接收 call() 的返回值。

（2）如果提交的是 Runnable 类型的线程任务，线程通过 Runnable 中的 run() 方法执行任务，而 run() 方法没有返回值，因此 Future 接收的值是 NULL。

ExecutorService 在 JDK 中的源码如下所示。

**【源码：java.util.concurrent.ExecutorService】**

```
public interface ExecutorService extends Executor {
<T> Future<T> submit(Callable<T>task);
<T> Future<T> submit(Runnable task, T result);
Future<?> submit(Runnable task);
void shutdown();
List<Runnable> shutdownNow();
...
}
```

从源码中可以发现，有 shutDown() 和 shutdownNow()2 个用于关闭线程池的方法，二者的区别如下。

（1）shutDown()：将线程池立刻变成 SHUTDOWN 状态。此时不能再往线程池中增加新任务，否则将抛出 RejectedExecutionException 异常。但是 shutDown() 执行后，线程池不会立刻退出，而是会等待线程池中已有的任务全部处理完毕后再退出（即线程池中的所有线程执行完毕后，才会退出）。

（2）shutdownNow()：将线程池的状态立刻变成 STOP 状态，立刻停止所有正在执行的线程，并且不再处理等待队列的任务（这些任务会以 List<Runnable> 的形式，保存在返回值中）。

#### 2. ScheduledExecutorService 线程池

可以通过 schedule() 方法向 ScheduledExecutorService 中提交 Callable 或 Runnable 类型的线程任务。特殊的是，用户可以设置此线程池中任务的执行时间。

综上所述，线程池的使用步骤：①创建线程池；②将任务通过 submit() 或 schedule() 提交到线程池中的线程；③线程通过 run() 方法或 call() 方法执行任务，并将执行结果返回到 Future 对象；④ Future 对象通过 get() 方法以闭锁的方式拿到真实处理后的返回值。

### 4.3.2 ▶ 常用线程池的应用示例与解析

接下来，通过一些经典示例来演示线程池的具体使用。读者可以从中总结各种类型线程池的各自应用场景。

**范例 4-9** 线程池基础应用

创建一个线程池，线程池中可以有多个线程。向此线程池中提交 3 个任务，每个任务都是打印自己的线程名。

❱【**源码**：demo/ch04/TestThreadPoolWithRunable.java】

鉴于篇幅有限，读者可以在本书赠送的配套资源中查看本例源码。

**范例 4-10** 固定数量的线程池

创建一个线程池，线程池中的线程数量固定为 6。向此线程池中提交 6 个任务，每个任务都是计算 1~10 之和。最后将这 6 个任务的计算结果分别打印。

❱【**源码**：demo/ch04/TestThreadPoolWithCallable.java】

```
public class TestThreadPoolWithCallable {
  public static void  main(String[] args) throws InterruptedException, ExecutionException
  {
    ExecutorService pool = Executors.newFixedThreadPool(6);
    ArrayList<Future<Integer>> futureList = new ArrayList<Future<Integer>>();
    for (int i = 0; i <6; i++) {
// 对 submit(Callable<T> task) 使用了 jdk8 提供的 lambda 表达式
      Future<Integer> result = pool.submit(() ->{
        // 向线程池中提交 6 个任务（每个任务：求 1~10 之和）
        int sum = 0;
        for (int j = 0; j <= 10; j++) {
          sum += j;
        }
```

```
            return sum;
        });
        /*
在 submit() 中的线程返回结果以前，futureList.add() 会一直处于阻塞状态
*/
        futureList.add(result);
      }
      for (Future<Integer> future : futureList) {
        // 获取并打印各个任务的结果
        System.out.println(future.get());
      }
      pool.shutdown();
   }
}
```

运行结果如图 4-18 所示。

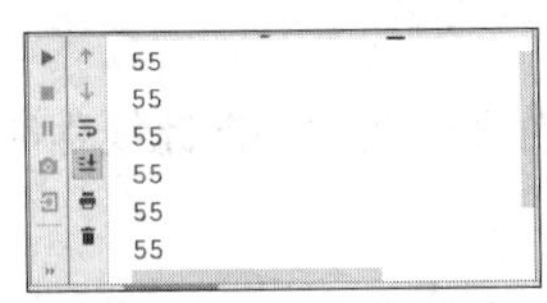


图 4-18　固定数量线程池的运行结果

**范例 4-11** 线程池的流程控制

创建一个线程池，线程池中的线程数量固定为本机 CPU 核数，要求通过线程池实现以下需求。

（1）向此线程池中提交 2 个任务，每个任务依次执行以下操作：记录当前线程的启动时间，随机休眠 2 秒以内，打印当前线程名，返回当前线程名。

（2）这两个任务不会立刻执行，而是等待一段时间（10s 以内）后再执行。

（3）本程序中，Main 线程会和线程池中处理这两个任务的子线程同时执行。在这两个子线程正在执行提交的任务的同时，Main 线程会尝试获取这两个线程的结果，如果这两个子线程还没执行完则提示“未完成”，否则提示“已完成”并打印线程的返回值。

本例的具体代码如下所示。

### 1. 线程类

**【源码**：demo/ch04/myexecutor/ThreadTask.java】

```
public class ThreadTask implements Callable<String> {
  private String tname;

  public ThreadTask(String tname) {
```

```
        this.tname = tname;
    }

    @Override
    public String call() throws Exception {
        // 获取当前线程的名字
        String name = Thread.currentThread().getName();
        long currentTimeMillis = System.currentTimeMillis();
        System.out.println(name + " - 【"+ tname + "】 启动时间："+ currentTimeMillis);
        // 模拟线程执行
        Thread.sleep((long) Math.random() * 2000);
        System.out.println(name + " - 【"+ tname + "】 正在执行 ...");
        return name + " - 【"+ tname + "】";
    }
}
```

### 2. 测试类

**》【源码**：demo/ch04/myexecutor/TestPool.java】

```
public class TestPool {
    public static void main(String[] args) throws Exception {
        Future<String> result = null;
        ScheduledExecutorService schedulPool
        = Executors.newScheduledThreadPool(
Runtime.getRuntime().availableProcessors());
        ArrayList<Future<String>> results = new ArrayList<Future<String>>();
        for (int i = 0; i <2; i++) {
        /*
          schedule(a,b,c) 三个参数的含义：
          a: 向线程池中提交的任务；
          b: 该任务等待多长时间之后，才会被执行
          c:b 的时间单位
        */
          result = schedulPool.schedule(new ThreadTask("thread"+i),
(int)(Math.random()*10), TimeUnit.SECONDS);
          // 存储各个线程的执行结果
          results.add(result);
        }
        // 打印结果
```

```
    for(Future<String> res: results){
      System.out.println(res.isDone() ? " 已完成 ":" 未完成 ");
      System.out.println(" 等待线程执行完毕后，返回的结果： "+ res.get());
    }
    schedulPool.shutdown();
  }
}
```

由于多线程在并发运行时有着不可预知的随机性，因此读者在运行此程序时可能会出现很多种不同的结果。笔者在测试本程序时的运行结果如图 4-19 所示。

```
1 未完成
2 pool-1-thread-1 - 【thread1】 启动时间：1536110505451
3 pool-1-thread-1 - 【thread1】 正在执行...
4 pool-1-thread-2 - 【thread0】 启动时间：1536110506451
5 pool-1-thread-2 - 【thread0】 正在执行...
6 等待线程执行完毕后，返回的结果： pool-1-thread-2 - 【thread0】
7 已完成
8 等待线程执行完毕后，返回的结果： pool-1-thread-1 - 【thread1】
```

图 4-19　线程池流程控制的一种运行结果

下面是对本次运行结果的解析。

本程序有 3 个线程：Main 线程、for 循环中生成的 2 个 TaskCallable 类型的线程。

产生此结果的一种可能原因分析如下。

第 1 行：如果 TaskCallable 线程还没有执行完毕，Main 线程就去执行 res.isDone()，则会显示“未完成”（假定此时未完成的线程的名字为“thread0”）。

第 2~5 行：TaskCallable 中的两个线程先后启动并执行。

第 6 行：当之前名字为“thread0”的 TaskCallable 线程执行完毕后，则显示返回结果。

第 7~8 行：此刻，名字为“thread0”的线程也已经执行完毕，因此显示“已完成”，并且打印出线程执行的返回值。

### 4.3.3 ▶ 自定义线程池的构建原理与案例详解

如果已有的线程池都不能满足业务的需求，那么就可以通过 ThreadPoolExecutor 来自定义一种类型的线程池。具体地说，可以通过 ThreadPoolExecutor 的构造方法来创建一个自定义的线程池对象，并且通过 execute 向池中提交无返回值的任务（类似于 run() 方法），或者使用 submit() 向池中提交有返回值的任务（同样是用 Future 接收返回值）。

ThreadPoolExecutor 在 JDK 中的部分源码如下。

**【源码：java.util.concurrent.ThreadPoolExecutor】**

```
public class ThreadPoolExecutor extends AbstractExecutorService {
// 根据不同的参数个数，一共有 4 种用于创建 ThreadPoolExecutor 对象的构造方法
```

```
...
public ThreadPoolExecutor(int corePoolSize, int maximumPoolSize, long keepAliveTime, TimeUnit unit,
                          BlockingQueue<Runnable>workQueue,
ThreadFactory threadFactory, RejectedExecutionHandler handler) {
              ...
}
// 处理无返回值的任务
public void execute(Runnable command) {...}
// 处理有返回值任务的 submit() 方法，继承自父类 AbstractExecutorService
  ...
}
```

其中，构造方法中各个参数的含义如下所述。

（1）corePoolSize：线程池中核心线程数的最大值。核心线程是指一旦有任务提交，核心线程就会去执行。

（2）maximumPoolSize：线程池中最多能容纳的线程总数。线程总数 = 核心线程数 + 非核心线程数。非核心线程是指如果有任务提交，任务会先交给核心线程去执行，如果核心线程满了再将任务放到 workQueue 中，如果 workQueue 也满了才将任务交给非核心线程去执行。

（3）keepAliveTime：线程池中非核心线程的最大空闲时长。如果超过该时间，空闲的非核心线程就会从线程池中被删除。如果设置了 allowCoreThreadTimeOut = true，那么 keepAliveTime 也会作用于核心线程。

（4）unit：keepAliveTime 的时间单位。

（5）workQueue：等待提交到线程池中的任务队列。如果所有的核心线程都在执行，那么新添加的任务就会被增加到这个队列中等待处理；如果队列也满了，线程池就会创建非核心线程去执行这些无法添加到队列中的任务；如果向线程池中提交的任务数量 >（maximumPoolSize+workQueue.size()）时，程序就会抛出异常，异常的类型取决于构造方法的最后一个参数 handler。

（6）threadFactory：创建线程的方式。一般不用设置，使用默认值即可。

（7）handler：拒绝策略。当向线程池中提交的任务已满，即提交的任务数量 >（maximumPoolSize+workQueue.size()）时，如何拒绝超额的任务。拒绝策略的上级接口是 RejectedExecutionHandler，该接口中定义了拒绝时执行的方法 rejectedExecution()，源码如下。

**【源码**：java.util.concurrent.RejectedExecutionHandler**】**

```
package java.util.concurrent;
public interface RejectedExecutionHandler
{
  void rejectedExecution(Runnable r, ThreadPoolExecutor executor);
}
```

该接口的 4 个实现类，就是 4 种拒绝策略，分别介绍如下。

（1）AbortPolicy：默认的拒绝策略，如果 maximumPoolSize+workQueue.size() 已经饱和，就丢掉超额的任务，并抛出 RejectedExecutionException 异常。

（2）DiscardPolicy：如果饱和，就丢掉超额的任务，但不会抛出异常。

（3）DiscardOldestPolicy：队列是 FIFO 的结构，当采用此策略时，如果已经饱和就删除最早进入队列的任务，再将新任务追加到队尾。

（4）CallerRunsPolicy：如果饱和，新任务就不会去尝试添加到 workQueue 中，而是直接去调用 execute()，是一种“急脾气”的策略。

此外，还可以自定义一个实现 RejectedExecutionHandler 接口的类，即自定义拒绝策略。

接下来通过示例演示一个自定义线程池的具体使用。

**范例 4-12** 自定义线程池

### 1. 线程类

▶【源码：demo/ch04/policy/MyThread.java】

```
public class MyThread implements Runnable {
  private String threadName;
  public MyThread(String threadName){
    this.threadName = threadName;
  }
  @Override
  public void run() {
  try {
     System.out.println("threadName : "+ this.threadName);
   System.out.println(threadName+" 执行了 1 秒 ...");
     Thread.sleep(1000);
   } catch (InterruptedException e) {
     e.printStackTrace();
   }
  }
  public String getThreadName() {
     return threadName;
  }
  public void setThreadName(String threadName) {
     this.threadName = threadName;
  }
}
```

### 2. 线程池测试类

》【源码：demo/ch04/policy/TestMyThreadPool.java】

```
public class TestMyThreadPool {
  public static void main(String[] args) {
    /*
    ThreadPoolExecutor() 的参数含义如下
    ①核心线程：1，如果只有 1 个任务，会直接交给线程池中的这一个线程来处理
    ②最大线程数：2，如果任务的数量 >（核心线程数 1+workQueue.size()），且任务的数量 <= 最大线程数 2+workQueue.size() 之和时，就将新提交的任务交给非核心线程处理
    后文会结合程序详细解释
    ③最大空闲时间：10
    ④最大空闲时间的单位：秒
    ⑤任务队列：有界队列 ArrayBlockingQueue，该队列中可以存放 3 个任务
    ⑥拒绝策略：AbortPolicy()，当提交任务数 >（最大线程数 2+workQueue.size()）时，任务会交给 AbortPolicy() 来处理
   */
    ThreadPoolExecutor pool = new ThreadPoolExecutor(1, 2, 10,
      TimeUnit.SECONDS,
      //new LinkedBlockingQueue<Runnable>()
      new ArrayBlockingQueue<Runnable>(3),
      //, new MyRejected()
      new ThreadPoolExecutor.AbortPolicy()
    );
    MyThread t1 = new MyThread("t1");
    ...
    MyThread t6 = new MyThread("t6");
    /*
    根据后文中的描述，依次释放此注释中的代码。为便于后文讲解，将此处标记为“P”
    pool.execute(t1);
    ...
    pool.execute(t6);
    */
    pool.shutdown();
  }
}
```

如果在 main() 方法的标记“P”处依次执行以下代码，就会得到不同的结果，具体如下所述。

（1）如果执行 pool.execute(t1)，此时仅提交了一个 t1 任务，线程池中正好有 1 个核心线程能够处理，因此会直接运行，运行结果如图 4-20 所示。

图 4-20　只提交了一个任务的情况

（2）如果从 pool.execute(t1) 执行到 pool.execute(t2)，此时提交了 2 个任务，但线程池中仅有 1 个核心线程能够处理一个任务，那么另一个任务会被放入 ArrayBlockingQueue 中等待执行。t1 在执行完毕一秒后，t2 才会得到运行，运行结果如图 4-21 所示。

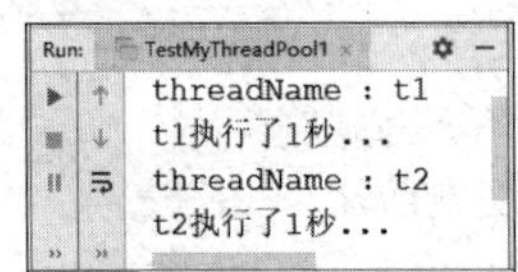


图 4-21　提交了两个任务的情况

（3）如果从 pool.execute(t1) 执行到 pool.execute(t4)，由于 ArrayBlockingQueue 中能同时容纳 3 个任务，因此此次的执行的逻辑和（2）相同，读者可以自行分析并尝试。

（4）如果从 pool.execute(t1) 执行到 pool.execute(t5)，线程池在运行时，第一个入池线程任务 t1 会被交给唯一的核心线程立刻执行，t2 到 t4 会放入 ArrayBlockingQueue 队列中等待执行，而最后一个 t5 由于核心线程和 ArrayBlockingQueue 都已饱和，但最大线程数中还有一个非核心线程空闲，因此 t5 就交给了这个空闲线程立刻执行。也就是说，t1 和 t5 都会被线程立刻执行，而 t2、t3、t4 被放到了 ArrayBlockingQueue 中等待执行，运行结果如图 4-22 所示。

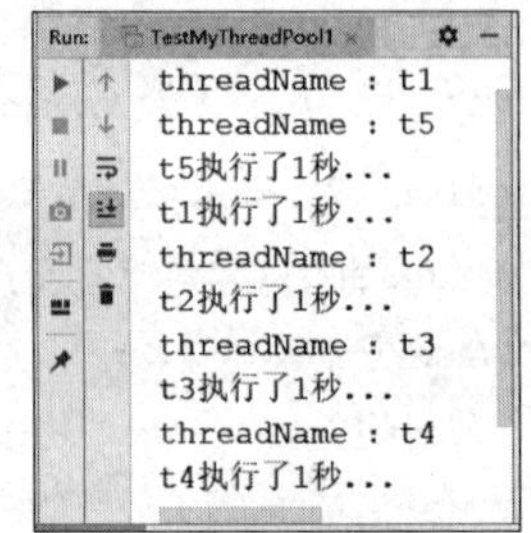


图 4-22　提交了 5 个任务的情况

（5）如果从 pool.execute(t1) 执行到 pool.execute(t6)，线程池在运行时，任务数（6 个）已经大于最大线程数（即 2）+ArrayBlockingQueue 长度（即 3）之和，因此会被拒绝策略 AbortPolicy 拒绝提交，运行结果如图 4-23 所示。

```
threadName : t1
threadName : t5
t5执行了1秒中...
t1执行了1秒中...
Exception in thread "main" java.util.concurrent.RejectedExecutionException:
    at java.util.concurrent.ThreadPoolExecutor$AbortPolicy.rejectedExecution
    at java.util.concurrent.ThreadPoolExecutor.reject(ThreadPoolExecutor.jav
    at java.util.concurrent.ThreadPoolExecutor.execute(ThreadPoolExecutor.ja
    at myexecutor.user.define.TestMyThreadPool1.main(TestMyThreadPool1.java:
threadName : t2
t2执行了1秒...
threadName : t3
t3执行了1秒...
threadName : t4
t4执行了1秒...
```

图 4-23　提交了 6 个任务的情况

本次是将等待的任务放入了 ArrayBlockingQueue 中，ArrayBlockingQueue 是一个有界队列（队列的长度是有限制的，例如，本次的长度是 3，表示最多能放 3 个任务）。此外，还可以使用长度为 Integer.MAX_VALUE 的 LinkedBlockingQueue（或无界队列），这样一来就可以存放足够多的等待着的任务，线程池也不会因为任务超额而触发拒绝策略，代码如下所示。

**【源码：demo/ch04/policy/TestMyThreadPool.java】**

```
public class TestMyThreadPool {
public static void main(String[] args) {
  ThreadPoolExecutor pool = new ThreadPoolExecutor(1, 2, 10, TimeUnit.SECONDS,
```

```
        //使用无界队列存放等待的任务
        new LinkedBlockingQueue<Runnable>(),
        new ThreadPoolExecutor.AbortPolicy()
    );
 ...
 }
}
```

如果使用了无界队列，那么 ThreadPoolExecutor 构造方法中的参数“最大线程数”应该设置为多大？答案是只要比核心线程数大就可以，读者可以思考一下原因。

最后，再将本程序的 AbortPolicy() 策略替换为自定义拒绝策略，代码如下所示。

**范例 4-13** 自定义拒绝策略

将被拒绝的线程名打印到控制台。

### 1. 自定义拒绝策略类

**【源码：demo/ch04/policy/MyRejectPolicy.java】**

```
public class MyRejectPolicy implements RejectedExecutionHandler {
  public MyRejectPolicy() {
  }
  // 自定义拒绝方法
  @Override
  public void rejectedExecution(Runnable r, ThreadPoolExecutor executor) {
    System.out.println(" 被拒绝的线程名 :"+ ((MyThread) r).getThreadName());
  }
}
```

### 2. 测试类

**【源码：demo/ch04/policy/TestMyThreadPool .java】**

```
public class TestMyThreadPool {
  public static void main(String[] args) {
    ThreadPoolExecutor pool = new ThreadPoolExecutor(1, 2, 10, TimeUnit.SECONDS,
    new ArrayBlockingQueue<Runnable>(3),
        , new MyRejectPolicy()// 使用自定义拒绝策略
    );
}
...
}
```

此时，如果再执行 t1~t6，就会看到以下结果，运行结果如图 4-24 所示。

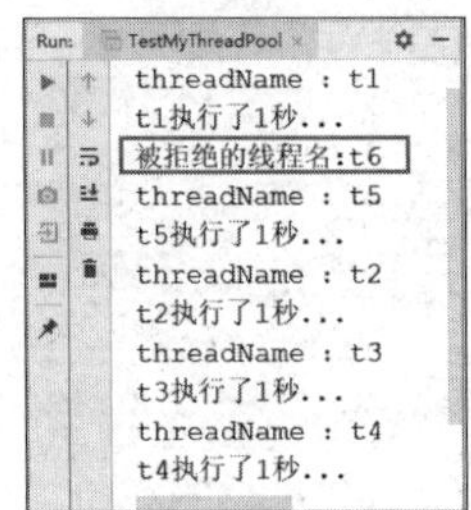


图 4-24 使用自定义拒绝策略的运行结果

## 4.4 通过 CompletableFuture 控制线程间依赖关系的案例解析

Future 接口可以创建出新的线程，并在新线程中执行异步操作。但是，如果使用 Future 接口创建了多个线程，那么这些线程将各自独立执行，不存在任何依赖关系，并且无法控制各个线程的执行步骤。

为了解决这种线程间的依赖问题，从 JDK 1.8 开始，Future 接口提供了一个新的实现类 CompletableFuture。CompletableFuture 不但可以创建出异步执行的线程，还可以控制线程的执行步骤，并且可以监控所有线程的结束时刻。例如，可以使用 CompletableFuture 创建 A 和 B 两个线程，然后规定 A、B 线程各需要执行 3 个不同的阶段，并且当 A、B 全部执行完毕后（或任意一个执行完毕后），再触发某一个方法。

CompletableFuture 提供了 4 个异步执行任务的方法，其源码如下所示。

**【源码：java.util.concurrent.CompletableFuture】**

```
public class CompletableFuture<T>implements Future<T>, CompletionStage<T> {
public static <U> CompletableFuture<U> supplyAsync(Supplier<U> supplier) {...}
public static <U> CompletableFuture<U> supplyAsync(Supplier<U> supplier,
                        Executor executor) {...}
public static CompletableFuture<Void> runAsync(Runnable runnable) {...}
  public static CompletableFuture<Void> runAsync(Runnable runnable,
                        Executor executor) {... }

  ...
}
```

其中，supplyAsync() 用于有返回值的任务，runAsync() 则用于没有返回值的任务，Executor 默认使用 ForkJoinPool.commonPool() 创建的线程池。

除了这些用于执行线程任务的方法外，CompletableFuture 还提供了多线程执行时的两种结束逻辑：allOf() 和 anyOf()，如下所述。

（1）allOf() 方法会一直阻塞，直到线程池 Executor 中的所有线程全部执行完毕。

（2）anyOf() 方法会一直阻塞，直到线程池 Executor 中有任何一个线程执行完毕。

**范例 4-14** 线程间的依赖顺序

有 1、2、3、4 四个数字，现要求创建 4 个线程对这些数字进行处理，并要求每个线程必须按照以下步骤执行。

（1）对 4 个数字的值各自加上 64，使之转为 A、B、C、D 对应的 ASCII 值（在 ASCII 中，A:65、B:66、C:67、D:68）。

（2）将 ASCII 值转为对应的 A、B、C、D 字符。

（3）将转后的 A、B、C、D 加入一个集合中。

最后，还要求当 A、B、C、D 4 个线程全部执行完毕后，打印出转换后的结果集。

**【源码：** demo/ch04/CompletableFutureDemo.java **】**

```
...
public class CompletableFutureDemo {
  public static void main(String[] args) {
    // 原始数据集
    CopyOnWriteArrayList<Integer> taskList = new CopyOnWriteArrayList();
    taskList.add(1);
    taskList.add(2);
    taskList.add(3);
    taskList.add(4);
    CompletableFuture[] cfs = taskList.stream()
        // 第一阶段
        .map(integer -> CompletableFuture.supplyAsync(
            () -> calcASCII(integer), executorService)
            // 第二阶段
            .thenApply(i -> {
              char c = (char) (i.intValue());
              System.out.println("【阶段 2】线程 "
                  + Thread.currentThread().getName() + " 执行完毕，"
+ " 已将 int" + i + " 转为了字符 " + c);
              return c;
            })
            // 第三阶段
            .whenComplete((ch, e) -> {
```

```
                resultList.add(ch);
                System.out.println("【阶段 3】线程 " +
                    Thread.currentThread().getName() + " 执行完毕，" + " 已将 "
                    + ch + " 增加到了结果集 " + resultList + " 中 ");
            })
        ).toArray(CompletableFuture[]::new);

    // 封装后无返回值，返回值可以在 whenComplete() 中保存
    CompletableFuture.allOf(cfs).join();
    System.out.println(" 完成！ result=" + resultList);
            executorService.shutdown();
  }

  // 计算 i 的 ASCII 值
  public static Integer calcASCII(Integer i) {
    try {
      if (i == 1) {
        Thread.sleep(5000);
      } else {
        Thread.sleep(1000);
      }
      // 数字 -> A-D 对应的 ascii
      i = i + 64;
      System.out.println("【阶段 1】线程 " + Thread.currentThread().getName()
+ " 执行完毕，" + " 已将 " + i
+ " 转为了 A( 或 B 或 C 或 D) 对应的 ASCII" + i);
    } catch (InterruptedException e) {
      e.printStackTrace();
    }
    return i;
  }
}
```

执行以上程序，运行结果如图 4-25 所示。

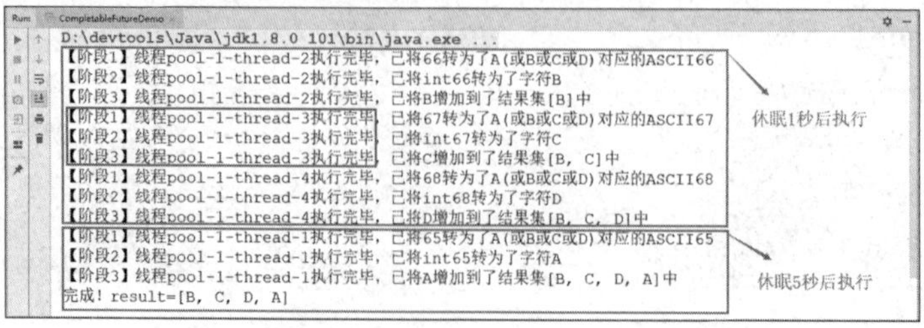

```
D:\devtools\Java\jdk1.8.0_101\bin\java.exe ...
【阶段1】线程pool-1-thread-2执行完毕，已将66转为了A(或B或C或D)对应的ASCII66
【阶段2】线程pool-1-thread-2执行完毕，已将int66转为了字符B
【阶段3】线程pool-1-thread-2执行完毕，已将B增加到了结果集[B]中
【阶段1】线程pool-1-thread-3执行完毕，已将67转为了A(或B或C或D)对应的ASCII67
【阶段2】线程pool-1-thread-3执行完毕，已将int67转为了字符C
【阶段3】线程pool-1-thread-3执行完毕，已将C增加到了结果集[B, C]中
【阶段1】线程pool-1-thread-4执行完毕，已将68转为了A(或B或C或D)对应的ASCII68
【阶段2】线程pool-1-thread-4执行完毕，已将int68转为了字符D
【阶段3】线程pool-1-thread-4执行完毕，已将D增加到了结果集[B, C, D]中
【阶段1】线程pool-1-thread-1执行完毕，已将65转为了A(或B或C或D)对应的ASCII65
【阶段2】线程pool-1-thread-1执行完毕，已将int65转为了字符A
【阶段3】线程pool-1-thread-1执行完毕，已将A增加到了结果集[B, C, D, A]中
完成! result=[B, C, D, A]
```

休眠1秒后执行

休眠5秒后执行

图 4-25　CompletableFuture 程序

可以发现，每个线程都会严格遵守阶段 1、阶段 2、阶段 3 的执行顺序；并且当全部线程执行完毕后，才会打印出 result 结果集。

## 4.5 异步模型和事件驱动模型

在 Ajax、Netty 等异步框架中，经常会涉及异步模型和事件驱动模型，实际上这两个模型也是理解“异步”的根基，下面分别进行介绍。

### 1. 异步模型

异步是和同步相对的，先来了解一下同步的概念。在 MVC 模式中，经常使用的 Controller 大多是同步的，如 Servlet、Struts2、SpringMVC 等。这些 Controller 会在接收到请求后，立刻去处理这些请求并返回响应。以 SpringMVC 为例，以同步方式处理请求的示例代码如下所示。

```
@RequestMapping("/queryStudent/{stuNo}")
public ModelAndView queryStudentByNo(@PathVariable("stuNo")Integer stuNo){
Student student = studentService.queryStudentByNo(stuNo);
ModelAndView mv = new ModelAndView("success");
mv.addObject("student",student);
return mv;
}
```

结果页 success.jsp 的源码如下。

```
${requestScope.student.stuNo }
...
```

在以上代码中，请求方向 Controller 发出请求（如 localhost:8080/ 项目名 /queryStudent/9527），Controller 的 queryStudentByNo() 方法接收到该请求后，就会调用 studentService.queryStudentByNo(9527) 方法处理该请求，直到该方法全部执行完毕后，再将结果通过 success 页面响应给请求方。即请求方在发出请求后，会一直等待该请求的结果，只有等到本次请求的响应结果后，才能再发出其他请求。

不难发现，这种同步方式的处理流程是按照自上而下顺序执行的，如图 4-26 所示。

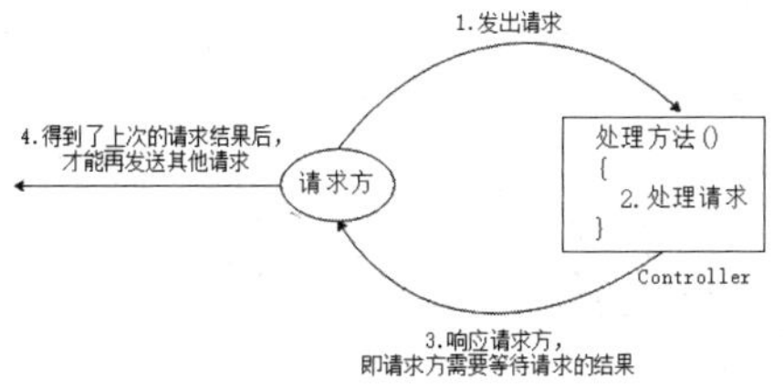


图 4-26　同步方式的处理流程

而异步是指当请求方发出请求后，请求方不会去等待此次请求的响应结果，而是可以再发出其他请求。如果某次发出的请求被处理完毕，处理方法会借助监听器等方式以“回调”的形式去通知请求方，如图 4-27 所示。

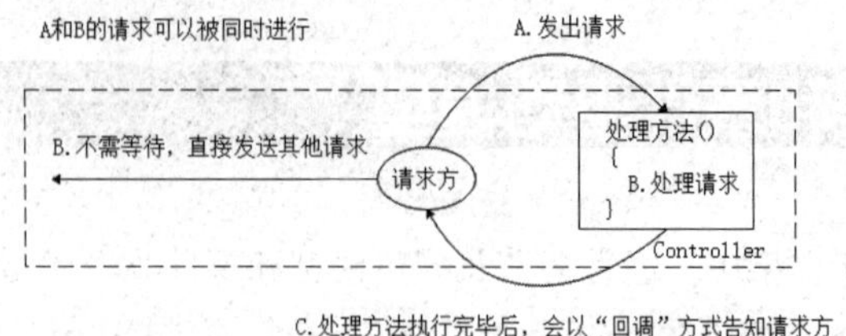


图 4-27　异步方式的处理流程

因此，异步方式不会去等待请求的响应结果，也就不会发生阻塞，更加适合高并发情形。

## 2. 事件驱动模型

很多异步请求采用的都是事件驱动模型。简单地说，事件驱动就是预先设置一个个方法（通常为回调方法），然后将这些方法和一个个动作（即事件）一一对应起来。之后，如果发生了某个动作，就会自动触发相应的方法。例如，JavaScript 中的单击事件，当用户单击鼠标后，就会自动触发 onclick 所指定的方法。再比如，在 jQuery AJAX 中，也预先定义了异步请求中各个不同阶段的不同事件方法，如 ajaxStart()、ajaxSend()、ajaxSuccess()、ajaxComplete() 和 ajaxError() 等，当请求处于事件方法所定义的阶段时，就会自动触发相应的方法，如图 4-28 所示。

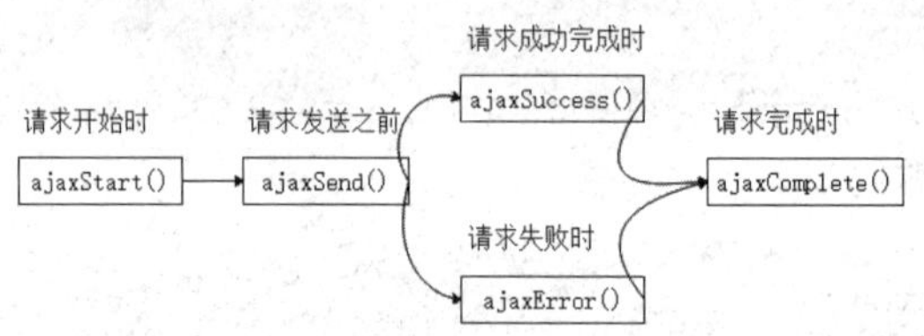


图 4-28　自动触发方法（事件驱动）

类似以上这些方法“当达到某个阶段时，就会执行预先设置的相应动作”就是事件驱动机制。

# 第 5 章

# 5 分布式网络编程核心技术——远程调用

当单服务器的负载超限时，通常会搭建集群服务或将系统拆分成分布式的结构，而集群和分布式系统都必然会涉及多台服务器。本章讲解的就是如何在多台服务器之间实现远程通信，具体包括网络模型、代理模式和远程调用 3 个部分。

# 5.1 OSI与TCP/IP网络模型

为了使全世界范围内的所有计算机之间能够通过网络互联，各台计算机就必须遵循一套相同的规范。OSI 网络模型就是这种网络互联规范的一个基本框架，也就是说各台计算机只需要在网络传输时使用 OSI 网络模型，就可以与世界各地的其他计算机互联。TCP/IP 网络模型是对 OSI 网络模型的一种简化，使各台计算机之间可以通过一种更简洁的方式实现网络互联。

## 5.1.1 ▶ OSI七层参考模型

OSI 网络模型将计算机之间的互联行为细分成了 7 个层次，因此也称为 OSI 七层参考模型，如图 5-1 所示。

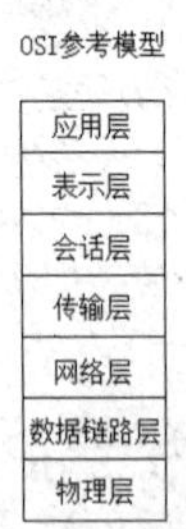


图 5-1 OSI 七层参考模型

从下往上，OSI 七层参考模型的各层含义如下所述。

（1）物理层：用于原始信号（0,1）的传输，传输的单位是 bit（比特）。物理层的主要设备是中继器、集线器。当传输距离较远时，传输的信号会逐渐减弱，此时可以使用中继器放大传输信号。中继器只有两个网线接口，而集线器有多个网线接口，即集线器相当于多个中继器。

（2）数据链路层：通过 MAC 地址在网络中定位目标计算机的位置，从而实现同一个子网内的通信，传输的单位是 Frame（帧）。数据链路层的主要设备是网卡、网桥和交换机。

其中，网卡也称为网络适配器，用于将计算机连接到网络；网桥是连接两个局域网（LAN）的一种存储 / 转发设备，它能将一个大的 LAN 分割为多个网段，或将多个 LAN 整合为一个逻辑 LAN，使 LAN 上的所有节点都可以访问服务器；交换器的功能和网桥类似，但比网桥更加强大，如传输速率更快，允许多组端口间的通道同时工作（相当于多个网桥）等。

注意区分 IP 地址和 MAC 地址：MAC 地址是由设备生产商刻录到 ROM 上的唯一标识，全球唯一，且不能更改，即 MAC 地址是一种真实存在的地址；而 IP 地址是一种虚拟的网络地址，用于在网络中进行寻址操作。

（3）网络层：如果多台计算机在同一个子网内，那么只需要通过数据链路层即可完成通信；但如果多台计算机不在同一个子网内，就需要通过网络层进行通信。网络层会在网络中寻找目标计算机的 IP 地址，传输的单位是 Packet（数据包）。网络层中的主要设备是路由器，是用作网络通信的中转站，可以将不同网络和网段的数据进行翻译，使其可以相互理解，最终构成一个较大的网络，类似于快递中转站。

（4）传输层：用于确保两台计算机节点间的可靠通信，并处理数据包出错等传输问题。

传输层是整个网络的关键部分，位于下层基础服务的最高层、上层用户功能的最底层。主要依赖于TPC和UDP协议进行传输，传输的单位是Segment（数据段）。

（5）会话层：负责两台计算机节点之间的建立、维护及终止连接，并管理及控制两个节点之间的会话，保证会话数据的可靠传输。注意区分会话层与传输层，会话层相当于一个“接口”，而传输层相当于真正的“实现类”。

（6）表示层：对数据的格式进行转换（翻译、加密和压缩等）。

（7）应用层：通过HTTP(S)/FTP/SMTP等协议，为应用程序提供服务。

下面以微信收发消息为例，介绍数据在OSI中的具体传输过程。为了与实际使用微信的场景保持一致，本示例采用了从上层到下层的讲解顺序。

假设A用户通过微信给B用户发送了一条消息，就会依次经历以下过程。

（1）应用层：A用户打开微信应用软件（微信这款软件就处于应用层）。

（2）表示层：A用户在微信中，输入了一条信息“你好”并发送。之后，“你好”被翻译成字节码，并加密、压缩，为后续的数据传输做准备。

（3）会话层：实际上，在A用户发送信息前，会先建立与B用户的会话连接，并维持着A与B之间的连接和会话操作，这就是会话层的工作。此外，在A用户单击发送按钮后，A用户的操作就结束了，即应用层、表示层、会话层这3层属于上层用户操作，之后就是下层硬件的操作了。

（4）传输层：A用户输入“你好”，并单击发送按钮后，传输层会将这条消息拆分成“你”“好”两个Segment，并准备发送（但还没有实际发送）。

（5）网络层：传输层拆分后的两个Segment，通过路由器，根据路由协议进行“选路”，即选择网络传输的最佳路线。选路后，再给传输层的Segment加上IP包头（将选择好的最佳路线放到Segment中，IP包头主要包括：源IP、目标IP、传输协议），加了IP包头的Segment就称为数据包，数据包能够通过IP包头中的信息识别发送者、接收者，以及确保传输协议的一致。

（6）数据链路层：给网络层传输的数据加上MAC地址的帧头（包括A用户机器的MAC和A所处网关的MAC）。

（7）物理层：将上述经过传输层拆分、网络层加IP包，以及数据链路层加MAC后的数据帧，翻译成0、1这种比特流的格式，最终通过网线、光纤等传输到B用户。

以上，就是A用户发送消息的过程，当B接收到消息后，再根据与上述相反的顺序逐层读取数据，并逐层摘除标签（摘除帧头、IP包等），就可以最终得到A发送的消息。整个过程如图5-2所示。

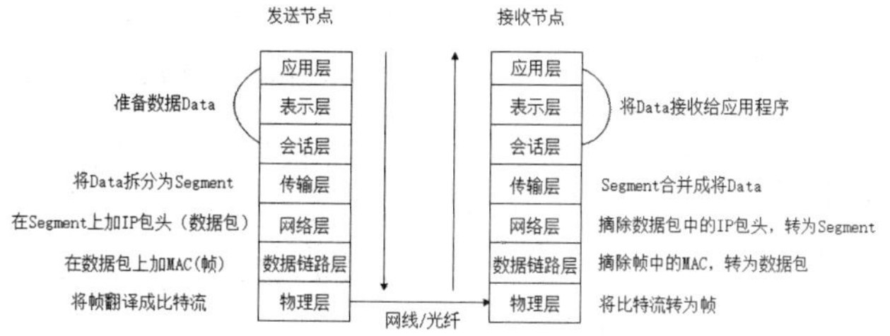


图5-2 数据在OSI模型中的传递过程

## 5.1.2 ▶ TCP/IP 四层模型

OSI 模型清晰地诠释了数据在网络中传输的每一步，但 OSI 对层次的划分过于精细，技术人员并不需要全部使用。为了简化模型，技术人员开发了自己的 TCP/IP 四层模型。图 5-3 展示了 TCP/IP 模型和 OSI 模型的对应关系。

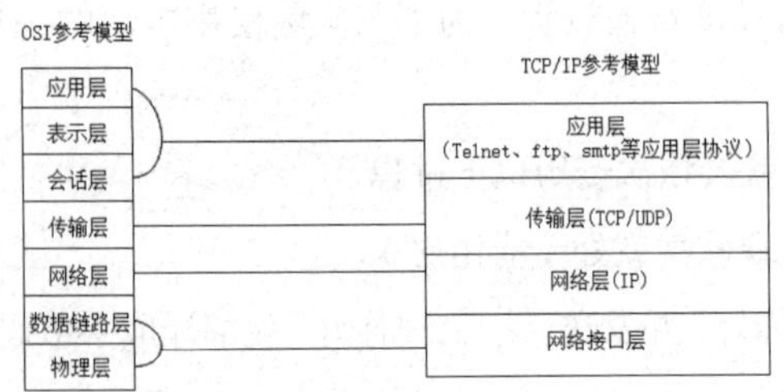


图 5-3　TCP/IP 模型和 OSI 模型的对应关系

TCP/IP 四层模型的各层含义如下所示。

### 1. 网络接口层

网络接口层也称为“主机—网络层”，用于定义主机到网络的实现方式。实际上，TCP/IP 模型并没有具体描述这一层，仅仅是要求它能够给上一层（网络层）提供一个访问接口，以便在网络层上传递 IP 分组等信息。需要注意的是，由于网络接口层未被明确定义，所以它的具体实现方式会随着网络类型的不同而不同。

### 2. 网络层

网络层用于解决主机到主机的通信问题（主机 A 通过 IP 寻址主机 B、路由转发、连接异构网络、阻塞控制等）。

网络层定义了 IP 分组的格式和 IP 协议，用于把 IP 分组发往目标节点或目标网络。为了尽快地发送 IP 分组，可能会沿着不同的路径并发进行 IP 分组传递。因此，IP 分组的发送顺序和抵达顺序可能不同，这时就需要上层(传输层）对 IP 分组进行排序，以保证收发顺序的一致。

网络层主要有 3 个协议：网际协议（IP）、互联网组管理协议（IGMP）和互联网控制报文协议（ICMP）。其中，最重要的是 IP 协议，它提供了一个可靠的、无连接的数据报传递服务。

### 3. 传输层

传输层使主机 A 和主机 B 可以进行会话，并且保证了数据包能够按顺序传送，以及数据的完整性。总的来说，传输层可以给应用层提供端到端的通信功能。

传输层提供了两种不同的协议：TCP（Transmission Control Protocol,传输控制协议）和 UDP（User Datagram Protocol，用户数据报协议）。TCP 是一个面向连接的、可靠的数据传输协议，是通过“三次握手”来连接的（数据）传输服务，它将一台主机的字节流无差错地发往网络中的其他主机。UDP 是一个不保证绝对可靠的、无连接的数据传输协议。

### 4. 应用层

OSI 模型中的应用层、会话层和表示层三者合并起来，相当于 TCP/IP 模型的应用层。

应用层可以为用户提供各种服务，并且对不同类型的网络应用引入了不同的应用层协议。其中，有的应用层协议是基于 TCP 协议，如 FTP（File Transfer Protocol，文件传输协议）、Telnet（远程终端协议）、HTTP（Hyper Text Transfer Protocol，超文本传输协议）；有的是基于 UDP 协议，如 SMTP（Simple Mail Transfer Protocol，即简单邮件传输协议）、DNS（Domain Name System，域名系统）、TFTP（Trivial File Transfer Protocol，简单文件传输协议）。

# 5.2 实战远程调用的设计模式——代理模式

在网络编程中经常会用到代理模式，本节将通过“租房”的案例来讲解静态代理和动态代理两种代理模式。

当我们想租房时，可能会去中介公司找代理商，从代理商那里租一套房。此场景就涉及了代理模式包含的3个角色：真实角色（真正房屋的主人）、代理角色（房屋中介等代理商）、接口或抽象类（包含了真实角色和代理角色共同维护的方法）。代理商是给房屋的主人做代理的，因此在编写代理模式的代码时要注意：代理角色要含有对真实角色的引用。

## 5.2.1 ▶ 租房代理商——静态代理

静态代理是指给每个真实角色都指定一个代理角色，之后就可以通过代理角色来操作真实角色。静态代理的最大特点就是真实角色和代理角色的关系是一对一的。例如，一个真实房屋的主人，对应一个租房代理商；一个真实汽车的主人，对应一个租车的代理商。

**范例 5-1** 静态代理租房

下面以“租房”为例，演示静态代理的具体实现。

### 1. 租房接口

**》【源码：demo/ch05/proxy/static/Subject.java】**

```
public interface Subject {
  // 租房
  public abstract boolean rent(int money);
}
```

### 2. 真实角色

**》【源码：demo/ch05/proxy/static/RealSubject.java】**

```
// 真实角色
public class RealSubject implements Subject {
  @Override
  public boolean rent(int money)
  {
    System.out.println(" 租房 "+money+" 元 ");
    return true ;
  }
}
```

### 3. 静态代理角色

》【源码：demo/ch05/proxy/static/StaticProxy.java】

```
//代理角色：执行真实角色中的方法+一些其他操作
public class StaticProxy implements Subject {
  //含有对真实对象的引用
  Subject realSubject = new RealSubject();
  public void before() {
    System.out.println("before...");
  }
  public void after() {
    System.out.println("after...");
  }
  @Override
  public boolean rent(int money) {
    this.before();
    //调用真实角色的租房方法
    realSubject.rent(money);
    this.after();
    return true ;
  }
}
```

### 4. 测试类

》【源码：demo/ch05/proxy/static/Test.java】

```
public class Test {
  public static void main(String[] args) {
    Subject proxySubject =new StaticProxy() ;
//调用代理角色的 rent() 方法
    proxySubject.rent(2000);
  }
}
```

本程序的运行结果如图 5-4 所示。

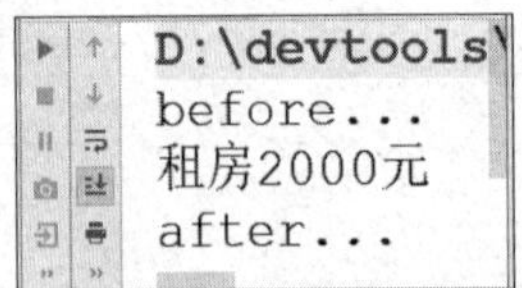


图 5-4　静态代理程序的运行结果

可以发现，静态代理的实现方式比较简单，但如果有多个真实角色，就得编写多个代理对象与之对应。因此静态代理会增加程序中的代码量，进而给后期程序的维护带来麻烦。

## 5.2.2 ▶ 万能代理商——动态代理

在静态代理中，真实角色和代理角色是“一对一”的关系。而在动态代理中，真实角色和代理角色是“多对一”的关系。动态代理可以用一个“万能”的代理者来代理任何类型的真实角色，而不用像静态代理那样给每个真实角色都设置一个代理，这也是动态代理的最大优势。

请思考一个问题：静态代理需要实现和真实角色相同的接口。例如，房屋中介和真正房屋的主人，都需要“出租房”，因此“出租房”就是二者需要共同实现的接口。但是，动态代理既然是一个“万能”的代理者，那么动态代理应该实现什么接口呢？例如，房屋的主人和汽车的主人，都需要用动态代理，那么这个动态代理应该实现“出租房”还是“出租车”的接口呢？为了解决这个问题，JDK 提供了一个“万能”的动态代理接口——InvocationHandler，即使用动态代理时可以直接实现 InvocationHandler 接口，该接口中的 invoke() 方法就是“万能”的代理方法，即可以用 InvocationHandler 接口中的 invoke() 方法代理出租房、出租车等各种业务方法。

**范例 5-2** 动态代理租房

以出租房为例，动态代理的具体代码如下所示。

### 1. 接口

Subject.java、真实角色 RealSubject.java 与静态代理完全相同。

### 2. 动态代理角色

》【源码：demo/ch05/proxy/dynamic/DynamicProxy.java】

```
import java.lang.reflect.InvocationHandler;
import java.lang.reflect.Method;
public class DynamicProxy  implements InvocationHandler{
  // 可以代理任意类型的角色
  private  Object obj ;
  public DynamicProxy(Object obj ) {
    this.obj = obj ;
  }
  public void before() {
    System.out.println("before ...");
  }
  /*
   proxy: 代理的角色
   method: 被代理的方法 rent()
   args：方法的参数
   return 返回值：真正被代理的方法 rent() 的返回值
  */
```

```
    @Override
    public Object invoke(Object proxy, Method method, Object[] args) throws Throwable {
        this.before();
        /*
        以出租房为例，动态代理要想执行 rent()，必须调用真实角色的 rent()
        动态代理使用了反射技术，通过 method.invoke(obj, args) 实现了对真实角色的 rent() 的调用
        从代码中能看到，反射技术中并没有任何关于 "rent()" 的代码，因此实现了“万能”代理，即可以
调用
        任何被代理角色的方法
       */
        Object result = method.invoke(obj, args) ;
        this.after();
        return result;
    }
    public void after() {
        System.out.println("after...");
    }
}
```

### 3. 测试类

【源码：demo/ch05/proxy/dynamic/Test.java】

```
public class Test {
public static void main(String[] args) {
    // 真实对象
    Subject realSubject = new RealSubject();
    // 初步的代理对象 :handler 就是真实角色 realSubject 的初步代理对象
    InvocationHandler handler = new DynamicProxy(realSubject);
    /*
        * newProxyInstance(a,b,c) ;
        * a：初步代理对象的类加载器（固定写法）
        * b：接口类型的数组。要代理的方法是在哪些接口中定义的，即 realSubject 的接口；
          因为语法上允许一个类可以实现多个接口，因此接口是一个数组的形式
        * c：要将哪一个初步代理对象，转成最终代理对象
        */
        // 最终的代理对象：subProxy
    Subject subProxy = (Subject) Proxy.newProxyInstance(
            handler.getClass().getClassLoader(),
            realSubject.getClass().getInterfaces(),
            handler);
```

```
//程序执行 subProxy.rent() 时，会转为调用动态代理对象 DynamicProxy 中的 invoke() 方法
    boolean result = subProxy.rent(3000);
    System.out.println(result ? "ok": "error");
  }
}
```

可以发现，动态代理是通过 Proxy.newProxyInstance() 创建了一个“万能”的代理对象，因为该“万能”对象中包含着真实对象的接口，因此能够知道需要代理的对象类型，以及要代理的方法是什么。

本程序的运行结果如图 5-5 所示。

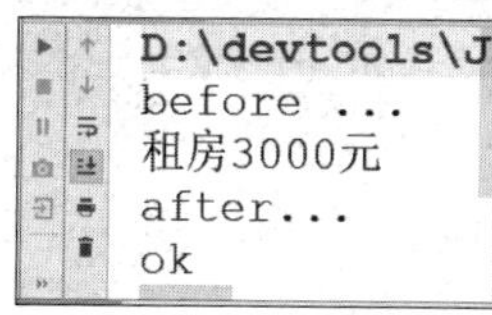


图 5-5　动态代理程序的运行结果

现在再来体验一下“万能”。将上述动态代理类 DynamicProxy 保持不变，直接用该类来代理“出租车”，如下所示。

### 1. 接口

》【源码：demo/ch05/proxy/dynamic/Subject2.java】

```
public interface Subject2 {
  void  rentCar(String type);
}
```

### 2. 真实角色

》【源码：demo/ch05/proxy/dynamic/RealSubject2.java】

```
public class RealSubject2 implements Subject2 {
  @Override
  public void rentCar(String type) {
    System.out.println(" 租用的车类型 :"+type);
  }
}
```

### 3. 测试类

》【源码：demo/ch05/proxy/dynamic/Test2.java】

```
...
public class Test2 {
  public static void main(String[] args) {
    ...
```

```
        Subject2 realSubject2 = new RealSubject2();
        InvocationHandler handler2 = new DynamicProxy(realSubject2) ;
        Subject2 subProxy2 = (Subject2)Proxy.newProxyInstance(
            handler2.getClass().getClassLoader(),
              realSubject2.getClass().getInterfaces() ,
              handler2) ;
        subProxy2.rentCar( "宝马" );
    }
}
```

运行结果如图 5-6 所示。

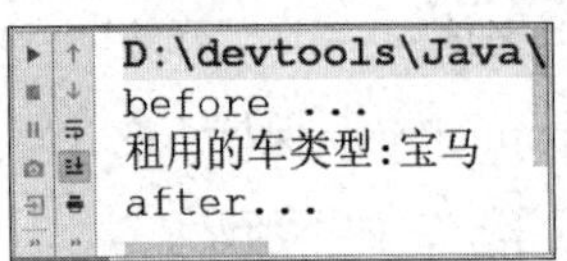


图 5-6　动态代理程序的运行结果

因为动态代理本身较难理解，在此总结一下动态代理模式的编写步骤。

编写自定义接口。接口中包含了真实角色中的方法（称为方法 A）。

编写真实角色类。真实角色类 implements 自定义接口，并重写接口中的方法 A。

编写动态理角色类。动态理角色类 implements InvocationHandler 接口，并重写接口中的 invoke() 方法，再通过 method.invoke(obj, args) 调用真实角色中的方法 A。

使用。先根据真实角色，产生一个初步的代理角色 handler，即 handler= new DynamicProxy( 真实角色 )；再通过 subProxy = ( 自定义接口 )Proxy.newProxyInstance( 类加载器 , 真实角色的接口 [], 即 handler) 产生一个最终的代理对象 subProxy；最后通过 subProxy 调用真实角色方法 A，但实际上，在调用方法 A 时会转为去调用代理角色的 invoke() 方法。

## 5.3 使用网络编程实现分布式远程调用

在分布式、微服务等架构的系统中，必然会通过网络编程实现各个节点之间的通信功能。在 Java 中，常见的跨节点通信框架的底层技术就是 RMI 和 RPC。本节会对二者的区别做详细介绍，然后通过案例演示一个自定义 RMI 的具体实现。

### 5.3.1 ▶ 远程调用两大方案——RMI 与 RPC

如果要在一台计算机（客户端）上远程调用另一台计算机（服务端）提供的方法，可以使用 RMI 或 RPC。

二者的区别有以下三点。

（1）适用的语言不同。

RMI：远程方法调用（Remote Method Invocation），只适用于 Java 语言。也就是说，各台计算机上使用的语言都必须是 Java。

RPC：远程过程调用协议（Remote Procedure Call Protocol），是一个网络服务协议，与操作系统和语言无关。也就是说，RPC 支持跨平台、跨语言的方法调用。

（2）方法的调用方式不同。

RMI：在本地（客户端），直接操作的是服务端接口在本地的副本（称为 stub），通过 stub 来充当服务端的接口。例如，如果客户端 L 对象要调用服务端接口 R 中的 method() 方法，那么是无法在客户端直接写成 L.method() 的（客户端都没有定义 method()，直接写 L.method() 必然会提示“方法未定义 ...”错误）。因此，就必须先将服务端 method() 的接口 R 在本地复制一份（即 stub），然后才能写成 L.method()。可以发现，在 RMI 通信时客户端接口借助的是 stub，而服务端为了便于组织管理服务端上的各个接口，以及为了便于和客户端通信，服务端也设置了一个辅助对象 skeleton。即在 RMI 通信过程中，实际是客户端的 stub 和服务端的 skeleton 在直接交互，如图 5-7 所示。

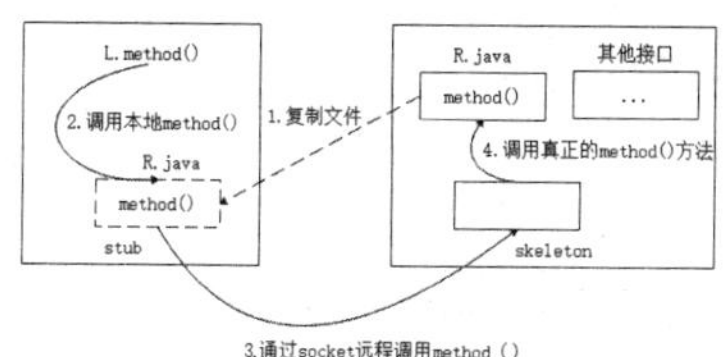


图 5-7 RMI 实现流程

RPC：客户端和服务端之间通过网络服务协议传递请求和响应。客户端将请求进行编码后发送给服务端，服务端接收到请求后会进行解码、处理和响应。

（3）返回值不同

RMI：因为调用的是 Java 方法，因此可以返回 Java 支持的任何类型，如基本类型、对象类型等。

RPC：因为是平台中立、语言中立的远程调用，因此返回值是一种通用的数据格式，如 json/xml，以及一些 RPC 框架所使用的 .proto、.thrift 等数据格式。

### 5.3.2 ▶ 综合案例：通过底层技能实现 RMI

本书的第 7 章和第 8 章将详细讲解 RPC 的各种实现方式，本小节主要是通过一个案例，讲解如何用 Socket、对象流、动态代理等基础知识，实现一个自定义 RMI。本案例的实现思路如下。

（1）客户端与服务端之间通过 Socket 交互信息，具体如下。

①客户端先以字符串的形式定义好需要请求的接口名（如“remote.procedure.call.server.RMIService”），然后再将此字符串通过反射，解析出请求的接口名、方法名、方法参数等信息，并将这些信息通过对象流 ObjectOutputStream 发送给服务端。

②服务端逐个解析这些信息，并通过反射中的 invoke() 方法调用服务端上被请求的方法。

（2）因为服务端上可能存在多个提供方法的接口，因此服务端需要一个“服务注册中心”来统一管理这些接口；当客户端请求某一个接口时，“服务注册中心”就可以立刻获取并提供那个接口。其中，“服务注册中心”可以是一个 Map，其中 Key 存放着接口的名字，value 就是相应提供方法的接口对象。

（3）“服务注册中心”根据客户端请求，找到相应的接口后（通过 map.get( 接口名 )），通过该接口的实现类提供服务（即执行实现类中的方法）。

（4）服务完毕后，服务端再将返回值通过对象流传给客户端。

（5）因为不同的服务会返回不同的数据类型给客户端，因此客户端需要通过动态代理来接收服务端的返回值。

以下是自定义 RMI 的具体实现代码。

**范例 5-3　自定义 RMI**

**1. 服务端：提供服务的接口**

》【源码：demo/ch05/rmi/server/RMIService.java】

**2. 服务端：提供服务接口的实现类**

》【源码：demo/ch05/rmi/server/RMIServiceImpl.java】

**3. 服务端：服务注册中心的接口**

》【源码：demo/ch05/rmi/server/ServerCenter.java】

**4. 服务端：服务注册中心的实现类**

》【源码：demo/ch05/rmi/server/ServerCenterImpl.java】

**5. 客户端**

》【源码：demo/ch05/rmi/client/RMIClient.java】

**6. 服务端启动类**

》【源码：demo/ch05/rmi/test/TestRMIServer.java】

**7. 客户端启动类**

》【源码：demo/ch05/rmi/test/TestRMIClient.java】

鉴于篇幅有限，读者可以在本书赠送的配套资源中查看本例源码。

先启动服务端，再启动客户端，就能看到客户端成功地调用了服务端上的 sayHi() 方法。图 5-8 是本程序的流程图，读者可以从中加深对本程序的理解。

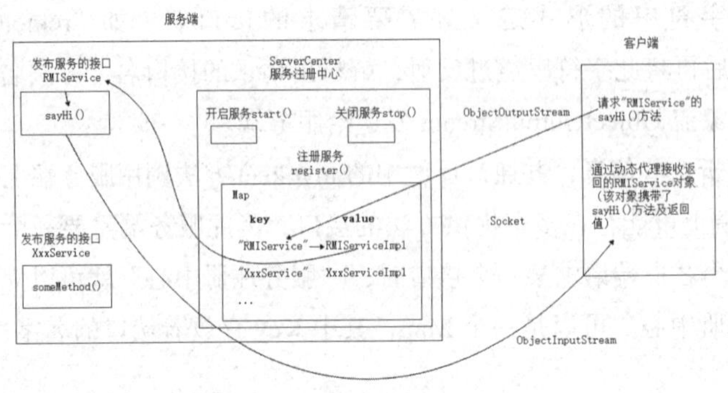


图 5-8　自定义 RMI 流程

# 第 6 章

# NIO 案例解析与高性能聊天室实战

正如 Bruce Eckel 在《Java 编程思想》中所说：“对程序语言设计者来说，设计一个令人满意的 I/O 系统，是件极艰巨的任务”。本章将先对基础 I/O 的核心知识进行介绍，然后详细地讲解 NIO 和 AIO 等各种 JDK 内置的新型 I/O 组件。

# 6.1 阻塞式数据传输——I/O 核心思想与文件传输案例

I/O 相关的基础知识就不再赘述。本节主要讲解 I/O 在设计层面所用到的一个设计模式——装饰模式，然后通过一个“远程发送文件”的示例对 I/O 进行快速复习。

## 6.1.1 ▶ I/O 设计的核心思想：装饰模式

装饰模式是指在不影响原有对象的情况下，动态地、无侵入地给一个对象添加一些额外的功能，如以下 I/O 语句。

```
InputStreamReader iReader = new InputStreamReader(new FileInputStream( new File( “D:\\abc.txt” )));
```

如果把字符串“D:\\abc.txt”看作被装饰的对象，以上语句就依次对该对象进行了以下 3 步的包装。

new File( “D:\\abc.txt” )：将字符串对象包装成了一个 File 对象，此时 File 对象包含了原字符串的内容。

new FileInputStream(...)：将 File 对象包装成了一个 FileInputStream 对象，此时 FileInputStream 包含了原 File 对象和原字符串的内容。

new InputStreamReader(...)：将 FileInputStream 对象包装成了一个 InputStreamReader 对象，此时 InputStreamReader 包含了原 FileInputStream 对象、原 File 对象和原字符串的内容。

可以发现，装饰模式可以让原对象经过一次次的包装，逐步拥有更加强大的功能。因此在开发时，可以通过装饰模式对各个功能进行模块化封装。例如，如果要给对象 A 依次增加 $X$、$Y$ 两个功能，就只需要对 A 进行两次包装即可。在 I/O 的设计中就大量使用到了这种装饰模式。

装饰模式包含了以下两个角色。

#### 1. 被装饰的对象

（1）抽象构件角色（Component）：被装饰对象的抽象接口。后续可以通过装饰者对该接口的对象进行动态装饰。例如，后续示例中的 Phone 接口。

（2）具体构件角色（ConcreteComponent）：具体的对象，即抽象构建的一个实现类。例如，后续示例中的 BasePhone 类。

#### 2. 装饰者

（1）装饰角色（Decorator）：装饰抽象类，需要继承自 Component，用于装饰（扩展）Component 中定义的方法。语法上，装饰对象包含一个对真实对象的引用。例如，后续示例中的 SmartPhone 类。

（2）具体装饰（ConcreteDecorator）角色：具体的装饰者，即装饰角色的一个实现类。例如，后续示例中的 AISmartPhone、AutoSizeSmartPhone 类。

下面通过一个案例演示装饰模式的具体应用。

**范例 6-1　装饰模式**

Phone 接口用于定义手机的基本功能是打电话 call()，BasePhone 类是 Phone 的一个实现类，实现了 call() 定义的方法。SmartPhone 是 Phone 的一个装饰者，用于扩展 Phone 的功能。第一种装饰方式为 AISmartPhone，即给电话增加“人工智能”的功能；第二种装饰方式为 AutoSizeSmartPhone，即给电话增加“自动伸缩”的功能。各角色之间的关系如图 6-1 所示。

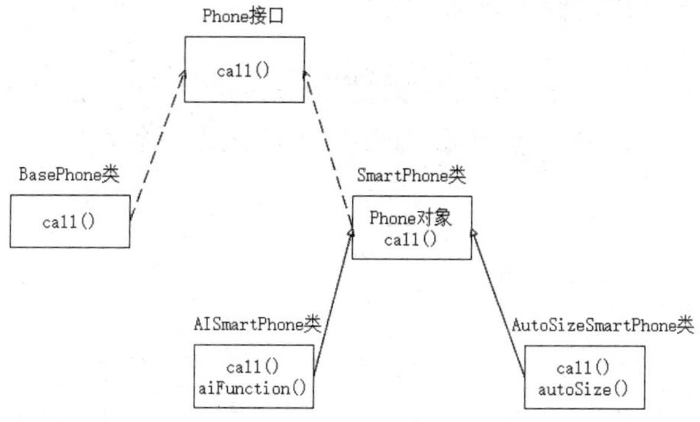


图 6-1　装饰模式结构

本示例的具体代码如下所示。

### 1. 抽象构件角色（Component）

》【源码：demo/ch06/decorator/Phone.java】

### 2. 具体构件角色（ConcreteComponent）

》【源码：demo/ch06/decorator/BasePhone.java】

### 3. 装饰角色（Decorator）

》【源码：demo/ch06/decorator/SmartPhone.java】

### 4. 第一个具体装饰角色（ConcreteDecorator）

》【源码：demo/ch06/decorator/AISmartPhone.java】

### 5. 第二个具体装饰角色（ConcreteDecorator）

》【源码：demo/ch06/decorator/AutoSizeSmartPhone.java】

#### 6. 测试类

【源码：demo/ch06/decorator/Test.java】

鉴于篇幅有限，读者可以在本书赠送的配套资源中查看本例源码。

### 6.1.2 I/O 应用案例：远程传输文件

在小型项目或者文件传输不频繁的项目中，可以使用基础的 I/O 技术进行数据传输。但是如果对数据传输的效率要求较高，就需要使用本章后面讲解的 NIO 或 AIO 技术。

本小节讲解的是 I/O 技术的一个典型应用——远程传输文件，本案例采用的是 CS 架构，读者可以从中对 I/O 技术和 CS 架构进行回顾。

**范例 6-2 文件传输**

当客户端成功连接到服务端后，服务端立即向客户端发送一个文件。

#### 1. 服务端

【源码：demo/ch06/io/MyServer.java】

```
...
public class MyServer {
  public static void main(String[] args) throws IOException {
    //服务的地址：127.0.0.1:8888
    ServerSocket server = new ServerSocket(8888);
    //允许接收多个客户端连接
    while (true) {
      //一直阻塞，直到有客户端发来连接
      Socket socket = server.accept();
      //创建一个线程，用于给该客户端发送一个文件
      new Thread(new SendFile(socket)).start();
    }
  }
}
```

#### 2. 服务端向客户端发送文件

【源码：demo/ch06/io/SendFile.java】

```
...
public class SendFile implements Runnable{
  private Socket socket ;
  public SendFile(Socket socket) {
```

```
        this.socket = socket ;
    }
    @Override
    public void run() {
     try {
          System.out.println(" 连接成功！ ");
    //out: 用于将内存形式的文件，远程发送到客户端
          OutputStream out = socket.getOutputStream() ;
          File file  = new File("d:\\xyz.png");
    //fileIn : 用于将硬盘文件读入内存
          InputStream fileIn = new FileInputStream(file) ;
          byte[] bs = new byte[64] ;
          int len = -1 ;
          while( (len=fileIn.read(bs)) !=-1   ) {
            out.write(bs,0,len);
          }
          // 依次关闭 fileIn、out 和 socket
}catch(...) {...}finally{...}
  }
}
```

### 3. 客户端

**【源码：demo/ch06/io/MyClient.java】**

```
...
public class MyClient {
   public static void main(String[] args) throws UnknownHostException, IOException {
      // 客户端连接服务端发布的服务
      Socket socket = new Socket("127.0.0.1",8888);
      //in：用于接受服务端远程发来到文件，并将文件内容保存在内存中
      InputStream in = socket.getInputStream() ;
      byte[] bs = new byte[64] ;
      int len = -1 ;
//fileOut ：用于将内存中的文件，输出到本地文件中
      OutputStream fileOut = new FileOutputStream("d:\\xyz_copy.png") ;
      while( (len =in.read(bs))!=-1 ) {
         fileOut.write(bs,0,len);
      }
     System.out.println(" 文件接收成功！ ");
// 依次关闭 fileOut、in 和 socket
```

```
    }
}
```

先启动服务端，再启动客户端。服务端就会向客户端发送一个 xyz.png 图片。

以上程序包含了使用 I/O 的基本步骤如下：

①将硬盘文件读入内存，使用输入流（InputStream 或 Reader）；

②将内存中的文件输出到硬盘，使用输出流（OutputStream 或 Writer）；

③将内存中的文件，远程发送给另一个计算机，使用 socket.getOutputStream();

④接收远程发来的文件，并保存在本机的内存中，使用 socket.getInputStream()。

以上这种 I/O 的实现相对简单，但性能较低，存在以下一些缺点。

（1）数据以阻塞的方式传输。例如，服务端在接收客户端连接时，使用的是 server.accept()，而此方法会一直阻塞，直到有客户端发来连接。也就是说，服务端在阻塞期间会一直等待，而不会再做其他任何事情。

（2）当服务端每次收到新客户端发来的连接时，都会通过 new Thread(new SendFile(socket)).start() 创建一个新的线程，去处理这个客户端连接。而每次 JVM 创建一个线程，大约会消耗 1MB 内存，并且在创建线程时 CPU 也会因为对线程的上下文切换而消耗性能。因此，如果有大量的客户端发来连接，服务端的性能就会严重消耗。当高过某个阀值后，如果再继续增加线程，性能会不增反降。

正是因为 I/O 存在着这些缺点，后续才衍生出了 NIO 和 AIO 等新型 I/O 技术。

## 6.2 非阻塞式数据传输——NIO 详解与案例演示

NIO，可以称为 New IO 或 Non Blocking IO，是在 JDK 1.4 后提供的新 API。传统的 I/O 是阻塞式 I/O、面向流的操作；而 NIO 是非阻塞 I/O、面向通道（Channel）和缓冲区（Buffer）的操作。此外，NIO 还提供了选择器（Selector）等全新的概念，这些都使 NIO 在传输数据时更加高效。

本节将深入地讲解 NIO 中通道、缓冲区和选择器这 3 个核心概念，三者间的关系如图 6-2 所示。

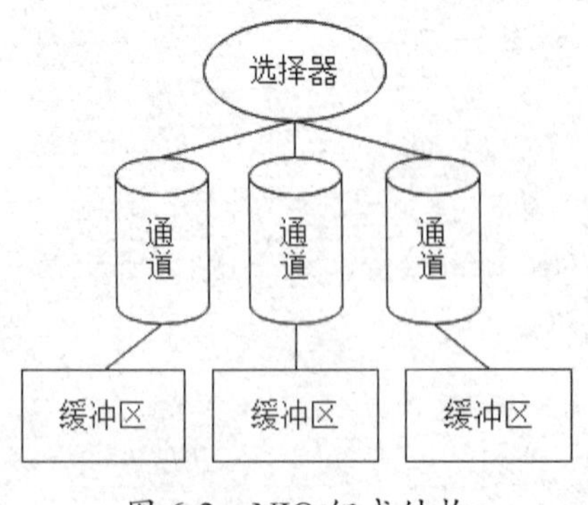


图 6-2 NIO 组成结构

## 6.2.1 ▶ NIO 数据存储结构：缓冲区 Buffer

Buffer 的底层是一个数组，用于存储数据。NIO 提供了 7 种类型的缓冲区，用于存储不同类型的数据：ByteBuffer、ShortBuffer、IntBuffer、LongBuffer、FloatBuffer、DoubleBuffer、CharBuffer，并且它们都继承自 java.nio.Buffer（与 Java 的 8 种基本类型相比，缺少了 BooleanBuffer）。

虽然 7 种 Buffer 的类型不同，但是使用方式大同小异。在本小节中，主要以 ByteBuffer 为例进行演示。

在 Buffer 类中有 5 个重要的属性，具体如下。

（1）int position：下一个将要被读或写的元素位置，也就是说，position 永远指向 Buffer 中最后一次操作元素的下一个位置（初始时，position 指向第 0 个元素），Buffer 初始时 position 的位置如图 6-3 所示。

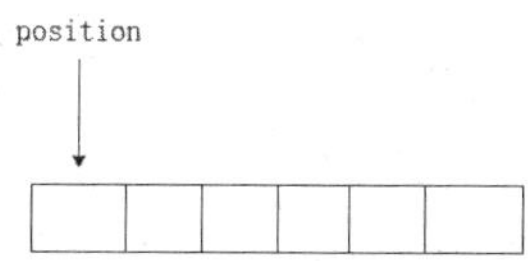


图 6-3 Buffer 初始时 position 的位置

当读取了 Buffer 中的 2 个元素（或向 Buffer 中存放了 2 个元素后），position 会随着读写操作而后移，如图 6-4 所示。

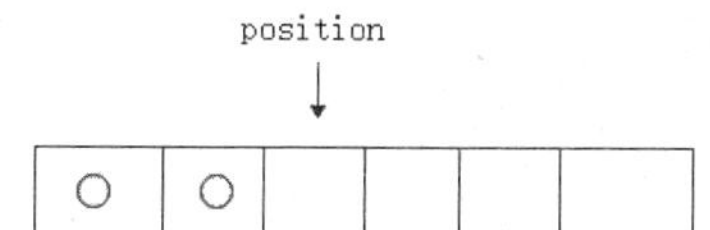


图 6-4 向 Buffer 中增加元素时 position 的位置

（2）int limit：限制 Buffer 中能够存放的元素个数，换句话说，limit 及之后的位置不能使用，如图 6-5 所示。

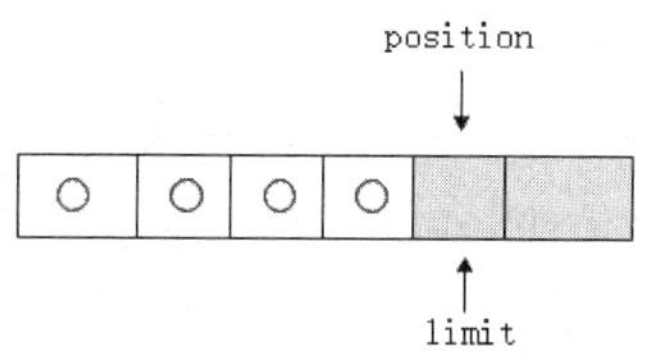


图 6-5 limit 的位置

（3）int capacity：Buffer 的最大容量，并且在创建后不能更改。

（4）int mark：标记，可以在 Buffer 设置一个标记，之后可以通过 reset() 方法返回到该标记的位置。

（5）long address：堆外内存的地址，将在后续使用时再详细介绍。

不难发现，前 4 个属性的大小关系是 0<=mark <=position <=limit <=capacity

在 Buffer 的 7 个子类中，均提供了用于分配缓冲区大小，以及向缓冲区中读写数据等常见方法，如表 6-1 所示（以 ByteBuffer 为例）。

**表 6-1 操作缓冲区的方法**

| 方法 | 简介 |
|---|---|
| ByteBuffer allocate(int capacity) | 分配大小为 capacity 的非直接缓冲区（单位 byte） |
| ByteBuffer allocateDirect(int capacity) | 分配大小为 capacity 的直接缓冲区（单位 byte） |
| ByteBuffer put(byte)<br>ByteBuffer put(int,byte)<br>ByteBuffer put(byte[])<br>ByteBuffer put(byte[],int,int) | 向缓冲区中存放数据 |

续表

| 方法 | 简介 |
| --- | --- |
| byte get()<br>byte get(int)<br>ByteBuffer get(byte[])<br>ByteBuffer get(byte[],int,int) | 从缓冲区中读取数据 |
| ByteBuffer asReadOnlyBuffer() | 将一个 Buffer 转为一个只读 Buffer。之后，不能再对转换后的 Buffer 进行写操作 |
| ByteBuffer slice() | 将原 Buffer 从 position 到 limit 之间的部分数据交给一个新的 Buffer 引用。也就是说，此方法返回的 Buffer 所引用的数据，是原 Buffer 的一个子集。并且，新的 Buffer 引用和原 Buffer 引用共享相同的数据 |
| ByteBuffer wrap(byte[] array) | 返回一个内容为 array 的 Buffer。此外，如果修改缓冲区的内容，array 也会随着改变，反之亦然 |

在父类 Buffer 中，提供了以下 4 个常用方法。

（1）flip()：将写模式转换成读模式。

因为在读写操作之后，position 的值会后移。因此，在下一次读写操作前，必须将 position 的值恢复到 0。要想恢复 position 的值，可以通过 flip() 或 rewind() 实现。flip() 方法的源码如下所示。

```
public final Buffer flip() {
    limit = position;
    position = 0;
    mark = -1;
    return this;
}
```

从源码可知，该方法有 3 个作用：①将此时 position 的值，赋给 limit；②将 position 的值恢复到 0；③将 mark 设置为 −1。

在实际使用时，如果刚刚对 Buffer 进行了 put() 写操作，那么在切换到 get() 读操作之前就需要先调用 flip() 方法，代码如下。

```
// 写模式
buffer.put(str.getBytes()) ;
// 从写模式切换到读模式
buffer.flip();
byte[] bs = new byte[buffer.limit()];
// 读模式
buffer.get(bs);
```

（2）rewind()：用于重复读。

在一次读操作完毕后，如果要再次进行读操作，就可以先调用 rewind() 方法，该方法的源码如下所示。

```
public final Buffer rewind() {
    position = 0;
    mark = -1;
    return this;
}
```

可以发现，与 flip() 方法相比，rewind() 不会改变 limit 的值。

（3）clear()：清空 Buffer。注意这里的“清空”是指将 Buffer 的各属性值还原到初始值，clear() 的源代码如下。

```
public final Buffer clear() {
    position = 0;
    limit = capacity;
    mark = -1;
    return this;
}
```

clear() 方法并不会删除 Buffer 中已存在的值，而只是将这些值“废弃”，不再使用而已。

假设 Buffer 中已存在一些元素，如图 6-6 所示。

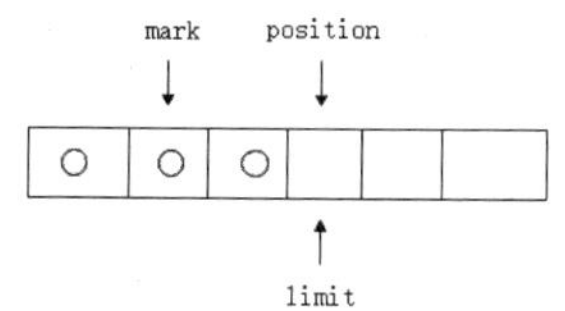


图 6-6　Buffer 清空前的属性位置

此时，如果调用 clear() 方法，Buffer 中的各属性值如图 6-7 所示。

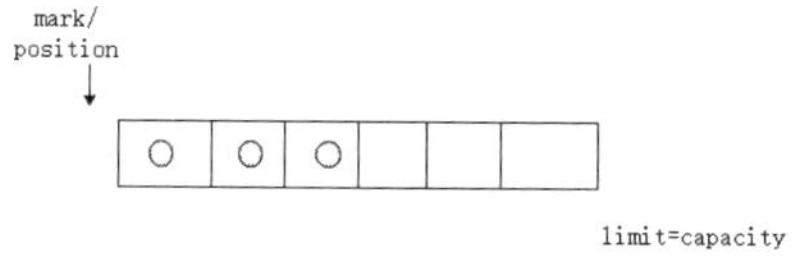


图 6-7　Buffer 清空后的属性位置

（4）mark()/reset()：标记与重置。可以在 Buffer 中的某一个位置，通过 mark() 方法设置一个 mark 标记，之后可以通过 reset() 方法返回该 mark 标记的位置。

假设 Buffer 中通过 mark() 方法设置过一个 mark 标记，如图 6-8 所示。

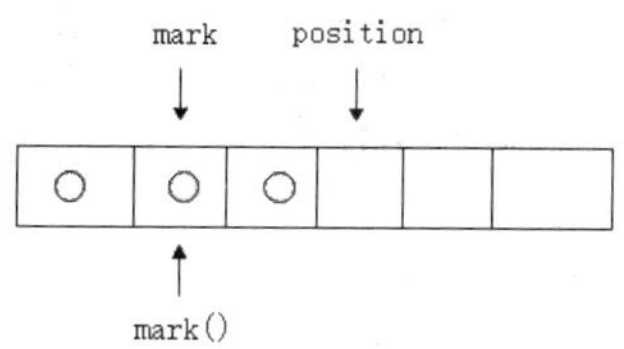


图 6-8　设置 mark 标记

之后，如果想让 position 还原到之前设置的 mark 处，就可以调用 reset() 方法，如图 6-9 所示。

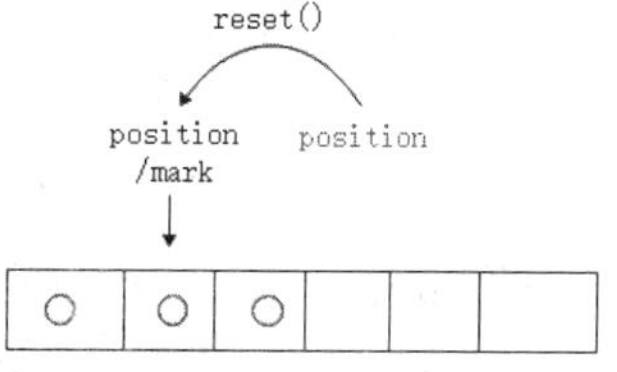


图 6-9　恢复到 mark 标记处

以下是操作 Buffer 对象的具体演示案例。

**范例 6-3　Buffer 操作**

通过 Buffer 及其子类中的方法，操作 Buffer 对象的属性值。

【源码：demo/ch06/nio/NIODemo.java】

鉴于篇幅有限，读者可以在本书赠送的配套资源中查看本例源码。

注意

任何类型都可以转为 byte 类型，因此可以在 ByteBuffer 中存储任何类型的数据，如下所示。

范例 6-4 Buffer 存储各类型数据

【源码：demo/ch06/nio/NIODemo.java】

```
public static void test2() throws CharacterCodingException {
    ByteBuffer buffer = ByteBuffer.allocate(32);
    ...
    buffer.putDouble(3.14159);
    buffer.putChar(' 颜 ');

    buffer.flip();
    // 必须保证 get 和 put 的顺序一致
    ...
    System.out.println(buffer.getDouble());
    System.out.println(buffer.getChar());
}
```

运行结果如图 6-10 所示。

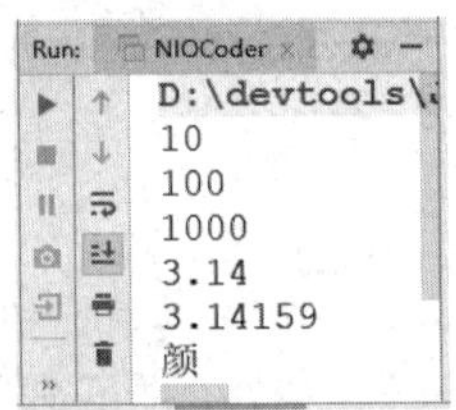


图 6-10 Buffer 存储数据的运行结果

## 6.2.2 缓冲区的搬运工：通道 Channel

通道用于数据的双向传输，即同一个通道既可以用于读数据，又可以用于写数据。注意，这点不同于 I/O 中的 Stream，Stream 是单向的（只能是输入流或输出流）。

在 NIO 中，就是使用“缓冲区 + 通道”进行数据的传输。具体地讲，就是使用通道对缓冲区、文件或套接字进行数据传输。

可以把缓冲区理解为“货车”，把通道理解为“道路”，如图 6-11 所示。

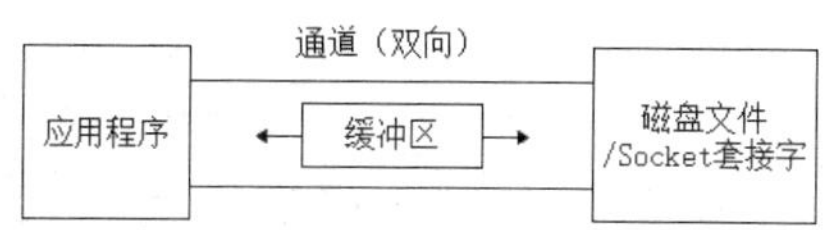


图 6-11 缓冲区与通道的关系

NIO 中的 Channel（通道）是一个接口，有以下几种常见的实现类：FileChannel、SocketChannel、ServerSocketChannel、DatagramChannel 等。

如果要获取 Channel 对象，可以使用表 6-2 中提供的方法。

**表 6-2 获取 Channel 对象的方法**

| 类 | 方法 |
|---|---|
| FileInputStream<br>FileOutputStream<br>RandomAccessFile | 本地 I/O 类。这些类中都提供了 FileChannel getChannel() 方法，可以用于获取 FileChannel 对象 |
| Socket<br>ServerSocket<br>DatagramSocket | 网络 I/O 类。这些类提供了 ×××Channel getChannel() 方法，可以用于获取不同类型的 Channel 对象 |
| FileChannel 等各个 Channel 实现类 | Channel 实现类中，都提供了用于获取 Channel 对象的 open() 方法。例如，FileChannel 类中的 open() 方法：public static FileChannel open(Path path, OpenOption... options) throws IOException |
| Files | SeekableByteChannel newByteChannel(Path path, OpenOption... options) |

**范例 6-5** 文件复制

在非直接缓冲区中，借助 Channel 实现文件的复制（本次复制的 JDK_API.CHM 文件大小约 36MB）。

**【源码：demo/ch06/nio/NIODemo.java】**

```
public static void test2_2() throws IOException {
  long start = System.currentTimeMillis();
  FileInputStream input= new FileInputStream("e:\\JDK_API.CHM");
  FileOutputStream out= new FileOutputStream("e:\\JDK_API_COPY.CHM");
// 获取通道
  FileChannel inChannel = I    nput.getChannel() ;
  FileChannel outChannel = out.getChannel() ;
// 创建并使用非直接缓冲区
  ByteBuffer buffer = ByteBuffer.allocate(1024) ;
  while(inChannel.read(buffer) != -1){
    buffer.flip() ;
    outChannel.write(buffer );
    buffer.clear() ;
  }
```

```
    //依次关闭 outChannel、inChannel、out 和 input
long end = System.currentTimeMillis();
  System.out.println("复制操作消耗的时间（毫秒）："+(end-start));
}
```

运行结果如图 6-12 所示。

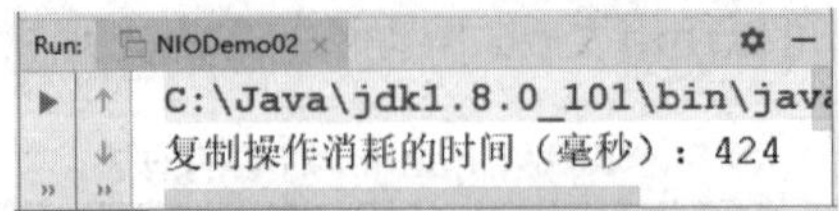


图 6-12　文件复制的运行结果

以上，是通过 ByteBuffer.allocate(1024) 创建了非直接缓冲区，并在该缓冲区中进行的文件的复制。此外，可以将这条语句改为 ByteBuffer.allocateDirect(1024)，即使用直接缓冲区进行文件的复制，读者可以自行尝试。

allocateDirect() 方法的源码如下所示。

**【源码：java.nio.ByteBuffer】**

```
public abstract class ByteBuffer  extends Buffer  implements Comparable<ByteBuffer>
{
  ...
public static ByteBuffer allocateDirect(int capacity) {
    return new DirectByteBuffer(capacity);// 创建直接缓冲区对象
  }
    }
```

以上源码中调用的 DirectByteBuffer(capacity) 源码如下所示。

**【源码：java.nio.DirectByteBuffer】**

```
class DirectByteBuffer extends MappedByteBuffer implements DirectBuffer {
  private static Unsafe unsafe = Unsafe.getUnsafe();
  private long address;
  ...

  DirectByteBuffer(int cap) {
    super(-1, 0, cap, cap);
    boolean pa = VM.isDirectMemoryPageAligned();
    int ps = Bits.pageSize();
    long size = Math.max(1L, (long) cap + (pa ? ps : 0));
    Bits.reserveMemory(size, cap);
    long base = 0;
    try {
```

```
            base = unsafe.allocateMemory(size);
        } catch (OutOfMemoryError x) {
            Bits.unreserveMemory(size, cap);
            throw x;
        }
        unsafe.setMemory(base, size, (byte) 0);
        if (pa && (base % ps != 0)) {
            // Round up to page boundary
            address = base + ps - (base & (ps - 1));
        } else {
            address = base;
        }
        cleaner = Cleaner.create(this, new Deallocator(base, size, cap));
        att = null;
    }
}
```

DirectByteBuffer 表示堆外内存（也就是程序中使用的“直接缓冲区”）。

之前提到过，在 Buffer 中有一个 long address 属性，address 就是 Buffer 使用的堆外内存的地址，并且 address 只会在直接缓冲区中被使用。

而上述 DirectByteBuffer 源码中的 unsafe.allocateMemory(size) 就会分配堆外内存，并将分配的堆外内存地址返回给 base，后续代码中又将 base 值赋给了 address。因此，address 就是堆外内存的地址。

再看 DirectByteBuffer 的类定义 class DirectByteBuffer extends MappedByteBuffer ...，由此可知 MappedByteBuffer 是堆外内存的父类。因此可以使用 MappedByteBuffer 来操作堆外内存（即操作直接缓冲区）。MappedByteBuffer 也称为内存映射文件。

## 6.2.3 ▶ 通过零拷贝实现高性能文件传输

对于缓冲区，有操作“直接缓冲区”和操作“非直接缓冲区”两种方式。

图 6-13 是通过操作非直接缓冲区进行的文件读写操作。

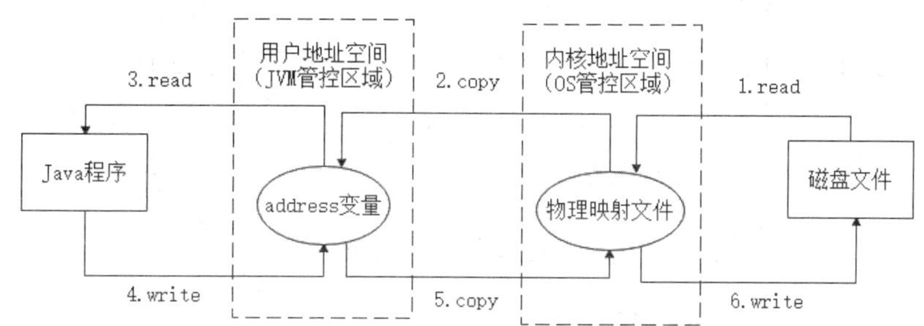


图 6-13　使用非直接缓冲区进行文件读写

### 1. 读操作

（1）将磁盘文件读取到 OS 提供的内核地址空间的内存中（第一次复制，OS 上下文切换到内核模式）。

（2）将内核地址空间内存中的文件内容复制到 JVM 提供的用户地址空间的内存中（第二次复制，OS 上下文切换到用户模式）。

### 2. 写操作

（1）将用户地址空间的 JVM 内存中的文件内容复制到 OS 提供的内核地址空间中的内存中（第一次复制，OS 上下文切换到内核模式）。

（2）将内核地址空间中内存的文件内容写入磁盘文件（第二次复制，写入操作完毕后，OS 上下文最终切换到用户模式）。

可以发现，读写操作都涉及了用户地址空间和内核地址空间中的两个内存（缓冲区），并且文件内容要在这两个内存中来回复制。此外，JVM 控制的内存称为堆内内存，一般用 Java 操作的内存都属于堆内内存，堆内内存可以被 GC 统一管理；与此相对，不受 JVM 控制的内存就称为堆外内存。也就是说，堆外内存是操作系统内核地址空间上的一片内存区域，且该区域脱离了 JVM 的管控，受操作系统完全控制。

还可以发现，如果用以上模型进行一次文件的复制操作，一共需要 4 次文件数据的 copy，并且需要 4 次用户空间与内核空间的上下文切换。

读者可能会有以下两个疑问。

（1）在 read 或 write 的时候，为何不能直接在 JVM 内存中操作，而必须在 JVM 内存和堆外内存间进行一次 copy 操作？

因为 JVM 中有 GC，GC 会不定期的释放无用的对象，并且压缩某些内存区域（类似于 Windows 的磁盘清理工作）。试想，如果某一时间正在 JVM 中复制一个文件（该文件可能存在于 JVM 中的多个位置），但由于 GC 的压缩操作可能会引起该文件在 JVM 中的位置发生改变，进而导致程序出现异常。因此，为了保证文件在内存中的位置不发生改变，只能将其放入 OS 的内存中。

（2）能否减少 copy 操作？

可以。如果使用直接缓冲区，就可以在 JVM 中通过一个 address 变量指向 OS 中的一块内存（称为“物理映射文件”）。之后，就可以直接通过 JVM 使用 OS 中的内存。

如果使用图 6-14 所示的模型，就可以避免内核空间与用户空间之间的复制。

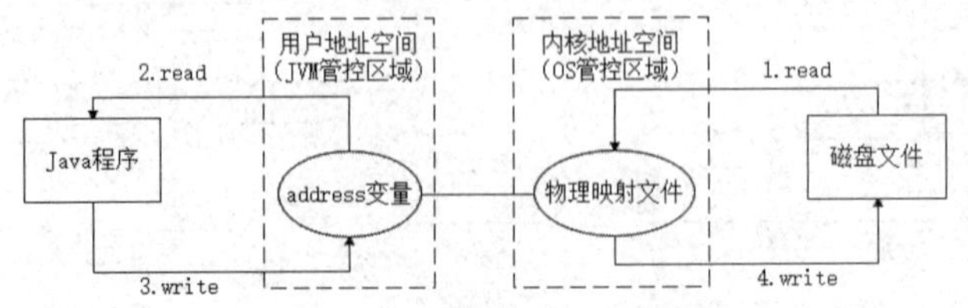


图 6-14　使用直接缓冲区进行文件读写

这样一来，数据的复制操作都是在内核空间里进行的，也就是我们所说的“零拷贝”（用户空间与内核空间之间的复制次数为零）。在 Java 中，可以用 MappedByteBuffer 类表示物理映射文件。

但是这种模型，在内核空间内仍然有另外两次复制操作：将磁盘文件复制到内核空间，再将内核空间的数据复制到另一个磁盘文件上。

能否再进一步，继续减少内核空间内部的复制次数呢？可以，但需要操作系统的支持，需在内核空间中增加一个表示“文件描述符”的缓冲区，用于记录文件的大小，以及文件在内存中的位置。有了“文件描述符”的支持，最理想的“零拷贝”过程就是以下情形。

（1）将磁盘文件的内容复制到内核空间（一次文件数据的复制），并用文件描述符记录文件大小和文件在内核空间中的位置。

（2）将文件描述符的内容复制到输出缓冲区中（没有复制文件内容本身，而只复制了文件描述符），然后直接根据文件描述符寻找到文件内容并输出到磁盘。

实际上，文件描述符和文件内容两者的协同工作，需要操作系统底层支持scatter-and-gather功能。

在 NIO API 中，可以将文件描述符和文件内容存储到两个缓冲区 Buffer 中。scatter 就是指“分散读取”，也就是将 Channel 中的数据分散读取到多个 Buffer 中，对应的 API 就如 SocketChannel 中的 read(ByteBuffer[] dsts) 方法；而 gather 是指“聚集写入”，指的是将多个 Buffer 中的数据聚集写入一个 Channel 中，对应的 API 就如 SocketChannel 中的 write(ByteBuffer[] srcs) 方法。

再次强调以下两点。

（1）零拷贝是指用户空间与内核空间之间的复制次数为零，并不代表内核空间内部也不存在复制。

（2）数据的复制会涉及 I/O 操作，而 I/O 操作是由操作系统完成。因此零拷贝既减少了数据的复制次数，又就降低了 CPU 的负载压力。

具体地讲，在支持零拷贝的操作系统上，可以使用 Java API 中的 MappedByteBuffer 类和 FileChannel 中的 transferFrom()/transferTo() 方法，进行文件的零拷贝。

以下是操作“直接缓冲区”的各种案例。

**范例 6-6** 文件复制

在直接缓冲区中，使用内存映射文件，并借助 Channel 完成文件的复制。

**》【源码：demo/ch06/nio/NIODemo.java】**

```
public static void test3() throws IOException {
    long start = System.currentTimeMillis();
    // 文件的输入通道
    FileChannel inChannel
        = FileChannel.open(Paths.get("e:\\JDK_API.CHM"), StandardOpenOption.READ);
    // 文件的输出通道
    FileChannel outChannel = FileChannel.open(Paths.get("e:\\JDK_API2.CHM"),
        StandardOpenOption.WRITE, StandardOpenOption.READ,
```

```
StandardOpenOption.CREATE);
  //输入通道和输出通道之间的内存映射文件（内存映射文件处于堆外内存中）
  MappedByteBuffer inMappedBuf = inChannel.map(FileChannel.MapMode.READ_ONLY, 0,
inChannel.size());
  MappedByteBuffer outMappedBuf = outChannel.map(FileChannel.MapMode.READ_WRITE, 0,
inChannel.size());
  //直接对内存映射文件进行读写
  byte[] dst = new byte[inMappedBuf.limit()];
  inMappedBuf.get(dst);
  outMappedBuf.put(dst);
  inChannel.close();
  outChannel.close();
  long end = System.currentTimeMillis();
  System.out.println("复制操作消耗的时间（毫秒）：" + (end - start));
}
```

运行结果如图 6-15 所示。

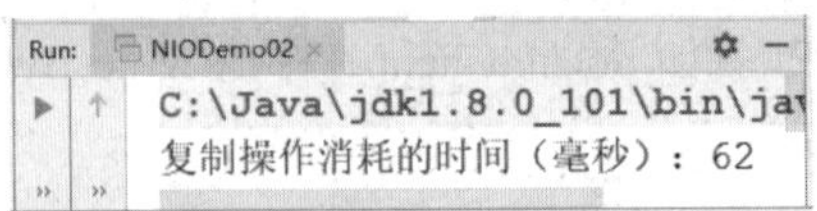


图 6-15　使用内存映射文件进行文件的复制

从运行结果可知，复制相同的文件，范例 6-5 使用的是“非直接缓冲区”花费了 424ms，而本例使用“直接缓冲区”仅仅花费了 62ms，因此，使用直接缓冲区可以极大地提高效率。在使用“IO 技术”或者“NIO 的非直接缓冲区技术”复制文件时，缓冲区的大小会对复制的性能造成一定影响，但并不影响整体结论。实际上，本例是在直接缓冲区中通过“内存映射文件”进行了文件复制；而如果更进一步使用“零拷贝”方式在直接缓冲区中进行复制，效率会进一步提升。“零拷贝”的案例将在后续的范例 6-8 中进行演示。

直接缓冲区中的内存映射文件 MappedByteBuffer，本身就代表了磁盘上对应的物理文件。如果直接修改 MappedByteBuffer，磁盘上的物理文件也会随之修改（实际上，这种同步操作是由操作系统完成的）。因此，在开发时，应用程序只需要关心内存中的数据。

### 范例 6-7　文件修改

在直接缓冲区中，使用 MappedByteBuffer 修改文件的内容。

【源码：demo/ch06/nio/NIODemo.java】

```
public static void test4() throws IOException {
  RandomAccessFile raf = new RandomAccessFile("D:\\abc.txt", "rw");
  FileChannel fileChannel = raf.getChannel();
  //mappedByteBuffer: 代表了 abc.txt 在内存中的映射文件
```

```
    MappedByteBuffer mappedByteBuffer = fileChannel.map(FileChannel.MapMode.READ_WRITE,
    0, raf.length());
    mappedByteBuffer.put(1, (byte) 'X');
    //只需关心内存中的数据
    mappedByteBuffer.put(3, (byte) 'Y');
    raf.close();
}
```

运行前，abc.txt 中的内容如图 6-16 所示。

图 6-16　原文件

运行后，abc.txt 中的内容如图 6-17 所示。

图 6-17　运行后的文件

最后强调：如果使用的是直接缓冲区，那么 JVM 在每次调用 I/O 操作之前（或之后），都会尽量避免将缓冲区的内容复制到中间缓冲区中（或从中间缓冲区中复制内容）。并且，直接缓冲区是驻留在 JVM 之外的区域，因此无法受 Java 代码及 GC 的控制。此外，分配直接缓冲区时系统开销较大，因此建议将直接缓冲区分配给那些持久的、经常重用的数据使用。

再来看一下 FileChannel 的源码。

**【源码：java.nio.channels.FileChannel】**

```
public abstract class FileChannel extends ... implements ...
{
 //将输入通道的文件转发到 target 通道
abstract long transferTo(long position,long count,WritableByteChannel target)..
//将 src 通道的文件转发到输出通道
abstract long transferFrom(ReadableByteChannel src,long position, long count)..
..
}
```

**范例 6-8　零拷贝**

使用零拷贝内存的方式，完成文件的复制。

**【源码：demo/ch06/nio/NIODemo.java】**

```
public static void test4() throws IOException{
  long start = System.currentTimeMillis();
  FileChannel inChannel = FileChannel.open(Paths.get("e:\\JDK_API.CHM"),
      StandardOpenOption.READ);
  FileChannel outChannel = FileChannel.open(Paths.get("e:\\JDK_API3.CHM"),
     StandardOpenOption.WRITE, StandardOpenOption.READ, StandardOpenOption.CREATE);
```

```
    inChannel.transferTo(0, inChannel.size(), outChannel);
    /*
     也可以使用输出通道完成复制，即上条语句等价于以下写法：
     outChannel.transferFrom(inChannel, 0, inChannel.size());
    */
    inChannel.close();
    outChannel.close();
    long end = System.currentTimeMillis();
    System.out.println(" 复制操作消耗的时间（毫秒）："+(end-start));
}
```

运行结果如图 6-18 所示。

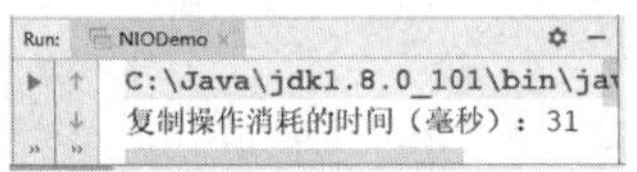


图 6-18　零拷贝运行结果

**范例 6-9** NIO 文件传输

使用 NIO 实现“客户端向服务端发送文件”的功能。

### 1. 服务端

【源码：demo/ch06/nio/NIOSendFile.java】

```
public static void server() throws IOException {
    ServerSocketChannel serverSocketChannel = ServerSocketChannel.open();
    FileChannel outFileChannel = FileChannel.open(Paths.get("e:\\JDK_API4.CHM"),
    StandardOpenOption.WRITE, StandardOpenOption.CREATE);
    // 将服务绑定在 8888 端口上
    serverSocketChannel.bind(new InetSocketAddress(8888));// 默认服务的 ip 就是本机 ip
    // 创建与客户端建立连接的 SocketChannel 对象
    SocketChannel sChannel = serverSocketChannel.accept();
    System.out.println(" 连接成功 ...");
    long start = System.currentTimeMillis();
    // 分配指定大小的缓冲区
    ByteBuffer buf = ByteBuffer.allocate(1024);
    // 接收客户端发送的文件，并保存到本地
    while (sChannel.read(buf) != -1) {
        buf.flip();
        outFileChannel.write(buf);
        buf.clear();
    }
```

```
    System.out.println(" 接收成功！ ");
    sChannel.close();
    outFileChannel.close();
    serverSocketChannel.close();
    long end = System.currentTimeMillis();
    System.out.println(" 服务端接收文件耗时："+ (end - start));
}
```

### 2. 客户端

》【源码：demo/ch06/nio/NIOSendFile.java】

```
public static void client() throws IOException {
    FileChannel inFileChannel = FileChannel.open(Paths.get("e:\\JDK_API.CHM"),
      StandardOpenOption.READ);
    // 创建与服务端建立连接的 SocketChannel 对象
    SocketChannel socketChannel = SocketChannel.open(new InetSocketAddress(
      "127.0.0.1", 8888));
    // 分配指定大小的缓冲区
    ByteBuffer buffer = ByteBuffer.allocate(1024);
    long start = System.currentTimeMillis();
    // 读取本地文件，并发送到服务端
    while (inFileChannel.read(buffer) != -1) {
      buffer.rewind();
      socketChannel.write(buffer);
      buffer.clear();
    }
    if (inFileChannel != null) inFileChannel.close();
    if (socketChannel != null) socketChannel.close();
    long end = System.currentTimeMillis();
    System.out.println(" 客户端发送文件耗时："+ (end - start));
}
```

服务端运行结果，如图 6-19 所示。

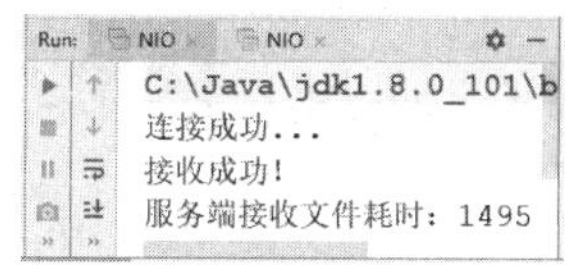


图 6-19　使用 NIO 进行文件传输的运行结果

客户端运行结果，如图 6-20 所示。

图 6-20　客户端运行结果

以上客户端和服务端虽然都使用了 NIO 的处理方式，但默认都使用了非直接缓冲区，因此效率较低。能否改为直接缓冲区，从而提升传输效率呢？

先分析客户端，客户端是发送文件的一方，客户端可以直接拿到文件信息，可以感知到文件的大小，因此可以在内核地址空间中开辟一块与文件大小相同的直接缓冲区，提升传输效率，下面以“并发售票”为例进行讲解。

**范例6-10 并发售票**

使用直接缓冲区后的客户端代码如下。

**【源码：demo/ch06/nio/NIOSendFile.java】**

```
public static void client2() throws IOException {
    long start = System.currentTimeMillis();
    SocketChannel socketChannel = SocketChannel.open(new InetSocketAddress(
        "127.0.0.1", 8888));

    FileChannel inFileChannel = FileChannel.open(Paths.get("e:\\JDK_API.CHM"),
        StandardOpenOption.READ);
    // 通过 inFileChannel.size() 获取文件的大小，从而在内核地址空间中开辟与文件大小相同的直接缓冲区
    inFileChannel.transferTo(0, inFileChannel.size(), socketChannel);
    if (inFileChannel != null) inFileChannel.close();
    if (socketChannel != null) socketChannel.close();
    long end = System.currentTimeMillis();
    System.out.println(" 客户端发送文件耗时："+ (end - start));
}
```

使用 client2() 作为客户端，并依旧使用之前的 server() 作为服务端。服务端运行结果如图 6-21 所示。

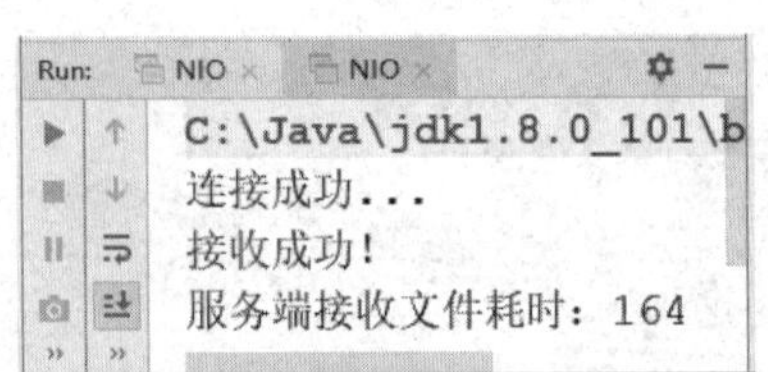


图 6-21 服务端运行结果

客户端运行结果如图 6-22 所示。

图 6-22 客户端运行结果

从结果可以发现，客户端使用了直接缓冲区后，传输的效率明显得到了提升。

那么，既然客户端可以使用直接缓冲区，服务端是否也能使用呢?

如图 6-23 所示，既然文件是在客户端保存的，那么服务端就无法直接得知此文件的大小，因此就不能在内核地址空间中开辟一块准确大小的直接缓冲区，就本题目而言，不建议服务端使用直接缓冲区。

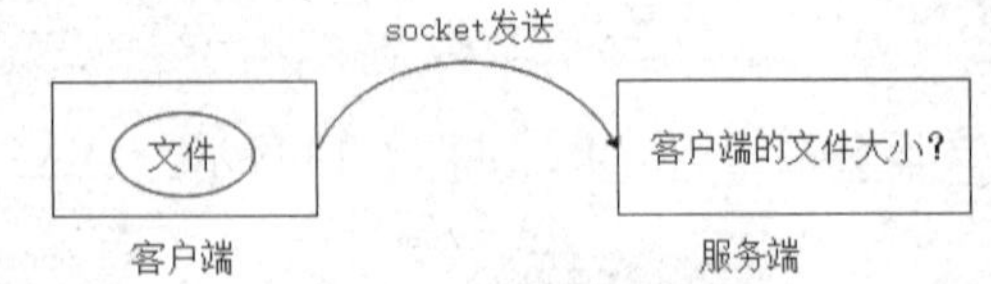


图 6-23 服务端无法直接感知客户端中的文件大小

Channel 在传输 Buffer 中的数据时，还可以对数据进行加锁操作，以下就是一个具体的加锁范例。

**范例 6-11　资源加锁**

给某一个文件加锁，防止并发访问时引起的数据不安全。

在 JUC 中，可以使用 synchronized、Lock 给共享的资源加锁，或者使用 volatile、CAS 算法等防止并发冲突。在 FileChannel 中也提供了类似 Lock 的加锁方式，如下所示。

**》【源码：demo/ch06/nio/FileLockTest .java】**

```
public class FileLockTest {
  public static void main(String[] args) throws FileNotFoundException, IOException,
InterruptedException {
    RandomAccessFile raf = new RandomAccessFile("d:/abc.txt", "rw");
    FileChannel fileChannel = raf.getChannel();
    /*
      将 abc.txt 中 position=2，size=4 的内容加锁（即只对文件的部分内容加了锁）
      lock() 第 3 个布尔参数的含义如下
        true: 共享锁。实际上是指 " 读共享 "。某一线程将资源锁住之后，其他线程只能读、不能写该资源
        false: 独占锁。某一线程将资源锁住之后，其他线程既不能读又不能写该资源
    */
    //①
    FileLock fileLock = fileChannel.lock(2, 4, true);
    System.out.println("main 线程将 abc.txt 锁 3 秒 ...");
    new Thread(
        () -> {
          try {
            byte[] bs = new byte[8];
            // ②新线程对 abc.txt 进行读操作
            // raf.read(bs,0,8);
            // ③新线程对 abc.txt 进行写操作
            //raf.write("cccccccc".getBytes(),0,8);
          } catch (Exception ex) {
            ex.printStackTrace();
          }
        }).start();
    // 模拟 main 线程将 abc.txt 锁 3 秒的操作
    Thread.sleep(3000);
    System.out.println("3 秒结束，main 释放锁 ");
    fileLock.release();
  }
}
```

当代码中①处 lock() 的 boolean 只设置为 True（共享锁）时，分别执行以下两种操作。

执行②处的代码，即新线程对 abc.txt 进行读操作。运行结果如图 6-24 所示。

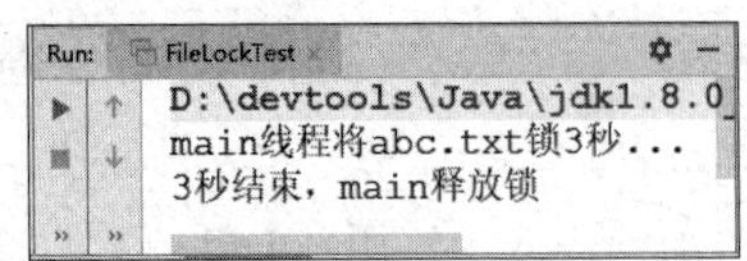


图 6-24 读操作的运行结果

执行③处的代码，即新线程对 abc.txt 进行写操作。运行结果如图 6-25 所示。

```
main线程将abc.txt锁3秒...
java.io.IOException: 另一个程序已锁定文件的一部分，进程无法访问。
    at java.io.RandomAccessFile.writeBytes(Native Method)
    at java.io.RandomAccessFile.write(RandomAccessFile.java:525)
    at com.yanqun.FileLockTest.lambda$main$0(FileLockTest.java:35)
    at java.lang.Thread.run(Thread.java:745)
3秒结束，main释放锁
```

图 6-25 写操作的运行结果

当然，也可以在写操作前，通过 fileLock.isValid() 方法判断要访问的资源是否被加了锁，从而避免此异常。

当代码①处 lock() 的 boolean 只设置为 False（独占锁）时，执行以下两种操作。

执行②处的代码，即新线程对 abc.txt 进行读操作。运行结果如图 6-26 所示。

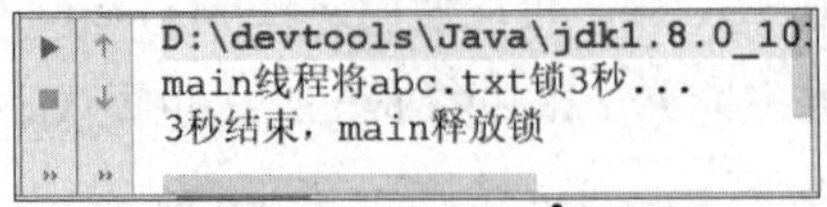


图 6-26 读操作的运行结果

执行②处的代码，即新线程对 abc.txt 进行写操作。运行结果如图 6-27 所示。

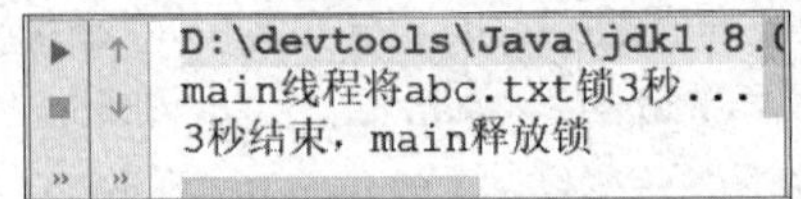


图 6-27 写操作的运行结果

本程序除了使用 lock() 外，还可以使用 tryLock()，二者的用法与 JUC 中 Lock 接口的相应方法基本相同。

## 6.2.4 ▶ 规范读写的工具：管道 Pipe

再来了解一下管道 Pipe：两个线程之间单向传递数据时，可以使用 Pipe 规范数据的读写操作。

Pipe 中可以存放数据，并且 Pipe 包含了 SinkChannel 和 SourceChannel 两个 Channel。其中，SinkChannel 用于向 Pipe 中写数据，SourceChannel 用于从 Pipe 中读数据，如图 6-28 所示。

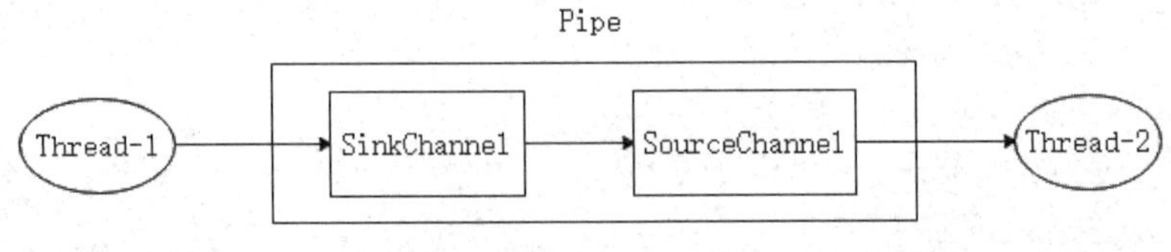


图 6-28 Pipe 结构图

**范例 6-12** Pipe 操作

在 Pipe 中实现数据的读写操作。

》【源码：demo/ch06/nio/NIODemo.java】

鉴于篇幅有限，读者可以在本书赠送的配套资源中查看本例源码。

## 6.2.5 ▶ 结合选择器 Selector 开发高性能聊天室

前面的图 6-3 演示了选择器（Selector）的核心作用，可以在一个选择器上注册多个通道，并且可以通过选择器切换使用这些通道。

回顾一下本章开头“通过 Socket+I/O 远程发送文件”中服务端的部分代码，如下所示。

```
while (true) {
...
// 创建一个线程，用于给该客户端发送一个文件
new Thread(new SendFile(socket)).start();
}
```

以上服务端的 I/O 代码，会给每个客户端创建一个新线程，也就是用 *N* 个线程去处理 *N* 个客户端请求。因此如果有 1 万个客户请求，就会创建 1 万个线程，这显然是不合理的。而 NIO 处理这种问题的思路是，用一个线程处理全部请求，并通过 Selector 切换处理不同的请求通道。

**范例6-13** NIO 聊天室

使用 NIO 实现一个聊天室功能。要求如下：服务端启动后可以接收多个客户端连接，每个客户端都可以向服务端发送消息；服务端接收到消息后，会在控制台打印此客户端的信息，并且将此消息转发给全部的客户端。

### 1. 服务端（服务端只创建了一个处理请求的线程）

》【源码：demo/ch06/nio/ChatServer.java】

```
...
public class ChatServer {
  /*
    clientsMap: 保存所有的客户端
    key: 客户端的名字
    value: 客户端连接服务端的 Channel
  */
  private static Map<String, SocketChannel> clientsMap = new HashMap();

  public static void main(String[] args) throws IOException {
    int[] ports = new int[]{7777, 8888, 9999};
    Selector selector = Selector.open();

    for (int port : ports) {
      ServerSocketChannel serverSocketChannel = ServerSocketChannel.open();
      serverSocketChannel.configureBlocking(false);
      ServerSocket serverSocket = serverSocketChannel.socket();

      // 将聊天服务绑定到 7777、8888 和 9999 三个端口上
      serverSocket.bind(new InetSocketAddress(port));
      System.out.println(" 服务端启动成功，端口 " + port);
```

```
        // 在服务端的选择器上，注册一个通道，并标识该通道所感兴趣的事件是接收客户端连接（接收就绪）
        serverSocketChannel.register(selector, SelectionKey.OP_ACCEPT);
    }

    while (true) {
        // 一直阻塞，直到选择器上存在已经就绪的通道（包含感兴趣的事件）
        selector.select();
        //selectionKeys 包含了所有通道与选择器之间的关系（接收连接、读、写）
        Set<SelectionKey> selectionKeys = selector.selectedKeys();
        Iterator<SelectionKey> keyIterator = selectionKeys.iterator();
        // 如果 selector 中有多个就绪通道（接收就绪、读就绪、写就绪等），则遍历这些通道
        while (keyIterator.hasNext()) {
            SelectionKey selectedKey = keyIterator.next();
            String receive = null;
            // 与客户端交互的通道
            SocketChannel clientChannel;
            try {
                // 接收就绪（已经可以接收客户端的连接了）
                if (selectedKey.isAcceptable()) {
                    ServerSocketChannel server
= (ServerSocketChannel) selectedKey.channel();
                    clientChannel = server.accept();
                    // 切换到非阻塞模式
                    clientChannel.configureBlocking(false);
                    // 再在服务端的选择器上，注册第二个通道，并标识该通道所感兴趣的事件是接收客户端发来
的消息（读就绪）
                    clientChannel.register(selector, SelectionKey.OP_READ);
                    // 用 "key 四位随机数 " 的形式模拟客户端的 key 值
                    String key = "key" + (int) (Math.random() * 9000 + 1000);
                    // 将该建立完毕连接的 通道 保存到 clientsMap 中
                    clientsMap.put(key, clientChannel);
                // 读就绪（已经可以读取客户端发来的信息了）
                } else if (selectedKey.isReadable()) {
                    clientChannel = (SocketChannel) selectedKey.channel();
                    ByteBuffer readBuffer = ByteBuffer.allocate(1024);
                    int result = -1;
                    try {
                        // 将服务端读取到的客户端消息，放入 readBuffer 中
                        result = clientChannel.read(readBuffer);
                    // 如果终止客户端，则 read() 会抛出 IOException 异常，可以依次判断是否有客户端退出
```

```
    } catch (IOException e) {
        // 获取退出连接的 client 对应的 key
        String clientKey = getClientKey(clientChannel);
        System.out.println(" 客户端 " + clientKey + " 退出聊天室 ");
        clientsMap.remove(clientKey);
        clientChannel.close();
        selectedKey.cancel();

        continue;
    }
    if (result > 0) {
        readBuffer.flip();
        Charset charset = Charset.forName("utf-8");
        receive = String.valueOf(charset.decode(readBuffer).array());
        // 将读取到的客户端消息，打印在服务端的控制台，格式 :" 客户端 key，客户端消息 "
        System.out.println(clientChannel + ":" + receive);
        // 处理客户端第一次发来的连接测试信息
        if ("connecting".equals(receive)) {
            receive = " 新客户端加入聊天 !";
        }
        // 将读取到的客户消息保存在 attachment 中，用于后续向所有客户端转发此消息
        selectedKey.attach(receive);
        // 将通道所感兴趣的事件标识为：向客户端发送消息（写就绪）
        selectedKey.interestOps(SelectionKey.OP_WRITE);
    }
// 写就绪
} else if (selectedKey.isWritable()) {
    clientChannel = (SocketChannel) selectedKey.channel();
    // 获取发送消息从 client 对应的 key
    String sendKey = getClientKey(clientChannel);
    // 将接收到的消息，拼接成 " 发送消息的客户端 Key: 消息 " 的形式，再广播给所有 client
for (Map.Entry<String, SocketChannel> entry : clientsMap.entrySet()) {
      SocketChannel eachClient = entry.getValue();
      ByteBuffer broadcastMsg = ByteBuffer.allocate(1024);
      broadcastMsg.put((sendKey + ":" + selectedKey.attachment()).getBytes());
      broadcastMsg.flip();
      eachClient.write(broadcastMsg);

  }
  selectedKey.interestOps(SelectionKey.OP_READ);
```

```
            }
          } catch (Exception e) {
            e.printStackTrace();
          }
        }
        selectionKeys.clear();
      }
    }

    public static String getClientKey(SocketChannel clientChannel) {
      String sendKey = null;
      //很多 client 都在发消息，因此需要通过 for 找到是哪个 client 在发消息，并找到该 client 的 key
      for (Map.Entry<String, SocketChannel> entry : clientsMap.entrySet()) {
        if (clientChannel == entry.getValue()) {
          // 找到发送消息的 client 所对应的 key
          sendKey = entry.getKey();
          break;
        }
      }
      return sendKey;
    }
  }
```

### 2. 客户端

【源码：demo/ch06/nio/ChatClient.java】

```
...
public class ChatClient {
  public static void main(String[] args) {
    try {
      SocketChannel socketChannel = SocketChannel.open();
      // 切换到非阻塞模式
      socketChannel.configureBlocking(false);
      Selector selector = Selector.open();
      // 在客户端的选择器上，注册一个通道，并标识该通道所感兴趣的事件是向服务端发送连接（连接就绪）。对应于服务端的 OP_ACCEPT 事件
      socketChannel.register(selector, SelectionKey.OP_CONNECT);
      // 随机连接到服务端提供的一个端口上
      int[] ports = {7777, 8888, 9999};
      int port = ports[(int) (Math.random() * 3)];
```

```
socketChannel.connect(new InetSocketAddress("127.0.0.1", port));
while (true) {
  selector.select();
  //selectionKeys 包含了所有通道与选择器之间的关系（请求连接、读、写）
  Set<SelectionKey> selectionKeys = selector.selectedKeys();
  Iterator<SelectionKey> keyIterator = selectionKeys.iterator();
  while (keyIterator.hasNext()) {
    SelectionKey selectedKey = keyIterator.next();
    // 判断是否连接成功
    if (selectedKey.isConnectable()) {
      ByteBuffer sendBuffer = ByteBuffer.allocate(1024);
      // 创建一个用于和服务端交互的 Channel
      SocketChannel client = (SocketChannel) selectedKey.channel();
      // 如果状态是正在连接中 ...
      if (client.isConnectionPending()) {
        boolean isConnected = client.finishConnect();
        if (isConnected) {
          System.out.println(" 连接成功！访问的端口是：" + port);
          // 向服务端发送一条测试消息
          sendBuffer.put("connecting".getBytes());
          sendBuffer.flip();
          client.write(sendBuffer);
        }

        // 在 " 聊天室 " 中，对于客户端而言，可以随时向服务端发送消息（写操作），
因此，需要建立一个单独写线程
        new Thread(() -> {
          while (true) {
            try {
              sendBuffer.clear();
              // 接收用户从控制台输入的内容，并发送给服务端
              InputStreamReader reader = new InputStreamReader(System.in);
              BufferedReader bReader = new BufferedReader(reader);
              String message = bReader.readLine();

              sendBuffer.put(message.getBytes());
              sendBuffer.flip();
              client.write(sendBuffer);
            } catch (Exception e) {
              e.printStackTrace();
```

```
                        }
                    }
                }).start();
            }
            // 标记通道感兴趣的事件是读取服务端消息（读就绪）
            client.register(selector, SelectionKey.OP_READ);
        // 客户端读取服务端的反馈消息
        } else if (selectedKey.isReadable()) {
            SocketChannel client = (SocketChannel) selectedKey.channel();
            ByteBuffer readBuffer = ByteBuffer.allocate(1024);
            // 将服务端的反馈消息放入 readBuffer 中
            int len = client.read(readBuffer);
            if (len > 0) {
                String receive = new String(readBuffer.array(), 0, len);
                System.out.println(receive);
            }
        }
    }
    selectionKeys.clear();
  }

} catch (IOException e) {
    e.printStackTrace();
}
}
}
```

启动服务端，并启动 3 个客户端进行聊天，第 1 个客户端的运行结果如图 6-29 所示。

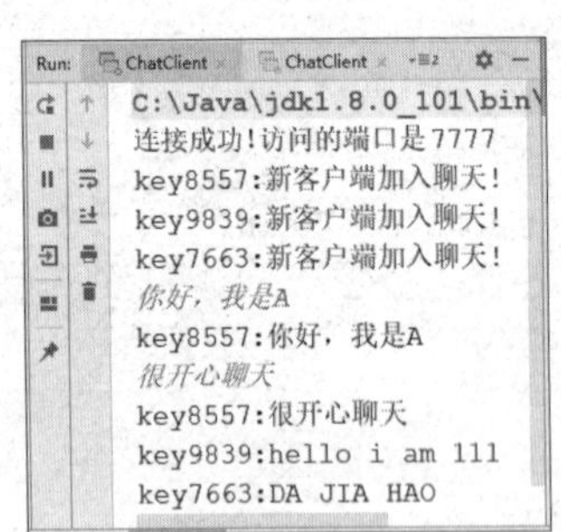


图 6-29　第 1 个客户端的运行结果

第 2 个客户端的运行结果如图 6-30 所示。

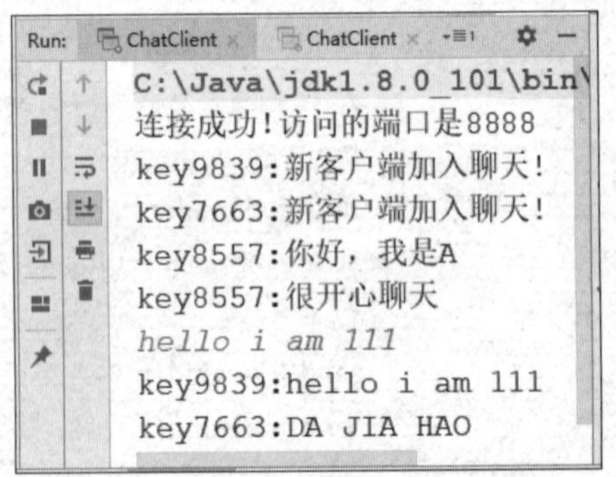


图 6-30　第 2 个客户端的运行结果

第 3 个客户端的运行结果如图 6-31 所示。

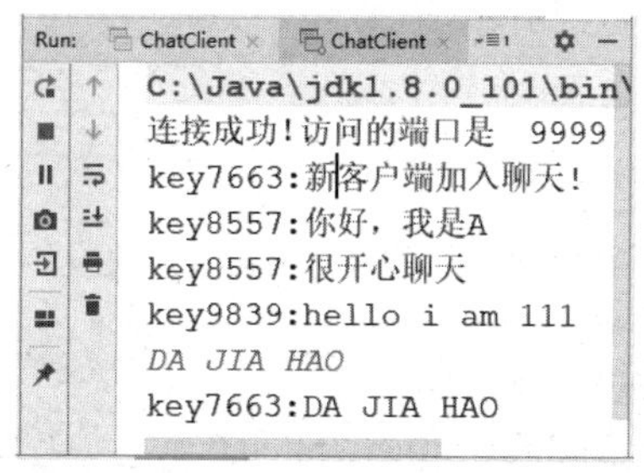


图 6-31 第 3 个客户端的运行结果

之后，依次终止 3 个客户端。整个过程中，服务端的运行结果如图 6-32 所示。

```
C:\Java\jdk1.8.0 101\bin\java.exe ...
服务端启动成功，端口7777
服务端启动成功，端口8888
服务端启动成功，端口9999
java.nio.channels.SocketChannel[connected local=/127.0.0.1:8888 remote=/127.0.0.1:5459]:connecting
java.nio.channels.SocketChannel[connected local=/127.0.0.1:8888 remote=/127.0.0.1:5468]:connecting
java.nio.channels.SocketChannel[connected local=/127.0.0.1:8888 remote=/127.0.0.1:5476]:connecting
java.nio.channels.SocketChannel[connected local=/127.0.0.1:8888 remote=/127.0.0.1:5459]:你好，我是A
java.nio.channels.SocketChannel[connected local=/127.0.0.1:8888 remote=/127.0.0.1:5459]:很开心聊天
java.nio.channels.SocketChannel[connected local=/127.0.0.1:8888 remote=/127.0.0.1:5468]:hello i am 111
java.nio.channels.SocketChannel[connected local=/127.0.0.1:8888 remote=/127.0.0.1:5476]:DA JIA HAO
客户端key8557退出聊天室
客户端key9839退出聊天室
客户端key7663退出聊天室
```

图 6-32 服务端的运行结果

再来看一下多个缓冲区的情况。之前，在讲 scatter-and-gather 时提到过，可以将数据写入多个 Buffer 中，但在前面的程序中都仅仅使用了一个缓冲区，例如，ByteBuffer sendBuffer = ByteBuffer.allocate(1024) 中仅仅涉及了 sendBuffer 一个缓冲区。能否同时操作多个缓冲区呢？可以。在很多 Channel 实现类中，都提供了多个重载的 read() 方法和 write() 方法，以 SocketChannel 为例，如表 6-3 所示。

**表 6-3 read() 和 write() 的重载方法简介**

| read() 的重载方法 | 简介 |
|---|---|
| int read(ByteBuffer dst) | 将 Channel 读取到的数据存入一个 ByteBuffer 中 |
| long read(ByteBuffer[] dsts, int offset, int length) | 将 Channel 读取到的数据存入一个 ByteBuffer 数组中 |
| long read(ByteBuffer[] dsts) | |

| write() 的重载方法 | 简介 |
|---|---|
| int write(ByteBuffer src) | 将 ByteBuffer 中的数据写入 Channel 中 |
| long write(ByteBuffer[] srcs, int offset, int length) | 将 ByteBuffer 数组中的所有数据，写入一个 Channel 中 |
| long write(ByteBuffer[] srcs) | |

**范例6-14 多缓冲区操作**

服务端通过两个缓冲区接收客户端传来的消息。

### 1. 服务端

▶【源码：demo/ch06/nio/NIOServerWith2Buffers.java】

```
public class NIOServerWith2Buffers{
  public static void main(String[] args) throws IOException {
    ServerSocketChannel serverSocketChannel = ServerSocketChannel.open();
    ServerSocket serverSocket = serverSocketChannel.socket();
    serverSocket.bind(new InetSocketAddress(8888));
    // 通过两个缓冲区，接收客户端传来的消息
    ByteBuffer[] buffers = new ByteBuffer[2];
    buffers[0] = ByteBuffer.allocate(4);
    buffers[1] = ByteBuffer.allocate(8);
    // 两个缓冲区一共的大小
    int bufferSum = 4 + 8;
    SocketChannel socketChannel = serverSocketChannel.accept();

    while (true) {
      /*
        读取客户端的消息：
            eachReadbytes：每次读取到的字节数
            totalReadBytes：当前时刻，一共读取的字节数
        如果 totalReadBytes 小于"buffers 能够容纳的最大字节数"，则循环累加读取；
        否则，清空 buffers，重新读取
      */
      int totalReadBytes = 0;
      while (totalReadBytes < bufferSum) {
        long eachReadbytes = socketChannel.read(buffers);
        totalReadBytes += eachReadbytes;
        System.out.println(" 读取到的数据大小：" + eachReadbytes);
      }
      // 如果 buffers 已满
      for (ByteBuffer buffer : buffers) {
        buffer.flip();
      }
    }
  }
}
```

### 2. 客户端

客户端仅仅用来发送一条消息而已，因此可以借用之前聊天室编写号的 ChatClient.java。

在执行程序前，首先要知道当有多个缓冲区时，Channel 会先把第 1 个缓冲区填满，然后再向第 2 个缓冲区中填数据，填满第 2 个缓冲区后再填第 3 个……

启动本服务端与客户端，运行过程如下。

（1）启动客户端时，客户端会自动向服务端发送一条测试消息“connecting”，共 10 个字节。而服务端的两个缓冲区一共可以容纳 12 个字节，因此服务端可以完全容纳这 10 个字节，并用 totalReadBytes 标识此时读取了 10 个字节，此时的服务端运行结果如图 6-33 所示。

图 6-33　服务端运行结果

（2）通过客户端向服务端发送一个“helloserver”，共 11 个字节。此时的服务端运行结果如图 6-34 所示。

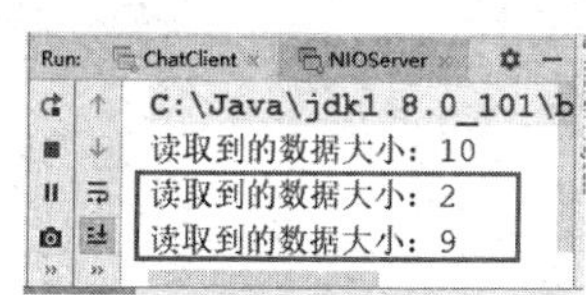


图 6-34　服务端运行结果

因为服务端的两个缓冲区共 12 字节，而在上一步中已经读取了 10 个字节，因此还剩下 2 个字节。此时又接收到了 11 个新字节，就只能先用之前剩下的 2 个字节存储 11 个新字节中的前 2 个（即还剩 9 个新字节）。之后，两个缓冲区都已满，因此需要通过 flip() 方法清空（切换为读模式），并再次重新存放剩余的 9 个新字节。

此时，两个缓冲区在第 2 次存放了 9 个新字节后，还剩 3 个空间。

（3）客户端再向服务端发送“byebye”，共 6 个字节。此时的服务端运行结果是接收到了两个“3”，运行结果如图 6-35 所示。

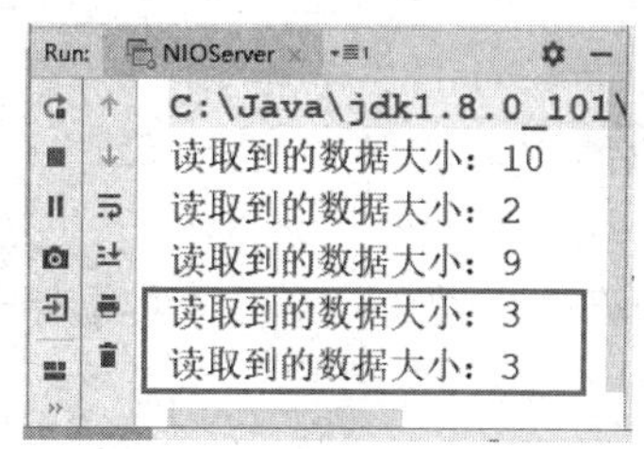


图 6-35　服务端运行结果

读者可以用同样的分析方法，思考一下本次的运行结果为何如此？

## 6.3 异步非阻塞式数据传输——AIO 的两种实现方式

AIO 是自 JDK 1.7 开始提供的，本质是对 NIO 中的 Channel 进行的一些扩展，因此 AIO 也称为 NIO.2。具体地讲，AIO 就是在 NIO 的基础上，新增加了表 6-4 所示的 3 个 Channel 实现类（这 3 个类也称为异步通道）。

表 6-4　AIO 新增的异步通道

| 异步通道 | 简介 |
| --- | --- |
| AsynchronousFileChannel | 用于文件的异步读写 |
| AsynchronousServerSocketChannel | 服务端异步 socket 通道 |
| AsynchronousSocketChannel | 客户端异步 socket 通道 |

NIO 是同步非阻塞方式的 I/O，而 AIO 是异步非阻塞方式的 I/O。以服务端读取客户端的数据为例，服务端使用 NIO 和 AIO 的区别如下所示。

（1）NIO：如果某个 Channel 已经准备好了客户端发来的消息，再通知我。

（2）AIO：如果某个 Channel 已经将客户端发来的消息读取完毕了，再通知我。

AIO 可以通过“Future 模式”和“回调函数”两种方式来实现，以下通过具体的案例进行讲解。

**范例 6-15　AIO 操作**

使用 AsynchronousFileChannel 读写文件，要求采用“Future 模式”和“回调函数”两种方式。

**【源码：demo/ch06/aio/AIOFileOperateDemo.java】**

```
...
public class AIOFileOperateDemo {
  // 方式一：使用 Future 模式异步读取文件
  public static void test1() throws Exception {
    Path filePath = Paths.get("d:\\abc.txt");
    AsynchronousFileChannel channel = AsynchronousFileChannel.open(filePath);
    ByteBuffer buffer = ByteBuffer.allocate(1024);
    /*
      1.read() 的作用：将 abc.txt 通过 channel 读入 buffer 中（从第 0 位开始读取）
      2.read() 是一个异步的方法：
       (1) 会开启一个新线程，并且在这个新线程中异步读取文件；
          如何判断新线程已将文件内容读取完毕？
            ① future.isDone() 的返回值为 true
            ② future.get() 方法不再阻塞
       (2) 其他线程（此时的 main 线程）可以执行其他事情
    */
    Future<Integer> future = channel.read(buffer, 0);
    // 模拟 channel 读取文件的同时，main 线程进行其他异步操作
    while (!future.isDone()) {
      System.out.println(" 在 read() 的同时，可以处理其他事情 ...");
    }
    /*
     future.get(): 1. 如果读取文件的线程将文件的内容读取完毕，则 get() 会返回读取到的字节数；
             2. 如果没有读取完毕 get() 方法就会一直阻塞
    */
```

```
        Integer readNumber = future.get();
        buffer.flip();
        String data = new String(buffer.array(), 0, buffer.limit());
        System.out.println("read number:" + readNumber);
        System.out.println(data);
    }

    // 方式二：使用回调模式异步读取文件
    public static void test2() throws Exception {
        Path path = Paths.get("d:\\abc.txt");
        AsynchronousFileChannel channel = AsynchronousFileChannel.open(path,
StandardOpenOption.READ);
        ByteBuffer buffer = ByteBuffer.allocate(1024);
        /*
          在 read() 方法将文件全部读取到 buffer 之前，main 线程可以异步进行其他操作
          read() 方法的第三个参数是 一个 CompletionHandler 对象，该对象中有两个回调函数
    completed() 和 failed()：
            completed(): 文件读取完毕时触发
            failed(): 读取文件的过程发生异常时触发
        */
        channel.read(buffer, 0, null, new CompletionHandler<Integer, ByteBuffer>() {
            @Override
            public void completed(Integer result, ByteBuffer attachment) {
                buffer.flip();
                String data = new String(buffer.array(), 0, buffer.limit());
                System.out.println(data);
                System.out.println("read() 完毕！ ");
            }

            @Override
            public void failed(Throwable e, ByteBuffer attachment) {
                System.out.println(" 异常 ...");
            }
        });
        // 模拟 channel 读取文件的同时，main 线程进行其他异步操作
        while (true) {
            System.out.println(" 在 read() 完毕以前，可以异步处理其他事情 ...");
            Thread.sleep(100);
        }
    }
```

```
//方式一：使用 Future 模式异步写文件
public static void test3() throws Exception {
  Path path = Paths.get("d:\\abc2.txt");
  if (Files.exists(path)) {
    Files.delete(path);
  }
  AsynchronousFileChannel fileChannel =
       AsynchronousFileChannel.open(path, StandardOpenOption.WRITE,
  StandardOpenOption.CREATE_NEW);
  ByteBuffer buffer = ByteBuffer.allocate(1024);
  long position = 0;

  buffer.put("hello world".getBytes());
  buffer.flip();

  Future<Integer> future = fileChannel.write(buffer, position);
  buffer.clear();

  while (!future.isDone()) {
    System.out.println("other thing....");
  }
  Integer result = future.get();
  System.out.println(" 写完毕！共写入字节数：" + result);
}

//方式二：使用回调模式异步写文件
public static void test4() throws Exception {
  Path path = Paths.get("d:\\abc3.txt");
  if (Files.exists(path)) {
    Files.delete(path);
  }
  AsynchronousFileChannel fileChannel =
       AsynchronousFileChannel.open(path, StandardOpenOption.WRITE,
  StandardOpenOption.CREATE_NEW);

  ByteBuffer buffer = ByteBuffer.allocate(1024);
  buffer.put("hello the world".getBytes());
  buffer.flip();
  fileChannel.write(buffer, 0, null, new CompletionHandler<Integer, ByteBuffer>() {
    @Override
```

```
            public void completed(Integer result, ByteBuffer attachment) {
                System.out.println(" 写完毕！ 共写入的字节数：" + result);
            }

            @Override
            public void failed(Throwable exc, ByteBuffer attachment) {
                System.out.println(" 发生了异常 ...");
            }
        });
        for (;;) {
            System.out.println("other things...");
            Thread.sleep(1000);
        }
    }
}
```

test1() 方法的运行结果如图 6-36 所示。

```
D:\devtools\Java\jdk1.8.0_101\
在read()的同时，可以处理其他事情..
read number:56
hello world1
hello world
hello world3
hello world4
```

图 6-36　test1() 方法的运行结果

test2() 方法的运行结果如图 6-37 所示。

```
D:\devtools\Java\jdk1.8.0_101\bin\java
在read()完毕以前，可以异步处理其他事情...
hello world1
hello world
hello world3
hello world4
read()完毕！
在read()完毕以前，可以异步处理其他事情...
在read()完毕以前，可以异步处理其他事情...
```

图 6-37　test2() 方法的运行结果

test3() 方法的运行结果如图 6-38 和图 6-39 所示。

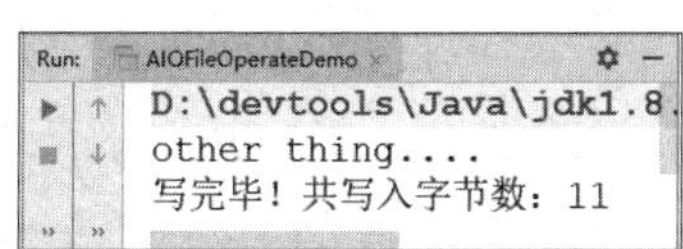


图 6-38　test3() 方法的运行结果

图 6-39　写操作后的文件内容

test4() 方法的运行结果如图 6-40 和 6-41 所示。

图 6-40　test4() 方法的运行结果

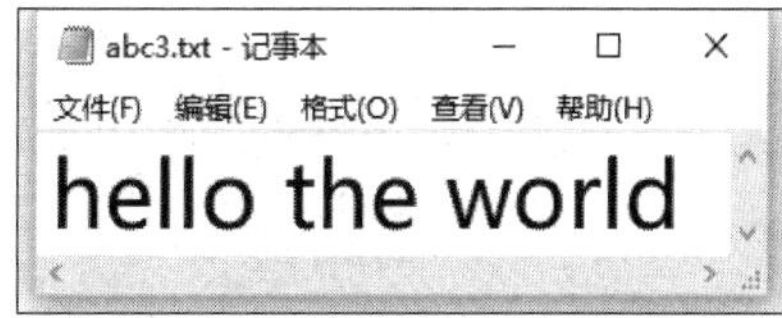


图 6-41　写操作后的文件内容

## 范例6-16　AIO 通信

使用 AsynchronousServerSocketChannel 搭建服务端，使用 AsynchronousSocketChannel 搭建客

户端，完成客户端与服务端的一次通信。

### 1. 服务端

【源码：demo/ch06/aio/AIOServer.java】

```
...
public class AIOServer {
  public static void main(String[] args) throws Exception {
    final AsynchronousServerSocketChannel channel = AsynchronousServerSocketChannel
        .open()
        .bind(new InetSocketAddress("127.0.0.1", 8888));
    while (true) {
      // 接收客户端请求的连接
      channel.accept(null, new CompletionHandler<AsynchronousSocketChannel, Void>() {
        // 当与客户端的连接建立完毕时，触发此 completed()
        @Override
        public void completed(final AsynchronousSocketChannel client,
 Void attachment) {
          channel.accept(null, this);
          ByteBuffer buffer = ByteBuffer.allocate(1024);
          // 接收客户端发来的消息
          client.read(buffer, buffer, new CompletionHandler<Integer,
ByteBuffer>() {
            // 当把客户端发来的消息读取完毕时，触发此 completed()
            @Override
            public void completed(Integer result_num, ByteBuffer dataBuffer) {
              dataBuffer.flip();
              String receive = new String(dataBuffer.array(), 0
, dataBuffer.limit());
              System.out.println(" 接收到的客户端消息 :" + receive);
              try {
                client.close();
              } catch (Exception e) {
                e.printStackTrace();
              }
            }
            @Override
            public void failed(Throwable e, ByteBuffer attachment) {
              e.printStackTrace();
            }
          });
```

```
            }

            @Override
            public void failed(Throwable e, Void attachment) {
                e.printStackTrace();
            }
        });
        // 模拟 main 线程的异步操作
        for (; ; ) {
            System.out.println("main 线程和用于读取客户端消息的线程是异步执行的 ...");
            Thread.sleep(1000);
        }
    }
  }
}
```

注意，服务端中有 2 个 CompletionHandler 回调接口，外层的 CompletionHandler 用于监听与客户端的连接，内层的 CompletionHandler 用于监听读取客户端发来的消息。

### 2. 客户端

》【源码：demo/ch06/aio/AIOClient.java】

```
...
public class AIOClient {
    public static void main(String[] args) throws Exception {
        AsynchronousSocketChannel channel = AsynchronousSocketChannel.open();
        channel.connect(new InetSocketAddress("127.0.0.1", 8888)).get();
        ByteBuffer buffer = ByteBuffer.wrap("Hello Server".getBytes());
        // 向服务端发送消息
        Future<Integer> future = channel.write(buffer);
        // 模拟 main 线程的异步操作
        while (!future.isDone()) {
            System.out.println(" 在 channel 将消息发送完毕以前，main 可以异步处理其他事情 ..");
            Thread.sleep(1000);
        }
        Integer len = future.get();
        System.out.println(" 发送完毕！ 共发送字节数："+len);
    }
}
```

依次启动服务端和客户端，客户端运行结果如图 6-42 所示。

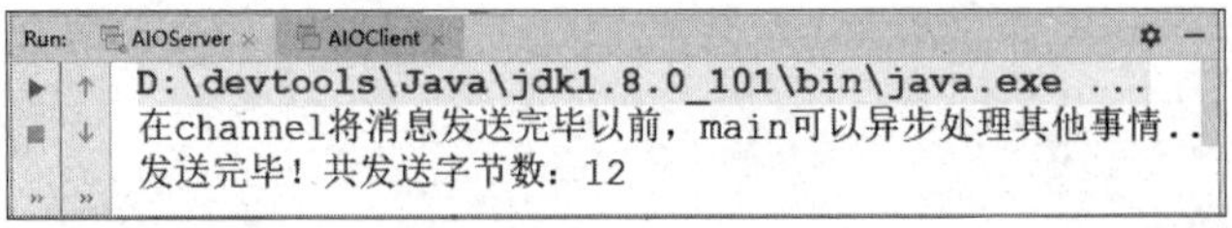
Run: AIOServer × AIOClient ×
D:\devtools\Java\jdk1.8.0_101\bin\java.exe ...
在channel将消息发送完毕以前，main可以异步处理其他事情..
发送完毕！共发送字节数：12

图 6-42　客户端运行结果

服务端运行结果如图 6-43 所示。

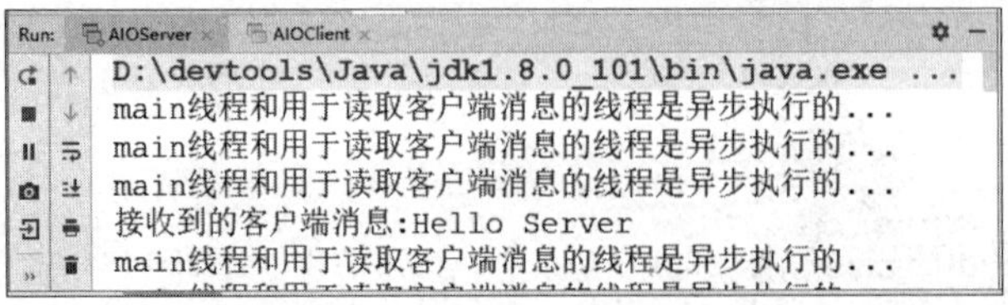
Run: AIOServer × AIOClient ×
D:\devtools\Java\jdk1.8.0_101\bin\java.exe ...
main线程和用于读取客户端消息的线程是异步执行的...
main线程和用于读取客户端消息的线程是异步执行的...
main线程和用于读取客户端消息的线程是异步执行的...
接收到的客户端消息:Hello Server
main线程和用于读取客户端消息的线程是异步执行的...

图 6-43　服务端运行结果

## 6.4 编码解码

在文件解析、数据传输等领域经常会涉及编码和解码问题，如果对编码解码产生的原理不清楚就很可能导致“乱码”等异常情况发生。本节将详细讲解编码解码的原理，然后通过案例让读者加深对原理的理解。

### 6.4.1 ▶ 编码解码原理及历史问题

什么是编码，什么是解码，为什么会有这么多不同的编码类型？

我们知道，程序最终是通过字节码的形式存储在硬盘文件上的，而字节码就是 byte 数组。因此编码就是将人类眼睛所能看到的字符串，转为字节数组，即 String → byte[]；反之，解码就是将字节数组转为字符串，即 byte[] → String。

之所以会出现各种各样的编码类型，其实是一个历史问题。在计算机发展初期，美国等少数国家最先给自己的语言设置了一套编码，即 ASCII。由于这些国家使用的是英语，而英语只需要 26 个英文字母及一些常见的 +、-、*、/ 等符号即可，因此只需要用一个字节的 7 位（即 128 个整数）就能完全表示英文字符。但随着计算机的普及，西欧的一些其他国家也需要给自己的语言设置一套编码（如法语），而 ASCII 只能表示 128 个字符，显然不能满足需求，因此就产生了第二套编码类型 ISO-8859-1~ISO-8859-15，其中使用最广泛的是 ISO-8859-1，ISO-8859-1 使用了一个字节的 8 位，可以表示 256 个字符。为了避免乱码问题，ISO-8859-1 完全兼容 ASCII，即 ISO-8859-1 中的前 128 个字符与 ASCII 完全一致，后 128 个字符才是 ISO-8859-1 自身新扩展的字符编码。

之后，我国为了给汉语也设置一套编码，提出了适合于汉语的编码集 GB2312（全称《信息交换用汉字编码字符集 基本集》）。GB2312 包含了 682 个英文、字母等符号及常见的 6763 个简体中文。同时，我国的台湾地区也给繁体中文设置了一套编码，称为 BIG5（大五码）。GB2312 和 BIG5 均兼容 ASCII，都使用一个字节存储 ASCII 中包含的英文、数字、常见符号，使用两个字节存储简体中文（GB2312）或繁体中文（BIG5）。

再往后，为了将简体中文和繁体中文容纳到一个字符集里，我国又发布了新的编码 GBK。GBK 实际上是 GB2312 的扩展（兼容 GB2312），支持简体中文和繁体中文，也是使用 1 个字节存储 ASCII 中的字符，使用 2 个字节存储一个中文汉字（简体或繁体）。

再后来，为了将中文、生僻字、中国少数民族文字、日文、朝鲜语等纳入同一套编码，又将 GBK 升级为 GB18030。GB18030 兼容 GBK，可以使用 1 个字节、2 个字节和 4 字节存储一个字符。

最后，国际社会为了给世界上的所有字符设置一套统一的编码，出台了一个统一的字符集规范 Unicode（国际标准字符集）。但 Unicode 仅仅是一套规范，并不能直接使用（类似于“接口”的概念），能够使用的是 Unicode 的具体实现 UTF-8、UTF-16 等（类似于接口的“实现类”）。实际上,Unicode 是通过一定的算法将每种语言中的每个字符转为了 UTF-8/UTF-16 等具体的编码类型。Unicode 使用 4 个字节存储一个字符（其中包含了 2 个字节的附加字符），而最常用的 UTF-8 存储一个字符所使用的字节数不是固定的。此外，UTF-8 是 ASCII 的超集，即 ASCII 中每个字符的编码与在 UTF-8 中是完全一致的，因此当用 UTF-8 存储一个英文或数字时只需要使用 1 个字节（和 ASCII 相同），而如果是用 UTF-8 存储汉字或其他字符时，可能会使用 2 个、3 个或 4 个字节。用 UTF-8 存储一个常见的字符所占的字节数如表 6-5 所示。

表 6-5　UTF-8 存储各种字符所占用的字节数

| 字符种类 | UTF-8 存储一个该种类的字符，所占用的字节数 |
|---|---|
| 英文，数字，回车符、+、-、*、% 等常见符号（即在 ASCII 中存在的字符） | 1 |
| 常见汉字（即在 GBK 中存在的汉字） | 3 |
| 中日韩等超大字符集里面的汉字 | 4 |
| 个别特殊符号 | 2 |

在 java.nio.charset.Charset 类中，提供了一些编码及解码问题的解决方案。例如，可以查看系统支持的编码类型，提供编码操作和解码操作等。

**范例 6-17** 查看当前环境默认的编码类型

【源码：demo/ch06/nio/NIOCoder.java】

## 6.4.2 编码解码操作案例

**范例 6-18** 对字符串进行编码和解码操作

【源码：demo/ch06/nio/NIOCoder.java】

**范例 6-19** 使用 ISO-8859-1 对中文进行编码解码

【源码：demo/ch06/nio/NIOCoder.java】

鉴于篇幅有限，读者可以在本书赠送的配套资源中查看范例 6-17、6-18 和 6-19 的源码。

在范例 6-19 中，读者会发现中文在经过 ISO-8859-1 编码及解码后，并不会出现乱码。虽然 ISO-8859-1 是用 1 个字节存储一个字符，而一个中文需要 2 个或 3 个字节（GBK 用 2 个字节存储中文，UTF-8 用 3 个字节存储中文），但是考虑以下情况：假设某个汉字在 UTF-8 中对应的 3 个字节是 X 6 F，用 ISO-8859-1 对该汉字进行编码，就必须将该汉字拆成 3 个部分，分别存储到 ISO-8859-1 中的 3 个字节里。也就是说，虽然汉字被拆分成了 3 个部分，但是这 3 个部分是“完好无损”的被存储在了 ISO-8859-1 中。之后，如果再用 ISO-8859-1 对该汉字进行解码，那么这 3 个部分又会原封不动地被拼接成 X 6 F，那么当 UTF-8 读取 X 6 F 时，就会将这 3 个字节看成一个整体，从而解析出相应的中文。所以中文经过 ISO-8859-1 编码及解码后不会出现乱码。

# 第 7 章

# 7 高性能 NIO 框架 Netty 实例详解

不论是 Akka 、Cassandra 、Flink 、Hadoop、Spark 、gRPC 、http-client、JBossWS、Elasticsearch、Dubbo 等技术框架，还是 Facebook、Twitter、阿里巴巴等知名 IT 公司，都在使用 Netty 作为底层框架。现如今，Netty 已成为国内外互联网公司处理高并发问题的首选技术。本章作为 Netty 入门，将介绍 Netty 的核心概念及环境的搭建等知识。

# 7.1 Netty 快速入门

本节先讲解 Netty 的核心概念，然后再介绍如何使用 Gradle 构建工具一步步搭建 Netty 的开发环境。

## 7.1.1 ▶ Netty 核心概念

Nettty 是由 JBOSS 开源的一款 NIO 网络编程框架，可用于快速开发网络应用。netty.io 官网中对 Netty 的介绍是“Netty 是一个异步的、基于事件驱动的网络应用框架，用于快速开发高性能的服务端和客户端”。

总的来讲，Netty 是一个基于 NIO 和可扩展的事件模型的客户端及服务端框架，可以极大地简化基于 TCP、UDP 等协议的网络服务。并且 Netty 对于各种传输类型（阻塞或非阻塞式 Socket）及通信方式（HTTP 或 WebSocket）都提供了统一的 API 接口，提供了灵活的可扩展性，高度可自定义的线程模型（单线程、线程池等），支持使用无连接的数据报（UDP）进行通信，具有高吞吐量、低延迟、资源消耗低、最低限度的内存复制等特性。除了优越的性能外，Netty 还完整地支持 SSL/TLS 和 StartTLS 等加密传输协议，保证了数据传输的安全性。

在实际使用时，Netty 可以作为 Socket 编程的中间件；也可以和 Protobuf 等技术结合使用，实现一个 RPC 框架，实现远程过程的调用；或者作为一个基于 WebSocket 的长连接服务器，实现客户端与服务端的长连接通信。

## 7.1.2 ▶ 使用 Gradle 搭建 Netty 开发环境

本章基于 Windows 10、Java 8 和 Netty 4.1.28 环境，采用的开发工具是 IntelliJ IDEA（后文简称 IDEA），构建工具是 Gradle（也可以使用 Maven）。

> 注意：2015 年，Netty 核心开发者 Norman Maurer 曾在 Github 中声明：Netty 5 中的 ForkJoinPool 增加了复杂性，但并没有显示出明显的性能优势，因此废弃了版本号较新的 Netty 5.x 版本。

本书使用的是 Netty 4 版本，具体的环境搭建步骤如下。

（1）安装 JDK 8，并配置 JAVA_HOME、PATH、CLASSPATH 环境变量。

（2）下载 gradle-4.9-all.zip，解压并配置如下环境变量。

① GRADLE_HOME：Gradle 解压后的根目录。

② PATH：%GRADLE_HOME%\bin。

（3）下载并安装 Java 开发工具：IDEA。

（4）下载 Windows 版 cURL，再将 cURL.exe 所在路径配置到环境变量 PATH 中。之后，就可以用 cURL 模拟客户端，用于对服务端进行请求测试。

环境搭建完毕后，就可以通过以下步骤创建并配置 Netty 工程。

## 1. 创建 Netty 工程

（1）使用 IDEA 创建一个 Gradle 项目，并选中 Java 依赖复选框，如图 7-1 所示。

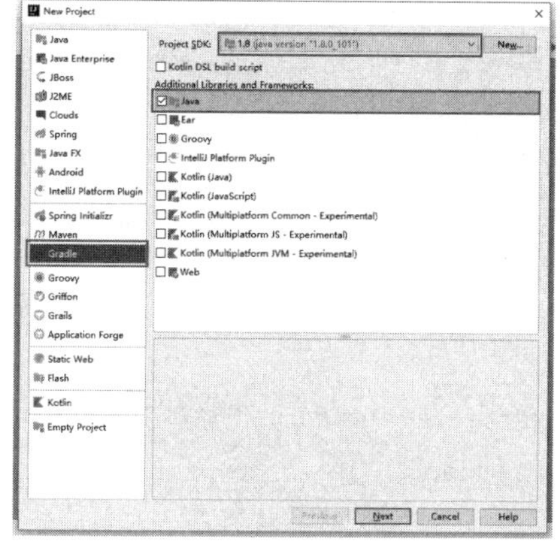

图 7-1　创建项目

（2）输入项目的 GroupId、ArtifactId 和 Version，笔者将三者设置为了 com.yanqun、NettyProject 和 1.0，如图 7-2 所示。

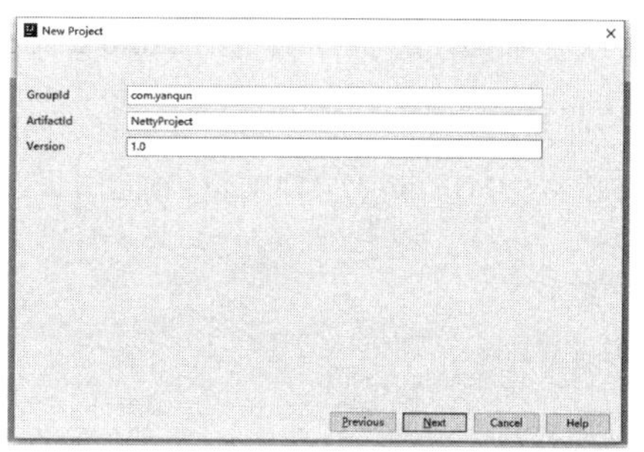

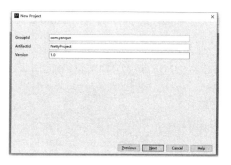

图 7-2　输入项目信息

（3）单击 Next 按钮，选中自动导包 “Use auto-import” 复选框，使用本地 Gradle 仓库并指定 JVM（即 JDK），如图 7-3 所示。

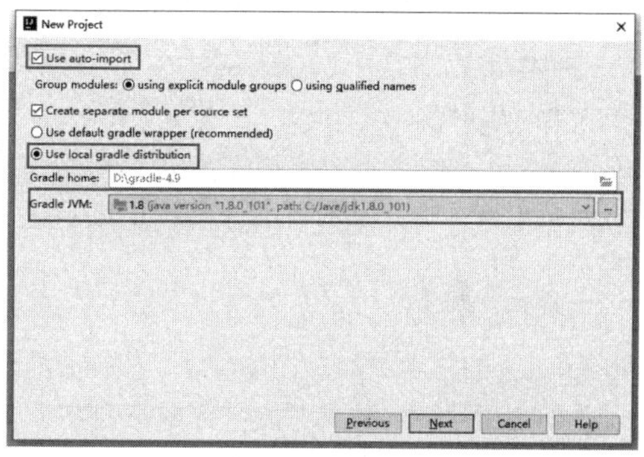


图 7-3　配置项目

（4）输入项目名，至此项目创建完毕。

> 提示　如果在创建项目时没有指定 Gradle 相关配置，也可以在项目创建之后，在 IDEA 的 Settings 选项中配置 Gradle home、Gradle JVM（即 JDK）、自动导包 Use auto-import 等，如图 7-4 所示，之后重启 IDEA。

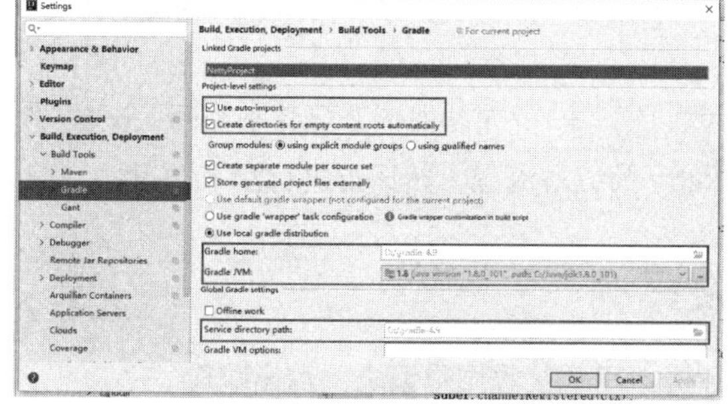

图 7-4　配置项目

## 2. 在 Maven 中央库中查找并配置 Netty 依赖的坐标

（1）访问 https://mvnrepository.com，搜索 Netty，找到 Gradle 方式的 Netty 的依赖坐标，如图 7-5 所示。

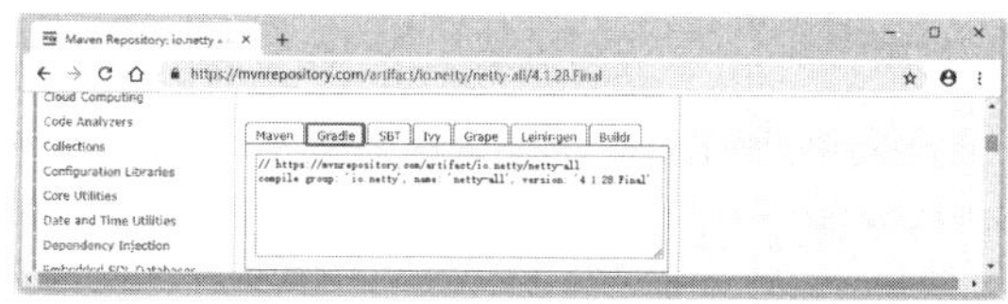

图 7-5　搜索 Netty 依赖

（2）在 IDEA 所建项目的 build.gradle 文件中，配置 Netty 依赖的坐标、构建库、编译版本等基本信息，如下所示。

❯【源码：demo/ch07/build.gradle】

```
plugins {
  id 'java'
}
group 'com.yanqun'
version '1.0'
//jdk 版本
sourceCompatibility = 1.8
targetCompatibility = 1.8
// 指定 maven 中央仓库（gradle 使用 maven 库进行依赖的构建）
repositories {
  mavenCentral()
  /* 如果连接 mavenCentral() 时网络不稳定，可以将 mavenCentral() 改为 maven 的国内阿里云镜像地址：
    maven{ url 'http://maven.aliyun.com/nexus/content/groups/public/'}
  */
}
dependencies {
// 上一步中，在 maven 库中复制的 netty 依赖坐标
  compile group: 'io.netty', name: 'netty-all', version: '4.1.28.Final'
}
```

之后，等待 Gradle 将 Netty 依赖下载到本地。

## 7.2 使用 Netty 开发基于 BS 架构的网络编程案例

初学 Netty 时，可能会觉得 Netty 的编写方式比较陌生。因为和其他框架或技术不同，Netty 程序有着标准的编写流程。建议读者在初学时先记住 Netty 的编写流程，然后再进行深入学习。

### 7.2.1 ▶ Netty 编写流程与服务端开发案例

第一个入门案例是使用 Netty 作为一个 Web 服务器，用于接收用户请求并给出响应。

Netty 程序可以按以下“套路”编写：依次编写主程序类、自定义初始化器、自定义处理器。本示例就是由这 3 个部分组成，具体如下。

（1）主程序类：MyNettyServerTest，主要完成以下功能。

①通过 ServerBootstrap 注册 bossGroup 和 workerGroup 两个事件循环组，其中 bossGroup 用于

获取客户端连接，workerGroup 用于处理客户端连接，类似于常见的 Master-Slave 结构。

②将 Channel 类型指定为 NioServerSocketChannel，并在服务启动时关联自定义初始化器 MyNettyServerInitializer，从而进行初始化操作。

（2）初始化器：MyNettyServerInitializer，继承自 Netty 提供的初始化器 ChannelInitializer。

Netty 封装了各种各样的内置处理器，用于实现各种功能。并且 ChannelInitializer 的 initChannel() 方法会在某一个连接注册到 Channel 后立即被触发调用。因此，可以根据业务需求，在 initChannel() 中添加若干个 Netty 内置处理器，利用 Netty 强大的类库直接处理大部分业务。最后再在 initChannel() 中添加一个自定义处理器，用于实现特定业务的具体功能。

（3）自定义处理器：MyNettyServerHandler，继承自 SimpleChannelInboundHandler，该父类的 channelRead0() 方法可以接收客户端的所有请求，并作出响应。本示例会在接收到请求后，直接响应输出“hello netty”。

本程序的执行流程如图 7-6 所示。

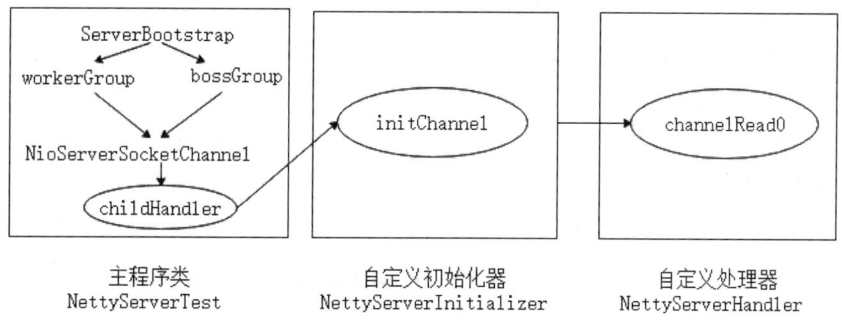


图 7-6　程序执行流程

简单地讲，Netty 程序就是通过主程序类关联自定义初始化器，然后在初始化器中加入 Netty 内置处理器和自定义处理器，最后在自定义处理器中编写处理特定需求的具体代码。

本示例的具体代码如下。

### 1. 主程序类

**【源码**：demo/ch07/http/MyNettyServerTest.java】

```
//import io.netty...
public class MyNettyServerTest {
  public static void main(String[] args) {
    /*
     EventLoopGroup：事件循环组，是一个线程池，也是一个死循环，用于不断地接收用户请求
     bossGroup：用于监听及建立连接，并把每一个连接抽象为一个 channel，最后再将连接交
     给 workerGroup 处理
     workerGroup：真正的处理连接
    */
```

```
        EventLoopGroup bossGroup = new NioEventLoopGroup();
        EventLoopGroup workerGroup = new NioEventLoopGroup();
        try {
            //ServerBootstrap：服务端启动时的初始化操作
            ServerBootstrap serverBootstrap = new ServerBootstrap();
            /*
将 bossGroup 和 workerGroup 注册到服务端的 Channel 上，并注册一个服务端的初始化器 NettyServerInitializer
（该初始化器中的 initChannel() 方法，会在连接被注册到 Channel 后立刻执行）；
最后将端口号绑定到 8888
*/
            ChannelFuture channelFuture = serverBootstrap
                    .group(bossGroup, workerGroup)
                    .channel(NioServerSocketChannel.class)
                    .childHandler(new MyNettyServerInitializer()).bind(8888).sync();
            channelFuture.channel().closeFuture().sync();
        } catch (Exception e) {
            e.printStackTrace();
        } finally {
            bossGroup.shutdownGracefully();
            workerGroup.shutdownGracefully();
        }
    }
}
```

### 2. 初始化器

》【源码：demo/ch07/http/MyNettyServerInitializer.java】

```
package com.yanqun.netty.http;
//import io.netty...
public class MyNettyServerInitializer extends ChannelInitializer<SocketChannel> {
    // 连接被注册到 Channel 后，立刻执行此方法
    protected  void initChannel(SocketChannel sc)throws Exception{
        ChannelPipeline pipeline=sc.pipeline();
        // 加入 netty 提供的处理器。语法：pipeline.addLast( 定义处理器的名字 , 处理器 );
        //HttpServerCodec: 对请求进行解码，并对响应进行编码（实质是解码器 HttpRequestDecoder 和编码
器 HttpResponseEncoder 的组合体）
        pipeline.addLast("HttpServerCodec",new HttpServerCodec());
        // 增加自定义处理器 MyNettyServerHandler，用于实际处理请求，并给出响应
        pipeline.addLast("MyNettyServerHandler",new MyNettyServerHandler());
    }
```

```
}
```

### 3. 自定义处理器

》【源码：demo/ch07/http/MyNettyServerHandler.java】

```
package com.yanqun.netty.http;
//import io.netty...
// 自定义处理器：用于输出 hello netty
public class MyNettyServerHandler extends SimpleChannelInboundHandler<HttpObject> {
  //channelRead0() 方法：接收客户端请求，并且作出响应；类似于 Servlet 中的 doGet()、doPost() 等方法
  @Override
  protected void channelRead0(ChannelHandlerContext ctx, HttpObject msg)
      throws Exception {
    if (msg instanceof HttpRequest) {
      //ByteBuf 对象：定义响应的内容
      ByteBuf content = Unpooled.copiedBuffer("Hello Netty", CharsetUtil.UTF_8);
      //FullHttpResponse 对象：封装响应对象
      FullHttpResponse response = new DefaultFullHttpResponse(HttpVersion.HTTP_1_1,
          HttpResponseStatus.OK, content);
      response.headers().set(HttpHeaderNames.CONTENT_TYPE, "text/plain");
          content.readableBytes());
      // 将响应返回给客户端
      ctx.writeAndFlush(response);
    }
  }
}
```

执行 MyNettyServerTest 类中的 main() 方法，用于启动服务端；再在 CMD 中输入 curl http://localhost:8888（即通过 cURL 工具访问服务端），就可以得到服务端的响应结果“Hello Netty”，运行结果如图 7-7 所示。

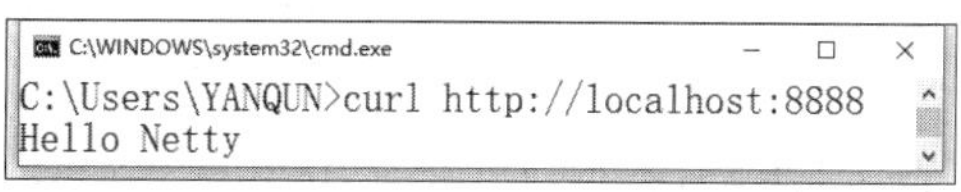


图 7-7　cURL 运行结果

为更加深入地理解 Netty 执行流程，现对以上程序进行修改。在自定义处理器的 channelRead0() 中加入一条打印语句，代码如下。

》【源码：demo/ch07/http/MyNettyServerTest.java】

```
protected void channelRead0(ChannelHandlerContext ctx, HttpObject msg) throws Exception {
```

```
if (msg instanceof HttpRequest) {
    System.out.println("channelRead0 invoke...")
    //ByteBuf 对象：定义响应的内容
    ByteBuf content = Unpooled.copiedBuffer("Hello Netty", CharsetUtil.UTF_8);
        ...
    }
}
```

再通过 cURL 访问 curl http://localhost:8888，可以在 IDEA 的控制台中看到一条打印语句，运行结果如图 7-8 所示。

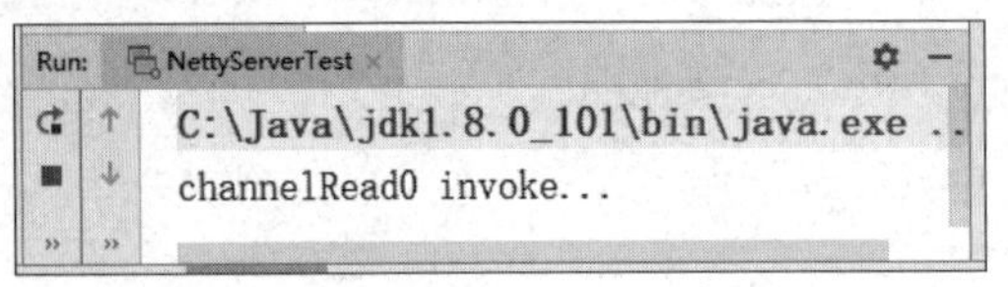


图 7-8　IDEA 运行结果

但如果通过 chrome 等浏览器访问 http://localhost:8888，却可以在控制台看到两条打印语句，运行结果如图 7-9 所示。

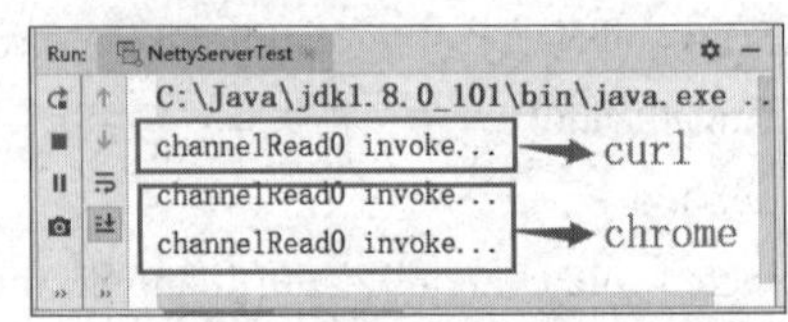


图 7-9　通过浏览器访问服务

这是因为 chrome 等浏览器在请求服务器时，会同时去请求服务器网站的 ico 图标，因此会多发送一次请求，如图 7-10 所示。

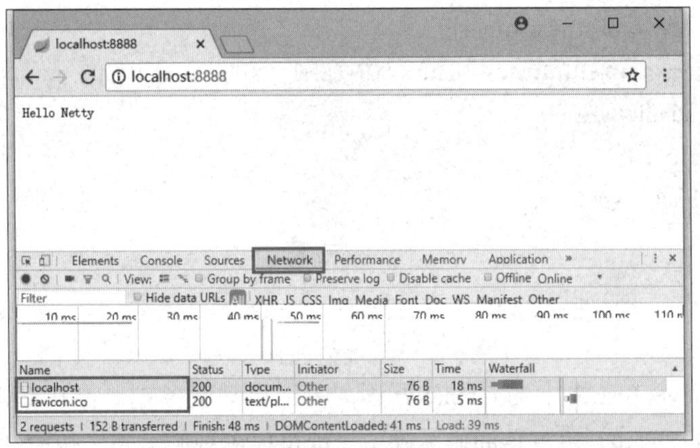


图 7-10　浏览器调试界面

可以使用 HttpRequest 对象避免这样的二次请求，并且还可以获取请求方式等内容，代码如下所示。

**【源码：demo/ch07/http/MyNettyServerHandler.java】**

```
protected void channelRead0(ChannelHandlerContext ctx, HttpObject msg) throws Exception {
if (msg instanceof HttpRequest) {
    HttpRequest httpRequest = (HttpRequest)msg;
    URI uri = new URI(httpRequest.uri());
if(!"/favicon.ico".equals( uri.getPath())) {
```

```
System.out.println(" 请求方式: "+httpRequest.method().name());
System.out.println("channelRead0 invoke...");
...
    }
  }
}
```

再次通过浏览器访问，控制台的运行结果如图 7-11 所示。

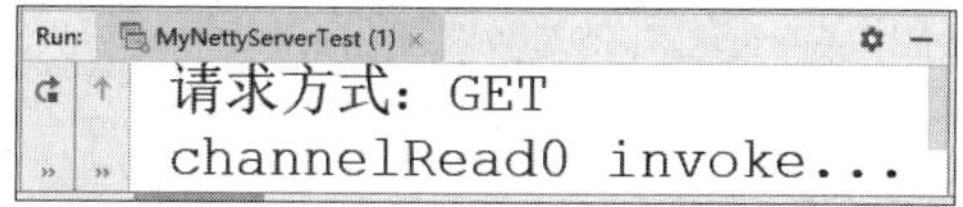


图 7-11　排除 favicon.ico 的运行结果

接下来，研究自定义处理器 MyNettyServerHandler，通过观察源码发现该类间接继承自 ChannelInboundHandlerAdapter，源码如下。

```
public class MyNettyServerHandlerextends SimpleChannelInboundHandler<HttpObject>{...}
public abstract class SimpleChannelInboundHandler<I>extends ChannelInboundHandlerAdapter {...}
```

在此，有以下两点需要注意。

（1）从名称上看，SimpleChannelInboundHandler、ChannelInboundHandlerAdapter 都包含“Inbound”。在 Netty 中“Inbound”代表“进入”的请求，而“InboundHandler”则代表处理进入请求的处理器。同样地，“Outbound”代表“返回”的响应，“OutboundHandler”代表处理返回响应的处理器。

（2）ChannelInboundHandlerAdapter 中定义了很多基于事件驱动机制的回调方法，这些方法会在 Netty 预先定义的某些事件发生时被自动触发执行（如增加新的处理器时，通道被激活时……）。

在 MyNettyServerHandler 中重写父类 ChannelInboundHandlerAdapter 中的一些回调方法，代码（SimpleChannelInboundHandler 是 ChannelInboundHandlerAdapter 的子类）如下。

》【源码：demo/ch07/http/MyNettyServerHandler.java】

```
public class MyNettyServerHandler extends SimpleChannelInboundHandler<HttpObject> {
  protected void channelRead0(ChannelHandlerContext ctx, HttpObject msg)
throws Exception {
    ...
    System.out.println("channelRead0 invoke...");
    ...
  }
  // 以下方法就是 MyNettyServerHandler 定义的回调方法
  // 当增加新的处理器时，触发此方法
```

```
    @Override
    public void handlerAdded(ChannelHandlerContext ctx) throws Exception {
      System.out.println("1.handlerAdded(), 增加了新的处理器 ...");
      super.handlerAdded(ctx);
    }
    // 当通道被注册到一个事件循环组 EventLoop 上时，执行此方法
    @Override
    public void channelRegistered(ChannelHandlerContext ctx) throws Exception {
      System.out.println("2.channelRegistered(), 通道被注册 ...");
      super.channelRegistered(ctx);
    }
    // 当通道处于活跃状态（连接了某个远端，可以收发数据）时，执行此方法
    @Override
    public void channelActive(ChannelHandlerContext ctx) throws Exception {
      System.out.println("3.channelActive(), 通道连接到了远端，处于活跃状态 ...");
      super.channelActive(ctx);
    }
    // 当通道处于非活跃状态（与远端断开了连接）时，执行此方法
    @Override
    public void channelInactive(ChannelHandlerContext ctx) throws Exception {
      System.out.println("4.channelInactive(), 通道远端断开了连接，处于非活跃状态 ... ");
      super.channelInactive(ctx);
    }
    // 当通道被取消注册时，执行此方法
    @Override
    public void channelUnregistered(ChannelHandlerContext ctx) throws Exception {
      System.out.println("5.channelUnregistered(), 通道被取消了注册 ...");
      super.channelUnregistered(ctx);
    }
    // 当程序发生异常时，执行此方法
    @Override
    public void exceptionCaught(ChannelHandlerContext ctx, Throwable cause)
throws Exception {
      cause.printStackTrace();
      ctx.close();
    }
}
```

现在，使用 cURL 和浏览器两种方式分别访问 http://localhost:8888，如下所示。

（1）使用 cURL 访问，运行结果如图 7-12 所示。

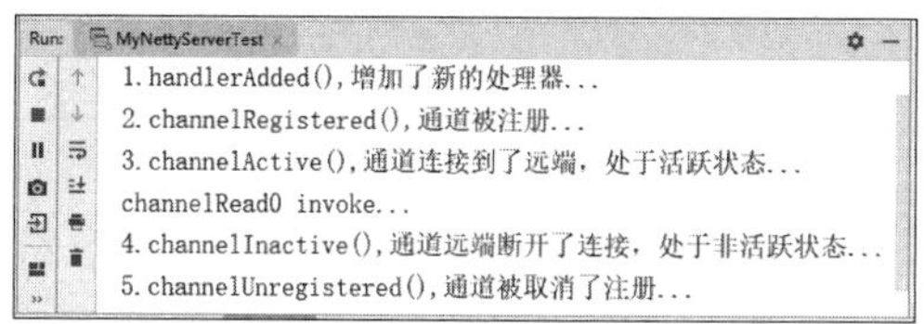


图 7-12　cURL 访问结果

之后，如果再次使用 cURL 访问，在 IDEA 控制台中的显示结果都是一样的。

（2）使用浏览器访问。重启项目，第一次访问时，运行结果如图 7-13 所示。

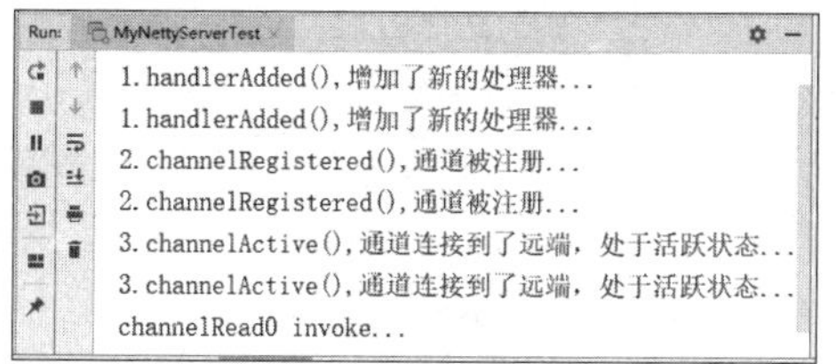


图 7-13　浏览器第一次访问结果

前 3 个方法被重复调用的原因和之前一样，是因为浏览器实际发出了两次请求（即请求 http://localhost:8888/ 和请求 http://localhost:8888/favicon.ico）。但是后面的 channelInactive() 和 channelUnregistered() 方法却没有被调用。

第 2 次再通过浏览器访问，运行结果如图 7-14 所示。

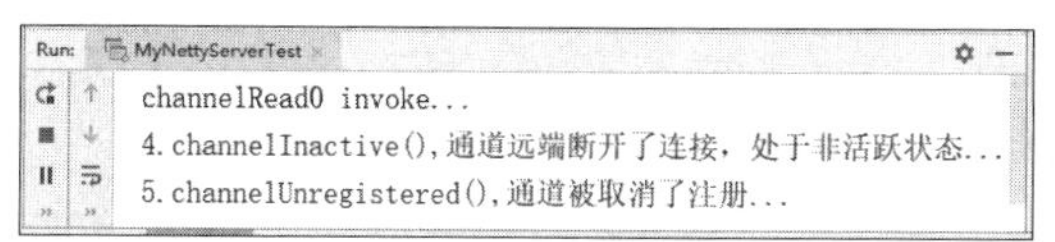


图 7-14　浏览器第 2 次访问结果

这是因为浏览器保留了第 1 次访问时的状态（即浏览器可以继续使用第 1 次访问时的处理器和注册的通道），所以直接能够访问到 channelRead0() 方法，从而打印“channelRead0 invoke...”；但是第 2 次的访问，会导致第一次访问 http://localhost:8888/favicon.ico 的请求被终止，因此会看到第一次 channel 的断开和取消注册。之后，如果关闭浏览器，就会再次看到第一次 http://localhost:8888/ 的请求被终止，运行结果如图 7-15 所示。

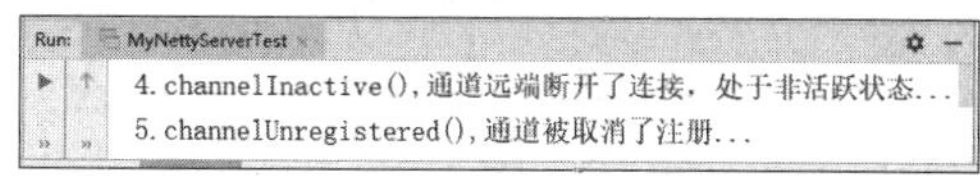


图 7-15　关闭浏览器的运行结果

> **注意**　因为不同浏览器的解析行为不尽相同，线程之间的资源争夺情况无法确定，因此以上程序在运行时可能会有不同的显示结果。

之所以 cURL 和浏览器的访问出现了不同的结果，是因为二者的实现机制不同：cURL 的每次请求，都是一个“完整”的回路，即每一个请求都是从最开始的建立连接到最终的关闭连接，因此 cURL 的每次访问都会将 MyNettyServerHandler 的全部回调方法执行一次；而目前的浏览器是基于 HTTP 1.1 协议的，在 HTTP 1.1 中所有连接都是 Keep-alive（持续连接）的，因此当连接被建立后，即使某一次的访问结束了连接也不会立刻关闭，所以在第 2 次访问时，会继续使用第 1 次的连接。

## 7.2.2 ▶ 使用 Netty 开发点对点通信与聊天室功能

在上一个示例中，用 Netty 作为服务端，浏览器和 cURL 作为客户端。在接下来的示例中，会用 Netty 充当服务端及客户端。服务端及客户端代码依然包含标准的主程序类、自定义初始化器、自定义处理器 3 部分。

本小节的第一个演示案例是“服务端与客户端的点对点聊聊天功能”，具体实现步骤如下。

### 1. 服务端

（1）主程序类：MyNettyServerTest.java。

与上例的 MyNettyServerTest 类完全相同。

（2）自定义初始化器。

》【源码：demo/ch07/socket/MyNettyServerInitializer.java】

```
public class MyNettyServerInitializer extends ChannelInitializer<SocketChannel> {
  // 连接被注册后，立刻执行此方法
  protected void initChannel(SocketChannel sc) throws Exception {
    ChannelPipeline pipeline = sc.pipeline();
    //LengthFieldBasedFrameDecoder：用于解析带固定长度的数据包。TCP 发送的数据规则：
可以将数据进行拆分或合并，因此对端接收到的数据包可能不是初始发送时的格式；一般的做法是在包头
设置 length 字段，指明数据包的长度，再由接受方根据 length 拼接或剪裁收到的数据，从而形成完整的
数据包
    pipeline.addLast("LengthFieldBasedFrameDecoder",
        new LengthFieldBasedFrameDecoder(Integer.MAX_VALUE,0,8,0,8));
    // 将上条语句的 length 加入传递的数据中
    pipeline.addLast("LengthFieldPrepender", new LengthFieldPrepender(8));
    // 传递字符串的编码解码器
    pipeline.addLast("StringDecoder", new StringDecoder(CharsetUtil.UTF_8));
    pipeline.addLast("StringEncoder", new StringEncoder(CharsetUtil.UTF_8));
    // 自定义处理器
    pipeline.addLast("MyNettyServerHandler", new MyNettyServerHandler());
  }
}
```

（3）自定义处理器。

》【源码：demo/ch07/socket/MyNettyServerHandler.java】

```
public class MyNettyServerHandler extends SimpleChannelInboundHandler<String> {
  @Override
  protected void channelRead0(ChannelHandlerContext ctx, String receiveMsg)
throws Exception {
  // 通过 ctx 获取远程（客户端）的 IP+ 端口，并打印出对方（客户端）发来的消息
    System.out.println("【服务端】接收的请求来自："+ ctx.channel().remoteAddress()
        +", 消息内容【"+receiveMsg+"】");
    System.out.println(" 请向【客户端】发送一条消息：");
    String sendMsg = new Scanner(System.in).nextLine() ;
```

```
            ctx.channel().writeAndFlush(sendMsg) ;
        }
    }
```

## 2. 客户端

（1）主程序类。

》【源码：demo/ch07/socket/MyNettyClientTest.java】

```
public class MyNettyClientTest {
    public static void main(String[] args) {
        // 服务端有 2 个 EventLoopGroup，bossGroup 用于获取连接并将连接分发给 workerGroup；
而 workerGroup 负责真正的处理连接；但是对于客户端而言，客户端仅仅需要连接服务端即可，因此
只需要一个 EventLoopGroup（相当于服务端的 bossGroup）
        EventLoopGroup eventLoopGroup = new NioEventLoopGroup() ;
        try{
            Bootstrap bootstrap = new Bootstrap();
            /*
              注意：下条语句用到了 handler()，但在服务端 MyNettyServerTest 中用到的是 childHandler()，二
者在使用上的区别如下
                bossGroup 获取连接，并将连接分发给 workerGroup：使用 handler()
                workerGroup 实际处理连接：用 childHandler()
            */
            bootstrap.group(eventLoopGroup).channel(NioSocketChannel.class).handler(
                    new MyNettyClientInitializer());
            ChannelFuture channelFuture = bootstrap.connect("127.0.0.1",8888).sync();
            channelFuture.channel().closeFuture().sync();
        }catch (Exception e){
            e.printStackTrace();
        }
        finally {
            eventLoopGroup.shutdownGracefully();
        }
    }
}
```

（2）自定义初始化器。

》【源码：demo/ch07/socket/MyNettyClientInitializer.java】

```
public class MyNettyClientInitializer  extends ChannelInitializer<SocketChannel> {
    // 连接被注册后，立刻执行此方法
```

```
    protected void initChannel(SocketChannel sc) throws Exception {
        ChannelPipeline pipeline = sc.pipeline();
        pipeline.addLast("LengthFieldBasedFrameDecoder",
                new LengthFieldBasedFrameDecoder(Integer.MAX_VALUE,0,8,0,8));
        pipeline.addLast("LengthFieldPrepender", new LengthFieldPrepender(8));
        pipeline.addLast("StringDecoder", new StringDecoder(CharsetUtil.UTF_8));
        pipeline.addLast("StringEncoder", new StringEncoder(CharsetUtil.UTF_8));
        // 自定义处理器
        pipeline.addLast("MyNettyClientHandler", new MyNettyClientHandler());
    }
}
```

（3）自定义处理器。

**【源码**：demo/ch07/socket/MyNettyClientHandler.java】

```
public class MyNettyClientHandler extends SimpleChannelInboundHandler<String> {
    @Override
    protected void channelRead0(ChannelHandlerContext ctx, String receiveMsg) {
        System.out.println("【客户端】接收的请求来自："+ ctx.channel().remoteAddress()
+",消息内容【"+receiveMsg+"】");
        System.out.println("请向【客户端】发送一条消息：");
        String sendMsg = new Scanner(System.in).nextLine() ;
        ctx.channel().writeAndFlush(sendMsg) ;
    }
    @Override
    public void channelActive(ChannelHandlerContext ctx) throws Exception {
        ctx.writeAndFlush("打破僵局的第一条消息...");
    }
}
```

运行服务端和客户端。需要注意的是，本示例在初始时，服务端和客户端都在通过 channelRead0() 方法等待对方发来消息，二者都处于“等待”的状态。为了打破此僵局，客户端先主动向服务端发送了第一条消息“打破僵局的第一条消息...”（即 MyNettyClientHandler 中的 channelActive() 方法）。服务端收到此消息后，就开始了和客户端的双向通信，具体如下。

服务端收到了“打破僵局的第一条消息...”后，向客户端回复一条消息“hello,client”，运行结果如图 7-16 所示。

```
C:\Java\jdk1.8.0_101\bin\java.exe ...
【服务端】接收的请求来自：/127.0.0.1:10201,消息内容【打破僵局的第一条消息...】
请向【客户端】发送一条消息：
hello,client
```

图 7-16　服务端与客户端的第一次交互

客户端接收到此消息后，再向服务端回复“hello,server”，运行结果如图 7-17 所示。

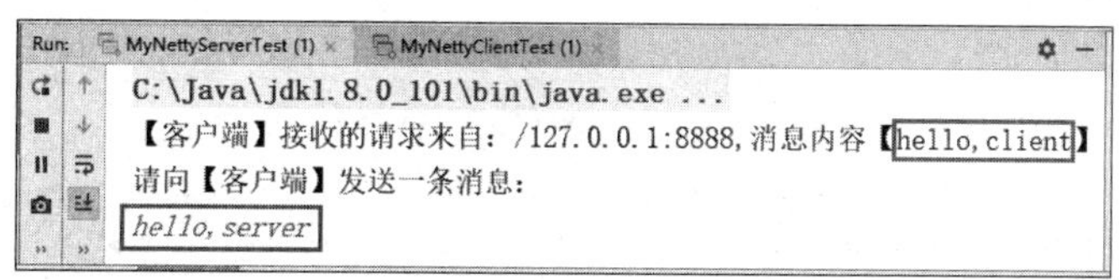


图 7-17 服务端与客户端的数据交互

之后服务端也就收到了客户端的消息，如此往复，就实现了服务端和客户端的双向点对点通信。

接下来，将要演示的案例是“服务端与客户端的点对多点通信（聊天室功能）”，具体要求如下所述。

本案例要求服务端可以实现以下功能。

（1）监听所有客户端的上线、下线。

（2）将某一个客户端的上线及离线情况，转告给其他客户端“客户端 ××× 上 / 离线”。

（3）客户端先将消息发送给服务端，服务端再将此消息转发给所有客户端（包含发送者自身）。如果其他客户端接收到了此消息，则显示“【某 ip】发送的消息：×××”；如果自己接收到了此消息，则显示“【我】发送的消息：×××”。

本案例的实现代码如下所示。

### 1. 服务端

（1）主程序类：MyNettyServerTest.java。

与之前的 MyNettyServerTest 类完全相同。

（2）自定义初始化器。

**【源码：demo/ch07/chat/MyNettyServerInitializer.java】**

```
public class MyNettyServerInitializer extends ChannelInitializer<SocketChannel> {
  protected void initChannel(SocketChannel sc) throws Exception {
    ChannelPipeline pipeline = sc.pipeline();
    //DelimiterBasedFrameDecoder(maxFrameLength, delimiters): 分隔符处理器；将接收到的客户端消息，
通过回车符（Delimiters.lineDelimiter()）进行分割
    pipeline.addLast("DelimiterBasedFrameDecoder", new DelimiterBasedFrameDecoder(2048,
   Delimiters.lineDelimiter()));
    pipeline.addLast("StringDecoder",new StringDecoder(CharsetUtil.UTF_8)) ;
    pipeline.addLast("StringEncoder",new StringEncoder(CharsetUtil.UTF_8)) ;
    // 自定义处理器
    pipeline.addLast("MyNettyServerHandler", new MyNettyServerHandler());
  }
```

```
}
```

（3）自定义处理器。

**【源码**：demo/ch07/chat/MyNettyServerHandler.java】

```
public class MyNettyServerHandler extends SimpleChannelInboundHandler<String> {
  private static ChannelGroup channelGroup
      = new DefaultChannelGroup(GlobalEventExecutor.INSTANCE) ;
  // 每当从服务端读取到客户端写入的信息时，就将该信息转发给所有的客户端 Channel（实现聊天室的效果）
  @Override
  protected void channelRead0(ChannelHandlerContext ctx, String receiveMsg)
      throws Exception {
    Channel channel = ctx.channel() ;
    // 遍历 channelGroup，从而区分 " 我 " 和 " 别人 " 发出的消息，如果消息是自己发出的就显示 " 我 "
    channelGroup.forEach(chnl ->{//JDK8 提供的 lambda 表达式
      if(channel == chnl)
        chnl.writeAndFlush("【我】发送的消息："+ receiveMsg + "\n") ;
      else
        chnl.writeAndFlush("【"+ channel.remoteAddress()+"】发送的消息："
            + receiveMsg +"\n");
    } );
  }
  // 连接建立。每当从服务端收到新的客户端连接时，就将新客户端的 Channel 加入 ChannelGroup 列表中，并告知列表中的其他客户端 Channel
  @Override
  public void handlerAdded(ChannelHandlerContext ctx) throws Exception {
    Channel channel = ctx.channel() ;
    channelGroup.writeAndFlush(" 客户端 -"+ channel.remoteAddress() + " 加入 \n") ;
    channelGroup.add(channel) ;
  }
  // 监听客户端上线
  @Override
  public void channelActive(ChannelHandlerContext ctx) throws Exception {
    Channel channel = ctx.channel() ;
    System.out.println(channel.remoteAddress() + " 上线 ");
  }
  // 监听客户端下线
  @Override
  public void channelInactive(ChannelHandlerContext ctx) throws Exception {
```

```
    Channel channel = ctx.channel() ;
    System.out.println(channel.remoteAddress() + " 下线 ");
  }
  //连接断开。每当从服务端感知有客户端断开时，就将该客户端的Channel从ChannelGroup列表中移除，
并告知列表中的其他客户端 Channel
  @Override
  public void handlerRemoved(ChannelHandlerContext ctx) throws Exception {
    Channel channel = ctx.channel() ;
    // 会自动将 channelGroup 中断开的连接移除掉
    channelGroup.writeAndFlush(" 客户端 -"+ channel.remoteAddress() + " 离开 \n") ;
  }
}
```

### 2. 客户端

（1）主程序类。

》【源码：demo/ch07/chat/MyNettyClientTest.java】

```
public class MyNettyClientTest {
  public static void main(String[] args) {
    EventLoopGroup eventLoopGroup =  new NioEventLoopGroup() ;
    try{
      Bootstrap bootstrap = new Bootstrap();
      bootstrap.group(eventLoopGroup).channel(NioSocketChannel.class).handler(
          new MyNettyClientInitializer());
      Channel channel =  bootstrap.connect("127.0.0.1",8888).sync().channel();
      BufferedReader bufferedReader =  new BufferedReader(
          new InputStreamReader(System.in)) ;
      for(;;){// 客户端不断地通过控制台向服务端发送消息
        channel.writeAndFlush(bufferedReader.readLine() + "\r\n") ;
      }
    }catch (Exception e){
      e.printStackTrace();
    }
    finally {
      eventLoopGroup.shutdownGracefully();
    }
  }
}
```

（2）自定义初始化器。

【源码：demo/ch07/chat/MyNettyClientInitializer.java】

```
public class MyNettyClientInitializer  extends ChannelInitializer<SocketChannel> {
  //连接被注册后，立刻执行此方法
  protected void initChannel(SocketChannel sc) throws Exception {
    ChannelPipeline pipeline = sc.pipeline();
    //与服务端的 Initializer 作用相同：通过 DelimiterBasedFrameDecoder 将接收到的服务端
    消息，通过回车符（Delimiters.lineDelimiter()）进行分割
    pipeline.addLast("DelimiterBasedFrameDecoder",
        new DelimiterBasedFrameDecoder(2048, Delimiters.lineDelimiter()));
    pipeline.addLast("StringDecoder",new StringDecoder(CharsetUtil.UTF_8)) ;
    pipeline.addLast("StringEncoder",new StringEncoder(CharsetUtil.UTF_8)) ;
    //自定义处理器
    pipeline.addLast("MyNettyClientHandler", new MyNettyClientHandler());
  }
}
```

（3）自定义处理器。

【源码：demo/ch07/chat/MyNettyClientHandler.java】

```
public class MyNettyClientHandler extends SimpleChannelInboundHandler<String> {
@Override
protected void channelRead0(ChannelHandlerContext ctx, String receiveMsg) {
    System.out.println(receiveMsg);
}
}
```

启动服务端，再启动第一个客户端，服务端能立刻感知到客户端的上线情况，运行结果如图 7-18 所示。

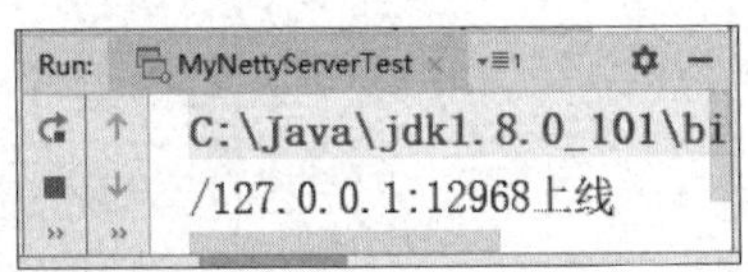


图 7-18　服务端感知客户端上线

再启动第二个客户端（即重复执行 MyNettyClientTest.java），此时，服务端除了能够感知客户端的上线情况外，还能通知其他客户端有新的客户端加入，运行结果如下所示。

（1）服务端的运行结果如图 7-19 所示。

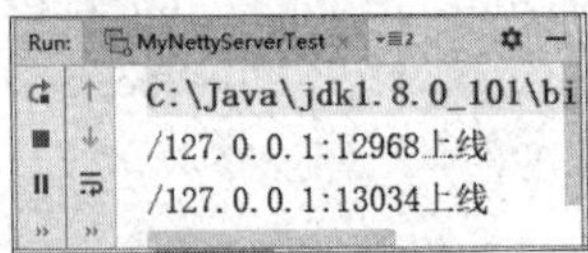


图 7-19　服务端的运行结果

（2）第一个客户端的运行结果如图 7-20 所示。

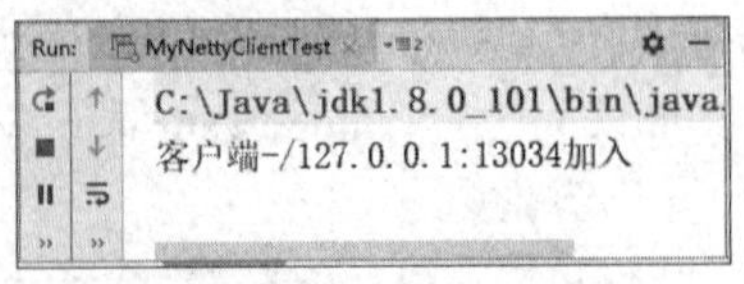


图 7-20　客户端的运行结果

现在，在任一客户端发送一条消息（例如，在第一个客户端发送），就能在所有客户端看

到此消息，即实现了聊天室功能。

（3）第一个客户端的输入界面及运行结果如图 7-21 所示。

```
C:\Java\jdk1.8.0_101\bin\java.exe ...
客户端-/127.0.0.1:13034加入
你好，我是client-1
【我】发送的消息：你好，我是client-1
```

图 7-21　第一个客户端运行情况

（4）第二个客户端接收到数据时的运行结果如图 7-22 所示。

图 7-22　第二个客户端运行结果

当然，我们也可以通过第二个客户端回复消息，或者创建更多的客户端进行测试，读者可以自行尝试。

接下来对本案例使用的 DelimiterBasedFrameDecoder 进行说明。

DelimiterBasedFrameDecoder(maxFrameLength, delimiters) 是 Netty 提供的“分隔符处理器”，maxFrameLength 表示单个消息的最大长度，当达到该长度后仍然没有查到分隔符时，就抛出 TooLongFrameException 异常。delimiters 是用户自定义的“分隔符”，本案例使用的分隔符是“回车符”，即 Delimiters.lineDelimiter()。

lineDelimiter() 的源代码如下：

```
public static ByteBuf[] lineDelimiter() {
return new ByteBuf[] {
        Unpooled.wrappedBuffer(new byte[] { '\r', '\n' }),
        Unpooled.wrappedBuffer(new byte[] { '\n' }),
};
}
```

此外，DelimiterBasedFrameDecoder(maxFrameLength, delimiters) 的定义如下：

```
// 注意 delimiters 是可变参数
public DelimiterBasedFrameDecoder(int maxFrameLength, ByteBuf... delimiters) {
this(maxFrameLength, true, delimiters);
}
```

以上两段源码都在告诉我们，用户自定义的“分隔符”可以是一个，也可以是多个（如 lineDelimiter() 中的的“\r\n”和“\n”都表示分隔符）。那么，当有多个分隔符时，DelimiterBasedFrameDecoder 会选取哪个使用呢？ DelimiterBasedFrameDecoder 会选取产生最小帧长的结果。例如，当对字符串“ABC\nDEF\r\n ”使用 lineDelimiter() 进行分割时，会有以下两种可能。

（1）使用 lineDelimiter() 中的“\r\n”分割，分割的结果如下：

ABC\nDEF

（2）使用 lineDelimiter() 中的“\n”分割，分割的结果如下：

ABC 、 DEF\r

很明显，方式（2）分割的结果会产生“最小帧长”，因此本次分割采用“\n”作为分隔符。

## 7.3 使用 Netty 远程传输文件

第 6 章通过 I/O 和 NIO 两种方式演示过文件传输的案例。而 Netty 作为 NIO 框架自然也支持文件传输功能。本案例演示如何使用 Netty 进行远程发送文件，代码的实现思路与上例基本一致，本节就不再做过多的文字描述，读者可以自行研究。

### 1. 待发送的文件

【源码：demo/ch07/file/MySendFile.java】

```
public class MySendFile implements Serializable {
private static final long serialVersionUID = 1L;
private File file;
private String fileName;
private int start;
private int end;
private byte[] bytes;
    //setter、getter
}
```

### 2. 服务端

（1）主程序类。

【源码：demo/ch07/file/MyNettyServerTest.java】

```
public class MyNettyServerTest {
  public static void main(String[] args) {
    EventLoopGroup bossGroup = new NioEventLoopGroup();
    EventLoopGroup workerGroup = new NioEventLoopGroup();
    try {
      ServerBootstrap serverBootstrap = new ServerBootstrap();
      ChannelFuture channelFuture =serverBootstrap.group(bossGroup, workerGroup)
            .channel(NioServerSocketChannel.class)
            .option(ChannelOption.SO_BACKLOG, 1024)
            .childHandler(new MyNettyServerInitializer())
            .bind(8888).sync() ;
      channelFuture.channel().closeFuture().sync();
    } catch (Exception e) {
      e.printStackTrace();
```

```
    } finally {
      bossGroup.shutdownGracefully();
      workerGroup.shutdownGracefully();
    }
  }
}
```

（2）自定义初始化器。

》【源码：demo/ch07/file/MyNettyServerInitializer.java】

```
public class MyNettyServerInitializer extends ChannelInitializer<SocketChannel> {
  protected void initChannel(SocketChannel sc) throws Exception {
    ChannelPipeline pipeline = sc.pipeline();
    pipeline.addLast(new ObjectEncoder());
    pipeline.addLast(new ObjectDecoder(Integer.MAX_VALUE,
    ClassResolvers.weakCachingConcurrentResolver(null))) ;
    // 自定义处理器
    pipeline.addLast( new MyNettyServerHandler());
  }
}
```

（3）自定义处理器。

》【源码：demo/ch07/file/MyNettyServerHandler.java】

```
public class MyNettyServerHandler extends SimpleChannelInboundHandler {
  private int readLenth;
  private  int start = 0;
  // 接收文件的路径
  private String receivePath = "e:/upload";
  @Override
  public void channelRead0(ChannelHandlerContext ctx, Object msg) throws Exception {
    if (msg instanceof MySendFile) {
      MySendFile sendFile = (MySendFile) msg;
      byte[] bytes = sendFile.getBytes();
      readLenth = sendFile.getEnd();
      String fileName = sendFile.getFileName();
      String path = receivePath + File.separator + fileName;
      File file = new File(path);
      RandomAccessFile randomAccessFile = new RandomAccessFile(file, "rw");
      randomAccessFile.seek(start);
      randomAccessFile.write(bytes);
```

```
        start = start + readLenth;
        if (readLenth >0) {
          ctx.writeAndFlush(start);
          randomAccessFile.close();
        } else {
          ctx.flush();
          ctx.close();
        }

      }
    }

    @Override
    public void channelInactive(ChannelHandlerContext ctx) throws Exception {
      super.channelInactive(ctx);
      ctx.flush();
      ctx.close();
    }
  }
```

### 3. 客户端

（1）主程序类。

【源码：demo/ch07/file/MyNettyClientTest.java】

```
public class MyNettyClientTest {
  public static void connect(int port, String host,
                final MySendFile fileUploadFile) throws Exception {
    EventLoopGroup eventLoopGroup = new NioEventLoopGroup();
    try {
      Bootstrap bootstrap = new Bootstrap();
      bootstrap.group(eventLoopGroup)
          .channel(NioSocketChannel.class)
          .option(ChannelOption.TCP_NODELAY, true)
          .handler(new MyNettyClientInitializer(fileUploadFile));
      ChannelFuture f = bootstrap.connect(host, port).sync();
      f.channel().closeFuture().sync();
    } finally {
      eventLoopGroup.shutdownGracefully();
    }
```

```
    }
    public static void main(String[] args) {
        int port = 8888;
        if (args != null && args.length >0) {
            try {
                port = Integer.valueOf(args[0]);
            } catch (NumberFormatException e) {
                e.printStackTrace();
            }
        }
        try {
            MySendFile sendFile = new MySendFile();
            File file = new File("d:/JDK_API.CHM");
            String fileName = file.getName();
            sendFile.setFile(file);
            sendFile.setFileName(fileName);
            sendFile.setStart(0);
            connect(port, "127.0.0.1", sendFile);
        } catch (Exception e) {
            e.printStackTrace();
        }
    }
}
```

（2）自定义初始化器。

**【源码**：demo/ch07/file/MyNettyClientInitializer.java】

```
public class MyNettyClientInitializer  extends ChannelInitializer<SocketChannel> {
    MySendFile sendFile;

    public MyNettyClientInitializer(MySendFile fileUploadFile){
        this.sendFile = fileUploadFile;
    }

    protected void initChannel(SocketChannel sc) throws Exception {
        ChannelPipeline pipeline = sc.pipeline();
        pipeline.addLast(new ObjectEncoder()) ;
        pipeline.addLast(new ObjectDecoder(
                ClassResolvers
                        .weakCachingConcurrentResolver(null)));
        // 自定义处理器
```

```
        pipeline.addLast( new MyNettyClientHandler(sendFile));
    }
}
```

（3）自定义处理器。

▶【源码：demo/ch07/file/MyNettyClientHandler.java】

```
public class MyNettyClientHandler extends SimpleChannelInboundHandler {
    private  int readLength;
    private  int start = 0;
    private  int lastLength = 0;
    public RandomAccessFile randomAccessFile;
    private MySendFile sendFile;
    public MyNettyClientHandler(MySendFile ef) {
        this.sendFile = ef;
    }
    @Override
    public void channelInactive(ChannelHandlerContext ctx) throws Exception {
        super.channelInactive(ctx);
        System.out.println("【客户端】文件发送完毕 ");
    }
    public void channelActive(ChannelHandlerContext ctx) {
        try {
            randomAccessFile = new RandomAccessFile(sendFile.getFile(),
                    "r");
            randomAccessFile.seek(sendFile.getStart());
            lastLength = 1024 * 1024;
            byte[] bytes = new byte[lastLength];
            if ((readLength = randomAccessFile.read(bytes)) != -1) {
                sendFile.setEnd(readLength);
                sendFile.setBytes(bytes);
                ctx.writeAndFlush(sendFile);
            } else {
            }
        } catch (Exception e) {
            e.printStackTrace();
        }
    }

    @Override
    public void channelRead0(ChannelHandlerContext ctx, Object msg)
```

```
        throws Exception {
      if (msg instanceof Integer) {
        start = (Integer) msg;
        if (start != -1) {
          randomAccessFile = new RandomAccessFile(
              sendFile.getFile(), "r");
          randomAccessFile.seek(start);
          int length = (int) (randomAccessFile.length() - start);
          if (length <lastLength) {
            lastLength = length;
          }
          byte[] bytes = new byte[lastLength];
          if ((readLength = randomAccessFile.read(bytes)) != -1
              && (randomAccessFile.length() - start) >0) {
            sendFile.setEnd(readLength);
            sendFile.setBytes(bytes);
            try {
              ctx.writeAndFlush(sendFile);
            } catch (Exception e) {
              e.printStackTrace();
            }
          } else {
            randomAccessFile.close();
            ctx.close();
            System.out.println(" 本地文件准备完毕 ");
          }
        }
      }
    }


    public void exceptionCaught(ChannelHandlerContext ctx, Throwable cause) {
      cause.printStackTrace();
      ctx.close();
    }
  }
```

先启动服务端，再启动客户端。就可以将本地的 d:/JDK_API.CHM 文件通过 Netty 发送到 e:/upload 目录下。

# 7.4 Netty 经典使用场景与实现案例

Netty 除了用作 Web 服务器或发送文件外，还可以用于实现心跳检测机制或作为 CS 架构的 WebSocket 服务器。本节将通过实际的案例演示 Netty 的这些经典应用场景。

## 7.4.1 ▶ 使用 Netty 实现心跳检测机制

我们知道，可以通过心跳机制来检测长连接的状态（连接或断开）。而 Netty 就是通过 IdleStateHandler 来实现心跳机制的，每隔一段时间，就向远端发出一次心跳，用于检测远端是否处于活动状态。

### 1. 服务端

（1）主程序类 MyNettyServerTest.java。

与之前的 MyNettyServerTest 类完全相同。

（2）自定义初始化器。

》【源码：demo/ch07/heartbeat/MyNettyServerInitializer.java】

```
public class MyNettyServerInitializer extends ChannelInitializer<SocketChannel> {
  protected void initChannel(SocketChannel sc) throws Exception {
    ChannelPipeline pipeline = sc.pipeline();
    //NIdleStateHandler：心跳机制处理器，主要用来检测远端是否读写超时，如果超时则将超时事件传入 userEventTriggered(ctx,evt) 方法的 evt 参数中
    pipeline.addLast("IdleStateHandler", new IdleStateHandler(3,5,7));
    // 自定义处理器
    pipeline.addLast("MyNettyServerHandler", new MyNettyServerHandler());
  }
}
```

（3）自定义处理器。

》【源码：demo/ch07/heartbeat/MyNettyServerHandler.java】

```
public class MyNettyServerHandler extends SimpleChannelInboundHandler<Object> {
  @Override
  protected void channelRead0(ChannelHandlerContext ctx, Object msg) {
  }
  // 如果 IdleStateHandler 检测到了超时事件，则会触发 userEventTriggered 方法
  @Override
  public void userEventTriggered(ChannelHandlerContext ctx, Object evt) throws Exception {
```

```
        if(evt instanceof IdleStateEvent){
            IdleStateEvent event = (IdleStateEvent)evt;
            String eventType = null ;
            // 获取超时事件：READER_IDLE、WRITER_IDLE 或 ALL_IDLE
            switch(event.state()){
                case READER_IDLE:
                    eventType = " 读空闲 ";
                    break ;
                case WRITER_IDLE:
                    eventType = " 写空闲 ";
                    break ;
                case ALL_IDLE:
                    eventType = " 读写空闲 ";
                    break ;
            }
            System.out.println(ctx.channel().remoteAddress() + " 超时事件："+eventType);
            ctx.channel().close() ;
        }
    }
}
```

启动服务端，并通过 cURL 去连接，如图 7-23 所示。

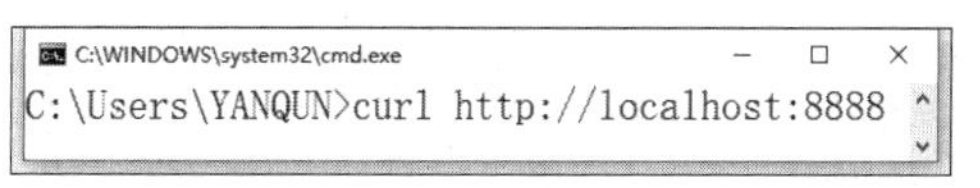


图 7-23　使用 cURL 连接服务端

如果此时不进行任何操作，3s 后就能看到服务端检测到了“读空闲事件”，运行结果如图 7-24 所示。

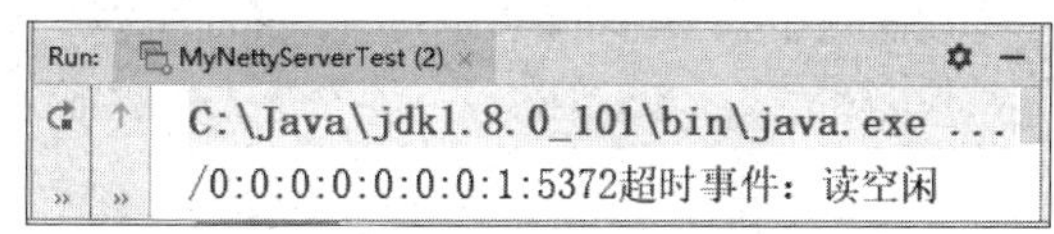


图 7-24　服务端检测到的空闲事件

## 7.4.2 ▶ 使用 Netty 实现基于 CS 架构的 WebSocket 通信

WebSocket 是 HTML5 一种协议，它可以实现浏览器与服务器全双工通信。Websocket 是应用层第七层上的一个应用层协议，它必须依赖 HTTP 协议进行一次握手，握手成功后，数据就可以直接使用 TCP 通道传输，之后就与 HTTP 无关。简单地讲，开始的握手需要借助 HTTP 请求完成，之后就会升级为 WebSocket 协议。

我们之前已经做过一个点对点聊天程序。不同的是，上次的聊天功能是基于 Socket，而此次是基于 WebSocket 协议的长连接通信。

本次采用 Netty 作为长连接的服务端，使用浏览器作为客户端，二者的交互流程如图 7-25 所示。

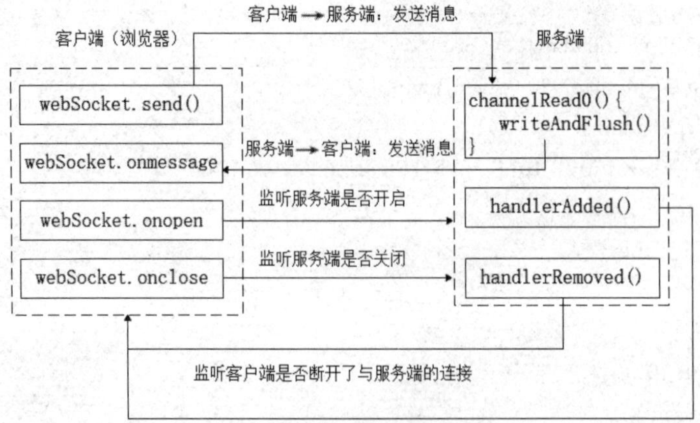


图 7-25　WebSocket 长连接通信流程

具体的实现代码如下所示。

### 1. 服务端

（1）主程序类：MyNettyServerTest.java。

与之前的 MyNettyServerTest 类完全相同。

（2）自定义初始化器。

》【源码：demo/ch07/websocket/MyNettyServerInitializer.java】

```
public class MyNettyServerInitializer extends ChannelInitializer<SocketChannel> {
  protected void initChannel(SocketChannel sc) throws Exception {
    ChannelPipeline pipeline = sc.pipeline();
    pipeline.addLast("HttpServerCodec",new HttpServerCodec()) ;
    /*
     HttpObjectAggregator：把多个 HttpMessage 组装成一个完整的 Http 请求（FullHttpRequest）或者
响应（FullHttpResponse）
     如果自定义处理器是 "Inbound"，则表示请求；
     如果是 Outbound，就表示响应
     */
    pipeline.addLast("HttpObjectAggregator",new HttpObjectAggregator(4096)) ;
    // 处理 websocket 的 netty 处理器，可以通过构造方法绑定 webSocket 的服务端地址
    pipeline.addLast("WebSocketServerProtocolHandler",
        new WebSocketServerProtocolHandler("/myWebSocket")) ;
    // 自定义处理器
    pipeline.addLast("MyNettyServerHandler", new MyNettyServerHandler());
  }
}
```

（3）自定义处理器。

》【源码：demo/ch07/websocket/MyNettyServerHandler.java】

```
// 泛型 TextWebSocketFrame：WebSocket 处理的处理文本类型
public class MyNettyServerHandler
    extends SimpleChannelInboundHandler<TextWebSocketFrame> {
  // 接收 WebSocket 客户端发送来的数据（Websocket 以 frame 的形式传递数据）
  @Override
  protected void channelRead0(ChannelHandlerContext ctx, TextWebSocketFrame frame) {
    System.out.println("Server 收到消息："+ frame.text());
    // 向 WebSocket 客户端发送数据
    ctx.channel().writeAndFlush(new TextWebSocketFrame("hello client...") ) ;
  }
  @Override
  public void handlerAdded(ChannelHandlerContext ctx) throws Exception {
    System.out.println(" 客户端加入：id="+ ctx.channel().id());
  }
  @Override
  public void handlerRemoved(ChannelHandlerContext ctx) throws Exception {
    System.out.println(" 客户端离开：id="+ ctx.channel().id());
  }
}
```

### 2. 客户端

本次通过前端页面来访问 WebSocket 服务端。

》【源码：demo/ch07/websocket/testWebSocket.html】

```
<html lang="en">
  <head>
    <meta charset="UTF-8">
    <title>Title</title>
    <script type="text/javascript">
      var webSocket = new WebSocket("ws://localhost:8888/myWebSocket");
      // 检测 WebSocket 服务端是否开启
      webSocket.onopen= function(event){
        document.getElementById("tip").innerText = " 连接开启 ";
      }
      // 检测 WebSocket 服务端是否关闭
      webSocket.onclose= function(event){
        document.getElementById("tip").innerText = " 连接关闭 ";
```

```
        }
        // 接收 WebSocket 服务端发送来的数据(数据保存在 event 对象中)
        webSocket.onmessage = function(event){
          document.getElementById("tip").innerText = " 接收到的服务端消息: "
+ event.data ;
        }
        function sendMessage(msg){
          if(webSocket.readyState == WebSocket.OPEN){
            // 向 WebSocket 服务端发送数据
            webSocket.send(msg) ;
          }
        }
      </script>
    </head>

    <body onload="init()">
    <form>
      <textarea name="message"></textarea><br/>
      <input type="button"onclick="sendMessage(this.form.message.value)"
          value=" 向服务端发送 WebSocket 数据 "/>
    </form>
    <div id="tip"></div>
    </body>
  </html>
```

testWebSocket.html 访问服务端时，可以通过 webSocket.onopen 检测到服务端的启动状态，运行结果如图 7-26 所示。

图 7-26　客户端检测服务端的启动状态

同样的，服务端也可以通过 handlerAdded() 方法检测到新客户端的加入，运行结果如图 7-27 所示。

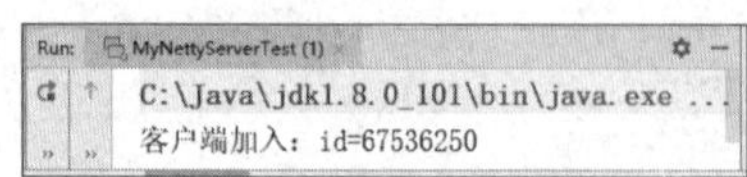


图 7-27　服务端检测客户端的加入状态

并且，服务端和客户端之间也实现了双向的数据交互，运行结果如图 7-28 所示。

图 7-28　服务端和客户端的数据交互

如果先关闭浏览器，可以在服务端检测到客户端的离开，运行结果如图 7-29 所示。

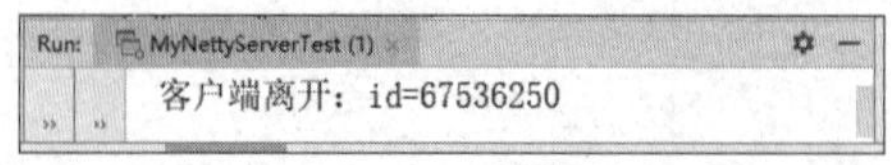


图 7-29　服务端检测到客户端的离开

如果先关闭服务器，也可以在浏览器检测

到服务端关闭，运行结果如图 7-30 所示。

图 7-30　客户端检测到服务端的关闭

如果在访问服务端期间，打开浏览器的调试工具，就可以观察到“Status Code”等信息，调试界面如图 7-31 所示。

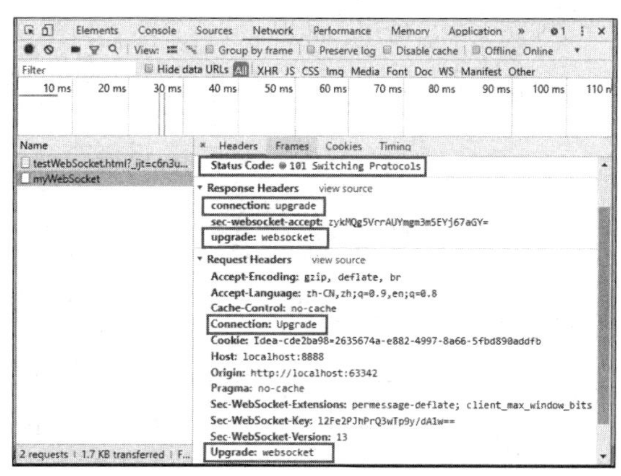


图 7-31　浏览器调试界面

图 7-29 中的 Status Code 101 Switching Protocols 表示服务器已经理解了客户端的请求，并通过消息头中的 Upgrade 通知客户端采用不同的协议完成这个请求，也就是指将 HTTP 协议转为了长连接的 WebSocket 协议。也可以通过下面的“Connection：Upgrade”和“Upgrade：websocket”来佐证这一点。

以上示例，通过 Netty 实现了基于 WebSocket 长连接的双向通信。

## 7.5 使用 Netty 和 Protobuf 实现 RPC 功能

第 5 章介绍了远程调用的 RMI 与 RPC 两种技术，并且通过底层技术自己开发了一个 RMI 框架。本节详细地介绍如何使用 Netty+Protobuf 进行 RPC 通信，后面还会在第 8 章介绍 RPC 的另外两种实现框架：Apache Thrift 与 Google gRPC。

### 7.5.1 ▶ Google Protocol Buffer 环境搭建与使用案例

在讲解 Google Protocol Buffer 之前，先学习一下如何搭建 Google Protocol Buffer 开发环境，具体操作如下。

#### 1. 下载 protoc 工具

首先在 GitHub 官网上，根据自己的操作系统类型下载相应的 protoc 工具（https://github.com/protocolbuffers/protobuf/releases），如图 7-32 所示。

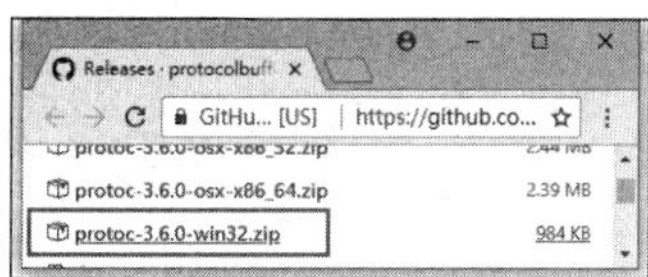


图 7-32　protoc 下载页面

下载完毕后解压，并将 bin 目录配置到环境变量 PATH 中（bin 目录中存放了 protoc.exe 文件）。之后在 CMD 中执行 protoc -h，如果出现图 7-33 中所示的运行结果，则说明配置成功。

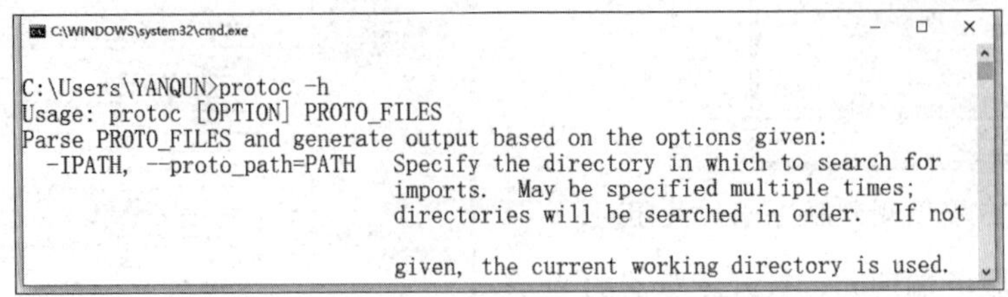


图 7-33　protoc -h 运行结果

### 2. 加入 Protobuf 依赖

在 Maven 中央仓库中分别搜索 protobuf-java 和 protobuf-java-util，并加入项目的 build.gradle 文件中，代码如下。

**【源码：demo/ch07/build.gradle】**

```
...
dependencies {
  compile 'io.netty:netty-all:4.1.28.Final'
  compile group: 'com.google.protobuf', name: 'protobuf-java', version: '3.5.1'
  compile group: 'com.google.protobuf', name: 'protobuf-java-util', version: '3.5.1'
}
```

Google Protocol Buffer 简称 Protobuf，主要用于消息（message）的编码和解码，从而协助用户实现 RPC。其核心思想是编写一个通用的、用于存储数据的 message 文件，用于消除程序语言对特定数据结构的依赖。例如，Java 是用“类”传递数据，而 Java 类的编写就密切依赖于 Java 语言，即 Python 等其他语言不能直接使用 Java 类。而 Protobuf 就可以将数据存储在通用的 message 文件中，任何语言在使用时，只需要将 message 再转换成符合自己语言的数据结构（如 Java 中的类）即可。

使用 Protobuf 实现跨语言数据传递的基本步骤如下：

①将 message 以规定的数据结构编写到 .proto 文件中；

②根据 .proto 文件，转换成特定语言存储数据的数据结构，如 Java 中的类；

③通过特定语言，将生成的数据结构编译为各个语言通用的中间件形式（byte 数组），如 Java 编译后的 .class 文件；

④通过网络编程（如 Socket、Netty），将中间件发送给远端；

⑤远端接收后，再将中间件翻译成自己需要的文件格式（如 .cpp、.py 等），如图 7-34 所示。

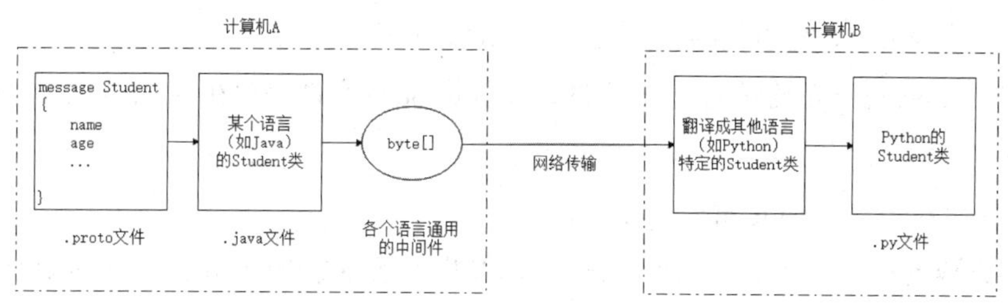


图 7-34　Protobuf 数据传递流程

现在的问题是，如何编写 .proto 文件，如何将 .proto 翻译成特定语言存储数据的数据结构。以下就是这两个问题的具体解答。

（1）编写 .proto 文件。

.proto 文件定义的是需要传递的 message，以下是一个 .proto 文件的示例代码。

**【源码：demo/ch07/protobuf/Student.proto】**

```
syntax = "proto2" ;
package com.yanqun.protobuf ;
option optimize_for = SPEED ;
option java_package = "com.yanqun.protobuf" ;
option java_outer_classname = "StudentMessage" ;
message Student
{
  required string name = 1 ;
  optional int32 age = 2 ;
}
```

Protobuf 定义的数据类型如表 7-1 所示。

**表 7-1 Protobuf 数据类型**

| 数据类型 | 简介 | 数据类型 | 简介 |
|---|---|---|---|
| sint32 | 32 位整数，比 int32 处理负数效率更高 | int32 | — |
| sint64 | 64 位整数，比 int64 处理负数效率更高 | int64 | |
| fixed32 | 32 位无符号整数。如果数值一直大于 228，这个类型会比 uint32 高效 | uint32 | |
| fixed64 | 64 位无符号整数。如果数值一直大于 256，这个类型会比 uint64 高效 | uint64 | |
| sfixed32 | 32 位整数，能以更高的效率处理负数 | double | |
| sfixed64 | 64 位整数 | float | |
| message | 可以包含一个用户自定义的消息类型 | enum | |
| string | 只能处理 ASCII 字符 | bool | |
| bytes | 用于处理多字节的语言字符，如中文 | | |

（2）将 .proto 翻译成特定语言存储数据的数据结构。

如果要将 message.proto 翻译成 .java 文件，并且将 .java 文件保存在 javapath 目录中，可以通过以下命令实现：

protoc --java_out = javapath message.proto

如果要翻译成 Java 以外的其他编程语言，只需要将上条命令中的 java_out 换成其他参数值即可。参数值可以通过在 CMD 中输入 protoc -h 查看，运行结果如图 7-35 所示。

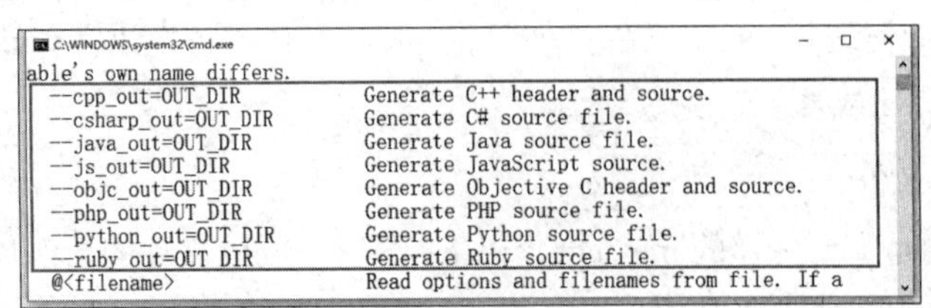


图 7-35 protoc -h 运行结果

例如，要将 .proto 翻译成 C++ 文件，就可以使用 cpp_out。

## 7.5.2 ▶ 使用 Netty+Protobuf 开发自定义 RPC 功能

RPC 是指一个节点通过网络请求另一个节点提供的服务，这里所说的“提供的服务”可以具体化为“提供的方法”或“提供的属性”。本小节作为 RPC 的第一个实战案例，实现的是一个最简单的 RPC 功能：调用的双方都是采用 Java 语言编写，并且调用的服务是远程提供的“属性”。至于跨语言调用，以及对“方法”的远程调用，将会在下一章详尽讲解。

在上一小节中，已经讲解了使用 Protobuf 实现跨语言数据传递的基本步骤。本小节就演示这些步骤的具体代码实现，如下所述。

（1）将 message 以规定的语法结构编写到 Student.proto 文件中。

**》【源码：demo/ch07/protobuf/Student.proto】**

```
syntax = "proto2" ;
package com.yanqun.protobuf ;
option optimize_for = SPEED ;
option java_package = "com.yanqun.protobuf" ;
option java_outer_classname = "StudentMessage" ;
message Student
{
  required string name = 1 ;
  optional int32 age = 2 ;
}
```

（2）根据 Student.proto 生成 Java 存储数据的数据结构，即 Java 类。

在当前工程目录下，执行图 7-36 中所示命令。

```
D:\books\NettyProject>protoc --java_out=src/main/java src/main/java/com/yanqun/protobuf/Student.proto
```

图 7-36　生成 Java 类

该命令会根据 Student.proto 定义好的规则，在 src/main/java 目录下生成包“com.yanqun.protobuf”，并在该包中生成 StudentMessage.java 文件，代码如下所示。

》【源码：demo/ch07/protobuf/StudentMessage.java】

```
// Generated by the protocol buffer compiler.  DO NOT EDIT!
// source: src/main/java/com/yanqun/protobuf/Student.proto
package com.yanqun.protobuf;
public final class StudentMessage {
  private StudentMessage() {}
  public interface StudentOrBuilder extends
  // @@protoc_insertion_point(interface_extends:com.yanqun.protobuf.Student)
      com.google.protobuf.MessageOrBuilder {
    boolean hasName();
    java.lang.String getName();
    com.google.protobuf.ByteString  getNameBytes();
    boolean hasAge();
    int getAge();
  }
  public  static final class Studentextends
  com.google.protobuf.GeneratedMessageV3 implements
  StudentOrBuilder {
    private static final long serialVersionUID = 0L;
    // Use Student.newBuilder() to construct.
    private Student(com.google.protobuf.GeneratedMessageV3.Builder<?> builder) {
      super(builder);
    }
    private Student() {
      name_ = "";
      age_ = 0;
    }
    ...
    private Student(
        com.google.protobuf.CodedInputStream input,
        com.google.protobuf.ExtensionRegistryLite extensionRegistry)...{
      this();
      ...
    }
```

```
    private int bitField0_;
    public static final int NAME_FIELD_NUMBER = 1;
    private volatile java.lang.Object name_;
    ...
    public java.lang.String getName() {
      java.lang.Object ref = name_;
      ...
      return s;
    }
  }

  public static com.yanqun.protobuf.StudentMessage.StudentparseFrom(byte[] data)
      throws com.google.protobuf.InvalidProtocolBufferException {
    return PARSER.parseFrom(data);
  }
  ...
  public static Builder newBuilder() {
    return DEFAULT_INSTANCE.toBuilder();
  }
  ...
}
```

可以发现，通过命令生成出来的代码相当复杂。但我们不用关心全部的代码细节，只要知道代码中包含了以下 3 点就足够了。

①此代码就是按照 Student.proto 的约定生成出来的 Student 类，且类名是 StudentMessage。

②代码中提供了 Student.newBuilder() 方法，可以用此方法创建 Student 对象，并通过 setName() 等方法给属性赋值。

③代码中提供了 Student.parseFrom(byte[] data) 方法，可以用此方法将中间件 byte[] 解析为 Student 对象。

值得注意的是，因为 StudentMessage.java 是由 Protobuf 自动生成的，所以每当执行一次命令，StudentMessage.java 就会重新生成一份。因此，正如 Protobuf 在 StudentMessage.java 中的第一行注释"Generated by the protocol buffer compiler. DO NOT EDIT!"，不要去修改它！

（3）再通过 Java 语言，将生成的 StudentMessage 类编译为字节码文件，即各个语言通用的 byte[] 数组格式。

可以使用 Netty 提供的 ProtobufEncoder 处理器，将 StudentMessage 类转为字节码。实际上，ProtobufEncoder 在底层就是先将 StudentMessage 构建成一个对象，然后调用该对象的 toByteArray() 方法。

（4）通过 Netty，将 byte[] 发送给远端。本例是从客户端发给服务端，代码如下所示。

①客户端主程序类。

》【源码：demo/ch07/protobuf/MyNettyClientTest.java】

```
public class MyNettyClientTest {
  public static void main(String[] args) {
    ...
    bootstrap.group(eventLoopGroup).channel(NioSocketChannel.class)
        .handler(new MyNettyClientInitializer());
    Channel channel =  bootstrap.connect("127.0.0.1",8888).sync().channel();
    ...
  }
}
```

②客户端初始化器。

》【源码：demo/ch07/protobuf/MyNettyClientInitializer.java】

```
public class MyNettyClientInitializer  extends ChannelInitializer<SocketChannel> {
  protected void initChannel(SocketChannel sc) throws Exception {
    ChannelPipeline pipeline = sc.pipeline();
    //ProtobufVarint32FrameDecoder 和 ProtobufVarint32LengthFieldPrepender 用于
    解决半包和粘包问题，这里仅作了解
    pipeline.addLast("ProtobufVarint32FrameDecoder",
        newProtobufVarint32FrameDecoder()) ;
    pipeline.addLast("ProtobufVarint32LengthFieldPrepender",
        new ProtobufVarint32LengthFieldPrepender());
    // 用于将 StudentMessage 类转为 byte[]
    pipeline.addLast("ProtobufEncoder",new ProtobufEncoder());
    // 构建 Student 对象，并发送给服务端
    pipeline.addLast("MyNettyClientHandler", new MyNettyClientHandler());
  }
}
```

③客户端处理器。

》【源码：demo/ch07/protobuf/MyNettyClientHandler.java】

```
public class MyNettyClientHandler extends SimpleChannelInboundHandler<String> {
  @Override
  protected void channelRead0(ChannelHandlerContext ctx, String receiveMsg) {
  }
  @Override
  public void channelActive(ChannelHandlerContext ctx) throws Exception {
    StudentMessage.StudentStudent
```

```
        = StudentMessage.Student.newBuilder().setName("zs").setAge(23).build() ;
    //发送给服务端
    ctx.channel().writeAndFlush(Student) ;
  }
}
```

（5）远端接收以后，再将 byte[] 翻译成自己需要的文件格式（如 .java、.cpp、.py 等）。本例是服务端接收客户端发来的 byte[]，并翻译成 .java，代码如下所示。

①服务端主程序类。

与以往的 MyNettyServerTest.java 类完全相同。

②服务端初始化器。

**【源码**：demo/ch07/protobuf/MyNettyServerInitializer.java】

```
public class MyNettyServerInitializer extends ChannelInitializer<SocketChannel> {
  protected void initChannel(SocketChannel sc) throws Exception {
    ChannelPipeline pipeline = sc.pipeline();
    pipeline.addLast("ProtobufVarint32FrameDecoder",
        new ProtobufVarint32FrameDecoder());
    // 用于将 byte[] 解码成 StudentMessage 对象
    pipeline.addLast("ProtobufDecoder",
        new ProtobufDecoder(StudentMessage.Student.getDefaultInstance()));
    pipeline.addLast("ProtobufVarint32LengthFieldPrepender",
        new ProtobufVarint32LengthFieldPrepender());
    // 打印 StudentMessage 对象
    pipeline.addLast("MyNettyServerHandler", new MyNettyServerHandler());
  }
}
```

③服务端处理器。

**【源码**：demo/ch07/protobuf/MyNettyServerHandler.java】

```
public class MyNettyServerHandler
    extends SimpleChannelInboundHandler<StudentMessage.Student> {
  @Override
  protected void channelRead0(ChannelHandlerContext ctx,
                StudentMessage.Student receiveMsg) throws Exception {
    System.out.println(receiveMsg.getName()+"--"+ receiveMsg.getAge());
  }
}
```

先启动服务端，再通过客户端向服务端发送数据，服务端的运行结果如图 7-37 所示。

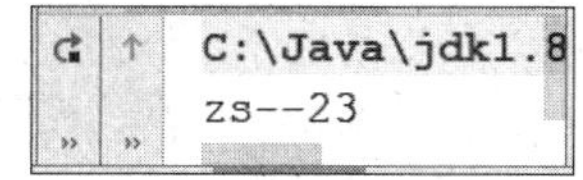


图 7-37　服务端运行结果

以上，我们将数据保存在了 StudentMessage 对象中，而定义该对象的类，是由 Student.proto 自动生成。能否在 .proto 中同时定义多个类，使用时再从其中任选一个呢？可以！可以在 .proto 中定义多个 message，然后再将多个 message 以枚举的形式供使用时选择。如下示例，先在 MyMessage.proto 中定义 StudentData 和 DogData 两个 message，然后再将这两个 message 以枚举的形式放入供外部直接访问的 MessageData 中。换句话说，如果把 MessageData 看作一个“类”，那么 StudentData 和 DogData 就是它的两个“成员变量”。具体实现代码如下所示。

### 1. proto 文件

**》【源码**：demo/ch07/protobuf/diff/MyMessage.proto】

```
    extends SimpleChannelInboundHandler<StudentMessage.Student> {
  @Override
  protected void channelRead0(ChannelHandlerContext ctx,
                  StudentMessage.Student receiveMsg) throws Exception {
    System.out.println(receiveMsg.getName()+"--"+ receiveMsg.getAge());
  }
}
syntax = "proto2" ;
package com.yanqun.protobuf.diff ;
option optimize_for = SPEED ;
option java_package = "com.yanqun.protobuf.diff" ;
option java_outer_classname = "MyMessage" ;
// 供外界直接访问的 message
message MessageData
{
  enum MessageType{
    StudentType = 1 ;
    DogType = 2 ;
  }
  required MessageType Message_Type = 1 ;
  oneof messageContent{
    StudentData Student = 2 ;
    DogData dog = 3 ;
  }
}
//MessageData 中包含的 StudentData
```

```
message StudentData{
  optional string pname = 1 ;
  optional int32 page = 2 ;
}
//MessageData 中包含的 DogData
message DogData{
  optional string dname = 1 ;
  optional string dcolor = 2 ;
}
```

之后通过以下命令，生成 MyMessage 类：

protoc --java_out=src/main/java  src/main/java/com/yanqun/protobuf/diff/MyMessage.proto

### 2. 客户端

①客户端主程序类。

MyNettyClientTest.java 和客户端初始化器 MyNettyClientInitializer.java 与上例相同。

②客户端处理器。

【源码：demo/ch07/protobuf/diff/MyNettyClientHandler.java】

```
public class MyNettyClientHandler extends SimpleChannelInboundHandler<String> {
  @Override
  protected void channelRead0(ChannelHandlerContext ctx, String receiveMsg) {
  }

  @Override
  public void channelActive(ChannelHandlerContext ctx) throws Exception {
    // 如果 num=1，向服务端发送 Student 对象，否则发送 dog 对象
    int num = 2;
    MyMessage.MessageData message = null;
    MyMessage.MessageData.Builder messageBuilder
        = MyMessage.MessageData.newBuilder();
    MyMessage.StudentData.Builder StudentBuilder
        = MyMessage.StudentData.newBuilder();
    MyMessage.DogData.Builder dogBuilder = MyMessage.DogData.newBuilder();
    if (num == 1) {
      // 构建 Student 对象
      MyMessage.StudentData Student
          = StudentBuilder.setPname("zs").setPage(23).build();
      message = messageBuilder.setMessageType(
          MyMessage.MessageData.MessageType.StudentType).setStudent(Student)
```

```
            .build();
    } else {
        // 构建 dog 对象
        MyMessage.DogData dog = dogBuilder.setDname("wc").setDcolor("red").build();
        message = messageBuilder
            .setMessageType(MyMessage.MessageData.MessageType.DogType)
            .setDog(dog).build();
    }
    ctx.channel().writeAndFlush(message);
  }
}
```

### 3. 服务端

①服务端主程序类。

MyNettyServerTest.java 与上例相同。

②服务端初始化器。

》【源码：demo/ch07/protobuf/diff/MyNettyServerInitializer.java】

```
public class MyNettyServerInitializer extends ChannelInitializer<SocketChannel> {
  protected void initChannel(SocketChannel sc) throws Exception {
    ...
    // 用于将 byte[] 解码成 MessageData 对象
    pipeline.addLast("ProtobufDecoder",
        new ProtobufDecoder(MyMessage.MessageData.getDefaultInstance()));
    ...
  }
}
```

③服务端处理器。

》【源码：demo/ch07/protobuf/diff/MyNettyServerHandler.java】

```
// 注意，此时 SimpleChannelInboundHandler 的泛型是 MessageData 类型
public class MyNettyServerHandler
    extends SimpleChannelInboundHandler<MyMessage.MessageData> {
  @Override
  protected void channelRead0(ChannelHandlerContext ctx,
                MyMessage.MessageData receiveMsg) throws Exception {
    MyMessage.MessageData.MessageType messageType = receiveMsg.getMessageType() ;
    // 判断
    if(messageType == MyMessage.MessageData.MessageType.StudentType){
```

```
        MyMessage.StudentData Student = receiveMsg.getStudent() ;
        System.out.println(Student.getPname()+"--"+ Student.getPage());
    }else{
        MyMessage.DogData dog = receiveMsg.getDog() ;
        System.out.println(dog.getDname()+"--"+ dog.getDcolor());
    }
  }
}
```

运行程序，当 MyNettyClientHandler.java 中的 num=1 时，运行结果如图 7-38 所示。

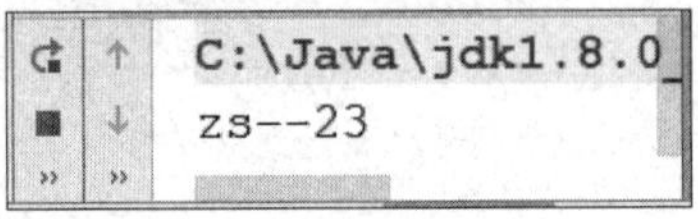

```
C:\Java\jdk1.8.0_
zs--23
```

图 7-38　num=1 时的运行结果

当 num=2 时，运行结果如图 7-39 所示。

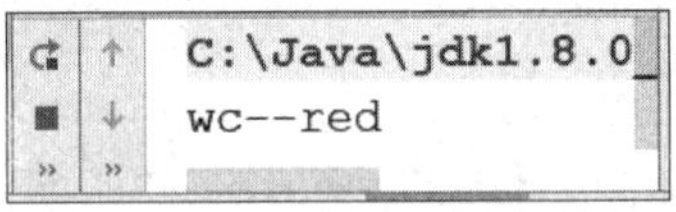

```
C:\Java\jdk1.8.0_
wc--red
```

图 7-39　num=2 时的运行结果

回顾本章可以发现，Netty 给我们带来的最大便捷就是 Netty 内置了许许多多的 Handler，每个 Handler 都能用于实现某个功能，并且多个 Handler 可以通过 pipeline 串在一起，从而形成一个个性化的、可供开发者自由组装的功能链条。也就是说，我们在开发时，需要哪个功能，就可以直接从 Netty 内置的 Handler 中寻找一个对应的组件。如果实在找不到这样的 Netty 内置组件再去开发自定义的 Handler，最后只需要将这些 Handler 纳入 pipeline 中即可。简言之，Netty 开发的核心就是使用 Netty 自带的 Handler+ 开发自定义的 Handler。

# 第 8 章

# 主流 RPC 框架解析与跨语言调用案例

在第 7 章中，我们使用 Netty 和 Protobuf 实现了一个自定义的 RPC 框架。本章要介绍的是两款主流的 RPC 框架 Apache Thrift 和 Google gRPC。最后还将演示一个大数据技术 Hadoop 对 RPC 的支持案例。

# 8.1 Apache Thrift

Thrift 是一款基于 CS 架构的 RPC 框架，最初由 Facebook 研发，2008 年转入 Apache 组织。开发人员可以使用 Thrift 提供的 IDL（接口定义语言）来定义数据结构、异常和接口。IDL 的功能类似于 Protobuf 的 message，但 message 只能用于定义数据结构，因此 IDL 比 message 功能更加强大。编写完 IDL 后，就可以通过 Thrift 提供的工具生成各种语言的数据结构（如 Java 中的类，C 语言中的结构体等）、异常和接口文件。

Thrift 与 Protobuf 相比，除了 IDL 比 message 更加丰富外，Thrift 还有另一个巨大的优势，Protobuf 本身只用于消息（message）的编码和解码。也就是说，Protobuf 只能存储 RPC 中的数据，但不能传输数据（必须借助于 Netty、Socket 等通信技术才能传输）；而 Thrift 不仅能够存储数据，还能直接对数据进行网络传输。

## 8.1.1 ▶ Apache Thrift 从入门到实践

为了更好地适用于各种业务，Thrift 提供了多种服务端的工作模式，如非阻塞模式、线程池模式等；为了更高效地传递数据，Thrift 提供了多种传输方式，如阻塞式传输、文件式传输等；为了更方便地编码解码，Thrift 提供了多种传输协议，如二进制格式、压缩格式、JSON 格式等，分别如表 8-1、表 8-2 和表 8-3 所示。

表 8-1　Thrift 工作模式

| 服务端的工作模式 | 简介 |
|---|---|
| TSimpleServer | 单线程服务模式，通常在测试时使用 |
| TThreadPoolServer | 1. 阻塞式 I/O；2. 多线程服务模式 |
| TNonblockingServer | 1. 非阻塞式 I/O；2. 多线程服务模式<br>3. 需要结合使用 TFramedTransport 传输方式 |

表 8-2　Thrift 传输方式

| 传输方式 | 简介 |
|---|---|
| TSocket | 使用阻塞式 socket 传输数据 |
| TFramedTransport | 1. 用于阻塞式工作模式；2. 以 frame 为单位传输数据 |
| TFileTransport | 以文件形式进行传输数据 |
| TMemoryTransport | 使用内存 I/O 形式传输（如 Java 是通过 ByteArrayOutputStream 对象进行传输） |
| TZlibTransport | 1. 使用 zlib 压缩数据；2. 需要与其他传输方式联合使用；3. 不支持 Java |

表 8-3　Thrift 传输协议

| 传输协议 | 简介 |
| --- | --- |
| TBinaryProtocol | 二进制格式 |
| TCompactProtocol | 压缩格式 |
| TJSONProtocol | JSON 格式 |
| TSimpleJSONProtocol | 1. JSON 格式；2. 提供 JSON 只写协议，适用于通过脚本语言解析 |
| TDebugProtocol | 使用易读的文本格式，便于 debug |

在对 Thrift 有了大致的了解后，接下来介绍 Thrift 的环境搭建，具体步骤如下。

### 1. 配置环境变量

访问 http://archive.apache.org/dist/thrift/ 下载 Thrift，本书使用的是 Windows 下的 0.11.0 版。下载完毕后，为了方便使用，可以将其重命名 thrift.exe，并将 thrift.exe 所在路径加入环境变量 PATH 中，然后再在 CMD 中使用 thrift -version 查看版本信息，以此检测 Thrift 是否配置成功。

### 2. 配置 Thrift 依赖

在 build.gradle 中，增加 Thrift 及相关依赖，如下所示。

**【源码：demo/ch08/build.gradle】**

```
...
dependencies {
  compile 'io.netty:netty-all:4.1.28.Final'
  compile group: 'com.google.protobuf', name: 'protobuf-java', version: '3.5.1'
  compile group: 'com.google.protobuf', name: 'protobuf-java-util', version: '3.5.1'
  //增加 thrift 依赖
  compile group: 'org.apache.thrift', name: 'libthrift', version: '0.11.0'
}
```

环境搭建完毕后，我们就来开发第一个 Thrift 程序，具体步骤如下。

### 1. 编写 IDL

本例是通过 IDL（.thrift 文件）定义了数据结构、异常和接口等数据，供各种编程语言使用。

**【源码：demo/ch08/thrift/Student.thrift】**

```
...
dependencies {
  compile 'io.netty:netty-all:4.1.28.Final'
namespace java thrift.generatecode
typedef i32 int
```

```
typedef string String
typedef bool boolean

// 数据结构（类似于 Java 中的类）
struct Student{
  1:optional String name,
  2:optional int age
}

// 异常
exception MyException{
  1:optional String data
}

// 接口
service StudentService{
  list<Student> queryStudents() ,
  boolean addStudent(1:required String name,2:int age) throws(1:MyException e)
}
```

### 2. 根据 IDL 生成类、异常和接口

在工程目录的 CMD 中执行“thrift --gen 某种编程语言名 IDL 文件路径”，Thrift 就会根据 IDL 文件生成相应编程语言的类、异常和接口文件，并将它们放入 gen-java 目录中。例如，本次是使用 Java 语言进行开发，就可以直接执行 thrift --gen java src/main/java/com/yanqun/thrift/Student.thrift，执行结果如图 8-1 所示。

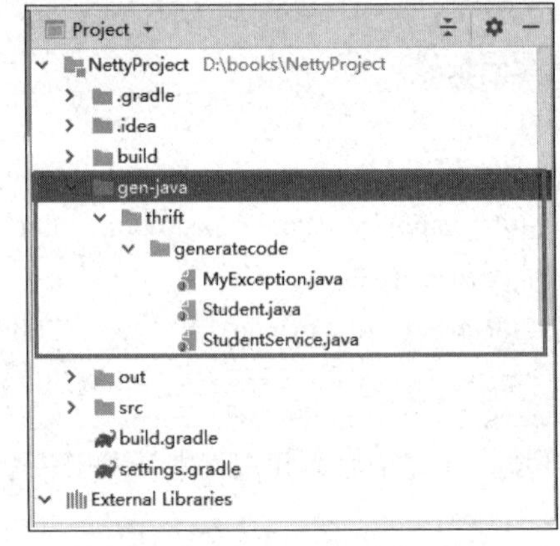


图 8-1　Thrift 生成的文件

生成的“接口文件”StudentService.java 的部分源码如下所示。

**【源码：demo/ch08/thrift/generatecode/StudentService.java】**

```
...
public class StudentService {
public interface Iface {
  public java.util.List<Student> queryStudents() throws org.apache.thrift.TException;
  public boolean addStudent(java.lang.String name, int age)
```

```
throws MyException, org.apache.thrift.TException;
}
 ...
}
```

从源码中可以发现，Thrift 生成的“接口”实际是定义在类中的内部接口。不过不必深究其中的原因，这仅仅是 Thrift 的一种生成规范而已。

### 3. 编写接口的实现类

为了统一管理源代码，可以将 Thrift 自动生成的目录（thfirt/generatecode）移动到 src 下，并编写 StudentService 接口的实现类 StudentServiceImpl，代码如下。

**【源码：**demo/ch08/thrift/StudentServiceImpl.java**】**

```
public class StudentServiceImpl implements StudentService.Iface {
  @Override
  public List<Student> queryStudents() throws TException {
    StudentStudent1 = new Student();
    Student1.setName("zs") ;
    Student1.setAge(23) ;

    StudentStudent2 = new Student();
    Student2.setName("ls") ;
    Student2.setAge(24) ;

    List<Student>Students = new ArrayList<>();
    Students.add(Student1);
    Students.add(Student2);
    return Students;
  }

  @Override
  public boolean addStudent(String name, int age) throws MyException, TException {
    System.out.println("-- 模拟保存操作 --");
    System.out.println(" 保存成功： "+name+","+age);
    return true;
  }
}
```

#### 4. 编写服务端启动类

通过 Thrift 提供的 API 设置相关参数，并启动 Thrift 服务，代码如下所示。

》【源码：demo/ch08/thrift/TestThriftServer.java】

```
public class TestThriftServer {
  public static void main(String[] args) throws TTransportException {
    //使用多线程、非阻塞式的工作模式
    TNonblockingServerSocket server = new TNonblockingServerSocket(8888) ;
    THsHaServer.Args ServerArgs
        = new THsHaServer.Args(server).minWorkerThreads(3).maxWorkerThreads(5);
    StudentService.Processor<StudentServiceImpl> processor
        = new StudentService.Processor<>(new StudentServiceImpl());
    //使用二进制格式传输数据
    ServerArgs.protocolFactory(new TBinaryProtocol.Factory()) ;
    //使用 TFramedTransport 方式传输数据
    ServerArgs.transportFactory(new TFramedTransport.Factory()) ;
    ServerArgs.processorFactory(new TProcessorFactory(processor)) ;
    TServer tserver = new THsHaServer(ServerArgs) ;
    //启动服务
    tserver.serve();
  }
}
```

#### 5. 编写客户端

编写客户端代码，用于和服务端之间进行 RPC 调用。需要注意，客户端和服务端所使用的传输方式和传输协议必须保持一致，具体代码如下所示。

》【源码：demo/ch08/thrift/TestThriftClient.java】

```
public class TestThriftClient {
  public static void main(String[] args) {
    //远程连接服务端
    TTransport transport = new TFramedTransport(new TSocket("127.0.0.1",8888),1000) ;
    TProtocol protocol =  new TBinaryProtocol(transport) ;
    //创建用于访问服务端的对象
    StudentService.Client client =  new StudentService.Client(protocol) ;
    try{
      //与服务端建立连接
      transport.open();
      System.out.println("RPC 调用服务端的 queryStudents() 方法 ");
```

```
        List<Student>Students = client.queryStudents() ;
        for(StudentStudent:Students){
          System.out.println(Student.getName()+"\t"+Student.getAge());
        }
        System.out.println("RPC 调用服务端的 addStudent() 方法 ");
        boolean result = client.addStudent("ww",25) ;
        if(result){
          System.out.println(" 增加成功！ ");
        }
      }catch (TException e){
        e.printStackTrace();
      }finally {
        transport.close();
      }
    }
}
```

先启动服务端，再通过客户端向服务端发送数据，服务端的运行结果如图 8-2 所示。

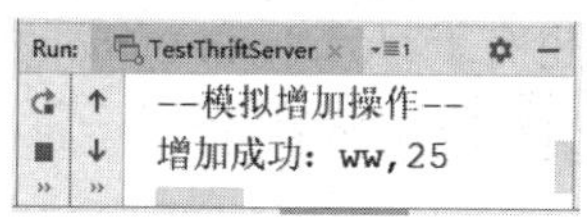


图 8-2　服务端运行结果

客户端的运行结果如图 8-3 所示。

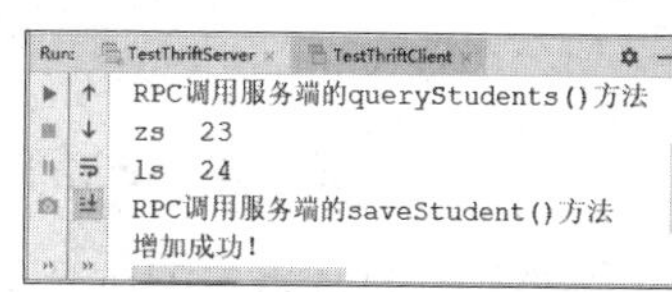


图 8-3　客户端运行结果

由上可知，客户端通过 Thrift 成功地调用了远程服务端提供的 queryStudents() 和 addStudent() 方法。

## 8.1.2　使用 Thrift 实现 Java、NodeJS、Python 之间的跨语言 RPC 调用

在上一个示例中，客户端和服务端程序都是用 Java 语言编写的。接下来，用 Thrift 实现 Java、NodeJs 和 Python 等 3 种不同语言之间的 RPC 调用。

在开发 NodeJs 和 Python 程序前，还需要再进行一些准备工作，如下所述。

（1）首先，在之前 Student.thrift 中的 namespace 处，将 “java” 修改为各个语言通用的标识 “*”，如下所示。

**》【源码：demo/ch08/thrift/Student.thrift】**

```
//namespace java thrift.generatecode
namespace * thrift.generatecode
...
```

（2）再通过 IDEA 的 terminal 窗口（或者直接使用 CMD），在项目的路径下，通过以下命令，生成 nodeJs 和 Python 的相关文件（相当于 Java 中的类、异常和接口文件）。

①生成 NodeJs 相关文件：

thrift --gen js:node src/main/java/com/yanqun/thrift/Student.thrift

②生成 Python 相关文件：

thrift --gen py src/main/java/com/yanqun/thrift/Student.thrift

生成后的目录，如图 8-4 所示。

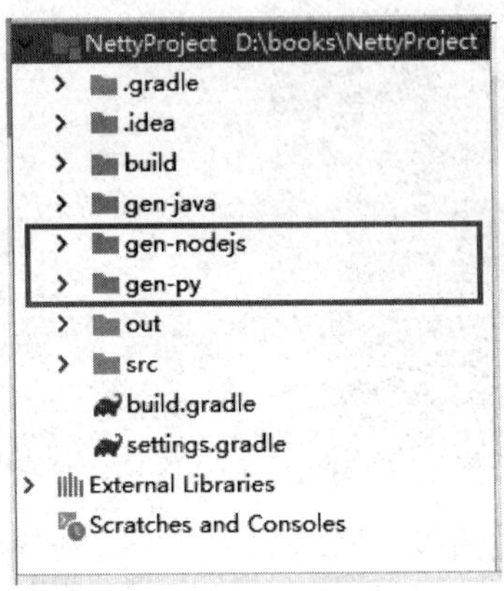


图 8-4 使用 Thrift 生成 NodeJs 和 Python 相关文件

目前，已经有了 Java 语言的所有 Thrift 数据和程序，并且也有了 NodeJs 和 Python 的相关数据文件，接下来就可以使用 Thrift 开发跨语言 RPC 调用程序了，具体操作如下。

### 1. 使用 NodeJs 开发 Thrift 程序

下面首先介绍如何搭建 NodeJs 的开发环境，然后分别演示使用 NodeJs 开发 Thrift 服务端和客户端程序。

（1）搭建 NodeJs 开发环境。

①首先，在 NodeJs 官网（https://nodejs.org/en/）中下载 NodeJs 安装程序。其次，安装 NodeJs 并将安装后的根目录添加到环境变量 PATH 中。最后，在 CMD 中执行 node --version，验证 NodeJs 是否配置成功。

②打开 https://www.jetbrains.com/webstorm/ 网页，下载并安装 NodeJs 开发工具 WebStorm。

③打开 WebStorm，新建一个工程。然后在 Terminal 中通过 NPM 命令安装 Thrift 依赖，如图 8-5 所示。

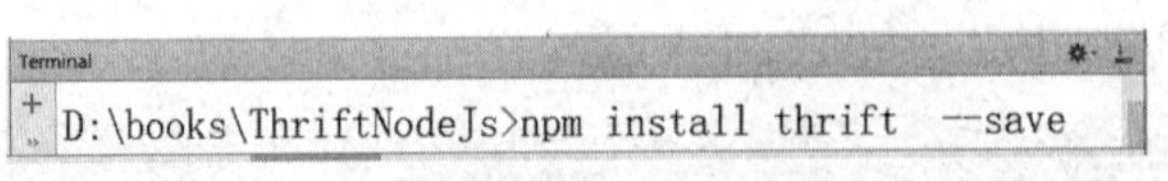


图 8-5 在 NodeJS 中安装 Thrift 依赖

Thrift 安装后，准备就绪的 NodeJs 项目结构如图 8-6 所示。

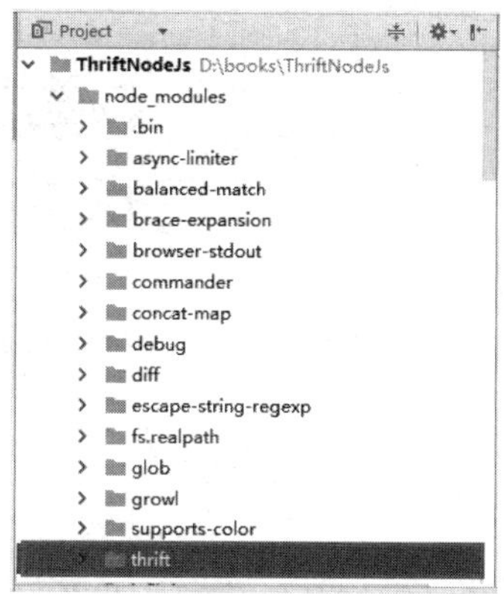


图 8-6　NodeJs 项目结构

④将之前通过“thrift --gen js:node ...”生成的 gen-nodejs 中的文件复制到 NodeJs 项目中。

（2）使用 NodeJs 开发 Thrift 服务端。

根据 NodeJs 语法设置传输方式、传输协议，并实现 StudentService 中定义的服务方法，最后再将可提供的服务绑定在 8888 端口上，代码如下所示。

**【源码**：demo/ch08/thrift/nodejs/thriftServer.js **】**

```
// 在 NodeJs 中引入 thrift 依赖
var thrift = require("thrift");
var StudentService = require('./StudentService');
var server;
// 指定传输方式
var transport = thrift.TFramedTransport;
// 指定传输协议
var protocol = thrift.TBinaryProtocol;
var options = {transport: transport, protocol: protocol};

// 实现 StudentService 服务
server = thrift.createServer(StudentService, {
  addStudent:function(name,age){
    console.log("--NodeJs 服务端，模拟增加操作 --") ;
    console.log(name+","+age+" 增加成功！ ") ;
    return true ;
  },
  queryStudents:function () {
    console.log("--NodeJs 服务端，模拟查询操作 --") ;
    var students=[{name:"zs",age:23},{name:"ls",age:24}];
    console.log("-- 查询完毕 --") ;
    return students ;
  }
```

```
},options);
// 开启服务
server.listen(8888);
```

（3）使用 NodeJs 开发 Thrift 客户端。

根据 NodeJs 语法开发 Thrift 客户端，用于 RPC 调用服务端提供的 addStudent() 和 queryStudents() 等方法。

【源码：demo/ch08/thrift/nodejs/thriftClient.js】

```
// 在 NodeJs 中引入 thrift 依赖
var thrift = require('thrift');
var StudentService = require('./StudentService.js');
var ttypes = require('./Student_types');

// 指定传输方式
var transport = thrift.TFramedTransport;

// 指定传输协议
var protocol = thrift.TBinaryProtocol;
var options = {transport: transport, protocol: protocol};
var connection = thrift.createConnection("127.0.0.1", 8888, options);

// 创建客户端
client = thrift.createClient(StudentService, connection);

// 处理异常
connection.on('error', function(err) {
  console.error(err);
});
//RPC 调用服务端提供的 addStudent() 方法
client.addStudent("ww",25,function(err,result){
  console.log(result?" 增加成功 ":" 增加失败 ");
});

//RPC 调用服务端提供的 queryStudents() 方法
client.queryStudents(function(err,result){
  result.forEach(function(student,index){
    console.log(" 查询结果如下：")
    console.log(student.name + ","+student.age)
  });
});
```

完成后的 NodeJs 项目结构，如图 8-7 所示。

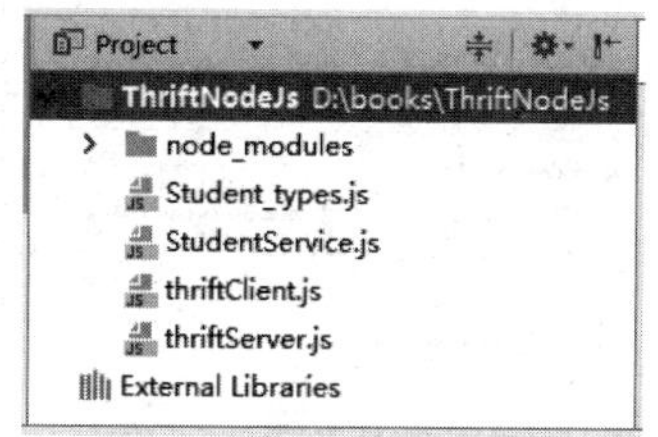


图 8-7　最终的 NodeJs 项目结构

## 2. 使用 Python 开发 Thrift 程序

下面首先介绍如何搭建 Python 的开发环境，然后分别演示使用 Python 开发 Thrift 服务端和客户端程序，最后演示一个基于 Thrift 的跨语言调用案例。

（1）搭建 Python 开发环境。

①在 Python 官网（www.python.org）下载并安装 Windows 版的 Python，在安装时推荐选择 "executable installer" 安装方式。之后运行安装程序，并将安装后的根目录添加到环境变量 PATH 中。最后在 CMD 中执行 python -V，验证 Python 是否配置成功。

②在 Java 程序中，使用 Gradle 引入了 Thrift 依赖；在 NodeJs 中，用 NPM 方式引入了 Thrift 依赖。现在通过以下方法，给 Python 添加 Thrift 依赖。

访问 http://thrift.apache.org/download，单击 "thrift..." 链接，如图 8-8 所示。

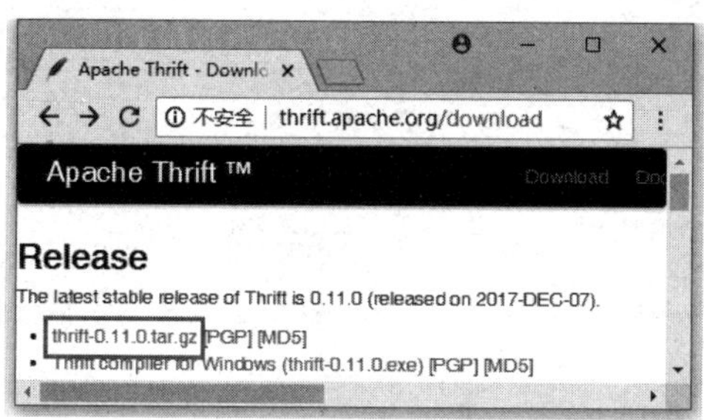


图 8-8　Thrift 资源页面

选中其中一个镜像，下载 Thrift 依赖。下载完毕后解压，再通过 CMD 命令安装 thrift-0.11.0\lib\py 目录中的 setup.py 文件，即执行 python setup.py install，如图 8-9 所示。

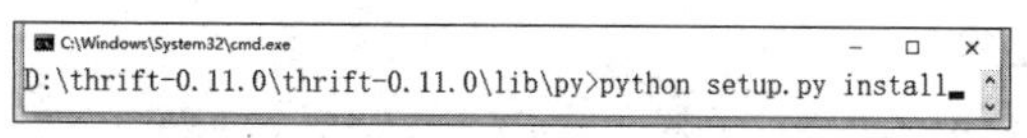


图 8-9　在 Python 中安装 Thrift 依赖

③访问 https://www.jetbrains.com/pycharm/，下载并安装 Python 开发工具 pycharm，笔者在安装时选择的是 Python 3.x 版本。

④打开 pycharm，创建工程，并选中 "Inherit global site-packages" 选项。

准备就绪的 Python 项目如图 8-10 所示。

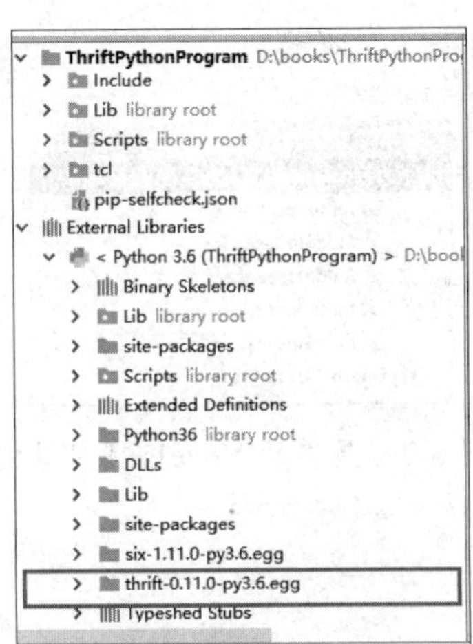


图 8-10　Python 项目结构

⑤将之前通过“thrift --gen py ...”生成的 gen-py 中的文件复制到 Python 项目中。

（2）使用 Python 开发接口的实现类。

与 Java 语言类似，Thrift 已经生成好了 Python 的接口文件，因此我们只需要写实现类即可，如下所示。

**【源码**：demo/ch08/thrift/python/StudentServiceImpl.py】

```
# 在 python 类中引入 thrift 依赖
from  genpy.thrift.generatecode import  ttypes
class StudentServiceImpl:
# 实现查询方法
def queryStudents(self):
        print("-----Python 服务端，模拟查询操作 ------")
        student1 = ttypes.Student()
        student1.name = 'zs'
        student1.age = 23

        student2 = ttypes.Student()
        student2.name = 'ls'
        student2.age = 24

        list = [student1,student2]
        print("----- 查询完毕 ------")
        return list
# 实现增加方法
def saveStudent(self,name,age):
        print("-----Python 服务端，模拟增加操作 ------")
        print (" 姓名 :%s，年龄 :%d"% (name ,age) )
        print("----- 模拟成功 ------")
```

```
        return True
```

（3）使用 Python 开发 Thrif 服务端。

根据 Python 语法设置传输方式、传输协议，并将可提供的服务绑定在 8888 端口上，最后再启动服务，代码如下所示。

》【源码：demo/ch08/thrift/python/ThriftServer.py】

```
        return list

    # 实现增加方法
    def saveStudent(self,name,age):
        print("-----Python 服务端，模拟增加操作 ------")
        print (" 姓名 :%s，年龄 :%d"% (name ,age) )
        print("----- 模拟成功 ------")
        return True
# 在 python 类中引入 thrift 依赖
from thrift.Thrift import TException
from thrift.protocol import TBinaryProtocol
from thrift.server import TServer
from thrift.transport import TSocket, TTransport
from StudentServiceImpl import StudentServiceImpl
from genpy.thrift.generatecode import StudentService

try:
    studentService  =  StudentServiceImpl()
    processor = StudentService.Processor(studentService)
    server = TSocket.TServerSocket("127.0.0.1",port=8888)
    # 指定传输方式
    transportFactory =  TTransport.TFramedTransportFactory()
    # 指定传输协议
    protocolFactory = TBinaryProtocol.TBinaryProtocolFactory()
    tServer = TServer.TSimpleServer(processor,server,transportFactory,protocolFactory)
    # 启动服务
    tServer.serve()

except TException as e:
    print(e)
```

（4）使用 Python 开发 Thrift 客户端。

根据 Python 语法开发 Thrift 客户端，用于 RPC 调用服务端提供的 addStudent() 和

queryStudents() 等方法，代码如下所示。

**【源码：demo/ch08/thrift/python/ThriftClient.py】**

```
# 在 python 类中引入 thrift 依赖
from thrift.Thrift import TException
from thrift.protocol import TCompactProtocol, TBinaryProtocol
from thrift.transport import TSocket, TTransport
from genpy.thrift.generatecode import StudentService

tSocket = TSocket.TSocket("127.0.0.1", 8888)
tSocket.setTimeout(1000)
# 指定传输方式
transport = TTransport.TFramedTransport(tSocket)
# 指定传输协议
protocol = TBinaryProtocol.TBinaryProtocol(transport)
client = StudentService.Client(protocol)
transport.open()
try:
    print("Python RPC 调用 queryStudents() 方法 ")
    students = client.queryStudents()
    for student in students:
        print (" 姓名 :%s，年龄 :%d"% (student.name , student.age) )

    print("Python RPC 调用 addStudent() 方法 ")
    result = client.addStudent("zs",23)
    if result:
        print(" 增加成功 ")
    transport.close()
except TException as e:
    print(e)
```

完成后的 Python 项目结构如图 8-11 所示。

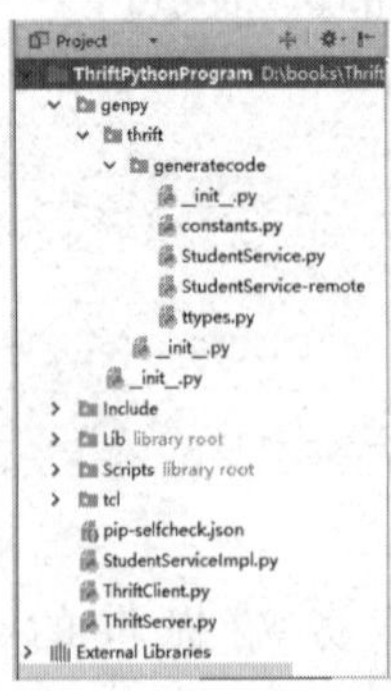

图 8-11 最终的 Python 项目结构

现在，我们有了使用 Java、NodeJs 和 Python 3 种语言编写的客户端和服务端程序，可以任意启动一个服务端，再任意启动一个客户端去访问。例如，本次使用 NodeJs 作为服务端，Python 作为客户端，NodeJs 服务端运行结果如图 8-12 所示。

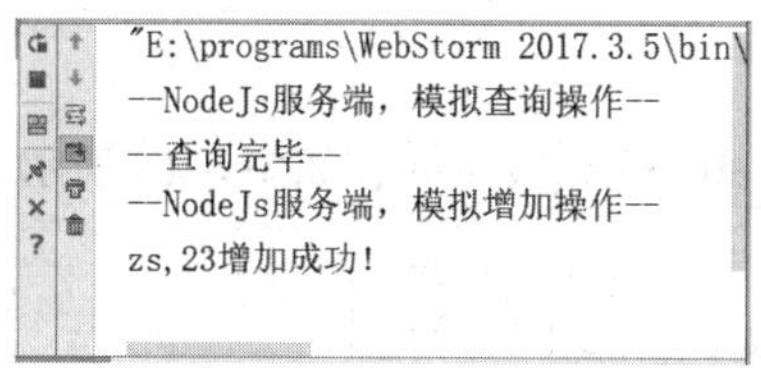


图 8-12　NodeJs 服务端运行结果

Python 客户端运行结果如图 8-13 所示。

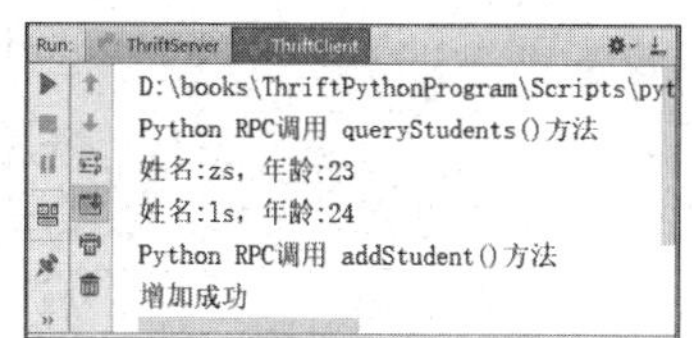


图 8-13　Python 客户端运行结果

# 8.2 Google gRPC

本书已经介绍了 Netty+Protobuf 和 Apache Thrift 两种方式的 RPC 实现，接下来介绍的是 RPC 实现的第三种方式——Google gRPC。3 种 RPC 实现的核心原理非常类似，都是先将要传递的数据编译成二进制的中间件（如 message 和 IDL），然后再将该中间件通过网络通信技术进行传输。

## 8.2.1 ▶ Google gRPC 从入门到动手实践

Protobuf 可以对消息（message）进行编码和解码，但必须借助于 Netty 等通信技术才能传输消息。而 Google 公司就将 Protobuf 和 Netty 进行了结合，并在此基础上研发了一款新的高性能的 RPC 框架——gRPC。

值得注意的是，gRPC 是基于 HTTP/2 协议标准的。不过 HTTP/2 完全兼容 HTTP/1 的语义，因此在开发 gRPC 时，不用担心两种协议之间的差异。

现在先讲解搭建 gRPC 环境的具体步骤，如下所述。

（1）访问 https://github.com/grpc/grpc-java 网页，观察最新版本的 Tag 编号（笔者使用的 Tag 是 v1.15.0）。

（2）通过以下 Git 命令，在 Github 中下载最新版的 gRPC：

git clone -b v1.15.0 https://github.com/grpc/grpc-java

（3）在下载的 grpc-java/examples 目录中，通过 gradlew installDist 命令，编译 gRPC 自带的 examples 程序的客户端和服务端，如图 8-14 所示。

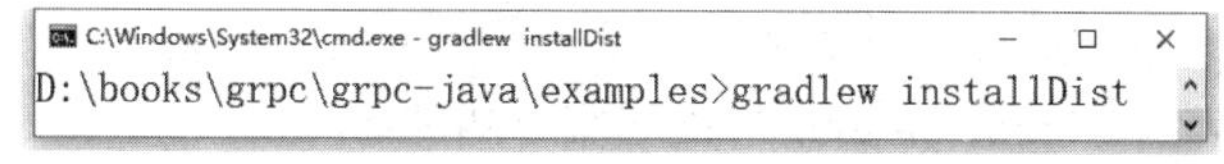


图 8-14　编译示例代码

下面，通过执行 examples 中的 HelloWorld 示例，大致了解一下 gRPC 的开发流程（本例使用的代码都是 gRPC 提供的示例程序）。

### 1. 启动服务端

执行 grpc/grpc-java/examples/build/install/examples/bin/hello-world-server，如图 8-15 所示。

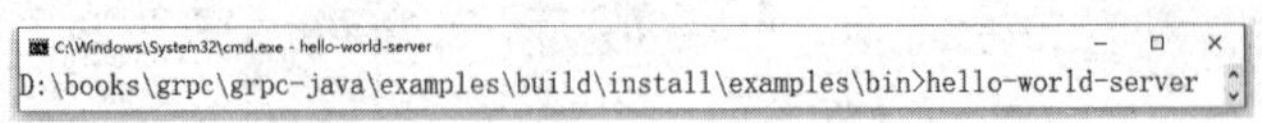

图 8-15　启动服务端

### 2. 启动客户端

重新开启一个 CMD 窗口，执行 grpc/grpc-java/examples/build/install/examples/bin/hello-world-client 命令，此命令会向服务端发送一个请求，服务端在接收到请求后，就会给客户端响应一个“Greeting:Hello world”消息，运行结果如图 8-16 所示。

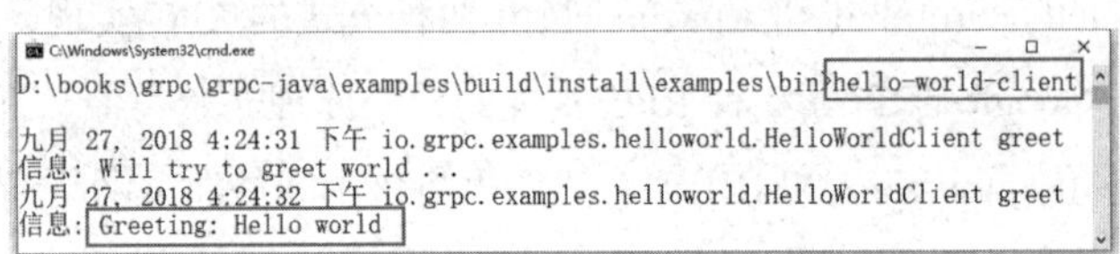

图 8-16　客户端运行结果

本程序的源码存放在 gRPC 资源包的 grpc-java\examples\src\main\java\io\grpc\examples\helloworld 目录下，RPC 的数据和接口定义在 grpc-java\examples\src\main\proto\helloworld.proto 文件中，读者可以自行阅读。

以上成功运行了 gRPC 自带的示例程序，接下来就模仿示例程序编写自己的第一个 gRPC 程序，具体步骤如下。

先通过 Maven 中央仓库查找 gRPC 需要的 3 个依赖坐标，再将它们写入 build.gradle 中，如下所示。

》【源码：demo/ch08/build.gradle】

```
...
dependencies {
  ...
  compile group: 'io.grpc', name: 'grpc-netty', version: '1.15.0'
  compile group: 'io.grpc', name: 'grpc-protobuf', version: '1.15.0'
  compile group: 'io.grpc', name: 'grpc-stub', version: '1.15.0'
}
```

从以上“grpc-netty”和“grpc-protobuf”的名字可知以下两点。

（1）gRPC 使用了 Netty。

实际上，gRPC 可以使用 3 种技术来实现数据的网络传输：Netty、OKHttp 和 inProcess。

（2）gRPC 对 Protobuf 做了进一步改进。

Protobuf 使用 protoc.exe 对消息进编码和解码，但不能通过网络传输数据；gRPC 为了弥补 Protobuf 的这个缺陷，提供了一个自己的编译插件 generateProto，该插件可以通过配置 build.gradle

进行在线安装，代码如下所示。

```
group 'com.yanqun'
version '1.0'
apply plugin: 'java'
apply plugin: 'com.google.protobuf'
sourceCompatibility = 1.8
targetCompatibility = 1.8
repositories {
  mavenCentral()
}
dependencies {
  ...
}
buildscript {
  repositories {
    mavenCentral()
  }
  dependencies {
    classpath 'com.google.protobuf:protobuf-gradle-plugin:0.8.5'
  }
}
protobuf {
  protoc {
    artifact = "com.google.protobuf:protoc:3.5.1-1"
  }
  plugins {
    grpc {
      artifact = 'io.grpc:protoc-gen-grpc-java:1.15.0'
    }
  }
  generateProtoTasks {
    all()*.plugins {
      grpc {}
    }
  }
}
```

build.gradle 配置后，IDEA 就会自动下载并安装 generateProto 工具，如图 8-17 所示。

图 8-17　generateProto 工具

如果读者使用的构建工具是 Maven，可以参考 https://github.com/grpc/grpc-java 安装 generateProto。

### 3. 编写代码

在 gRPC 中，客户端与服务端在通信时，各自都有两种实现方式。一是使用 Request 对象发送请求，再用 Response 对象返回响应；二是发送请求和做出响应都使用 Stream 对象。因此，客户端在和服务端进行双向交互时，有如下四种实现方式。

（1）客户端向服务端发送一个 Requset 对象，服务端接收并处理后，再给客户端响应一个 Response 对象。

（2）客户端向服务端发送一个 Requset 对象，服务端接收并处理后，再通过一个 Stream 对象响应客户端。

（3）客户端向服务端发送一个 Stream 对象，服务端接收并处理后，再给客户端响应一个 Response 对象。

（4）客户端向服务端发送一个 Stream 对象，服务端接收并处理后，再通过一个 Stream 对象响应客户端。

在具体实现时，还要注意以下两点。

（1）在 gRPC 中，上述 Requset 对象和 Response 对象都必须是在 .proto 文件中定义的 message，而不能是普通的数据类型，如下所示。

错误：

```
...
```

```
service StudentService{
// 请求的对象是一个 int32 类型，而不是 message，错误
  rpc queryStudentNameById(int32 ) returns(...) {}
}
```

正确：

```
...
service StudentService{
// 请求的对象是一个 message，正确
  rpc queryStudentNameById(MyRequestId) returns(...) {}
}
message MyRequestId
{
  int32 id = 1 ;
}
```

（2）客户端如果以 Stream 方式发出请求，则此请求是异步的。

接下来，就分别介绍怎样实现以上 4 种方式。

（1）客户端向服务端发送 Requset 对象，服务端返回 Response 对象。

本示例实现的功能是“根据 id 查询 name”，具体实现步骤如下所示。

① 编写 .proto 文件。

gRPC 要求所有的 .proto 文件必须存放在项目的 src/main/proto 或 src/test/proto 目录下。本次的存放路径是 src/main/proto/Student.proto。

**》【源码：demo/ch08/grpc/src/main/proto/Student.proto】**

```
syntax = "proto3";
package com.yanqun.grpc.proto;
option java_package = "com.yanqun.grpc.proto";
option java_outer_classname = "StudentData";
option java_multiple_files = true ;
// 定义接口 StudentService，但之后生成的接口文件名是 StudentServiceGrpc
}
// 数据结构，定义响应的 Response 对象
message MyResponseName
{
  string name = 1 ;
}
```

通过“gradle generateProto”命令编译此.proto 文件，结果如图 8-18 所示。

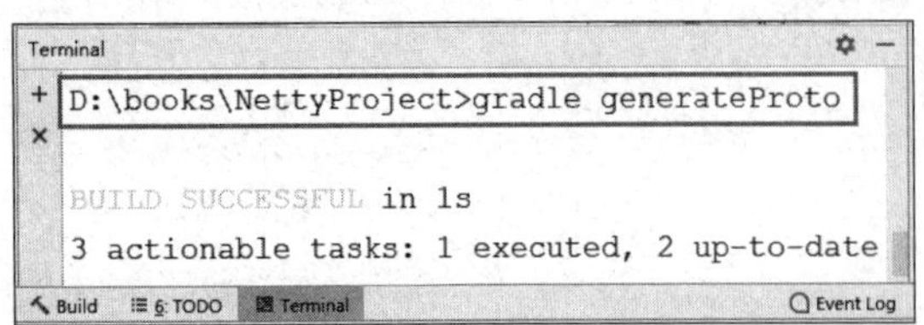


图 8-18　proto 编译界面

编译后，gRPC 就会根据 .proto 中定义的数据和接口，生成对应的 6 个文件，如图 8-19 所示。

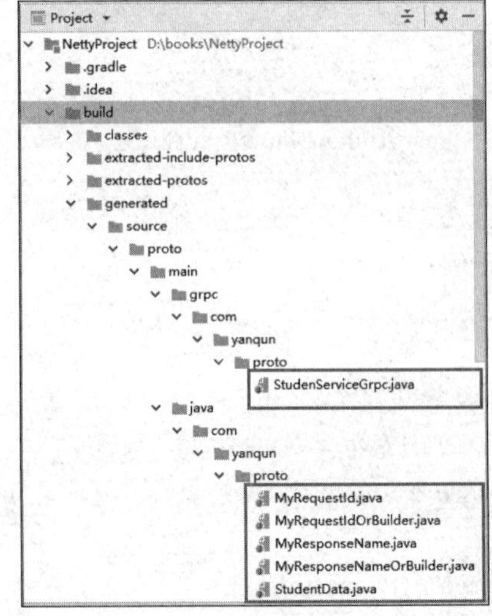


图 8-19　gRPC 生成的文件

最后将这 6 个文件复制到项目中的 com.yanqun.grpc.proto 包下（包名是由 Student.proto 中的 java_package 属性设置的）。

② 编写接口的实现类。

在上一步中，通过“gradle generateProto”生成了 Student.proto 中定义的接口文件 StudentServiceGrpc。现在就编写此接口的实现类 StudentServiceImpl，代码如下所示。

**【源码：demo/ch08/grpc/StudentServiceImpl.java】**

```
public class StudentServiceImpl extends StudentServiceGrpc.StudentServiceImplBase {
  @Override
  public void queryStudentNameById(MyRequestId request,
 StreamObserver<MyResponseName> responseObserver) {
    System.out.println(" 模拟查询此 id 的用户名："+ request.getId());
    // 假设此 id 对应的 name 是 "zs"
    responseObserver.onNext(MyResponseName.newBuilder().setName("zs").build());
    responseObserver.onCompleted();
  }
}
```

③ 编写服务端代码。

**【源码：demo/ch08/grpc/MyGRPCServer.java】**

```
...
import io.grpc.Server;
import io.grpc.ServerBuilder;
public class MyGRPCServer {
  private Server server;
```

```
    //启动服务
    private void start() throws IOException {
        int port = 8888;
        server = ServerBuilder.forPort(port)
                .addService(new StudentServiceImpl())
                .build()
                .start();
        Runtime.getRuntime().addShutdownHook(new Thread(() ->{
            System.err.println(Thread.currentThread().getName() + ", 关闭 JVM");
            //当 JVM 关闭时，也同时关闭 MyGRPCServer 服务
            MyGRPCServer.this.stop();
        }
        ));
    }
    //关闭服务
    private void stop() {
        if (server != null) {
            server.shutdown();
        }
    }

    private void blockUntilShutdown() throws InterruptedException {
        if (server != null) {
            //等待服务结束
            server.awaitTermination();
        }
    }

    public static void main(String[] args) throws IOException, InterruptedException {
        final MyGRPCServer server = new MyGRPCServer();
        server.start();
        server.blockUntilShutdown();
    }
}
```

start() 方法中的 Runtime.getRuntime().addShutdownHook() 是向 JVM 中增加一个关闭的钩子。当 JVM 即将关闭时，会抢先执行 addShutdownHook() 方法中所有的钩子，当这些钩子全部执行完毕后，JVM 才会关闭。本程序就是用这个关闭钩子来保证：在 JVM 关闭前，先将 gRPC 提供的服务关闭。

④ 编写客户端代码。

【源码：demo/ch08/grpc/MyGRPCClient.java】

```
public class MyGRPCClient {
  public static void main(String[] args) throws Exception {
    ManagedChannel client = ManagedChannelBuilder.forAddress("127.0.0.1", 8888)
        .usePlaintext().build();
    try {
      //创建一个客户端的代理对象，用于代表客户端去访问服务端提供的方法
      StudentServiceGrpc.StudentServiceBlockingStub stub = StudentServiceGrpc
          .newBlockingStub(client);
      //调用服务端提供的方法，查询 id 为 1 的姓名
      MyResponseName responseName
          = stub.queryStudentNameById(MyRequestId.newBuilder()
          .setId(1).build());
      System.out.println(responseName.getName());
    } finally {
      client.shutdown();
    }
  }
}
```

启动服务端和客户端，服务端运行结果如图 8-20 所示。

图 8-20　服务端运行结果

客户端运行结果如图 8-21 所示。

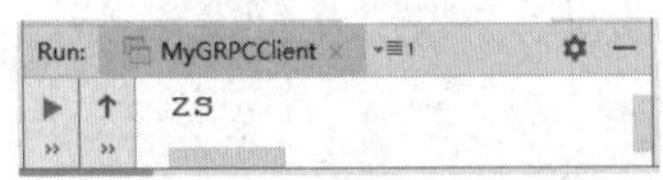


图 8-21　客户端运行结果

从结果可知，客户端根据 ID 值，成功地在服务端那里查询到了 name 值。

再来测试一下 MyGRPCServer 中向 JVM 增加的关闭钩子。将 MyGRPCServer 中 start() 方法的 blockUntilShutdown() 改为 server.awaitTermination(5,TimeUnit.SECONDS)，即让服务在执行 5 秒后自动关闭。再次运行程序，服务端在 5 秒后的运行结果如图 8-22 所示。

图 8-22　JVM 关闭钩子

最后，反思一下本程序。在通过“gradle generateProto”编译了 Student.proto 后，生成的 6 个文件被放在了 build 目录中，在本案例中是将它们复制到了项目中的 com.yanqun.grpc.proto 包下。很显然，这种手工复制文件的做法是不恰当的。那么如何才能将它们在编译后生成时，自动放入 com.yanqun.grpc.proto 中呢？只需要在 Gradle 的配置文件 build.gradle 中增加如下所示配置即可。

【源码：demo/ch08/build.gradle】

```
...
protobuf {
  ...
plugins {
    ...
}
// 指定生成文件的 BaseDir 是 src
  generateProtoTasks.generatedFilesBaseDir = "src"
  generateProtoTasks {
    all()*.plugins {
      grpc {
// 指定将生成的文件放入 src 中的 java 目录
        setOutputSubDir 'java'
      }
    }
  }
}
```

（2）客户端向服务端发送 Requset 对象，服务端返回 Stream 对象。

本示例实现的功能是“根据课程名（CourseName）查询学生”，具体实现步骤如下。

① 编写 .proto 文件。

【源码：demo/ch08/grpc/src/main/proto/Student.proto】

```
...
service StudentService{
  ...
// 请求一个 Requset 对象，响应一个 Stream 对象
  rpc queryStudentsByCourseName(MyRequestCourseName)
returns(stream MyResponseStudentsStream) {}
}
// 定义请求的 Request 对象
message MyRequestCourseName
{
  string courseName = 1 ;
}
// 定义响应的 Stream 对象
message MyResponseStudentsStream
{
  int32 id = 1 ;
  string name = 2;
```

```
    string courseName = 3 ;
  }
  ...
```

通过“gradle generateProto”命令编译此 .proto 文件。编译后，gRPC 就会根据 .proto 中定义的数据和接口生成对应的 6 个文件，并将它们放入 com.yanqun.grpc.proto 包中。

② 编写接口的实现类。

【源码：demo/ch08/grpc/StudentServiceImpl.java】

```
public class StudentServiceImpl extends StudentServiceGrpc.StudentServiceImplBase {
  ...
  // 通过 Stream 的方式响应客户端
  @Override
  public void queryStudentsByCourseName(MyRequestCourseName request,
StreamObserver<MyResponseStudentsStream> responseObserver) {
    // 接收到的 courseName 是 "java"
    String courseName = request.getCourseName() ;
    // 假设有 3 个 Student 选修了 "java" 课程
    MyResponseStudentsStream student1 = MyResponseStudentsStream.newBuilder()
        .setId(1).setName("zs").setCourseName("java")
        .build() ;
    MyResponseStudentsStream student2 = MyResponseStudentsStream.newBuilder()
        .setId(2).setName("ls").setCourseName("java").build() ;
    MyResponseStudentsStream student3 = MyResponseStudentsStream.newBuilder()
        .setId(3).setName("ww").setCourseName("java").build() ;
    // 将查询到的 3 个 Student，放入 responseObserver 中
    responseObserver.onNext(student1);
    responseObserver.onNext(student2);
    responseObserver.onNext(student3);
    responseObserver.onCompleted();
  }
}
```

③ 编写服务端代码。

MyGRPCServer.java 与上例中的 MyGRPCServer.java 完全相同。

④ 编写客户端代码。

【源码：demo/ch08/grpc/MyGRPCClient.java】

```
public class MyGRPCClient {
  public static void main(String[] args) throws Exception {
    ...
```

```
    Iterator<MyResponseStudentsStream> students
        = stub.queryStudentsByCourseName(
        MyRequestCourseName.newBuilder().setCourseName("java").build() ) ;
    while(students.hasNext()){
      MyResponseStudentsStream student = students.next();
      System.out.println(student.getId()+"\t"+student.getName()
          +"\t"+student.getCourseName());
    }
    ...
  }
}
```

启动服务端和客户端，客户端运行结果如图 8-23 所示。

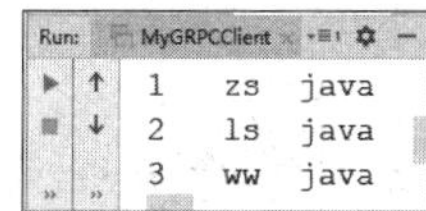


图 8-23　客户端运行结果

（3）客户端向服务端发送 Stream 对象，服务端返回 Response 对象。

本示例实现的功能是“根据课程名（CourseName）查询学生”，具体实现步骤如下。

① 编写 .proto 文件。

**【源码：demo/ch08/grpc/src/main/proto/Student.proto】**

```
...
service StudentService{
  ...
// 请求一个 Stream 对象，响应一个 StreamObserver 对象
  rpc queryStudentsByCourseName2(stream MyRequestCourseName)
returns(MyResponseStudents) {}
}
// 数据结构，定义请求的 Stream 对象
message MyRequestCourseName
{
  string courseName = 1 ;
}
message MyStudent
{
  int32 id = 1 ;
  string name = 2;
  string courseName = 3 ;
}
```

```
//数据结构,定义响应对象
message MyResponseStudents
{
  repeated MyStudent students = 1 ;
}
```

之后，通过“gradle generateProto”命令编译此 .proto 文件。

② 编写接口的实现类。

**【源码：demo/ch08/grpc/StudentServiceImpl.java】**

```
public class StudentServiceImpl extends StudentServiceGrpc.StudentServiceImplBase {
  ...
  //向客户端返回一个 StreamObserver 对象
  @Override
  public StreamObserver<MyRequestCourseName> queryStudentsByCourseName2(
      StreamObserver<MyResponseStudents> responseObserver) {
    MyStreamObserver observer = new MyStreamObserver();
    observer.setResponseObserver(responseObserver);
    return observer;
  }

  class MyStreamObserver implements StreamObserver<MyRequestCourseName> {
    private StreamObserver<MyResponseStudents>responseObserver;
    private MyResponseStudents responseStudents;
    public void setResponseObserver(
        StreamObserver<MyResponseStudents> responseObserver) {
      this.responseObserver = responseObserver;
    }

    @Override
    public void onNext(MyRequestCourseName value) {
      System.out.println("接收到的请求参数是："+ value.getCourseName());
      //根据 value.getCourseName() 模拟查询操作 ...
      MyStudent student1 = MyStudent.newBuilder().setId(1)
          .setName("zs").setCourseName("java").build();
      MyStudent student2 = MyStudent.newBuilder().setId(2)
          .setName("ls").setCourseName("java").build();
      //将查询结果放入 responseStudents 中
      this.responseStudents = MyResponseStudents.newBuilder()
          .addStudents(student1).addStudents(student2).build();
    }
```

```
    @Override
    public void onError(Throwable t) {
      t.printStackTrace();
    }

    @Override
    public void onCompleted() {

      // 将查询结果放入 responseStudents 中，并以 Stream 的方式返回给客户端
      responseObserver.onNext(responseStudents);
      responseObserver.onCompleted();
    }
  }
}
```

注意与（2）中的响应方式区分：（2）中 queryStudentsByCourseName() 方法的返回值是 void，是在方法体中通过 StreamObserver 以流的形式响应客户端；而本程序中 queryStudentsByCourseName2() 方法的返回值是 StreamObserver，因此是给客户端返回了一个 StreamObserver 对象，即响应了一个 StreamObserver 类型的 Response 对象。

③ 编写服务端代码。

MyGRPCServer.java 与（1）中的 MyGRPCServer.java 完全相同。

④ 编写客户端代码。

**》【源码：demo/ch08/grpc/MyGRPCClient.java】**

```
public class MyGRPCClient {
  public static void main(String[] args) throws Exception {
    ManagedChannel client = ManagedChannelBuilder.forAddress("127.0.0.1", 8888)
        .usePlaintext().build();
    // 在 grpc 中，如果是以 Stream 方式发出请求，则此请求是异步的。因此，不能再使用阻塞式
stub 对象
    StudentServiceGrpc.StudentServiceStub stub = StudentServiceGrpc
        .newStub(client);

    // 接收服务端返回的 StreamObserver 类型的响应结果
    StreamObserver<MyResponseStudents> students
        = new StreamObserver<MyResponseStudents>() {
      @Override
      public void onNext(MyResponseStudents value) {
        value.getStudentsList().forEach((student) ->{
```

```
            System.out.println(student.getId()+"\t"+student.getName()
                    +"\t"+student.getCourseName());
        });
    }

    @Override
    public void onError(Throwable t) {
        t.printStackTrace();
    }

    @Override
    public void onCompleted() {
        System.out.println(" 查询结束 ");
    }
};

// 准备一个 StreamObserver 流，用于向服务端发送请求
StreamObserver<MyRequestCourseName> myRequestObserver
        = stub.queryStudentsByCourseName2(students);
myRequestObserver.onNext(
        MyRequestCourseName.newBuilder().setCourseName("java")
                .build());
/*
 如果是向服务端发出多个 Stream 请求，则可以写多个 onNext()，如下
 myRequestObserver.onNext( MyRequestCourseName.newBuilder()
 .setCourseName("python").build());
 */
 myRequestObserver.onCompleted();
 // 因为请求是异步的，所以客户端在发出请求后不会立刻得到响应结果
 本程序通过休眠来模拟等待服务端的执行过程
 Thread.sleep(3000);
 client.shutdown();
    }
}
```

启动服务端和客户端，服务端运行结果如图 8-24 所示。

图 8-24　服务端运行结果

客户端运行结果如图 8-25 所示。

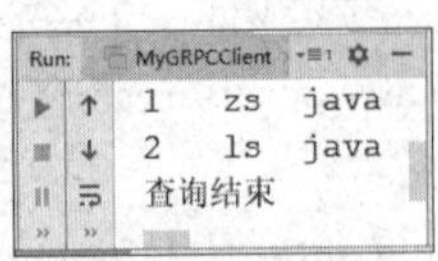


图 8-25　客户端运行结果

（4）客户端向服务端发送 Stream 对象，服务端返回 Stream 对象。

本示例实现的功能是“根据 id 查询 name”，具体实现步骤如下。

① 编写 .proto 文件。

》【源码：demo/ch08/grpc/src/main/proto/Student.proto】

```
...
service StudentService{
  ...
  //请求一个 Stream 对象，响应一个 Stream 对象
  rpc queryStudentNameById2(stream MyRequestId) returns(stream MyResponseName) {}
}

message MyRequestId
{
  int32 id = 1 ;
}

message MyResponseName
{
  string name = 1 ;
}
...
```

之后，通过“gradle generateProto”命令编译此 .proto 文件。

② 编写接口的实现类。

》【源码：demo/ch08/grpc/StudentServiceImpl.java】

```
public class StudentServiceImpl extends StudentServiceGrpc.StudentServiceImplBase {
  ...
  @Override
  public StreamObserver<MyRequestId> queryStudentNameById2(
      StreamObserver<MyResponseName> responseObserver) {
    MyStreamObserver2 observer = new MyStreamObserver2();
    observer.setResponseObserver(responseObserver);
    return observer;
  }

  class MyStreamObserver2 implements StreamObserver<MyRequestId> {
    private StreamObserver<MyResponseName>responseObserver;
    private MyResponseName responseStudentName;
```

```
    public void setResponseObserver(
            StreamObserver<MyResponseName> responseObserver) {
        this.responseObserver = responseObserver;
    }

    @Override
    public void onNext(MyRequestId value) {
        System.out.println(" 接收到的请求参数是: "+ value.getId());
        //假设查到的结果是 "zs"
        this.responseStudentName = MyResponseName.newBuilder()
                .setName("zs").build();
    }
    @Override
    public void onError(Throwable t) {
        t.printStackTrace();
    }

    @Override
    public void onCompleted() {
        responseObserver.onNext(responseStudentName);
        responseObserver.onCompleted();
    }
  }
}
```

③ 编写服务端代码。

MyGRPCServer.java 与（1）中的 MyGRPCServer.java 完全相同。

④ 编写客户端代码。

**【源码：demo/ch08/grpc/MyGRPCClient.java】**

```
  rpc queryStudentNameById2(stream MyRequestId) returns(stream MyResponseName) {}
}

message MyRequestId
{
  int32 id = 1 ;
}

message MyResponseName
{
  string name = 1 ;
```

```
}
...
public class MyGRPCClient {
  public static void main(String[] args) throws Exception {
    ManagedChannel client = ManagedChannelBuilder.forAddress("127.0.0.1", 8888)
        .usePlaintext().build();
    //在 grpc 中，如果是以 Stream 方式发出请求，则此请求是异步的。因此，不能再使用阻塞式
stub 对象
    StudentServiceGrpc.StudentServiceStub stub = StudentServiceGrpc
        .newStub(client);
    StreamObserver<MyRequestId> requestIdObserver = stub
        .queryStudentNameById2(new StreamObserver<MyResponseName>() {
          @Override
          public void onNext(MyResponseName value) {
            System.out.println(" 接收到的响应："+value.getName());
          }

          @Override
          public void onError(Throwable t) {
            t.printStackTrace();
          }

          @Override
          public void onCompleted() {
            System.out.println(" 查询结束 ");
          }
        });

    requestIdObserver.onNext( MyRequestId.newBuilder().setId(1).build());
    requestIdObserver.onCompleted();
    Thread.sleep(3000);
    client.shutdown();
  }
}
```

启动服务端和客户端，服务端运行结果如图 8-26 所示。

图 8-26　服务端运行结果

客户端运行结果如图 8-27 所示。

图 8-27　客户端运行结果

## 8.2.2 ▶ 使用 gRPC 实现 Java、NodeJS、Python 之间的跨语言 RPC 调用

在 gRPC 官网（https://grpc.io/docs/quickstart/）中详细介绍了如何使用 C++、C#、GO、Dart、Java、Android、Nodejs、Objective-C、PHP、Python 和 Ruby 等各种语言进行 gRPC 开发。下面以 NodeJS 和 Python 为例进行具体讲解。

关于 NodeJs 和 Python 的环境搭建，读者可以参照“8.1.2 使用 Thrift 实现 Java、NodeJS、Python 之间的跨语言 RPC 调用”。

### 1. 使用 NodeJs 开发 gRPC 程序

下面首先介绍在 NodeJs 中引入 gRPC 需要的依赖，然后分别演示使用 NodeJs 开发 gRPC 的服务端和客户端程序，具体介绍如下。

（1）准备工作。

在 NodeJs 中，可以使用 NPM 安装 gRPC 依赖：使用 WebStorm 新建 NodeJs 项目，再新建 package.json 并引入 gRPC 依赖，如下所示。

》【源码：demo/ch08/grpc/nodejs/package.json】

```
{
  "name": "MyNodeJsGrpc",
  "version": "0.1.0",
  "dependencies": {
    "@grpc/proto-loader": "^0.1.0",
    "async": "^1.5.2",
    "google-protobuf": "^3.0.0",
    "grpc": "^1.11.0",
    "lodash": "^4.6.1",
    "minimist": "^1.2.0"
  }
}
```

之后使用 npm install 命令安装 gRPC 依赖，如图 8-28 所示。

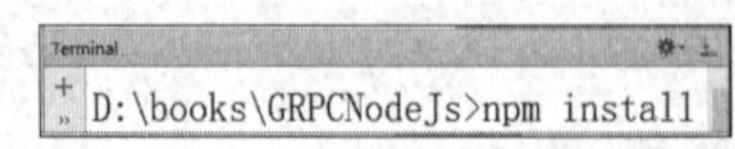


图 8-28　在 NodeJs 中安装 gRPC 依赖

最后再将之前编写过的 Student.proto 文件复制到 NodeJs 工程中。准备工作完成后，接下来就使用 NodeJS 开发 gRPC 程序。

（2）使用 NodeJs 开发 gRPC 服务端。

根据 NodeJs 语法引入 gRPC 相关依赖，编写并注册提供服务的方法，最后再将可提供的服务

绑定在 8888 端口上。

❯【源码：demo/ch08/grpc/nodejs/myGrpcServer.js】

```
var proto_file = "./Student.proto";
var myGrpc = require('grpc');
var myGrpcService = myGrpc.load(proto_file).com.yanqun.grpc.proto;
var server = new myGrpc.Server();
// 注册服务方法
server.addService(myGrpcService.StudentService.service,{
  queryStudentNameById:findStudentNameById
});
server.bind("127.0.0.1:8888",myGrpc.ServerCredentials.createInsecure()) ;
server.start() ;
// 实现服务方法
function findStudentNameById(call,callback){
  console.log(" 接收到的请求：id="+call.request.id) ;
  console.log(" 向客户端做出响应：name=zs") ;
  callback(null,{name:"zs"});
}
```

（3）使用 NodeJs 开发 gRPC 客户端。

根据 NodeJs 语法开发 gRPC 客户端，用于 RPC 调用服务端提供的 queryStudentNameById() 等方法。

❯【源码：demo/ch08/grpc/nodejs/myGrpcClient.js】

```
var proto_file = "./Student.proto";
var myGrpc = require('grpc');
var myGrpcService = myGrpc.load(proto_file).com.yanqun.grpc.proto;
// 创建客户端对象
var client = new myGrpcService.StudentService("127.0.0.1:8888",myGrpc.credentials.createInsecure());
// 调用服务端提供的 queryStudentNameById() 方法，并接收返回值
client.queryStudentNameById({id:1},function(error,result) {
  console.log(result.name) ;
});
```

项目结构如图 8-29 所示。

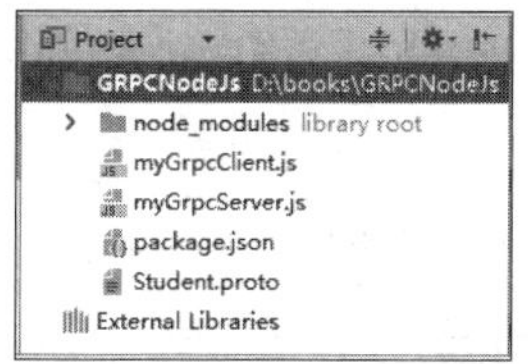


图 8-29　NodeJs 项目结构

### 2. 使用 Python 开发 gRPC 程序

下面首先在 Python 中引入 gRPC 需要的依赖，然后分别演示使用 Python 开发 gRPC 的服务端和客户端程序，最后实现一个基于 gRPC 的跨语言调用案例。

Java 可以使用 Gradle 引入依赖，NodeJs 可以使用 NPM 引入依赖。类似的，Python 可以使用 pip 引入 gRPC 依赖，具体操作如下。

（1）打开 CMD，通过图 8-30 中所示的命令，将 PIP 升级到最新版。

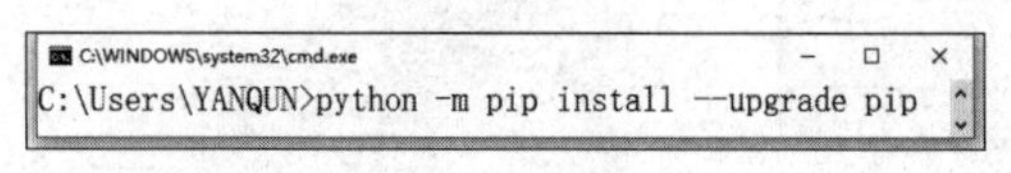


图 8-30　升级 PIP

（2）通过 PIP 安装 Python 对 gRPC 依赖，如图 8-31 所示。

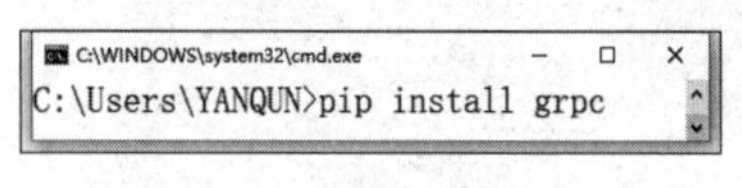


图 8-31　安装 gRPC 依赖

（3）通过 PIP 安装 Python 对 Protobuf 依赖，如图 8-32 所示。

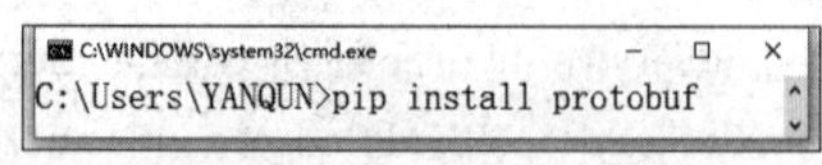


图 8-32　安装 Protobuf 依赖

（4）通过 PIP 安装 gRPC 编译 .proto 文件的工具，如图 8-33 所示。

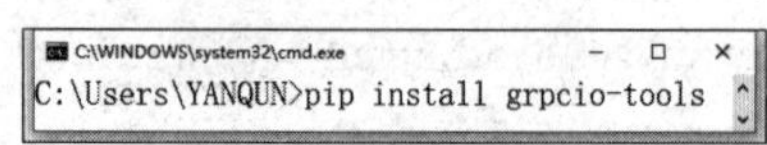


图 8-33　安装 grpcio-tools

之后，使用 PyCharm 新建 Python 工程，并选中“Inherit global site-packages”。

再将 Student.proto 文件复制到工程的根目录中，并通过图 8-34 中所示命令编译此 .proto 文件。

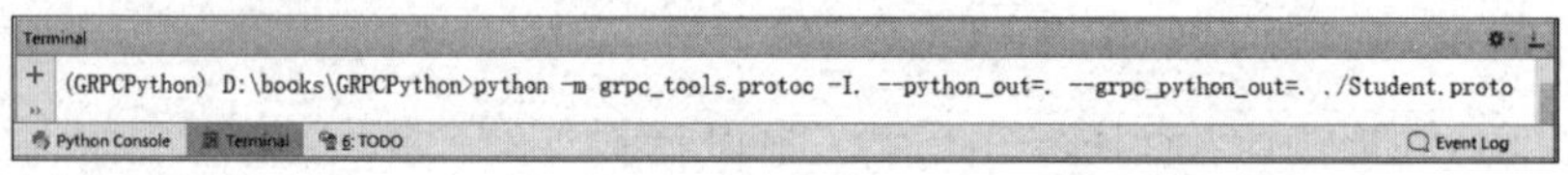


图 8-34　编译 .proto 文件

编译后，就会产生 Student_pb2.py 和 Student_pb2_grpc.py 文件，如图 8-35 所示。

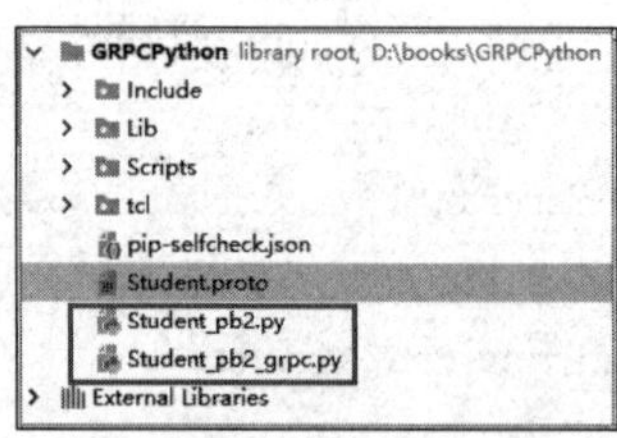


图 8-35　生成的 Python 文件

准备工作完成后，接下来就使用 Python 开发 gRPC 程序。

（1）使用 Python 开发 gRPC 服务端。

根据 Python 语法实现 StudentService 中定义的 queryStudentNameById() 等服务方法，并将可提供的服务绑定在 8888 端口上。

【源码：demo/ch08/grpc/python/MyGrpcServer.py】

```
# -*- coding: utf-8 -*-
```

```
from concurrent import futures
import time
import grpc
import Student_pb2
import Student_pb2_grpc
_ONE_DAY_IN_SECONDS = 60 * 60 * 24

class StudentService(Student_pb2_grpc.StudentServiceServicer):
  def queryStudentNameById(self, request, context):
    print(" 接收到的请求 :id=%s"% request.id)
    print(" 根据 id=1，查询出对应的 name, 并返回给客户端 ")
    return Student_pb2.MyResponseName(name='zs')

  def serve():
    server = grpc.server(futures.ThreadPoolExecutor(max_workers=10))
    Student_pb2_grpc.add_StudentServiceServicer_to_server(StudentService(), server)
    server.add_insecure_port('127.0.0.1:8888')
    server.start()
    try:
      while True:
        time.sleep(_ONE_DAY_IN_SECONDS)
    except KeyboardInterrupt:
      server.stop(0)
    if __name__ == '__main__':
      serve()
```

（2）使用 Python 开发 gRPC 客户端。

根据 Python 语法开发 gRPC 客户端，用于 RPC 调用服务端提供的 queryStudentNameById() 等方法。

**》【源码**：demo/ch08/grpc/python/MyGrpcClient.py】

```
# -*- coding: utf-8 -*-
from __future__ import print_function
import grpc
import Student_pb2
import Student_pb2_grpc
def run():
  with grpc.insecure_channel('127.0.0.1:8888') as channel:
    stub = Student_pb2_grpc.StudentServiceStub(channel)
    print(" 向服务端发出请求 id=1 ")
    response = stub.queryStudentNameById(Student_pb2.MyRequestId(id=1))
```

```
print(" 接收到服务端的响应 name=%s "% response.name)
if _name_ == '_main_':
  run()
```

至此，我们用 Java、NodeJs 和 Python3 种语言编写了 gRPC 的服务端与客户端。可以任意启动一个服务端，再任意启动一个客户端来执行跨语言 RPC 调用。例如，使用 Java 作为服务端，Python 作为客户端。

Java 服务端运行结果，如图 8-36 所示。

图 8-36　Java 服务端运行结果

Python 客户运行结果，如图 8-37 所示。

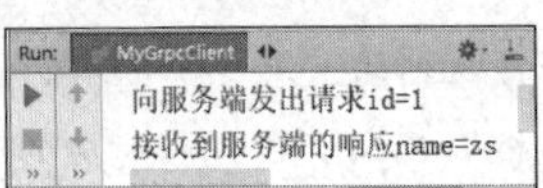


图 8-37　Python 客户端运行结果

如果读者还想使用其他语言开发 gRPC 程序，可以查阅 https://github.com/grpc/grpc/tree/master/examples 中的相应示例。

至此，我们已经知道 gRPC 和 Thrift 都是 RPC 的实现框架，并且已经掌握了二者的具体用法。最后再通过表 8-4 了解一下 gRPC 和 Thrift 的区别。

表 8-4　gRPC 和 Thrift 的区别

| 区别 | gRPC | Thrift |
|---|---|---|
| 传输协议 | — | TBinaryProtocol　TCompactProtocol　TJSONProtocol　TSimpleJSONProtocol　TDebugProtocol |
| 传输方式 | HTTP/2 | TSocket　TFramedTransport　TMemoryTransport　TFileTransport　TZlibTransport |
| 服务端工作模式 | — | TSimpleServer　TThreadPoolServer　TNonblockingServer　TSimpleServer　TThreadPoolServer |
| 流式通信 | 支持 | 不支持 |

## 8.3 Hadoop RPC 案例演示

在大数据领域，通常需要很多计算机协作完成一个任务，因此大数据技术也必然提供了 RPC 的实现方式。本节以著名的 Hadoop 技术为例，演示一个大数据中对 RPC 的解决方案。Hadoop 的环境搭建，读者可以参考本书的第 17 章。

Hadoop 为 RPC 提供了非常便捷的实现方式，总的来说，只需要定义好服务的接口，然后将服务的 IP 地址、端口号等填入相关的 API 中即可，代码如下所示。

### 1. 定义服务接口

编写提供服务的接口 MyRPCService，并定义一个增加学生的 addStudent() 方法。

》【源码：demo/ch08/hadooprpc/MyRPCService.java】

```
public interface MyRPCService {
// 在 Hadoop-RPC 中必须定义 versionID，否则会报 "java.lang.NoSuchFieldException:versionID" 异常
long versionID = 1;
boolean addStudent(String name,intage);
}
```

### 2. 服务实现类

编写 MyRPCService 接口的实现类，并实现接口中定义的 addStudent() 方法。

》【源码：demo/ch08/hadooprpc/MyRPCServer.java】

```
public class MyRPCServer implements MyRPCService {
        @Override
        public boolean addStudent(String name, intage) {
                System.out.println("---- 模拟增加操作 ----");
                System.out.println(" 增加成功 :" + name+","+age);
                return true;
        }
}
```

### 3. 服务端启动类

编写服务端的启动类，用于绑定提供服务的 IP 地址、端口号等信息，并启动服务端。

》【源码：demo/ch08/hadooprpc/TestMyRPCServer.java】

```
public class TestMyRPCServer {
        public static void main(String[] args) {
                Server server;
                try {
                        server = new RPC.Builder(new Configuration())
                                .setProtocol(MyRPCService.class)// 提供的服务
                                .setInstance(new MyRPCServer())// 创建实例对象
                                .setBindAddress("127.0.0.1")// 绑定服务端的 IP 地址
                                .setPort(8888)// 绑定服务端的端口号
                                .build();
                        System.out.println(" 服务端启动 ...");
                server.start();
```

```
            } catch (HadoopIllegalArgumentException | IOException e) {
                e.printStackTrace();
            }
        }
}
```

### 4. 客户端程序

编写客户端，用于 RPC 调用服务端提供的 addStudent() 方法。

**【源码：demo/ch08/hadooprpc/TestMyRPCClient.java】**

```
public class TestMyRPCClient {
    public static void main(String[] args) throws IOException {
            System.out.println(" 客户端启动 ...");
            // 获取服务端的代理对象，其中第二个参数 "1" 就是服务接口中定义的 versionID
            MyRPCService serviceProxy = RPC.getProxy(MyRPCService.class, 1
,new InetSocketAddress("127.0.0.1", 8888) , new Configuration());
            // 调用服务端的 addStudent() 方法
            boolean result = serviceProxy.addStudent("zs", 23) ;
            if(result)
                System.out.println(" 增加成功！ ");
      RPC.stopProxy(serviceProxy);
    }
}
```

依次启动服务端、客户端，服务端运行结果如图 8-38 所示。

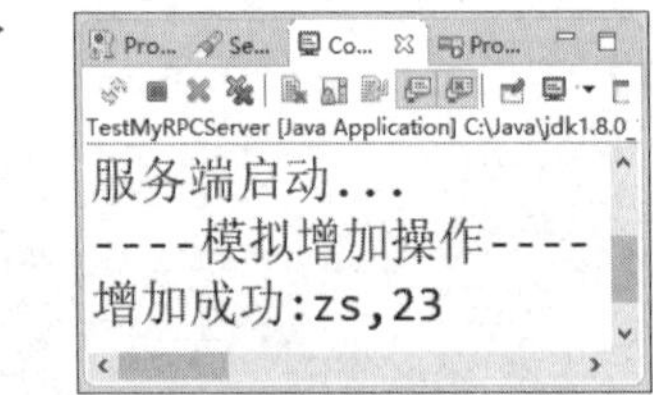


图 8-38　服务端运行结果

客户端运行结果如图 8-39 所示。

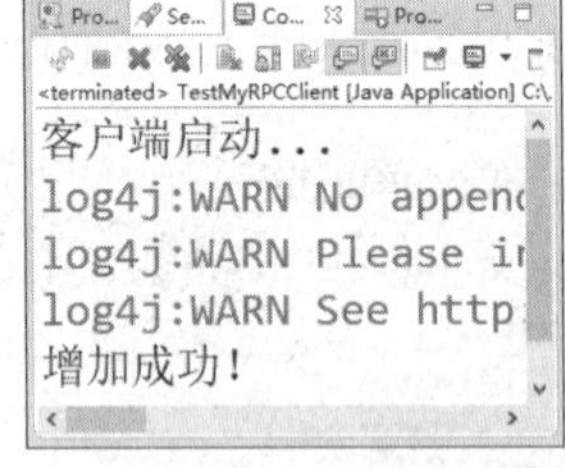


图 8-39　客户端运行结果

# 第 9 章

# 9

# 实战解析高并发框架 Disruptor

“系统处理海量数据时的吞吐量”和“多个线程之间的依赖关系”始终都是开发大型系统的两大难点，而本章所讲解的 Disruptor 框架就提供了对这两大难点的解决方案，先讲解 Disruptor 的理论知识，然后通过具体的案例介绍 Disruptor 的使用方法。

# 9.1 Disruptor 理论基石：观察者模式

Disruptor 是基于“观察者模式”和“生产者消费者模型”的一款高并发框架。生产者消费者模型已在本书第 3 章做了详细的讲解，本节主要介绍的是观察者模式。

## 9.1.1 ▶ 自己动手实现观察者模式

观察者模式是指如果对象之间存在一对多的依赖关系，那么当一个对象改变状态，依赖它的多个对象会收到通知并更新自己。

观察者模式包含了“主题”和“观察者”两大角色，分别介绍如下。

### 1. 主题（被观察者）

抽象主题：用一个集合保存所有观察者的引用，可以增加、删除或通知观察者，每个主题都可以有任意数量的观察者。

具体主题：抽象主题的具体实现，当主题的状态改变时，向所有观察者发出通知。

### 2. 观察者

抽象观察者：观察主题的对象，在收到主题的通知时更新自己。

具体观察者：抽象观察者的具体实现。

简单地说，观察者模式可以实现当一个主题对象发生改变时，通知所有观察者；当观察者收到通知时，会自动更新自己，如图 9-1 所示。

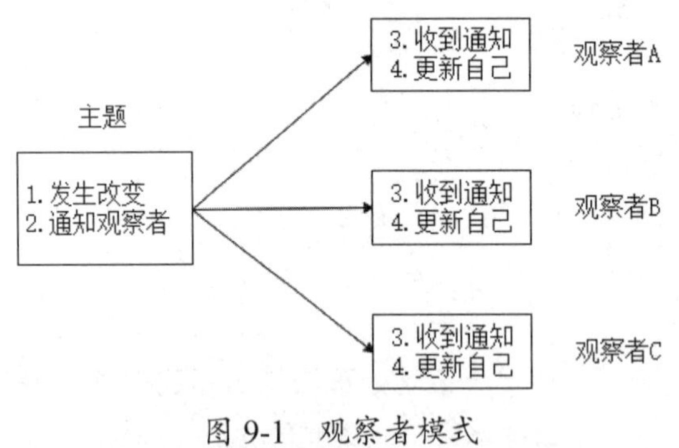


图 9-1　观察者模式

**范例 9-1** 观察者模式

小明的微信有 3 个好友（zs、ls 和 ww）。小明发布了一条朋友圈，他的好友能及时收到消息并更新朋友圈；小明也可以删除某些好友，删除后的好友不能再收到小明发布的新朋友圈的消息通知。

本例的实现代码如下所示。

### 1. 抽象主题

▶【源码：demo/ch09/observer/Subject.java】

```
public interface Subject {
// 增加观察者
void addObserver(Observer observer);
// 删除观察者
void deleteObserver(Observer observer);
// 通知所有观察者
void notifyObservers(String content);
}
```

### 2. 具体主题

▶【源码：demo/ch09/observer/ConcreteSubject.java】

```
public class ConcreteSubject implements Subject {
// 观察此主题的所有观察者，即小明的所有好友
private List<Observer>observers = new ArrayList<Observer>();

// 增加观察者
@Override
public void addObserver(Observer observer) {
  observers.add(observer);
}
// 删除观察者
@Override
public void deleteObserver(Observer observer) {
  observers.remove(observer);
// 通知观察者
}@Override
public void notifyObservers(String content) {
  for (Observer observer : observers) {
    // 通知每个观察者：更新数据
    observer.update(content);
  }
}
}
```

### 3. 抽象观察者

》【源码：demo/ch09/observer/Observer.java】

```
public interface Observer {
// 收到主题的通知后，更新自己
void update(String content);
}
```

### 4. 具体观察者

》【源码：demo/ch09/observer/ConcreteObserver.java】

```
public class ConcreteObserver  implements Observer{
// 更新观察到的内容
@Override
public void update(String content) {
    System.out.println(content);
}
}
```

### 5. 测试类

》【源码：demo/ch09/observer/Test.java】

```
public class Test {
public static void main(String[] args) {
  // 主题：小明的朋友圈
  ConcreteSubject xmPyq = new ConcreteSubject();
  //3 个观察者
   ConcreteObserver observerZs = new ConcreteObserver();
  ConcreteObserver observerLs = new ConcreteObserver();
  ConcreteObserver observerWw = new ConcreteObserver();
  // 给主题增加 3 个观察者
  xmPyq.addObserver(observerZs);
  xmPyq.addObserver(observerLs);
  xmPyq.addObserver(observerWw);
  // 主题发生改变，并通知观察者
  xmPyq.notifyObservers(" 天气不错 ...");
  // 删除第二个观察者
  xmPyq.deleteObserver(observerLs);
// 主题发生改变，再次通知观察者
```

```
        xmPyq.notifyObservers(" 饿了 ...");
    }
}
```

运行结果如图 9-2 所示。

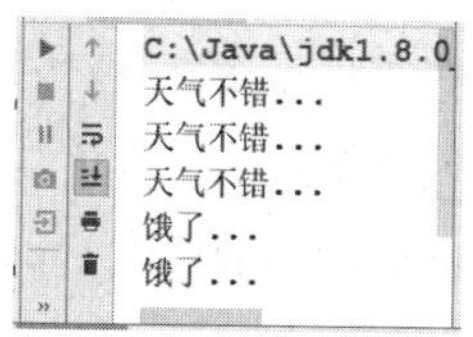


图 9-2　观察者模式的运行结果

### 9.1.2 JDK 对观察者模式的支持

由于观察者模式的使用较为频繁，因此 JDK 内置了对观察者模式的支持。具体地讲，JDK 提供了主题类 Observable，并写好了主题中的 addObserver()、deleteObserver()、notifyObservers() 等方法；也提供了观察者的接口 Observer，其中定义好了观察者需要实现的 update() 方法。因此，在以后编写观察者模式的代码时，只需要执行以下两步即可。

（1）通过继承 Observable 编写主题类，并直接调用 Observable 中已有的方法。

（2）通过实现 Observer 编写观察者类，并重写里面的 update() 方法。

**范例 9-2** 使用 JDK 提供的 API 实现观察者模式

#### 1. 主题

》【源码：demo/ch09/observerjdk/ConcreteSubject.java】

#### 2. 观察者

》【源码：demo/ch09/observerjdk/ConcreteObserver.java】

#### 3. 测试类

》【源码：demo/ch09/observerjdk/Test.java】

鉴于篇幅有限，读者可以在本书赠送的配套资源中查看本例源码。

## 9.2 Disruptor 原理解析与典型案例

正如 Martin Fowler 在一篇 LMAX 文章中所介绍的那样，Disruptor 是一个高性能的异步处理框架，其单线程一秒的吞吐量可达六百万以上。本节将对 Disruptor 的核心原理进行解析，然后通过案例详细演示 Disruptor 的使用方法。

## 9.2.1 ▶ Disruptor 核心概念

在 Disruptor 中，生产者不断生产数据，并将数据持续放入一个环形缓冲区 RingBuffer 中（底层是一个数组）。而消费者通过一个回调函数 onEvent() 监听着该 RingBuffer。当生产者往 RingBuffer 中增加数据时，就会触发消费者的 onEvent() 方法，从而通知消费者去消费数据。读者应该能够发现，上面这句"当……时，就会触发……方法"是不是类似"观察者模式"的思想呢？

消费者的 onEvent() 方法由 EventHandler 接口提供，Disruptor 的整体执行流程如图 9-3 所示。

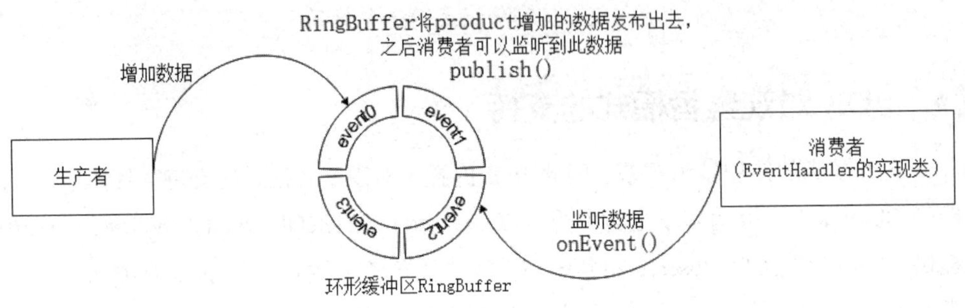


图 9-3　Disruptor 执行流程图

在 Disruptor 中，缓冲区中的数据称为事件 Event，消费者则是 EventHandler（或 WorkHandler）的实现类。这些可能与我们平时的命名规范不一致，容易导致混乱，因此需要格外注意。

Disruptor 有以下三个特征。

（1）基于事件驱动。

（2）基于"观察者"模式、"生产者—消费者"模型。

（3）可以在无锁的情况下实现网络的队列操作。

图 9-3 中的环形缓冲区 RingBuffer 实际是一个数组。RingBuffer 可以通过 next() 方法获取一个序号，这个序号指向 RingBuffer 中的下一个元素的位置。与 NIO 中 Buffer 的 position 类似，当生产者不断地向 RingBuffer 读写数据时，RingBuffer 获取的序号值就会一直增长，直到绕过这个环，如图 9-4 所示。

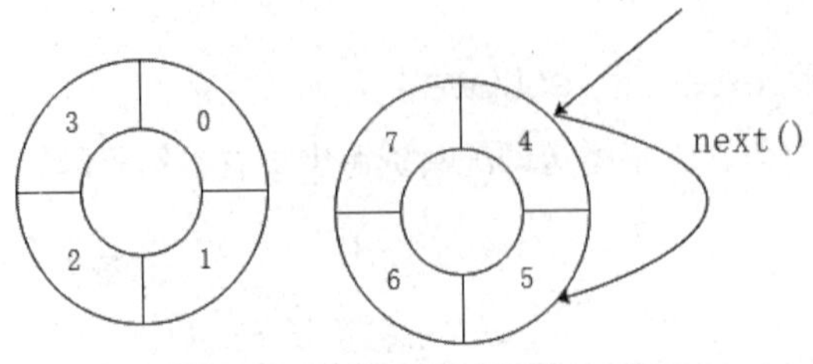


图 9-4　RingBuffer 图示

RingBuffer 的大小必须是 2 的 $n$ 次方，因此要找到 RingBuffer 中当前序号指向的元素位置，可以通过 MOD 快速定位，如下所述。

当前序号指向的元素值 = 当前元素的位置 % RingBuffer 的长度。

例如，5% 4= 1，就表示第 5 个元素存放于 RingBuffer 中的第 1 个位置。

也正是因为 RingBuffer 是数组，并且有一个容易预测的访问模式，所以 CPU 能够快速对 RingBuffer 中的数据进行预加载，从而大幅提升 Disruptor 的执行速度。

## 9.2.2 ▸ 使用 Disruptor 在 200ms 内处理千万字符

接下来，介绍如何搭建 Disruptor 开发环境，然后通过一些经典案例深入学习 Disruptor 的具体使用。

### 1. 搭建 Disruptor 开发环境

本次创建一个基于 Gradle 的 Java 项目，并引入 Disruptor 依赖。具体步骤是在 http://mvnrepository.com/ 中搜索 Disruptor 依赖（本书采用的版本是 Disruptor 3.4.2），并加入 build.gradle 文件的 dependencies 中，如图 9-5 所示。

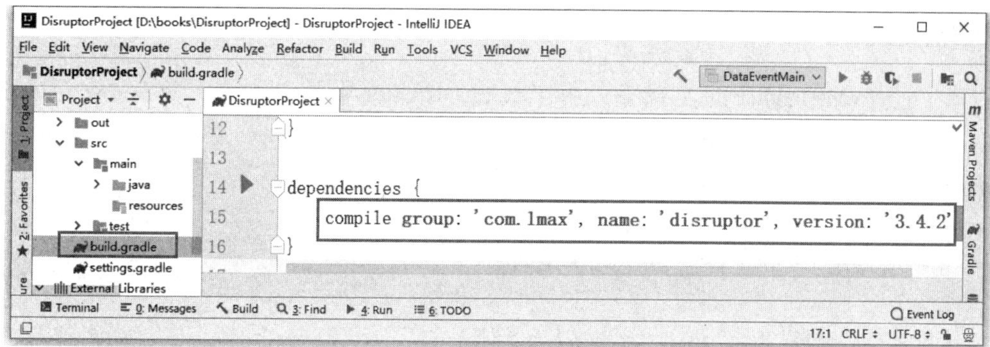


图 9-5 加入 Disruptor 依赖

### 2. 定义并发时传递的数据类型

创建一个 Event 类，实际就是 RingBuffer 中存放的数据类型。

❱【源码：demo/ch09/disruptor/DataEvent.java】

```
//并发的数据类型
public class DataEvent {
  //本例仅仅包含一个 char 类型
  private char value;
  public char getValue() {
    return value;
  }
  public void setValue(char value) {
    this.value = value;
  }
```

```
}
```

### 3. 批量产生数据的工厂类

创建一个 Event 工厂类，用于创建大量的 Event 对象，为并发程序做准备。

▶【源码：demo/ch09/disruptor/DataEventFactory.java】

```
public class DataEventFactory implements EventFactory {
  // 批量产生 DataEvent 对象
  @Override
  public Object newInstance() {
    return new DataEvent();
  }
}
```

### 4. 消费者消费数据

创建一个 EventHandler 的实现类，用于代表 Disruptor 中的消费者；重写 EventHandler 的 onEvent() 方法，用于监听 RingBuffer 中的数据。

▶【源码：demo/ch09/disruptor/DataEventHandler.java】

```
public class DataEventHandler implements EventHandler<DataEvent> {
  /*
当生产者将 event 发布到 RingBuffer 中时，就会触发此方法；消费者可以通过此方法消费生产者在
ringBuffer 中的产物
*/
  @Override
  public void onEvent(DataEvent dataEvent, long l, boolean b) throws Exception {
    System.out.println(" 消费： "+ dataEvent.getValue());// 消费 ringBuffer 中的产物
  }
}
```

### 5. 生产者生产数据

▶【源码：demo/ch09/disruptor/DataEventProducer.java】

```
public class DataEventProducer {
  private final RingBuffer<DataEvent> ringBuffer;// 环形缓冲区
  public DataEventProducer(RingBuffer<DataEvent> ringBuffer) {
    this.ringBuffer = ringBuffer;
  }
```

```
/*
 产生并发布数据；
 参数值的下标会传递给消费者（通过本类的 publish() 方法传递给消费者的 onEvent() 方法），
 告知消费者去消费此下标所指向的数据
 */
public void product(ByteBuffer data) {//data 就是我们前面定义的 CharEvent
  //ringBuffer 是一个环形数组，而 next() 用于获取 RingBuffer 中下一个元素的下标；
  long sequence = ringBuffer.next();
  try {
    /*
     根据下一个元素的下标，获取下一个元素（元素值以对象的形式存在），需要注意，
拿到的元素会是一个对象
    */
    DataEvent event = ringBuffer.get(sequence);// 拿到了空的对象
    event.setValue(data.getChar(0));// 赋值
    System.out.println(" 生产：" + event.getValue());

  } finally {
    /*
发布 event（即发布数据）；当数据被 publish() 之后，就可以被消费者（DataEventHandler）的监听器方法 onEvent 所监听到
*/
    ringBuffer.publish(sequence);// 监听器：发布之后，消费者才能获取数据
  }
 }
}
```

生产者在 RingBuffer 中会进行以下操作：①获取下一个元素的位置；②根据获取的元素位置，获取一个空对象，然后给该空对象赋值；③最后通过 publish() 发布数据（通知消费者去消费此数据，也就是触发消费者的 onEvent() 方法），如图 9-6 所示。

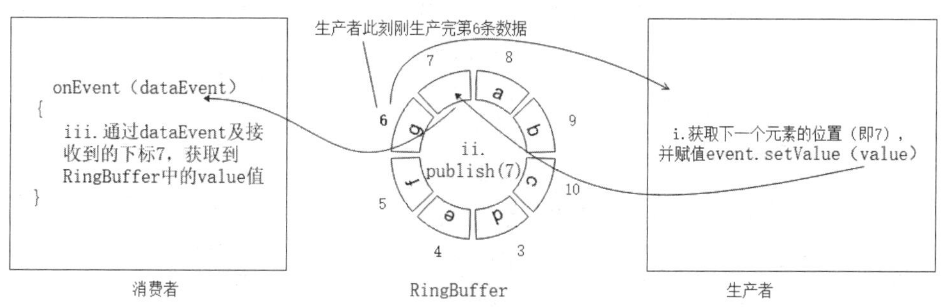


图 9-6　RingBuffer 执行流程

此外，Disruptor 3.0 提供了支持 JDK 8 中 Lambda 表达式的 API，本类的代码还可以写成以下形式。

**》【源码：demo/ch09/disruptor/DataEventProducerWithTranslator.java】**

```
public class DataEventProducerWithTranslator {
  private final RingBuffer<DataEvent>ringBuffer;
  public DataEventProducerWithTranslator(RingBuffer<DataEvent> ringBuffer)
  {
    this.ringBuffer = ringBuffer;
  }
  public void product(ByteBuffer value)
  {
    ringBuffer.publishEvent((event, sequence,buffer) ->
event.setValue(buffer.getChar(0)), value);
  }
}
```

如果使用此方式编写代码，之前的“获取下一个元素的位置，根据获取的元素位置，获取一个空对象，然后给该空对象赋值”等操作都会由 Disruptor 框架底层自动完成。我们要做的只是根据 API 将需要的参数传入相应的位置即可。此方式中涉及的 Disruptor 底层的部分源码如下所示。

**》【源码：com.lmax.disruptor.RingBuffer】**

```
public final class RingBuffer<E> extends RingBufferFields<E> implements Cursored, EventSequencer<E>,
EventSink<E>
{
  ...
  @Override
public <A>void publishEvent(EventTranslatorOneArg<E, A> translator, A arg0)
{
final long sequence = sequencer.next();
  translateAndPublish(translator, sequence, arg0);
}
  private <A>void translateAndPublish(EventTranslatorOneArg<E, A> translator, long sequence, A
arg0)
{
  try
  {
    translator.translateTo(get(sequence), sequence, arg0);
  }
  finally
  {
```

```
        sequencer.publish(sequence);
    }
}
    ...
}
```

### 6. 测试类

》【源码：demo/ch09/disruptor/DisruptorTest.java】

```
public class DisruptorTest {
    public static void main(String[] args) throws InterruptedException {
        // 创建若干个新的消费者线程
        ThreadFactory threadFactory = new ThreadFactory() {
            @Override
            public Thread newThread(Runnable r) {
                return new Thread(null, r, " 线程名 ");
            }
        };
        // 通过 factory 批量产生数据
        DataEventFactory dataFactory = new DataEventFactory();
        // 设置 RingBuffer 的长度（必须为 2 的 n 次方）
        int ringBufferSize = 1024 * 1024;
        /*
            构建 disruptor 对象，构造方法的部分参数含义如下
            ProducerType.SINGLE：表示只有一个生产者向 RingBuffer 发布数据；如果有多个生产者，
则需要使用 ProducerType.MULTI
            new YieldingWaitStrategy()：当生产和消费的速度不一致时的一种等待策略。所有的等待策
略都需要实现 WaitStrategy 接口
         */
        Disruptor<DataEvent> disruptor = new Disruptor<>(dataFactory, ringBufferSize,
 threadFactory, ProducerType.SINGLE, new YieldingWaitStrategy());
        // 绑定消费者 DataEventHandler
        disruptor.handleEventsWith(new DataEventHandler());
        /*
启动 Disruptor，之后当生产者给 RingBuffer 中增加数据 Event 并 publish() 时，就会自动触发消费者中的
onEvent() 方法，进行消费
*/
        disruptor.start();
        // 获取 RingBuffer
```

```
    RingBuffer<DataEvent> ringBuffer = disruptor.getRingBuffer();
    // 获取关联 RingBuffer 的生产者
    DataEventProducer producer = new DataEventProducer(ringBuffer);
    /*
或 DataEventProducerWithTranslator producer
= new DataEventProducerWithTranslator(ringBuffer);
*/
/*
申请 2 个字节的内存空间（因为本示例所传递的数据 DataEvent 类中仅仅包含一个 char 类型，
而一个 char 正好占 2 个字节）
*/
    ByteBuffer buffer = ByteBuffer.allocate(2);
    for (int i = 0; i < 10000000; i++) {
      // 给刚刚申请的内存空间存放数据 'a'
      buffer.putChar(0, 'a');
      // 生产并发布数据 'a'
      producer.product(buffer);
    }
  }
}
```

运行结果如图 9-7 所示。

图 9-7　Disruptor 程序的运行结果

如果将程序中“生产”和“消费”中的打印语句删除，仅仅测试 Disruptor 的执行时间，就可以体验到 Disruptor 的速度之快，代码如下所示。

》【源码：demo/ch09/disruptor/DisruptorTest.java】

```
public class DisruptorTest {
public static void main(String[] args) throws InterruptedException {
  ...
  long start = System.currentTimeMillis();
  for (int i=0;i<10000000;i++) {
    buffer.putChar(0, 'a');
    producer.product(buffer);
  }
```

```
    long end = System.currentTimeMillis();
    System.out.println(" 单线程生产及消费 1000 万个字符 'a' 共花费时间："
+ (end-start)+" 毫秒 ");
  }
}
```

运行结果如图 9-8 所示。

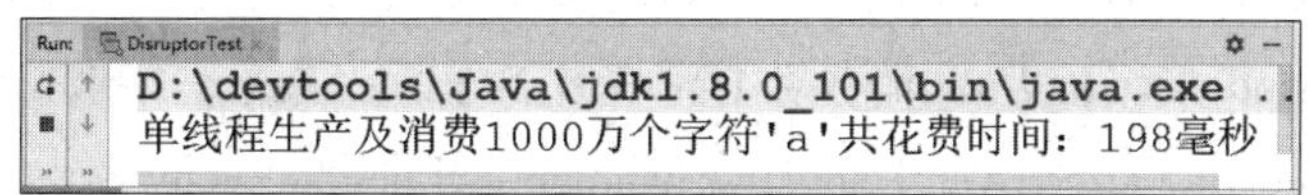


图 9-8　isruptor 程序的执行时间

## 9.2.3 ▶ 使用 Disruptor 轻松实现复杂的依赖逻辑

除了吞吐量外，Disruptor 的另一大特征就是可以轻松地实现多个线程间的依赖顺序，从而控制多线程的并发流程。例如，可以规定消费者在消费数据时，必须遵循以下约定。

（1）C1、C2 作为一个整体（简称 first），C7、C8 作为一个整体（简称 second），C3、C4 作为一个整体（简称 third）。

（2）first、second、third 三者并发执行。

（3）在 first 内，C2 必须在 C1 之后消费数据；在 second 内，C8 必须在 C7 之后消费数据；在 third 内，C4 必须在 C3 之后消费数据。

（4）当 first、second、third 全部消费完毕后，C5 才能消费数据。

（5）当 C5 消费完数据后，C6 才能消费数据。

以上流程如图 9-9 所示。

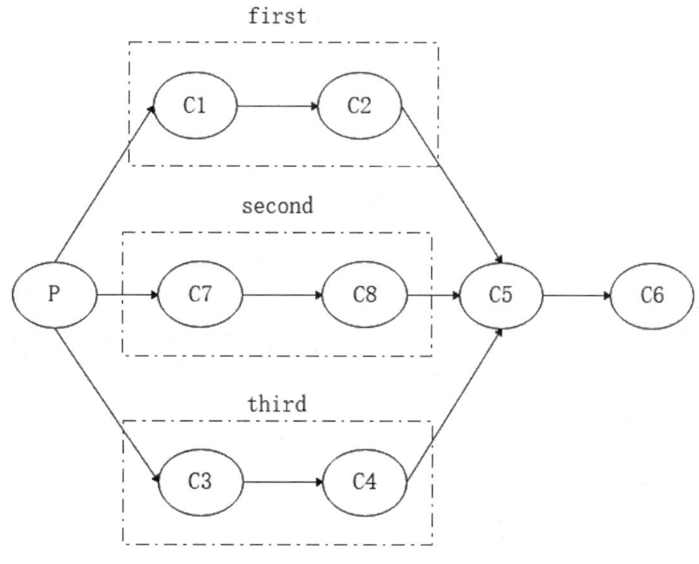


图 9-9　多个线程的依赖顺序

要完成图中的依赖顺序，可以使用 com.lmax.disruptor.dsl.Disruptor<T> 类提供的 EventHandlerGroup<T> handleEventsWith(EventHandler... handlers) 方法。

该方法用于定义多个线程之间的执行顺序是串行执行还是并行执行，具体执行顺序由参数决定。

（1）如果 handleEventsWith() 的参数是一个对象，表示顺序执行。

例如，disruptor.handleEventsWith( 消费者 1).handleEventsWith( 消费者 2) 表示：先执行消费者 1，再执行消费者 2，并且返回一个由消费者 1 和消费者 2 组成的消费者组。

（2）如果 handleEventsWith() 的参数是一个数组或多个对象，表示并发执行。

例如，disruptor.handleEventsWith( 消费者 1, 消费者 2) 表示：消费者 1 和消费者 2 同时并发执行。

EventHandlerGroup<T> after(EventHandler... handlers) 与 handleEventsWith() 类似，该方法也用于定义多个线程之间的执行顺序是串行执行还是并行执行的，举例如下。

（1）disruptor.after( 消费者 1).handleEventsWith( 消费者 2) 表示：当消费者 1 执行完毕之后，再执行消费者 2。

（2）disruptor.after( 消费者 1, 消费者 2, 消费 3).handleEventsWith( 消费者 4) 表示：当消费者 1、消费者 2、消费者 3 并发执行完毕之后，再执行消费者 4。

需要注意，在第 9.2.1 小节提到过“消费者可以理解为 EventHandler( 或 WorkHandler )的实现类”，但 handleEventsWith() 和 after() 方法的参数是 EventHandler 类型，因此在完成以上情况的依赖顺序时，不能使用 WorkHandler 对象作为消费者。

**范例 9-3** 使用 JDK 提供的 API 实现观察者模式

假设 DataEvent 中有 9 个属性 data0 ~ data8。现在要求创建一个生产者线程处理 data0，再创建 8 个消费者线程分别处理 data1 ~ data8；并且要求生产者和消费者在处理数据时，必须符合图 9-9 所示的先后顺序。

本例的实现代码如下所示。

### 1. 数据类

▶【源码：demo/ch09/disruptor/dependency/DataEvent.java】

```
public class DataEvent {
// 生产者处理：data0
private String data0;
// 消费者处理：data1-data8
private String data1;
private String data2;
…
private String data8;
//setter、getter
```

```
@Override
public String toString() {
    return "DataEvent{"+
    "data0='"+ data0 + '\'' +
    ", data1='"+ data1 + '\'' +
    ...
    ", data8='"+ data8 + '\'' +
    '}';
  }
}
```

## 2. 生产者

》【源码：demo/ch09/disruptor/dependency/DataEventProducter.java】

```
public class DataEventProducter implements Runnable {
    Disruptor<DataEvent> disruptor;
    private CountDownLatch latch;

    public DataEventProducter(CountDownLatch latch, Disruptor<DataEvent> disruptor) {
        this.disruptor = disruptor;
        this.latch = latch;
    }
    @Override
    public void run() {
        OrderEventTranslator orderEventTranslator = new OrderEventTranslator();
        disruptor.publishEvent(orderEventTranslator);
        latch.countDown();
    }
}
class OrderEventTranslator implements EventTranslator<DataEvent> {
    @Override
    public void translateTo(DataEvent event, long sequence) {
        this.generateTrade(event);
    }
    // 生产者处理 data0
```

### 3. 消费者 1

▶【源码：demo/ch09/disruptor/dependency/Consumer1.java】

```
public class Consumer1 implements EventHandler<DataEvent>, WorkHandler<DataEvent> {
  @Override
  public void onEvent(DataEvent event, long sequence, boolean endOfBatch)
 throws Exception {
     this.onEvent(event);
  }
  @Override
  public void onEvent(DataEvent event) throws Exception {
     event.setData1("c1");
  }
}
```

### 4. 消费者 2

▶【源码：demo/ch09/disruptor/dependency/Consumer2.java】

```
public class Consumer2 implements EventHandler<DataEvent> {
@Override
public void onEvent(DataEvent event, long sequence, boolean endOfBatch)
 throws Exception {
     event.setData2("c2");
  }
}
```

### 5. 消费者 3

▶【源码：demo/ch09/disruptor/dependency/Consumer3.java】

```
event.setData3("c3");
...
```

### 6. 消费者 4

▶【源码：demo/ch09/disruptor/dependency/Consumer4.java】

```
event.setData4("c4");
...
```

#### 7. 消费者 5

》【源码：demo/ch09/disruptor/dependency/Consumer5.java】

```
event.setData5("c5");
...
```

#### 8. 消费者 6

》【源码：demo/ch09/disruptor/dependency/Consumer6.java】

```
event.setData6("c6");
...
```

#### 9. 消费者 7

》【源码：demo/ch09/disruptor/dependency/Consumer7.java】

```
event.setData7("c7");
...
```

#### 10. 消费者 8

》【源码：demo/ch09/disruptor/dependency/Consumer8.java】

```
event.setData8("c8");
...
```

#### 11. 测试类

》【源码：demo/ch09/disruptor/dependency/TestDisruptor.java】

```
event.setData8("c8");
...
public class TestDisruptor {
  public static void main(String[] args) throws InterruptedException {
    // 创建一个新的消费者线程
    ThreadFactory threadFactory = new ThreadFactory() {
      @Override
      public Thread newThread(Runnable r) {
        return new Thread(null, r, " 消费线程 ");
      }
```

```
    };

    int bufferSize = 1024 * 2048;
    Disruptor<DataEvent> disruptor = new Disruptor<DataEvent>(() -> new DataEvent(),
bufferSize, threadFactory, ProducerType.SINGLE, new BusySpinWaitStrategy());
    // 创建 8 个消费者，分别给 DataEvent 中的 data1~data8 赋值
    Consumer1 h1 = new Consumer1();
    …
    Consumer8 h8 = new Consumer8();
    //h1、h3、h7 并发执行
    disruptor.handleEventsWith(h1, h3, h7);
    //h2 在 h1 之后
    disruptor.after(h1).handleEventsWith(h2);
    //h4 在 h3 之后
    disruptor.after(h3).handleEventsWith(h4);
    //h7 在 h8 之后
    disruptor.after(h7).handleEventsWith(h8);
    // 当 h2、h4、h8 执行完毕后再执行 h5，当 h5 执行完毕后再执行 h6
    disruptor.after(h2, h4, h8).handleEventsWith(h5).handleEventsWith(h6);
    // 启动 disruptor
    disruptor.start();
    CountDownLatch latch = new CountDownLatch(1);
    // 启动生产者（生产者会给 DataEvent 中的 data0 赋值）
    threadFactory.newThread(new DataEventProducter(latch, disruptor)).start();
    latch.await();// 等待生产者线程执行完毕
    Thread.sleep(3000);// 模拟其他业务
    disruptor.shutdown();
  }
}
```

运行结果如图 9-10 所示。

```
C:\Java\jdk1.8.0_101\bin\java.exe ...
DataEvent{data0='data0', data1='c1', data2='c2', data3='c3', data4='c4', data5='c5', data6='c6', data7='c7', data8='c8'}
```

图 9-10　多线程依赖协作的运行结果

除了 com.lmax.disruptor.dsl.Disruptor<T>类外，还可以使用 com.lmax.disruptor.dsl.EventHandlerGroupr<T>来实现依赖顺序。EventHandlerGroupr 不仅提供了 handleEventsWith() 等方法，还提供了独有的 then() 方法。

EventHandlerGroup<T> then(final EventHandler<? super T>... handlers) 也可以用于定义多个线程按串行的顺序执行。例如，disruptor.handleEventsWith( 消费者 1, 消费者 2).then( 消费者 3) 表示：消费者 1 和消费者 2 并发执行，并且在消费者 1 和消费者 2 全部执行完毕后再执行消费者 3。

**范例 9-4** 顺序依赖

DataEvent 中有 4 个属性 data0 ~ data3。现在要求创建一个生产者线程处理 data0，创建 3 个消费者线程分别处理 data1 ~ data3；并且要求生产者和消费者在处理数据时，必须符合图 9-11 所示的先后顺序。

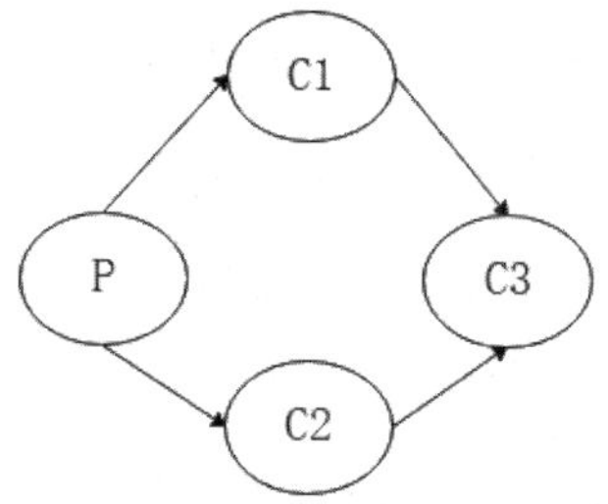


图 9-11　生产者线程和消费者线程的依赖顺序

数据（DataEvent.java）、生产者（DataEventProducter.java）、消费者（Consumer1.java、Consumer2.java、Consumer3.java）的代码与上例类似，测试类的代码如下所示。

》【源码：demo/ch09/disruptor/dependency2/TestDisruptor.java】

```
public class TestDisruptor {
public static void main(String[] args) throws InterruptedException {
    ...
    // 创建 3 个消费者，分别给 DataEvent 中的 data1~data3 赋值
    Consumer1 h1 = new Consumer1();
    Consumer2 h2 = new Consumer2();
    Consumer3 h3 = new Consumer3();
    //h1、h2 并发执行；当 h1 和 h2 各自执行完毕后，再执行 h3
    EventHandlerGroup<DataEvent> handlerGroup = disruptor.handleEventsWith(h1,
        h2).then(h3);
    // 启动 disruptor
    disruptor.start();
    ...
  }
}
```

## 9.3 通过案例讲解 RingBuffer 的两种使用方式

前面的程序都是通过 Disruptor<...> disruptor = new Disruptor<>(...) 的形式产生一个 Disruptor 对象，然后通过 Disruptor 对象执行程序。实际上，不创建 Disruptor 对象，直接使用 RingBuffer 对象也能达到类似的效果。但要注意的是，直接使用 RingBuffer 方式的功能不如使用 Disruptor 对象强大，

如此种方式不能实现多个消费者之间的先后依赖关系。

之前提到过，在 Disruptor 框架中，可以用 EventHandler 和 WorkHandler 两个类模拟“消费者”的行为。相应地，在使用 RingBuffer 对象时，也就有了“EventHandler+BatchEventProcessor”方式和“WorkerPool+WorkHandler”方式两种方式可供选择。

### 9.3.1 ▶ EventHandler+BatchEventProcessor 使用案例

“EventHandler+BatchEventProcessor” 方式是使用 EventHandler 模拟消费者，并且将 EventHandler、RingBuffer( 环形缓冲区 ) 等对象封装到 BatchEventProcessor 中，最后再创建一个线程去执行 BatchEventProcessor 对象中的任务。

**范例 9-5 并发处理**

现有一个 DataEvent 对象，该对象包含了 4 个属性。请使用“EventHandler+BatchEventProcessor”方式，通过 1 个生产者线程设置其中的一个属性，再通过 3 个消费者分别设置剩下的 3 个属性。

本例的实现代码如下所示。

#### 1. 数据类

》【源码：demo/ch09/disruptor/ringbuffer1/DataEvent.java】

```
public class DataEvent {
  private String data0;
  private String data1;
  private int data2;
  private double data3;
  //setter、getter
  @Override
  public String toString() {
    return "DataEvent{"+ "data0='"+ data0 + '\'' +
    ", data1='"+ data1 + '\'' + ", data2="+ data2 +
    ", data3="+ data3 + '}';
  }
}
```

#### 2. 第一个消费对象

》【源码：demo/ch09/disruptor/ringbuffer1/Data1EventHandler.java】

```
...
public class Data1EventHandler implements EventHandler<DataEvent> {
  @Override
```

```
    public void onEvent(DataEvent event, long sequence, boolean endOfBatch)
    throws Exception {
        // 将 data1 设置为一个四位随机字符串
        event.setData1(UUID.randomUUID().toString().substring(0,4));
        System.out.println("Data1EventHandler:"+event);
    }
}
```

### 3. 第二个消费对象

》【源码：demo/ch09/disruptor/ringbuffer1/Data2EventHandler.java】

```
...
public class Data2EventHandler implements EventHandler<DataEvent> {
    @Override
    public void onEvent(DataEvent event, long sequence, boolean endOfBatch)
     throws Exception {
        // 将 data2 设置一个四位随机数字
        event.setData2((int)(Math.random()*9000)+1000);
        System.out.println("Data2EventHandler:"+event);
    }
}
```

### 4. 第三个消费对象

》【源码：demo/ch09/disruptor/ringbuffer1/Data3EventHandler.java】

```
...
public class Data3EventHandler implements EventHandler<DataEvent> {
    @Override
    public void onEvent(DataEvent event, long sequence, boolean endOfBatch)
    throws Exception {
        // 将 data3 设置为一个 1000 以内的随机小数
        event.setData3(Math.random()*1000);
        System.out.println("Data3EventHandler:"+event);
    }
}
```

### 5. 测试类

》【源码：demo/ch09/disruptor/ringbuffer1/RingBufferTest.java】

```
...
public class RingBufferTest {
  public static void main(String[] args) throws Exception {
    // 设置 RingBuffer 大小
    int ringBufferSize = 1024 * 1024;
    // 设置线程的数量（其中有 1 个生产者线程，3 个消费者线程）
    int threadsNum = 4;
    /*
      createSingleProducer()：创建一个单生产者的 RingBuffer，该方法有 3 个参数
      第 1 个参数：参数类型是 EventFactory<E>，即事件工厂；和之前我们自己编写的 DataEventFactory
类似，用于向 RingBuffer 中产生大量 Event 数据
      第 2 个参数：参数类型是 int，用于设置 RingBuffer 的大小
      第 3 个参数：参数类型是 WaitStrategy，表示等待策略
    */
    RingBuffer<DataEvent> ringBuffer = RingBuffer.createSingleProducer(
      () -> new DataEvent(), ringBufferSize, new YieldingWaitStrategy());
    // 创建一个可以存放 4 个线程的线程池
    ExecutorService executors = Executors.newFixedThreadPool(threadsNum);
    // 创建 SequenceBarrier，用于协调生产和消费的速度
    SequenceBarrier sequenceBarrier = ringBuffer.newBarrier();
    // 创建第一个消费者线程
    // 先创建消息处理器对象，该对象封装了消费者、缓冲区等信息
    BatchEventProcessor<DataEvent> dataProcessor1
      = new  BatchEventProcessor<DataEvent>(ringBuffer, sequenceBarrier,
          new Data1EventHandler());
    /*
把当前线程所代表的消费者正在消费的位置信息，通过 RingBuffer 告知给生产者；
    从而让生产者可以感知消费者的速度
*/
    ringBuffer.addGatingSequences(dataProcessor1.getSequence());
    // 把消息处理器提交到线程池，即让消费者 1 以线程的方式去执行
    executors.submit(dataProcessor1);
    // 创建第二个消费者线程
    BatchEventProcessor<DataEvent> dataProcessor2
     = new BatchEventProcessor<DataEvent>(ringBuffer, sequenceBarrier,
       new Data2EventHandler());
    ringBuffer.addGatingSequences(dataProcessor2.getSequence());
    executors.submit(dataProcessor2);
    // 创建第三个消费者线程
    BatchEventProcessor<DataEvent> dataProcessor3
    = new BatchEventProcessor<DataEvent>(ringBuffer, sequenceBarrier,
```

```
        new Data3EventHandler());
    ringBuffer.addGatingSequences(dataProcessor3.getSequence());
    executors.submit(dataProcessor3);
    //提交生产者线程
    Future<?> future = executors.submit(() -> {
            long sequence;
            /*
              每个生产者生产 5 条数据，并发布到 RingBuffer 中，供消费者消费
              其中生产者所生产的数据类型，是通过 RingBuffer.createSingleProducer()
              方法的第一个参数指定的
            */
            for (int i = 0; i < 5; i++) {
            */
            for (int i = 0; i < 5; i++) {
              sequence = ringBuffer.next();
              DataEvent event = ringBuffer.get(sequence);
// 生产者设置 data0 属性
              event.setData0("message0");
              ringBuffer.publish(sequence);
            }
        }
    );
    future.get();// 等待生产者结束
    Thread.sleep(1000);// 模拟其他业务操作
    //dataProcessor.halt();// 结束任务
    //executors.shutdown();// 结束线程
  }
}
```

运行结果如图 9-12 所示。

```
devtools\Java\jdk1.8.0_101\bin\java.exe ...
a2EventHandler:DataEvent{data0='message0', data1='null', data2=9645,
a3EventHandler:DataEvent{data0='message0', data1='null', data2=9645,
a2EventHandler:DataEvent{data0='message0', data1='null', data2=6121,
a3EventHandler:DataEvent{data0='message0', data1='null', data2=6121,
a2EventHandler:DataEvent{data0='message0', data1='null', data2=2355,
a3EventHandler:DataEvent{data0='message0', data1='null', data2=2355,
a2EventHandler:DataEvent{data0='message0', data1='null', data2=3734,
a3EventHandler:DataEvent{data0='message0', data1='null', data2=3734,
a2EventHandler:DataEvent{data0='message0', data1='null', data2=5607,
a3EventHandler:DataEvent{data0='message0', data1='null', data2=5607,
a1EventHandler:DataEvent{data0='message0', data1='f866', data2=9645,
a1EventHandler:DataEvent{data0='message0', data1='0186', data2=6121,
a1EventHandler:DataEvent{data0='message0', data1='01cd', data2=2355,
a1EventHandler:DataEvent{data0='message0', data1='0bcc', data2=3734,
a1EventHandler:DataEvent{data0='message0', data1='4bee', data2=5607,
```

图 9-12　EventHandler+BatchEventProcessor 方式的运行结果

由于 3 个消费者是并发执行的，因此当某个消费者打印时，其他消费者可能还没有给相应数据赋值，所以会出现类似 data1= ‘null’的情况。

如果要将 4 个属性全部赋值之后再进行打印，应该如何操作？很遗憾，RingBuffer、EventHandler、BatchEventProcessor 及下面要讲的 WorkerPool、WorkHandler 等 API 都没有直接提供这种设置依赖顺序的方法。因此，如果项目中存在这种依赖顺序的问题，就只能使用之前讲的 Disruptor 对象来实现了。当然，读者也可以通过自己编写 Future、CountDownLatch 等闭锁代码来实现。

## 9.3.2 ▶ WorkerPool+WorkHandler 使用案例

“EventHandler+BatchEventProcessor” 方式是使用 WorkHandler 模拟消费者，并且将 EventHandler、RingBuffer( 环形缓冲区 ) 等对象封装到 WorkerPool 中。最后创建一个线程去执行 WorkerPool 对象中的任务。

**范例 9-6 使用 JDK 提供的 API 实现观察者模式**

本次用“WorkerPool+WorkHandler”方式再次实现范例 9-5 的要求。

本例的实现代码如下所示。

### 1. 数据类

与“EventHandler+BatchEventProcessor”方式的相同。

### 2. 第一个消费对象

》【源码：demo/ch09/disruptor/ringbuffer2/Data1EventHandler.java】

```
...
public class Data1EventHandler implements WorkHandler<DataEvent> {
  @Override
  public void onEvent(DataEvent event) throws Exception {
    event.setData1(UUID.randomUUID().toString().substring(0,4));
    System.out.println("Data1EventHandler:"+event);
  }
}
```

### 3. 第二个消费对象

》【源码：demo/ch09/disruptor/ringbuffer2/Data2EventHandler.java】

```
...
public class Data2EventHandler implements WorkHandler<DataEvent> {
  @Override
  public void onEvent(DataEvent event) throws Exception {
```

```
        event.setData2((int)(Math.random()*9000)+1000);
        System.out.println("Data2EventHandler:"+event);
    }
}
```

### 4. 第三个消费对象

》【源码：demo/ch09/disruptor/ringbuffer2/Data3EventHandler.java】

```
public class Data3EventHandler implements WorkHandler<DataEvent> {
    @Override
    public void onEvent(DataEvent event) throws Exception {
        event.setData3(Math.random()*1000);
        System.out.println("Data3EventHandler:"+event);
    }
}
```

### 5. 测试类

》【源码：demo/ch09/disruptor/ringbuffer2/RingBufferTest.java】

```
...
public class RingBufferTest {
    public static void main(String[] args) throws InterruptedException {
        int ringBufferSize = 1024 * 1024;
        int threadsNum = 4;
        RingBuffer<DataEvent> ringBuffer = RingBuffer.createSingleProducer(
() -> new DataEvent(), ringBufferSize);
        SequenceBarrier sequenceBarrier = ringBuffer.newBarrier();
        // 线程池
        ExecutorService executor = Executors.newFixedThreadPool(threadsNum);
        WorkHandler<DataEvent> handler1 = new Data1EventHandler();
        // 创建第一个消费者线程
        // 先创建 WorkerPool 对象，该对象封装了消费者、缓冲区等信息
        WorkerPool<DataEvent> workerPool1 = new WorkerPool<DataEvent>(ringBuffer,
 sequenceBarrier, new IgnoreExceptionHandler(), handler1);
        workerPool1.start(executor);
        // 创建第二个消费者线程
        WorkerPool<DataEvent> workerPool2 = new WorkerPool<DataEvent>(ringBuffer,
 sequenceBarrier, new IgnoreExceptionHandler(), new Data2EventHandler());
        workerPool2.start(executor);
        // 创建第三个消费者线程
```

```
        WorkerPool<DataEvent> workerPool3 = new WorkerPool<DataEvent>(ringBuffer,
sequenceBarrier, new IgnoreExceptionHandler(), new Data3EventHandler());
        workerPool3.start(executor);
        long sequence;
        for (int i = 0; i < 5; i++) {
            sequence = ringBuffer.next();
            ringBuffer.get(sequence).setData0("message0");
            ringBuffer.publish(sequence);
        }
        Thread.sleep(1000);
        //workerPool.halt();
        //executor.shutdown();
    }
}
```

实际上，除了“EventHandler+BatchEventProcessor”和“WorkerPool+WorkHandler”外，还有第 3 种直接使用 RingBuffer 的方式：NoOpEventProcessor。但是 NoOpEventProcessor 主要用于“生产者预先向 RingBuffer 中填充数据”的场景，一般仅在测试时使用，这里就不再详细介绍。

以上 3 种方式分别使用到了 BatchEventProcessor、WorkProcessor 和 NoOpEventProcessor 类。而这 3 个类实际是 EventProcessor 的 3 个实现类，如图 9-13 所示。

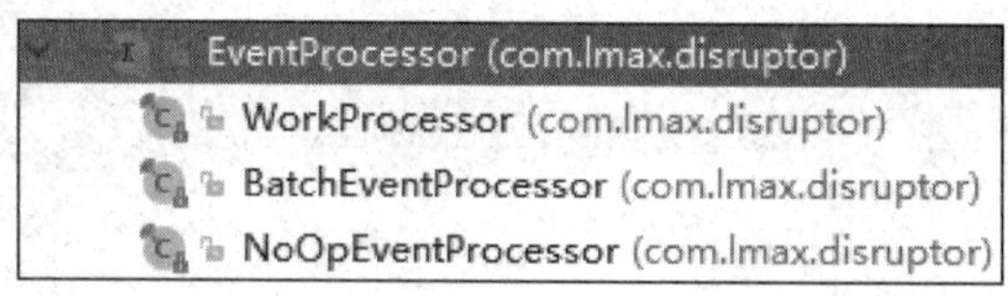


图 9-13　EventProcessor 的实现类

也就是说，EventProcessor 接口定义了 3 种消费者的消费方式，现总结如下。

### 1. “EventHandler+BatchEventProcessor”方式

（1）用于单线程处理 Event。

（2）可以按顺序对 Event 进行处理。

（3）BatchEventProcessor 最终将 Event 交给 EventHandler 进行消费。

BatchEventProcessor 与其他类之间的对应关系如下所述。

① BatchEventProcessor 与 EventHandler 是一一对应的，并且是单线程执行的。

② RingBuffer 可以有多个 BatchEventProcessor，每个 BatchEventProcessor 对应一个线程。

### 2. “WorkerPool+WorkHandler”方式

（1）用于多线程处理 Event，多个 WorkProcessor 以数组的形式被保存在 WorkerPool 中，

WorkerPool 部分源码如下。

》【源码：com.lmax.disruptor.WorkerPool】

```
public final class WorkerPool<T>
{
  private final Sequence workSequence = new Sequence(Sequencer.INITIAL_CURSOR_VALUE);
  private final RingBuffer<T>ringBuffer;
  private final WorkProcessor<?>[] workProcessors;
  ...
}
```

（2）不能按固定顺序对 Event 进行处理。

（3）WorkProcessor 最终将 Event 交给 WorkHandler 进行消费。

最后看一下 EventProcessor 的源码。

》【源码：com.lmax.disruptor.EventProcessor】

```
public interface EventProcessor extends Runnable
{
  Sequence getSequence();
  void halt();
  boolean isRunning();
}
```

**范例 9-7 多生产者与多消费者**

之前的示例都只有一个生产者。最后再演示一个“多个生产者 + 多个消费者”的示例。

本例的实现代码如下所示。

### 1. 数据类

》【源码：demo/ch09/disruptor/multi/DataEvent.java】

```
public class DataEvent {
  private String data;
  //setter、getter
}
```

### 2. 生产者

》【源码：demo/ch09/disruptor/multi/Producter.java】

```
public class Producter {
  private final RingBuffer<DataEvent>ringBuffer;
  public Producter(RingBuffer<DataEvent> ringBuffer){
    this.ringBuffer = ringBuffer;
  }
  public void product(String data){
    long sequence = ringBuffer.next();
    try {
      DataEvent event = ringBuffer.get(sequence);
      event.setData(data);
    } finally {
      ringBuffer.publish(sequence);
    }
  }
}
```

### 3. 消费者

》【源码：demo/ch09/disruptor/multi/Consumer.java】

```
public class Consumer implements WorkHandler<DataEvent>{
  private String cId;
  private static AtomicInteger count = new AtomicInteger(0);
  public Consumer(String cId){
    this.cId = cId;
  }
  @Override
  public void onEvent(DataEvent data) throws Exception {
    System.out.println(" 消费者 "+ this.cId + "，消费数据："+ data.getData());
    count.incrementAndGet();
  }
  public int getCount(){
    return count.get();
  }
}
```

### 4. 测试类

》【源码：demo/ch09/disruptor/multi/Test.java】

```
public class Test {
    public static void main(String[] args) throws Exception {
        RingBuffer<DataEvent> ringBuffer =
            RingBuffer.create(ProducerType.MULTI,
                () ->new DataEvent(),
                1024 * 1024,
                new YieldingWaitStrategy());
        SequenceBarrier barriers = ringBuffer.newBarrier();
        // 多个消费者
int cpuCores = Runtime.getRuntime().availableProcessors() ;
        Consumer[] consumers = new Consumer[cpuCores];
        for (int i = 0; i < consumers.length; i++) {
            consumers[i] = new Consumer("cus"+ i);
        }
        WorkerPool<DataEvent> workerPool =
            new WorkerPool<DataEvent>(ringBuffer,
                barriers,
                new DataEventExceptionHandler(),
                consumers);
        // 协调生产者与消费者的速度
        ringBuffer.addGatingSequences(workerPool.getWorkerSequences());
        ExecutorService executors =
        Executors.newFixedThreadPool(cpuCores);
        workerPool.start(executors);
        final CountDownLatch latch = new CountDownLatch(1);
        //1000 个生产者
        for (int i = 0; i <1000; i++) {
            final Producter p = new Producter(ringBuffer);
            new Thread(
                () -> {
                    try {
                        latch.await();
                    } catch (InterruptedException e) {
                        e.printStackTrace();
                    }
                    for (int j = 0; j <100; j++) {
                        p.product("hello");
                    }
                }
```

```
        ).start();
    }
    latch.countDown();
    Thread.sleep(3000);// 模拟其他业务
    // 统计总消费的数据
    int totalCount = 0;
    for (int i = 0; i < consumers.length; i++) {
        totalCount += consumers[i].getCount();
    }
    System.out.println(" 总数 :"+ totalCount);
    workerPool.halt();
    executors.shutdown();
}
//disruptor 要求：自定义异常必须实现 ExceptionHandler 接口
static class DataEventExceptionHandler implements ExceptionHandler {
    public void handleEventException(Throwable ex, long sequence, Object event) {
        System.out.println(" 执行过程中，出现了异常 ...");
    }
    public void handleOnStartException(Throwable ex) {
        System.out.println(" 启动时，出现了异常 ...");
    }
    public void handleOnShutdownException(Throwable ex) {
        System.out.println(" 关闭时，出现了异常 ...");
    }
}
```

运行结果如图 9-14 所示。

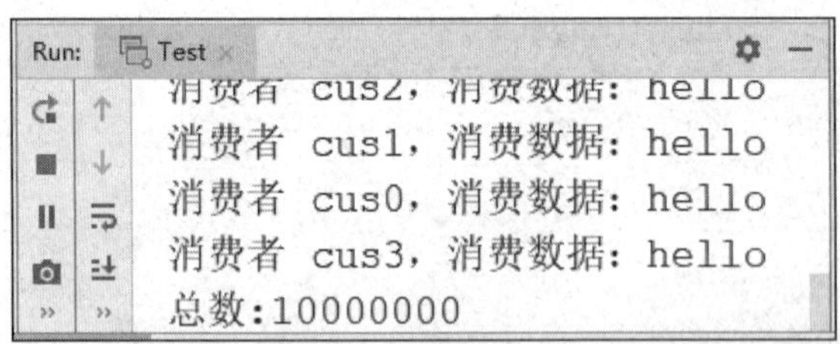


图 9-14　WorkerPool+WorkHandler 方式的运行结果

## 9.4 Disruptor 底层组件解析

前面两节多次使用到了环形缓冲区 RingBuffer 对象。本节讲解与 RingBuffer 密切相关的两个对象：SequenceBarrier 和 Sequencer。充分地学习这两个对象，有助于深入地理解 Disruptor 的设计原理。

## 9.4.1 ▶ SequenceBarrier 原理精讲

SequenceBarrier 是消费者与 RingBuffer 之间的桥梁。在 Disruptor 中，消费者直接访问的是 SequenceBarrier，而不是 RingBuffer，因此 SequenceBarrier 能减少 RingBuffer 上的并发冲突。现举例说明如下。

假设某一时刻的场景：（1）消费者正在消费第 6 条数据；（2）消费者此刻能够检测到 RingBuffer 中最大的下标是 10。

此时消费者就会通过调用 SequenceBarrier 提供的 waitFor() 方法进入阻塞状态，给予生产者一定的时间去生产数据。waitFor() 的参数是消费者下一个即将读取的数据 7，返回值就是此刻可检测到的最大下标 10。与此同时，生产者会持续向 RingBuffer 中增加数据，当增加到第 10 条数据时，就会唤醒消费者结束 waitFor() 方法，消费者结束阻塞后就会去消费第 7、8、9、10 号元素，如图 9-15 所示。

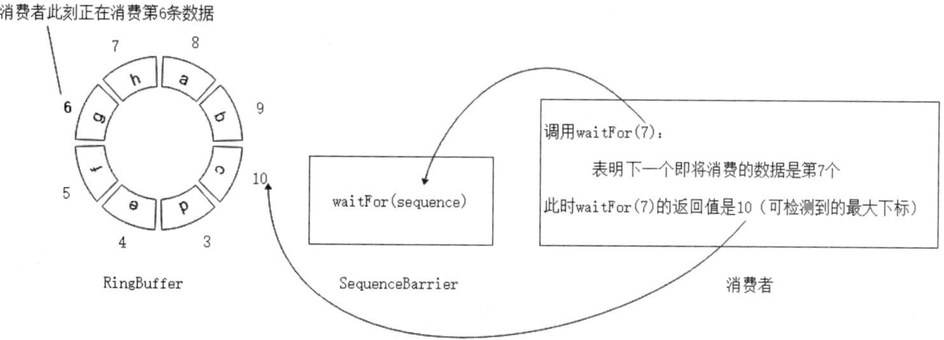


图 9-15　waitFor() 方法的执行时机

这样一来，当消费者的消费速度大于生产者的生产速度时，消费者就可以通过 waitFor() 方法给予生产者一定的缓冲时间，从而协调了生产者和消费者的速度问题。

## 9.4.2 ▶ Sequencer 核心概念

Sequencer 在形式上是一个接口，并且有 SingleProducerSequencer 和 MultiProducerSequence 两个实现类，分别代表单生产者与多生产者。

Sequencer 是生产者与缓冲区 RingBuffer 之间的桥梁。生产者可以通过 Sequencer 向 RingBuffer 申请数据的存放空间，并使用 publish() 方法通过 WaitStrategy 通知消费者。WaitStrategy 是当消费者没有数据可以消费时的等待策略，常见的有以下几种。

BusySpinWaitStrategy：自旋等待。能够及时发现新生产出来的数据，但对 CPU 资源的占用较多。

BlockingWaitStrategy：使用了 Lock 接口的加锁机制，延迟较大，但对 CPU 资源的占用较少。

SleepingWaitStrategy：在多次循环尝试不成功后，主动让出 CPU，等待下次调度。

如果多次调度后仍不成功，就会先休眠一段时间后再尝试。不难发现，此策略是对 BusySpinWaitStrategy 和 BlockingWaitStrategy 策略的一种折中。

YieldingWaitStrategy：在多次循环尝试不成功后，主动让出 CPU，等待下次调度。

PhasedBackoffWaitStrategy：先自旋等待（默认自旋 10000 次），如果仍然没有新数据产生再主动让出 CPU，之后再使用备用的 WaitStrategy 重新等待。

# 第 10 章

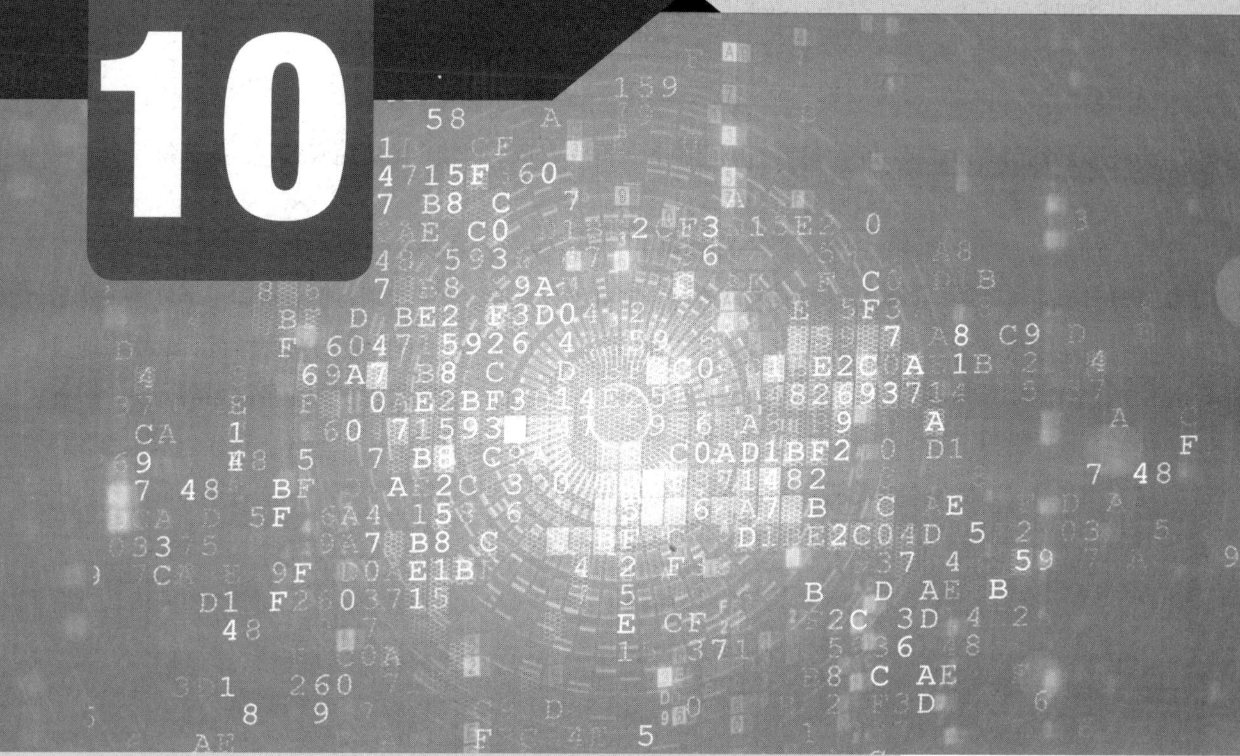

# 手把手开发微服务构建框架 Spring Boot

当前，微服务已经成为大型系统的首选架构，而 Spring Boot 就是微服务开发的不二之选。Spring Boot 可以极大地简化开发工作，已经成为 Java 开发人员的必学技术之一。

# 10.1 微服务简介与 Spring Boot 入门案例

使用 Spring Boot 可以快速地进行微服务开发。本节先介绍微服务的概念，然后详细讲解如何使用 Spring Boot 开发一个具体的微服务。

## 10.1.1 ▶ 微服务简介

顾名思义，如果将一个“较大的应用服务”拆分成多个“较小的应用服务”，那么每一个“较小的应用服务”就是一个微服务。

如果将一个项目全部部署在一台计算机上，那么这台计算机必然会处理全部的请求，因此对计算机的性能要求就非常高。为了减轻单台计算机压力，可以将一个项目拆分成若干个模块，然后将每一个模块部署在不同的计算机上，之后每台计算机只需要处理特定的模块即可。最后再通过 SOA 技术或微服务架构（如 Dubbo、Spring Cloud 等），将所有模块提供的服务注册到同一个服务中心。也就是说，可以通过一个“服务注册中心”将所有模块连接为一个整体。这样一来，当客户端发出请求时，服务端会先从“服务注册中心”中寻找处理该请求的节点，然后再在相应的节点中处理该请求，如图 10-1 所示。

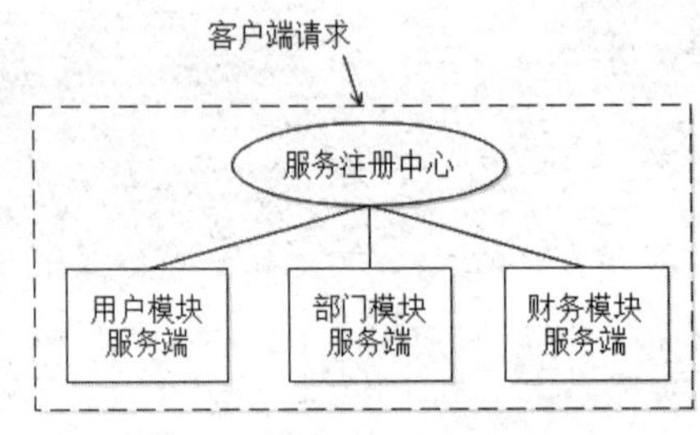


图 10-1　微服务架构

实际上，以上拆分后的各个模块就是一个个的“微服务”。而使用 Spring Boot 就可以快速地创建出图 10-1 所示的用户模块、部门模块、财务模块等各个提供服务的模块（微服务）。

总的来说，Spring Boot 主要可以完成以下两件事情。

（1）快速开发微服务（如开发图 10-1 中的各个微服务模块）。

（2）简化配置与技术整合。在以前，我们可能会手工配置 Spring、MyBatis 等技术的配置文件，尤其是在技术整合时（如 SSM 整合），这些配置会更加烦琐。但 Spring Boot 提供了许多的“自动配置类”，可以自动完成大部分常见的配置，这样一来我们就可以将工作的重点放在业务本身上，而不是配置上。“自动配置类”是基于“约定优于配置”的思想，即把一些常见的值以“约定”的方式提前设置好。这就好比在生活中，如果张三约李四去一个地方，张三就有以下两种方式。

（1）张三把这个地方的详细地址告诉给李四（相当于手工配置）。

（2）张三直接跟李四说“老地方见”。因为张三和李四之前有过约定，这个“老地方”就是指一个默认的地方（即默认配置的值）。

Spring Boot 就是提前设置了各种各样的默认配置，帮助我们在开发时省去烦琐的配置。

## 10.1.2 ▶ 从环境搭建到开发第一个 Spring Boot 微服务

本章使用的开发工具是 Spring 官方提供的 Spring Tool Suite（简称 STS），并且通过 Maven 管理依赖。接下来按照以下步骤，快速开发第一个 Spring Boot 程序。

（1）开启 STS，依次打开 File→New→Spring Starter Project，如图 10-2 所示。

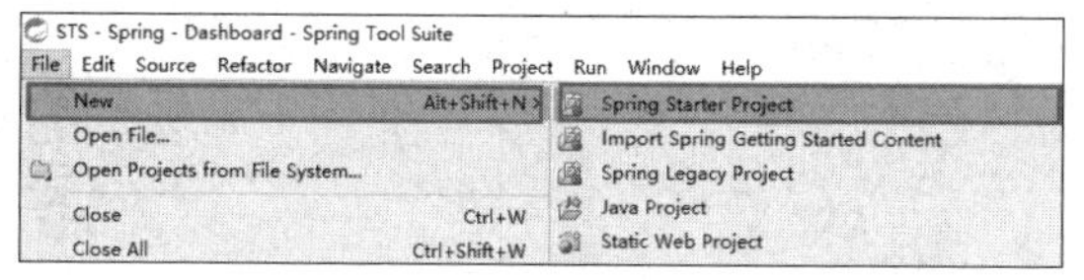


图 10-2　创建 Spring Boot 项目

（2）在弹出的界面中，选择构建工具、开发语言，并输入项目坐标、项目名（MySpringBoot）等，再将打包方式选为“Jar”，如图 10-3 所示。

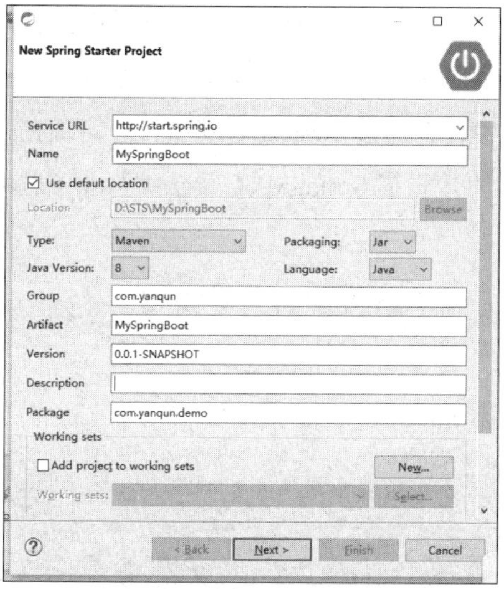

图 10-3　项目设置

（3）接下来，可以让 Spring Boot 项目在初始化时引入各种依赖。本次仅开发一个 Web 程序，因此只需要选中 Web 复选框即可，如图 10-4 所示。

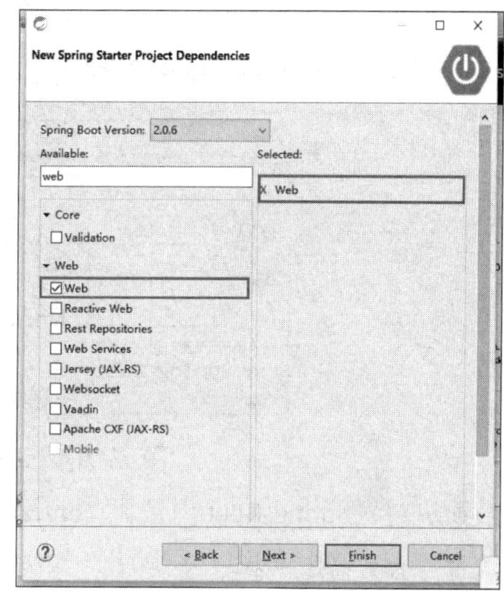


图 10-4　选择 Web 依赖

特别注意，在本次使用 Spring Boot 开发 Web 项目时，打包方式选择的是“Jar”，而不是“War”。这是因为 Spring Boot 内置了 Tomcat 服务器，并且在 main() 方法启动时会直接启动 Tomcat。

使用 STS 创建好的 Spring Boot 项目结构如图 10-5 所示。

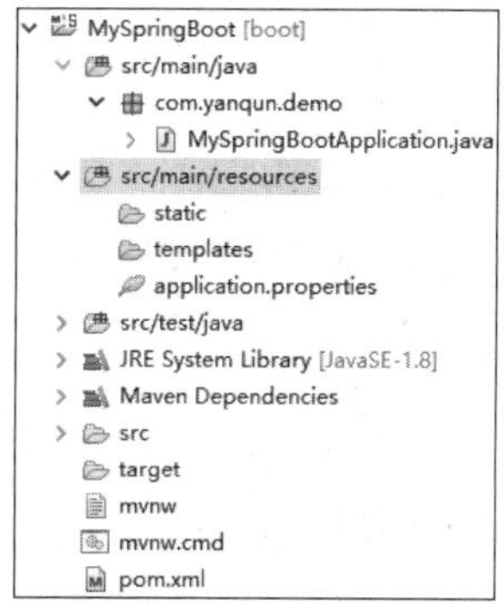


图 10-5　Spring Boot 项目结构

因为本次使用的是 Maven 管理项目，所以项目本身就是一个标准的 Maven 结构。其中 resources 的子目录或子文件的含义介绍如下。

（1）static：用于存放 js、css、图片、音频、视频等静态资源。

（2）templates：用于存放模板文件（Spring Boot 默认不支持 JSP，而是推荐使用 FreeMarker，Thymeleaf 等模版引擎开发 Web 页面，而这些模版引擎在编写时就需要用到模板文件）。

（3）application.properties：配置文件。Spring Boot 在 src/main/java 中自动生成了一个 MySpringBootApplication.java，这个类就是 Spring Boot 程序的入口类。如果运行此程序能够看到图 10-6 所示的结果，说明 Spring Boot 环境搭建成功。

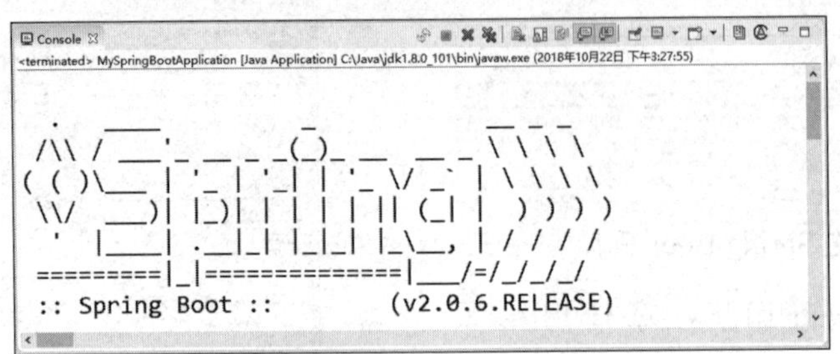


图 10-6　Spring Boot 程序的启动界面

前面讲过，Spring Boot 内置了 Tomcat 服务器，并且可以自动配置 SpringMVC 等各种组件，现在就通过示例感受一下。

回顾一下，如果不用 Spring Boot，是如何用 SpringMVC 开发 Web 项目的？需要先引入 spring-web.RELEASE.jar 等依赖，然后在 web.xml 中配置 DispatcherServlet，之后再编写 springmvc.xml 配置文件，最后还要将编写完的 Web 项目部署到 Tomcat 中，并通过 Tomcat 启动项目。而现在，使用了 Spring Boot 后，不需要执行上述任何操作，就可以直接根据 SpringMVC 语法编写业务逻辑，示例如下。

**范例 10-1**　编写控制器

编写控制器，用于在页面上打印一句话，代码如下。

**》【源码：demo/ch10/com/yanqun/demo/controller/SpringBootController.java】**

```
package com.yanqun.demo.controller;
...
@Controller
public class SpringBootController {
@ResponseBody
@RequestMapping("hello")
public String hello(){
        return "hello Spring Boot" ;
}
}
```

重新启动 MySpringBootApplication，就可以通过浏览器直接访问此方法，如图 10-7 所示。

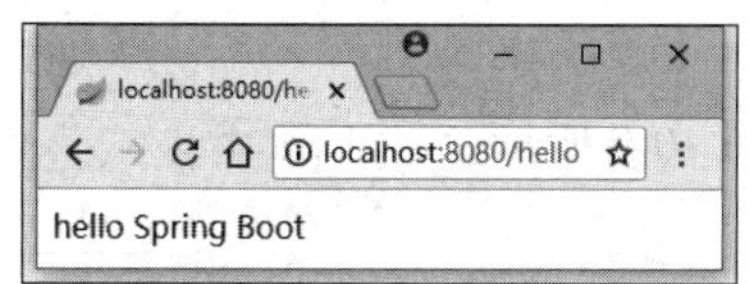


图 10-7　Spring Boot 程序的运行结果

## 10.1.3 ▶ Spring Boot CLI 快速体验

如果想以命令行的方式运行 Spring Boot，或者想用 Groovy 等类 Java 语言开发 Spring Boot 程序，就可以使用 Spring Boot CLI。Spring Boot CLI 是一个命令行工具，具体的使用步骤如下。

### 1. 安装配置 Spring Boot CLI

在官网（http://repo.spring.io/release/org/springframework/boot/spring-boot-cli/）中下载 Spring Boot CLI，并将解压后的 bin 目录配置到环境变量 PATH 中。

在 CMD 中输入 spring --version，如果能看到如图 10-8 所示的结果，说明 Spring Boot CLI 配置成功。

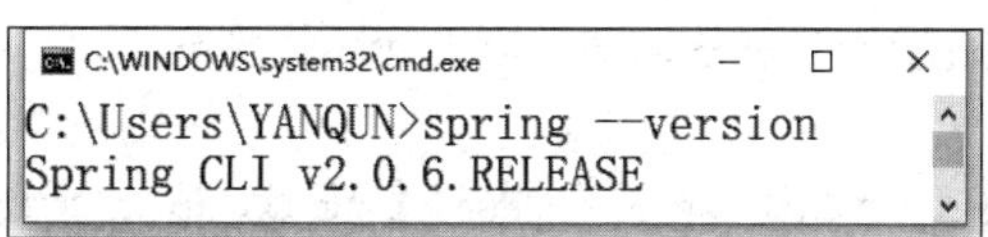


图 10-8　查看 Spring Boot CLI 版本

### 2. 编写 Groovy 代码

**范例 10-2**　体验 Groovy

在本地文件 D:\dev\Boot.groovy 中编写一个代码，如下所示。

❯【源码：demo/ch10/Boot.groovy】

```
@RestController
public class Boot {
  @RequestMapping(value = "/helloGroovy")
  public String sayHello() {
    return "Hello Spring Boot,hello Groovy";
  }
}
```

### 3. 使用 Spring Boot CLI 运行 Groovy 程序

（1）在 CMD 中启动刚刚用 Groovy 编写的 Spring Boot 程序，运行结果如图 10-9 所示。

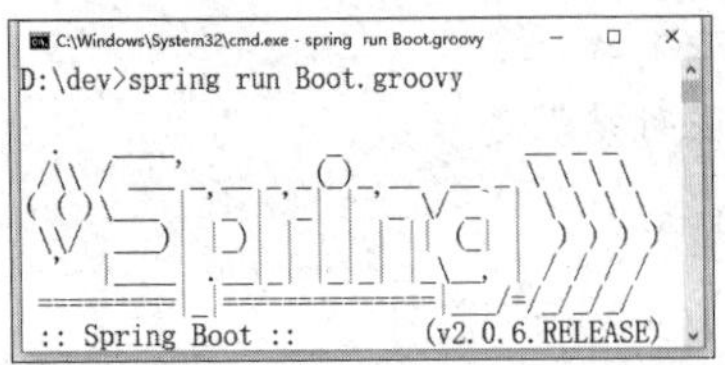


图 10-9　Spring Boot 程序的启动界面

（2）通过浏览器访问程序，运行结果如图 10-10 所示。

图 10-10　Spring Boot 程序的运行结果

## 10.2 从源码角度深度解析 Spring Boot 核心要点

在阅读上一节的示例代码时，读者可能会有以下两个疑问。

（1）为什么 Spring Boot 项目不需要手工引入与 SpringMVC 相关的依赖 Jar 文件?

（2）那么多烦琐的配置操作是如何被省略的?

答案很简单，因为 Spring Boot 在底层已经完成了。本节从源码的角度讲解 Spring Boot 的核心原理，相信读者学习完本节后就能够清楚地知道以上问题的答案了。

### 10.2.1 ▶ 使用 Starter 快速导入依赖并解决版本冲突问题

对于上面的第一个问题，我们可以研究创建 Spring Boot 项目时自动生成的 pom.xml 文件，其部分源码如下所示。

**》【源码：demo/ch10/pom.xml】**

```
<?xml version="1.0" encoding="UTF-8"?>
<project...>
        ...
        <groupId>com.yanqun</groupId>
        <artifactId>MySpringBoot</artifactId>
        <version>0.0.1-SNAPSHOT</version>
        <packaging>jar</packaging>
        <name>MySpringBoot</name>
<!-- ① -->
        <parent>
                <groupId>org.springframework.boot</groupId>
                <artifactId>spring-boot-starter-parent</artifactId>
                <version>2.0.6.RELEASE</version>
                <relativePath/>
```

```
</parent>
        ...
<!-- ② -->
        <dependencies>
                <dependency>
                        <groupId>org.springframework.boot</groupId>
                        <artifactId>spring-boot-starter-web</artifactId>
                </dependency>
                ...
        </dependencies>
        ...
</project>
```

在 pom.xml 文件中的①处，定义了 Spring Boot 的一个 Starter（场景启动器）的父标签 spring-boot-starter-parent，该父标签的部分源码如下（可以通过 intellij idae 或 Eclipse 等开发工具追踪此源码）。

```
<?xml version="1.0" encoding="utf-8"?>
<project...>
        <modelVersion>4.0.0</modelVersion>
        <parent>
                <groupId>org.springframework.boot</groupId>
                <artifactId>spring-boot-dependencies</artifactId>
                <version>2.0.6.RELEASE</version>
                <relativePath>../../spring-boot-dependencies</relativePath>
        </parent>
        ...
</project>
```

不难发现，在这个父标签中，又定义了一个父标签（即父标签的父标签），继续追踪此 <parent> 的源码，如下所示。

```
<?xml version="1.0"encoding="utf-8"?>
<project...>
        ...
        <name>Spring Boot Dependencies</name>
        <description>Spring Boot Dependencies</description>
        ...
        <properties>
                <activemq.version>5.15.6</activemq.version>
                <antlr2.version>2.7.7</antlr2.version>
```

```
            <appengine-sdk.version>1.9.66</appengine-sdk.version>
            <artemis.version>2.4.0</artemis.version>
            <assertj.version>3.9.1</assertj.version>
            ...
    </properties>

    <dependencyManagement>
            <dependencies>
                    ...

                    <dependency>
                            <groupId>org.freemarker</groupId>
                            <artifactId>freemarker</artifactId>
                            <version>${freemarker.version}</version>
                    </dependency>
                    ...
            </dependencies>
    </dependencyManagement>
    ...
</project>
```

这个顶级 parent 的 <name> 是 Spring Boot Dependencies，表示 Spring Boot 的依赖管理中心，并且提供了 <properties> 标签，其中定义了各种依赖组件的版本号，称为 Spring Boot 的版本仲裁中心。因此，以后在用 Spring Boot 开发时，仅需要写上所依赖 Jar 的 <groupId> 和 <artifactId> 即可，并不需要指定版本号 <version>。这就给我们的开发带来了极大的便利：①不用再记各种依赖的版本号；②更重要的是，不用再担心自己引入的多个 Jar 之间是否会出现版本冲突。例如，文件上传会用到 commons-fileupload1.2.1.jar 和 commons-io-2.4.jar，如果自己手工导入这两个 Jar 依赖，要记住 1.2.1 和 2.4 这两个版本号，否则就可能因为版本不兼容而造成冲突。但是现在，所有的版本号都交给了 Spring Boot 统一自动管理，以后引入依赖时，就不需要担心 Jar 的版本问题了。

此外，在这个顶级 parent 的 <dependencyManagement> 中，还定义了许多 Starter（场景启动器）。Spring Boot 将常用技术所依赖的各种 Jar 都提取出来，分门别类地放到了一个个 Starter 中。也就是说，Spring Boot 将各个应用（三方框架或技术）所需要的 Jar 依赖，都设置成了一个个“场景”Starter，以后要使用哪个应用，就不用再考虑每个应用都依赖哪些 Jar，而只需要引入那个应用对应的场景 Starter 即可，相当于一个 Starter 包含了若干个 Jar 依赖。例如，前面我们用 Spring Boot 开发 Web 项目时，在 pom.xml 的②处就定义了一个 Web 技术的 Starter，如下所示。

MySpringBoot 项目中的 pom.xml：

```
<dependency>
<groupId>org.springframework.boot</groupId>
```

```
<artifactId>spring-boot-starter-web</artifactId>
</dependency>
```

这个 Web 的 Starter 就是在顶级 parent 中定义的一个 Starter，如下所示。

顶级 parent 中的 pom.xml：

```
<dependency>
<groupId>org.springframework.boot</groupId>
<artifactId>spring-boot-starter-web</artifactId>
<version>2.0.6.RELEASE</version>
</dependency>
```

继续追踪，此 Web 的 Starter 源码如下所示。

```
<?xml version="1.0" encoding="UTF-8"?>
<project ...>
    <modelVersion>4.0.0</modelVersion>
    ...
    <groupId>org.springframework.boot</groupId>
    <artifactId>spring-boot-starter-web</artifactId>
    <version>2.0.6.RELEASE</version>
    <name>Spring Boot Web Starter</name>
    ...
    <dependencies>
        <dependency>
            <groupId>org.springframework.boot</groupId>
            <artifactId>spring-boot-starter</artifactId>
            <version>2.0.6.RELEASE</version>
            <scope>compile</scope>
        </dependency>
        <dependency>
            <groupId>org.springframework.boot</groupId>
            <artifactId>spring-boot-starter-json</artifactId>
            <version>2.0.6.RELEASE</version>
            <scope>compile</scope>
        </dependency>
        <dependency>
            <groupId>org.springframework.boot</groupId>
            <artifactId>spring-boot-starter-tomcat</artifactId>
            <version>2.0.6.RELEASE</version>
            <scope>compile</scope>
        </dependency>
```

```
            <dependency>
                    <groupId>org.hibernate.validator</groupId>
                    <artifactId>hibernate-validator</artifactId>
                    <version>6.0.13.Final</version>
                    <scope>compile</scope>
            </dependency>
            <dependency>
                    <groupId>org.springframework</groupId>
                    <artifactId>spring-web</artifactId>
                    <version>5.0.10.RELEASE</version>
                    <scope>compile</scope>
            </dependency>
            <dependency>
                    <groupId>org.springframework</groupId>
                    <artifactId>spring-webmvc</artifactId>
                    <version>5.0.10.RELEASE</version>
                    <scope>compile</scope>
            </dependency>
        </dependencies>
</project>
```

可以发现，此 Web 的 Starter 源码中，就定义了 Json、Tomcat、hibernate-validator、spring-Web、spring-webmvc 等各种 Web 开发需要的依赖。也就是说，在引入 Web 的 Starter 后，常用 Web 技术所依赖的所有 Jar 就都已经被引入了。

回顾一下，为何本项目会引入了 Web 的 Starter 呢？因为我们当时在使用 STS 创建项目时，引入了一个 Web，如图 10-11 所示。

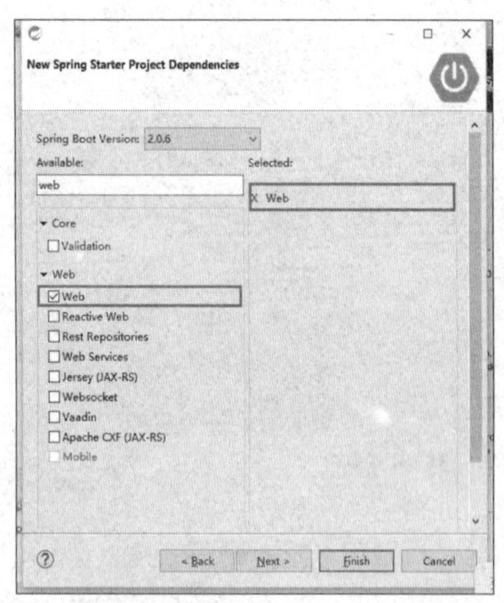


图 10-11　引入 Web 依赖

除了 Web 的 Starter 外，其他 Starter 都包含了哪些具体的依赖呢？读者可以追踪 Spring Boot 源码，也可以查阅 Spring 官网（https://spring.io/projects/spring-boot#learn）提供的说明文档，如图 10-12 所示。

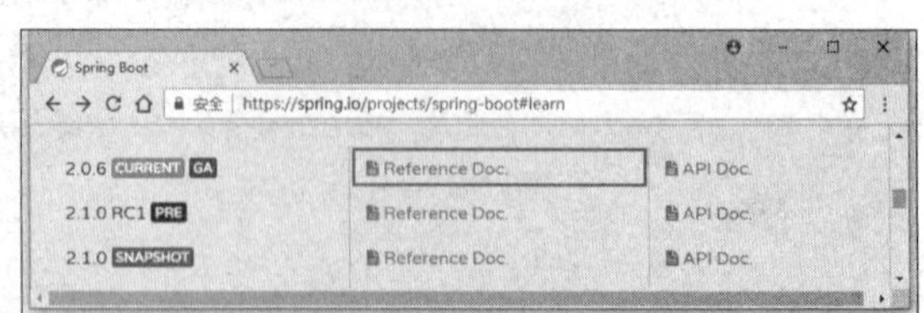


图 10-12　Spring 官网说明文档

在该文档的“13.5 Starters”中，就对各个 Starter 进行了详尽地描述，如图 10-13 所示。

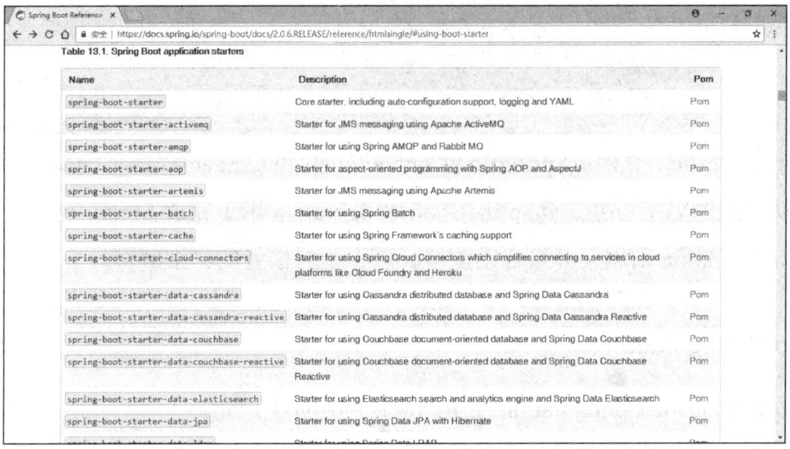

Table 13.1. Spring Boot application starters

| Name | Description | Pom |
| --- | --- | --- |
| spring-boot-starter | Core starter, including auto-configuration support, logging and YAML | Pom |
| spring-boot-starter-activemq | Starter for JMS messaging using Apache ActiveMQ | Pom |
| spring-boot-starter-amqp | Starter for using Spring AMQP and Rabbit MQ | Pom |
| spring-boot-starter-aop | Starter for aspect-oriented programming with Spring AOP and AspectJ | Pom |
| spring-boot-starter-artemis | Starter for JMS messaging using Apache Artemis | Pom |
| spring-boot-starter-batch | Starter for using Spring Batch | Pom |
| spring-boot-starter-cache | Starter for using Spring Framework's caching support | Pom |
| spring-boot-starter-cloud-connectors | Starter for using Spring Cloud Connectors which simplifies connecting to services in cloud platforms like Cloud Foundry and Heroku | Pom |
| spring-boot-starter-data-cassandra | Starter for using Cassandra distributed database and Spring Data Cassandra | Pom |
| spring-boot-starter-data-cassandra-reactive | Starter for using Cassandra distributed database and Spring Data Cassandra Reactive | Pom |
| spring-boot-starter-data-couchbase | Starter for using Couchbase document-oriented database and Spring Data Couchbase | Pom |
| spring-boot-starter-data-couchbase-reactive | Starter for using Couchbase document-oriented database and Spring Data Couchbase Reactive | Pom |
| spring-boot-starter-data-elasticsearch | Starter for using Elasticsearch search and analytics engine and Spring Data Elasticsearch | Pom |
| spring-boot-starter-data-jpa | Starter for using Spring Data JPA with Hibernate | Pom |

图 10-13　官网中对 Starter 的介绍

图 10-13 中的最后一列 Pom，就是相应 Starter 的 Pom 依赖文件。

简言之，在使用 Spring Boot 开发项目时，我们只需要引入开发的场景 Starter，之后 Spring Boot 就会自动加入该场景需要的所有 Jar 依赖，并且管理好这些 Jar 的版本号。

## 10.2.2 ▶ Spring Boot 自动装配机制的源码解读

关于本节开头的第二个问题（那么多烦琐的配置操作是如何被省略的？），回答之前，需要仔细的阅读一下前面所建项目（MySpringBoot）入口类 MySpringBootApplication 的源代码，代码如下。

》【源码：demo/ch10/com/yanqun/demo/MySpringBootApplication.java】

```
package com.yanqun.demo;
import org.springframework.boot.SpringApplication;
import org.springframework.boot.autoconfigure.SpringBootApplication;
@SpringBootApplication
public class MySpringBootApplication {
    public static void main(String[] args) {
        SpringApplication.run(MySpringBootApplication.class, args);
    }
}
```

Spring Boot 就是通过程序中的 @SpringBootApplication 注解帮我们完成了各种烦琐的配置。定义 @SpringBootApplication 注解的部分源码如下。

》【源码：org.springframework.boot.autoconfigure.SpringBootApplication】

```
...
@SpringBootConfiguration
@EnableAutoConfiguration
```

```
...
public @interface SpringBootApplication {
    ...
}
```

SpringBootApplication 中有 @SpringBootConfiguration 和 @EnableAutoConfiguration 这两个非常重要的注解。从注解的名字可知，@SpringBootConfiguration 用于完成 Spring Boot 的配置操作，而 @EnableAutoConfiguration 则用于开启自动配置。以下是对二者的详细解释。

#### 1. @SpringBootConfiguration

追踪定义 @SpringBootConfiguration 注解的源代码，如下所示。

》【源码：org.springframework.boot.SpringBootConfiguration】

```
package org.springframework.boot;
import java.lang.annotation.*;
import org.springframework.context.annotation.Configuration;
@Target(ElementType.TYPE)
@Retention(RetentionPolicy.RUNTIME)
@Documented
@Configuration
public @interface SpringBootConfiguration {
}
```

可以发现，此注解的定义依赖于另一个 @Configuration 注解。而 @Configuration 主要有以下 2 个作用。

（1）@Configuration 注解所标识的类，可以作为一个配置类。

例如，我们可能习惯于在 Spring 的配置文件 applicationContext.xml 中，通过以下形式配置一个 Bean。

```
<bean id="..." class="...">
    <property name="..." ref="..."/>
    <property name="..." value="..."/>
</bean>
```

与上述方式等价，也可以在 Spring Boot 中通过 @Configuration 标识一个类，然后在这个类中描述一个 Bean 的配置，而这个类就称为“配置类”。并且 Spring Boot 官方也推荐使用配置类的形式进行配置。

（2）@Configuration 注解所标识的类，会被自动纳入 Spring IoC 容器中。

实际上在 Spring 中，可以通过以下两种方式，将一个对象纳入 Spring IoC 容器中。

① 在 applicationContext.xml 中配置一个 <bean>。先将一个类用 @Controller、@Service、@Repository 或 @Component 标识，然后再将这个类放入 component-scan 扫描器的 base-package 属性中。

② 也可以使用 @Configuration 标识该对象所在的类。也就是说，对于将一个对象纳入 Spring IoC 这个功能来说，Spring Boot 中的 @Configuration 等价于 Spring 中的 @Controller、@Service、@Repository 或 @Component。

### 2. @EnableAutoConfiguration

@EnableAutoConfiguration 是整个 Spring Boot 中最重要的一个注解。Spring Boot 最强大的功能就是自动装配，自动配置各种框架，自动引入各种 Jar 依赖包。而这个"自动装配"的功能，就是通过 @EnableAutoConfiguration 逐步实现的。

例如，在本节开头的 MySpringBoot 项目中，Spring Boot 就是通过此注解，对 SpringMVC 技术进行了各种配置。下面进行详细的分析。

追踪定义 @EnableAutoConfiguration 注解的源码，如下所示。

》【源码：org.springframework.boot.autoconfigure.EnableAutoConfiguration】

```
package org.springframework.boot.autoconfigure;
//import ...
...
@AutoConfigurationPackage
@Import(AutoConfigurationImportSelector.class)
public @interface EnableAutoConfiguration {
...
}
```

可以发现，在 EnableAutoConfiguration 的定义前，有一个 @AutoConfigurationPackage 注解。继续追踪，定义 @AutoConfigurationPackage 注解的源码如下所示。

》【源码：org.springframework.boot.autoconfigure.AutoConfigurationPackage】

```
package org.springframework.boot.autoconfigure;
//import ...
...
@Import(AutoConfigurationPackages.Registrar.class)
public @interface AutoConfigurationPackage {
}
```

又可以在此注解的定义前找到 @Import(AutoConfigurationPackages.Registrar.class)。从名字可以知道 Import 是导包的意思，而 AutoConfigurationPackages.Registrar.class 就是用于"自动配置 package"，接着追踪 Registrar.class 的源码，如下所示。

**【源码：org.springframework.boot.autoconfigure.AutoConfigurationPackages】**

```
package org.springframework.boot.autoconfigure;
//import ...
public abstractc class AutoConfigurationPackages {
...
    static class Registrar implements ImportBeanDefinitionRegistrar, DeterminableImports {
        @Override
        public void registerBeanDefinitions(AnnotationMetadata metadata,
                    BeanDefinitionRegistry registry) {
    // -------- ① ----------
            register(registry, new PackageImport(metadata).getPackageName());
        }
...
    }
  ...
    private static final class PackageImport {
        private final String packageName;
        ...
    }
    static final class BasePackages {
...
    }
}
```

为了分析此类的作用，在①处的 register() 方法前打上断点，并以 Debug 方式启动 MySpringBoot 项目。调试界面如图 10-14 所示。

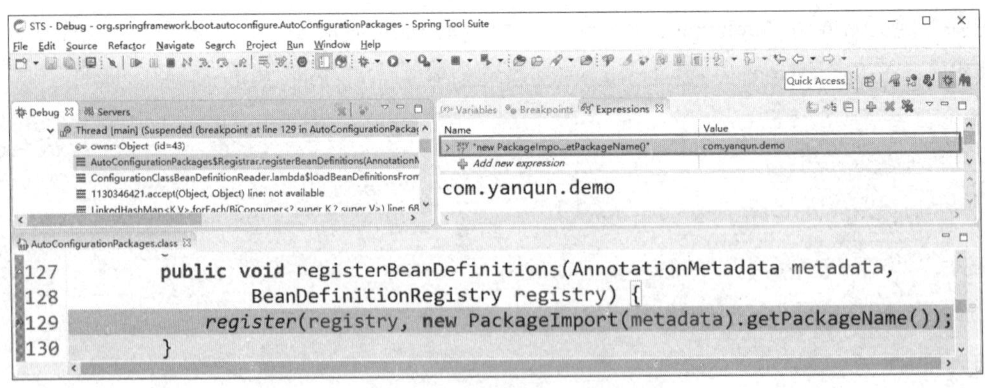

图 10-14　register() 方法的调试界面

从调试界面可知，此时 new PackageImport(metadata).getPackageName() 的值是 com.yanqun.demo。为何会如此？这是因为本次 SpringBoot 项目的入口类 MySpringBootApplication 的所在包名就是 com.yanqun.demo。入口类的源码如下。

**【源码：demo/ch10/com/yanqun/demo/MySpringBootApplication.java】**

```
package com.yanqun.demo;
//import ...
@SpringBootApplication
public class MySpringBootApplication {
        public static void main(String[] args) {
                SpringApplication.run(MySpringBootApplication.class, args);
        }
}
```

因此可以得出结论：Spring Boot 在启动时，可以找到 Spring Boot 的入口类（即 @SpringBootApplication 所标识的类），然后会将该类所在的包（实际上，还有该包下的所有子包）全部纳入 Spring IoC 容器中。因此，之前在写 MySpringBoot 项目时，Spring Boot 就会自动将 SpringMVC 编写的控制器也纳入 Spring IoC 容器，控制器的源码如下所示。

**【源码：demo/ch10/com/yanqun/demo/controller/SpringBootController.java】**

```
package com.yanqun.demo.controller;
//import ...
@Controller
public class SpringBootController {
        @ResponseBody
        @RequestMapping("hello")
        public String hello(){
                return "hello Spring Boot" ;
        }
}
```

综上可知，既然 Spring Boot 已经能够识别控制器的位置，就不需要再手工通过 SpringMVC 配置文件去配置了。读者可以回忆一下 SpringMVC 知识，以前在配置控制器时，是必须要在 xml 中将控制器的包放入扫描器 <context:component-scan base-package="..."/> 中，而现在这一步就被 Spring Boot 省略了。

接下来观察 @interface EnableAutoConfiguration 前的另一个注解“@Import(AutoConfigurationImportSelector.class)”。

在观察之前，先介绍一下 @interface EnableAutoConfiguration 上的两个注解，如下所示。

（1）@AutoConfigurationPackage：将自己写的程序（如控制器 SpringBootController）引入 Spring Boot 项目中。

（2）@Import(AutoConfigurationImportSelector.class)：将三方 JAR（可理解为“别人写的程序”）引入 Spring Boot 项目中。

现在追踪 @Import(...) 中的 AutoConfigurationImportSelector.class 源码，如下所示。

**【源码：org.springframework.boot.autoconfigure.AutoConfigurationImportSelector】**

```
package org.springframework.boot.autoconfigure;
//import ...
public class AutoConfigurationImportSelector
                implements DeferredImportSelector, BeanClassLoaderAware, ResourceLoaderAware,
public class AutoConfigurationImportSelector implements DeferredImportSelector, BeanClassLoaderAware,
ResourceLoaderAware, BeanFactoryAware, EnvironmentAware, Ordered {
                BeanFactoryAware, EnvironmentAware, Ordered {
...
        @Override
        public String[] selectImports(AnnotationMetadata annotationMetadata) {
                if (!isEnabled(annotationMetadata)) {
                        return NO_IMPORTS;
                }
                AutoConfigurationMetadata autoConfigurationMetadata = AutoConfigurationMetadataLoader
                                .loadMetadata(this.beanClassLoader);
                AnnotationAttributes attributes = getAttributes(annotationMetadata);
                List<String> configurations = getCandidateConfigurations(annotationMetadata,
                                attributes);
     //------------ ① ----------------
                configurations = removeDuplicates(configurations);
                Set<String> exclusions = getExclusions(annotationMetadata, attributes);
                checkExcludedClasses(configurations, exclusions);
                configurations.removeAll(exclusions);
                configurations = filter(configurations, autoConfigurationMetadata);
                fireAutoConfigurationImportEvents(configurations, exclusions);
                return StringUtils.toStringArray(configurations);
        }
        ...
}
```

在①处下一行的 congifurations=... 前打上断点，再次以 Debug 方式启动项目，调试界面如图 10-15 所示。

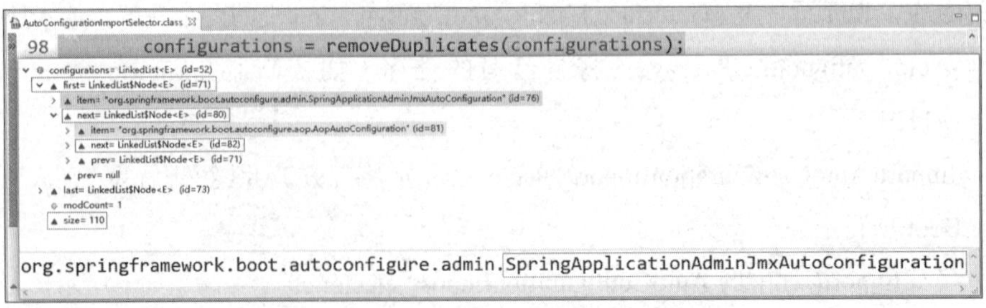

图 10-15　congifurations 的调试界面

从图 10-15 中可知以下情况。

size=110：表示 Spring Boot 一共引入了 110 个第三方依赖。

first 中的 item：表示引入的第一个依赖是 SpringApplicationAdminJmxAutoConfiguration。

first 中的 next：表示引入的第二个依赖，继续展开 next 发现，next 中还包含了另一个 next。也就是说 Spring Boot 可以通过这种迭代的方式，依次遍历寻找出所有的依赖。

那么，这 110 个依赖到底是在哪里定义的呢？再次打开 AutoConfigurationImportSelector 源码，追踪①处上一行的 getCandidateConfigurations() 源码，如下所示。

```
        protected List<String>getCandidateConfigurations(AnnotationMetadata metadata,
                                    AnnotationAttributes attributes) {
    //------------ ② ------------
                List<String>configurations = SpringFactoriesLoader.loadFactoryNames(
                                getSpringFactoriesLoaderFactoryClass(),
getBeanClassLoader());
                Assert.notEmpty(configurations,
                                "No auto configuration classes found in META-INF/spring.factories. If you "
                                                + "are using a custom packaging, make sure that file is
correct.");
                return configurations;
        }
```

继续追踪②处 loadFactoryNames() 方法的源码，如下所示。

```
public static List<String>loadFactoryNames(Class<?>factoryClass,
@Nullable ClassLoader classLoader) {
                String factoryClassName = factoryClass.getName();
    //------------ ③ ----------------
                return loadSpringFactories(classLoader).getOrDefault(factoryClassName,
Collections.emptyList());
}
```

继续追踪③处 loadSpringFactories() 方法的源码，如下所示。

```
private static Map<String, List<String>>loadSpringFactories(@Nullable ClassLoader classLoader) {
        ...
                try {
//------------ ④ ----------------
                        Enumeration<URL>urls = (classLoader != null ?
                                        classLoader.getResources(FACTORIES_RESOURCE_LOCATION) :
                                        ClassLoader.getSystemResources(FACTORIES_
RESOURCE_LOCATION));
                        result = new LinkedMultiValueMap<>();
```

```
                ...
                return result;
            }
            catch (IOException ex) {...}
    }
```

实际上，我们追踪了这么多层的源码，就是为了找到④处的 FACTORIES_RESOURCE_LOCATION。现在追踪 FACTORIES_RESOURCE_LOCATION 的定义，如下所示。

**【源码：org.springframework.core.io.support.SpringFactoriesLoader】**

```
public abstract class SpringFactoriesLoader {
  ...
public static final String FACTORIES_RESOURCE_LOCATION = "META-INF/spring.factories";
...
}
```

FACTORIES_RESOURCE_LOCATION 定义了一个文件 META-INF/spring.factories。Spring Boot 在启动时，就会将这个文件中所定义的依赖加入项目中。根据前面的 size=110 可知，这个文件中定义了 110 个依赖。这个文件实际存在于 spring-boot-autoconfigure-2.0.6.RELEASE.jar 中的 META-INF/spring.factories 中，该文件的内容如下。

**【源码：spring-boot-autoconfigure-2.0.6.RELEASE.jar/META-INF/spring.factories】**

```
...
# Auto Configure（共定义了 110 个依赖）
org.springframework.boot.autoconfigure.EnableAutoConfiguration=\
org.springframework.boot.autoconfigure.admin.SpringApplicationAdminJmxAutoConfiguration,\
org.springframework.boot.autoconfigure.aop.AopAutoConfiguration,\
org.springframework.boot.autoconfigure.amqp.RabbitAutoConfiguration,\
...
org.springframework.boot.autoconfigure.web.servlet.HttpEncodingAutoConfiguration,\
...
org.springframework.boot.autoconfigure.webservices.WebServicesAutoConfiguration
...
```

综上可知，在编写项目时，一般会对自己写的代码，以及三方依赖（如 SSM 等各种框架）进行配置。但是 Spring Boot 可以自动进行这些配置，从而省略手工配置的操作，具体介绍如下。

（1）自己写的代码，Spring Boot 通过 @SpringBootConfiguration 自动配置。

（2）三方依赖，Spring Boot 先通过 spring-boot-autoconfigure-2.0.6.RELEASE.jar 中的 META-INF/spring.factories 进行声明，然后通过 @EnableAutoConfiguration 启用自动装配的功能。

一般而言，Spring Boot 自动引入的这 110 个依赖，已经包含了 Jakarta EE（原名 Java EE）体系中大部分的依赖，基本能够满足日常开发。

再深入地思考，spring.factories 确实定义了 110 个依赖，这些依赖具体都存放在哪里呢？首先，它们全都存于 spring-boot-autoconfigure-2.0.6.RELEASE.jar 中。以 org.springframework.boot.autoconfigure.web.servlet.HttpEncodingAutoConfiguration 这一个依赖为例，该依赖就存在于 org.springframework.boot.autoconfigure.web.servlet 包中，如图 10-16 所示。

org.springframework.boot.autoconfigure.web.servlet
DispatcherServletAutoConfiguration.class
DispatcherServletPath.class
DispatcherServletPathProvider.class
DispatcherServletRegistrationBean.class
HttpEncodingAutoConfiguration.class
JspTemplateAvailabilityProvider.class

图 10-16 HttpEncodingAutoConfiguration 文件位置

也就是说，spring-boot-autoconfigure-2.0.6.RELEASE.jar 中既提供了这 110 个依赖的定义，又提供了具体依赖的 class 文件。

## 10.2.3 ▶ Spring Boot 中依赖的加载时机及检测方法

再思考一下，这 110 个依赖是否每次都需要引入呢？例如，如果仅编写一个 HelloWorld 程序，难道也需要引入这 110 个依赖？显然不是，Spring Boot 对于每个依赖的开启，都有着详细的约定。我们以 HttpEncodingAutoConfiguration 为例，研究此依赖什么时候会被真正启用。

HttpEncodingAutoConfiguration 的作用是对 Web 项目进行统一编码，从而省略 request.setCharacterEncoding(“UTF-8”) 等编码操作。HttpEncodingAutoConfiguration 的源码如下所示。

》【源码：org.springframework.boot.autoconfigure.web.servlet.HttpEncodingAutoConfiguration】

```
package org.springframework.boot.autoconfigure.web.servlet;
//import ...
@Configuration
@EnableConfigurationProperties(HttpEncodingProperties.class)
@ConditionalOnWebApplication(type = ConditionalOnWebApplication.Type.SERVLET)
@ConditionalOnClass(CharacterEncodingFilter.class)
@ConditionalOnProperty(prefix = "spring.http.encoding", value = "enabled", matchIfMissing = true)
public class HttpEncodingAutoConfiguration {
        private final HttpEncodingProperties properties;
    ...
        @Bean
        @ConditionalOnMissingBean
        public CharacterEncodingFilter characterEncodingFilter() {
                ...
        }
...
}
```

在此类的定义前有 5 个注解，各自的作用如下所示。

（1）@Configuration：声明此类是一个配置类，并且将此类纳入 Spring IoC 容器。

（2）@EnableConfigurationProperties(HttpEncodingProperties.class)：用于开启“HttpEncoding”的自动装配功能，并且自动装配时默认的属性值是通过 HttpEncodingProperties 设置的，HttpEncodingProperties 的源码如下所示。

**【源码**：org.springframework.boot.autoconfigure.http.HttpEncodingProperties】

```
package org.springframework.boot.autoconfigure.http;
//import ...
@ConfigurationProperties(prefix = "spring.http.encoding")
public class HttpEncodingProperties {
        public static final Charset DEFAULT_CHARSET = StandardCharsets.UTF-8;
        private Charset charset = DEFAULT_CHARSET;
...
}
```

从源码可知，项目的默认编码格式在自动装配时被设置成了 UTF-8。此外，在 HttpEncodingProperties 类的定义前有一个 prefix = "spring.http.encoding" 设置，表示“前缀”，可以和属性 charset 结合使用，用于在 Spring Boot 的配置文件中修改自动装配的默认值。例如，可以在项目的配置文件 application.properties 中，通过以下配置将项目的编码设置为 ISO-8859-1。

```
spring.http.encoding.charset=ISO-8859-1
```

也就是说，Spring Boot 会先给一个默认值（如 UTF-8），如果要修改这个默认值，可以在 application.properties 中通过“prefix. 属性名 = 属性值”的方式进行设置。

（3）@ConditionalOnWebApplication(..)、@ConditionalOnClass(..) 和 @ConditionalOnProperty(..)：这 3 个注解的形式相同，都是“ConditionalOn×××”的形式，表示“当满足 ××× 的要求时，此条件成立”，即条件注解。在 HttpEncodingAutoConfiguration 类前有 3 个 ConditionalOn×××，表示当这 3 个要求全部满足时，Spring Boot 才会自动配置下面的 HttpEncodingProperties（即统一编码为 UTF-8）；否则，如果有任何一个要求不成立，Spring Boot 就会放弃统一编码的配置。

本次 3 个条件注解的具体含义如下。

（1）@ConditionalOnWebApplication(type = ConditionalOnWebApplication.Type.SERVLET)：当项目类型是一个 Web 项目时，此条件成立。并且说明了 Web 项目是指“项目中存在 Servlet 程序”。

（2）@ConditionalOnClass(CharacterEncodingFilter.class)：当项目中存在 CharacterEncodingFilter 类时，此条件成立。

（3）@ConditionalOnProperty(prefix = "spring.http.encoding", value = "enabled", matchIfMissing = true)：如果我们在项目的配置文件中，手工配置了 spring.http.encoding.enabled=...，则此条件失败；如果没有配置，则此条件成立。（提示，在此配置中，value 的别名是 name）。

可以这样理解：如果要让 Spring Boot 进行自动配置，则需要连续地闯很多关（很多个

ConditionalOnXxx），如果全部闯关成功（即全部满足 ConditionalOn××× 的要求），才可以使用 Spring Boot 的自动配置；否则就无法使用。

当 HttpEncodingAutoConfiguration 类定义前的 3 个 ConditionalOn×××，以及 characterEncodingFilter() 前的 @ConditionalOnMissingBean 全部满足时，就会执行 characterEncodingFilter() 方法，从而对项目进行统一编码，如下所示。

**》【源码**：org.springframework.boot.autoconfigure.web.servlet.HttpEncodingAutoConfiguration】

```
..
@Configuration
@EnableConfigurationProperties(HttpEncodingProperties.class)
@ConditionalOnWebApplication(type = ConditionalOnWebApplication.Type.SERVLET)
@ConditionalOnClass(CharacterEncodingFilter.class)
@ConditionalOnProperty(prefix = "spring.http.encoding", value = "enabled", matchIfMissing = true)
public class HttpEncodingAutoConfiguration {
...
@Bean
@ConditionalOnMissingBean
public CharacterEncodingFilter characterEncodingFilter() {
CharacterEncodingFilter filter = new OrderedCharacterEncodingFilter();
// 获取默认的 UTF-8，或者通过 application.properties 指定编码类型
filter.setEncoding(this.properties.getCharset().name());
// 对所有的 request 请求，设置编码
filter.setForceRequestEncoding(this.properties.shouldForce(Type.REQUEST));
// 对所有的 response 响应，设置编码
filter.setForceResponseEncoding(this.properties.shouldForce(Type.RESPONSE));
return filter;
}
  ...
}
```

不难发现，本配置类实际是通过过滤器对项目进行了统一编码。

常见的 Conditional 条件注解如表 10-1 所示。

**表 10-1　常见的 Conditional 注解**

| 条件注解 | 简介 |
|---|---|
| @ConditionalOnJava | 项目环境需要满足 Java 版本的要求 |
| @ConditionalOnBean | Spring IoC 容器中存在指定 Bean |
| @ConditionalOnMissingBean | Spring IoC 容器中不存在指定 Bean |
| @ConditionalOnExpression | 满足 SpEL 表达式的条件 |
| @ConditionalOnClass | 项目中有指定的类 |

续表

| 条件注解 | 简介 |
| --- | --- |
| @ConditionalOnMissingClass | 项目中没有指定的类 |
| @ConditionalOnSingleCandidate | Spring IoC 中只有一个指定的 Bean，或者这个 Bean 是首选 Bean |
| @ConditionalOnProperty | 项目中指定的属性必须是某个特定的值 |
| @ConditionalOnResource | 项目的类路径下，是否存在特定的资源文件 |
| @ConditionalOnWebApplication | 当前必须是 Web 环境 |
| @ConditionalOnNotWebApplication | 当前必须不是 Web 环境 |
| @ConditionalOnJndi | JNDI 中存在指定项 |

这里所讲的“自动装配”原理是整个 Spring Boot 的核心。再对以上内容进行以下两点总结。

（1）每一个自动配置类 ×××AutoConfiguration（如 HttpEncodingAutoConfiguration）都有很多条件（@ConditionalOn×××）。当这些条件全都满足时，此配置对应的自动装配才生效（如统一编码）。并且可以手工修改自动配置的默认值，在 Spring Boot 配置文件 application.properties 中编写“×××Properties 文件中的 prefix. 属性名 = 属性值”。例如，HttpEncodingProperties 中的 spring.http.encoding.charset=ISO-8859-1。

（2）全局配置文件 application.properties 中的 Key，来源于某个 ×××Properties 文件中的 prefix+ 属性名。即 Spring Boot 是通过 ×××AutoConfiguration 实现自动装配，并且可以通过 application.properties 修改配置的默认值。

再思考一个问题，我们可以分析每个 ×××AutoConfiguration 前的 @ConditionalOn×××，并以此来判断此自动装配是否生效。但目前版本的 Spring Boot 引入了 110 个自动装配，后续还可能会继续增加，如果这样一个个地分析每个自动装配是否开启，显然是不可取的。为此，Spring Boot 也提供了调试的参数，只需要在 application.properties 中增加一条以下语句，就可以观察到哪些自动装配是启用的，哪些是禁止的。

```
debug=true
```

之后，再次启动 Spring Boot 项目，就可以在控制台看到以下运行结果。

```
...
============================
CONDITIONS EVALUATION REPORT
============================
Positive matches:
-----------------
CodecsAutoConfiguration matched:
  - @ConditionalOnClass found required class 'org.springframework.http.codec.CodecConfigurer';
@ConditionalOnMissingClass did not find unwanted class (OnClassCondition)
CodecsAutoConfiguration.JacksonCodecConfiguration matched:
```

```
    - @ConditionalOnClass found required class 'com.fasterxml.jackson.databind.ObjectMapper';
@ConditionalOnMissingClass did not find unwanted class (OnClassCondition)
 ...
Negative matches:
-----------------
ActiveMQAutoConfiguration:
   Did not match:
      - @ConditionalOnClass did not find required classes 'javax.jms.ConnectionFactory', 'org.apache.activemq.
ActiveMQConnectionFactory' (OnClassCondition)
 AopAutoConfiguration:
   Did not match:
      - @ConditionalOnClass did not find required classes 'org.aspectj.lang.annotation.Aspect', 'org.aspectj.
lang.reflect.Advice', 'org.aspectj.weaver.AnnotatedElement' (OnClassCondition)
 ...
```

其中，Positive matches 列表中的 ×××AutoConfiguration，表示项目中已启用的自动装配类；Negative matches 列表中的 ×××AutoConfiguration，表示已禁用的自动装配类。

## 10.3 通过案例详解 Spring Boot 配置文件

Spring Boot 可以自动装配，因此很多时候不需要编写配置文件。如果要修改这些“自动装配”的默认值，就需要编写 Spring Boot 配置文件。实际上，配置文件除了 Properties 格式的文件外，还可以是 YAML 等其他形式，本节将进行详细的阐述。

### 10.3.1 ▶ 配置文件 Properties 与 YAML

Spring Boot 默认可以识别两个配置文件：application.properties 和 application.yml。application.properties 就是一般的属性文件，其中的配置是通过 spring.http.encoding.charset=ISO-8859-1 这种 key=value 的形式设置的。而 application.yml 的编写方式，就需要符合 YAML 语法规范。

YAML：全称是 YAML Ain’t a Markup Language，翻译过来是“YAML 不是一种标记语言”，扩展名就是 .yml。

在使用 YAML 之前，先回顾一下 XML。XML 是一种“标记语言”，编写格式如下。

```
<server>
<port>8882</port>
<path>/a/b/c</path>
</server>
```

与之相对，YAML 的编写格式如下。

```
server:
port: 8882
path: /a/b/c
```

在使用时务必注意以下两点。

（1）在 YAML 中，k: 和 v 之间有一个空格。例如，只能写成 port: 8882（注意空格），不能写成 port:8882。

（2）YAML 是通过缩进（即垂直对齐）来区分各属性的层次关系的。例如，在以上 YAML 中，server 是顶级标签，而 port 和 path 同属于 server 下面的二级标签。

**范例 10-3　修改端口号**

（1）通过 properties 修改项目的端口号。

```
application.properties
server.port=8882
```

（2）通过 YAML 修改项目的端口号。

```
application.yml
server:
port: 8883
```

注意

注意，如果同时使用 Properties 和 YAML 进行了重复的配置，则 Properties 的优先级更高。例如，在进行了以上 2 次配置后，重启项目，运行结果如图 10-17 所示。

图 10-17　重复配置的运行结果

### 10.3.2 ▶ 使用 YAML 文件注入各种类型数据

配置文件除了用于设置自动装配的默认值外，还可以给项目注入属性值，如下所示。

**范例 10-4　注入数据**

先在项目中编写两个 POJO 类。

### 1. POJO 类：Student

》【源码：demo/ch10/com/yanqun/demo/entity/Student.java】

```
package com.yanqun.demo.entity;
//import ...
public class Student {
        private String name;
        private int age;
        // true: 男 false: 女
        private boolean sex;
        private Date birthday;
        private Map<String, Object> location;
        private String[] hobbies;
        private List<String> skills;
        private Pet pet;
        private String email;
        // 省略 setter、getter
        @Override
        public String toString() {
                return "Student [name=" + name + ", age=" + age + ", sex=" + sex
+ ", birthday=" + birthday + ", location="+ location + ", hobbies="
+ Arrays.toString(hobbies) + ", skills=" + skills + ", pet="
+ pet+ ", email=" + email + "]";
        }
}
```

### 2. POJO 类：Pet

》【源码：demo/ch10/com/yanqun/demo/entity/Pet.java】

```
package com.yanqun.demo.entity;
public class Pet {
        private String nickName ;
        private String strain ;
        // 省略 setter、getter
        @Override
        public String toString() {
                return "Pet [nickName=" + nickName + ", strain=" + strain + "]";
        }
}
```

然后通过 YAML 或 Properties，给类的属性赋值。本次以 YAML 为例，具体的注入方式如下。

### 3. 通过 YAML 给属性赋值

❯【源码：demo/ch10/application.yml】

```
application.yml
student:
name: yanqun
age: 29
sex:true
birthday: 2019/02/12
location:
province: 陕西
city: 西安
zone: 莲湖区
hobbies:
- 足球
    - 篮球
skills:
    - 编程
- 金融
pet:
nickName: wc555
strain: hsq
email: 157468995@qq.com
```

再次强调，YAML 文件中的“key:”和“value”之间，一定要有空格；并且一定要注意缩进。

现在 POJO 类有了，YAML 中也设置了属性值，最后还需要将二者关联起来。在 POJO 前，通过 @ConfigurationProperties(prefix = "...") 绑定 YAML 中的顶级属性名，再通过 @Component 将 POJO 纳入 Spring IoC 容器中，如下所示。

❯【源码：demo/ch10/com/yanqun/demo/entity/Student.java】

```
package com.yanqun.demo.entity;
//import...
// 通过 @Component 将此类的对象纳入 Spring IoC 容器中
@Component
// 绑定配置文件中属性名的前缀（在 yaml 中，就是顶级的属性名）
@ConfigurationProperties(prefix = "student")
public class Student {
...
}
```

> 之前讲过，Spring Boot 会将入口类所在包 com.yanqun.demo 及其子包放入 <context:component-scan base-package="..."/> 扫描器中。因此，除了在 POJO 类上声明 @Component 外，还必须将 POJO 放在的 com.yanqun.demo 或其子包中。

### 4. 测试类

之前在创建 MySpringBoot 项目时，STS 自动创建了一个测试类 MySpringBootApplicationTests.java，我们可以直接在此类中编写一些测试方法，如图 10-18 所示。

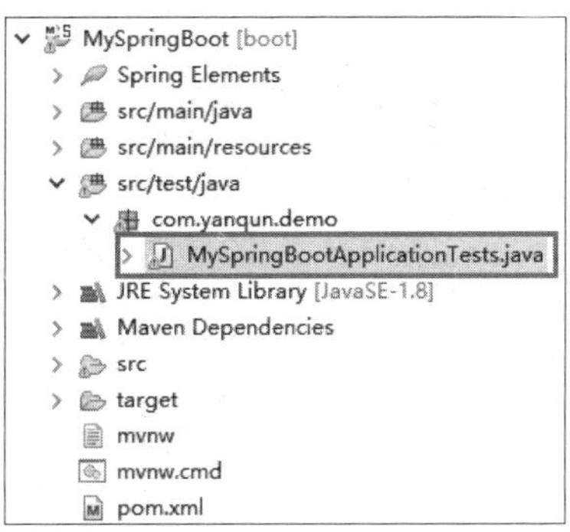


图 10-18　Spring Boot 的测试类

现在测试 Student 的属性值，是否被 YAML 注入成功，如下所示。

**》【源码**：demo/ch10/com/yanqun/demo/MySpringBootApplicationTests.java】

```
...
@RunWith(SpringRunner.class)
@SpringBootTest
public class MySpringBootApplicationTests {
	@Autowired
	Student student ;
	@Test
	public void testDI() {
		System.out.println(student);
	}
}
```

运行结果如图 10-19 所示。

```
Problems  Console  JUnit
<terminated> MySpringBootApplicationTests.testDI [JUnit] C:\Java\jdk1.8.0_101\bin\javaw.exe (2018年10月29日 上午10:18:03)
Student [name=yanqun, age=29, sex=true, birthday=Tue Feb 12 00:00:00 CST 2019, 1
```

图 10-19　测试类的运行结果

从图可知，属性值被 YAML 成功注入了。现在回顾 YAML 中的注入方式，可发现以下几点。

（1）简单类型 (8 个基本类型及 String/Date) 的属性，直接注入即可，如下所示。

【源码：demo/ch10/application.yml】

```
student:
name: yanqun
age: 29
sex:true
birthday: 2019/02/12
...
```

（2）List、Set、数组类型的属性，直接用缩进的方式写在对应属性的下边（其中，属性值前面的“-”可以省略），如下所示。

```
student:
hobbies:
    - 足球
- 篮球
skills:
    - 编程
- 金融
...
```

（3）Map类型的属性，直接用缩进的方式，将“key: value”形式的entry写在对应属性的下边（注意，entry前面不能加“-”），如下所示。

```
student:
location:
province: 陕西
city: 西安
zone: 莲湖区
...
```

（4）对象类型的属性，直接用缩进的方式，以“属性名 : 属性值”的形式写在对应属性的下边（注意，前面不能加“-”），如下所示。

```
student:
pet:
nickName: wc555
strain: hsq
...
```

此外，对于所有集合类型（数组、List、Set、Map 等），也可以写成“行内写法”。具体地讲，单值集合可以写成：[ 属性值 1, 属性值 2, 属性值 3,..., 属性值 n]，其中“[]”可以省略；双值集合 (Map) 可以写成：{key1: value1,key2: value2,...,keyn: valuen}，对象类型也可以写成 {name1:

value1,name2: value2,...,namen: valuen}，并且二者的“{}”均不能省略。如下所示。

```
student:
location: {province: 陕西 ,city: 西安 ,zone: 莲湖区 }
hobbies: [ 足球 , 篮球 ]
skills: 编程 , 金融
pet: {nickName: wc,strain: hsq}
...
```

最后再来看一下引号问题。之前通过 YAML 给字符串赋值时，都没有加任何引号，如陕西。但是在 YAML 语法上，允许给字符串类型加双引号、单引号或者什么都不加。三者的区别是双引号中的转义符会生效，而其他两者不会（即原样输出）。例如，将 YAML 修改成如下内容。

```
student:
location: {province: 陕 \n 西 ,city: ' 西 \n 安 ',zone:" 莲湖 \n 区 "}
...
```

再次执行测试方法，运行结果如图 10-20 所示。

```
<terminated> MySpringBootApplicationTests [JUnit] C:\Java\jdk1.8.0_101\bin\javaw.exe (2018年10月29日 上午10:49:34)
Student [name=yanqun, location={province=陕\n西, city=西\n安, zone=莲湖
区}, age=29, sex=true, birthday=Tue Feb 12 00:00:00 CST 2019, hobbies=[足球, 篮球
```

图 10-20　测试类的运行结果

## 10.3.3 ▶ 使用 Properties 文件注入数据

如果是用 Properties 文件给属性注入值，就可以在 Properties 文件中以“×××.××.××=value”的形式赋值，如下所示。

```
application.properties
student.name=yanqun
student.age=29
...
```

需要注意以下两点。

（1）Properties 和 YAML 两个文件是相互补充的关系。例如，如果有 10 个属性值，可以在 Properties 中注入 5 个，在 YAML 中注入另外 5 个。

（2）如果某些属性同时被注入在了 Properties 和 YAML 中，则 Properties 中属性的优先级更高。

最后再对“配置文件注入属性值”的方法进行回顾，即通过 YAML 或 Properties 给属性注入值，只需要以下 2 个步骤。

（1）通过 YAML 或 Properties 语法，给属性注入值。

（2）给 POJO 定义前加上 @Component 和 @ConfigurationProperties(prefix="...")。

### 10.3.4 ▶ 使用 @Value() 注入数据以及各种注入方式的区别演示

除了 YAML 和 Properties 两种配置文件外，在 Spring Boot 中还可以使用 @Value() 注解给属性注入值，如下所示。

**范例 10-5　编写控制器**

》【源码：demo/ch10/com/yanqun/demo/entity/Student.java】

```
...
@Component
//@ConfigurationProperties(prefix = "student")
public class Student {
        @Value("ww")
        private String name;
        @Value("25")
        private int age;
        @Value("false")
        private boolean sex;
        @Value("2019/09/19")
private Date birthday;
   //getter、setter、toString()
}
```

与外部文件注值方式（YAML 或 Properties 文件）相比，二者既有相同之处，又有不同之处，具体介绍如下。

（1）@Value 与文件注值方式的相同之处：都用于给属性注入值，并且都支持 SpEL 表达式，如下所示。

①在 @Value 中，使用 SpEL 表达式。

在注入值时，可以通过 SpEL 引用另一个值。代码如下，先在 YAML 中定义一个属性并赋值。

```
application.yml
student:
someone: YanQun
#name: yanqun
```

之后，就可以通过 @Value() 将 someone 的值赋值给其他属性，代码如下。

```
@Component
@ConfigurationProperties(prefix = "student")
public class Student {
  // 将 name 的值，设置为 someone 所定义的 YanQun
       @Value("${student.someone}")
```

```
        private String name;
//getter、setter、toString()
}
```

如果 ${} 中引用的 student.someone 并不存在，还可以设置一个默认值。例如，可以将 name 属性前的注解写成 @Value( “${student.someone2: 颜群 }” )，表示：如果配置文件中存在 student.someone2 属性，就使用该属性的值；如果不存在，则使用默认值“颜群”。

②在外部文件中，使用 SpEL 表达式。

在 Properties 或 YAML 中也可以使用 SpEL 表达式，代码如下所示。

```
application.yml
student:
someone: YanQun
#name 的值是 student 中 someone 的值，但如果 student.someone 不存在，则使用默认值颜群
name: ${student.someone: 颜群 }
...
```

此外，无论是 @Value() 方式，还是外部文件方式，都可以在 SpEL 中使用一些占位符表达式。常见占位符表达式的含义如表 10-2 所示。

**表 10-2　常见的占位符表达式**

| 占位符表达式 | 简介 |
| --- | --- |
| ${random.uuid} | 产生一个 UUID 值 |
| ${random.value} | 产生一个随机字符串 |
| ${random.int} | 产生一个随机整数值 |
| ${random.long} | 产生一个随机长整数值 |
| ${random.int(100)} | 产生一个 100 以内的随机整数值 |
| ${random.int[100,1000]} | 产生一个 100~1000 的随机整数值 |

在 properties 中使用占位符表达式。

```
application.properties
student.name=${random.value}
...
```

在 YAML 中使用占位符表达式。

```
application.ymlstudent:
...
pet: {nick-name:"${random.uuid}",strain: hsq}
```

**范例 10-6** 占位符表达式

在 @Value 中使用占位符表达式。

```
com.yanqun.demo.entity.Student.java
@Component
@ConfigurationProperties(prefix = "student")
public class Student {
        @Value("${random.int(100)}")
private int age;
    ...
}
```

运行结果如图 10-21 所示。

```
Problems  Javadoc  Declaration  Console  Progress  JUnit
<terminated> MySpringBootApplicationTests.testDI [JUnit] D:\devtools\Java\jdk1.8.0_101\bin\javaw.exe (2018年10月30日 下午4:21:50)
[name=da980b35d5c37ad0d37bd8a124bb5b2c,age=28, pet=Pet [nickName=9b53b7d9-780a-4
```

图 10-21 使用 SpEL 注入值后的运行结果

（2）@Value 与文件注值方式的不同之处，如表 10-3 所示。

表 10-3 配置文件与 @value 注解的对比

| | YAML 或 Properties 文件 | @Value 注解 |
|---|---|---|
| 每次使用时，可以注入值的个数 | 批量注入 | 单个注入 |
| “驼峰式命名”与“××-××”命名方式之间的自动转换 | 支持 | 不支持 |
| JSR303 数据校验 | 支持 | 不支持 |
| 注入复杂类型 | 支持 | 不支持 |
| 同时使用时，优先级 | 高 | 低 |

表 10-3 中的部分含义如下。

①“驼峰式命名”与“××-××”式命名之间的自动转换。

例如，Pet 中有个属性 nickName。如果使用 YAML 或 Properties 的方式注入值，就可以将 nickName 写成等价的 nick-name 形式，如下所示。

```
student:
#pet: {nickName: wc,strain: hsq}
pet: {nick-name: wc,strain: hsq}
```

② JSR303 数据校验。

可以在用 YAML 或 Properties 注入值时，使用 JSR303 对注入的值进行校验。下面是通过 JSR303 对 email 值进行校验。

```
@Component
@ConfigurationProperties(prefix = "student")
// 开启数据校验
@Validated
public class Student {
        ...
        // 对邮箱值进行校验
        @Email
        private String email;
   //getter、setter、toString()
}
```

之后，如果注入一个非法格式的邮箱，就会在运行时提示失败，代码如下。

```
student:
...
email: 157468995
```

运行结果如图 10-22 所示。

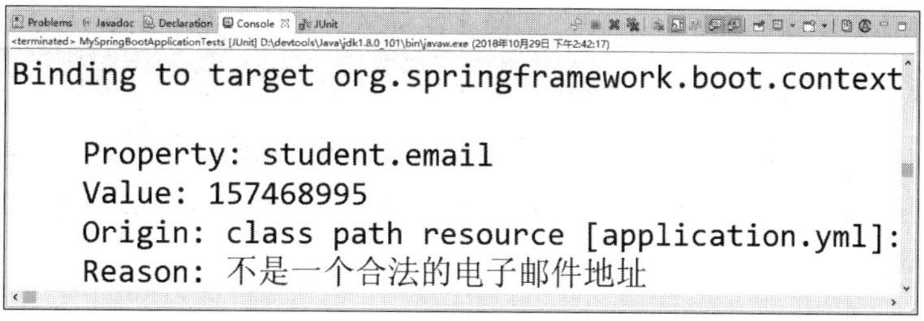

```
Binding to target org.springframework.boot.context

    Property: student.email
    Value: 157468995
    Origin: class path resource [application.yml]:
    Reason: 不是一个合法的电子邮件地址
```

图 10-22　注入非法格式的邮箱

③注入复杂类型。

前面提到过，在 Spring Boot 中，简单类型是指 8 个基本类型、1 个 String 和 1 个 Date 共 10 个类型，其余类型都可以称为复杂类型。YAML 和 Properties 支持给全部的简单类型及复杂类型的属性注入值；但 @Value 只支持简单类型，不支持给复杂类型的属性注入值。

例如，以下的注入方式会在运行时报错。

```
@Component
public class Student {
        ...
   // 通过 @Value 注入复杂类型
        @Value("{province: 陕 \n 西 ,city: 西安 ,zone: 莲湖区 }")
        private Map<String, Object>location;
//getter、setter、toString()
}
```

本小节的最后，再介绍一下如何在 Spring Boot 中自定义配置文件的名字。前面讲过，Spring Boot 默认会加载 application.properties 和 application.yml 两个文件中的数据和配置。但是如果将数据或配置写在了其他 properties 文件中，也可以通过 @PropertySource() 指定该文件的路径。例如，如果将 application.properties 重命名为 conf.properties，就可以通过 @PropertySource(value={ "classpath:conf.properties" }) 加载该文件，如下所示。

```
@Component
@ConfigurationProperties(prefix = "student")
// 指定加载的属性文件的路径是 classpath:conf.properties
@PropertySource(value={"classpath:conf.properties"})
public class Student {
    private String name;
    ...
}
```

但遗憾的是，@PropertySource 只能加载 properties 格式的文件，而不能加载 yml 格式的文件。

### 10.3.5 ▶ 多环境配置的切换

在一个项目的整个生命周期中，可能会切换多次配置环境。例如，开发人员可以根据自己的计算机性能情况，进行个性化配置；而当项目开发完毕，交给测试人员时，测试人员又会根据测试场景，改为测试专用的配置文件；最后将项目交给实施人员时，实施人员又会模拟最终的生产环境，再改用生产需要的配置文件。Spring Boot 也考虑到了这一点，允许编写多个配置文件，然后快速地在各配置文件间切换。

具体地讲，Spring Boot 提供了以下两种切换环境的方法。

#### 1. 通过 profile 切换配置文件（Properties 或 YAML）

（1）在多个 Properties 之间切换。

Spring Boot 默认会读取 application.properties（主配置文件）中的配置。如果想配置多个不同的 Properties 文件，可以按照以下命名方式创建：

application- 环境名 .properties

例如，可以创建一个开发环境所用的配置文件 application-dev.properties，并创建一个测试环境所用的配置文件 application-test.properties，如图 10-23 所示。

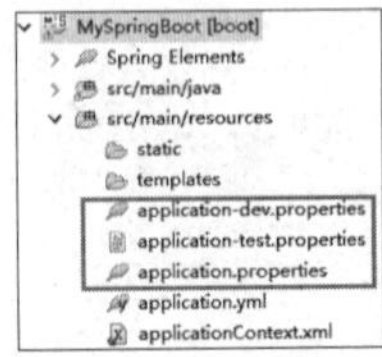


图 10-23　多个环境的配置文件

**范例 10-7** 多环境切换

在 3 个 properties 文件中配置不同的端口号，然后选择使用某一个 Properties。

主配置文件中的配置如下。

```
server.port=8888
```

开发环境中的配置如下。

```
server.port=7777
```

测试环境中的配置如下。

```
server.port=9999
```

默认情况下，项目读取的是主配置文件中的 8888 端口，如果想要切换到开发环境（7777），就可以在主配置文件中通过 profiles 指定，如下所示。

```
server.port=8888
spring.profiles.active=dev
```

运行结果如图 10-24 所示。

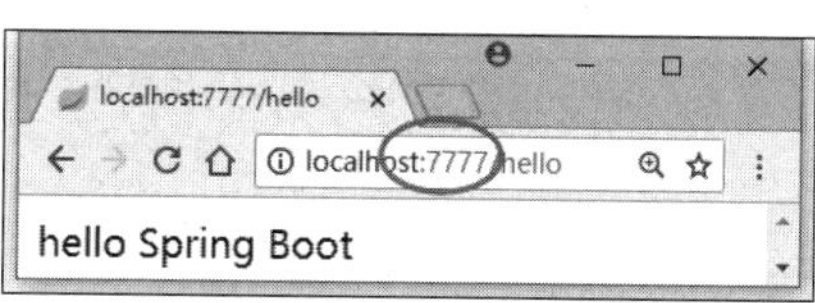


图 10-24 多环境切换的运行结果

即可以在主配置文件 application.properties 中，通过“spring.profiles.active= 环境名”指定项目使用的配置文件。

（2）在多个 YAML 之间切换。

如果通过 Properties 进行多环境配置，就必须编写多个不同的 Properties 文件，如 application.properties、application-dev.properties 等。但如果使用 YAML，只需要将多种配置写在同一个文件中即可。不同环境的配置之间，使用“---”进行分割，最后用 Spring 的 Profiles 属性指定要使用的环境名。此外，与 Properties 的方式相同，YAML 方式默认也会读取主配置的信息（以下代码中的第一个 server）。

**范例 10-8** 使用 YAML 指定配置环境

》【源码：demo/ch10/application.yml】

```
# 主配置
server:
port: 8888
---
```

```
# 开发环境配置
server:
port: 7777
spring:
profiles: dev
---
# 测试环境配置
server:
port: 9999
spring:
profiles: test
```

如果要切换成其他环境的配置，就可以在主配置中通过 spring-profiles-active 指定，如下所示。

**【源码：demo/ch10/application.yml】**

```
# 主配置
server:
port: 8888
# 指定使用 test 环境
spring:
profiles:
active: test
...
```

运行结果如图 10-25 所示。

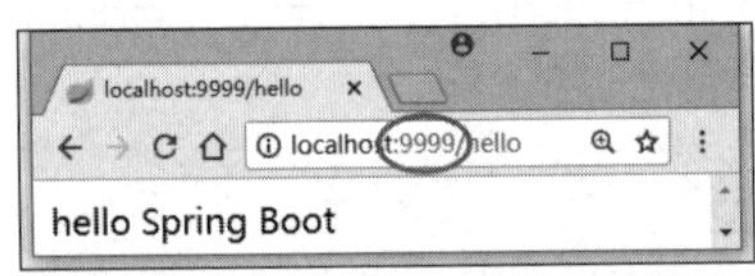


图 10-25　配置文件的优先级问题

前面讲过 Properties 的优先级高于 YAML。但需要注意，不仅仅是 application.properties，还包括 application-xxx.properties 等所有 Properties 文件的优先级，都高于各种 YAML 文件。

### 2. 通过运行参数，动态切换环境

此方式的前提是项目中已经存在了多个 Properties 配置文件，或者在 YAML 中已经配置了多个环境。也就是说，本方式是在项目已经存在了多个环境的前提下，当项目启动时，动态指定一个环境。具体有以下两种实现方式。

（1）通过运行参数（Program arguments）指定环境。

可以在项目启动时，在 Program arguments 中设置“--spring.profiles.active= 环境名”，以此指

定环境，该方法也有以下两种具体的实现方式。

① 使用 STS 等开发工具。

在 STS 中，以 Run Configuration 的方式运行项目，并设置 Program arguments。例如，图 10-26、图 10-27 是指定以“dev”的方式运行。

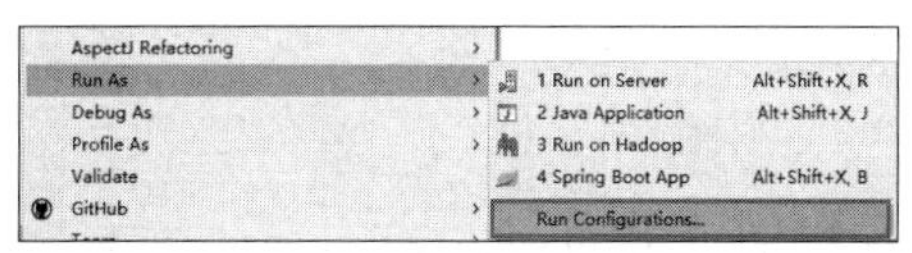


图 10-26　运行参数

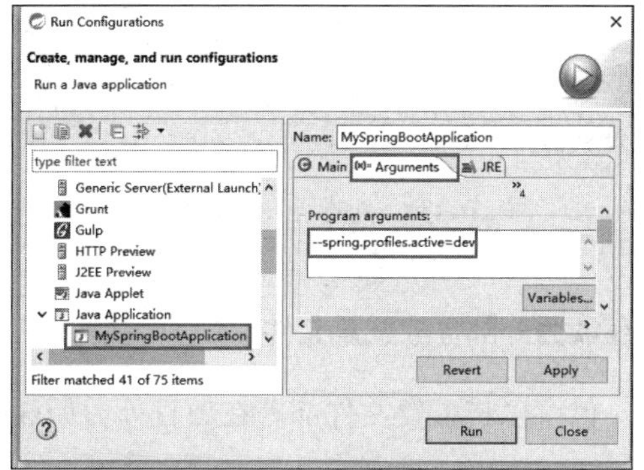


图 10-27　设置参数值

② 用 Java 命令设置运行参数。

先用 Maven 或 Java 命令将项目打成一个 Jar 包（如 d:\\MySpringBoot-0.0.1-SNAPSHOT.jar），然后在 CMD 中通过 Java -jar 命令指定项目环境，如图 10-28 所示。

图 10-28　指定运行环境

（2）通过 VM 参数，指定环境。

与 Program arguments 方式类似，但 VM 设置参数的格式是 -Dspring.profiles.active=dev，具体实现方法如下。

使用 STS 等开发工具。在 STS 中，以 Run Configuration 的方式运行项目，并设置 VM。例如，图 10-29 是指定以“dev”的方式运行。

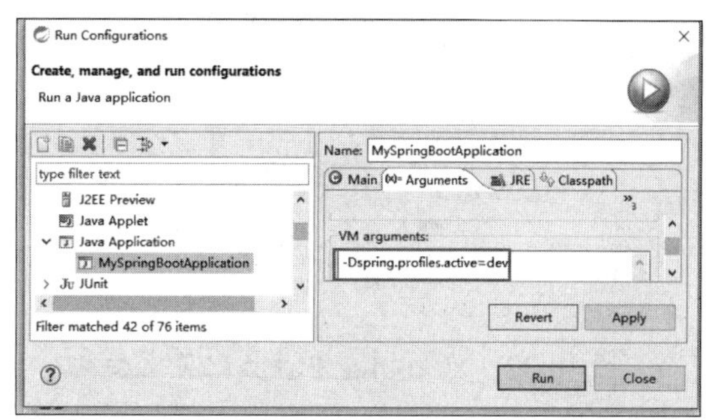


图 10-29　在 STS 中指定运行环境

用 Java 命令设置运行参数，如图 10-30 所示。

图 10-30　在 CMD 中指定运行环境

## 10.3.6 ▶ 内外配置文件和动态参数的设置

前面讲过，Spring Boot 允许我们将配置文件（application.yml、application.properties、application- 环境名 .properties 等）放在 classpath 下，如图 10-31 所示。

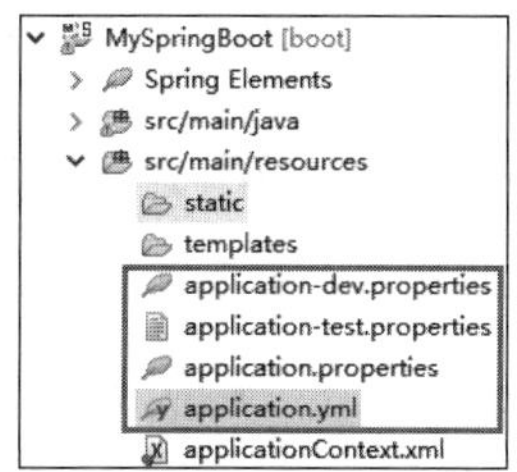


图 10-31　配置文件的存放位置

除了以上路径外，还有哪些地方可以存放配置文件呢？总的来说，Spring Boot 允许我们将配置文件放在项目内部、项目外部或者在运行时通过参数动态指定，具体介绍如下。

### 1. 在项目内部存放配置文件

Spring Boot 默认能识别的配置文件名是 application.properties 和 application.yml，并且允许这两个配置文件存放在许多路径下，常见的路径有以下 4 个。

（1）路径为 /config 的普通目录中（即在项目根目录中的 config 目录中）。

（2）项目根目录中。

（3）路径为 /config 的构建目录（即 classpath 类路径）中。

（4）任意构建目录中。

例如，可以在项目根目录中建一个 config 目录，然后放入 application.properties 文件，如图 10-32 所示。

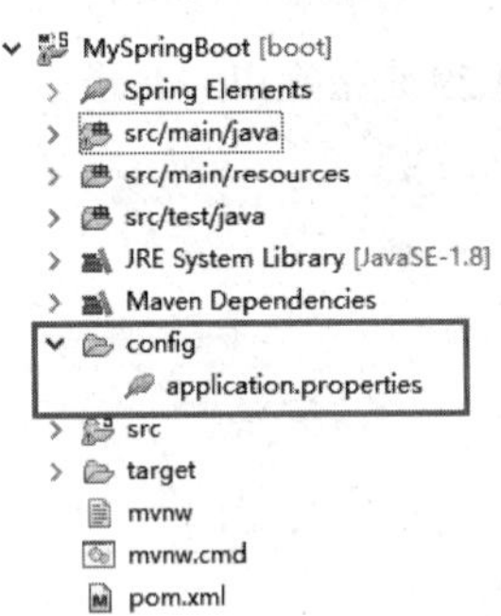


图 10-32　在 config 中存放配置文件

需要注意以下问题。

① 如果对于同一个属性的配置，同时出现在多个不同的配置文件中，则优先级顺序为（1）>（2）>（3）>（4）。

② 如果对于不同属性的配置，同时出现在多个不同的配置文件中，则多个配置文件中的配置均会生效，即多个配置文件之间可以相互补充。

③ 在实际开发时，可以通过控制台观察实际生效的配置。例如，如果在多个配置文件中都对端口号进行了配置，则可以在控制台中观察实际生效的端口，如图 10-33 所示。

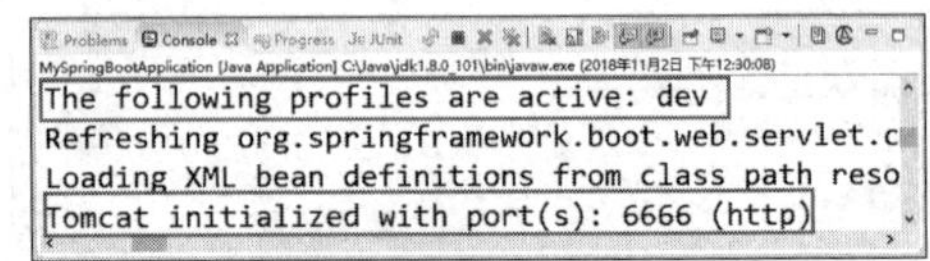


图 10-33　观察生效的端口号

### 2. 在项目外部存放配置文件

也可以将配置文件部署在项目外，如放在 D:/application.properties 中。当项目启动时，在 Program arguments 中通过命令"--spring.config.location=D:/application.properties"指定外部配置文件的路径，本方法也有以下两种具体的实现方式。

（1）使用 STS 设置，如图 10-34 所示。

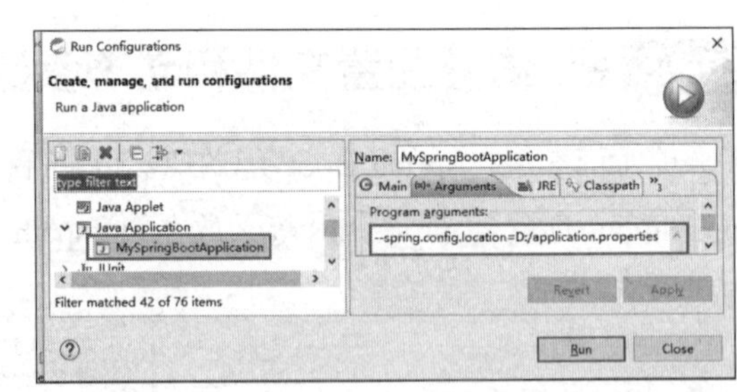


图 10-34　在 STS 中指定外部配置文件的位置

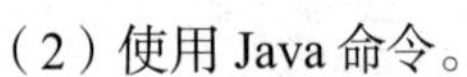

（2）使用 Java 命令。

先将项目打成 Jar 包，然后使用 java -jar 命令最后指定，如图 10-35 所示。

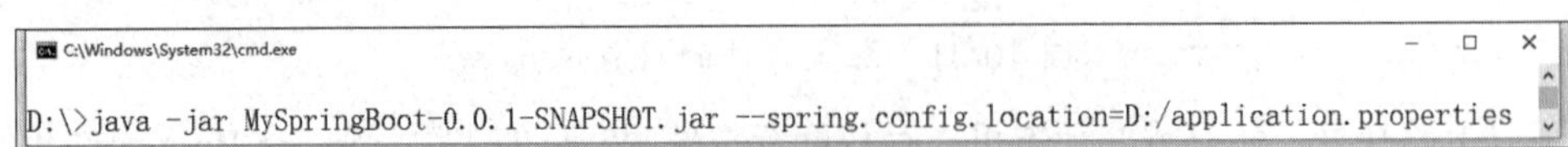


图 10-35　在 CMD 中指定外部配置文件的位置

如果外部配置文件和内部配置文件冲突（即存在相同的配置），则外部文件配置的优先级更高。

### 3. 运行时，通过参数动态指定

为何要将配置文件放到项目的外部，或者在启动时通过参数动态配置？直接写在项目内部岂不是更好？

请思考以下场景，如果项目已经开发并测试完毕，并且已经打成了 Jar 包交给了实施人员。如果此时实施人员需要更改一些配置，那么开发人员就可以将新配置直接写在外部文件中，然后用这个外部文件启动项目。具体地说，如果需要的配置较多，可以将这些新配置写在一个外部文件中；但如果只有个别配置需要修改，就可以将新配置直接通过动态参数进行设置。也就是说，外部文件和动态参数的方式，实际是一种“补救”的措施。

通过动态参数进行配置，也有两种具体的实现方式。例如，Spring Boot 默认的项目访问路径是 http://localhost: 端口号 /，即“/”代表着项目的访问路径。而以下两种方式，就可以使用“server.servlet.context-path=/boot”将项目的访问路径设置为 /boot。

**范例 10-9　动态参数**

（1）使用 STS 设置项目路径，如图 10-36 所示。

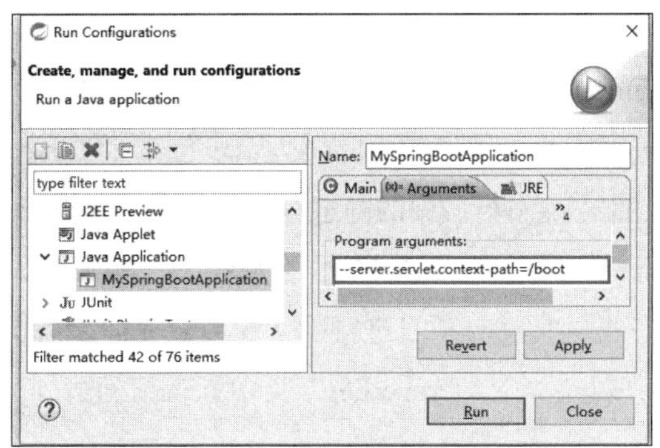


图 10-36　在 STS 中设置项目路径

（2）使用 Java 命令设置项目路径，如图 10-37 所示。

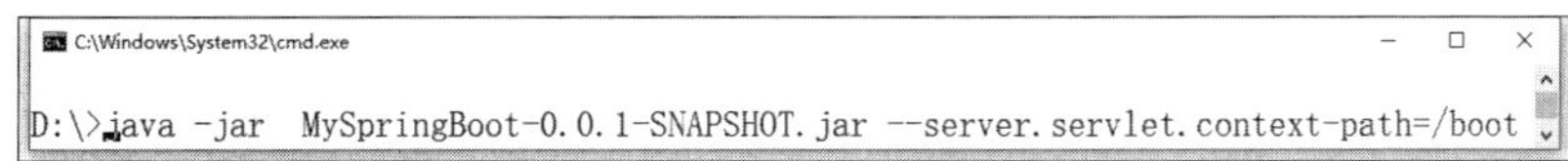


图 10-37　在 CMD 中设置项目路径

访问路径设置完毕后，项目的运行结果如图 10-38 所示。

图 10-38　设置路径后的运行界面

总的来说，多种配置方式的优先级遵循以下顺序。

运行时通过参数动态指定 > 外部文件 > 内部文件。

读者也可以阅读 Spring Boot 的官方文档（https://spring.io/projects/spring-boot#learn 中的 Reference Doc），查看多种配置共存时所有方式的优先级顺序。

## 10.4 使用 Spring Boot 开发 Web 项目

项目可以分为表示层、业务逻辑层和数据访问层，其中表示层又可以分为表示层前台（JSP、HTML、JavaScript 等页面）和表示层后台（Servlet、SpringMVC 等控制器）。而在之前的 Spring Boot 案例中，一直没有使用表示层前台技术，本节讲解如何在 Spring Boot 中使用前台技术。

### 10.4.1 ▶ 从源码角度分析静态资源的存放路径

之前在用 STS 创建 Spring Boot 项目时，选择了用 Maven 管理项目，并且将 Web 项目打成了 Jar 包。而根据 Maven 和 Java Web 的知识，可以先建立一个 src/main/webapp 目录，然后将静态资源（HTML、CSS、Javascript、图片、视频等）存放到该目录中，最后再将项目打成 War 包部署在 Tomcat 服务器中。之后，Tomcat 会在启动时自动解压该 War 包，并读取 src/main/webapp 中的静态资源。但是，现在是用 Spring Boot 把 Web 项目打成了 Jar 包，而 Tomcat 服务器无法识别 Jar 包中的 src/main/webapp 目录，因此不能解析其中的静态资源。那么，静态资源应该如何存放？

对于这个问题，我们需要回顾一下前面讲的“自动装配”相关知识。Spring Boot 会通过各种“×××AutoConfiguration”类，自动对项目进行默认配置，而如果需要修改这些默认配置，则可以在 properties(或 yaml) 中，对“×××Properties”类中默认值通过“prefix. 属性名 = 属性值”的形式进行自定义设置。

因此，要想知道 Spring Boot 如何存放静态资源，就可以找到静态资源的自动装配类“×××AutoConfiguration”，然后观察里面是如何默认设置静态资源的存放路径的。这个自动装配类就是 WebMvcAutoConfiguration，该类的部分源码如下所示。

**》【源码**：org.springframework.boot.autoconfigure.web.servlet.WebMvcAutoConfiguration】

```
…
public class WebMvcAutoConfiguration {
        …
                @Override
                public void addResourceHandlers(ResourceHandlerRegistry registry) {
                        …
```

```
                    customizeResourceHandlerRegistration(registry
                                    .addResourceHandler("/webjars/**")
                            .addResourceLocations("classpath:/META-INF/resources/webjars/")
                                    .setCachePeriod(getSeconds(cachePeriod))
                                    .setCacheControl(cacheControl));
                    ...
            }
            ...
}
```

通过 addResourceHandlers() 方法可以发现，静态资源被加载到了 WebJars 目录中。那什么是 WebJars 呢？

图 10-39 是 WebJars 的官网（www.webjars.org），里面很多构建工具，如 Maven、Gradle 等。本小节以 jquery 为例进行简述，jquery 原本是一个 javascript 脚本库（一个 js 静态资源文件），而通过 WebJars 的方式，就可以将 jquery 转为 Jar 形式，然后通过 Maven 等引入项目中。也就是说，通过 WebJars 可以将各种静态资源转为 Jar 的形式。Spring Boot 就能够读取这种 Jar 形式的静态资源。

图 10-39　WebJars 页面

例如，可以在 WebJars 官网中，将 jquery 对应的 Maven 依赖 <dependency> 引入项目的 pom.xml 中。之后，就能看到 jquery.jar 的目录结构，如图 10-40 所示。

图 10-40　jquery 存放路径

现在启动项目，就可以通过 http://localhost:8888/webjars/jquery/3.3.1-1/jquery.js 访问到静态资源 jquery，如图 10-41 所示。

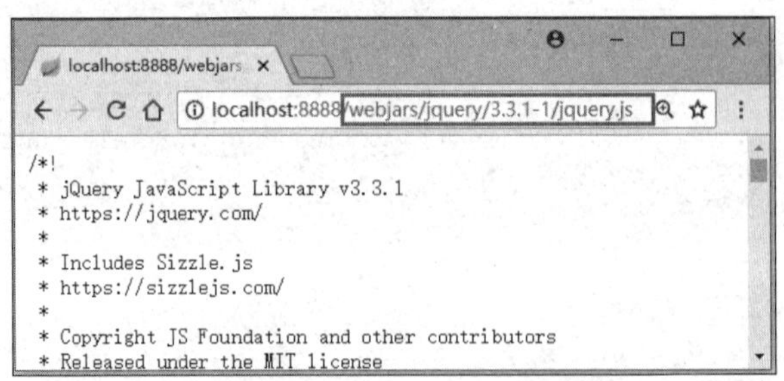

图 10-41 jquery 的引入路径

从图 10-41 中的访问路径可知，要访问 WebJars 中的 jquery.js 文件，需要从 Jar 包中 /META-INF/resources/ 中的 WebJars 开始访问。这实际就是在 WebMvcAutoConfiguration 类中，通过 addResourceHandlers() 的 addResourceLocations("classpath:/META-INF/resources/webjars/") 指定的。

综上，参照 WebJars 在 SpringMVC 中的使用方式，就有了一种静态资源的访问方法。将静态资源按照 WebJars 的目录结构打成 Jar 包，然后直接引入项目中即可使用。但很明显，这种方式比较复杂，因此并不推荐使用这种方式。

如何简化操作呢？再次研读 WebMvcAutoConfiguration.java 源码，如下所示。

**》【源码：org.springframework.boot.autoconfigure.web.servlet.WebMvcAutoConfiguration】**

```
...
public class WebMvcAutoConfiguration {
        ...
                @Override
                public void addResourceHandlers(ResourceHandlerRegistry registry) {
                        ...
                        customizeResourceHandlerRegistration(
                                        registry.addResourceHandler(staticPathPattern)
                                                .addResourceLocations(getResourceLocations(
                                                this.resourceProperties.getStaticLocations()))
                                                .setCachePeriod(getSeconds(cachePeriod))
                                                .setCacheControl(cacheControl));
        ...
                }
...
}
```

其中 this.resourceProperties.getStaticLocations() 就是获取“静态资源默认路径”的方法，getStaticLocations() 的源码定义在 ResourceProperties 中，如下所示。

**》【源码：org.springframework.boot.autoconfigure.web.ResourceProperties】**

```
...
@ConfigurationProperties(prefix = "spring.resources", ignoreUnknownFields = false)
public class ResourceProperties {
        private static final String[] CLASSPATH_RESOURCE_LOCATIONS = {
                        "classpath:/META-INF/resources/", "classpath:/resources/",
                        "classpath:/static/", "classpath:/public/" };
        private String[] staticLocations = CLASSPATH_RESOURCE_LOCATIONS;
    ...
        public String[] getStaticLocations() {
                return this.staticLocations;
    }

...
}
```

从以上源码可知，默认的静态资源路径就是 classpath:/META-INF/resources/、classpath:/resources/、classpath:/static/ 和 classpath:/public/。也就是说，只需要将静态资源放在以上任何一个目录下，Spring Boot 就能够识别。

**范例 10-10 处理静态资源**

例如，可以在 classpath:/static/ 中建立一个 html 文件，如图 10-42 所示。

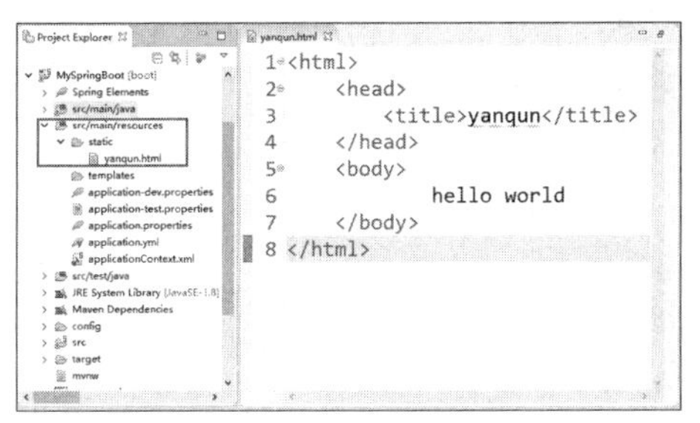

图 10-42　创建静态资源

然后就可以直接访问，如图 10-43 所示。

图 10-43　访问静态资源

## 10.4.2 ▶ 根据源码自定义设置欢迎页

先回顾一下 Web 开发的基础知识。在开发 JSP 时，可以在 web.xml 中通过以下配置指定项目的欢迎页面。

**范例 10-11 设置欢迎页**

```
...
<welcome-file-list>
<welcome-file>index.jsp</welcome-file>
</welcome-file-list>
...
```

那么在 Spring Boot 中，如何设置欢迎页呢？再来读 WebMvcAutoConfiguration 的源码，如下所示。

▶【源码：org.springframework.boot.autoconfigure.web.servlet.WebMvcAutoConfiguration】

```
...
public class WebMvcAutoConfiguration {
        ...
// 获取欢迎页的映射
        @Bean
        public WelcomePageHandlerMapping welcomePageHandlerMapping(
                        ApplicationContext applicationContext) {
                return new WelcomePageHandlerMapping(
                                new TemplateAvailabilityProviders(applicationContext),
                                applicationContext, getWelcomePage(),
                                this.mvcProperties.getStaticPathPattern());
        }
        ...
// 获取欢迎页
        private Optional<Resource> getWelcomePage() {
                String[] locations = getResourceLocations(
                                this.resourceProperties.getStaticLocations());
                return Arrays.stream(locations).map(this::getIndexHtml)
                                .filter(this::isReadable).findFirst();
        }
        private Resource getIndexHtml(String location) {
                return this.resourceLoader.getResource(location + "index.
html");
        }
...
}
```

从源码得知，默认的欢迎页就是 location + "index.html"，即 location 目录中的 index.html 文件，而 location 就是前面所说的“静态资源目录”。也就是说，默认的欢迎页，就是 classpath:/META-INF/resources/、classpath:/resources/、classpath:/static/ 和 classpath:/public/ 任一目录中的 index.html 文件。

例如，我们可以在项目的 classpath 中创建一个 resources 目录，然后在其中创建一个 index.html 文件作为欢迎页，如图 10-44 所示。

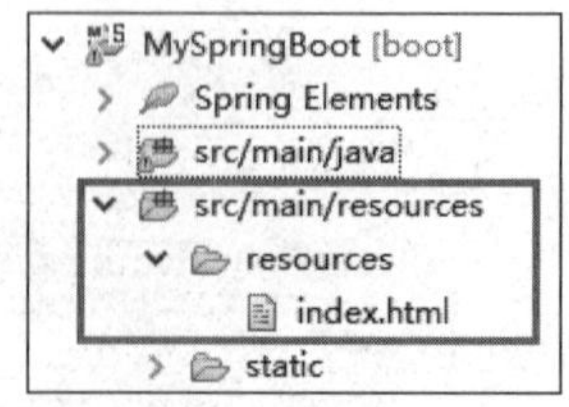


图 10-44 设置欢迎页

启动项目，直接访问 http://localhost:8888/，运行结果如图 10-45 所示。

图 10-45　欢迎页的运行界面

## 10.4.3 ▶ 根据源码设置 favicon.ico 和自定义静态资源路径

favicon.ico 是指浏览器访问 Web 服务器时，在网站标题旁边显示的图标。在 WebMvcAutoConfiguration 中也定义了设置 favicon.ico 的方法，其源码如下。

》【源码：org.springframework.boot.autoconfigure.web.servlet.WebMvcAutoConfiguration】

```
...
public class WebMvcAutoConfiguration {
    ...
    public static class WebMvcAutoConfigurationAdapter
            implements WebMvcConfigurer, ResourceLoaderAware {
...
// 设置 favicon.ico 的映射
            @Bean
            public SimpleUrlHandlerMapping faviconHandlerMapping() {
                SimpleUrlHandlerMapping mapping = new
SimpleUrlHandlerMapping();
                mapping.setOrder(Ordered.HIGHEST_PRECEDENCE + 1);
                mapping.setUrlMap(Collections.singletonMap("**/favicon.ico",
                        faviconRequestHandler()));
                return mapping;
            }
// 设置 favicon.ico
            @Bean
            public ResourceHttpRequestHandler faviconRequestHandler() {
                ResourceHttpRequestHandler requestHandler = new
ResourceHttpRequestHandler();
                requestHandler.setLocations(resolveFaviconLocations());
                return requestHandler;
            }
            private List<Resource> resolveFaviconLocations() {
                String[] staticLocations= getResourceLocations(
                        this.resourceProperties.
getStaticLocations());
                List<Resource>locations = new ArrayList<>(staticLocations.
length + 1);
```

```
                    Arrays.stream(staticLocations).map(this.
resourceLoader::getResource)
                              .forEach(locations::add);
                    locations.add(new ClassPathResource("/"));
                    return Collections.unmodifiableList(locations);
            }
...
}
```

**范例 10-12** 设置 favicon.ico

从源码可知，设置 favicon.ico 的方法是，将图片命名为“favicon.ico”，然后放入任意一个静态资源目录即可，如图 10-46 所示。

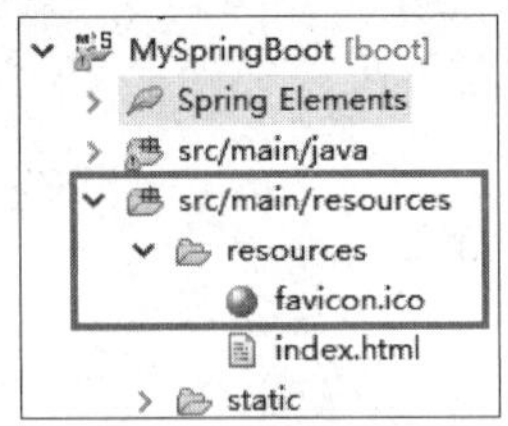


图 10-46 favicon.ico 的存放路径

之后启动项目，运行结果如图 10-47 所示。

图 10-47 设置 favicon.ico 后的运行界面

> **注意** 受浏览器缓存影响，更新后的 favicon.ico 可能不会立刻展现。读者可以删除缓存或者更换浏览器后再尝试。

在本小节中，我们通过 WebMvcAutoConfiguration 源码得知，静态资源的默认存放目录是 classpath:/META-INF/resources/、classpath:/resources/、classpath:/static/ 和 classpath:/public/。而本章的开头讲过，Spring Boot 中的默认配置都可以通过“×××Properties”属性文件的“prefix+属性名”进行修改。对于静态资源，这个属性文件就是 ResourceProperties，如下所示。

》【源码：org.springframework.boot.autoconfigure.web.servlet.WebMvcAutoConfiguration】

```
...
public class WebMvcAutoConfiguration {
   ...
      @EnableConfigurationProperties({ ..., ResourceProperties.class })
      public static class WebMvcAutoConfigurationAdapter
                        implements WebMvcConfigurer, ResourceLoaderAware {
      ...
      }
      ...
}
```

》【源码：org.springframework.boot.autoconfigure.web.ResourceProperties】

```
...
@ConfigurationProperties(prefix = "spring.resources", ignoreUnknownFields = false)
public class ResourceProperties {
        private static final String[] CLASSPATH_RESOURCE_LOCATIONS = {
                        "classpath:/META-INF/resources/", "classpath:/resources/",
                        "classpath:/static/", "classpath:/public/" };
        private String[] staticLocations = CLASSPATH_RESOURCE_LOCATIONS;
...
}
```

从 ResourceProperties 源码可知，静态资源的“prefix+ 属性名”就是“spring.resources.staticLocations”，因此可以在 Spring Boot 中通过以下配置修改静态资源存放目录。

```
# 通过等价的“×××-×××”形式，将静态资源目录设置为 classpath 下的 res 和 img 目录
spring.resources.static-locations=classpath:/res/, classpath:/img/
```

需要注意，在自定义目录后，之前默认的静态资源目录会失效。

### 10.4.4 ▶ Thymeleaf 核心语法和与 Spring Boot 的整合案例

在默认情况下 Spring Boot 并不支持 JSP，因为 Spring Boot 推荐使用 Thymeleaf 等模板引擎进行 Web 开发。

模版引擎将网页分为了“模板”和“数据”两部分，在最终渲染时会对二者进行拼接，如图 10-48 所示。

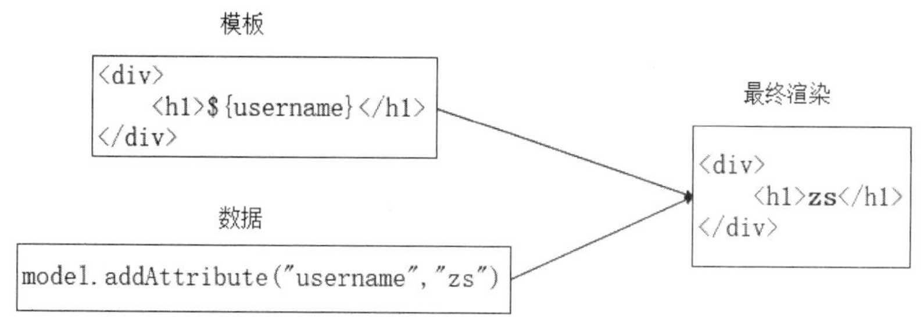


图 10-48　模版引擎的组成结构

如何使用 Thymeleaf？回顾一下在本章的开头创建项目时，只选择了一个基础 Web 的 Starter，而并没有选择 Thymeleaf，如图 10-49 所示。

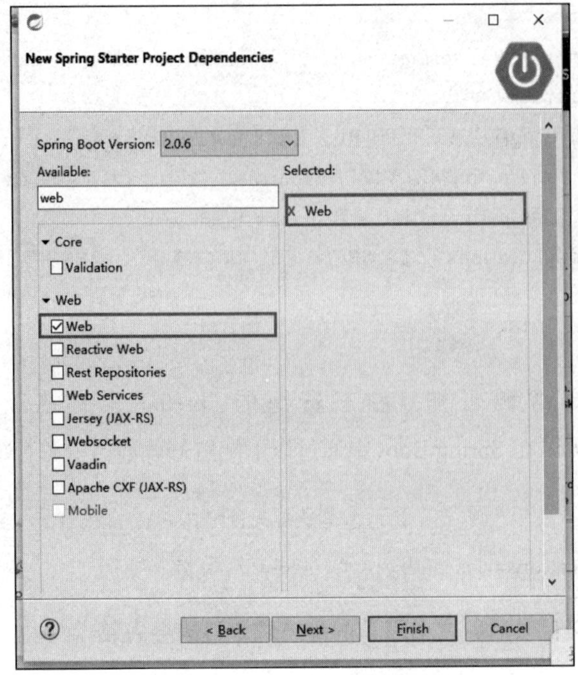


图 10-49　项目中引入的 Web 依赖

因此，可以重新创建一个 Spring Boot 项目，并同时选择 Web 和 Thymeleaf 的 Starter。还可以有第二种选择，追加 Thymeleaf 依赖。Spring Boot 提供的 Starter 实际就是将各个开发场景需要的依赖进行了归类。如果能找到 Thymeleaf 对应的 Starter 中包含的所有依赖，那么通过 Maven 将这些依赖直接引入也能实现与 Starter 等价的效果。而 Spring Boot 官网中的 Reference Doc 就罗列出了各个 Starter 需要的具体依赖，如图 10-50、图 10-51 所示。

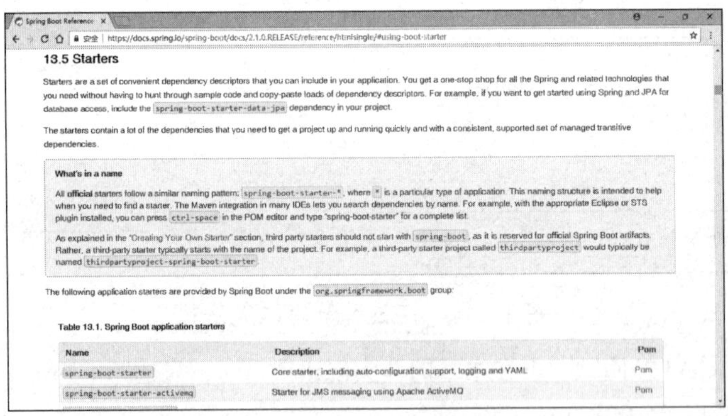


13.5 Starters

Starters are a set of convenient dependency descriptors that you can include in your application. You get a one-stop shop for all the Spring and related technologies that you need without having to hunt through sample code and copy-paste loads of dependency descriptors. For example, if you want to get started using Spring and JPA for database access, include the `spring-boot-starter-data-jpa` dependency in your project.

The starters contain a lot of the dependencies that you need to get a project up and running quickly and with a consistent, supported set of managed transitive dependencies.

**What's in a name**

All **official** starters follow a similar naming pattern; `spring-boot-starter-*`, where `*` is a particular type of application. This naming structure is intended to help when you need to find a starter. The Maven integration in many IDEs lets you search dependencies by name. For example, with the appropriate Eclipse or STS plugin installed, you can press `ctrl-space` in the POM editor and type "spring-boot-starter" for a complete list.

As explained in the "Creating Your Own Starter" section, third party starters should not start with `spring-boot`, as it is reserved for official Spring Boot artifacts. Rather, a third-party starter typically starts with the name of the project. For example, a third-party starter project called `thirdpartyproject` would typically be named `thirdpartyproject-spring-boot-starter`.

The following application starters are provided by Spring Boot under the `org.springframework.boot` group:

**Table 13.1. Spring Boot application starters**

| Name | Description | Pom |
|---|---|---|
| `spring-boot-starter` | Core starter, including auto-configuration support, logging and YAML | Pom |
| `spring-boot-starter-activemq` | Starter for JMS messaging using Apache ActiveMQ | Pom |

图 10-50　官网中的依赖列表（一）

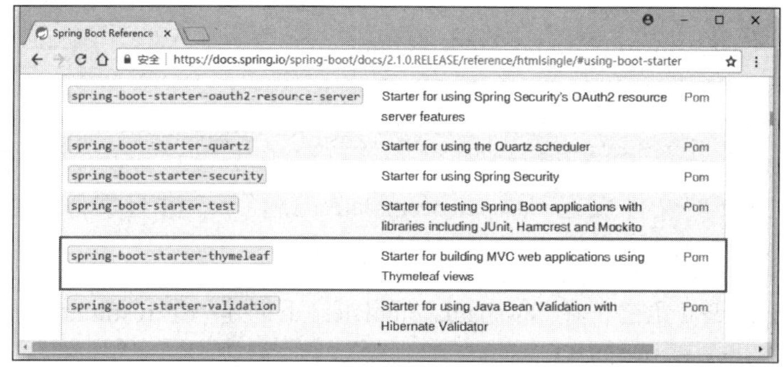


图 10-51　官网中的依赖列表（二）

打开图 10-51 中 Thymeleaf 后面的 Pom，将其中所有的依赖标签 <dependency> 复制到项目的 pom.xml 文件中，如下所示。

**范例 10-13** 使用 Thymeleaf

》【源码：demo/ch10/pom.xml】

```
...
    <dependencies>
    <!-- 引入 thymeleaf 依赖 -->
        <dependency>
                <groupId>org.springframework.boot</groupId>
                <artifactId>spring-boot-starter</artifactId>
            </dependency>
            <dependency>
                <groupId>org.thymeleaf</groupId>
                <artifactId>thymeleaf-spring5</artifactId>
            </dependency>
            <dependency>
                <groupId>org.thymeleaf.extras</groupId>
                <artifactId>thymeleaf-extras-java8time</artifactId>
            </dependency>
</dependencies>
```

现在已经引入了 Thymeleaf 依赖，但在项目的什么地方编写 Thymeleaf 代码呢？其实和以前一样，Spring Boot 中的各种默认约定都可以从 ××× AutoConfiguration 和 ××× Properties 中查看，如下所示。

》【源码：org.springframework.boot.autoconfigure.thymeleaf.ThymeleafProperties】

```
@ConfigurationProperties(prefix = "spring.thymeleaf")
public class ThymeleafProperties {
    private static final Charset DEFAULT_ENCODING = StandardCharsets.UTF_8;
    publics static final String DEFAULT_PREFIX = "classpath:/templates/";
```

```
        publics static final String DEFAULT_SUFFIX = ".html";
    ...
}
```

从源码可知，只要将文件放在 classpath:/templates/ 路径下，并且文件的后缀是 .html，之后 Spring Boot 就可以将该文件当作一个 Thymeleaf 进行解析。

现在，根据 Thymeleaf 语法，在 classpath:/templates/ 下创建一个 result.html，如下所示。

**》【源码：demo/ch10/result.html】**

```
<!DOCTYPE html>
<!-- 引入 thymeleaf 命名空间 -->
<html xmlns:th="http://www.thymeleaf.org">
        <head>
                <meta charset="UTF-8">
                <title>Insert title here</title>
        </head>
        <body>
                <p id="pid" class="pclass" th:id="${pidValue}" th:class="${pclassValue}"
th:text="${ptextValue}">welcome to thymeleaf....</p>
        </body>
</html>
```

在 <p> 标签中，我们使用了 Thymeleaf 对 id、class、text 等属性进行动态赋值：用 th:××="..." 替换 HTML 中原来的 ×× 值。例如，th:text= “${ptextValue}” 就表示将 <p> 标签中的文本值替换成 ${ptextValue} 中的值。而 ${ptextValue} 实际就是一个 EL 表达式，在尝试获取一个名为 ptextValue 的值。接下来，在控制器中对 EL 表达式中的属性进行如下赋值。

**》【源码：demo/ch10/com/yanqun/demo/controller/SpringBootController.java】**

```
...
@Controller
public class SpringBootController {
        ...
        @RequestMapping("testThymeleaf")
        public String testThymeleaf(Map<String,Object>map){
// 将 pidValue 等属性，放入 request 域中
                map.put("pidValue", "pidV") ;
                map.put("pclassValue", "pclassV") ;
                map.put("ptextValue", "ptextV") ;
                return "result" ;
        }
}
```

之后重启项目，访问 http://localhost:8888/testThymeleaf，运行结果如图 10-52 所示。

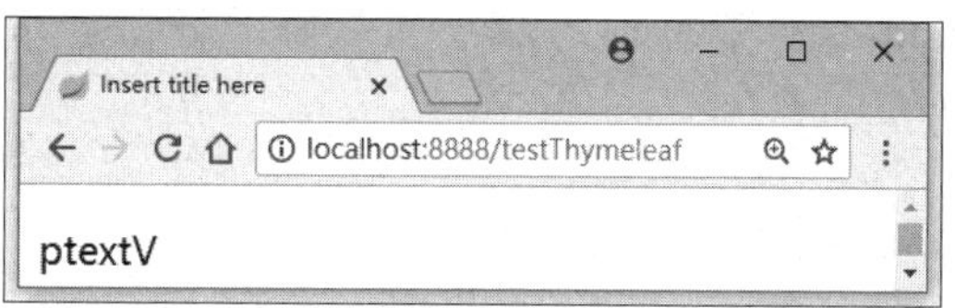


图 10-52 使用 Thymeleaf 的运行结果

查看此时页面的源码，如图 10-53 所示。

图 10-53 运行结果的源码

可以发现，Thymeleaf 已经将 Request 域中的值设置在了相应的 HTML 元素中。

## 范例 10-14 Thymeleaf 标签

还可以使用 Thymeleaf 标签对集合进行遍历，如下所示。

在控制器中，给 Request 域中加入一个 prods 集合，如下所示。

**【源码：demo/ch10/com/yanqun/demo/entity/Product.java】**

```
public class Product {
        private String name ;
        private double price  ;
        private int inStock ;
        public Product(String name, double price, int inStock) {
                this.name = name;
                this.price = price;
                this.inStock = inStock;
        }
        //setter、getter
}
```

**【源码：demo/ch10/com/yanqun/demo/controller/SpringBootController.java】**

```
...
@Controller
public class SpringBootController {
   ...
        @RequestMapping("testIter")
        public String testIter(Map<String,Object>map) {
                List<Product>prods = new ArrayList<>() ;
                prods.add(new Product("iphone",7288,999));
                prods.add(new Product("MI",2999,666));
                prods.add(new Product("Mac",16799,888));
                map.put("prods", prods);
                return "result" ;
```

```
        }
}
```

使用 Thymeleaf 提供的迭代标签 th:each，获取 prods 集合中的每个元素，并获取每个元素中的 name 和 price 属性，如下所示。

》【源码：demo/result.html】

```
<html xmlns:th="http://www.thymeleaf.org">
 ...
<body>
                <div th:each="prod : ${prods}">
                        <span th:text="${prod.name}"></span>
                        <span th:text="${prod.price}"></span>
<hr/>
                </div>
        </body>
</html>
```

访问 http://localhost:8888/testIter，运行结果如图 10-54 所示。

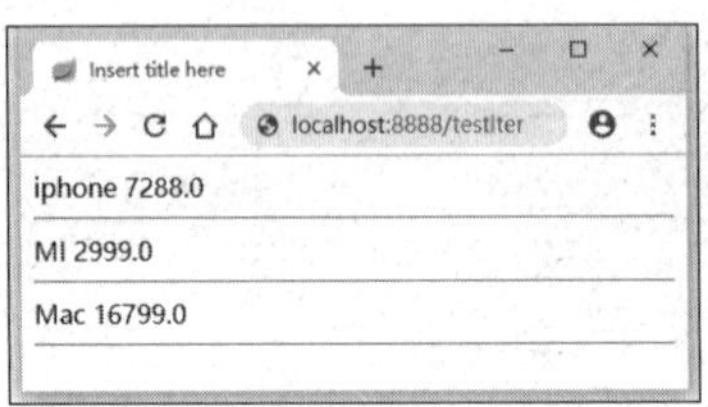


图 10-54　迭代标签的运行结果

关于 Thymeleaf 的详细使用，读者可以访问 https://www.thymeleaf.org/documentation.html 查阅官方教程，如图 10-55 所示。

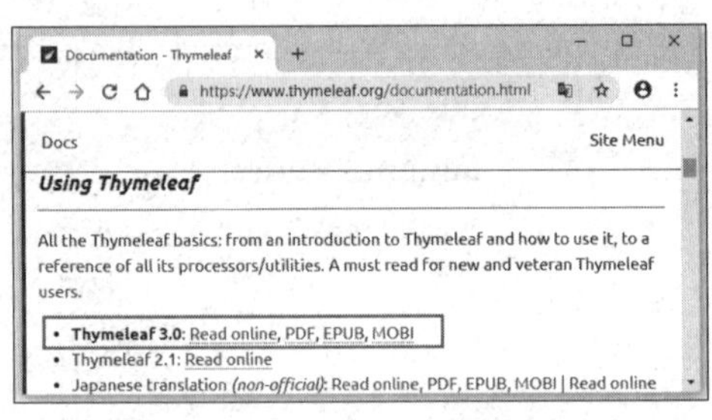


图 10-55　Thymeleaf 的官方文档

## 10.4.5 ▶ 通过外置 Tomcat 整合 JSP 并实现文件上传

前面讲过，Spring Boot 内置了一个 Tomcat，并且可以直接将 Web 项目打成 Jar 包运行。但如果要使用外置的 Tomcat（即自己在本地安装的 Tomcat），就需要和传统的 Web 项目一样，将项目打成 War 包。

新建一个 Spring Boot 的 Web 项目，将打包方式选为 War，并且依旧选择 Web 场景启动器，如图 10-56、图 10-57 所示。

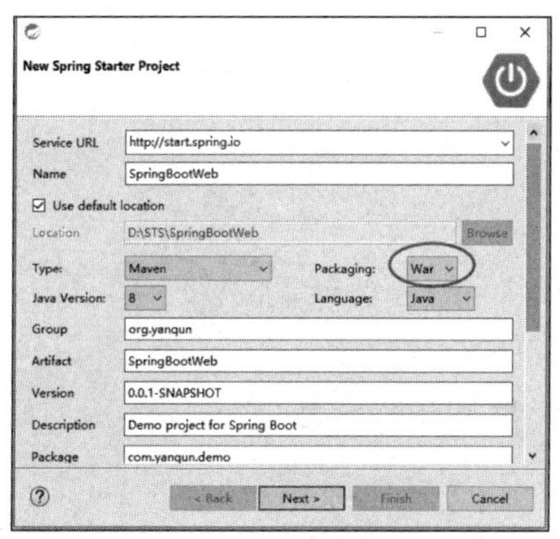

图 10-56　将项目打成 War 形式

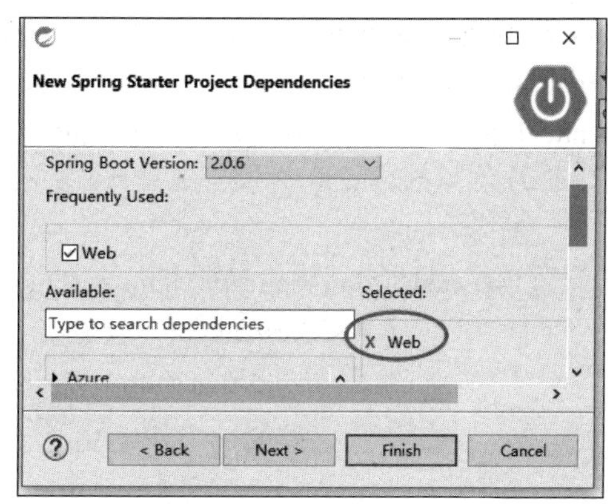


图 10-57　引入 Web 依赖

在使用了外置 Tomcat 后，就需要和以往一样，创建 Web 工程需要的 webapp 和 WEB-INF 目录，如图 10-58 所示。

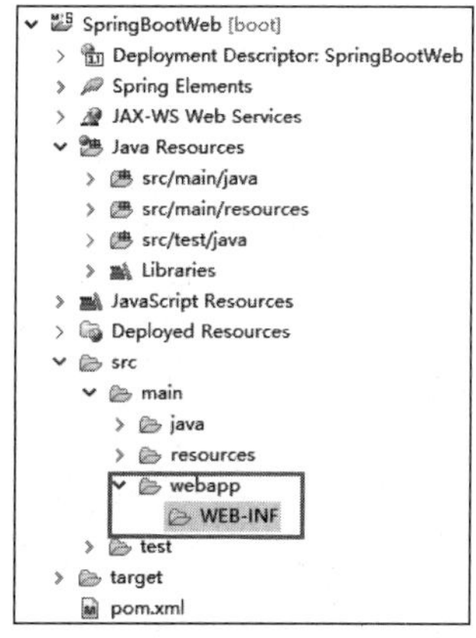


图 10-58　Web 项目的目录结构

之后，就可以在 STS 中配置 Tomcat，编写 JSP 等动态网页，并将项目部署在 Tomcat 中发布，即和以往开发 Java Web 时使用 Tomcat 的方法完全相同。

仔细观察可以发现，上面用 Spring Boot 创建的 Web 项目会比以往项目多了一个 SpringBootWebApplication 类。这是因为在使用 Spring Boot 开发 Web 项目时，需要同时启动 Spring Boot 和 Tomcat 两个服务，具体介绍如下。

如果使用了 Spring Boot 内置的 Tomcat，那么 Tomcat 会在执行 Spring Boot 入口类中的 main() 时自动启动。因此，在此种方式下，只需要启动入口类，Spring Boot 和内置的 Tomcat 就会同时启动。

如果使用的是外置 Tomcat，入口类中 main() 方法无法感知外置的 Tomcat。因此 Spring Boot 采取的策略是，Spring Boot 会通过一个初始化器 ServletInitializer 监听 Tomcat 的启动，当手工启动外置 Tomcat 时就会触发激活此初始化器，而当该初始化器被激活时就会再通过 sources() 方法自动启动 Spring Boot 服务。因此，当手工启动外置 Tomcat 时，Spring Boot 和外置的 Tomcat 也会同时启动。

Spring Boot 提供的初始化器源码如下所示。

》【**源码**：demo/ch10/com/yanqun/demo/ServletInitializer.java】

```
import org.springframework.boot.builder.SpringApplicationBuilder;
import org.springframework.boot.web.servlet.support.SpringBootServletInitializer;
public class ServletInitializer extends SpringBootServletInitializer {
	// 当外置 tomcat 启动时，会自动触发 configure() 方法
	@Override
	protected SpringApplicationBuilder configure(SpringApplicationBuilder application) {
		// 调用 Spring Boot 入口类
		return application.sources(SpringBootWebApplication.class);
	}
}
```

可以发现，当手动启动外置 Tomcat 时，会自动执行 ServletInitializer 中的 configure() 方法，从而启动 Spring Boot 入口类。

**范例 10-15** 整合外置 Tomcat

接下来，使用外置 Tomcat 开发一个 SpringMVC 程序。

### 1. 编写控制器

》【源码：demo/ch10/com/yanqun/demo/controller/WebController.java】

```
// 提示：控制器所在包，必须是 Spring Boot 入口类所在包，或其子包
package com.yanqun.demo.controller;
@Controller
public class WebController {
	@RequestMapping("/request")
	public String request(Map<String,Object>map){
		map.put("name","zs") ;
		return "index";
	}
}
```

### 2. 配置视图解析器的前缀、后缀

```
spring.mvc.view.prefix=/WEB-INF/
spring.mvc.view.suffix=.jsp
```

### 3. webapp/WEB-INF/index.jsp

```
...
<html>
```

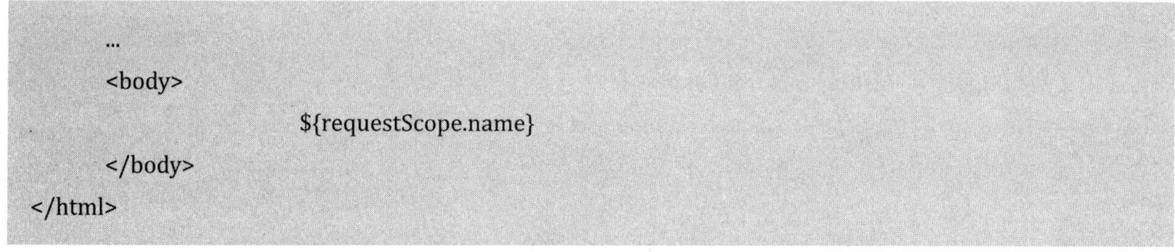

```
    ...
    <body>
            ${requestScope.name}
    </body>
</html>
```

启动 Tomcat，访问 http://localhost:8080/SpringBootWeb/request，运行结果如图 10-59 所示。

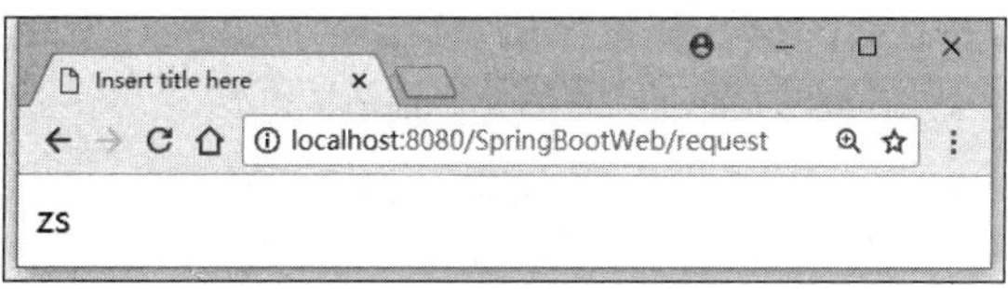


图 10-59　Web 项目的运行结果

使用外置 Tomcat 的访问路径是 http:// 域名 : 端口 / 项目名 / 映射路径，即默认情况下需要编写“项目名”，这点与使用内置 Tomcat 时不同。

**范例 10-16　文件上传**

在 Spring Boot 中准备好 Web 开发环境后，就可以直接使用 MultipartFile 进行文件的上传操作，具体步骤如下。

### 1. 在配置文件中，控制上传的属性

》【源码：demo/ch10/application.properties】

```
# 单个上传文件的最大值
spring.servlet.multipart.max-file-size=50MB
# 总共上传文件的最大值
spring.servlet.multipart.max-request-size=200MB
```

### 2. 编写文件上传的处理器

》【源码：demo/ch10/com/yanqun/demo/controller/WebController.java】

```
...
@Controller
public class WebController {
  ...
      @RequestMapping(value="/upload",method = RequestMethod.POST)
      public ModelAndView upload(HttpServletRequest request) {
        List<MultipartFile> multiFiles = ((MultipartHttpServletRequest) request).getFiles("myPicture");
        ModelAndView mv = new ModelAndView("success");
```

```
        for (int i = 0; i < multiFiles.size(); i++) {
            MultipartFile fileItem = multiFiles.get(i);
            String fileName = fileItem.getOriginalFilename();
            File file = new File("d:/upload/" + fileName);
            try {
                fileItem.transferTo(file);
                mv.addObject("file",fileItem);
            } catch (Exception e) {
                    mv.addObject("error",e) ;
                return mv;
            }
        }
        return mv;
    }
}
```

### 3. 前台上传界面（批量上传多个文件）

▶【源码：demo/ch10/input.jsp】

```
<body>
        <form method="post" action="upload" enctype="multipart/form-data">
        <input type="file" name="myPicture"><br>
        <input type="file" name="myPicture"><br>
        <input type="submit" value=" 上传 ">
        </form>
</body>
```

之后启动项目，就可以通过 input.jsp 页面实现批量上传文件。

# 第 11 章

11

# Spring 全家桶——使用 Spring Boot 整合常见 Web 组件

Spring 已经从 IoC、AOP 技术发展成为一个 Spring 生态体系，为整个 Jakarta EE 提供了一套完整的解决方案。此外，MyBatis、Redis 等各种主流框架也都提供了对 Spring 的支持。现如今，大部分的企业级项目都能看到 Spring 的身影，甚至很多项目也已经开始了“Spring 全家桶”的开发模式。本章将介绍如何使用 Spring Boot 整合各种技术框架。

# 11.1 Spring Boot 整合日志框架

日志是每个项目的必备功能，可以用于异常追踪、数据恢复和数据统计等场景。本节讲解如何在 Spring Boot 中集成现有的日志框架，并对日志的输出形式进行自定义设置。

## 11.1.1 ▶ 在 Spring Boot 中使用日志

常见的日志框架有很多，如 jboss-logging、logback、log4j、log4j2、slf4j 等。Spring Boot 内置了 slf4j 和 logback 日志框架，默认使用的是 slf4j 日志框架。也就是说，在 Spring Boot 中不用进行任何手工配置，就能直接使用 slf4j 日志框架。

**范例 11-1 使用内置日志**

直接从 Spring IoC 容器中获取内置的 slf4j 日志对象，并打印各个级别的日志信息。

▶【源码：demo/ch11/com/yanqun/HelloWorld/HelloWorldApplicationTests.java】

```
i@RunWith(SpringRunner.class)
@SpringBootTest
public class HelloWorldApplicationTests {
        Logger logger = LoggerFactory.getLogger(HelloWorldApplicationTests.class);
        @Test
        public void testLog() {// 日志级别
                logger.trace("trace********");
                logger.debug("debug********");
                logger.info("info*******");
                logger.warn("warn******");
                logger.error("error****");
        }
}
```

运行结果如图 11-1 所示。

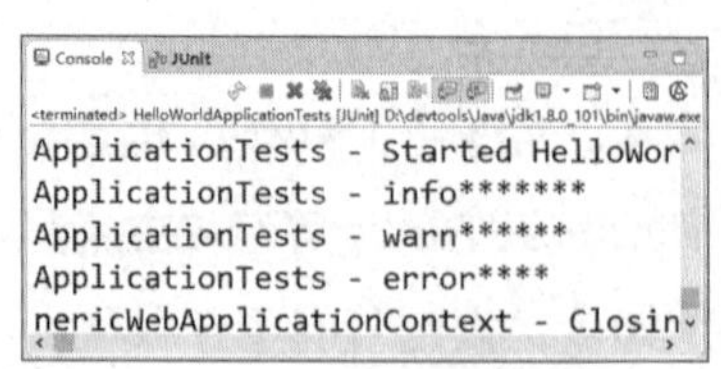


图 11-1 在 Spring Boot 使用日志

从结果中可以发现，Spring Boot 默认的日志级别是 info。Spring Boot 的日志级别被定义在了 org.springframework.boot.logging.LogLevel 中，如下所示。

》【源码：org.springframework.boot.logging.LogLevel】

```
...
publice num LogLevel {
        TRACE, DEBUG, INFO, WARN, ERROR, FATAL, OFF
}
```

源码中的日志级别从小到大进行枚举，即 TRACE 最低，OFF 最高。

也可以在配置文件中，通过“logging.level. 入口类所在包 = 日志级别”的格式自定义日志级别，如下代码就是将日志级别设置为 warn。

》【源码：demo/ch11/application.properties】

```
logging.level.com.yanqun.demo=warn
```

再次执行 HelloWorldApplicationTests，运行结果如图 11-2 所示。

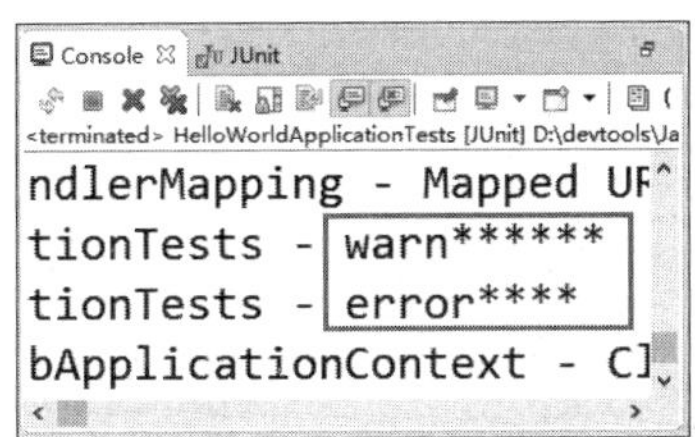


图 11-2　设置日志级别后的运行结果

## 11.1.2 ▶ 通过案例演示日志的个性化设置

Spring Boot 的日志默认只在控制台中输出，如果还想让日志同时输出到某个文件中，就可以仿照以下示例进行配置。

**范例 11-2　指定日志的输出形式**

设置配置文件，将日志信息输出到指定的文件中。

》【源码：demo/ch11/application.properties】

```
# 将日志输出到 D 盘
logging.file=d:/springboot.log
# 将日志输出到项目根目录
#logging.file=springboot.log
# 将日志输出到 d:/log 目录中，默认名文件是 spring.log
#logging.path=D:/log/
```

此外，还可以自定义日志的输出格式。以下是一条完整的日志：

2018-11-07 12:00:29.894 WARN 11920 --- [main] c.y.demo.MySpringBootApplicationTests: warn******

这种默认的日志格式，实际是在 spring-boot-2.0.6.RELEASE.jar 的 package 中的 xml 设置的。例如，

在 org.springframework.boot.logging.logback 中的 base.xml、defaults.xml 定义了日志的默认级别，指定了日志的输出格式等，如图 11-3 所示。

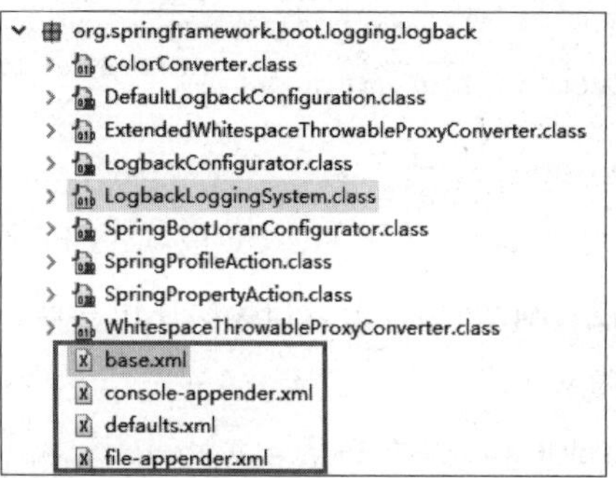


图 11-3　日志格式的配置文件

base.xml 的源码如下所示。

**》【源码**：spring-boot-2.0.6.RELEASE.jar/org/springframework/boot/logging/logback/base.xml】

```
...
<included>
        <include resource=" org/springframework/boot/logging/logback/defaults.xml"/>
        <property name="LOG_FILE"
             value="${LOG_FILE:-${LOG_PATH:-${LOG_TEMP:-${java.io.tmpdir:-/tmp}}}/spring.log}"/>
        <include resource="org/springframework/boot/logging/logback/console-appender.
xml"/>
        <include resource="org/springframework/boot/logging/logback/file-appender.xml"/>
        <root level="INFO">
                <appender-ref ref="CONSOLE"/>
                <appender-ref ref="FILE"/>
        </root>
</included>
```

defaults.xml 的源码如下所示。

**》【源码**：spring-boot-2.0.6.RELEASE.jar/org/springframework/boot/logging/logback/defaults.xml】

```
...
<included>
        ...
        <property name="CONSOLE_LOG_PATTERN" value="${CONSOLE_LOG_PATTERN:-
%clr(%d{${LOG_DATEFORMAT_PATTERN:-yyyy-MM-dd HH:mm:ss.SSS}}){faint} %clr(${LOG_
LEVEL_PATTERN:-%5p}) %clr(${PID:- }){magenta} %clr(---){faint} %clr([%15.15t]){faint} %clr(%-
40.40logger{39}){cyan} %clr(:){faint} %m%n${LOG_EXCEPTION_CONVERSION_WORD:-%wEx}}"/>
```

```
    <property name="FILE_LOG_PATTERN" value="${FILE_LOG_PATTERN:-%d{${LOG_DATEFORMAT_
PATTERN:-yyyy-MM-dd HH:mm:ss.SSS}} ${LOG_LEVEL_PATTERN:-%5p} ${PID:- } ---
[%t] %-40.40logger{39} : %m%n${LOG_EXCEPTION_CONVERSION_WORD:-%wEx}}"/>
    ...
    <logger name="org.eclipse.jetty.util.component.AbstractLifeCycle" level="ERROR"/>
    <logger name="org.hibernate.validator.internal.util.Version" level="WARN"/>
</included>
```

可以通过配置对上述默认的日志输出格式进行设置，具体设置如下。

### 1. 设置日志在 Console 中的输出格式

**范例 11-3** 日志格式

在配置文件中，设置日志在控制台内的输出格式。

**》【源码：demo/ch11/application.properties】**

```
logging.pattern.console=%d{yyyy/MM/dd}[%thread]%-5level%logger{30}-%msg%n
```

各参数的含义如下：

%d：日期时间；

%thread：线程名；

%-5level：显示日志级别，-5 表示从左显示 5 个字符宽度；

%logger{30} ：设置最大日志长度为 30。如果超过此长度，就以“x.x.x”的形式显示，如 o.s.w.s.m.m.a；

%msg：日志消息；

%n ：回车换行。

之后再次启动项目，显示如下所示的一条自定义格式的完整日志：

2018/11/07 [main] WARN  c.y.d.MySpringBootApplicationTests - warn******

### 2. 设置日志在文件中的输出格式

**范例 11-4** 日志格式

在配置文件中，设置日志在文件内的输出格式。

**》【源码：demo/ch11/application.properties】**

```
logging.pattern.file=%d{yyyy-MM-dd}[%thread]%-5level%logger{30}-%msg%n
```

在本节的开头，提到 Spring Boot 默认使用的日志框架是 slf4j 和 logback，并且这两个日志一般能满足绝大部分需求。如果想要切换成其他日志框架，可以访问 https://spring.io/projects/

spring-boot#learn 中的 Reference Doc，阅读官方提供的教程，如图 11-4 所示。

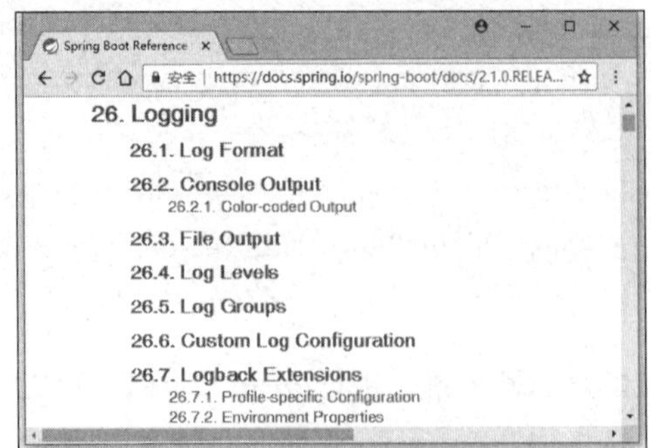


图 11-4　官网中对日志的说明

# 11.2 Spring Boot 访问数据库

Spring Boot 默认使用 Spring Data 访问数据库，Spring Data 支持所有主流的关系型数据库和 NoSQL 数据库。并且 Spring Boot 通过自动装配屏蔽了很多烦琐操作，只需要简单设置就能访问数据库。

## 11.2.1 ▶ Spring Boot 操作 JDBC 案例与数据源的装配源码解读

为了演示，新建一个 SpringBoot 项目（项目名 SpringBootData），依次选择 Web、JDBC、MySQL 3 个 Starter。在 SpringBootData 创建后，只需要在配置文件中设置数据库的相关属性，就可以直接访问数据库。

**范例 11-5**　使用内置数据源

本例使用的是 Spring Boot 内置的数据源。数据库的相关信息配置在 application.properties 文件中，如下所示。

**》【源码：demo/ch11/application.properties】**

```
spring.datasource.username=root
spring.datasource.password=root
# 在 mysql 中存在一个名为 mydb 的数据库
spring.datasource.url=jdbc:mysql://127.0.0.1:3306/mydb
spring.datasource.driver-class-name=com.mysql.jdbc.Driver
```

直接从 Spring IoC 容器中获取数据源对象，并通过数据源得到数据库的连接对象，如下所示。

**》【源码：demo/ch11/com/yanqun/HelloWorld/SpringBootDataApplicationTests.java】**

```
...
@RunWith(SpringRunner.class)
@SpringBootTest
public class SpringBootDataApplicationTests {
        @Autowired
        DataSource dataSource ;
        @Test
        public void testDB() throws SQLException {
                Connection connection = dataSource.getConnection();
                System.out.println(connection.getClass());
                connection.close();
        }
}
```

运行结果如图 11-5 所示。

```
Console ⊠  Progress  Servers  JUnit
<terminated> SpringBootDataApplicationTests [JUnit] D:\devtools\Java\jdk1.8.0_101\bin\javaw.exe (2018年11月10日 下午12:38:05)
class com.zaxxer.hikari.pool.HikariProxyConnection
```

图 11-5　Spring Boot 中的内置数据源

从图 11-5 可以发现，Spring Boot 默认使用的数据源是 HikariProxyConnection。

与之前讲解的原理类似，Spring Boot 将对数据库的自动配置写在了 DataSourceAutoConfiguration 类中，并且默认的属性写在了 DataSourceProperties 类中，部分源码如下所示。

**【源码**：spring-boot-autoconfigure-2.0.6.RELEASE.jar/org.springframework.boot.autoconfigure.jdbc.DataSourceAutoConfiguration **】**

```
...
@EnableConfigurationProperties(DataSourceProperties.class)
public class DataSourceAutoConfiguration {
  // 使用 Spring Boot 内置数据源
        @Configuration
        @Conditional(EmbeddedDatabaseCondition.class)
        @ConditionalOnMissingBean({ DataSource.class, XADataSource.class })
        @Import(EmbeddedDataSourceConfiguration.class)
        protected static class EmbeddedDatabaseConfiguration {
        }
// 使用其他数据源（非内置）
        @Configuration
        @Conditional(PooledDataSourceCondition.class)
        @ConditionalOnMissingBean({ DataSource.class, XADataSource.class })
        @Import({ DataSourceConfiguration.Hikari.class, DataSourceConfiguration.Tomcat.class,
```

```
                    DataSourceConfiguration.Dbcp2.class, DataSourceConfiguration.Generic.class,
                    DataSourceJmxConfiguration.class })
    protected static class PooledDataSourceConfiguration {
    }
    static class PooledDataSourceCondition extends AnyNestedCondition {
        ...
    }
    static class PooledDataSourceAvailableCondition extends SpringBootCondition {
        @Override
        public ConditionOutcome  getMatchOutcome(...)  {
            ...
    // 从 getDataSourceClassLoader() 中加载数据源
            if (getDataSourceClassLoader(context) != null) {
                return ConditionOutcome
                        .match(message.foundExactly("supported
DataSource"));
            }
            return ConditionOutcome
                    .noMatch(message.didNotFind("supported DataSource").
atAll());
        }
        private ClassLoader getDataSourceClassLoader(ConditionContext context) {
    // 使用的数据源来自 DataSourceBuilder 类
            Class<?>dataSourceClass = DataSourceBuilder
                    .findType(context.getClassLoader());
            return (dataSourceClass != null) ? dataSourceClass.getClassLoader() : null;
        }
    }
    static class EmbeddedDatabaseCondition extends SpringBootCondition {
...
        @Override
        public ConditionOutcome getMatchOutcome(ConditionContext context,
                AnnotatedTypeMetadata metadata) {
            ...
    // 内置数据库的类型
            EmbeddedDatabaseType type = EmbeddedDatabaseConnection
                    .get(context.getClassLoader()).getType();

            if (type == null) {
                return ConditionOutcome
                        .noMatch(message.didNotFind("embedded
```

```
database").atAll());
                    }
                    return ConditionOutcome.match(message.found("embedded database").
items(type));
            }
        }
}
```

从源码中可以发现以下几点。

（1）Spring Boot 可以使用内置的数据源（EmbeddedDatabaseConfiguration），也可以使用其他非内置的数据源（PooledDataSourceCondition）。

（2）Spring Boot 内置的数据源是通过 DataSourceBuilder 指定的。DataSourceBuilder 的部分源码如下所示。

**》【源码**: spring-boot-2.0.6.RELEASE.jar/org.springframework.boot.jdbc.DataSourceBuilder】

```
...
public final class DataSourceBuilder<T extends DataSource> {
  //Spring Boot 内置的数据源
        private static final String[] DATA_SOURCE_TYPE_NAMES = new String[] {
                    "com.zaxxer.hikari.HikariDataSource",
                    "org.apache.tomcat.jdbc.pool.DataSource",
                    "org.apache.commons.dbcp2.BasicDataSource"
};
        ...
  //Spring Boot 默认使用 DATA_SOURCE_TYPE_NAMES[] 中第一个数据源，即 HikariDataSource
        @SuppressWarnings("unchecked")
        public static Class<? extends DataSource> findType(ClassLoader classLoader) {
              for (String name : DATA_SOURCE_TYPE_NAMES) {
                    try {
                          return (Class<? extends DataSource>) ClassUtils.forName(name,
                                      classLoader);
                    }
                    ...
        }
        ...
}
```

也就是说，Spring Boot 内置了 com.zaxxer.hikari.HikariDataSource、org.apache.tomcat.jdbc.pool.DataSource、org.apache.commons.dbcp2.BasicDataSource 3 个数据源，并且默认使用的是 HikariDataSource。

（3）在 EmbeddedDatabaseType 中定义的数据库可以直接使用 Spring Boot 内置的数据源，

EmbeddedDatabaseType 的源码如下所示。

**》【源码**：spring-jdbc-5.0.10.RELEASE.jar/org.springframework.jdbc.datasource.embedded.EmbeddedDatabaseType.java】

```
publice num EmbeddedDatabaseType {
        HSQL,
        H2,
        DERBY
}
```

也就是说，HikariDataSource 等 3 个内置的数据源，可以直接操作 HSQL、H2、DERBY 3 种数据库，而无须额外的配置（当然，数据库 URL、用户名、密码等基本信息是必须配置的）。

再看一下存放数据源各种属性的 DataSourceProperties.java 文件，如下所示。

**》【源码**：spring-boot-autoconfigure-2.0.6.RELEASE.jar/org.springframework.boot.autoconfigure.jdbc.DataSourceProperties】

```
...
@ConfigurationProperties(prefix = "spring.datasource")
public class DataSourceProperties implements BeanClassLoaderAware, InitializingBean {
        private ClassLoader classLoader;
        private String name;
        private boolean generateUniqueName;
        private Class<? extends DataSource>type;
        private String driverClassName;
        private String url;
        private String username;
        private String password;
        private String jndiName;
        private DataSourceInitializationMode initializationMode
                = DataSourceInitializationMode.EMBEDDED;
        private String platform = "all";
        // 表的初始化属性
        private List<String>schema;
        private String schemaUsername;
        private String schemaPassword;
        // 数据的初始化属性
        private List<String>data;
        private String dataUsername;
        private String dataPassword;
      private boolean continueOnError = false;
      private String separator = ";";
```

```
        private Charset sqlScriptEncoding;
        private EmbeddedDatabaseConnection embeddedDatabaseConnection =
EmbeddedDatabaseConnection.NONE;
        private String uniqueName;
        ...
}
```

**范例 11-6** 指定数据源

Spring Boot 默认使用的内置数据源是 HikariDataSource，但可以通过配置指定使用其他的内置数据源。

### 1. 指定内置的数据源类型

通过 spring.datasource.type 指定使用的内置数据源类型。

》【源码：demo/ch11/application.properties】

```
...
spring.datasource.type=org.apache.commons.dbcp2.BasicDataSource
```

### 2. 引入数据源依赖

在 pom.xml 中引入 BasicDataSource 数据源需要的依赖。

》【源码：demo/ch11/pom.xml】

```
<!-- 引入 dbcp2 依赖 -->
<dependency>
        <groupId>org.apache.commons</groupId>
        <artifactId>commons-dbcp2</artifactId>
</dependency>
```

再次执行测试类，运行结果如图 11-6 所示 。

```
Console ⊠  Progress  Servers  JUnit
<terminated> SpringBootDataApplicationTests [JUnit] D:\devtools\Java\jdk1.8.0_101\bin\javaw.exe (2018年11月10日 下午12:34:45)
class org.apache.commons.dbcp2.PoolingDataSource$PoolGuardConnectionWrapper
```

图 11-6　在 Spring Boot 中指定数据源

从结果可知，Spring Boot 本次使用的数据源是 dbcp2。

## 11.2.2 ▶ 通过 DRUID 演示自定义数据源的使用

之前，我们使用的是 Spring Boot 内置的数据源，接下来将使用其他非内置的数据源。实际开发常见的 C3P0、DRUID 等都属于非 Spring Boot 内置数据源，但配置的方法基本相同。

**范例 11-7 使用 DRUID**

在 Spring Boot 中使用非内置的 DRUID 数据源。

### 1. 引入 DRUID 依赖

》【源码：demo/ch11/pom.xml】

```
...
<dependency>
        <groupId>com.alibaba</groupId>
        <artifactId>druid</artifactId>
        <version>1.1.10</version>
</dependency>
...
```

### 2. 在配置文件中，通过 spring.type 指定 DRUID 数据源

》【源码：demo/ch11/application.properties】

```
spring.datasource.username=root
spring.datasource.password=root
spring.datasource.url=jdbc:mysql://127.0.0.1:3306/mydb
spring.datasource.driver-class-name=com.mysql.jdbc.Driver
# 指定数据源为 DRUID
spring.datasource.type=com.alibaba.druid.pool.DruidDataSource
```

在配置文件中，编写配置源的其他参数，并通过自定义配置类将这些参数与 DRUID 中的属性绑定起来。

在 application.properties 中，配置数据源参数，如下所示。

》【源码：demo/ch11/application.properties】

```
...
#DRUID 数据源的其他参数
spring.datasource.initialSize=10
spring.datasource.minIdle=10
spring.datasource.maxActive=20
```

将参数绑定到 DRUID 对象，并将 DRUID 对象纳入 Spring IoC 容器，如下所示。

》【源码：demo/ch11/com/yanqun/demo/config/MyDruidConfig.java】

```
...
@Configuration
```

```
public class MyDruidConfig {
        @ConfigurationProperties(prefix="spring.datasource")
        @Bean
        public DataSource druid(){
                return new DruidDataSource();
        }
}
```

测试使用。

在测试类中使用 DRUID 数据源，并以 Debug 模式观察数据源中的属性值，调试界面如图 11-7 所示。

```
@RunWith(SpringRunner.class)
@SpringBootTest
public class SpringBootSsmApplicationTests {
    @Autowired
    DataSource dataSource ;
    @Test
    public void testDB() throws SQLException {
        Connection connection = dataSource.getConnection();
        System.out.println(conne
        connection.close();
```

图 11-7 使用 DRUID 数据源的调试界面

## 11.2.3 ▶ SQL 初始化源码解读与自动化脚本实践

在 DataSourceProperties.java 中有两个属性：Schema 和 Data。其中 Schema 为表初始化，默认执行的脚本文件是 schema.sql 和 schema-all.sql；Data 为数据初始化，默认执行的脚本文件是 data.sql 和 data-all.sql，但也可以通过 spring.datasource.schema 和 spring.datasource.data 属性自定义。

自动初始化 SQL 的源码如下所示。

**》【源码**：spring-boot-autoconfigure-2.0.6.RELEASE.jar/org.springframework.boot.autoconfigure.jdbc.DataSourceInitializer】

```
...
class DataSourceInitializer {
        ...
        // 自动执行脚本文件中的建表语句，默认的脚本文件名是 schema.sql
        public boolean createSchema() {
                List<Resource> scripts = getScripts("spring.datasource.schema",
                                this.properties.getSchema(), "schema");
                        ...
                        String username = this.properties.getSchemaUsername();
                        String password = this.properties.getSchemaPassword();
                        runScripts(scripts, username, password);
```

```
            }
            return !scripts.isEmpty();
    }
    // 自动执行脚本文件中的初始化数据，默认的脚本文件名是 data.sql
    public void initSchema() {
            List<Resource> scripts = getScripts("spring.datasource.data",
                            this.properties.getData(), "data");
                    ...
                    String username = this.properties.getDataUsername();
                    String password = this.properties.getDataPassword();
                    runScripts(scripts, username, password);
            }
    }
    ...
    // 设置初始化模式
    private boolean isEnabled() {
            DataSourceInitializationMode mode = this.properties.getInitializationMode();
            if (mode == DataSourceInitializationMode.NEVER) {
                    return false;
            }
            if (mode == DataSourceInitializationMode.EMBEDDED&& !isEmbedded()) {
                    return false;
            }
            return true;
    }
    private List<Resource> getScripts(String propertyName, List<String> resources,
                    String fallback) {
            if (resources != null) {
                    return getResources(propertyName, resources, true);
            }
            String platform = this.properties.getPlatform();
            List<String> fallbackResources = new ArrayList<>();
//platform 的默认值是 "all"
            fallbackResources.add("classpath*:" + fallback + "-" + platform + ".sql");
            fallbackResources.add("classpath*:" + fallback + ".sql");


            return getResources(propertyName, fallbackResources, false);
    }
    ...
}
```

其中 isEnabled() 方法用于指定初始化模式 DataSourceInitializationMode，共有 ALWAYS、EMBEDDED 和 NEVER 3 个模式可选，其源码如下所示。

**》【源码：spring-boot-2.0.6.RELEASE.jar/org.springframework.boot.jdbc.DataSourceInitializationMode】**

```
...
public enum DataSourceInitializationMode {
  //每次启动时都会执行初始化操作
        ALWAYS,
  //每次启动，只会初始化 Spring Boot 内置的数据源
        EMBEDDED,
  //禁止初始化操作
        NEVER
}
```

接下来根据以上规则，演示初始化 SQL 的具体操作。

**范例 11-8** 初始化 SQL 脚本

本例实现的是，在 Spring Boot 启动时自动加载 student.sql 文件，并执行其中的 SQL 脚本。

在配置文件中，开启初始化操作，并且手工设置脚本文件的路径。

**》【源码：demo/ch11/application.properties】**

```
...
spring.datasource.initialization-mode=always
spring.datasource.schema=classpath:student.sql
```

在 Classpath 下，将初始化 SQL 的脚本写在 student.sql 中。

**》【源码：demo/ch11/student.sql】**

```
create table student
(
        stuno int(4),
        stuname varchar(10),
        gradeId int(3)
);
insert into studentvalues(1,'zs',23);
insert into studentvalues(2,'ls',24);
insert into studentvalues(3,'ww',25);
```

也可以将 DDL 和 DML 分别写在不同的脚本文件中。

执行 Spring Boot 入口类，观察 MySQL 中的 MyDB 库是否存在 student 表。

Spring Boot 启动后，可以在 MySQL 中的 MyDB 库中观察到新建的 student 表，以及初始化的

数据，如图 11-8 所示。

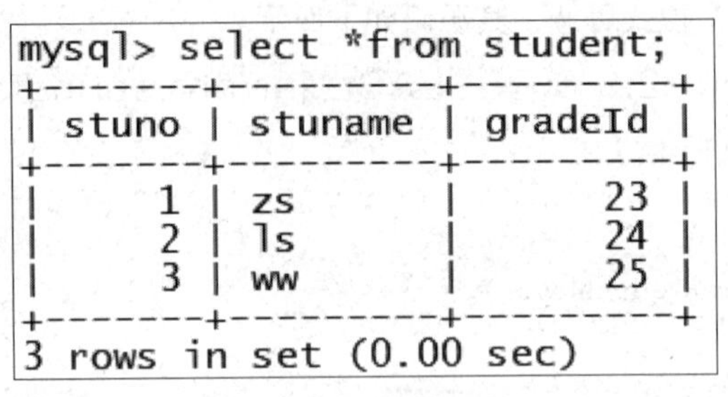

```
mysql> select *from student;
+-------+----------+---------+
| stuno | stuname  | gradeId |
+-------+----------+---------+
|     1 | zs       |      23 |
|     2 | ls       |      24 |
|     3 | ww       |      25 |
+-------+----------+---------+
3 rows in set (0.00 sec)
```

图 11-8　student 表

## 11.2.4 ▶ 使用 Spring Boot 轻松处理事务

传统的事务操作需要先开启事务，然后在数据访问结束后提交或进行回滚操作。但在 Spring Boot 中进行事务处理是十分简单的，只需在某个方法上标注 @Transactional 注解，之后 Spring Boot 就会自动对该方法进行事务处理。@Transactional 除了标注在方法上，还可以标注在类上，表示对该类中的所有方法都进行事务控制。

**范例 11-9　事务处理**

本例演示在 Spring Boot 中实现事务的步骤，如下所示。

### 1. 引入依赖

**【源码：demo/ch11/pom.xml】**

```
<dependency>
        <groupId>org.springframework.boot</groupId>
        <artifactId>spring-boot-starter-jdbc</artifactId>
</dependency>
```

之后，Spring Boot就会通过 org.springframework.boot.autoconfigure.jdbc.DataSourceTransactionManagerAutoConfiguration 对事务进行自动装配，并将数据源的默认信息放入 org.springframework.boot.autoconfigure.jdbc.DataSourceProperties 中。

### 2. 使用事务

在引入依赖以后，就可以直接在 Service 层中的类或方法上标注 @Transactional，从而实现声明式事务。

# 11.3 基于 Spring Boot 的 SSM 整合开发

使用 SSM（Spring、SpringMVC 和 MyBatis）进行项目开发是一种非常流行的技术选型。在 Spring Boot 诞生以前，需要分别对 Spring、SpringMVC 和 MyBatis 进行各种烦琐的配置。Spring Boot 出现以后，一切都变得简单了。

## 11.3.1 ▶ Spring Boot 整合 SSM 完整案例

Spring Boot 本身就是 Spring 系列技术的整合栈，已经内置了 Spring 及 SpringMVC 需要的配置及依赖。因此，用 Spring Boot 开发 SSM 项目时，实际只需要整合 MyBatis 即可，而整合 MyBatis 也只需要以下简单几步。

**范例 11-10** Spring Boot 整合 SSM

MyBatis 有“基于注解”和“基于 XML 映射文件”两种实现方式。本例在用 Spring Boot 整合 SSM 时，会分别对这两种实现方式进行介绍，以下是具体的整合步骤。

创建名为 SpringBootSSM 的 Spring Boot 项目，并加入 MyBatis 及相关数据操作的 Starter，如图 11-9、图 11-10 所示。

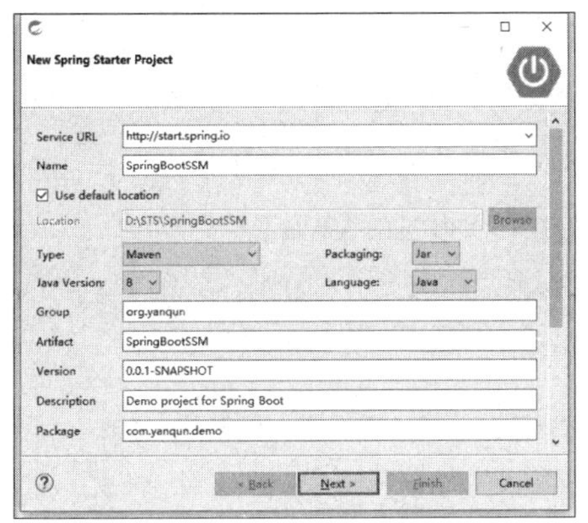


图 11-9 新建 Spring Boot 项目

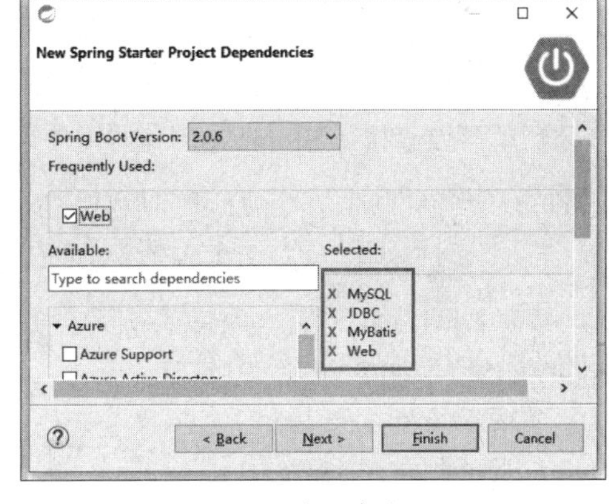


图 11-10 引入多个 Starter

读者可以查看 pom.xml 中 MyBatis 的 Starter，分析究竟引入了哪些具体的依赖。

配置数据源。

本次采用 Spring Boot 内置数据源，因此只需要在 application.properties 或 application.yml 中配置数据库的基本信息（username、password、url、driver-class-name）。

使用 MyBatis。

本次分别使用注解和 XML 配置文件两种形式来操作 MyBatis（本次操作的数据表是之前创建好的 student 表）。

（1）使用注解操作 MyBatis。

创建 POJO，源码如下。

【源码：demo/ch11/com/yanqun/entity/Student.java】

```
public class Student {
        private int stuno ;
        private String stuname;
        private int gradeid ;
        //setter、getter、构造方法、toString()
}
```

创建映射接口 Mapper，源码如下。

【源码：demo/ch11/com/yanqun/demo/mapper/StuMapper.java】

```
@Mapper
public interface StuMapper {
        @Insert("insert into student values(#{stuno},#{stuname},#{gradeid})")
        public boolean addStu(Student student);
        @Delete("delete from student where stuno = #{stuno}")
        public boolean deleteStuByStuno(intstuno);
        @Update("update student set stuname=#{stuname},gradeid=#{gradeid} where stuno = #{stuno}")
        public boolean updateStuByStuno(Student student);
        @Select("select * from student")
        public List<Student> queryStus() ;
}
```

之后就可以直接从 Spring IoC 容器中使用 StuMapper 对象操作数据库，如下所示。

【源码：demo/ch11/com/yanqun/demo/controller/StuController.java】

```
...
@RestController
public class StuController {
        @Autowired
        StuMapper stuMapper ;
        @RequestMapping("/addStu")
        public boolean addStu(Student stu){
                return stuMapper.addStu(stu);
        }
        @RequestMapping("/deleteStuByStuno/{stuno}")
        public boolean deleteStuByStuno(@PathVariable("stuno") Integer stuno){
                return stuMapper.deleteStuByStuno(stuno);
        }
        @RequestMapping("/updateStuByStuno")
        public boolean updateStuByStuno(Student student){
```

```
            return stuMapper.updateStuByStuno(student) ;
    }
    @RequestMapping("/queryStus")
    public List<Student> queryStus(){
            return stuMapper.queryStus();
    }
```

另外，还可以删掉 StuMapper 上面的 @Mapper 注解，直接在 Spring 入口类上通过 @MapperScan 一次性设置所有映射接口所在包，如下所示。

**》【源码**：demo/ch11/com/yanqun/demo/SpringBootSsmApplication.java】

```
@MapperScan(value="com.yanqun.demo.mapper")
@SpringBootApplication
public class SpringBootSsmApplication {
    public static void main(String[] args) {
            SpringApplication.run(SpringBootSsmApplication.class, args);
    }
}
```

访问 http://localhost:8080/queryStus，运行结果如图 11-11 所示。

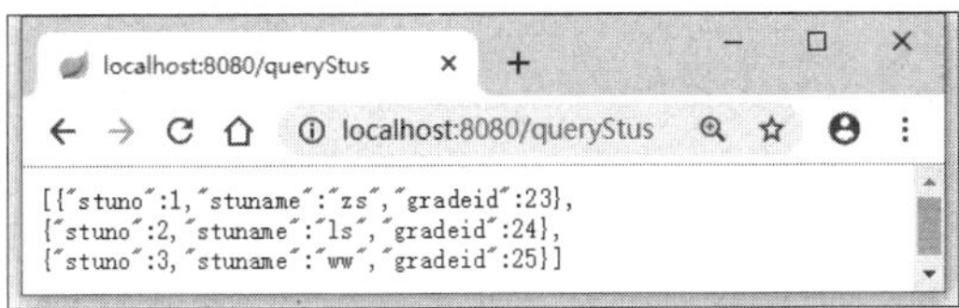


图 11-11　Spring Boot 整合 SSM 的运行结果

（2）使用 XML 映射文件操作 MyBatis。

创建 POJO，与注解方式相同。

创建数据操作接口及其映射文件，如下所示。

①数据操作接口。

**》【源码**：demo/ch11/com/yanqun/demo/mapper/StudentMapper.java】

```
...
public interface StudentMapper {
    public boolean addStudent(Student student);
    public boolean deleteStudentByStuno(int stuno);
    public boolean updateStudentByStuno(Student student);
    public List<Student> queryStudents() ;
}
```

②映射文件。

》【源码：demo/ch11/com/yanqun/demo/mapper/StudentMapper.xml】

```
<?xml version="1.0" encoding="UTF-8"?>
<!DOCTYPE mapperPUBLIC"-//mybatis.org//DTD Mapper 3.0//EN"
"http://mybatis.org/dtd/mybatis-3-mapper.dtd">
<mapper namespace="com.yanqun.demo.mapper.StudentMapper">
        <!-- 增 -->
        <insert id="addStudent" parameterType="com.yanqun.entity.Student">
                        insert into student values(#{stuno},#{stuname},#{gradeid})
        </insert>
        <!-- 删 -->
        <delete id="deleteStudentByStuno" parameterType="int">
                        delete from student where stuno = #{stuno}
        </delete >
        <!-- 改 -->
        <update id="updateStudentByStuno" parameterType="com.yanqun.entity.Student">
                        update student set stuname=#{stuname},gradeid=#{gradeid} where stuno =
#{stuno}
        </update>
        <!-- 查 -->
        <select id="queryStudents" resultType="com.yanqun.entity.Student">
                select * from student
        </select>
</mapper>
```

创建 MyBatis 配置文件。

在 classpath 下创建一个 MyBatis 配置文件，供后续使用，如下所示。

》【源码：demo/ch11/mybatis.xml】

```
<?xml version="1.0"encoding="UTF-8"?>
<!DOCTYPE configurationPUBLIC"-//mybatis.org//DTD Config 3.0//EN" "http://mybatis.org/dtd/mybatis-3-
config.dtd">
<configuration>
</configuration>
```

之后，也同样可以直接从 Spring IoC 容器中使用 StudentMapper 对象操作数据库，如下所示。

》【源码：demo/ch11/com/yanqun/demo/controller/StudentController.java】

```
...
@RestController
public class StudentController {
        @Autowired
```

```
        StudentMapper studentMapper ;
        @RequestMapping("/addStudent")
        public boolean addStudent(Student student){
                return studentMapper.addStudent(student);
        }
        @RequestMapping("/deleteStudentStuno")
        public boolean deleteStudentByStuno(intstuno){
                return studentMapper.deleteStudentByStuno(stuno);
        }
        @RequestMapping("/updateStudentStuno")
        public boolean updateStudentByStuno(Student student){
                return studentMapper.updateStudentByStuno(student);
        }
        @RequestMapping("/queryStudents")
        public List<Student> queryStudents(){
                return studentMapper.queryStudents();
        }
}
```

启动 Spring Boot，访问 http://localhost:8080/updateStudentStuno?stuno=1&stuname=yanqun&gradeid=100，运行结果如图 11-12 所示。

图 11-12　更新操作的运行结果

在 MySQL 中验证修改的数据，如图 11-13 所示。

```
mysql> select *from student;
+-------+---------+---------+
| stuno | stuname | gradeId |
+-------+---------+---------+
|     1 | yanqun  |     100 |
|     2 | ls      |      24 |
|     3 | ww      |      25 |
+-------+---------+---------+
3 rows in set (0.00 sec)
```

图 11-13　MySQL 中的 student 数据

学习了本小节可知，只要通过注解或 XML 将 MyBatis 融入 Spring Boot 中，就可以直接在项目中使用 SSM 进行开发。

## 11.3.2 ▶ 第三方配置文件的引入与自定义配置类

前面讲过，Spring Boot 会自动配置 Spring 等框架的配置文件，因此不需要手工配置。但是，如果在某些情况下，必须要自己配置这些文件，能否让 Spring Boot 识别我们配置的这些文件呢？

可以，但需要在 Spring Boot 入口类上，使用 @ImportResource 引入自己编写的配置文件，如下所示。

**范例 11-11 使用自定义配置文件**

本例在项目中自定义一个 applicationContext.xml 配置文件，再进行 IoC 依赖注入，最后将此配置文件引入项目并使用。

### 1. 准备工作

准备一个 service 和一个 Dao，用于演示 Spring 的依赖注入。

（1）业务逻辑层。

编写业务逻辑层 StudentService，并在其中引用数据访问层 StudentDao 对象。

》【源码：demo/ch11/com/yanqun/service/StudentService.java】

```
package com.yanqun.service;
import com.yanqun.dao.StudentDao;
public class StudentService {
        private StudentDao studentDao;
        //getter、setter
}
```

（2）数据访问层。

编写数据访问层 StudentDao，并在其中实现访问数据库的方法。

》【源码：demo/ch11/com/yanqun/dao/StudentDao.java】

```
package com.yanqun.dao;
public class StudentDao {
        // 访问数据库操作 ...
}
```

### 2. 自己编写 Spring 配置文件

在 Spring 配置文件中创建 StudentService 和 StudentDao 两个 Bean，并将 StudentDao 注入 StudentService 中，如下所示。

》【源码：demo/ch11/applicationContext.xml】

```
<?xml version="1.0"encoding="UTF-8"?>
<beans xmlns="http://www.springframework.org/schema/beans"
        xmlns:xsi="http://www.w3.org/2001/XMLSchema-instance"
        xsi:schemaLocation="http://www.springframework.org/schema/beans http://www.
springframework.org/schema/beans/spring-beans.xsd">
        <bean id="studentService" class="com.yanqun.service.StudentService">
```

```
                <property name="studentDao" ref="studentDao"></property>
        </bean>
        <bean id="studentDao" class="com.yanqun.dao.StudentDao">
        </bean>
</beans>
```

### 3. 引入自己编写的 Spring 配置文件

在 Spring Boot 入口类上，通过 @ImportResource 引入自己编写的 Spring 配置文件，如下所示。

【源码：demo/ch11/com/yanqun/demo/MySpringBootApplication.java】

```
...
@ImportResource(locations={"classpath:applicationContext.xml"})
@SpringBootApplication
public class MySpringBootApplication {
        public static void main(String[] args) {
                SpringApplication.run(MySpringBootApplication.class, args);
        }
    }
```

### 4. 测试

在测试类中，尝试从自己编写的 applicationContext.xml（即 Spring IoC 容器）中获取并使用 Bean，如下所示。

【源码：demo/ch11/com/yanqun/demo/MySpringBootApplicationTests.java】

```
package com.yanqun.demo;
//import ...
@RunWith(SpringRunner.class)
@SpringBootTest
public class MySpringBootApplicationTests {
        // 获取 SpringIoC 容器
        @Autowired
        ApplicationContext context ;
        // 从 Spring IoC 容器中获取并使用 bean
        @Test
        public void testIoC() {
                StudentService studentService
                        = (StudentService)context.getBean("studentService") ;
                StudentDao  stuentDao = studentService.getStudentDao();
```

```
                System.out.println(stuentDao);
        }
}
```

运行结果如图 11-14 所示。

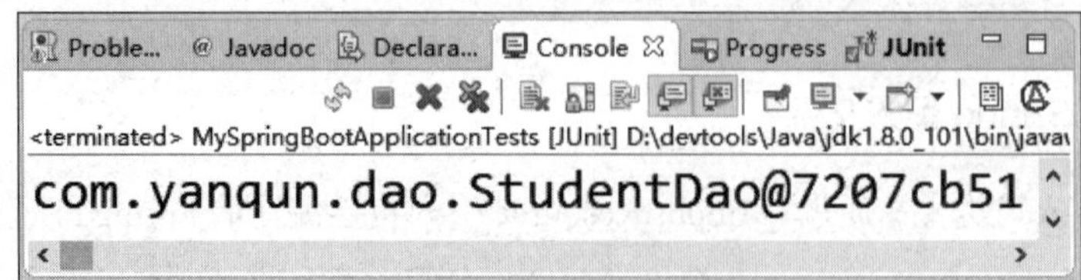


图 11-14 使用自定义配置文件的运行结果

从结果可知，Spring Boot 项目此时已经能够识别我们自己编写的 Spring 配置文件了。

对 Spring 等框架的配置一般都有两种形式：XML 配置文件或注解。Spring Boot 推荐使用注解的方式对项目进行各种配置。因此，不推荐上面使用 applicationContext.xml 对 Spring 进行配置的方式。在 Spring Boot 中，通过注解方式对 Spring 进行配置非常简单，只需要以下两步操作即可。

（1）编写配置类，即在标识了 @Configuration 的类中进行配置。

（2）给该配置类的各个方法前都加上 @Bean 注解，用于将方法返回值所代表的对象纳入 Spring IoC 容器中。也就是说，每个方法的返回值和之前在 XML 中配置的 <bean...> 等价。

**范例 11-12** 使用配置类

本例是通过配置类，向 Spring IoC 容器中注入一个 StudentService 对象。

▶【源码：demo/ch11/com/yanqun/config/SpringConfig.java】

```
...
@Configuration
public class SpringConfig {
        @Bean
        public StudentService stuService(){
                StudentService stuService = new StudentService();
                StudentDao stuDao = new StudentDao();
                stuService.setStudentDao(stuDao);
                return stuService ;
        }
}
```

以上就是通过配置类的形式，在 SpringIoC 容器中配置了一个 id="StuService" 的 Bean。并且方法名就相当于 XML 中 Bean 的 ID 值，即以上配置就等价于以下 XML 配置方式。

```
...
<bean id="stuService" class="com.yanqun.service.StudentService">
```

```
        <property name="studentDao" ref="stuDao"></property>
</bean>
<bean id="stuDao" class="com.yanqun.dao.StudentDao">
</bean>
```

# 11.4 Spring Boot 整合第三方组件

除了前面介绍的日志、数据源和 MyBatis 外，Spring Boot 还支持对各种常见组件的整合。本节详细地讲解使用 Spring Boot 整合 FastJon、Redis、RabbitMQ 和 HttpClient 等组件的具体步骤。

## 11.4.1 ▶ Spring Boot 整合 FastJson

JSON(JavaScript Object Notation) 是一种轻量级的数据交换格式，经常作为项目前后端通信时的数据载体。例如，前端可以通过 JavaScript 向后端发送一个 JSON 格式的数据，而 SpringMVC 等控制器也可以将数据组装成 JSON 格式返回给前端。

JSON 源自 JavaScript。作为扩展，在 Java 中可以通过 Jackson 库或 FastJson 库来操作类似 JSON 格式的 Java 数据。Spring Boot 默认使用的是 Jackson，如果要使用 FastJson，则需要进行以下配置。

**范例 11-13** 整合 FastJson

本例演示在 Spring Boot 中使用 Jackson 的具体步骤。

### 1. 引入 FastJson 依赖

》【源码：demo/ch11/pom.xml】

```
<dependency>
        <groupId>com.alibaba</groupId>
        <artifactId>fastjson</artifactId>
        <version>1.2.15</version>
</dependency>
```

### 2. 在配置类中，注入 FastJson 转换器

》【源码：demo/ch11/com/yanqun/demo/config/MyConfig.java】

```
@Configuration
public class MyConfig {
```

```
	...
	@Bean
	public HttpMessageConverters fastJsonHttpMessageConverters() {
		FastJsonHttpMessageConverter fastConverter = new FastJsonHttpMessageConverter();
		FastJsonConfig fastJsonConfig = new FastJsonConfig();
		//格式化
		fastJsonConfig.setSerializerFeatures(SerializerFeature.PrettyFormat);
		fastConverter.setFastJsonConfig(fastJsonConfig);
		HttpMessageConverter<?>converter = fastConverter;
		return new HttpMessageConverters(converter);
	}
}
```

### 3. 准备 JavaBean

》【源码：demo/ch11/com/yanqun/entity/Student.java】

### 4. 测试使用

》【源码：demo/ch11/com/yanqun/demo/controller/StudentController.java】

```
...
@RestController
public class StudentController {
	...
	@RequestMapping("/queryAStudent")
	public Student queryAStudent(){
		Student student=new Student();
		student.setStuno(101);
		//student.setStuname("yanqun"); 此时没有给 stuname 赋值
		student.setGradeid(1);
	return student;
	}
}
```

启动程序，访问 http://localhost:8888/queryAStudent，运行结果如图 11-15 所示。

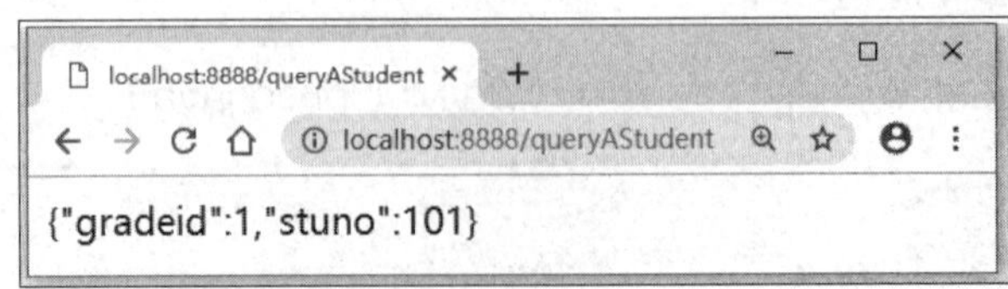


图 11-15　使用的 FastJson 运行结果

因为设置的格式化方式是 SerializerFeature.PrettyFormat，此方式不会显示 value 为 NULL 的值。如果将格式化方式改为显示 value 为 NULL 的 SerializerFeature.WriteMapNullValue 方式，就会显示 value 为 NULL 的值。

运行结果如图 11-16 所示。

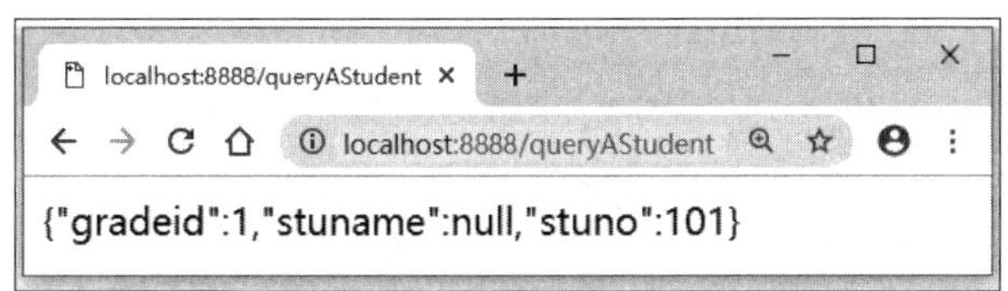


图 11-16　指定 NULL 的显示效果

通过以上可知，自定义的 FastJson 已经生效。

## 11.4.2 ▶ 通过源码和案例详解 Spring Boot 缓存

Spring Boot 默认使用 spring-context.jar 中的 Cache、CacheManager 接口和 CompositeCacheManager 类操作缓存，具体操作如下。

（1）org.springframework.cache.Cache 接口：缓存的上级接口。例如，ConcurrentMapCache、RedisCache 等所有缓存都必须实现此接口；Cache 中定义了设置缓存 put()、清空缓存 clear()、查询缓存数据 get() 等具体操作缓存的方法。

（2）org.springframework.cache.CacheManager 接口：Cache 管理器，此接口中仅有如下两个方法。

① Cache getCache(String name)：根据 name 获取某一块的缓存。

② Collection<String> getCacheNames()：查询所有缓存的名字。

综上，Cache 处理的是"所有缓存对象"，每个缓存对象由 Key-Value 对组成（即 Entry<K,V>），而 CacheManager 处理的是"所有 Cache 块"，如图 11-17 所示。

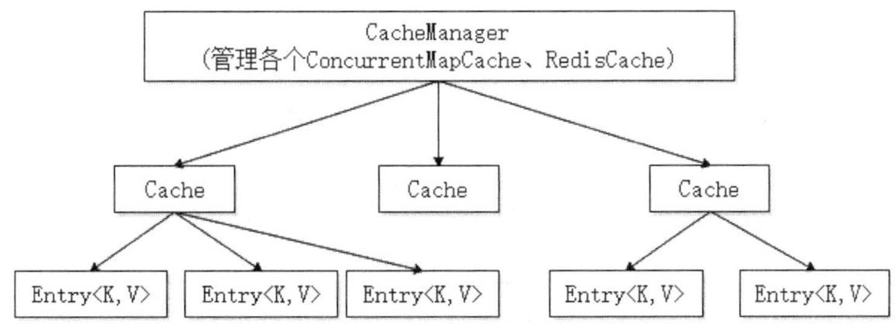


图 11-17　缓存组织结构

其中，每一个 Entry<K,V> 都是一个缓存的对象。例如，可以用某一个 Entry<K,V> 表示一个"Key=s01,Value= 手机对象"。

需要注意的是，每一个 CacheManager 只能管理同一类型的 Cache。例如，ConcurrentMapCache 和 RedisCache 需要由不同的 CacheManager 来管理。

（3）org.springframework.cache.support.CompositeCacheManager 类：CacheManager 管理器。以

上三者的关系如图 11-18 所示。

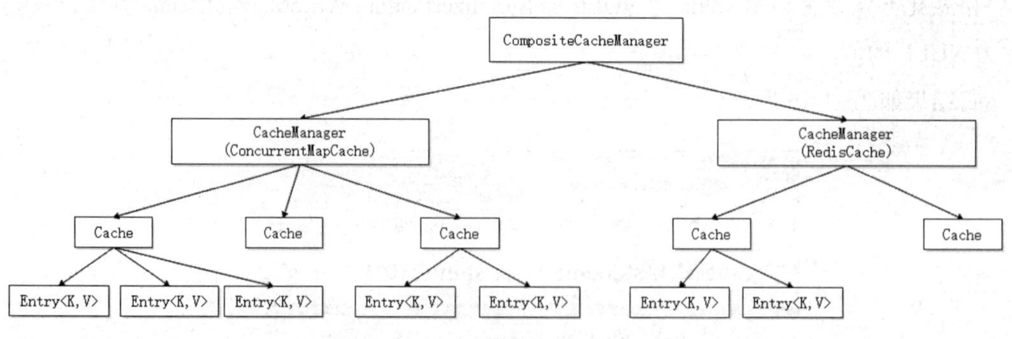


图 11-18　缓存组件之间的关系

### 1.@Cacheable

现在开始学习 Spring Boot 提供的第一个缓存注解 @Cacheable。在 Spring Boot 中，缓存以键值对形式保存。@Cacheable 会将方法的返回值作为缓存的 Value，并且默认将方法的参数值作为缓存的 Key。@Cacheable 可以标记在某个具体的方法上；也可以标记在一个类上，表示该类所有的方法都是支持缓存的。

**范例 11-14　整合缓存**

本次是基于之前整合 SSM 时所创建的 SpringBootSSM 项目，SpringBootSSM 中已存在的代码这里不再赘述，本例仅演示操作缓存的具体步骤。

（1）引入缓存依赖。

打开官网中 Reference Doc 的说明文档，如图 11-19 所示，在引入 cache 场景启动器中寻找 spring-boot-starter-cache 依赖，如图 11-20 所示。

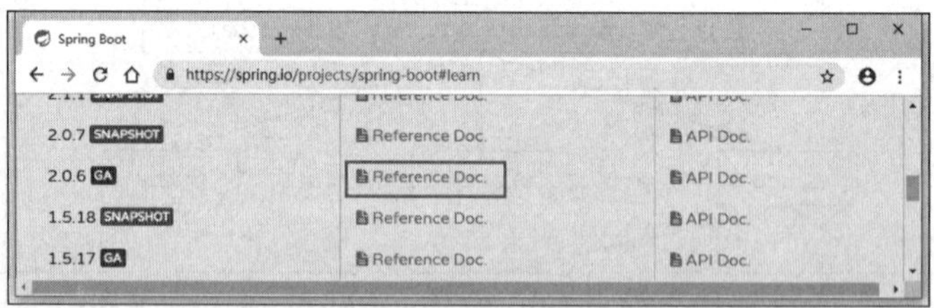


图 11-19　官网说明文档

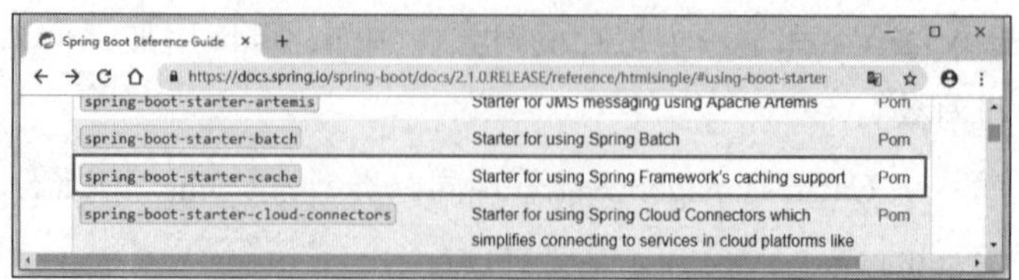


图 11-20　引入 cache 场景启动器

将寻找到的依赖加入 pom.xml 中，如下所示。

**》【源码**：demo/ch11/pom.xml】

```
...
<dependencies>
        <dependency>
                <groupId>org.springframework.boot</groupId>
                <artifactId>spring-boot-starter-cache</artifactId>
        </dependency>
        ...
</dependencies>
...
```

也可以查看官网中 spring-boot-starter-cache 后面的 POM，将 POM 中的具体依赖引入项目中。

（2）使用基于注解方式的 MyBatis。

为了演示方便，本次新增加了一个 MyBatis 查询方法，如下所示。

**》【源码**：demo/ch11/com/yanqun/demo/mapper/StuMapper.java】

```
...
public interface StuMapper {
        @Select("select * from student where stuno = #{stuno}")
        public Student queryStuByStuno(Integer stuno) ;}
```

（3）标识支持缓存。

在 Controller 或 Service 中调用 MyBatis 方法时，通过 @Cacheable 注解标识某个方法是支持缓存的。

**》【源码**：demo/ch11/com/yanqun/demo/controller/StuController.java】

```
...
@RestController
public class StuController {
        @Autowired
        StuMapper stuMapper ;
        ...
        // 通过 Cacheable 声明 queryStuByStuno() 方法是支持缓存的
        @Cacheable(cacheNames={"stu"},key="#stuno")
        @RequestMapping("/queryStuByStuno/{stuno}")
        public Student queryStuByStuno(@PathVariable("stuno") Integer stuno){
                return stuMapper.queryStuByStuno(stuno) ;
```

```
        }
}
```

在 queryStuByStuno(Integer stuno) 方法中，@Cacheable 默认将方法的参数值（即 Stuno 变量的实际值）作为缓存 Key，将方法返回值（即 Stuno 对应的 Student 对象）作为缓存 Value。

提示：缓存 Key 的值实际是通过 KeyGenerator 生成的，后文会有讲解。

（4）开启缓存。

在入口类中通过 @EnableCaching 开启缓存，代码如下所示。

**【源码**：demo/ch11/com/yanqun/demo/SpringBootSsmApplication.java】

```
...
@MapperScan(value="com.yanqun.demo.mapper")
@SpringBootApplication
// 开启缓存
@EnableCaching
public class SpringBootSsmApplication {
        public static void main(String[] args) {
                SpringApplication.run(SpringBootSsmApplication.class, args);
        }
}
```

（5）设置日志级别。

在配置文件中将 MyBatis 的日志级别设置为 Debug，便于观察缓存的使用情况。

**【源码**：demo/ch11/application.properties】

```
...
logging.level.com.yanqun.demo.mapper=debug
```

启动程序，第一次通过浏览器访问 http://localhost:8080/queryStuByStuno/1 时，控制台中打印的日志如图 11-21 所示。

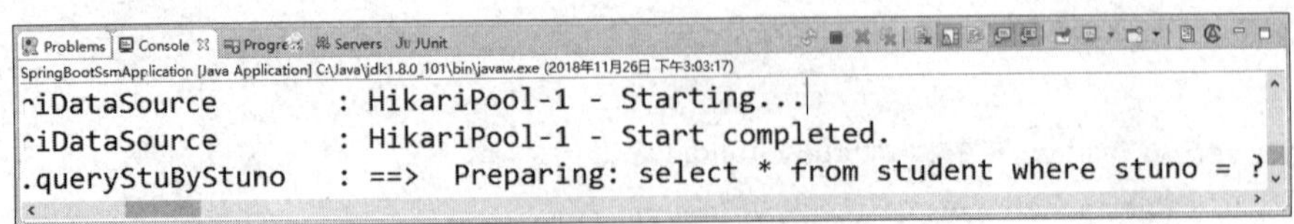


图 11-21　第一次访问的运行结果

第二次访问，运行结果如图 11-22 所示。

图 11-22　第二次访问的运行结果

从日志中可以发现，第一次查询时，向数据库发送了查询 SQL；但第二次查询时并没有访问数据库。因此，第二次是从缓存中查询到的数据。

现在，查看 @Cacheable 的源码，如下所示。

**【源码**：spring-context-5.0.10.RELEASE.jar/org.springframework.cache.annotation.Cacheable**】**

```
...
public @interfaceCacheable {
        @AliasFor("cacheNames")
        String[] value() default {};
        @AliasFor("value")
        String[] cacheNames() default {};
        String key() default"";
        String keyGenerator() default"";
        String cacheManager() default"";
        String cacheResolver() default"";
        String condition() default"";
        String unless() default"";
        boolean sync() defaultfalse;
}
```

常见方法的具体含义如下所示。

String[] value()/cacheNames()：前面讲过，每个 CacheManager 管理着多个 Cache 块；现在，就可以用 Value 属性将标有 @Cacheable 的方法加入某个具体的 Cache 块中。例如，之前 queryStuByStuno() 方法上的 @Cacheable(cacheNames={"stu"})，就表示将 queryStuByStuno() 的返回值缓存到名为 stu 的 Cache 块中。如果要将方法的返回值缓存到多个 Cache 块中，直接用逗号隔开即可，如 @Cacheable(cacheNames={"stu","abc"})。cacheNames 属性名的另一个别名是 Value。

String key()：Spring Boot 默认使用方法的参数值（如 stu 的值）作为缓存的 Key，也可以通过 SpEL 自定义缓存 Key，如下所示。

自定义缓存 Key 的格式：

# 参数名

或 #p 参数索引

或 #a 参数索引

**范例 11-15** 缓存参数值

本例将 stuno 的值作为缓存的 Key，如下所示。

》【源码：demo/ch11/com/yanqun/demo/controller/StuController.java】

```
//方式一
@Cacheable(cacheNames={"stu"},key="#stuno")
public Student queryStuByStuno(@PathVariable("stuno") Integer stuno){
        return stuMapper.queryStuByStuno(stuno) ;
}
//方式二
@Cacheable(cacheNames={"stu"},key="#p0")
public Student queryStuByStuno2(@PathVariable("stuno") Integer stuno){
        return stuMapper.queryStuByStuno(stuno) ;
}
```

**范例 11-16** 缓存对象值

本例将 Stu 对象的 stuno 属性值作为缓存的 Key，如下所示。

》【源码：demo/ch11/com/yanqun/demo/controller/StuController.java】

```
//方式一
@Cacheable(cacheNames={"stu"},key="#stu.stuno")
public Student queryStuByStuno3(Student stu){
        return stuMapper.queryStuByStuno(stu.getStuno());
}
//方式二
@Cacheable(cacheNames={"stu"},key="#p0.stuno")
@RequestMapping("/queryStuByStuno4")
public Student queryStuByStuno4(Student stu){
        return stuMapper.queryStuByStuno(stu.getStuno());
}
```

此外，还可以使用 Spring 内置的 Root 对象来设置缓存 Key，该 Root 对象封装了表 11-1 中的属性。

**表 11-1 内置 root 对象的属性**

| 属性名 | 作用 | 示例 |
|---|---|---|
| methodName | 获取当前方法名 | #root.methodName |
| method | 获取当前方法 | #root.method.Name，与上例等价 |
| target | 获取当前被调用的对象 | #root.target |
| targetClass | 获取当前被调用的对象的 Class | #root.targetClass |
| args | 获取由当前方法参数列表组成的数组 | #root.args[0] |
| caches | 获取当前方法的 Cache 列表，如 @Cacheable(cacheNames={"stu","abc"}) | #root.caches[0].Name 表示获取 "stu" |

Root 是 Spring Boot 默认使用的对象，因此也可以将“#root”省略。

**范例 11-17** 使用 Root 对象设置缓存参数

本例使用 cacheNames 指定缓存的 Cache 块，然后使用默认的 Root 对象设置缓存的 Key 值。

》【源码：demo/ch11/com/yanqun/demo/controller/StuController.java】

```
// 将缓存的 key 设置为 stu
@Cacheable(cacheNames={"stu","abc"},key="#root.caches[0].name")
public Student queryStuByStuno5(Student stu){
        return stuMapper.queryStuByStuno(stu.getStuno());
}
@Cacheable(cacheNames={"stu"},key="args[0]")
public Student queryStuByStuno6(@PathVariable("stuno") Integer stuno){
        return stuMapper.queryStuByStuno(stuno);
}
```

除了在 @Cacheable(...,key="...") 中指定缓存 Key 外，还可以使用 keyGenerator() 指定 Key 的生成策略。实际上，@Cacheable(...,key="...") 中默认的缓存 Key 值，就是通过 KeyGenerator 生成的，具体规则如下。

①如果方法没有参数，就使用 0 作为缓存 Key。

②如果方法只有一个参数，就使用该参数的参数值作为 Key，因此 queryStuByStuno(Integer stuno) 方法默认的缓存 Key 就是 stuno 的值。

③如果方法的参数数量 >1，就使用所有参数的 hashCode 作为缓存 Key。

此外，还可以自定义 Key 的生成策略，具体步骤如下。

①实现 KeyGenerator 的顶级接口，重写其中的 generate() 方法，并且将自定义生成策略加入 IoC 容器，标记为配置类 @Configuration。

**范例 11-18** 自定义 Key 策略

本例实现一个自定义的 Key 策略：缓存的 Key 值就是大写的方法名。

》【源码：demo/ch11/com/yanqun/demo/config/MyConfig.java】

```
@Configuration
public class MyConfig {
        @Bean
        public KeyGenerator myKeyGenerator(){
                return (target,method,params)->method.getName().toUpperCase() ;
        }
}
```

其中使用到的 KeyGenerator 是 Spring 提供的一个函数式接口，源码如下。

》【源码：spring-context-5.0.10.RELEASE.jar/org.springframework.cache.interceptor.KeyGenerator】

```
...
@FunctionalInterface
public interface KeyGenerator {
        Object generate(Object target, Method method, Object... params);
}
```

②通过 @Cacheable(...,keyGenerator="...") 指定 Key 的自定义生成策略。

▶【源码：demo/ch11/com/yanqun/demo/controller/StuController.java】

```
@RestController
public class StuController {
        @Autowired
        StuMapper stuMapper;
        ...
        @Cacheable(cacheNames={"stu"},keyGenerator="myKeyGenerator")
        @RequestMapping("/queryStuByStuno7/{stuno}")
        public Student queryStuByStuno7(@PathVariable("stunoV) Integer stuno){
                return stuMapper.queryStuByStuno(stuno);
        }
}
```

String cacheManager()：用于管理不同类型的 Cache，如 ConcurrentMapCache（默认）、RedisCache 等。

String condition()：如果不希望缓存一个方法的所有的返回值，就可以通过 condition 属性设置缓存的条件。即只有满足了 condition 条件的方法返回值才会被放入缓存中。condition 的值可以通过 SpEL 指定。

**范例 11-19　缓存条件**

将 Student 中 stuno 值为奇数的对象进行缓存。

▶【源码：demo/ch11/com/yanqun/demo/controller/StuController.java】

```
...
@RestController
public class StuController{
        @Autowired
        StuMapper stuMapper ;
        ...
        @Cacheable(cacheNames={"stu"},key="#student.stuno", condition="#student.stuno%2==1")
        @RequestMapping("/queryStuByStuno8")
        public Student queryStuByStuno8(Student student){
                return stuMapper.queryStuByStuno(student.getStuno());
```

```
        }
}
```

之后，如果通过 http://localhost:8080/queryStuByStuno8?stuno=1 访问 stuno 为奇数的数据，就会通过缓存查询；如果通过 http://localhost:8080/queryStuByStuno8?stuno=2 访问 stuno 为偶数的数据，则每次都会向数据库发送查询的 SQL。

String unless()：与 condition() 相反，Spring 不会缓存 unless 为 True 数据。需要注意，unless 表达式只能在方法执行完毕后再判断。

> **注意** 在 Spring Boot 缓存中，可以使用 #result 获取方法的返回值。

**范例 11-20 缓存排除**

本例演示的是，不对查询结果为 NULL 的数据进行缓存。

》【源码：demo/ch11/com/yanqun/demo/controller/StuController.java】

```
@Cacheable(cacheNames={"stu"},unless="#result == null")
@RequestMapping("/queryStuByStuno9/{stuno}")
public Student queryStuByStuno9(@PathVariable("stuno") Integer stuno){
        return stuMapper.queryStuByStuno(stuno);
}
```

接下来，对 Spring Boot 内部的缓存原理进行解析。Spring Boot 对缓存的自动装配类是 CacheAutoConfiguration，源码如下所示。

》【源码：spring-boot-autoconfigure-2.0.6.RELEASE.jar/org.springframework.boot.autoconfigure.cache.CacheAutoConfiguration】

```
...
@Configuration
...
@Import(CacheConfigurationImportSelector.class)
public class CacheAutoConfiguration {
        ...
        static class CacheConfigurationImportSelector implements ImportSelector {

                @Override
                public String[] selectImports(AnnotationMetadata importingClassMetadata) {
                        CacheType[] types = CacheType.values();
                        String[] imports = new String[types.length];
                        for (int i = 0; i < types.length; i++) {
```

```
                    imports[i] = CacheConfigurations.getConfigurationClass(types[i]);
                }
                return imports;
            }
        }
}
```

其中涉及的 CacheType 的源码如下所示。

**》【源码**：spring-boot-autoconfigure-2.0.6.RELEASE.jar/org.springframework.boot.autoconfigure.cache.CacheType **】**

```
public enum CacheType {
        GENERIC,
        JCACHE,
        EHCACHE,
        HAZELCAST,
        INFINISPAN,
        COUCHBASE,
        REDIS,
        CAFFEINE,
        SIMPLE,
        NONE
}
```

可以发现，Spring Boot 支持以上 10 种 Cache，并且这 10 种 Cache 是存储在 CacheConfigurations 的 Map 对象中，如下所示。

**》【源码**：spring-boot-autoconfigure-2.0.6.RELEASE.jar/org.springframework.boot.autoconfigure.cache.CacheConfigurations **】**

```
...
final class CacheConfigurations {
        private static final Map<CacheType, Class<?>>MAPPINGS;
        static {
                Map<CacheType, Class<?>>mappings = new EnumMap<>(CacheType.class);
                mappings.put(CacheType.GENERIC, GenericCacheConfiguration.class);
                mappings.put(CacheType.EHCACHE, EhCacheCacheConfiguration.class);
                mappings.put(CacheType.HAZELCAST, HazelcastCacheConfiguration.class);
                mappings.put(CacheType.INFINISPAN, InfinispanCacheConfiguration.class);
                mappings.put(CacheType.JCACHE, JCacheCacheConfiguration.class);
                mappings.put(CacheType.COUCHBASE, CouchbaseCacheConfiguration.class);
                mappings.put(CacheType.REDIS, RedisCacheConfiguration.class);
```

```
            mappings.put(CacheType.CAFFEINE, CaffeineCacheConfiguration.class);
            mappings.put(CacheType.SIMPLE, SimpleCacheConfiguration.class);
            mappings.put(CacheType.NONE, NoOpCacheConfiguration.class);
            MAPPINGS = Collections.unmodifiableMap(mappings);
    }
    private CacheConfigurations() {
    }
    public static String getConfigurationClass(CacheType cacheType) {
            Class<?>configurationClass = MAPPINGS.get(cacheType);
            Assert.state(configurationClass != null, () ->"Unknown cache type " + cacheType);
            return configurationClass.getName();
    }
    public static CacheType getType(String configurationClassName) {
            for (Map.Entry<CacheType, Class<?>>entry : MAPPINGS.entrySet()) {
                    if (entry.getValue().getName().equals(configurationClassName)) {
                            returnentry.getKey();
                    }
            }
            throw new IllegalStateException(
                            "Unknown configuration class " + configurationClassName);
    }
}
```

Spring Boot 默认使用的是 SimpleCacheConfiguration，并且可以从以下源码得知，SimpleCacheConfiguration 使用的缓存管理器是 ConcurrentMapCacheManager。

**》【源码**：spring-boot-autoconfigure-2.0.6.RELEASE.jar/org.springframework.boot.autoconfigure.cache.SimpleCacheConfiguration **】**

```
...
@Configuration
@ConditionalOnMissingBean(CacheManager.class)
@Conditional(CacheCondition.class)
class SimpleCacheConfiguration {
        ...
        @Bean
        public ConcurrentMapCacheManager cacheManager() {
                ConcurrentMapCacheManager cacheManager = new ConcurrentMapCacheManager();
                List<String>cacheNames = this.cacheProperties.getCacheNames();
                if (!cacheNames.isEmpty()) {
                        cacheManager.setCacheNames(cacheNames);
                }
                return this.customizerInvoker.customize(cacheManager);
```

```
        }
}
```

### 2.@CachePut

与 @Cacheable 类似，@CachePut 也可以声明一个方法是支持缓存功能的；但与 @Cacheable 不同的是，使用 @CachePut 标注的方法会在每次执行时都去访问数据库，并缓存每次方法的返回值。

**范例 11-21** 更新缓存

本例通过 @CachePut 注解实现“更新缓存”的功能。

》【源码：demo/ch11/com/yanqun/demo/controller/StuController.java】

```
...
@RestController
public class StuController {
        @Autowired
        StuMapperstuMapper ;
        ...
        @CachePut(cacheNames={"stu"},key="#result.stuno")
        @RequestMapping("/updateStuBystuno")
        public Student updateStuBystuno(Student student){
                boolean result = stuMapper.updateStuByStuno(student);
                return result ? stuMapper.queryStuByStuno(student.getStuno()):null ;
        }
}
```

之后，每次执行 http://localhost:8080/updateStuBystuno?stuno=1&stuname=yq，都会真实地访问数据库，并将最新的查询结果放入名为 stu 的 Cache 中。

### 3.@CacheEvict

@CacheEvict 用于清除某个缓存块中的缓存对象。既可以清除某些指定的缓存对象，又可以一次性清除某个缓存块中的所有缓存对象。

**范例 11-22** 清除缓存

清除名为 stu 的 Cache 中 key = "#stuno" 的缓存数据。

》【源码：demo/ch11/com/yanqun/demo/controller/StuController.java】

```
...
@RestController
public class StuController {
```

```
	@Autowired
	StuMapper stuMapper;
	...
	@CacheEvict(cacheNames = { "stu" }, key = "#stuno")
	@RequestMapping("/deleteStuByStuno/{stuno}")
	public boolean deleteStuByStuno(@PathVariable("stuno") Integer stuno) {
		return stuMapper.deleteStuByStuno(stuno);
	}
}
```

如果要清除某个 Cache 中的全部缓存数据，可以设置属性 allEntries=true。此外，还可以通过 beforeInvocation 属性来设置“清除缓存”的执行时机，如下所述。

（1）在方法体执行之前，清除缓存中的数据。

@CacheEvict(cacheNames = { “stu” },...,beforeInvocation=true)

（2）在方法体执行之后，清除缓存中的数据（默认行为）。

@CacheEvict(cacheNames = { “stu” },...,beforeInvocation=false)

### 4.@Caching

先阅读一下 Spring Boot 中定义 @Caching 注解的源码，如下所示。

》【源码：spring-context-5.0.10.RELEASE.jar/org.springframework.cache.annotation.Caching】

```
...
@Target({ElementType.METHOD, ElementType.TYPE})
@Retention(RetentionPolicy.RUNTIME)
@Inherited
@Documented
public @interfaceCaching {
	Cacheable[] cacheable() default {};
	CachePut[] put() default {};
	CacheEvict[] evict() default {};
}
```

通过上述源码可以发现 @Caching 是 @Cacheable、@CachePut、@CacheEvict 的组合体。

**范例 11-23** 缓存综合使用

本例通过 @Caching 实现：如果查询的 stuno<10 则通过 @Cacheable 存储缓存，如果 stuno>10 则通过 @CachePut 更新缓存，如果 stuno==10 则通过 @CacheEvict 删除缓存。

》【源码：demo/ch11/com/yanqun/demo/controller/StuController.java】

```
...
@RestController
public class StuController {
        @Autowired        StuMapper stuMapper;
        ...
        @Caching(
                cacheable={
                        @Cacheable(cacheNames = { "stu" }, key = "#stuno", condition = "#stuno < 10")
                },
                put={
                        @CachePut(cacheNames = { "stu" }, key = "#stuno", condition = "#stuno > 10")
                },
                evict={
                        @CacheEvict(value = { "stu" },key="#stuno", condition = "#stuno == 10")
                }
        )
        @RequestMapping("/queryStuByStuno10/{stuno}")
        public Student queryStuByStuno10(@PathVariable("stuno") Integer stuno) {
                return stuMapper.queryStuByStuno(stuno);
        }
```

**5.@CacheConfig**

之前使用的 @Cacheable 等注解都用于修饰一个方法；如果要给某一个类中的所有方法统一设置缓存的相关属性，可以使用 @CacheConfig 注解。定义 @CacheConfig 的源码如下。

**》【源码**：spring-context-5.0.10.RELEASE.jar/org.springframework.cache.annotation.CacheConfig**】**

```
...
@Target(ElementType.TYPE)
@Retention(RetentionPolicy.RUNTIME)
@Documented
public @interfaceCacheConfig {
        String[] cacheNames() default {};
        String keyGenerator() default" ";
        String cacheManager() default" ";
        String cacheResolver() default" ";
}
```

例如，可以通过 @CacheConfig() 将类中所有方法的返回值缓存到名为 stu 的 Cache 中，如下所示。

```
...
@CacheConfig(cacheNames = { "stu"})
@RestController
public class StuController {
  ...
}
```

### 6.RedisCache

前面讲过，Spring Boot 默认使用的是 ConcurrentMapCache 缓存组件。也可以根据需求，切换成 RedisCache 或其他缓存组件，具体如下。

通过前面提到的 CacheConfigurations.java 源码可知，RedisCache 的自动装配类是 RedisCacheConfiguration，源码如下。

**》【源码：spring-boot-autoconfigure-2.0.6.RELEASE.jar/org.springframework.boot.autoconfigure.cache.RedisCacheConfiguration】**

```
...
@Configuration
@ConditionalOnClass(RedisConnectionFactory.class)
@AutoConfigureAfter(RedisAutoConfiguration.class)
@ConditionalOnBean(RedisConnectionFactory.class)
@ConditionalOnMissingBean(CacheManager.class)
@Conditional(CacheCondition.class)
class RedisCacheConfiguration {
  // 在 Spring Boot 配置文件中，配置 redis 时的前缀
        private final CacheProperties cacheProperties;
        private final CacheManagerCustomizers customizerInvoker;
        private final org.springframework.data.redis.cache.RedisCacheConfiguration
redisCacheConfiguration;
        ...
        @Bean
        public RedisCacheManager cacheManager(...) {
                RedisCacheManagerBuilder builder = RedisCacheManager
                                .builder(redisConnectionFactory)
                                .cacheDefaults(determineConfiguration(resourceLoader.
getClassLoader()));
                List<String>cacheNames = this.cacheProperties.getCacheNames();
                if (!cacheNames.isEmpty()) {
                        builder.initialCacheNames(new LinkedHashSet<>(cacheNames));
                }
```

```
            return this.customizerInvoker.customize(builder.build());
        }
        ...
}
```

从源码上的 @ConditionalOnClass 等注解可知，当项目中存在 RedisConnectionFactory 等类时，自动装配类 RedisCacheConfiguration 就会给 IoC 容器中添加一个 RedisCacheManager，从而将项目的缓存组件切换成 RedisCache。而 RedisConnectionFactory 等类就可以通过 Redis 的 Starter 自动引入。

**范例 11-24 在 Spring Boot 中使用 RedisCache**

在 Spring Boot 官网的 Docs 中找到 Redis 的 Starter，引入项目，同时引入 Redis 依赖的 Reactor-core，代码如下。

**【源码：demo/ch11/pom.xml】**

```
<dependencies>
    ...
            <dependency>
                <groupId>org.springframework.boot</groupId>
                <artifactId>spring-boot-starter-cache</artifactId>
            </dependency>
            <dependency>
                <groupId>org.springframework.boot</groupId>
                <artifactId>spring-boot-starter-data-redis</artifactId>
            </dependency>
            <dependency>
                <groupId>io.projectreactor</groupId>
                <artifactId>reactor-core</artifactId>
                <version>3.0.2.RELEASE</version>
            </dependency>
</dependencies>
```

之后，就可以在项目中配置并使用 Redis，具体操作如下。

在配置文件中，配置 Redis 服务器的端口号。

**【源码：demo/ch11/application.properties】**

```
...
spring.redis.host=192.168.2.130
```

> **注意** Redis 的相关配置属性是定义在 spring-boot-autoconfigure.jar 的 RedisProperties 类中，如下所示。

**》【源码：spring-boot-autoconfigure-2.0.6.RELEASE.jar/org.springframework.boot.autoconfigure.data.redis.RedisProperties】**

```
...
public class RedisProperties {
        private int database = 0;
        private String url;
        private String host = "localhost";
        private String password;
        private int port = 6379;
        private boolean ssl;
        private Duration timeout;
        private Sentinel sentinel;
        private Cluster cluster;
        private final Jedis jedis = new Jedis();
        private final Lettuce lettuce = new Lettuce();
        ...
}
```

而 RedisProperties 是在 RedisAutoConfiguration 中引入并开启的，代码如下。

**》【源码：spring-boot-autoconfigure-2.0.6.RELEASE.jar/org.springframework.boot.autoconfigure.data.redis.RedisAutoConfiguration】**

```
...
@Configuration
@ConditionalOnClass(RedisOperations.class)
@EnableConfigurationProperties(RedisProperties.class)
@Import({ LettuceConnectionConfiguration.class, JedisConnectionConfiguration.class })
public class RedisAutoConfiguration {
        @Bean
        @ConditionalOnMissingBean(name = "redisTemplate")
        public RedisTemplate<Object, Object> redisTemplate(
                        RedisConnectionFactory redisConnectionFactory) throws
UnknownHostException {
                RedisTemplate<Object, Object>template = new RedisTemplate<>();
                template.setConnectionFactory(redisConnectionFactory);
                return template;
        }
        @Bean
        @ConditionalOnMissingBean
        public StringRedisTemplate stringRedisTemplate(
```

```
                    RedisConnectionFactory redisConnectionFactory) throws
UnknownHostException {
            StringRedisTemplate template = new StringRedisTemplate();
            template.setConnectionFactory(redisConnectionFactory);
            return template;
    }
}
```

此外，从源码可知：RedisAutoConfiguration 中定义了 RedisTemplate<Object, Object> 和 StringRedisTemplate。而且，StringRedisTemplate 就是专门操作 String 类型的 RedisTemplate，其源码的定义如下。

➤【源码：spring-data-redis-2.0.11.RELEASE.jar/org.springframework.data.redis.core.StringRedisTemplate】

```
...
public class StringRedisTemplate extends RedisTemplate<String, String> {
   ....
}
```

在控制器中注入操作 Redis 的 RedisTemplate 对象，代码如下。

➤【源码：demo/ch11/com/yanqun/demo/controller/StuController.java】

```
public class StuController {
        ...
        @Autowired
        RedisTemplate redisTemplate ;
        ...
        @RequestMapping("/testRedisTemplate")
        public Object testRedisTemplate() {
                redisTemplate.opsForValue().set(3, queryStuByStuno(3)); ;
                return redisTemplate.opsForValue().get(3);
        }
}
```

之后，就可以在启动项目后访问 Redis，运行结果如图 11-23 所示。

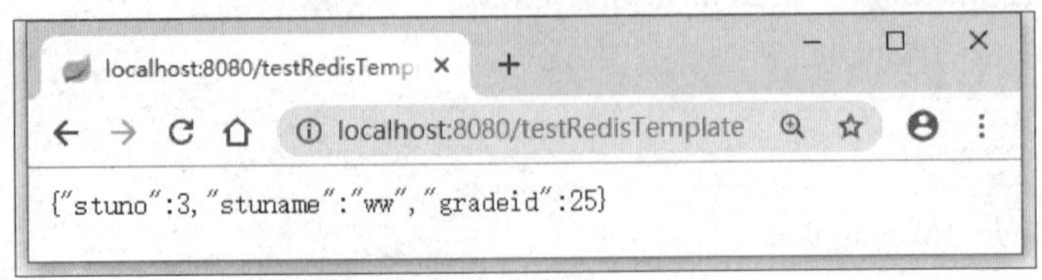


图 11-23　访问 Redis 的运行结果

在使用 @Autowired 注入 RedisTemplate 时，能否指定泛型，写成如下形式？

```
@Autowired
RedisTemplate<Integer,Student> redisTemplate ;
```

如果是通过 @Autowired，就不能指定泛型。@Autowired 是按“类型”自动装配，而 Spring Boot 中定义的类型是 RedisTemplate<Object, Object>，与 RedisTemplate<Integer,Student> 类型不同，因此无法注入，否则会抛出以下异常。

```
Field redisTemplate in com.yanqun.demo.controller.StuController required a bean of type 'org.
springframework.data.redis.core.RedisTemplate' that could not be found.
```

如果要指定泛型，那么根据 Spring 知识可知：可以让 RedisTemplate 按照“名字”自动装配，即使用 @Resource 注解，如下所示。

```
@Resource
RedisTemplate<Integer,Student> redisTemplate ;
```

### 范例 11-25　操作 Redis 中的字符串对象

除了 RedisTemplate 外，还可以使用专门操作 String 数据类型的 StringRedisTemplate，代码如下。

》【源码：demo/ch11/com/yanqun/demo/controller/StuController.java】

```
public class StuController {
        ...
        @Autowired
        StringRedisTemplate stringRedisTemplate ;
        ...
        @RequestMapping("/testStringRedisTemplate")
        public String testStringRedisTemplate() {
                stringRedisTemplate.opsForValue().set("kr1", "vr1"); ;
                return stringRedisTemplate.opsForValue().get("kr1");
        }
}
```

访问 http://localhost:8080/testStringRedisTemplate，运行结果如图 11-24 所示。

图 11-24　字符串的操作结果

## 11.4.3 ▶ 使用 Spring Boot+Redis 实现分布式 Session

先回顾一下 Session 的相关知识。

（1）Session 是存储在服务端的（在用户第一次请求时，服务器会创建一个 Session 对象，用来保存该用户的 sessionId 等信息）。

（2）Session 是在多次请求间共享的，但多次请求必须是同一个客户端发起的（如同一个用户进行的购物操作）。

（3）Session 的实现机制需要先发标识给客户端，再通过客户端发来的标识（jsessionid）找到对应的 Session。

简言之，一个用户的一次会话就对应于一个 Session。但如果是在集群环境中，如有多个 Tomcat 负载同一用户的请求，那么可能出现以下情况：当用户第一次访问服务器 1 中的 Tomcat 时，服务器 1 就会产生一个 Session 与之对应；但如果在第二次请求时，Nginx 等中间件可能将该请求转发到了另一个服务器 2 上的 Tomcat 上时 ，那么此时服务器 2 就又会给该请求创建一个新的 Session，也就是说，一个用户出现了多个 Session，如图 11-25 所示。

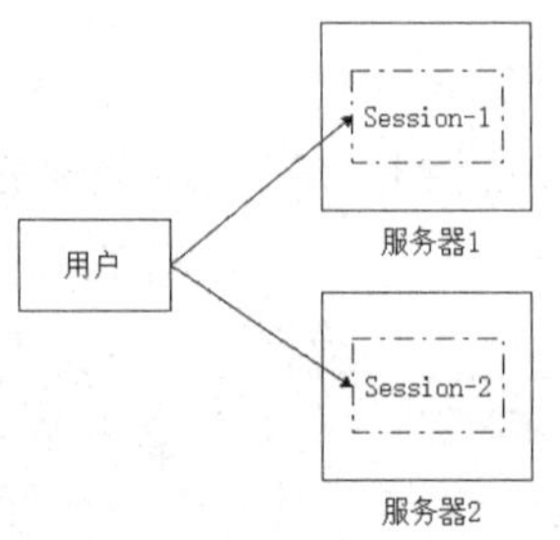


图 11-25　Session 共享问题

如何解决这种问题呢？也就是说，在分布式或集群环境中，如何共享 Session 呢？ Spring Boot 也给出了非常简单的整合方案，只需要简单几步配置即可，具体操作如下。

**范例 11-26　共享 Session**

在本书“2.2.1 Session 共享问题”和“2.2.2 优先考虑无状态服务”两小节中，介绍了使用独立服务器解决“Session 共享问题”的思路。本例就通过 Spring Boot 整合 Redis 来执行具体的实现。

（1）在上例的基础上，增加 spring-session-data-redis 和 jedis 依赖，如下所示。

**》【源码：demo/ch11/pom.xml】**

```
<dependency>
        <groupId>org.springframework.session</groupId>
        <artifactId>spring-session-data-redis</artifactId>
</dependency>
<dependency>
        <groupId>redis.clients</groupId>
```

```
        <artifactId>jedis</artifactId>
</dependency>
```

（2）在配置类中，将 JedisConnectionFactory 加入 IoC 容器，并通过 @EnableRedisHttpSession 开启分布式 Session，如下所示。

**》【源码：demo/ch11/com/yanqun/demo/config/MyConfig.java】**

```
...
@Configuration
@EnableRedisHttpSession
public class MyConfig {
        ...
        @Bean
        public JedisConnectionFactory connectionFactory() {
                RedisStandaloneConfiguration config
                        = new RedisStandaloneConfiguration("192.168.2.130",6379);
                JedisConnectionFactory connection = new JedisConnectionFactory(config);
        return connection;
    }
}
```

之后，如果将项目部署在不同的节点上，这些节点上的服务器之间就可以共享 Session 对象。

### 11.4.4 ▶ Docker 入门及实战

之前，当需要使用某个软件时，需要下载、安装、配置这个软件，而 Docker 可以将这一切变得自动化。

Docker 是一个应用容器引擎，开发者可以预先将配置好的软件或开发完成的服务打包成一个镜像，并发布出去，之后其他使用者就可以直接使用这个镜像中的软件或服务。

如果要将 Docker 安装在 CentOS 上，就必须保证 CentOS 是 64 位的。而且为了确保 Docker 的稳定性，一般建议 CentOS 的内核在 3.10 及以上版本。CentOS7.x 默认的内核为 3.10，可以直接安装 Docker。本小节安装 Docker 使用的环境就是 CentOS7，IP 地址是 192.168.2.129。如果读者使用的是 CentOS6.x，而 CentOS6.x 默认的内核版本为 2.6，就需要对内核进行升级，具体升级方法，会在本小节最后介绍。

接下来，演示 Docker 的具体使用步骤。

在 CentOS7 中，可按如下步骤安装并启动 Docker 服务。

```
-- 在线安装 Docker
[root@bigdata02 ~]# yum install docker
-- 启动 Docker
systemctl start docker
-- 设置 Docker 开机启动
systemctl enable docker
-- 停止 Docker：systemctl stop docker
```

Docker 启动之后，就可以搜索、安装并启动镜像了，如下所示。

（1）搜索镜像。

可以在 Centos 中通过“docker search 镜像名 :tag”命令，或在官网 https://hub.docker.com/ 搜索需要使用的镜像。本次搜索的是 rabbitMQ 镜像，如图 11-26 所示。

```
[root@bigdata02 ~]# docker search rabbitmq
INDEX       NAME                                           DESCRIPTION                                       STARS     OFFICIAL
   AUTOMATED
docker.io   docker.io/rabbitmq                             RabbitMQ is an open source multi-protocol ...     2363      [OK]
docker.io   docker.io/bitnami/rabbitmq                     Bitnami Docker Image for RabbitMQ                 24
   [OK]
docker.io   docker.io/tutum/rabbitmq                       Base docker image to run a RabbitMQ server        19
docker.io   docker.io/frodenas/rabbitmq                    A Docker Image for RabbitMQ                       12
   [OK]
docker.io   docker.io/kbudde/rabbitmq-exporter             rabbitmq_exporter for prometheus                  9
   [OK]
docker.io   docker.io/arm32v7/rabbitmq                     RabbitMQ is an open source multi-protocol ...     7
docker.io   docker.io/sysrun/rpi-rabbitmq                  RabbitMQ Container for the Raspberry Pi 2 ...     7
docker.io   docker.io/gonkulatorlabs/rabbitmq              DEPRECATED: See maryville/rabbitmq                5
   [OK]
docker.io   docker.io/aweber/rabbitmq-autocluster          RabbitMQ with the Autocluster Plugin              4
docker.io   docker.io/cyrilix/rabbitmq-mqtt                RabbitMQ MQTT Adapter                             4
   [OK]
docker.io   docker.io/luiscoms/openshift-rabbitmq          RabbitMQ docker image to use on Openshift ...     3
   [OK]
docker.io   docker.io/mikaelhg/docker-rabbitmq             RabbitMQ in Docker.                               3
   [OK]
docker.io   docker.io/pivotalrabbitmq/rabbitmq-autocluster RabbitMQ with the rabbitmq-autocluster plu...     3
docker.io   docker.io/authentise/rabbitmq                  A RabbitMQ image that will run a bash scri...     2
```

图 11-26　在命令行中搜索 rabbitMQ 镜像

在官网 https://hub.docker.com/ 中搜索 rabbitMQ 镜像，如图 11-27 所示。

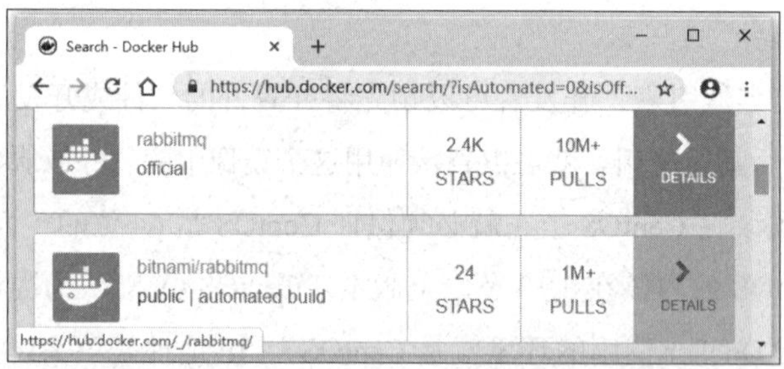


图 11-27　在官网中搜索 rabbitMQ 镜像

其中，official 代表官方提供的镜像，Automated Build 代表此 Docker 会自动化构建。此外，“docker search 镜像名 :tag”中的 Tag 表示镜像的标签；如果省略 Tag，获取的就是最新版 Latest。可以在官网中查看全部的 Tag，如图 11-28 所示。

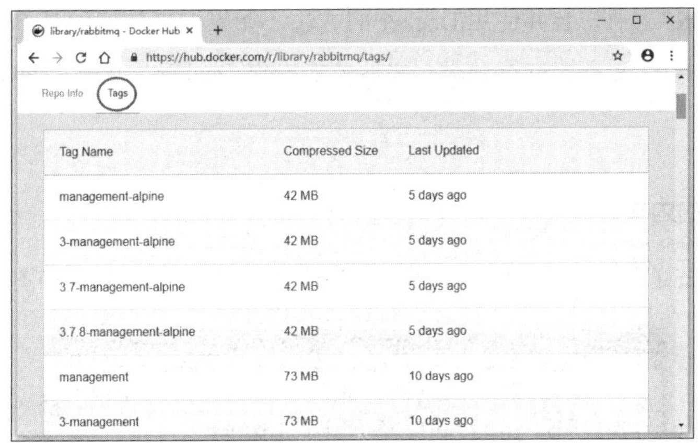


图 11-28　查看镜像的 Tag

（2）安装 Docker 镜像。

本次安装的 Tag 是“3-management”，其中 management 表示此版本含有 Web 管理界面。

```
-- 安装 rabbitMQ 镜像
[root@bigdata02 ~]# docker pull rabbitmq:3-management
```

注：如果在执行 docker pull 时速度太慢，也可以使用 Docker 加速器进行加速，读者可以自行查阅相关资料进行学习。

（3）启动 Docker 镜像。

先通过 docker images 命令查看本地已安装的镜像，如图 11-29 所示。

```
[root@bigdata02 ~]# docker images
REPOSITORY                                  TAG              IMAGE ID
registry.docker-cn.com/library/rabbitmq     3-management     d69a5113ceae
```

图 11-29　查看本地 Docker 镜像

再通过 docker run 命令启动 rabbitMQ 镜像，如下所示。

```
[root@bigdata02 ~]# docker run -d -p 5672:5672 -p 15672:15672 --name myrabbitmq d69a5113ceae
```

其中各个参数的含义如下所示。

-d：后台运行容器。

-p: 端口映射，格式为主机端口 : 容器端口。在 rabbitMQ 中，5672 是连接 rabbitMQ 的端口，15672 是 rabbitMQ 的 Web 管理界面端口。

--name: 为容器指定一个名称。

d69a5113ceae：上一步通过 docker images 查询到的 rabbitMQ 的 IMAGE ID。

启动后，可以通过 docker ps 查看 rabbitMQ 容器是否已经启动，如图 11-30 所示。

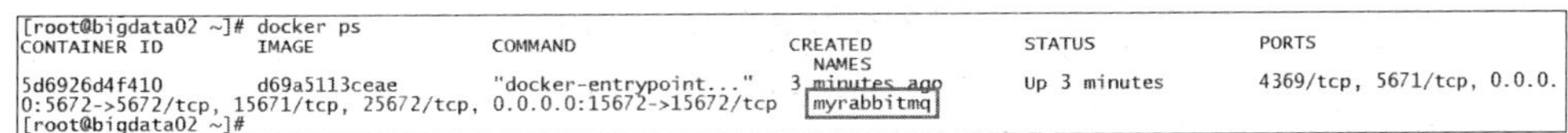


图 11-30　查看 IMAGE ID

之后，就可以使用 Docker 中的 rabbitMQ 了。

以上是在 CentOS7.x 中安装并使用 Docker 的方法。如果读者使用的是 CentOS6.x，就需要先通过以下步骤对 CentOS6.x 系统进行升级，之后才能操作 Docker。升级 CentOS6.x 并安装 Docker 的步骤如下。

### 1. 升级 CentOS6.x 的内核

（1）使用 uname -r 命令查看当前内核版本。当前版本为 2.6.32-642，如图 11-31 所示。

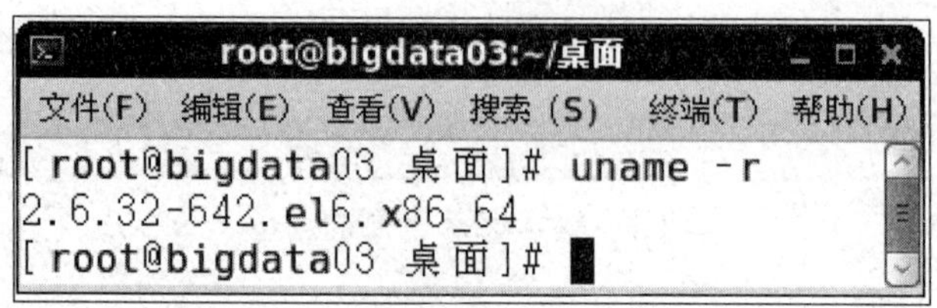


图 11-31　查看 Centos 内核版本

（2）升级准备工作。

①导入 public key。

执行 rpm --import https://www.elrepo.org/RPM-GPG-KEY-elrepo.org 命令。

②安装 ELRepo。

访问 http://elrepo.org/tiki/tiki-index.php，找到在 CentOS6.x 中安装 ELRepo 的命令，并执行，如图 11-32 所示。

图 11-32　ELRepo 安装命令

（3）升级内核。

执行 yum --enablerepo=elrepo-kernel install kernel-lt -y 命令。

（4）配置与检查。

①打开 /etc/grub.conf，通过设置 default=0 启用升级后的新内核，如图 11-33 所示。

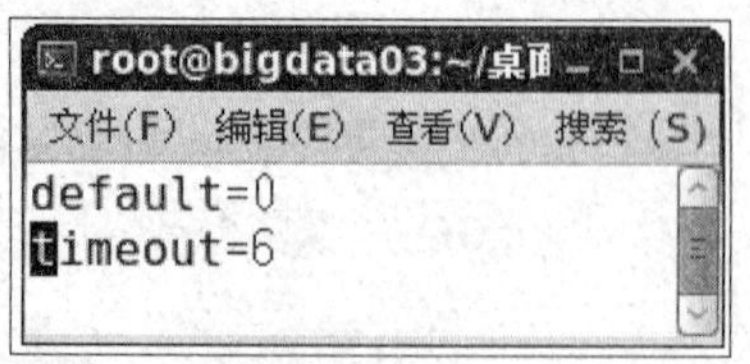


图 11-33　启用新内核

②再次检查升级后的内核版本（目前升级到了最新的 4.4 版），如图 11-34 所示。

图 11-34 检查当前使用的内核

#### 2. 安装 Docker

（1）更新 epel 软件库。

yum install epel-release

（2）执行 Docker 安装命令。

yum install docker-io

（3）启动 Docker，并将 Docker 设为开机自启动。

通过 docker -v 检查 Docker 是否安装成功。如果能显示 docker 的版本号，就表示安装成功。如图 11-35 所示。

图 11-35 检查 Docker 安装情况

在 CentOS6.x 中启动及停用 Docker 服务的命令如下所示。

①启动 Docker 服务：service docker start。

②开机自启 Docker 服务：chkconfig docker on。

③停止 Docker 服务：service docker stop。

### 11.4.5 ▶ Spring Boot 整合消息队列的案例详解

在 Web 应用中，服务生产者可以将服务写入队列，服务消费者可以从队列中获取服务。因此，消息队列可以实现生产者和消费者的解耦。生产者不用关心谁会来消费，消费者也不用关心是谁在生产。此外，消息队列也可以被用在其他场景，如分布式事务、RPC 调用、异步处理、流量削峰等。

RabbitMQ 是一个 AMQP（Advanced Message Queuing Protocol）的开源实现，由 Routing Key、Exchange、Binding Key 和 Queue 组成，如图 11-36 所示。

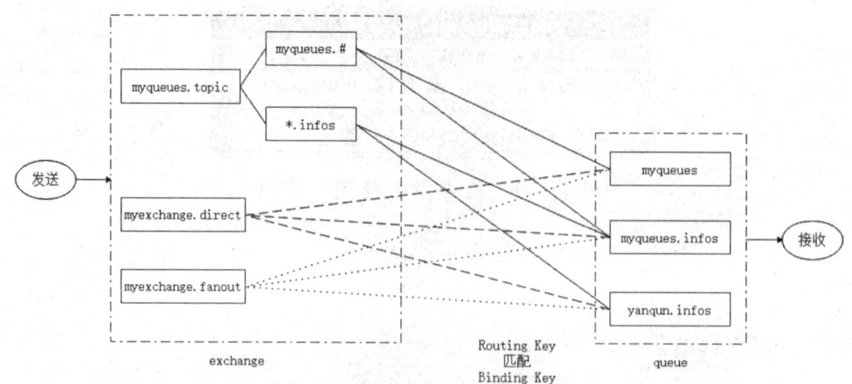


图 11-36　RabbitMQ 内部组件之间的关系

图中各个组件的含义如下。

（1）Routing Key：路由键。生产者将消息发送给 Exchange 时，会产生一个 Routing Key，当 Routing Key 和 Binding Key 匹配上，消息就会发送到对应的 Queue 中去。

（2）Exchange：消息交换机，用于指定消息按什么规则，路由到哪个队列。常见 Exchange 路由规则有以下几种。

① fanout：把所有发送到该 Exchange 的消息路由到所有与它绑定的 Queue 中。

② direct：把消息路由到那些 Binding Key 与 Routing Key 完全匹配的 Queue 中。

③ topic：把消息路由到那些 Binding Key 与 Routing Key 模糊匹配的 Queue 中。

模糊匹配可以通过两个通配符"*"与"#"设置规则。其中"*"用于匹配一个单词，"#"用于匹配 0 个或多个单词。什么是每个单词？ Routing Key 是由"yanqun.hello.word"这种点句组成的规则，其中每个由"."分隔的字符串就是一个单词，如 yanqun。

（3）Binding Key：绑定键，用于将 Exchange 和 Queue 按照路由规则绑定起来。

（4）Queue：队列，用于存储消息。每个消息都会被投入一个或多个队列。

接下来，我们通过 Web 界面和 Spring Boot 程序两种方式来具体进行 RabbitMQ 操作。

（1）通过 Web 界面体验消息队列。

通过 http://192.168.2.129:15672/ 访问 RabbitMQ 的 Web 界面（默认访问账户是 guest/guest）。

在 Exchanges 界面中，新增 3 个交换器，各个交换器的属性 Name、Type 和 Durability 分别如下。

① myexchange.direct、direct、Transient。

② myexchange.fanout、fanout、Transient。

③ myexchange.topic、topic、Transient。

新增 Exchanges 的操作如图 11-37 所示。

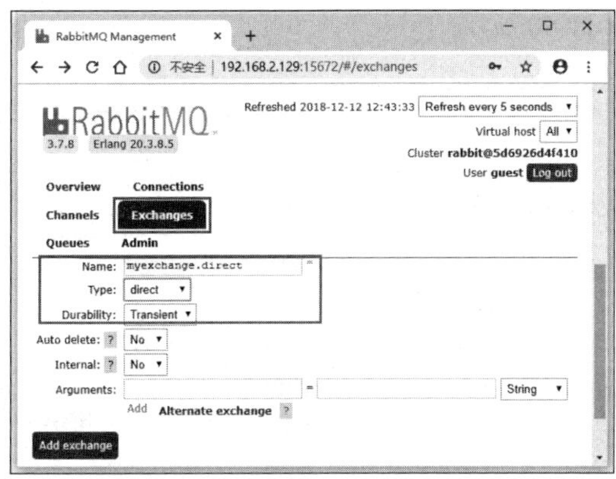


图 11-37 新增 Exchanges

然后在 Queues 界面中，新增 myqueues、myqueues.infos、yanqun.infos 3 个消息。新增消息的操作如图 11-38 所示。

图 11-38 新增消息

然后再在 Exchanges 中，单击 myexchange.direct 交换器，向此交换器中绑定刚才创建的 3 个消息，绑定的操作如图 11-39 所示。

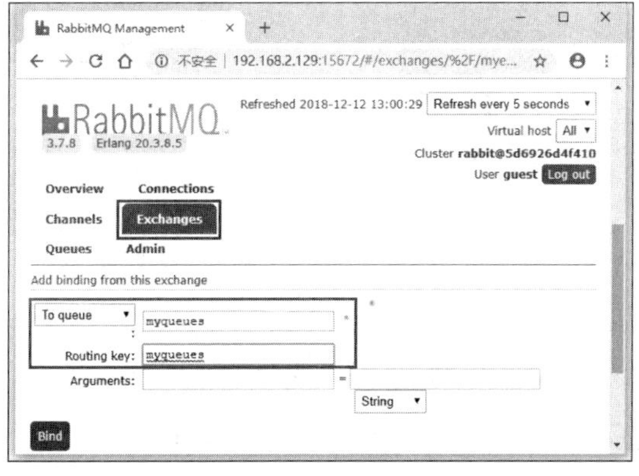


图 11-39 在交换器中绑定消息

绑定之后的结果，如图 11-40 所示。

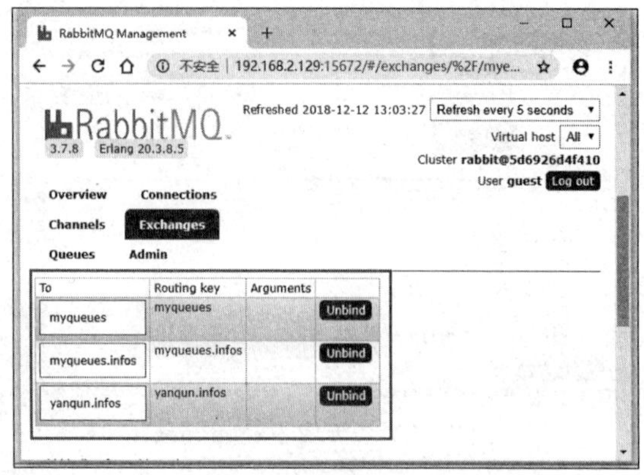


图 11-40　查看绑定结果

再用同样的方法，绑定交换器 myexchange.fanout、myexchange.topic 和消息的关系。在绑定 myexchange.topic 和消息间的关系时，需要使用通配符 # 和 *，如图 11-41 所示。

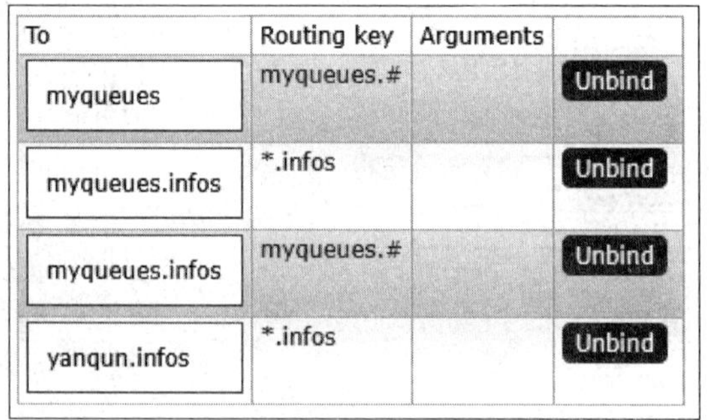

| To | Routing key | Arguments | |
|---|---|---|---|
| myqueues | myqueues.# | | Unbind |
| myqueues.infos | *.infos | | Unbind |
| myqueues.infos | myqueues.# | | Unbind |
| yanqun.infos | *.infos | | Unbind |

图 11-41　通配符

最后测试一下发布的消息。在 Exchanges 中单击 myexchange.direct，通过 publish message 界面，使用 myexchange.direct 向值为“myqueues”的队列发送消息，如图 11-42 所示。

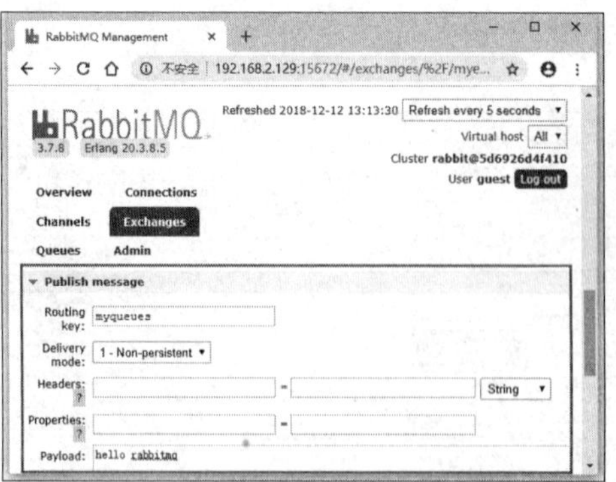


图 11-42　发送消息

之后，就可以在 myqueues 队列中接收到此消息，如图 11-43 所示。

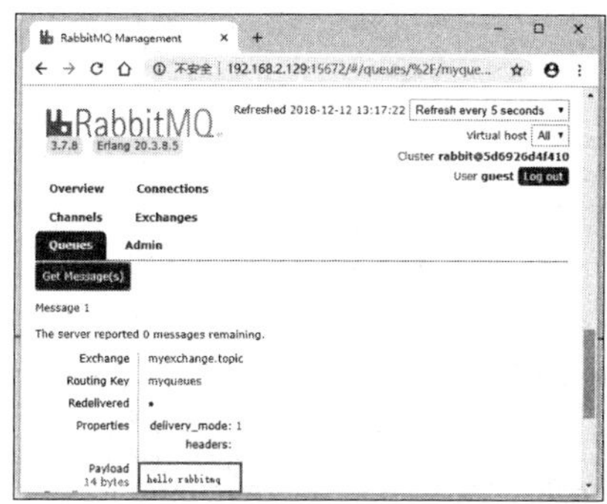

图 11-43　查看消息

读者可以自行尝试使用 myexchange.fanout 和 myexchange.topic 向消息队列发送消息。

（2）使用 Spring Boot 整合消息队列。

在 Spring Boot 中使用消息队列 RabbitMQ 的步骤如范例 11-27 所示，本案例基于前面的 SpringBootSSM 项目。

**范例 11-27** Spring Boot 整合 RabbitMQ

本例通过编码方式，在 Spring Boot 中引入并使用 RabbitMQ，从而实现消息队列功能。

### 1. 引入 RabbitMQ 的 Starter

【源码：demo/ch11/pom.xml】

```
...
<dependency>
        <groupId>org.springframework.boot</groupId>
        <artifactId>spring-boot-starter-amqp</artifactId>
</dependency>
...
```

关于 RabbitMQ 的自动装配，读者可以分析 Spring Boot 提供的 RabbitAutoConfiguration 类；RabbitMQ 的默认配置信息可以查阅 RabbitProperties.java 类。

### 2. 配置 RabbitMQ

》【源码：demo/ch11/application.properties】

```
spring.rabbitmq.host=192.168.2.129
spring.rabbitmq.username=guest
spring.rabbitmq.password=guest
```

### 3. 在 Spring Boot 中使用消息队列

Spring Boot 提供了用于操作 RabbitMQ 的模板类 RabbitTemplate，该类可以发送或接收 MQ，

如下所示。

▶【源码：demo/ch11/com/yanqun/demo/controller/MyRabbitMQController.java】

```
@RestController
public class MyRabbitMQController {
        @Autowired
        RabbitTemplate rabbitTemplate;
        // 发送 MQ
        @RequestMapping("/testSendDirectMQ")
        public void testSendDirectMQ(){
                List<String>infos = Arrays.asList(developer","teacher","writer");
                /*
                 通过交换器 myexchange.direct，向队列 myqueues.infos 发送一条 infos 消息；
                 此外参数 infos 是一个对象，默认是以 Java 序列化的形式被保存在了 myqueues.infos 中
                */
                rabbitTemplate.convertAndSend("myexchange.direct","myqueues.infos",infos);
        }
        // 接收 MQ
        @RequestMapping("/testReceiveDirectMQ")
        public List<String> testReceiveDirectMQ(){
                // 接收 myqueues.infos 中的消息
                List<String>receives = (List<String>)rabbitTemplate.receiveAndConvert("myqueues.
infos");
                return receives;
        }
}
```

访问 http://localhost:8080/testSendDirectMQ 用于发送消息，然后在 Web 管理界面中可以观察到，在 myqueues.infos 队列中的确接收到了此消息（以 Java 序列化形式存储），如图 11-44 所示。

图 11-44　查看消息

之后，再通过请求 http://localhost:8080/testReceiveDirectMQ 接收消息，可以看到接收时的消息已经进行了反序列化，运行结果如图 11-45 所示。

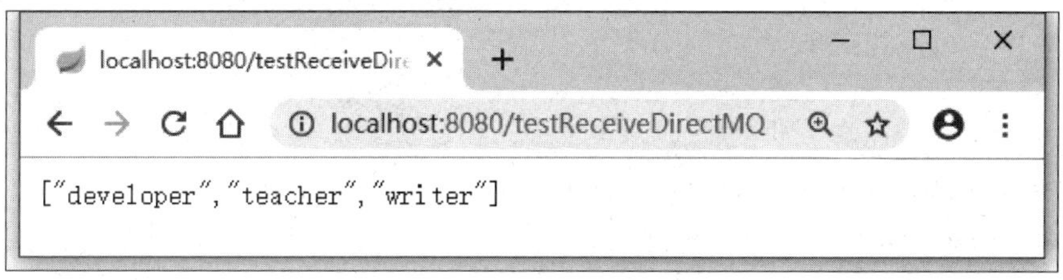


图 11-45　查看消息

注意

消息对象默认是以 Java 序列化形式存储的，如果要想以 JSON 格式存储，只需要在配置类中将 JSON 转换器加入 IoC 容器中即可实现，如下所示。

【源码：demo/ch11/com/yanqun/demo/config.MyConfig.java】

```
...
@Configuration
public class MyConfig {
        // 使用 JSON 格式存储消息对象
        @Bean
        public MessageConverter jsonMessageConverter(){
                return new Jackson2JsonMessageConverter();
        }
}
```

### 4. 使用消息监听器

可以使用 @RabbitListener 对某些 MQ 进行监听，一旦有新的消息被生产者放入 MQ，就会触发消费者去消费此消息，具体步骤如下。

在 Spring Boot 入口类中通过 @EnableRabbit 开启 RabbitMQ。

【源码：demo/ch11/com/yanqun/demo/SpringBootSsmApplication.java】

```
...
@SpringBootApplication
@EnableRabbit
public class SpringBootSsmApplication {
        public static void main(String[] args) {

                SpringApplication.run(SpringBootSsmApplication.class, args);
        }
}
```

在消费方法前，通过 @RabbitListener 监听 yanqun.infos 中的消息。

【源码：demo/ch11/com/yanqun/demo/service.StudentService.java】

```
...
@Service
public class StudentService {
        @RabbitListener(queues="yanqun.infos")
        public void invokeService(Student student){
                System.out.println(student);
        }
}
```

编写向 yanqun.infos 发送消息的方法。

【源码：demo/ch11/com/yanqun/demo/controller/MyRabbitMQController.java】

```
...
@RestController
public class MyRabbitMQController {
        @Autowired
        RabbitTemplate rabbitTemplate;
        ...
        // 发送 MQ
        @RequestMapping("/testMQListener")
        public void testMQListener(){
                Student student = new Student(10," 颜群 ",1);             rabbitTemplate.
convertAndSend("myexchange.direct","yanqun.infos",student);
        }
}
```

测试：

通过请求 http://localhost:8080/testMQListener 向 yanqun.infos 发送一条消息，控制台就会立刻打印消费者的消费情况，如图 11-46 所示。

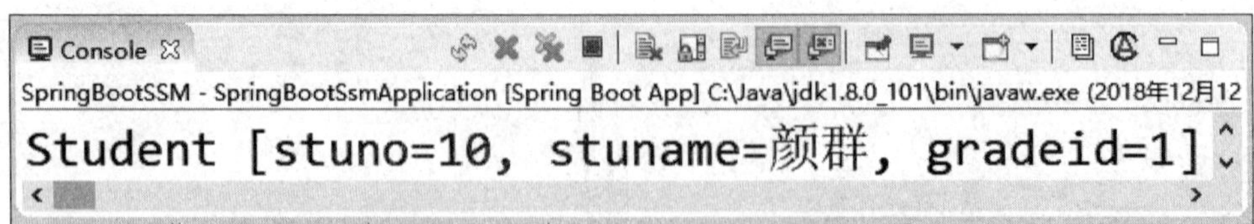


图 11-46　查看消息

### 5. 创建 MQ 组件

之前，我们是通过 Web 界面创建的 myexchange.direct 等 Exchange，以及 yanqun.infos 等

MQ。当然，也可以使用 Spring Boot 提供的 AmqpAdmin 以编码的形式创建这些组件，如下所示。

【源码：demo/ch11/com/yanqun/demo/controller/MyRabbitMQController.java】

```
...
@RestController
public class MyRabbitMQController {
        ...
        @Autowired
        AmqpAdmin mqAdmin ;
        @RequestMapping("/testCreateAmqp")
        public void testCreateAmqp(){
                // 创建 Exchange
                mqAdmin.declareExchange(new DirectExchange("myexchange.demo"));
                // 创建 MQ
                mqAdmin.declareQueue(new Queue("myqueue.demo",true));
                // 创建 Exchange 和 MQ 的绑定规则
                mqAdmin.declareBinding(new Binding("myqueue.demo",
                Binding.DestinationType.QUEUE, "myexchange.demo", "mymq.routingKey", null) );
        }
        ...
}
```

### 11.4.6 ▶ 使用 Spring Boot 整合 HttpClient 访问网络资源

HttpClient 是 Apache 的一款开源项目，提供了高效、功能丰富、支持 HTTP 协议的客户端编程工具包。HttpClient 和我们熟知的 URLConnection 都可用于访问网络资源，但前者更具易用性和灵活性。

**范例 11-28** Spring Boot 整合 HttpClient

HttpClient 在网络编程中应用广泛，而 Spring Boot 也提供了整合 HttpClient 的便捷方法，具体步骤如下。

引入 HttpClient 依赖。

》【**源码**：demo/ch11/pom.xml】

```
<dependency>
        <groupId>org.apache.httpcomponents</groupId>
        <artifactId>httpclient</artifactId>
</dependency>
```

在配置文件中，给 HttpClient 对象配置属性值。

》【**源码**：demo/ch11/application.yml】

```
http:
    # 最大连接数
    maxTotal: 200
    # 最大并发数
    defaultMaxPerRoute: 50
    # 创建连接的最长时间
    connectTimeout: 3000
    # 获取连接的最长时间
    connectionRequestTimeout: 100
    # 数据传输的最长时间
    socketTimeout: 20000
```

将 HttpClient 对象的属性值与 YAML 中配置的值进行绑定，然后再将 HttpClient 对象放入配置类中。

**【源码**：demo/ch11/com/yanqun/demo/config/MyHttpClientConfig.java】

```
...
@Configuration
public class MyHttpClientConfig {
        @Value("${http.maxTotal}")
        private Integer maxTotal;
        @Value("${http.defaultMaxPerRoute}")
        private Integer defaultMaxPerRoute;
        @Value("${http.connectTimeout}")
        private Integer connectTimeout;
        @Value("${http.connectionRequestTimeout}")
        private Integer connectionRequestTimeout;
         @Value("${http.socketTimeout}")
        private Integer socketTimeout;
        //实例化连接池
        @Bean(name = "httpClientConnectionManager")
        public PoolingHttpClientConnectionManager getHttpClientConnectionManager() {
                PoolingHttpClientConnectionManager httpClientConnectionManager
                                                = new PoolingHttpClientConnectionManager();
                System.out.println(httpClientConnectionManager+"---------------"+maxTotal);
                httpClientConnectionManager.setMaxTotal(maxTotal);
                httpClientConnectionManager.setDefaultMaxPerRoute(defaultMaxPerRoute);
                return httpClientConnectionManager;
        }
```

```
    // 将 HttpClientBuilder 对象放入 IoC 容器
    @Bean(name = "httpClientBuilder")
    public HttpClientBuilder getHttpClientBuilder(
                    @Qualifier("httpClientConnectionManager")
                    PoolingHttpClientConnectionManager httpClientConnectionManager) {
        HttpClientBuilder httpClientBuilder = HttpClientBuilder.create();
        httpClientBuilder.setConnectionManager(httpClientConnectionManager);
        return httpClientBuilder;
    }

    // 将 HttpClient 对象放入 IoC 容器（CloseableHttpClient 是 HttpClient 接口的实现类）
    @Bean
    public CloseableHttpClient getCloseableHttpClient(
                    @Qualifier("httpClientBuilder") HttpClientBuilder httpClientBuilder)
    {
        return httpClientBuilder.build();
    }
    // 将 RequestConfig.Builder 对象放入 IoC 容器
    @Bean(name = "builder")
    public RequestConfig.Builder getBuilder() {
        RequestConfig.Builder builder = RequestConfig.custom();
        return builder.setConnectTimeout(connectTimeout)
                    .setConnectionRequestTimeout(connectionRequestTimeout)
                    .setSocketTimeout(socketTimeout);
    }
    // 将 RequestConfig 对象放入 IoC 容器
    @Bean
    public RequestConfig getRequestConfig(@Qualifier("builder")
                                    RequestConfig.Builder builder) {
        return builder.build();
    }
}
```

之后在使用时，就可以直接从 Spring IoC 容器中获取相关的 HttpClient 对象。

编写封装 Http 响应码和响应体的 Java Bean 对象。

**【源码**：demo/ch11/com/yanqun/entity/HttpResponse.java】

```
...
public class HttpResponse {
    //响应状态码
    private Integer code;
```

```
        //响应体
        private String body;
        public HttpResponse() {
        }
        }
        //getter、setter
}
```

编写处理 Http 请求的方法，并对客户请求作出响应。

本次演示的是，如何使用 HttpClient 处理 GET 和 POST 两种常见方式的请求。

（1）对于 GET 方式的请求（无论是否包含请求参数），都按以下方式返回响应：

①如果响应的状态码是 200（即处于正常响应状态），则返回响应体的内容；

②如果响应的状态码不是 200，则返回 NULL。

（2）对于 POST 方式的请求，将请求参数封装在 UrlEncodedFormEntity 对象中，进而执行请求并返回响应。具体代码如下。

**【源码**：demo/ch11/com/yanqun/demo/service/HttpClientService.java】

```
...
@Component
public class HttpClientService {
        @Autowired
        private CloseableHttpClient httpClient;
        @Autowired
        private RequestConfig requestConfig;

        //如果是不带参数的 get 请求
        public String doGet(String url) throws Exception {
                HttpGet httpGet = new HttpGet(url);
                httpGet.setConfig(requestConfig);
                //请求
                CloseableHttpResponse response = this.httpClient.execute(httpGet);
                return response.getStatusLine().getStatusCode() == 200 ?
                        EntityUtils.toString(response.getEntity(), "UTF-8") : null;
        }
        //如果是带参数的 get 请求
        public String doGet(String url, Map<String, Object> map) throws Exception {
                URIBuilder uriBuilder = new URIBuilder(url);
                if (map != null) {
                        //遍历 map 请求参数
                        for (Map.Entry<String, Object> entry : map.entrySet()) {
```

```
                        uriBuilder.setParameter(entry.getKey(), entry.getValue().toString());
                    }
                }
                return doGet(uriBuilder.build().toString());
            }
            //如果是带参数的 post 请求
            public String doPost(String url, Map<String, Object> map) throws Exception {
                CloseableHttpClient httpClient = null;
                HttpPost httpPost = null;
                String result = null;
                try {
                    httpClient = HttpClients.createDefault();
                    httpPost = new HttpPost(url);
                    //设置参数
                    List<NameValuePair> list = new ArrayList<NameValuePair>();
                    Iterator iterator = map.entrySet().iterator();
                    while (iterator.hasNext()) {
                        Entry<String, String> entry = (Map.Entry<String, String>) iterator.
next();
                        list.add(new BasicNameValuePair(entry.getKey(), entry.getValue()));
                    }
                    if (list.size() > 0) {
                        UrlEncodedFormEntity entity = new UrlEncodedFormEntity(list, "utf-8");
                        httpPost.setEntity(entity);
                    }
                    //请求
                    CloseableHttpResponse response = httpClient.execute(httpPost);
                    if (response != null) {
                        HttpEntity resEntity = response.getEntity();
                        if (resEntity != null) {
                            result = EntityUtils.toString(resEntity, "utf-8");
                        }
                    }
                } catch (Exception ex) {
                    ex.printStackTrace();
                }
                return result;
            }
            //如果是不带参数的 post 请求
            public String doPost(String url) throws Exception {
                return this.doPost(url, null);
```

```
    }
}
```

除了 200 外，常见 HTTP 响应的状态码如表 11-2 所示。

表 11-2 HTTP 响应码

| 响应状态码 | 简介 |
| --- | --- |
| 200 | 请求成功，一切正常 |
| 3×× | 以 3 开头的状态码，如 300、301 等均表示重定向 |
| 4×× | 403：禁止：资源不可用，表示服务器理解客户的请求，但拒绝处理它。通常由于服务器上文件或目录的权限设置导致 |
| | 404：无法找到指定位置的资源（常见的错误应答） |
| 5×× | 服务器内部错误，如服务器端的代码出错 |

测试：

在控制器中，编写使用 HttpClient 进行 doGet 和 doPost 两种方式的请求方法，代码如下。

【源码：demo/ch11/com/yanqun/demo/controller/HelloWorldController.java】

```
...
@RestController
public class HelloWorldController {
        @Resource
        private HttpClientService httpAPIService;
        // 测试 doGet()
        @ResponseBody
        @GetMapping("doGetHttpClient")
        public String doGetHttpClient() throws Exception {
                String response = httpAPIService.doGet("https://www. 某网站 .com") ;
                System.out.println( response);
                return response;
        }
        // 测试 doPost()
        @ResponseBody
        @GetMapping("doPostHttpClient")
        public String doPostHttpClient() throws Exception {
                String url = " 某网站域名 ";
                Map<String, Object> params = new HashMap<>();
                params.put("author", "YanQun") ;
                String response = httpAPIService.doPost(url, params);
                System.out.println( response);
                return response;
```

```
        }
        ...
}
```

启动项目，之后就可以通过 doGetHttpClient() 或 doPostHttpClient() 方法获取到特定网站的响应数据。

## 11.4.7 ▶ 通过案例讲解 Spring Boot 整合异步及计划任务

本小节中的案例基于本章前面的 SpringBootSSM 项目，依次讲解如何在 Spring Boot 中开发异步任务和计划任务。

### 1. 异步任务

异步任务是异步模型的一种具体体现，读者可以参考本书中“4.5 异步模型和事件驱动模型”一节回顾相关概念，本小节主要演示异步任务的具体实现。

在 Spring Boot 中，可以使用 @Async 使某个方法在其他方法执行的同时异步执行，具体的实现步骤如范例 11-29 所示。

**范例 11-29** Spring Boot 整合异步任务

本例会编写 testAsync() 和 showStudents() 两个方法，然后通过 Spring Boot 提供的注解使二者异步执行。

在 Spring Boot 入口类上通过 @EnableAsync 开启异步调用功能。

》【源码：demo/ch11/com/yanqun/demo/SpringBootSsmApplication.java】

```
...
@EnableAsync
public class SpringBootSsmApplication {
        public static void main(String[] args) {
                SpringApplication.run(SpringBootSsmApplication.class, args);
        }
}
```

在打算异步执行的方法前加上 @Async 注解。

》【源码：demo/ch11/com/yanqun/demo/service/StudentService.java】

```
...
@Service
public class StudentService {
        ...
        @Async
```

```
    public void showStudents() throws InterruptedException{
        // 模拟打印 10 个学生信息
        for(int i=0;i<10;i++){
            Thread.sleep(100);
            System.out.println(" 学生信息 ...");
        }
}
```

测试异步任务的实际执行情况，代码如下。

**【源码**：demo/ch11/com/yanqun/demo/controller/StuController.java **】**

```
...
@RestController
public class StuController {
    ...
    @Autowired
    StudentService studentService ;
    ...
    @RequestMapping("/testAsync")
    public void testAsync() throws InterruptedException {
        // 调用异步执行的 showStudents() 方法
        studentService.showStudents();
        for(int i=0;i<10;i++){
            Thread.sleep(100);
            System.out.println("testAsync");
        }
}
```

启动程序，访问 http://localhost:8080/testAsync，控制台的打印结果如图 11-47 所示。

图 11-47　异步任务的执行结果

### 2. 计划任务

如果希望程序执行一个“计划任务”（或称为“调度任务”），就可以使用 Spring Boot 提供的 @Scheduled 注解。该注解可以实现让一段程序在将来的某个时间点去执行，或在某个时间段内循环地执行等。具体地讲，可以在 @Scheduled 中设置一个 Cron 属性，通过 Cron 来定义准确的执行时间（称为 Cron 表达式）。例如，“0 0 14-18 ? * MON-FRI”就是一个 Cron 表达式，表示“每周一至周五的 14:00~18:00”。

在 Spring Boot 中，Cron 表达式由 6 个时间元素组成，元素之间用空格分隔。从左往右，6 个元素的含义如表 11-3 所示，特殊字符的含义如表 11-4 所示。

表 11-3 Cron 表达式各个元素的含义

| 位置 | 元素含义 | 取值范围 | 可包含的特殊字符 |
| --- | --- | --- | --- |
| 第 1 个 | 秒 | 0~59 | , - * / |
| 第 2 个 | 分钟 | 0~59 | , - * / |
| 第 3 个 | 小时 | 0~23 | , - * / |
| 第 4 个 | 月份中的第几天 | 1~31 | , - * / ? L |
| 第 5 个 | 月份 | 1~12 或 JAN~DEC | , - * / |
| 第 6 个 | 星期中的第几天（即星期几） | 0~7 或 SUN~SAT（0 或 7 代表星期天、1 代表星期一、2 代表星期二……） | , - * / ? L # |

表 11-4 特殊字符的含义

| 特殊字符 | 含义 |
| --- | --- |
| , | 表示列出枚举值。例如，在“分钟”元素使用“5,20”，表示在“第 5 分钟、第 20 分钟”各触发一次 |
| - | 表示范围。例如，在“分钟”元素使用“5-20”，表示“从第 5 分钟到第 20 分钟”内的每分钟都触发一次 |
| * | 表示匹配该元素的所有值。例如，在“分钟”元素使用“*”，表示每分钟都会触发一次 |
| / | 如“A/B”：表示 A 时刻开始触发，然后每隔 B 时间都触发一次。例如，在“分钟”元素使用“5/20”，表示第 5 分钟触发一次，然后每个 20 分钟（如第 25 分钟、第 45 分钟等）都分别触发一次 |
| ? | 只能用于“月份中的第几天”和“星期几”两个元素，表示不指定值。当这两个元素其中之一被指定了值后，为了避免冲突，需要将另外一个元素的值设置为“？” |
| L | “Last”的简称，表示最后。只能用于“月份中的第几天”和“星期几”两个元素。需要注意的是，当用于“星期几”时，“L”前面可以加一个数字（假定数字是 *n*），表示“月份中的最后一个星期 *n*”，例如，“0 0 0 ? * 1L”中“1L”表示“当月的最后一个星期一”（1 指星期一） |
| W | 工作日 |
| # | 只能用于“星期几”一个元素，表示当月的第几个星期几。例如，“4#2”表示当月第 2 个星期四（4 指星期四，2 指第 2 个） |

鉴于篇幅有限，读者可以在本书赠送的配套资源“扩展 \Cron 表达式示例 .docx”中，查看

Cron 表达式的常见示例。

**范例 11-30** Spring Boot 整合计划任务

本例演示的是，让 callClassMeeting() 方法在每分钟的第 5 秒都被触发执行一次 。

在 Spring Boot 入口类中通过 @EnableScheduling 开启计划任务。

▶【源码：demo/ch11/com/yanqun/demo/SpringBootSsmApplication.java】

```
...
@EnableScheduling
public class SpringBootSsmApplication {
        public static void main(String[] args) {
                SpringApplication.run(SpringBootSsmApplication.class, args);
        }
}
```

在方法上，通过 @Scheduled(cron = "...") 设置该方法的具体执行时间。

▶【源码：demo/ch11/com/yanqun/demo/service/RemindService.java】

```
...
@Service
public class RemindService
{
        // 指定执行的时间为 "每分钟的第 5 秒 "
        @Scheduled(cron="5 * * * * ?")
        public void callClassMeeting(){
                System.out.println(new Date());
                System.out.println(" 需要被提醒的业务（如召开班会 )");
        }
}
```

运行程序，callClassMeeting() 就会在每分钟的第 5 秒被执行，运行结果如图 11-48 所示。

图 11-48 调度任务的运行结果

# 第 12 章

12

# 微服务治理框架 Spring Cloud 理论与案例解析

前两章讲解的Spring Boot主要负责构建一个个的微服务，而本章讲解的 Spring Cloud 及下一章的 Dubbo 是负责将各个微服务进行整合，使微服务之间可以相互调用，从而整合成一个庞大的工程。

# 12.1 Spring Cloud 要点精讲及入门案例

阿里巴巴的开源框架 Dubbo 与 Spring 技术栈中的 Spring Cloud 都可以作为 SOA 或微服务治理框架。Dubbo 侧重于服务注册和服务发现，也就是说，可以先将众多服务注册到 Dubbo 中，之后其他服务就可以从 Dubbo 中发现并使用这些服务。Spring Cloud 支持的功能更加丰富，除了服务注册和服务发现外，还包含了微服务架构领域中许多的常用组件，如熔断器、路由网关、微代理、消息总线、一次性令牌、主节点选举、分布式配置等。本章将对 Spring Cloud 中的一些核心组件进行讲解，演示时使用的开发工具是 STS。

## 12.1.1 ▶ 微服务架构

微服务架构是一种面向服务的软件架构，目的是让开发者可以专注地开发各个独立的服务，然后将开发完毕的服务注册在一个“服务注册中心”上，最后客户端可以在“服务注册中心”中寻找并调用自己需要的服务。并且各个独立的服务之间，既可以独立运行，又可以相互调用，如图 12-1 所示。

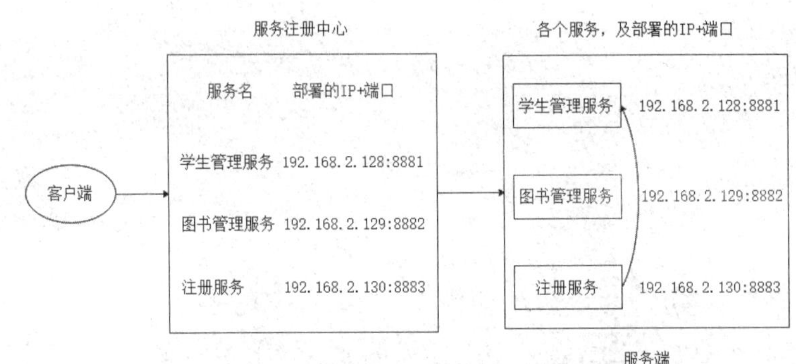


图 12-1　微服务架构

常见的微服务架构有以下两种形式。

### 1. 多个各自独立的服务

把一个大项目横向拆分成“学生管理服务”“图书管理服务”和“注册服务”等多个独立的微服务，并将各个微服务独立部署，最后再将所有微服务通过 Dubbo 或 Spring Cloud 进行远程通信。图 12-1 所展现的就是这种架构。

### 2. 基于生产者消费者模型

把某一个服务纵向进行拆分，如把“学生管理服务”按照三层架构，拆分成前台（Jsp、Controller）和后台（Service、Dao），再把前台和后台独立部署成两个微服务。可以发现，后台提供了对业务逻辑的处理，以及对数据库的访问，因此属于服务的生产者。前台是用户访问项目的入口，用户会通过前台去调用后台提供的服务，因此前台属于服务的消费者。前台和后台部署完毕后，最终通过 Dubbo 或 Spring Cloud 进行远程通信。

## 12.1.2 ▶ 从零开始搭建基于生产消费模型的 Spring Cloud 案例

本小节演示一个 Spring Cloud 案例，案例组成结构是“父工程 + 公共模块 + 生产者微服务 + 消费者微服务”，案例的核心思想如下。

（1）在父工程中引入所有微服务共同使用的依赖，并且管理所有微服务的依赖版本。

（2）在公共模块中编写生产者、消费者共同使用的类、接口。

（3）生产者提供“学生管理”服务。

（4）消费者消费生产者提供的“学生管理”服务。

本案例的具体实现步骤如下。

### 1. 父工程

通过 Maven 建立父工程 parent，并注意将 Packaging 选为 pom，如图 12-2 所示。

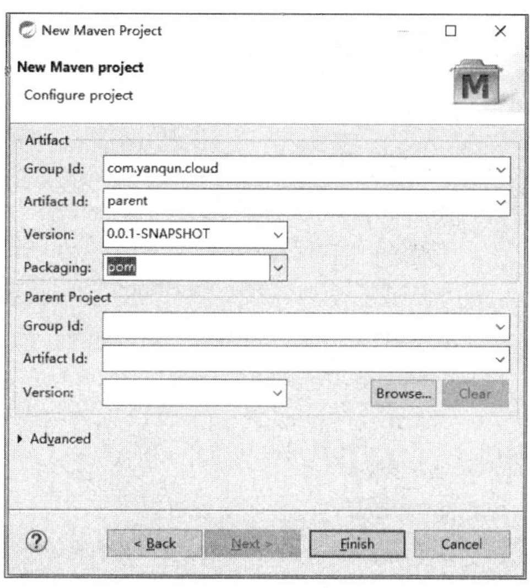


图 12-2　创建父工程

在父工程中引入所有微服务的共同依赖，并且统一管理各个微服务（子工程）的依赖版本，代码如下。

》【源码：demo/ch12/parent/pom.xml】

```
<project...>
        <modelVersion>4.0.0</modelVersion>
        <groupId>com.yanqun.cloud</groupId>
        <artifactId>parent</artifactId>
```

```
<version>0.0.1-SNAPSHOT</version>
<packaging>pom</packaging>
<!-- 统一所有子工程的版本编号 -->
<properties>
        <project.build.sourceEncoding>UTF-8</project.build.sourceEncoding>
        <maven.compiler.source>1.8</maven.compiler.source>
        <maven.compiler.target>1.8</maven.compiler.target>
        <junit.version>4.12</junit.version>
        <log4j.version>1.2.17</log4j.version>
</properties>

<dependencyManagement>
        <dependencies>
                <!-- 引入 Spring Cloud 依赖 -->
                <dependency>
                        <groupId>org.springframework.cloud</groupId>
                        <artifactId>spring-cloud-dependencies</artifactId>
                        <version>Dalston.SR1</version>
                        <type>pom</type>
                        <scope>import</scope>
                </dependency>
                <!-- 引入 Spring Boot 依赖 -->
                <dependency>
                        <groupId>org.springframework.boot</groupId>
                        <artifactId>spring-boot-dependencies</artifactId>
                        <version>2.0.6.RELEASE</version>
                        <type>pom</type>
                        <scope>import</scope>
                </dependency>
                <dependency>
                        <groupId>org.mybatis.spring.boot</groupId>
                        <artifactId>mybatis-spring-boot-starter</artifactId>
                        <version>1.3.0</version>
                </dependency>
                <!-- 引入 MySQL 驱动依赖 -->
                <dependency>
                        <groupId>mysql</groupId>
                        <artifactId>mysql-connector-java</artifactId>
                        <version>5.1.47</version>
                </dependency>
                <!-- 引入日志依赖 -->
```

```
                <dependency>
                    <groupId>ch.qos.logback</groupId>
                    <artifactId>logback-core</artifactId>
                    <version>5.1.6</version>
                </dependency>
                <dependency>
                    <groupId>log4j</groupId>
                    <artifactId>log4j</artifactId>
                    <version>${log4j.version}</version>
                </dependency>
            </dependencies>
        </dependencyManagement>
        <!-- 后续使用 STS 创建的子工程，会自动被加入 modules 中 -->
        <modules>
            ...
        </modules>
</project>
```

### 2. 公共模块

创建 parent 的第一个子工程“公共模块 cloud-api”，Packaging 选为 Jar。在 cloud-api 中维护其他微服务共同使用的实体类、接口等共享组件。

（1）继承父工程。

》【源码：demo/ch12/cloud-api/pom.xml】

```
<project ...>
        <modelVersion>4.0.0</modelVersion>
        <parent>
            <groupId>com.yanqun.cloud</groupId>
            <artifactId>parent</artifactId>
            <version>0.0.1-SNAPSHOT</version>
        </parent>
        <artifactId>cloud-api</artifactId>
</project>
```

（2）编写其他微服务共同使用的实体类。

》【源码：demo/ch12/cloud-api/com/yanqun/cloud/entity/Student.java】

```
...
public class Student implements Serializable{
        private static final longserialVersionUID = 1L;
```

```
        //学号
        private Integer stuno ;
        //姓名
        private String stuname ;
        //微服务中可以存在很多数据库，用 db 指定对应的那个数据库
        private String db ;
        //setter、getter
        @Override
        public String toString() {
                return "Student [stuno=" + stuno + ", stuname=" + stuname + ", db=" + db + "]";
        }
}
```

（3）准备数据库。

在 MySQL 中创建名为“cloud”的数据库，并创建 Student 表，SQL 脚本如下。

》【源码：demo/ch12/cloud-api/student.sql】

```
create database cloud character set utf8 ;
use cloud ;
create table student
(
        stuNo int not null primary key auto_increment ,
        stuName varchar(20),
        db varchar(60)
);
-- 插入数据，database() 会获取当前使用的数据库名
insert into student(stuName,db) values(' zs ',database()) ;
```

### 3. 创建生产者微服务

创建 parent 的第二个子工程“服务提供方（生产者）cloud-provider”，Packaging 选为 Jar，在 cloud-provider 中编写提供服务的代码，具体步骤如下。

（1）引入生产者需要的依赖。

》【源码：demo/ch12/cloud-provider/pom.xml】

```
<project ...>
        <modelVersion>4.0.0</modelVersion>
        <parent>
                <groupId>com.yanqun.cloud</groupId>
                <artifactId>parent</artifactId>
                <version>0.0.1-SNAPSHOT</version>
```

```
    </parent>
    <artifactId>cloud-provider</artifactId>
    <dependencies>
        <!-- 提供服务时，会使用到 cloud-api 项目中的 Student 等类 -->
        <dependency>
            <groupId>com.yanqun.cloud</groupId>
            <artifactId>cloud-api</artifactId>
            <version>0.0.1-SNAPSHOT</version>
        </dependency>
        <!-- 引入 MySQL 驱动依赖 -->
        <dependency>
            <groupId>mysql</groupId>
            <artifactId>mysql-connector-java</artifactId>
        </dependency>
        <!-- 引入日志 -->
        <dependency>
            <groupId>ch.qos.logback</groupId>
            <artifactId>logback-core</artifactId>
        </dependency>
        <!-- 引入 Spring Boot 整合 MyBatis 的依赖 -->
        <dependency>
            <groupId>org.mybatis.spring.boot</groupId>
            <artifactId>mybatis-spring-boot-starter</artifactId>
        </dependency>
        <!-- 服务提供者是一个 web 项目 -->
        <dependency>
            <groupId>org.springframework.boot</groupId>
            <artifactId>spring-boot-starter-web</artifactId>
        </dependency>
        <dependency>
            <groupId>org.springframework.boot</groupId>
            <artifactId>spring-boot-devtools</artifactId>
        </dependency>
    </dependencies>
</project>
```

（2）根据三层架构，依次编写数据访问层Dao、业务逻辑层Service及表示层中的Controller，如下所示。

①数据访问层。

在数据访问层中编写MyBatis访问接口和SQL映射文件。

使用MyBatis开发数据访问接口。

【源码：demo/ch12/cloud-provider/com/yanqun/cloud/dao/StudentDao.java】

```
...
@Mapper
public interface StudentDao {
        //增加一个学生
        boolean addStudent(Student student);
        //根据 stuno 删除一个学生
        boolean deleteStudentBystuno(Integer stuno);
        //修改一个学生
        boolean updateStudentBystuno(Student student);
        //查询所有学生
        List<Student> queryAllStudents();
}
```

创建数据访问接口的 SQL 映射文件。

【源码：demo/ch12/cloud-provider/resources/mybatis/mapper/StudentMapper.xml】

```
<?xml version="1.0" encoding="UTF-8"?>
<!DOCTYPE mapper PUBLIC"-//mybatis.org//DTD Mapper 3.0//EN"
"http://mybatis.org/dtd/mybatis-3-mapper.dtd">
<mappernamespace="com.yanqun.cloud.dao.StudentDao">
        <!-- 增加一个学生 -->
        <insertid="addStudent"parameterType="student">
                insert into student(stuname,db) VALUES(#{stuname},database())
        </insert>
        <!-- 根据 stuno 删除一个学生 -->
        <deleteid="deleteStudentBystuno"parameterType="int">
                delete from student where stuno =#{stuno}
        </delete>
        <!-- 修改一个学生 -->
        <updateid="updateStudentBystuno"parameterType="student">
                update student set stuName=#{stuname},db=database() where stuno=${stuno}
        </update>
        <!-- 查询所有学生 -->
        <selectid="queryAllStudents"resultType="student">
                select * from student
        </select>
</mapper>
```

②业务逻辑层。

编写学生管理服务中业务逻辑层的接口和实现类。

业务逻辑层的接口。

**【源码**：demo/ch12/cloud-provider/com/yanqun/cloud/service/StudentService.java】

```
public interface StudentService {
        boolean addStudent(Student student) ;
        boolean deleteStudentBystuno(Integer stuno);
        boolean updateStudentBystuno(Student student);
        List<Student> queryAllStudents();
}
```

业务逻辑层的实现类。

**【源码**：demo/ch12/cloud- provider/com/yanqun/cloud/service/impl/StudentServiceImpl.java】

```
@Service
public class StudentServiceImpl implements StudentService
{
        @Autowired
        private StudentDao dao;
        @Override
        public boolean addStudent(Student student) {
                return dao.addStudent(student);
        }
        @Override
        public boolean deleteStudentBystuno(Integer stuno) {
                return dao.deleteStudentBystuno(stuno);
        }
        @Override
        public boolean updateStudentBystuno(Student student) {
                return dao.updateStudentBystuno(student);
        }
        @Override
        public List<Student> queryAllStudents() {
                return dao.queryAllStudents();
        }
}
```

③控制器。

在控制器 StudentController 中编写请求映射的地址，以及处理请求的方法。

**【源码**：demo/ch12/cloud-provider/com/yanqun/cloud/controller/StudentController.java】

```
@RestController
public class StudentController
```

```
{
        @Autowired
        private StudentService service;
        // 增加一个学生
        @RequestMapping(value = "/student/addStudent")
        public boolean addStudent(Student student)
        {
                return service.addStudent(student);
        }
        // 根据 stuno 删除一个学生
        @RequestMapping(value = "/student/deleteStudentBystuno/{stuno}")
        public boolean deleteStudentBystuno(@PathVariable("stuno") Integer stuno)
        {
                return service.deleteStudentBystuno(stuno);
        }
        // 修改一个学生
        @RequestMapping(value = "/student/updateStudentBystuno")
        public boolean updateStudentBystuno(Student student)
        {
                return service.updateStudentBystuno(student);
        }
        // 查询所有学生
        @RequestMapping(value = "/student/queryAllStudents")
        public List<Student> queryAllStudents()
        {
                return service.queryAllStudents();
        }
}
```

（3）编写启动生产者服务的入口类 CloudProviderMain，代码如下。

▶【源码：demo/ch12/cloud-provider/com/yanqun/cloud/CloudProviderMain.java】

```
@SpringBootApplication
public class CloudProviderMain
{
        public static void main(String[] args)
        {
                SpringApplication.run(CloudProviderMain.class, args);
        }
}
```

（4）最后再对生产者微服务进行一些必要的配置，代码如下。

①在 YAML 配置文件中，编写服务端口、MyBatis 及数据库等信息。

》【源码：demo/ch12/cloud-provider/resources/application.yml】

```
server:
  port: 8888

mybatis:
  #mybatis 配置文件所在路径
  config-location: classpath:mybatis/mybatis.xml
  # 为所有 POJO 设置别名
  type-aliases-package: com.yanqun.cloud.entity
  # 指定 mapper 映射文件所在路径
  mapper-locations:
  - classpath:mybatis/mapper/**/*.xml

spring:
  # 设置微服务名
  application:
    name: cloud-provider
  datasource:
    driver-class-name: org.gjt.mm.mysql.Driver
    url: jdbc:mysql://192.168.2.129:3306/cloud
    username: root
    password: root
```

②创建 MyBatis 配置文件。

》【源码：demo/ch12/cloud-provider/resources/mybatis/mybatis.xml】

```
<?xml version="1.0" encoding="UTF-8"?>
<!DOCTYPE configuration PUBLIC"-//mybatis.org//DTD Config 3.0//EN" "http://mybatis.org/dtd/mybatis-3-config.dtd">
<configuration>
        <!-- 供后续对 Mybatis 进行各种设置 -->
</configuration>
```

各配置文件的存放结构如图 12-3 所示。

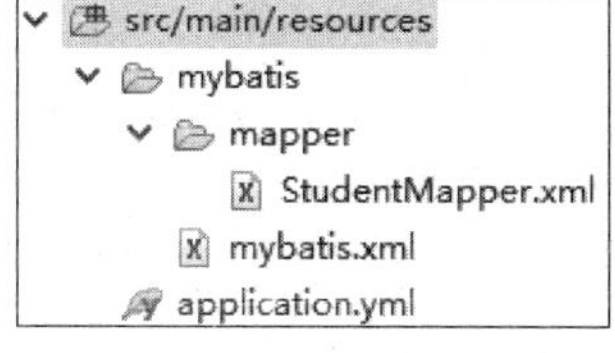


图 12-3　配置文件的存放结构

之后，启动入口类 CloudProviderMain，就可以通过浏览器访问生产者提供的服务，具体如下。

（1）通过访问 http://localhost:8888/student/addStudent?stuname=yq，增加一条姓名为 yq 的数据。

（2）通过访问 http://localhost:8888/student/deleteStudentBystuno/1，删除一条编号为 1 的数据。

（3）通过访问 http://localhost:8888/student/updateStudentBystuno?stuname=lisi&stuno=2，将学号为 2 的姓名修改为 lisi。

（4）通过访问 http://localhost:8888/student/queryAllStudents，查询全部的学生信息，如图 12-4 所示。

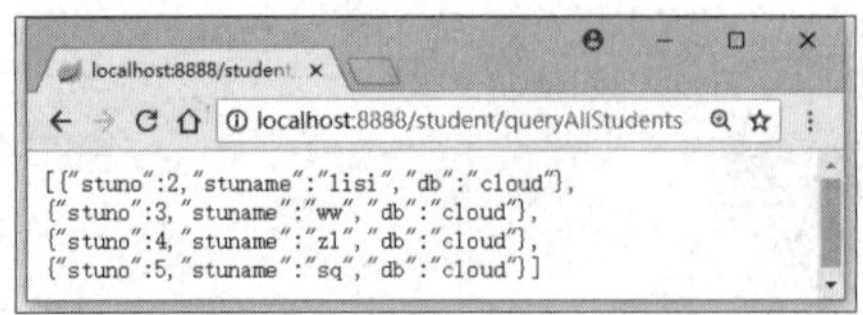


图 12-4　查询全部的学生

#### 4. 创建消费者微服务

创建 parent 的第三个子工程“服务消费方（消费者）cloud-consumer”，Packaging 选为 Jar，在其中编写消费服务的代码，具体步骤如下。

（1）引入消费者需要的依赖。

**【源码：demo/ch12/cloud-consumer/pom.xml】**

```
<project...>
        <modelVersion>4.0.0</modelVersion>
        <parent>
                <groupId>com.yanqun.cloud</groupId>
                <artifactId>parent</artifactId>
                <version>0.0.1-SNAPSHOT</version>
        </parent>
        <artifactId>cloud-provider</artifactId>
        <dependencies>
                <!-- 消费服务时，会使用到 Student 等类 -->
                <dependency>
                        <groupId>com.yanqun.cloud</groupId>
                        <artifactId>cloud-api</artifactId>
                        <version>0.0.1-SNAPSHOT</version>
                </dependency>
                <!-- 服务消费者是一个 web 项目 -->
                <dependency>
                        <groupId>org.springframework.boot</groupId>
                        <artifactId>spring-boot-starter-web</artifactId>
                </dependency>
```

```
            <dependency>
                    <groupId>org.springframework.boot</groupId>
                    <artifactId>spring-boot-devtools</artifactId>
            </dependency>
        </dependencies>
</project>
```

Spring Cloud 提供了 RestTemplate 类，用于不同微服务之间的远程访问，RestTemplate 提供的常用方法如表 12-1 所示。

**表 12-1　RestTemplate 中的常用方法**

| 方法名 | 简介 |
| --- | --- |
| <T> T getForObject(...) | 使用 get 方式请求远程服务提供的方法，此方法的返回值 T 就是远程提供服务方法的返回值 |
| <T> T postForObject(...) | 使用 post 方式请求远程服务提供的方法，此方法的返回值 T 就是远程提供服务方法的返回值 |
| <T> ResponseEntity<T> getForEntity(...) | 使用 get 方式请求远程服务提供的方法，远程服务提供方法的返回值被封装到了此方法返回值的 body 属性中 |
| <T> ResponseEntity<T> postForEntity(...) | 使用 post 方式请求远程服务提供的方法，远程服务提供方法的返回值被封装到了此方法返回值的 body 属性中 |

这些方法的使用方式大同小异，这里以 getForObject() 为例进行具体讲解。

public <T> T getForObject(String url, Class<T> responseType, Object... uriVariables)，各参数含义如下。

url：基于 REST 风格的远程服务 URL 地址。

responseType：响应类型，即远程服务的返回值类型。

uriVariables：URL 中的参数值。

消费者要想访问生产者提供的服务，只需要在项目的 Spring IoC 容器中注册一个 RestTemplate 对象，如下所示。

本次通过自定义配置类，在 Spring IoC 容器中注入 RestTemplate 对象。

》【源码：demo/ch12/cloud-consumer/com/yanqun/cloud/config/ConfigBean.java】

```
...
@Configuration
public class ConfigBean
{
        //将 Spring Cloud 提供的远程调用组件，注册到 IoC 容器中
        @Bean
        public RestTemplate getRestTemplate()
        {
        {
```

```
            return new RestTemplate();
        }
}
```

（2）在消费者中，用 Controller 访问生产者提供的服务。

消费者处于三层架构中的“表示层”，本案例是使用表示层中的 Controller 模拟消费行为，去访问生产者提供的服务，代码如下。

**》【源码**：demo/ch12/cloud-consumer/com/yanqun/cloud/controller/StudentController.java**】**

```
...
@RestController
public class StudentController
{
        //服务提供者的 URL 地址前缀，消费者 StudentController 就是通过这个前缀来远程调用
生产者提供的服务。
        private static final String URL_PREFIX = "http://localhost:8888";
        //从 Spring IoC 容器中获取远程访问微服务的 RestTemplate 组件
        @Autowired
        private RestTemplate restTemplate;
        //远程访问服务提供者的 addStudent() 方法
        @RequestMapping(value = "/consumer/student/addStudent")
        public boolean addStudent(Student student)
        {
                ResponseEntity<Boolean>responseEntity = restTemplate.postForEntity(URL_PREFIX +
"/student/addStudent",student, Boolean.class);
                return responseEntity.getBody();
        }
        //远程访问服务提供者的 deleteStudentBystuno() 方法
        @RequestMapping(value = "/consumer/student/deleteStudentBystuno/{stuno}")
        public boolean deleteStudentBystuno(@PathVariable("stuno") Integer stuno)
        {
                return restTemplate.getForObject(URL_PREFIX + "/student/deleteStudentBystuno/" +
stuno, Boolean.class);
        }
        //远程访问服务提供者的 updateStudentBystuno() 方法
        @RequestMapping(value = "/consumer/student/updateStudentBystuno")
        public boolean updateStudentBystuno(Student student)
        {
                return restTemplate.postForObject(URL_PREFIX + "/student/updateStudentBystuno",
student, Boolean.class);
```

```
        }
        //远程访问服务提供者的 queryAllStudents() 方法
        @RequestMapping(value = "/consumer/student/queryAllStudents")
        public List<Student> queryAllStudents()
        {
                return  restTemplate.getForObject(URL_PREFIX + "/student/queryAllStudents", List.
class);
        }
}
```

需要注意，现在消费者是通过 RestTemplate 远程调用服务者提供的方法。在远程调用时，为了确保 Java Bean 类型的数据（如 Student）能够正确的进行数据传输，以及数据在网络传输时能够进行必要的类型转换，就必须在生产者接收数据的方法参数前加上 @RequestBody 注解。此外，消费者是通过 postForEntity() 方法以 POST 形式请求生产者，因此还需要将生产者的处理方法设置为 POST 方式，如下所示。

（3）修改生产者的控制器 StudentController。

在生产者 cloud-provider 项目的 Controller 类中，给接收远程传递来的 Student 前加上 @RequestBody，并将处理方法设置为 POST 方式，代码如下。

**》【源码**：demo/ch12/cloud-provider/com/yanqun/cloud/controller/StudentController.java】

```
...
@RestController
public class StudentController
{
        ...
        //增
        @RequestMapping(value = "/consumer/student/addStudent", method = RequestMethod.POST)
        public boolean addStudent( @RequestBody Student student)
        {
                ...
        }
        ...
        //改
        @RequestMapping(value = "/consumer/student/updateStudentBystuno", method =
RequestMethod.POST)
        public boolean updateStudentBystuno(@RequestBody Student student)
        {
                ...
```

```
    ...
}
```

（4）将消费者的端口设置为 7777，代码如下。

》【源码：demo/ch12/cloud-consumer/resources/application.yml】

```
server:
    port: 7777
```

（5）编写启动消费者服务的入口类，代码如下。

》【源码：demo/ch12/cloud-consumer/com/yanqun/cloud/CloudConsumerMain.java】

```
...
@SpringBootApplication
public class CloudConsumerMain {
    public static void main(String[] args) {
        SpringApplication.run(CloudConsumerMain.class, args);
    }
}
```

**5. 测试**

先启动生产者，再启动消费者去消费生产者提供的服务。具体可以通过消费者进行以下操作。

（1）通过 http://localhost:7777/consumer/student/addStudent?stuname=yanqun，向生产者增加一条姓名为 yanqun 的数据。

（2）通过 http://localhost:7777/consumer/student/deleteStudentBystuno/2，删除生产者中编号为 2 的数据。

（3）通过 http://localhost:7777/consumer/student/updateStudentBystuno?stuname=wangwu&stuno=3，将生产者中学号为 3 的姓名修改为 wangwu。

（4）通过 http://localhost:7777/consumer/student/queryAllStudents，查询生产者中的全部学生信息，运行结果如图 12-5 所示。

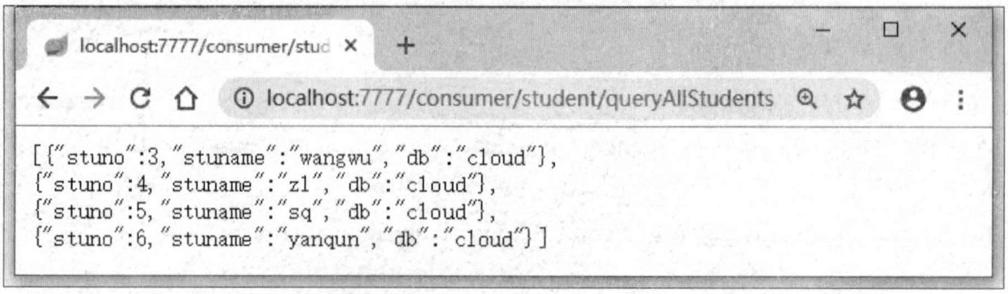

图 12-5　查询生产者中的全部学生信息

# 12.2 通过案例详解微服务注册中心 Eureka

在 Spring Cloud 中，Eureka 是微服务的注册中心。也就是说，在 Spring Cloud 中，所有的微服务生产者都可以注册到 Eureka 中。之后，消费者就可以直接在 Eureka 中寻找并使用某个已注册的微服务，如图 12-6 所示。

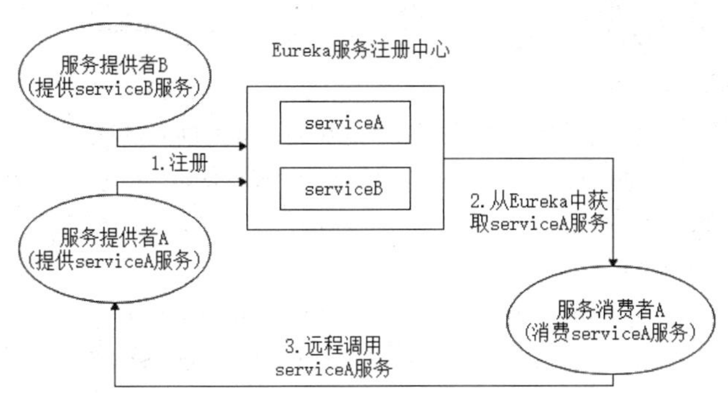


图 12-6　微服务注册中心 Eureka

从图 12-6 中可知，Eureka 由服务注册中心、服务提供者（生产者）和服务消费者（消费者）3 个角色组成。

## 12.2.1 ▶ 使用 Eureka 统一管理服务的提供者与消费者

也可以从另一个角度将 Eureka 理解成 Eureka Server 和 Eureka Client 两个组件。Eureka Server 就是 Eureka 服务注册中心，而 Eureka Client 是向 Eureka 中注册的微服务（注意，微服务在消费者看来是一个 Server，但微服务本身却是作为一个 Client 注册在 EurekaServer 中）。此外，系统中的微服务（Eureka Client）是通过心跳机制与 Eureka Server 维持连接的。

Eureka Client 内置了一个负载均衡器，默认采用的是轮询访问策略。当微服务启动后，Eureka Client 就会向 Eureka Server 持续发送心跳。如果 Eureka Server 对某个微服务的心跳检测失败，Eureka Server 就会在服务注册中心中将这个微服务节点移除。

Eureka 既可以是单节点搭建的注册中心，又可以是多节点组成的注册中心集群。以下的一个案例，使用的是单节点 Eureka。

创建 parent 的第 4 个子工程“服务注册中心 cloud-eureka”，Packaging 选为 Jar，具体如下。

### 1. 引入 Eureka 依赖

在 pom.xml 中引入 Ereka 服务端依赖的 eureka-server，代码如下。

❯【源码：demo/ch12/cloud-eureka/pom.xml】

```
<project...>
```

```
        <modelVersion>4.0.0</modelVersion>
        <parent>
                <groupId>com.yanqun.cloud</groupId>
                <artifactId>parent</artifactId>
                <version>0.0.1-SNAPSHOT</version>
        </parent>
        <artifactId>cloud-eureka</artifactId>
        <dependencies>
                <!-- 引入 eureka-server 依赖 -->
                <dependency>
                        <groupId>org.springframework.cloud</groupId>
                        <artifactId> spring-cloud-starter-netflix-eureka-server</artifactId>
                </dependency>
                <dependency>
                        <groupId>org.springframework.boot</groupId>
                        <artifactId>spring-boot-devtools</artifactId>
                </dependency>
        </dependencies>
</project>
```

注意：在编写本章代码时，笔者之前使用的 Spring Cloud 版本与本章新引入的 eureka-server 依赖出现了冲突。因此，笔者在 parent 父工程的 pom.xml 中，将 Spring Cloud 升级到了 Finchley.SR2 版本，升级后一切正常。

### 2. 配置 Eureka

在配置文件中设置 Eureka 注册中心的名字、地址等信息，代码如下。

》【源码：demo/ch12/cloud-eureka/resources/application.yml】

```
server:
    port: 10001
eureka:
    instance:
    #eureka 注册中心名
    hostname: yanqun
client:
    # 是否注册到 eureka 中（本服务就是 eureka）
    register-with-eureka: false
    fetch-registry: false
    service-url:
```

```
# 向 eureka 中注册服务的地址，即 http://yanqun:10001/eureka
defaultZone: http://${eureka.instance.hostname}:${server.port}/eureka/
```

打开 Windows 的 C:\Windows\System32\drivers\etc\host 文件，将域名 yanqun 绑定到本机 IP 地址 127.0.0.1 上，代码如下。

```
127.0.0.1yanqun
```

### 3. 开启 Eureka 服务

在 Spring Boot 入口类中开启 Eureka 服务，代码如下。

❯【源码：demo/ch12/cloud-eureka/com/yanqun/cloud/EurekaMain.java】

```
...
@SpringBootApplication
@EnableEurekaServer
// 开启 Eureka 注册中心，接收微服务的注册
public class EurekaMain {
        public static void main(String[] args) {
                SpringApplication.run(EurekaMain.class, args);
        }
}
```

以上，就完成了单机版服务注册中心 Eureka 的搭建。之后，就可以向 Eureka 中注册微服务了。接下来将生产者 cloud-provider 提供的服务注册到 Eureka 中。

修改生产者 cloud-provider 项目的 pom.xml，引入 eureka-server 依赖，代码如下。

❯【源码：demo/ch12/cloud-provider/pom.xml】

```
<project...>
        ...
        <artifactId>cloud-provider</artifactId>
        <dependencies>
                ...
                <!-- 引入 eureka 依赖 -->
                <dependency>
                        <groupId>org.springframework.cloud</groupId>
                        <artifactId>spring-cloud-starter-netflix-eureka-server</artifactId>
                </dependency>
                <dependency>
                        <groupId>org.springframework.cloud</groupId>
                        <artifactId>spring-cloud-starter-config</artifactId>
```

```
            </dependency>
        </dependencies>
</project>
```

修改生产者 cloud-provider 项目的 application.yml，将 cloud-provider 服务注册到 Eureka 中，代码如下。

》【源码：demo/ch12/cloud-provider/resources/application.yml】

```
...
eureka:
   # 在消费看来，cloud-provider 是 "服务生产者"，是一个 server；但 cloud-provider 要注册到 eureka 中
   # 因此在 eureka 看来 cloud-provider 是一个 client
   client:
     service-url:
        # 将当前项目（cloud-provider），注册到 eureka 的服务注册地址中
        defaultZone: http://yanqun:10001/eureka/
   #配置本服务在eureka中的id值(默认名是"ip:服务名:端口号,如localhost:cloud-provider:端口号")
   instance:
      instance-id: YanqunCloudProvider
```

修改生产者 cloud-provider 微服务的入口类 CloudProviderMain，将 cloud-provider 标注为 Eureka 客户端（@EnableEurekaClient），代码如下。

》【源码：demo/ch12/cloud-provider/com/yanqun/cloud/CloudProviderMain.java】

```
...
@SpringBootApplication
@EnableEurekaClient
public class CloudProviderMain
{
     ...
}
```

### 4. 测试

先执行 EurekaMain 启动微服务注册中心 Eureka，再执行 CloudProviderMain 启动生产者，然后访问 http://yanqun:10001/，可以发现 CLOUD-PROVIDER 已经成功注册到了 Eureka 中，如图 12-7 所示。

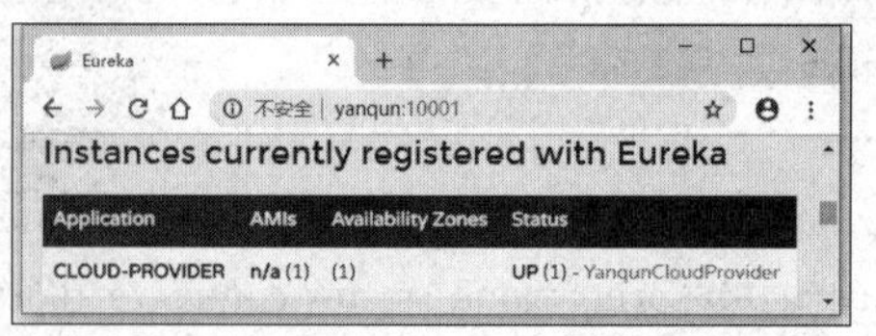


图 12-7　在 Eureka 中注册的服务

如果单击图 12-7 中的“YanqunCloudProvider”链接，就会跳转到 http://localhost:8888/actuator/info 页面，而 info 页面的显示信息需要在生产者 cloud-provider 的 YML 文件中进行设置，具体介绍如下。

在生产者 cloud-provider 的 pom.xml 中引入 actuator 依赖，代码如下。

**【源码：demo/ch12/cloud-provider/pom.xml】**

```
...
    <dependencies>
        ...
        <!-- 引入 actuator 的依赖 -->
        <dependency>
                <groupId>org.springframework.boot</groupId>
                <artifactId>spring-boot-starter-actuator</artifactId>
                </dependency>
        </dependencies>
</project>
```

在生产者 cloud-provider 的 application.yml 中，自定义 info 信息，如下所示。

（1）在 cloud-provider 项目的 application.yml 配置 info。

**【源码：demo/ch12/cloud-provider/resources/application.yml】**

```
info:
    author: yanqun
    # 通过父工程 parent 的 pom.xml 中 maven-resources-plugin 设置的 $，获取本项目的 maven 坐标
    project.groupId: $project.groupId
    project.artifactId: $project.artifactId
    project.version: $project.version
    # 通过 SpEL 的 ${} 动态获取本 yaml 中的属性值
    eureka.client.service-url.defaultZone: ${eureka.client.service-url.defaultZone}
```

（2）在父工程 parent 项目的 pom.xml 中配置一些属性信息。

**【源码：demo/ch12/parent/pom.xml】**

```
...
<dependencyManagement>
    ...
        </dependencyManagement>
        <build>
                <resources>
                <!-- 扫描 src/main/resources 中的 $ 符号，用于获取 pom.xml 文件中的节点内容 -->
                        <resource>
```

```
                <directory>src/main/resources</directory>
                <filtering>true</filtering>
            </resource>
        </resources>
        <plugins>
            <plugin>
                <groupId>org.apache.maven.plugins</groupId>
                <artifactId>maven-resources-plugin</artifactId>
                <configuration>
                    <delimiters>
                        <delimit>$</delimit>
                    </delimiters>
                </configuration>
            </plugin>
        </plugins>
    </build>
    <modules>
        ...
    </modules>
</project>
```

重新启动EurekaMain和CloudProviderMain，再次单击http://yanqun:10001/中的YanqunCloudProvider链接，运行结果如图12-8所示。

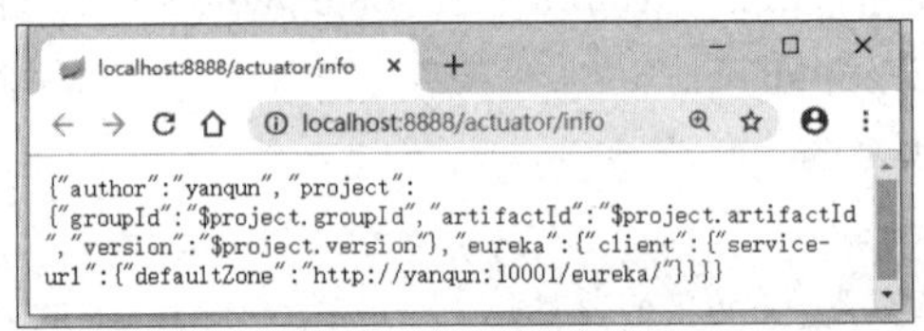


图 12-8　微服务信息页面

如果 Eureka 在一定时间内没有接收到某个已注册微服务的心跳，Eureka 是否应该立刻注销该微服务？ Eureka 认为不应该。因为微服务本身可能一切正常，仅仅是因为网络故障等暂时无法向 Eureka 发送心跳。实际上，Eureka 通过“自我保护模式”来处理这种问题，当 Eureka 在一定时间内丢失了某个客户端过多的心跳时，这个客户端就会进入 Eureka 的自我保护模式。自我保护模式是指，在短时间内，Eureka 会保留已注册的微服务，而不会立刻注销掉。当网络故障等问题恢复后，该 Eureka 客户端节点会自动退出自我保护模式，转入正常模式。可以发现，自我保护模式是一种对网络异常的安全保护措施，可以让 Eureka 更加健壮、稳定。

当开启自我保护模式时，Eureka 会在一段时间后显示图 12-9 所示的警告信息。

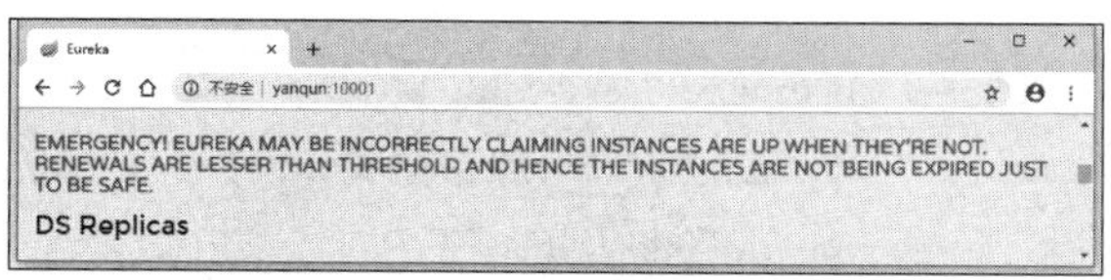


图 12-9　Eureka 自我保护模式

也可以在 cloud-eureka 项目中，通过以下配置禁止 Eureka 使用自我保护模式。

**》【源码：demo/ch12/cloud-eureka/pom.xml】**

```
...
eureka:
    server:
        # 禁止 eureka 使用自我保护模式
        enable-self-preservation:false
...
```

### 12.2.2 ▶ Eureka 服务发现案例演示

如何通过代码查询 Eureka 中已注册的服务？可以使用 Eureka 提供的 org.springframework.cloud.client.discovery.DiscoveryClient 类，Spring 会自动将 Eureka 中已注册的微服务通过 IoC 的方式注入该类中。

在之前创建的生产者 cloud-provider 项目中引入了一个 spring-cloud-commons.jar，该 Jar 包中就提供了 DiscoveryClient 类。因此，可以直接在 cloud-provider 中查看 Eureka 中已注册的服务，具体如下。

可以在 cloud-provider 项目的 Controller 中，从 IoC 获取 DiscoveryClient 对象，进而查询 Eureka 中已注册的服务。

**》【源码：demo/ch12/cloud-provider/com/yanqun/cloud/controller/StudentController.java】**

```
...
@RestController
public class StudentController
{
        @Autowired
        private DiscoveryClient client ;
        ...
        @RequestMapping(value = "/student/discovery")
        public Object discovery()
        {
                StringBuffer sb = new StringBuffer();
                client.getServices().forEach((serviceId)->{
                        client.getInstances(serviceId).forEach((instance)->{
```

```
                                    sb.append("serviceId:")
                                    .append( instance.getServiceId())
                                    .append("<br/>host:")
                                    .append(instance.getHost())
                                    .append("<br/>port:")
                                    .append( instance.getPort())
                                    .append("<br/>metadata:")
                                    .append(instance.getMetadata())
                                    .append("<br/>uri:")
                                    .append(instance.getUri());
                        });
            });
            return sb;
    }}
```

最后，还需要在 cloud-provider 项目的入口类中，通过 @EnableEurekaClient 开启服务发现功能，代码如下。

》【源码：demo/ch12/cloud-provider/com/yanqun/cloud/CloudProviderMain.java】

```
@SpringBootApplication
@EnableEurekaClient// 开启服务发现功能
public class CloudProviderMain
{
  ...
}
```

启动 Eureka 和生产者服务，然后访问 http://localhost:8888/student/discovery，运行结果如图 12-10 所示。

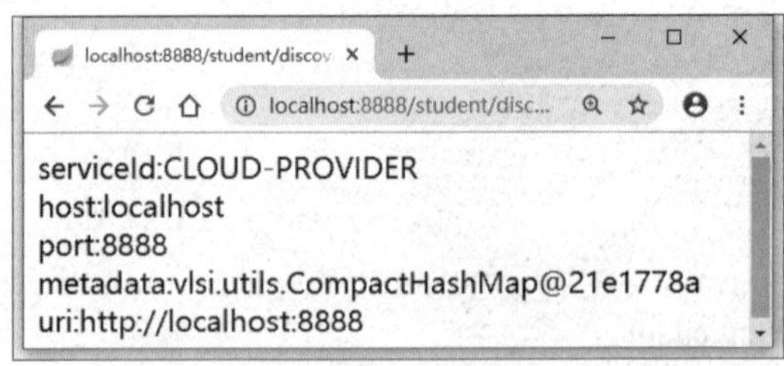


图 12-10　查看 Eureka 中注册的服务

从图 12-10 中可知，目前 Eureka 中仅注册了 CLOUD-PROVIDER 一个服务。

不难发现，Eureka 是 Spring Cloud 提供的一个非常重要的组件，Spring Cloud 就是通过 Eureka 实现了微服务的集成功能。本小节的最后，再对 Eureka 的工作流程进行以下总结：Eureka 可以将注册中心的地址配置在 YAML 等配置文件的 eureka.client.service-url.defaultZone 属性中，并且可以在服务启动时通过 @EnableEurekaServer 注解开放 Eureka 的注册功能。之后各个业务微服务只需要在各自的配置文件中引用 Eureka 的地址，然后通过 @EnableEurekaClient 开启向 Eureka 中注册服务的功能，就可以将自身提供的微服务功能注册到 Eureka 中。此外，各个微服务在向 Eureka 中注册服务时，还可以通过 spring.application.name 属性在 Eureka 中给自己提供的服务命名，以便其他服务能够及时发现并使用。某个服务要调用 Eureka 中已注册的微服务，只需要在配置文件中引用 Eureka 的地址，通过 @EnableDiscoveryClient 开启在 Eureka 中发现已有服务的功能即可。综上可知，各个微服务既可以向 Eureka 中注册微服务，又可以从 Eureka 中发现并使用微服务，从而实现各个微服务的互联效果。

### 12.2.3 ▶ 动手搭建 Eureka 集群

Spring Cloud 架构中的所有微服务都注册在了 Eureka 中，为了避免 Eureka 单节点故障带来灾难，就需要搭建 Eureka 集群实现高可用。具体的 Eureka 集群搭建步骤如下所示。

将之前的 Eureka 项目 cloud-eureka，再复制出 cloud-eureka2 和 cloud-eureka3 两份。即本次用 cloud-eureka、cloud-eureka2 和 cloud-eureka3 三个节点组成 Eureka 集群。

修改 3 个 Eureka 节点的配置，具体如下所示。

（1）将 cloud-eureka2 及 cloud-eureka3 中 pom.xml 的 <artifactId> 值分别改为 cloud-eureka2、cloud-eureka3。

（2）在 eureka 集群环境中，defaultZone 用于指定其他的 Eureka 节点，表示将当前 Eureka 中注册的服务同时注册到集群中的其他 Eureka 节点上，因此需要修改 3 个 Eureka 节点的 defaultZone，以及设置各自的实例名、端口号。此外，在搭建 Eureka 集群时，还需要将 register-with-eureka 和 fetch-registry 设置为 True，表示将自身也注册到 Eureka 集群服务中，如下所示。

①修改 cloud-eureka 的配置文件，加入 Eureka 集群中的 yanqun2 和 yanqun3 节点，代码如下。

**》【源码：demo/ch12/cloud-eureka/resources/application.yml】**

```
server:
    port: 10001
eureka:
    instance:
        hostname: yanqun
    client:
          register-with-eureka:true
          fetch-registry:true
          service-url:
              defaultZone: http://yanqun2:10002/eureka/,http://yanqun3:10003/eureka/
```

②修改 cloud-eureka2 的配置文件，加入 Eureka 集群中的 yanqun2 和 yanqun3 节点，如下所示。

**》【源码：demo/ch12/cloud-eureka2/resources/application.yml】**

```
server:
```

```
    port: 10002
eureka:
    instance:
        hostname: yanqun2
    client:
        register-with-eureka:true
        fetch-registry:true
        service-url:
            defaultZone: http://yanqun:10001/eureka/,http://yanqun3:10003/eureka/
```

③修改 cloud-eureka3 的配置文件，加入 Eureka 集群中的 yanqun2 和 yanqun3 节点，代码如下。

**【源码**：demo/ch12/cloud-eureka3/resources/application.yml】

```
server:
    port: 10003
eureka:
    instance:
        hostname: yanqun3
    client:
        register-with-eureka:true
        fetch-registry:true
        service-url:
            defaultZone: http://yanqun:10001/eureka/,http://yanqun2:10002/eureka/
```

（3）将 3 个 Eureka 节点的 Hostname 都注册到 Windows 的 host 文件中，以便可以使用域名来代替 IP 地址，如下所示。

```
C:\Windows\System32\drivers\etc\hosts
    127.0.0.1    yanqun
    127.0.0.1    yanqun2
    127.0.0.1    yanqun3
```

修改生产者的 application.yml，将生产者提供的服务同时注册到 3 个 Eureka 节点中，代码如下所示。

**【源码**：demo/ch12/cloud-provider/resources/application.yml】

```
...
eureka:
    client:
        service-url:
            defaultZone:http://yanqun:10001/eureka/,
                        http://yanqun2:10002/eureka/,
                        http://yanqun3:10003/eureka/
```

依次启动 cloud-eureka、cloud-eureka2、cloud-eureka3 三者组成的 Eureka 集群，并启动服务生产者 cloud-provider，然后访问 http://yanqun:10001，运行结果如图 12-11 所示。

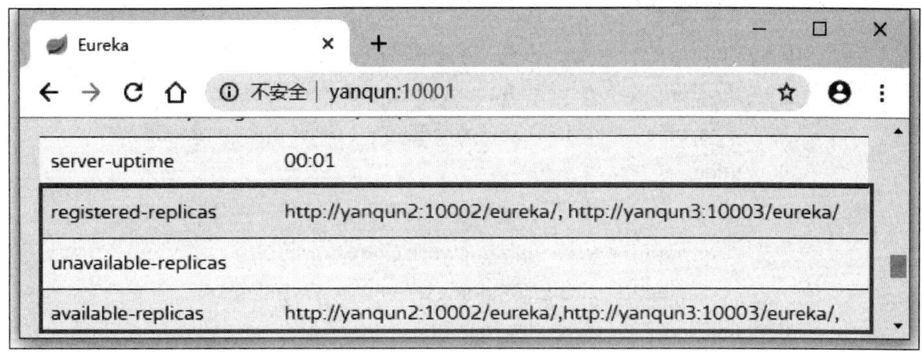


图 12-11　Eureka 集群

## 12.3 实战 Spring Cloud 中的负载均衡组件

如果多个相同的微服务组成了一个集群服务，应该如何保证集群中各个服务的负载均衡呢？例如，假设微服务 cloud-provider、微服务 cloud-provider1 和微服务 cloud-provider2 三者都提供了相同的服务，那么如何保证客户端在访问这三者组成的集群时，能够均衡地请求每一个服务呢？理想的情况是，假设客户端发出了 99 次请求，那么每个服务都能接收到 33 次。本节介绍的 Ribbon 和 Feign 工具就能够实现以上描述的负载均衡功能。

### 12.3.1 ▶ 客户端负载均衡工具 Ribbon 使用案例

Ribbon 是一个客户端的负载均衡工具，Ribbon 会基于某种算法（如轮询、随机选取、自定义算法等），从 Eureka 集群中挑选一个"不忙"的微服务使用。

此外，使用 Ribbon 可以直接访问 Eureka 中的微服务名，不必再关心 Eureka 中具体服务的 IP 地址和端口号。例如，可以使用 String URL_PREFIX = "http://cloud-provider" 代替 String URL_PREFIX = "http://localhost:8888"。

下面通过一个简单示例，了解一下 Ribbon 的基本使用步骤。本次的演示案例是基于之前的消费者（客户端）cloud-consumer 项目。

在 pom.xml 中引入 Eureka 客户端及 Ribbon 依赖，代码如下。

》【源码：demo/ch12/cloud-consumer/pom.xml】

```
...
        <!-- 引入 Eureka 客户端和 Ribbon 依赖 -->
        <dependency>
```

```
			<groupId>org.springframework.cloud</groupId>
			<artifactId>spring-cloud-starter-netflix-eureka-client</artifactId>
		</dependency>
		<dependency>
			<groupId>org.springframework.cloud</groupId>
			<artifactId>spring-cloud-starter-netflix-ribbon</artifactId>
		</dependency>
		<dependency>
			<groupId>org.springframework.cloud</groupId>
			<artifactId>spring-cloud-starter-config</artifactId>
		</dependency>
...
```

在 application.yml 中，配置可供消费者使用的集群节点，代码如下。

**》【源码**：demo/ch12/cloud-consumer/resources/application.yml】

```
server:
  port: 7777
eureka:
  client:
    register-with-eureka:false
    service-url:
      defaultZone:
          http://yanqun:10001/eureka/,
          http://yanqun2:10002/eureka/,
          http://yanqun3:10003/eureka/
```

消费者可以通过 RestTemplate 远程访问生产者提供的微服务，因此在做客户端的负载均衡时，需要给 RestTemplate 组件加上用于负载均衡的注解 @LoadBalanced，代码如下。

**》【源码**：demo/ch12/cloud-consumer/com/yanqun/cloud/config/ConfigBean.java】

```
@Configuration
public class ConfigBean
{
	@Bean
	@LoadBalanced
	public RestTemplate getRestTemplate()
	{
		return new RestTemplate();
	}
}
```

Ribbon 和 Eureka 整合后，就可以直接访问 Eureka 中的微服务名。因此，可以在消费者的

Controller 中，将生产者提供服务的 URL 改成 Eureka 中的微服务名，如下所示。

》【源码：demo/ch12/cloud-consumer/com/yanqun/cloud/controller/StudentController.java】

```
...
@RestController
public class StudentController
{
        //private static final String URL_PREFIX = "http://localhost:8888 ";
        //要访问的 Eureka 中的微服务名
        private static final String URL_PREFIX = "http://cloud-provider ";
        ...
}
```

在消费者入口类中，通过 @EnableEurekaClient 开启使用 EureKa 集群功能，如下所示。

》【源码：demo/ch12/cloud-consumer/com/yanqun/cloud/StudentController.java】

```
...
@SpringBootApplication
@EnableEurekaClient
public class CloudConsumerMain {
        ...
}
```

依次启动 Eureka 集群、生产者及消费者，然后访问消费者 http://localhost:7777/consumer/student/queryAllStudents，运行结果如图 12-12 所示。

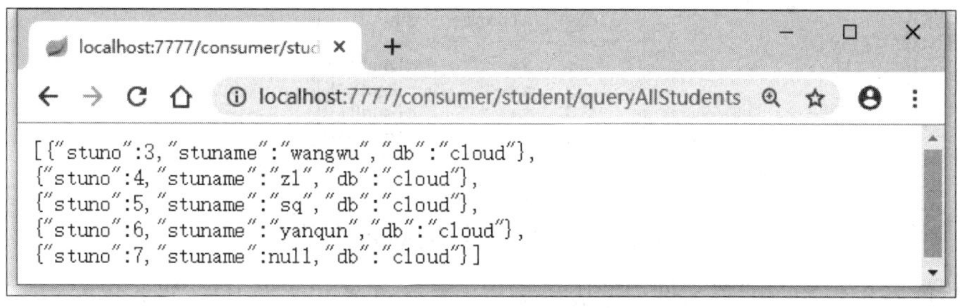


图 12-12　消费者访问结果

以上程序中只有一个生产者，接下来通过开启 3 个生产者服务演示 Ribbon 负载均衡的实现。

将之前的生产者项目 cloud-provider，再复制出 cloud-provider2 和 cloud-provider3 两份。即本次使用 cloud-provider、cloud-provider2 和 cloud-provider3 三个节点组成生产者服务集群。

修改 3 个生产者节点的配置，具体如下所示。

（1）将 cloud-provider2 及 cloud-provider3 中 pom.xml 的 <artifactId> 值，分别改为 cloud-provider2、cloud-provider3。

（2）每个生产者都可以作为一个微服务独立存在，因此可以给每个微服务创建一个独立的数据库。可以在 MySQL 中再创建 cloud2 和 cloud3 两个数据库，然后在各个数据库中都创建 Student 表并插入数据，具体如下所示。

①生产者 cloud-provider 使用的 cloud 数据库中 Student 表的数据如图 12-13 所示。

```
mysql> use cloud;
Database changed
mysql> select * from student;
+-------+---------+-------+
| stuNo | stuName | db    |
+-------+---------+-------+
|     3 | wangwu  | cloud |
|     4 | zl      | cloud |
|     5 | sq      | cloud |
|     6 | yanqun  | cloud |
+-------+---------+-------+
```

图 12-13　cloud 库中 Student 表的数据

②生产者 cloud-provider2 使用的 cloud2 数据库中 Student 表的数据如图 12-14 所示。

```
mysql> use cloud2;
Database changed
mysql> select * from student;
+-------+---------+--------+
| stuNo | stuName | db     |
+-------+---------+--------+
|     1 | ls      | cloud2 |
|     2 | ww      | cloud2 |
|     3 | zl      | cloud2 |
|     4 | sq      | cloud2 |
+-------+---------+--------+
4 rows in set (0.00 sec)
```

图 12-14　cloud2 库中 Student 表的数据

③生产者 cloud-provider3 使用的 cloud3 数据库中 Student 表的数据如图 12-15 所示。

```
mysql> use cloud3;
Database changed
mysql> select * from student;
+-------+---------+--------+
| stuNo | stuName | db     |
+-------+---------+--------+
|     1 | ls      | cloud3 |
|     2 | ww      | cloud3 |
|     3 | zl      | cloud3 |
|     4 | sq      | cloud3 |
+-------+---------+--------+
4 rows in set (0.00 sec)
```

图 12-15　cloud3 库中 Student 表的数据

（3）修改各个生产者配置文件中的服务端口、数据库名和实例 ID，如下所示。

cloud-provider 中的 application.yml 保持不变，代码如下。

**【源码：demo/ch12/cloud-provider/resources/application.yml】**

```
server:
  port: 8888
...
spring:
  application:
    name: cloud-provider
  datasource:
```

```
        url: jdbc:mysql://localhost:3306/cloud
...
eureka:
...
    instance:
        instance-id: YanqunCloudProvider
...
```

修改 cloud-provider2 中的 application.yml，代码如下。

▶【源码：demo/ch12/cloud-provider2/resources/application.yml】

```
server:
    port: 8882
...
spring:
    application:
        name: cloud-provider2
    datasource:
        url: jdbc:mysql://localhost:3306/cloud2
...
eureka:
...
    instance:
        instance-id: YanqunCloudProvider2
...
```

修改 cloud-provider3 中的 application.yml，代码如下。

▶【源码：demo/ch12/cloud-provider3/resources/application.yml】

```
server:
    port: 8883
...
spring:
    application:
        name: cloud-provider3
    datasource:
        url: jdbc:mysql://localhost:3306/cloud3
...
eureka:
...
    instance:
        instance-id: YanqunCloudProvider3
...
```

依次启动 Eureka 集群、生产者集群和消费者服务，并连续 3 次访问消费者的查询方法 http://localhost:7777/consumer/student/queryAllStudents，即连续 3 次通过消费者远程访问生产者集群提供的服务。

①第一次访问，运行结果如图 12-16 所示。

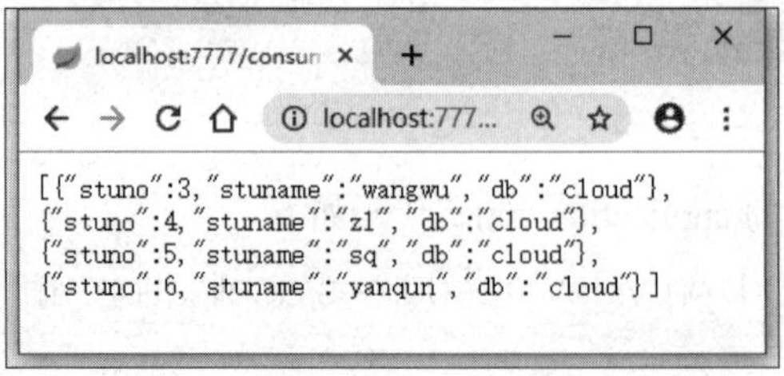

localhost:7777/consun
localhost:777...
[{"stuno":3,"stuname":"wangwu","db":"cloud"},
{"stuno":4,"stuname":"zl","db":"cloud"},
{"stuno":5,"stuname":"sq","db":"cloud"},
{"stuno":6,"stuname":"yanqun","db":"cloud"}]

图 12-16　第一次访问生产者集群

②第二次访问，运行结果如图 12-17 所示。

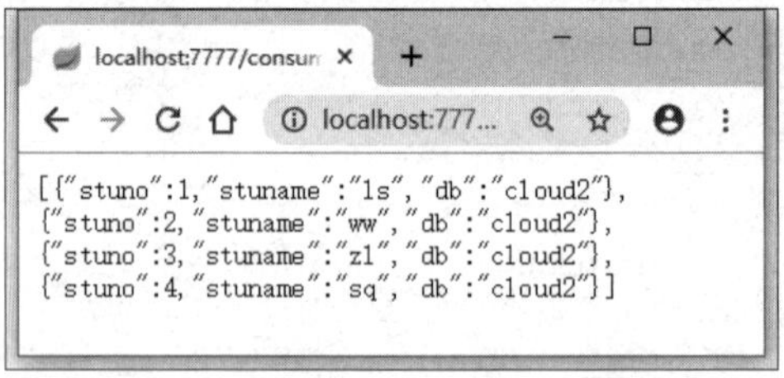

localhost:7777/consun
localhost:777...
[{"stuno":1,"stuname":"ls","db":"cloud2"},
{"stuno":2,"stuname":"ww","db":"cloud2"},
{"stuno":3,"stuname":"zl","db":"cloud2"},
{"stuno":4,"stuname":"sq","db":"cloud2"}]

图 12-17　第二次访问生产者集群

③第三次访问，运行结果如图 12-18 所示。

localhost:7777/consun
localhost:777...
[{"stuno":1,"stuname":"ls","db":"cloud3"},
{"stuno":2,"stuname":"ww","db":"cloud3"},
{"stuno":3,"stuname":"zl","db":"cloud3"},
{"stuno":4,"stuname":"sq","db":"cloud3"}]

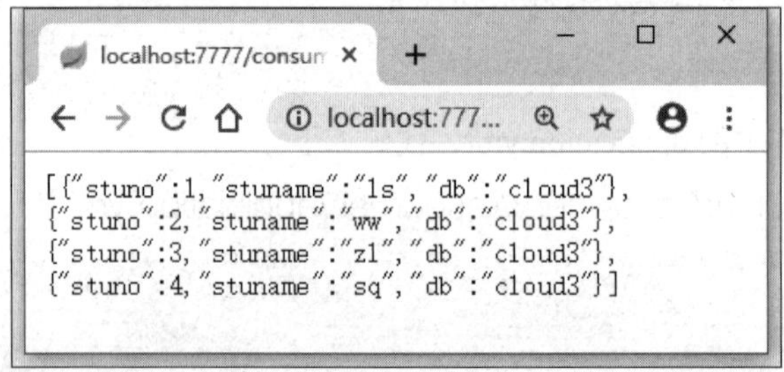

图 12-18　第三次访问生产者集群

可以发现，默认情况下会依次轮询地请求集群中各个不同的生产者服务。

除了默认的轮询访问方式外，还可以切换或自定义其他负载均衡的访问策略，这些策略的统一上级接口是 com.netflix.loadbalancer.IRule。例如，可以指定负载均衡的访问策略是“随机访问”，要实现起来也非常简单，只需要将“随机访问”策略纳入 IoC 容器即可，如下所示。

**》【源码**：demo/ch12/cloud-consumer/com/yanqun/cloud/config/ConfigBean.java】

```
…
@Configuration
public class ConfigBean
{
```

```
    ...
    @Bean
    public IRule consumeRule(){
        //采用"随机访问"的负载均衡策略
        return new RandomRule();
    }
}
```

### 12.3.2 ▶ 声明式负载均衡工具 Feign 使用案例

Feign 是基于 Ribbon 的一个声明式的客户端负载均衡工具。首先，Ribbon 和 Feign 都作用于客户端。其次，二者的主要区别是 Ribbon 是面向 URL 地址访问的，如需要在消费者的 Controller 中定义要访问的远程服务的地址 String URL_PREFIX = "http://cloud-provider"；而 Feign 是建立在 Ribbon 之上，是面向接口访问的，可以在消费者中直接通过接口访问远程服务，即不需要再定义服务端的 URL。

至此，可以发现 Spring Cloud 对访问远程服务的“地址”做了逐步的改进。消费者最初需要通过 http://localhost:8888 访问到生产者，之后 Ribbon 出现后改为使用 http://cloud-provider 访问，现在又通过 Feign 改进为像“调用本地接口”一样“调用远程提供的服务接口”。

以下，是通过 Feign 访问远程服务的演示案例。

创建一个 parent 的新子工程“cloud-consumer-feign”Packaging 选为 Jar，具体操作如下。

在公共模块 cloud-api 工程中，新建客户端和微服务公共调用的接口 StudentService。

读者可以回顾三层架构的知识，客户端访问的是 Controller，Controller 会调用 Service；而服务端使用的是 Service 和 Dao。因此客户端和服务端都会用到 Service，Service 就是客户端（消费者）和服务端（生产者）共同维护的接口。

》【源码：demo/ch12/cloud-api/com/yanqun/cloud/service/StudentService.java】

```
//生产者在 Eureka 中注册的微服务名是 cloud-provider
@FeignClient(value = "cloud-provider ")
public interface StudentService {
    //增加一个学生
    @RequestMapping(value = "/student/addStudent ", method = RequestMethod.POST)
    boolean addStudent(Student student);
    //根据 stuno 删除一个学生
    @RequestMapping(value =  "/student/deleteStudentBystuno ")
    boolean deleteStudentBystuno(Integer stuno);
    //修改一个学生
    @RequestMapping(value ="/student/updateStudentBystuno ", method = RequestMethod.POST)
    boolean updateStudentBystuno(Student student);
```

```
        // 查询所有学生
        @RequestMapping(value = "/student/queryAllStudents ")
        List<Student> queryAllStudents();
}
```

代码中，通过 @FeignClient 用于将该接口提供的 cloud-provider 服务暴露给 Feign 客户端访问。并且还需要在 cloud-api 的 pom.xml 中引入 Feign 依赖，如下所示。

修改 cloud-api 项目的 pom.xml。

》【源码：demo/ch12/cloud-api/pom.xml】

```
…
        <dependencies>
                <!-- 引入 Feign 依赖 -->
                <dependency>
                  <groupId>org.springframework.cloud</groupId>
                  <artifactId>spring-cloud-starter-feign</artifactId>
                 <version>1.4.4.RELEASE</version>
               </dependency>
        </dependencies>
…
```

至此，cloud-api 的项目结构如图 12-19 所示。

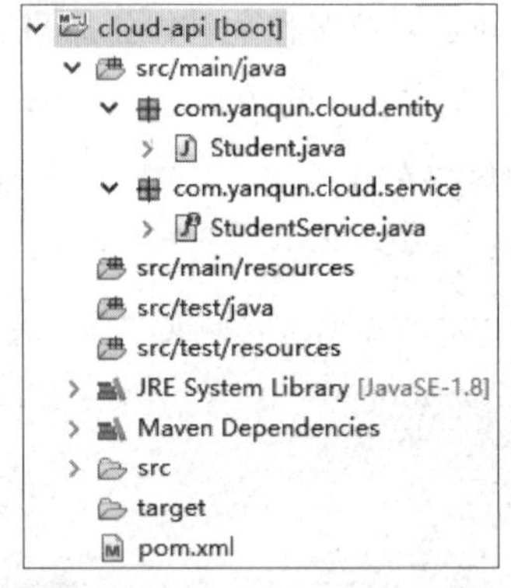


图 12-19 cloud-api 项目结构

在 cloud-consumer-feign 中配置微服务注册中心 Eureka，并引入各种依赖。

cloud-consumer-feign 的配置文件 application.yml 及依赖文件 pom.xml 与 cloud-consumer 项目中的完全一致，读者可以直接复制使用。

在 cloud-consumer-feign 中新建 Controller，并通过 cloud-api 项目中提供的 @FeignClient(value = "cloud-provider") 接口 StudentService，远程访问 Eureka 中注册的 cloud-provider 微服务。

》【源码：demo/ch12/cloud-consumer-feign/com/yanqun/cloud/controller/StudentController.java】

```
@RestController
public class StudentController {
        @Autowired
        private StudentService studentService;
                // 增加一个学生
                @RequestMapping(value = "/consumerfeign/student/addStudent ",
                                method = RequestMethod.POST)
                boolean addStudent(Student student){
                        return studentService.addStudent(student) ;
                }
                // 根据 stuno 删除一个学生
                @RequestMapping(value = "/consumerfeign/student/deleteStudentBystuno ")
                boolean deleteStudentBystuno(Integer stuno){
                        return studentService.deleteStudentBystuno(stuno);
                }
                // 修改一个学生
                @RequestMapping(value = "/consumerfeign/student/updateStudentBystuno ",
                                method = RequestMethod.POST)
                boolean updateStudentBystuno(Student student){
                        return studentService.updateStudentBystuno(student);
                }
                // 查询所有学生
                @RequestMapping(value = "/consumerfeign/student/queryAllStudents ")
                List<Student> queryAllStudents(){
                        return studentService.queryAllStudents();
                }
}
```

在 cloud-consumer-feign 中新建 Spring Boot 入口类，并开启 Eureka 客户端、指定 Spring 扫描器、Feign 服务扫描器。

》【源码：demo/ch12/cloud-consumer-feign/com/yanqun/cloud/CloudConsumerFeignMain.java】

```
...
@SpringBootApplication
// 开启 Eureka 客户端
@EnableEurekaClient
// 指定 cloud-api 中的接口
@EnableFeignClients(basePackages= { "com.yanqun.cloud.service "})
// 指定 cloud-api 中的接口及 entity
@ComponentScan( "com.yanqun.cloud ")
```

```
public class CloudConsumerFeignMain {
        public static void main(String[] args) {
                SpringApplication.run(CloudConsumerFeignMain.class, args);
        }
}
```

依次启动 Eureka 集群、生产者集群和 cloud-consumer-feign，并连续 3 次访问 cloud-consumer-feign 的查询方法 http://localhost:7777/consumerfeign/student/queryAllStudents，运行结果与 Ribbon 方式完全相同。

综上可知，使用 Feign 可以实现面向接口的远程调用。

### 12.3.3 ▶ 使用 Feign 实现跨服务文件传输

如果要在多个微服务之间实现文件上传功能（例如，A 服务要将一个文件上传到 B 服务中），就可以使用 Feign 提供的 Form 组件和解码器，并在客户端中通过一个接口指定相关参数。

在本示例中，如果消费者要跨服务的给远程生产者上传一个文件，那么除了之前的 Feign 配置外，还需要增加一些额外的 Feign 支持，具体步骤如下（本示例基于前面已有代码）。

（1）在服务端（cloud-provider）和客户端（cloud-consumer-feign）中，分别引入 Feign 依赖 spring-cloud-starter-feign（此为一般情况下的操作步骤，但本案例的 cloud-api 模块已经包含了 Feign 依赖，故本次无须引入）。

（2）在客户端中，引入 feign-form 和 feign-form-spring 依赖。

修改 cloud-consumer-feign 项目的 pom.xml，代码如下。

》【源码：demo/ch12/cloud-consumer-feign/pom.xml】

```
<dependency>
      <groupId>io.github.openfeign.form</groupId>
      <artifactId>feign-form-spring</artifactId>
</dependency>
<dependency>
      <groupId>io.github.openfeign.form</groupId>
      <artifactId>feign-form</artifactId>
      <version>3.2.2</version>
</dependency>
```

（3）在服务端中，编写接收文件的处理类，并通过注解指定请求类型和 MediaType。

在 cloud-provider 项目中编写 com.yanqun.cloud.controller.UploadController.java，代码如下。

》【 源 码：demo/ch12/cloud-provider/com/yanqun/cloud/controller/UploadController.java】

```
...
@RestController
```

```
public class UploadController {
	@RequestMapping(value = "/uploadFile ", method = RequestMethod.POST,
  consumes = MediaType.MULTIPART_FORM_DATA_VALUE)
	public String handleFileUpload(@RequestPart(value = "file ") MultipartFile file) {
		InputStream input = null ;
		OutputStream out = null ;
		try {
		     input = file.getInputStream();
			out = new FileOutputStream( "e: " + File.separator + file.getOriginalFilename());
			byte[] b = new byte[1024];
			intlen = -1 ;
			while ((len=input.read(b)) != -1) {
				out.write(b,0,len);
			}
		} catch (Exception e) {
			e.printStackTrace();
		} finally {
			try {
				input.close();
				out.close();
			} catch (Exception e) {
				e.printStackTrace();
			}
		}
		return " 上传成功 ";
	}
}
```

（4）在客户端中，编写跨服务上传需要的编码器。

在 cloud-consumer-feign 项目中，编写 com.yanqun.cloud.config.UploadConfig.java，代码如下。

**【源码**：demo/ch12/cloud-consumer-feign/com/yanqun/cloud/config/UploadConfig.java**】**

```
...
@Configuration
public class UploadConfig {
	@Bean
	public Encoder feignFormEncoder() {
		return new SpringFormEncoder();
	}
```

```
}
```

（5）在客户端中，编写跨服务上传文件的接口，并指定远程接收文件的服务名（cloud-provider）及编码器。

在 cloud-consumer-feign 项目中，编写 com.yanqun.cloud.service.UploadService.java，代码如下。

**【源码**：demo/ch12/cloud-consumer-feign/com/yanqun/cloud/service/UploadService.java**】**

```
...
@FeignClient(value = "cloud-provider ", configuration = UploadConfig.class)
public interface UploadService {
@PostMapping(value = "/uploadFile ", consumes = MediaType.MULTIPART_FORM_DATA_VALUE)
    String handleFileUpload(@RequestPart(value = "file ") MultipartFile file);
}
```

（6）在客户端入口类中，开启相关 Feign 注解。

在 cloud-consumer-feign 项目中，编写 com.yanqun.cloud.CloudConsumerFeignMain.java，代码如下。

**【源码**：demo/ch12/cloud-consumer-feign/com/yanqun/cloud/CloudConsumerFeignMain.java**】**

```
...
@SpringBootApplication
// 开启 Eureka 客户端
@EnableEurekaClient
// 指定 cloud-api 中的接口
@EnableFeignClients(basePackages= { "com.yanqun.cloud.service "})
// 指定 cloud-api 中的接口及 entity
@ComponentScan( "com.yanqun.cloud ")
public class CloudConsumerFeignMain {
        public static void main(String[] args) {
                SpringApplication.run(CloudConsumerFeignMain.class, args);
        }
}
```

（7）测试上传。

在客户端中编写一个 Controller，用于测试跨服务文件上传的功能。在 cloud-consumer-feign 项目中，编写 com.yanqun.cloud.controller.UploadController.java，代码如下。

**【源码**：demo/ch12/cloud-consumer-feign/com/yanqun/cloud/controller/UploadController.java**】**

```
...
@RestController
public class UploadController {
            @Autowired
    private UploadService uploadService;
            @RequestMapping(value = "/consumerfeign/student/upload ")
    public String testHandleFileUpload() {
        File file = new File( "d:/upload.txt ");
        DiskFileItem fileItem = (DiskFileItem) new DiskFileItemFactory().createItem( "file ",
            MediaType.TEXT_PLAIN_VALUE, true, file.getName());
    try (InputStream input = new FileInputStream(file);
            OutputStream os = fileItem.getOutputStream()) {
    IOUtils.copy(input, os);
        } catch (Exception e) {
    throw new IllegalArgumentException( "Invalid file: "+ e, e);
        }
        MultipartFile multi = new CommonsMultipartFile(fileItem);
    return uploadService.handleFileUpload(multi) ;
    }
}
```

启动注册中心 cloud-eureka、服务端 cloud-provider 和客户端 cloud-consumer-feign，访问客户端的 UploadController（http://localhost:7777/consumerfeign/student/upload），就可以实现跨服务的文件上传功能，运行结果如图 12-20 所示。

图 12-20　跨服务文件上传

## 12.4 分布式系统的稳定性保障——熔断器

试想以下场景：微服务 A 依赖于微服务 B，而 B 依赖于 C，C 依赖于 D……如果这条依赖链上的某个微服务因为网络延迟等异常造成了“长时间未响应”，那么这条依赖链上依赖于这个微服务的所有服务都会受到“牵连”，会随它一起处于“长时间未响应”状态，这种问题就称为“服务雪崩”。解决服务雪崩的一种有效策略就是使用熔断器，即如果某个服务出现异常，立即改用另一个“备用”的服务。这个备选服务称为 FallBack，通常用来执行错误提示、日志输出、资源关闭等操作。

### 12.4.1 ▶ 熔断器的原理及实现案例

Hystrix 就是 Spring Cloud 为微服务系统提供的一个熔断器组件，能够保证在一些依赖发生故障（超时、异常等）时，不会发生服务雪崩。

下面是使用 Hystrix 实现的一个熔断器演示案例。本案例是在 cloud-provider 项目的基础上进行的修改，具体如下。

在 pom.xml 中增加 Hystrix 依赖，代码如下。

》【源码：demo/ch12/cloud-provider/pom.xml】

```
...
        <!-- 引入 hystrix 依赖 -->
        <dependency>
            <groupId>org.springframework.cloud</groupId>
            <artifactId>spring-cloud-starter-netflix-hystrix</artifactId>
        </dependency>
...
```

在 Controller 中，通过 @HystrixCommand 对 queryAllStudents() 方法增加熔断保护，代码如下。

》【源码：demo/ch12/cloud-provider/com/yanqun/cloud/controller/StudentController.java】

```
@RestController
public class StudentController
{
    ...
    @RequestMapping(value = "/student/queryAllStudents")
    // 如果 queryAllStudents() 发生异常，则自动跳转到 hystrix_queryAllStudents 方法
    @HystrixCommand(fallbackMethod = "hystrix_queryAllStudents")
    public List<Student> queryAllStudents()
    {
        List<Student>stus = service.queryAllStudents();
        if (stus ==null || stus.size()==0) {
            throw new RuntimeException("no students");
        }
        return stus;
    }
    //queryAllStudents() 的熔断保护方法（备用方法）
    public List<Student> hystrix_queryAllStudents(){
        List<Student>stus = service.queryAllStudents();
        stus.add(new Student(0,"no students","no databases"));
        return stus ;
```

```
        }
        ...
}
```

在入口类中，通过 @EnableCircuitBreaker 开启熔断保护机制，代码如下。

》【源码：demo/ch12/cloud-provider/com/yanqun/cloud/CloudProviderMain.java】

```
...
@SpringBootApplication
@EnableEurekaClient
@EnableCircuitBreaker
public class CloudProviderMain
{
        ...
}
```

先删除 cloud-provider 项目对应 Student 表中的全部数据，并依次启动 Eureka 集群、带有熔断保护的生产者 cloud-provider 和消费者 cloud-consumer-feign，并访问 cloud-consumer-feign 的查询方法 http://localhost:7777/consumerfeign/student/queryAllStudents，运行结果如图 12-21 所示。

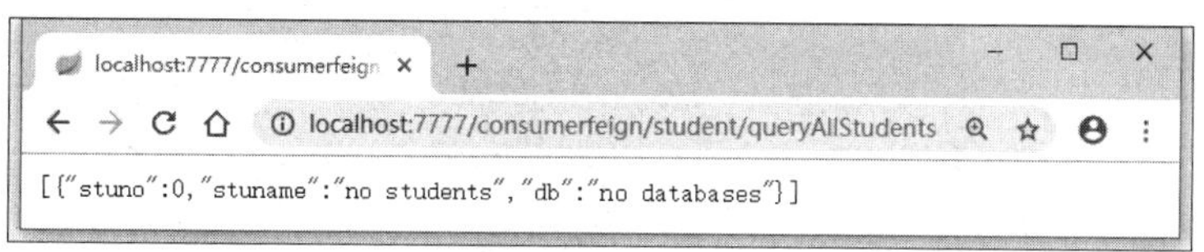


图 12-21 熔断机制的执行结果

可以发现，当生产者的服务发生异常时，会自动触发熔断保护机制。

## 12.4.2 ▶ 通过案例演示 FallbackFactory 对熔断批处理的支持

之前，当某个方法发生异常时，可以通过 @HystrixCommand(fallbackMethod = "a") 将请求跳转给 a() 方法去处理。但如果使用这种方法处理熔断，就需要给项目中的所有方法都加上 @HystrixCommand(...)，能否快速批量处理呢？可以使用 FallbackFactory 快速批量处理。

为了演示，我们先将之前 cloud-provider 项目中的 hystrix_queryAllStudents() 删除，并删除 queryAllStudents() 方法上的 @HystrixCommand()。然后再在公共模块 cloud-api 中对 StudentService 接口的所有方法进行批量的熔断处理，如下所示。

在 cloud-api 中，编写批量处理熔断的 FallbackFactory 实现类，代码如下。

》【源码：demo/ch12/cloud-api/com/yanqun/cloud/service/StudentServiceFallbackFacotry.java】

```
...
```

```
@Component
public class StudentServiceFallbackFacotry implements FallbackFactory<StudentService>{
	//批量处理 StudentService 接口中的所有方法
	@Override
	public StudentService create(Throwable ex) {
		return new StudentService() {
			//当 StudentService 中的 addStudent() 发生异常时，自动跳转到该方法处理
			@Override
			public boolean addStudent(Student student) {
				System.out.println(" 增加失败 ...");
				return false;
			}
			//当 StudentService 中的 deleteStudentBystuno() 发生异常时，自动跳转到该
方法处理
			@Override
			public boolean deleteStudentBystuno(Integer stuno) {
				System.out.println(" 删除失败 ...");
				return false;
			}
			//当 StudentService 中的 updateStudentBystuno() 发生异常时，自动跳转到
该方法处理
			@Override
			public boolean updateStudentBystuno(Student student) {
				System.out.println(" 更新失败 ...");
				return false;
			}
			//当 StudentService 中的 queryAllStudents() 发生异常时，自动跳转到该方法
处理
			@Override
			public List<Student> queryAllStudents() {
				List<Student>stus = new ArrayList<>();
				stus.add(new Student(0,"no students","no databases"));
				return stus ;
			}
		};
	}
}
```

在 StudentService 中，引入批量处理熔断的 FallbackFactory，代码如下。

》【源码：demo/ch12/cloud-api/com/yanqun/cloud/service/StudentService.java】

```
...
// 当本接口中的方法发生异常时，自动跳转到 StudentServiceFallbackFacotry 中处理
@FeignClient(value = "cloud-provider",fallbackFactory=StudentServiceFallbackFacotry.class)
public interface StudentService {
        ...
}
```

在消费者 cloud-consumer-feign 中，开启对熔断机制的支持，代码如下。

**》【源码：demo/ch12/cloud-consumer-feign/resources/application.yml】**

```
...
feign:
    hystrix:
        enabled:true
...
```

依次启动 Eureka 集群、带有熔断保护的生产者 cloud-provider 和消费者 cloud-consumer-feign，并访问 cloud-consumer-feign 中的方法。当生产者中的方法出现异常时，控制台就会自动显示 StudentServiceFallbackFacotry 中定义的异常处理信息。

### 12.4.3 ▶ 使用 Hystrix Dashboard 实现可视化仪表盘的监控案例

Hystrix Dashboard（后文简称 Dashboard）主要用来实时监控 Hystrix 的各项指标信息。Dashboard 是一个显示在 Web 界面上的可视化仪表盘，可以帮助开发人员快速发现系统存在的问题。

在使用 Dashboard 时要注意以下两点。

（1）Dashboard 监控的对象必须是有 Hystrix 熔断保护的方法。

（2）被监控的方法需要事先通过配置，将自己暴露给 Dashboard 监控。

之前，我们可以用 @HystrixCommand 给某个方法加上熔断保护机制。现在，还可以用 Dashboard 对这些加了 @HystrixCommand 的方法进行监控（监控访问频率、出错情况等）。使用 Dashboard 实现监控的具体步骤如下。

创建 parent 的一个新子工程“服务监控 cloud-dashboard”，Packaging 选为 Jar。

在 pom.xml 中，引入 Dashboard 相关依赖，代码如下。

**》【源码：demo/ch12/cloud-dashboard/pom.xml】**

```
<project...>
        <modelVersion>4.0.0</modelVersion>
        <parent>
                <groupId>com.yanqun.cloud</groupId>
                <artifactId>parent</artifactId>
```

```
            <version>0.0.1-SNAPSHOT</version>
    </parent>
    <artifactId>cloud-dashboard</artifactId>
    <dependencies>
            <!-- 引入 hystrix 依赖 -->
            <dependency>
                    <groupId>org.springframework.cloud</groupId>
                    <artifactId>spring-cloud-starter-netflix-hystrix</artifactId>
            </dependency>
            <dependency>
                    <groupId>org.springframework.cloud</groupId>
                    <artifactId>spring-cloud-starter-netflix-hystrix-dashboard</artifactId>
            </dependency>
            <!-- 引入 actuator 的依赖 -->
            <dependency>
                    <groupId>org.springframework.boot</groupId>
                    <artifactId>spring-boot-starter-actuator</artifactId>
            </dependency>
    </dependencies>
</project>
```

在 application.yml 配置文件中，设置 cloud-dashboard 工程的端口号，代码如下。

**》【源码：demo/ch12/cloud-dashboard/resources/application.yml】**

```
server:
    port: 10101
```

新建入口类，并通过 @EnableHystrixDashboard 开启 Dashboard 监控服务，代码如下。

**》【源码：demo/ch12/cloud-dashboard/com/yanqun/cloud/CloudDashboardMain.java】**

```
@SpringBootApplication
@EnableHystrixDashboard
public class CloudDashboardMain {
        public static void main(String[] args) {
                SpringApplication.run(CloudDashboardMain.class, args);
        }
}
```

将某一个微服务提供者（生产者）提供的 @HystrixCommand 服务暴露给 Dashboard，允许 Dashboard 予以监控。

本次给 cloud-provider 项目中的 queryAllStudents() 方法提供了 @HystrixCommand 熔断保护，

代码如下。

》【源码：demo/ch12/cloud-dashboard/com/yanqun/cloud/controller/StudentController.java】

```
...
@RestController
public class StudentController
{
        ...
        @RequestMapping(value = "/student/queryAllStudents")
        @HystrixCommand(fallbackMethod = "hystrix_queryAllStudents")
        public List<Student> queryAllStudents()
        {
                ...
        }

        public List<Student> hystrix_queryAllStudents(){
                ...
        }
        ...
}
```

现在通过配置 cloud-provider 项目的 application.yml，将该方法暴露给 Dashboard 监控，代码如下。

》【源码：demo/ch12/cloud-provider/resources/application.yml】

```
server:
  port: 8888
...
management:
  endpoints:
    web:
     exposure:
       # 将本项目提供的服务暴露给 Dashboard 进行监控
       include: '*'
```

依次启动 Eureka 集群、服务生产者 cloud-provider 和服务监控 cloud-dashboard，然后访问 cloud-dashboard 的主页 http://localhost:10101/hystrix/，运行结果如图 12-22 所示。

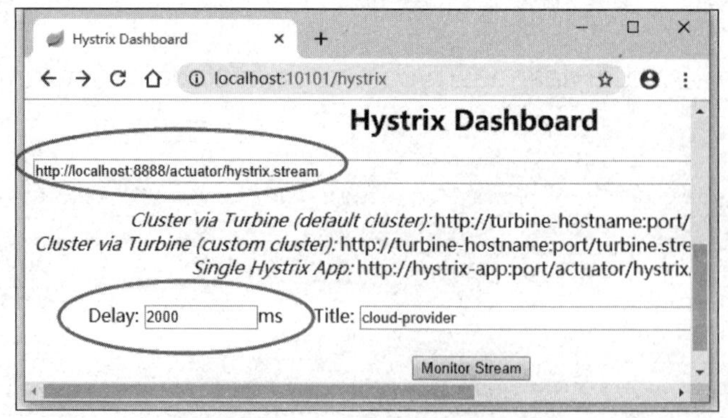


图 12-22 Dashboard 访问界面

在监控页中输入要监控的cloud-provider服务地址（服务地址必须以/actuator/hystrix.stream结尾，如http://localhost:8888/actuator/hystrix.stream），之后就可以观察到cloud-provider的实时监控界面，如图12-23所示。

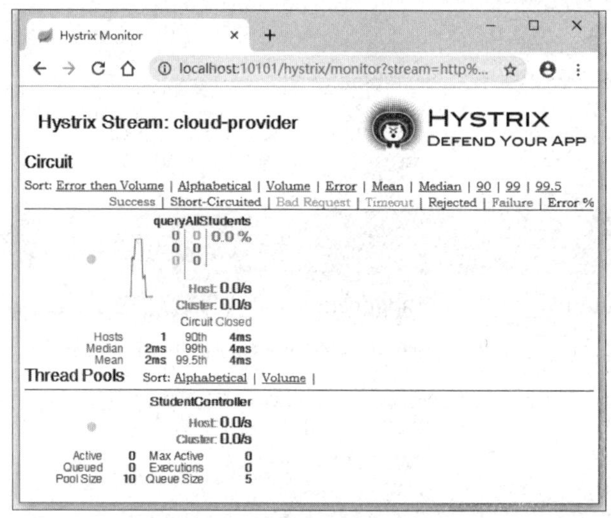


图 12-23 Dashboard 监控界面

## 12.5 服务跟踪与路由网关的原理及实现案例

Spring Cloud提供了服务跟踪组件Sleuth，用于分析各个微服务间的调用关系；还提供了路由网关组件Zuul，用于隔离外网和内网环境，进一步提升微服务系统的安全性。

### 12.5.1 使用 Spring Cloud Sleuth 实现服务跟踪

一个项目通常包含了若干个微服务，因此一个用户请求可能会涉及多个微服务。如果要研究一个请求是如何从一个微服务传入下一个微服务的，就可以使用Spring Cloud Sleuth。Spring Cloud

Sleuth 主要是通过在日志中引入一个 ID，来实现服务跟踪的。并且这个 ID 有两种类型，Trace ID 和 Span ID。Span ID 代表工作的基本单元（如每次发送的 http 请求），而 Treace ID 是由多个 Span ID 组成的集合，是一个树状的数据结构。

使用 Spring Cloud Sleuth 实现服务跟踪的具体步骤如下。

在 pom.xml 中引入 Sleuth 依赖，代码如下。

```
pom.xml
<dependency>
      <groupId>org.springframework.cloud</groupId>
      <artifactId>spring-cloud-starter-sleuth</artifactId>
</dependency>
```

给各个微服务命名，代码如下。

```
application.yml
spring:
   application:
      name:MicroServiceName
```

在需要追踪的方法中，打上日志，代码如下。

```
@RequestMapping(value = "/...")
public List<Student> queryAllStudents()
{
        logger.info( "queryAllStudents");
        return ...;
}
```

之后，如果执行此方法，就可以观察到以下格式的日志。

```
[application name, traceId, spanId, export]
```

各个日志参数的含义如下。

（1）application name：通过 spring.application.name 设置的微服务名称。

（2）traceId：Sleuth 为每个请求分配的 ID 编号。

（3）spanId：一个请求可以包含多个步骤，因此每个 TraceId 可以有多个 SpanId。

（4）export：布尔值，是否需要将该信息输出到聚合器中。

如果多个微服务都设置了日志，就可以根据 TraceId 和 SpanId 的值，判断这些方法是否在处理同一个请求。

## 12.5.2 ▶ 使用路由网关 Zuul 实现请求映射

外网的程序应该如何访问内网的微服务呢？如果将内网的后端服务直接开放给外网调用，显然是不安全的。因此，Spring Cloud Netflix 推出了一个 API gateway 组件：路由网关 Zuul，可以用来将外网的请求 URL 转发到内部的一个微服务映射组件上。例如，外网发送的请求地址是 http://192.168.1.100/address，但经过 Zuul 转发和过滤后，真实请求微服务的地址却是 http://192.168.1.100/realaddress。可以发现，当添加了 Zuul 路由网关后，在第三方调用端和服务提供方之间就增加了一道屏障，该屏障会先对原请求进行安全处理，然后再发给真正的服务端。

再创建一个新的 parent 子工程“路由网关 cloud-zuul”，Packaging 选为 Jar，具体如下。

在 pom.xml 中引入 Zuul 相关依赖，代码如下。

**》【源码：demo/ch12/cloud-zuul/pom.xml】**

```
<project...>
        <modelVersion>4.0.0</modelVersion>
        <parent>
                <groupId>com.yanqun.cloud</groupId>
                <artifactId>parent</artifactId>
                <version>0.0.1-SNAPSHOT</version>
        </parent>
        <artifactId>cloud-zuul</artifactId>
        <dependencies>
                <!-- 引入 zuul 路由网关依赖 -->
                <dependency>
                        <groupId>org.springframework.cloud</groupId>
                        <artifactId>spring-cloud-starter-netflix-zuul</artifactId>
                </dependency>
                <dependency>
                        <groupId>org.springframework.cloud</groupId>
                        <artifactId>spring-cloud-starter-netflix-eureka-server</artifactId>
          </dependency>
                <dependency>
                        <groupId>org.springframework.boot</groupId>
                        <artifactId>spring-boot-starter-web</artifactId>
                </dependency>
                <dependency>
                        <groupId>org.springframework.boot</groupId>
                        <artifactId>spring-boot-devtools</artifactId>
                </dependency>
        </dependencies>
</project>
```

在 application.yml 中对路由网关进行配置，代码如下。

**【源码：demo/ch12/cloud-zuul/resources/application.yml】**

```
server:
    port: 20202

spring:
    application:
    name: cloud-zuul

eureka:
    client:
        service-url:
            # 将 zuul 注入 eureka 集群中
            defaultZone:http://yanqun:10001/eureka/,
                    http://yanqun2:10002/eureka/,
                    http://yanqun3:10003/eureka/
    instance:
        hostname: yqzuul
```

增加路由网关的 Hostname 主机映射，代码如下。

```
C:\Windows\System32\drivers\etc\hosts
...
127.0.0.1yqzuul
```

新建启动类，并通过 @EnableZuulProxy 开启路由代理功能，代码如下。

**【源码：demo/ch12/cloud-zuul/com/yanqun/cloud/CloudZuulMain.java】**

```
...
@SpringBootApplication
@EnableZuulProxy
public class CloudZuulMain {
    public static void main(String[] args) {
        SpringApplication.run(CloudZuulMain.class, args);
    }
}
```

依次启动 Eureka 集群、生产者 cloud-provider 和路由网关 cloud-zuul，然后就可以通过访问 cloud-zuul 间接地访问到 cloud-provider 中的方法，例如，访问 http://yqzuul:20202/cloud-provider/student/queryAllStudents 的运行结果如图 12-24 所示。

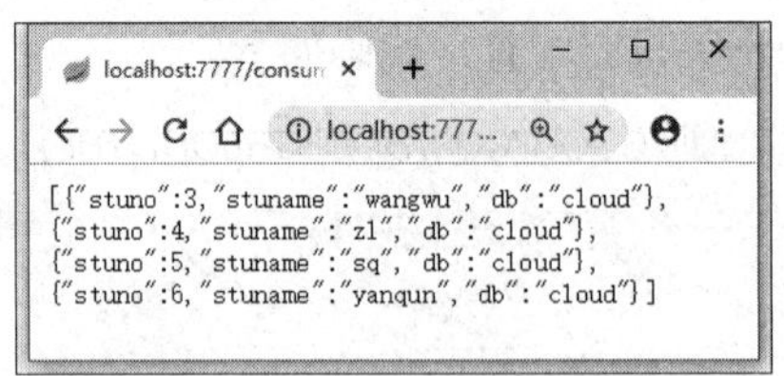


图 12-24　通过路由网关访问服务

上述访问 URL 的结构如下。

（1）http://yqzuul:20202：路由网关地址 + 端口。

（2）/cloud-provider：生产者在 Eureka 中注册的微服务名。

（3）/student/queryAllStudents：生产者提供的方法映射地址。

接下来介绍如何使用路由映射。可以通过路由映射配置虚拟的访问路径，从而对真实的路径进行隐藏保护，如下所示。

**【源码：demo/ch12/cloud-zuul/resources/application.yml】**

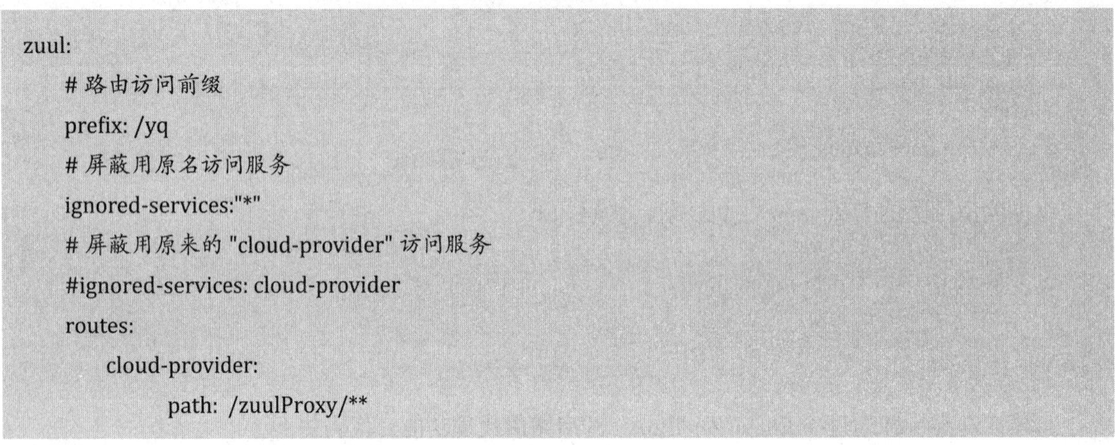

```
zuul:
    # 路由访问前缀
    prefix: /yq
    # 屏蔽用原名访问服务
    ignored-services:"*"
    # 屏蔽用原来的 "cloud-provider" 访问服务
    #ignored-services: cloud-provider
    routes:
        cloud-provider:
            path: /zuulProxy/**
```

以上，就给所有的路由访问设置了以下规则。

（1）加上了统一的访问前缀“/yq”。

（2）通过“ignored-services: "*"”屏蔽了原来的访问方式，例如，不能再用原先的地址 http://localhost:8888/student/queryAllStudents 访问生产者提供的服务。

（3）通过“routes:”参数将原先的 cloud-provider 服务名设置为了虚拟访问路径 /zuulProxy/**，也就是说以后就可以使用“/zuulProxy”代替“cloud-provider”访问生产者提供的服务。

再次启动 Eureka 集群、生产者 cloud-provider 和路由网关 cloud-zuul，访问 http://yqzuul:20202/yq/zuulProxy/student/queryAllStudents，运行结果如图 12-25 所示。

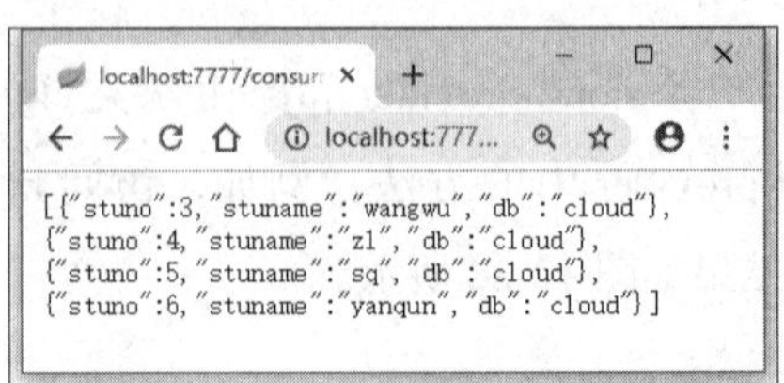


图 12-25　通过路由网关访问服务

# 12.6 Spring Cloud 技术栈补充介绍

Spring Cloud 提供了非常丰富的微服务辅助组件，并且还在不断扩充。本章最后，对分布式配置中心组件 Config 和微服务通信组件 Bus 进行介绍。

## 12.6.1 ▶ 分布式配置中心 Spring Cloud Config

在由多个微服务组成的分布式系统中，完成一个客户端请求可能需要多个微服务共同完成。然而，如果把每一个微服务的 YAML 等配置文件都存放在项目内部，之后再打成 Jar 包（或 War 包）发送给运维人员，会给后期维护带来很大麻烦。例如，如果运维人员需要修改一些配置，就只能让开发人员修改源码，然后再重新打成包，再重新部署……显然这种做法是不可取的。能否将微服务的配置文件独立出来，并且将系统中的全部配置文件统一进行维护呢？可以使用 Spring Cloud 分布式配置中心组件 Spring Cloud Config 统一进行维护。Spring Cloud Config 允许将配置文件放在 GitHub 中（当然，也可以是 Gitee、Gogs 或 Gitlab 等 Git 托管平台），然后直接在本地引用 GitHub 上的配置文件即可。因此，可以将全部微服务的配置文件集中放置在一个 Git 仓库中，然后再通过一个 Config Server 来统一管理这些配置文件。需要注意，在使用 Spring Cloud Config 时，各个具体的微服务还需要引入 Config Client 依赖。Spring Cloud Config 的整体结构如图 12-26 所示。

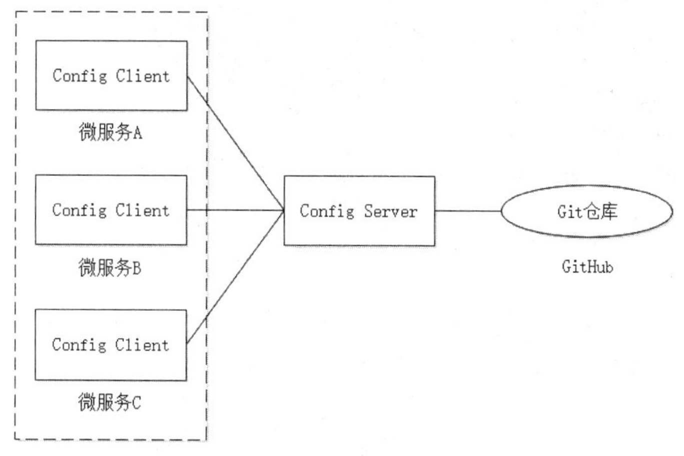


图 12-26　Spring Cloud Config 结构

本例以 cloud-zuul 工程为例进行讲解，使用 Spring Cloud Config 的具体步骤如下。

### 1. 在 GitHub 上创建配置仓库

先将 cloud-zuul 的配置文件名 application.yml 重命名为 zuul-dev.yml。然后在 GitHub 上创建一个名为 cloud_config_rep 的仓库，再通过 Git 命令或页面上的“Upoad files”按钮将 zuul-dev.yml 上传到 cloud_config_rep 仓库中，如图 12-27 所示。

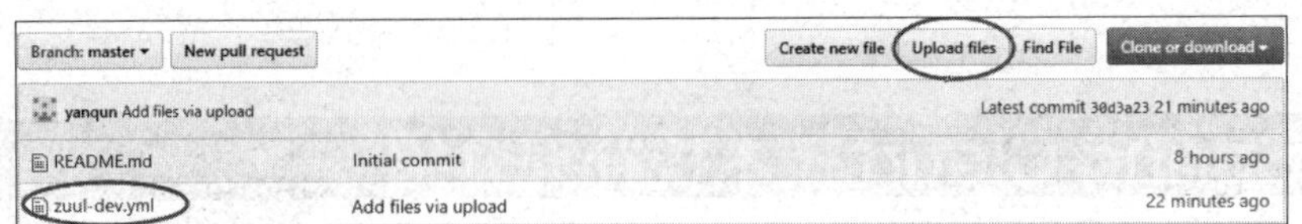


图 12-27 向 GitHub 上传文件

将配置文件重命名的原因是 Spring Cloud Config 约定，存放在 GitHub 仓库上的配置文件名必须是 A-B.yml 或 A-B.properties 形式。其中，A 代表服务名，B 代表开发环境，例如，本次 zuul-dev.yml 就表示 Zuul 服务的 dev 环境。

### 2. 在本地创建 Config Server 微服务

创建一个新的 parent 子工程“配置中心 cloud-config”，Packaging 选为 Jar，并在 pom.xml 中引入 Config Server 依赖，代码如下。

```
pom.xml
<dependency>
  <groupId>org.springframework.cloud</groupId>
  <artifactId>spring-cloud-config-server</artifactId>
</dependency>
```

在 cloud-config 的入口类上开启 Config Server，代码如下。

```
@EnableConfigServer
@SpringBootApplication
public class CloudConfigApplication {
  public static void main(String[] args) {
    SpringApplication.run( CloudConfigApplication.class);
  }
}
```

编写 cloud-config 的配置文件，用于连接 GitHub 上配置仓库的地址，代码如下。

```
application.yml
server:
  port: 10010
spring:
  application:
        name: cloud-config
  cloud:
    config:
      server:
        git:
          uri: # 这里写 GitHub 中 cloud_config_rep 仓库的地址
```

在本地微服务中，通过 cloud-config 引用 GitHub 上的配置文件。

在 cloud-zuul 工程中，引入 Config Client 依赖，代码如下。

```
pom.xml
<dependency>
    <groupId>org.springframework.cloud</groupId>
    <artifactId>spring-cloud-starter-config</artifactId>
</dependency>
```

删除 cloud-zuul 工程中的配置文件 application.yml，因为该文件的配置信息已经被上传到了 GitHub 的 cloud_config_rep 仓库中的 zuul-dev.yml 里。之后，再新建配置文件 bootstrap.yml，用于告知本工程可以通过 Config Server 在 GitHub 上读取本工程的配置信息，代码如下。

```
bootstrap.yml
spring:
  cloud:
    config:
        name: base
        profile: dev
        label: master
        uri: http://127.0.0.1:10010
```

其中的 name 和 profile 值就是 Git 仓库中文件名 zuul-dev.yml 的组成部分。对于文件名 bootstrap.yml 还需要了解以下两点。

（1）Spring 建议将本地配置文件命名为 application.yml 或 application.properties，将远端 GitHub 上的配置文件命名为 bootstrap.yml 或 bootstrap.propertes。并且 Spring Boot 能够默认加载这两种文件。

（2）名字为 bootstrap 的配置文件的优先级高于 application。

现在，依次启动 cloud-eureka、cloud-config 和 cloud-zuul，就可以和以前一样正常访问 cloud-zuul。至此，就实现了将配置文件部署到 GitHub 上，从而实现配置文件和代码相分离。

最后通过图 12-28 回顾一下本示例中 Spring Cloud Config 的执行机制。

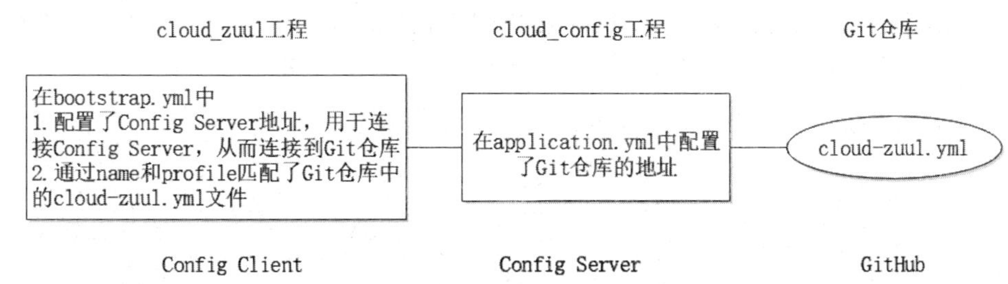


图 12-28　Spring Cloud Config 执行机制

Config Server 还支持集群部署，从而提高项目的高可用，读者可以自行研究。

### 12.6.2 ▶ 微服务通信 Spring Cloud Bus

Spring Cloud Bus 可以实现微服务之间的通信，通常与消息队列整合使用，利用消息队列的广播机制在分布式的系统中传播消息，作为管理和传播分布式项目中的消息。例如，在使用了 Spring Cloud Config 统一管理配置文件的项目中，如果某个客户端修改了一项配置，就可以通过 Spring Cloud Bus 将修改的配置内容及时同步到其他客户端中。

继续沿用 12.6.1 小节中的示例，在这个示例中实现了用本地微服务读取 GitHub 上的远程配置文件的功能，但仍然存在这样一个问题，如果在 GitHub 上修改了 zuul-dev.yml 中的内容，那么本地的 cloud-zuul 必须重启后才能读取到最新修改的内容。如果结合使用 Spring Cloud Bus，就能实现当修改 GitHub 上的配置文件后，本地不用重启也能读取最新配置的效果，具体实现步骤如下。

在 cloud-config 中引入 Bus 相关依赖，代码如下。

```
pom.xml
<dependency>
    <groupId>org.springframework.cloud</groupId>
    <artifactId>spring-cloud-bus</artifactId>
</dependency>
<dependency>
    <groupId>org.springframework.cloud</groupId>
    <artifactId>spring-cloud-stream-binder-rabbit</artifactId>
</dependency>
```

在 GitHub 上的 cloud_config_rep 仓库的配置文件 zuul-dev.yml 中配置 RabbitMQ 服务地址，代码如下。

```
zuul-dev.yml
spring:
    ...
    #rabbitMQ 服务地址
    rabbitmq:
        host: 192.168.2.129
```

启动消息队列 RabbitMQ，并在 cloud-config 中配置 RabbitMQ 的服务地址和 Bus 刷新接口，代码如下。

```
application.yml
spring:
    ...
    #rabbitMQ 服务地址
    rabbitmq:
        host: 192.168.2.129
```

```
#Bus 刷新接口
management:
    endpoints:
        web:
            exposure:
                include: bus-refresh
```

在本地的 cloud-zuul 中，加入 Bus 相关依赖，代码如下。

```
pom.xml
<dependency>
        <groupId>org.springframework.cloud</groupId>
        <artifactId>spring-cloud-bus</artifactId>
</dependency>

<dependency>
        <groupId>org.springframework.cloud</groupId>
        <artifactId>spring-cloud-stream-binder-rabbit</artifactId>
</dependency>

<dependency>
        <groupId>org.springframework.boot</groupId>
        <artifactId>spring-boot-starter-actuator</artifactId>
</dependency>
```

再次进行测试，依次启动 cloud-eureka、cloud-config 和 cloud-zuul，之后修改 GitHub 上的 YML，并且不重启本地服务，最后就可以通过以下方式通知本地的 cloud-zuul 更新 GitHub 上最新的 YML 数据。

以 POST 方式发出请求：http://127.0.0.1:10010/actuator/bus-refresh。

最后需要注意的是，刚才是将 GitHub 上 YML 的配置信息进行了修改，然后通过 Bus 在不重启的前提下更新了本地的 YML。但 YML 除了用于"配置文件"外，还可以用于"给变量注入属性值"，例如，可以先在 YML 中编写"stuname: 张三"，然后在 Controller 等组件中再通过 @Value("${stuname}") 给某个变量注入此 stuname 的值（即"张三"）。但 Bus 对于二者的实现方法稍有差别，具体介绍如下。

如果在 GitHub 上修改的是"配置文件"，则通过 POST 发出请求后，本地数据会直接更新。

如果在 GitHub 上修改的是"给变量注入属性值"，就需要先加入 @RefreshScope，然后再通过 POST 发出请求，之后本地数据才会更新。例如，假设是给 MyController 类中通过 @Value("${stuname}") 给 name 属性注入了值，那么就必须再在 MyController 类前加上 @RefreshScope 注解，代码如下。

```
@RefreshScope
@RestController
@RequestMapping("/xx")
    public class MyController {
        // 将 yml 中设置的数据注入 name 中
        @Value("${stuname}")
        private String name ;
            ...
    }
```

## 12.6.3 ▶ 消息驱动微服务 Spring Cloud Stream

Spring Cloud Stream 是一个构建消息驱动微服务的框架。

在实际开发时，可能会随着业务需求的改变，更改项目的技术选型。例如，可能一开始使用 RabbitMQ 作为消息队列，但随着数据吞吐量的增大，之后将消息队列改为 Kafka。但由于 RabbitMQ 和 Kafka 在设计上存在差异，因此要将 RabbitMQ 迁移到 Kafka 必然会增加一定工作量。然而，Spring Cloud Stream 就将这种迁移变得十分简单，Spring Cloud Stream 对事件驱动进行了抽象，可以使消息队列从项目中解耦出来，开发者可以自由切换 RabbitMQ 或 Kafka。

图 12-29 是 Spring Cloud Stream 的结构图。应用程序通过 inputs 从中间件那里获取并消费数据（消费者），通过 outputs 向中间件产生数据（生产者）。inputs 和 outputs 可以统称为通道。并且在通道和中间件之间有一个代理对象 Binder。因此，在编写应用程序时，只需要关注如何使用通道和 Binder 的交互，而不用关心具体的中间件是 RabbitMQ 还是 Kafka。

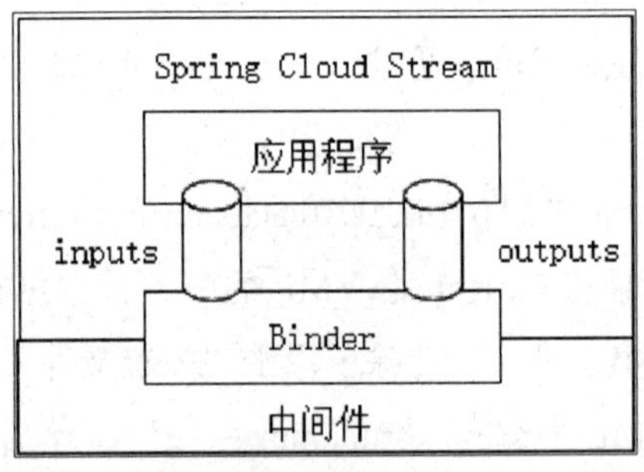


图 12-29　Spring Cloud Stream 结构

除了 Binder 外，还需要理解另一个名词：Bindings。可以通过配置 Bindings 将应用程序和 Binder 绑定起来。之后只需要修改 Bindings 的配置文件，就可以动态地更改消息队列的各项配置。

# 第 13 章

13

# 通过案例讲解分布式服务框架 Dubbo

Dubbo 是阿里巴巴开源的一款分布式服务框架，致力于提供高性能的 SOA 和微服务治理方案，与 Spring Cloud 的功能有很多相似之处。目前，构建分布式或微服务架构，基本上是在 Dubbo 和 Spring Cloud 之间二选一。

## 13.1 Dubbo 核心速览

Dubbo 将系统分为了 4 个部分：服务提供方（生产者）、服务消费者（消费者）、服务注册中心和监听器。其中，服务提供方可以理解为三层架构中的“Service 层 +Dao 层”，服务消费方可以理解为“View 层”；Dubbo 推荐使用 Zookeeper 作为服务的注册中心（相当于 Spring Cloud 中的 Eureka），并且 Dubbo 内置了对服务的监听器组件。

值得注意的是，Dubbo 本身也是 RPC 框架，也可以实现不同语言间的相互调用。但这点不在本章讲解的范畴，有兴趣的读者可以自行研究。

## 13.2 动手开发基于 Dubbo+Zookeeper+SSM+Maven 架构的分布式服务

由于本次演示的 Dubbo 案例与上一章中 Spring Cloud 的原理非常类似，因此本章不过多讲解理论知识，而是采用一个完整的案例向读者展示 Dubbo 的具体使用方法。

现在，演示一个 Spring+SpringMVC+MyBatis+Dubbo 架构的具体实现步骤，并用 Maven 作依赖的管理。为了避免和上一章中的案例重复，本次没有使用 Spring Boot 技术，本案例的架构如图 13-1 所示。

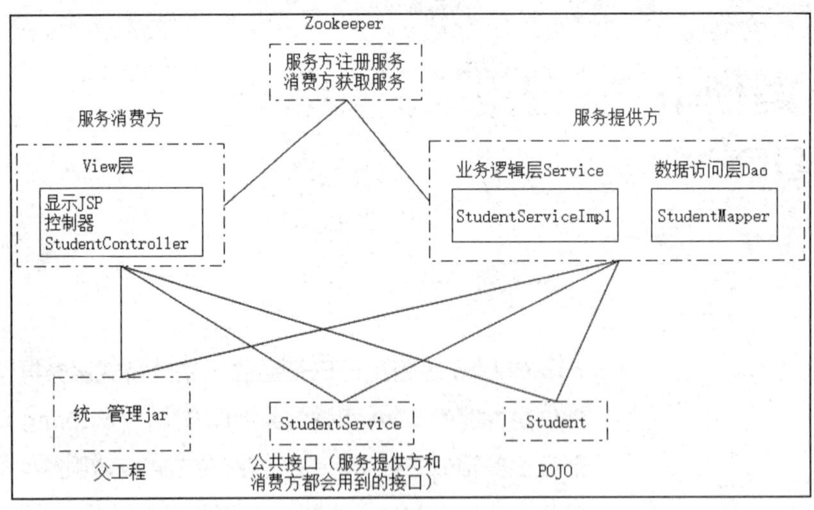


图 13-1　案例结构

具体的实现步骤如下。

### 1. 环境准备

服务注册中心 Zookeeper 一般部署在 Linux 中。在本案例中，Zookeeper 使用的开发环境是 CentOS 6。并且 Zookeeper 需要 JDK 的支持，因此需要先在 CentOS 中安装 JDK，具体操作如下。

（1）在 CentOS 中安装 JDK。

（2）在 CentOS 中安装 Zookeeper，如下所示。

下载 zookeeper-3.4.5.tar.gz，并通过 tar -zxvf zookeeper-3.4.5.tar.gz 命令进行解压，再将解压后的配置文件 zoo_sample.cfg 重命名为 zoo.cfg，代码如下。

```
[root@bigdata02 conf]#  mv zoo_sample.cfg zoo.cfg
```

打开 zoo.cfg，将 Zookeeper 端口号设置为 2181，并设置存放数据的目录，代码如下。

```
zookeeper-3.4.5/conf/zoo.cfg
...
dataDir=/app/zookeeper-3.4.5/data
clientPort=2181
...
```

最后尝试启动 Zookeeper，代码如下。

```
-- 启动 zookeeper
[root@bigdata02 zookeeper-3.4.5]# bin/zkServer.sh start
-- 查看 zookeeper 状态
[root@bigdata02 zookeeper-3.4.5]# bin/zkServer.sh status
-- 关闭 zookeeper 的命令是 bin/zkServer.sh stop
```

Zookeeper 启动成功后的状态如图 13-2 所示。

```
[root@bigdata02 zookeeper-3.4.5]# bin/zkServer.sh status
JMX enabled by default
Using config: /app/zookeeper-3.4.5/bin/../conf/zoo.cfg
Mode: standalone
```

图 13-2　Zookeeper 启动状态

（3）通过以下建表语句，在 Oracle 中创建一张 Student 表。

**》【源码：demo/ch13/student.sql】**

```
create table student
(
  stuno  number(4),
  stuname varchar2(10),
  stuage number(3)
);
```

## 2.POJO 工程

在整个项目结构中，很多子工程都会使用 POJO 传递参数（本案例中的 POJO 就是 Student 类）。因此为了提高代码的复用性，就可以将 POJO 单独提取到一个工程中。

（1）新建 Maven 工程 students-pojo，打包方式为 jar，students-pojo 创建后的 pom.xml 如下所示。

》【源码：demo/ch13/students-pojo/pom.xml】

```
<project...>
<modelVersion>4.0.0</modelVersion>
<groupId>org.dubbo</groupId>
<artifactId>students-pojo</artifactId>
<version>0.0.1-SNAPSHOT</version>
</project>
```

》【源码：demo/ch13/students-pojo/org/students/pojo/Student.java】

（2）新建 POJO 类 Student，用于封装待处理的数据，代码如下。

```
import java.io.Serializable;
//如果一个对象需要在网络间传输，就必须序列化
public class Student implements Serializable{
        private int stuNo;
        private String stuName ;
        private int stuAge ;
        //setter、getter
}
```

## 3. 父工程

通过父工程统一管理架构中所有项目的共有依赖。新建 Maven 工程，打包方式为 pom，代码如下。

》【源码：demo/ch13/parent/pom.xml】

```
<project...>
        <modelVersion>4.0.0</modelVersion>
        <groupId>org.dubbo</groupId>
        <artifactId>student-parent</artifactId>
        <version>0.0.1-SNAPSHOT</version>
        <packaging>pom</packaging>
        <!-- 统一 Spring 的版本号 -->
        <properties>
                <spring.version>4.3.17.RELEASE</spring.version>
        </properties>
        <dependencies>
```

```
<!-- 引入自己生成的 oracle 依赖 -->
<dependency>
        <groupId>com.oracle</groupId>
        <artifactId>ojdbc7</artifactId>
        <version>10.2.0.5.0</version>
</dependency>
<!-- 引入 Spring 和 SpringMVC 依赖 -->
<dependency>
        <groupId>org.springframework</groupId>
        <artifactId>spring-context</artifactId>
        <version>${spring.version}</version>
</dependency>
<dependency>
        <groupId>org.springframework</groupId>
        <artifactId>spring-beans</artifactId>
        <version>${spring.version}</version>
</dependency>
<dependency>
        <groupId>org.springframework</groupId>
        <artifactId>spring-webmvc</artifactId>
        <version>${spring.version}</version>
</dependency>
<dependency>
        <groupId>org.springframework</groupId>
        <artifactId>spring-jdbc</artifactId>
        <version>${spring.version}</version>
</dependency>
<dependency>
        <groupId>org.springframework</groupId>
        <artifactId>spring-aspects</artifactId>
        <version>${spring.version}</version>
</dependency>
<dependency>
        <groupId>org.springframework</groupId>
        <artifactId>spring-jms</artifactId>
        <version>${spring.version}</version>
</dependency>

        <dependency>
        <groupId>org.springframework</groupId>
        <artifactId>spring-context-support</artifactId>
```

```
            <version>${spring.version}</version>
        </dependency>
        <!-- 引入 dbcp 连接池依赖 -->
        <dependency>
            <groupId>commons-dbcp</groupId>
            <artifactId>commons-dbcp</artifactId>
            <version>1.4</version>
        </dependency>
        <dependency>
            <groupId>commons-logging</groupId>
            <artifactId>commons-logging</artifactId>
            <version>1.1.1</version>
        </dependency>
        <!-- 引入 MyBatis 依赖 -->
        <dependency>
            <groupId>org.mybatis</groupId>
            <artifactId>mybatis</artifactId>
            <version>3.4.6</version>
        </dependency>
        <dependency>
            <groupId>org.mybatis</groupId>
            <artifactId>mybatis-spring</artifactId>
            <version>1.3.1</version>
        </dependency>
        <!-- 引入 dubbo 依赖 -->
        <dependency>
            <groupId>com.alibaba</groupId>
            <artifactId>dubbo</artifactId>
            <version>2.5.10</version>
        </dependency>
        <!-- 引入 zookeeper 依赖 -->
        <dependency>
            <groupId>org.apache.zookeeper</groupId>
            <artifactId>zookeeper</artifactId>
            <version>3.4.12</version>
        </dependency>
        <dependency>
            <groupId>com.github.sgroschupf</groupId>
            <artifactId>zkclient</artifactId>
            <version>0.1</version>
```

```
            </dependency>
            <dependency>
                <groupId>org.javassist</groupId>
                <artifactId>javassist</artifactId>
                <version>3.21.0-GA</version>
            </dependency>
            <!-- 父工程依赖 POJO -->
            <dependency>
                <groupId>org.dubbo</groupId>
                <artifactId>students-pojo</artifactId>
                <version>0.0.1-SNAPSHOT</version>
            </dependency>
        </dependencies>
        <!-- 后续会陆续引入以下子工程 -->
        <modules>
            <module>students-dao</module>
            <module>students-service</module>
            <module>students-web</module>
        </modules>
        <build>
            <resources>
                <!--
后文会使用一个内置 tomcat, 但内置的 tomcat 有一个问题：不会将 xml 文件打入 war 包
此问题的解决方法就是通过 maven 将 xml 强制打入 war 包中
-->
                <resource>
                    <directory>src/main/java</directory>
                    <includes>
                        <include>**/*.xml</include>
                    </includes>
                    <filtering>false</filtering>
                </resource>
                <resource>
                    <directory>src/main/resources</directory>
                </resource>
            </resources>
        </build>
</project>
```

值得注意的是，Maven 仓库中并没有提供 Oracle 驱动的依赖。上面的 ojdbc 7 是笔者自己安装到本地 Maven 仓库的，安装方法如下所示。

（1）先在电脑的 D 盘准备一个 ojdbc 7.jar 文件。

（2）在本地 Maven 仓库目录下，通过以下命令将 ojdbc 7.jar 安装到本地仓库：

mvn install:install-file -DgroupId=com.oracle -DartifactId=ojdbc7 -Dversion=10.2.0.5.0 -Dpackaging=jar -Dfile=d:\ojdbc7.jar

安装过程如图 13-3 所示。

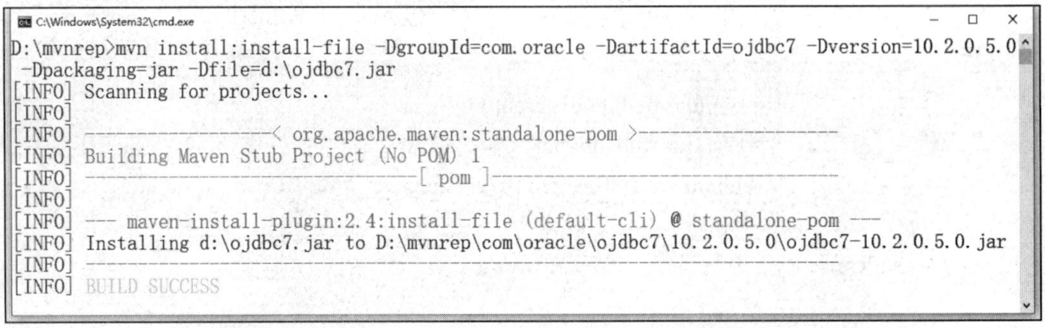

```
C:\Windows\System32\cmd.exe
D:\mvnrep>mvn install:install-file -DgroupId=com.oracle -DartifactId=ojdbc7 -Dversion=10.2.0.5.0
 -Dpackaging=jar -Dfile=d:\ojdbc7.jar
[INFO] Scanning for projects...
[INFO]
[INFO] ------------------< org.apache.maven:standalone-pom >------------------
[INFO] Building Maven Stub Project (No POM) 1
[INFO] --------------------------------[ pom ]---------------------------------
[INFO]
[INFO] --- maven-install-plugin:2.4:install-file (default-cli) @ standalone-pom ---
[INFO] Installing d:\ojdbc7.jar to D:\mvnrep\com\oracle\ojdbc7\10.2.0.5.0\ojdbc7-10.2.0.5.0.jar
[INFO] ------------------------------------------------------------------------
[INFO] BUILD SUCCESS
```

图 13-3　手动安装 Oracle 依赖

安装之后，就可以在本地 Maven 库中查看到 Oracle 依赖，如图 13-4 所示。

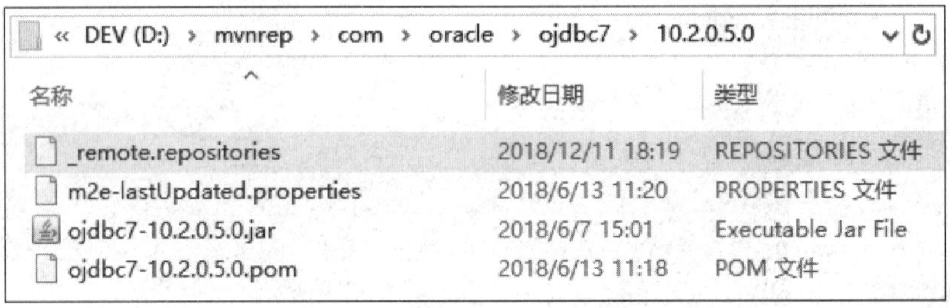

« DEV (D:) › mvnrep › com › oracle › ojdbc7 › 10.2.0.5.0

| 名称 | 修改日期 | 类型 |
| --- | --- | --- |
| _remote.repositories | 2018/12/11 18:19 | REPOSITORIES 文件 |
| m2e-lastUpdated.properties | 2018/6/13 11:20 | PROPERTIES 文件 |
| ojdbc7-10.2.0.5.0.jar | 2018/6/7 15:01 | Executable Jar File |
| ojdbc7-10.2.0.5.0.pom | 2018/6/13 11:18 | POM 文件 |

图 13-4　安装后的 Oracle 依赖

### 4. 公共接口

将服务提供方、消费方都会用到的接口提取出来，单独存放到一个工程中。

新建 Maven 工程 students-common-interface，打包方式为 jar。

（1）编写依赖文件，引入接口中需要使用的 POJO 类，代码如下。

**【源码：demo/ch13/students-common-interface/pom.xml】**

```
<project...>
<modelVersion>4.0.0</modelVersion>
<groupId>org.dubbo</groupId>
<artifactId>students-common-interface</artifactId>
<version>0.0.1-SNAPSHOT</version>
<!-- 当前 maven 模块依赖于 pojo -->
<dependencies>
```

```
        <dependency>
                <groupId>org.dubbo</groupId>
                <artifactId>students-pojo</artifactId>
                <version>0.0.1-SNAPSHOT</version>
        </dependency>
</dependencies>
</project>
```

（2）编写服务提供方和消费方共同需要使用的 StudentService 接口，代码如下。

》【源码：demo/ch13/students-common-interface/org/students/service/StudentService.java】

```
...
public interface StudentService {
        void addStudent(Student student);
        Student queryStudentByStuNo(intstuno);
}
```

### 5. 服务提供方

服务提供方一般包括业务逻辑层 Service 和数据访问层 Dao 两层代码，因此需要再通过 Maven 建立这两层的工程。

（1）工程一：数据访问层 students-dao。

此工程仅用于访问数据库，因此打包方式为 jar。

①编写依赖文件 pom.xml，在其中继承父工程 student-parent，从而使用父工程中引入的依赖，代码如下。

》【源码：demo/ch13/students-dao/pom.xml】

```
<project...>
<modelVersion>4.0.0</modelVersion>
<parent>
<groupId>org.dubbo</groupId>
<artifactId>student-parent</artifactId>
<version>0.0.1-SNAPSHOT</version>
</parent>
<artifactId>students-dao</artifactId>
</project>
```

②编写数据库信息的配置文件，在其中设置数据库的连接字符串、用户名和密码等信息，代码如下。

**【源码：demo/ch13/students-dao/resources/db.properties】**

```
driver=oracle.jdbc.OracleDriver
url=jdbc:oracle:thin:@127.0.0.1:1521:ORCL
username=scott
password=tiger
maxIdle=1000
maxActive=500
```

③编写 Spring 配置文件，在其中设置数据源，并整合 MyBatis，代码如下。

**【源码：demo/ch13/students-dao/resources/applicationContext-dao.xml】**

```
<?xml version="1.0"encoding="UTF-8"?>
<beans xmlns=
        <!-- 加载 db.properties 文件 -->
        <bean id="config"
class="org.springframework.beans.factory.config.PreferencesPlaceholderConfigurer">
                <property name="locations">
                        <array>
                                <value>classpath:db.properties</value>
                        </array>
                </property>
        </bean>
        <!-- 配置数据库信息（替代 mybatis 的配置文件 conf.xml）-->
        <bean id="dataSource" class="org.apache.commons.dbcp.BasicDataSource">
                        <property name="driverClassName"value="${driver}"></property>
                        <property name="url" value="${url}"></property>
                        <property name="username" value="${username}"></property>
                        <property name="password" value="${password}"></property>
        </bean>
        <!-- conf.xml : 数据源 ,mapper.xml -->
        <!-- 配置 MyBatis 需要的核心类：SqlSessionFactory -->
        <!-- 在 SpringIoc 容器中创建 MyBatis 的核心类 SqlSesionFactory -->
        <bean id="sqlSessionFactory" class="org.mybatis.spring.SqlSessionFactoryBean">
                <property name="dataSource" ref="dataSource"></property>
                <!-- 加载 mapper.xml -->
                <property name="mapperLocations"
value="classpath:org/students/mapper/*.xml"></property>
        </bean>
        <!-- 将 MyBatis 的 SqlSessionFactory 交给 Spring 整合 -->
```

```
        <bean class="org.mybatis.spring.mapper.MapperScannerConfigurer">
                <property name="sqlSessionFactoryBeanName" value="sqlSessionFactory"></property>
                <property name="basePackage" value="org.students.mapper"></property>
                <!-- 上面 basePackage 所在的 property 的作用：
                将 org.students.mapper 包中所有的接口，产生与之对应的 Mapper 动态代理对象
                （代理对象名就是首字母小写的接口名，如 studentMapper）
                -->
        </bean>
</beans>
```

④编写 MyBatis 的 SQL 映射文件，在其中编写访问数据库的 SQL 语句，代码如下。

▶【源码：demo/ch13/students-dao/org/students/mapper/StudentMapper.xml】

```
<?xml version="1.0" encoding="UTF-8"?>
<!DOCTYPE mapper
<!-- namespace: 该 mapper.xml 映射文件的唯一标识 -->
<mapper namespace="org.students.mapper.StudentMapper">
        <select id="queryStudentByStuno"   parameterType="int"        resultType="org.students.pojo.
Student">
                select * from student where stuno = #{stuNo}
        </select>
        <insert id="addStudent" parameterType="org.students.pojo.Student">
                insert into student(stuno,stuname,stuage) values(#{stuNo},#{stuName},#{stuAge})
        </insert>
</mapper>
```

⑤编写数据库操作接口，用于绑定 StudentMapper.xml 中的 CRUD 标签，并提供给 Service 层访问，代码如下所示。

▶【源码：demo/ch13/students-dao/org/students/mapper/StudentMapper.java】

```
public interface StudentMapper {
        Student queryStudentByStuno(int stuNo);
        void addStudent(Student student);
}
```

本工程的项目结构如图 13-5 所示。

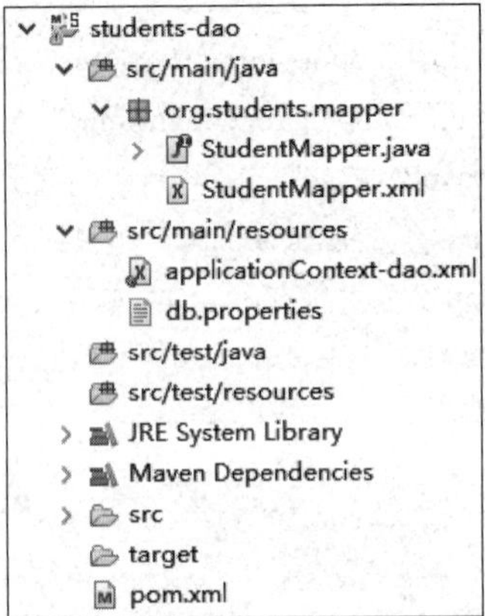


图 13-5　Dao 工程结构

（2）工程二：业务逻辑层 students-service。

此工程会使用 Tomcat 启动服务，因此是一个 Web 服务，需要将打包方式设置为 war。此外，服务提供者也是通过本工程 students-service，将提供的服务注册到 Zookeeper 中的。

**【源码**：demo/ch13/students-service/pom.xml】

①编写依赖文件，引入 Web 工程需要使用的 Tomcat，并引入 Dao 和公共接口等依赖，代码如下。

```
<project...>
        <modelVersion>4.0.0</modelVersion>
        <parent>
                <groupId>org.dubbo</groupId>
                <artifactId>student-parent</artifactId>
                <version>0.0.1-SNAPSHOT</version>
        </parent>
        <artifactId>students-service</artifactId>
        <packaging>war</packaging>
        <dependencies>
                <!-- 本工程依赖于 dao 和公共接口（公共接口中包含了 POJO） -->
                <dependency>
                        <groupId>org.dubbo</groupId>
                        <artifactId>students-dao</artifactId>
                        <version>0.0.1-SNAPSHOT</version>
                </dependency>
                <dependency>
                        <groupId>org.dubbo</groupId>
                        <artifactId>students-common-interface</artifactId>
                        <version>0.0.1-SNAPSHOT</version>
                </dependency>
        </dependencies>
```

```
    <build>
        <plugins>
            <!-- 设置 Jdk 编译版本 -->
            <plugin>
                <groupId>org.apache.maven.plugins</groupId>
                <artifactId>maven-compiler-plugin</artifactId>
                <version>3.7.0</version>
                <configuration>
                    <source>1.8</source>
                    <target>1.8</target>
                    <encoding>UTF8</encoding>
                </configuration>
            </plugin>
            <!-- 通过 maven 插件给本工程内置 tomcat，并设置本工程的路径是 /、端口号
是 8881 -->
            <plugin>
                <groupId>org.apache.tomcat.maven</groupId>
                <artifactId>tomcat7-maven-plugin</artifactId>
                <configuration>
                    <port>8881</port>
                    <path>/</path>
                </configuration>
            </plugin>
        </plugins>
    </build>
</project>
```

②编写 Web 描述符，在项目启动时自动加载 Spring IoC 容器，代码如下。

》【源码：demo/ch13/students-service/webapp/WEB-INF/web.xml】

```
<?xml version="1.0" encoding="UTF-8"?>
<web-app xmlns
<context-param>
    <param-name>contextConfigLocation</param-name>
    <param-value>classpath:applicationContext*.xml</param-value>
</context-param>
<!-- 加载 Spring IoC 容器 -->
<listener>
    <listener-class>org.springframework.web.context.ContextLoaderListener</listener-class>
</listener>
</web-app>
```

③编写 Spring 配置文件，将生产者服务注册到 Zookeeper 中，供后续的消费者访问，代码如下。

▶【源码：demo/ch13/students-service/resources/applicationContext-service.xml】

```
<?xml version="1.0" encoding="UTF-8"?>
<beans xmlns...>
        <import resource="classpath:applicationContext-dao.xml"/>
        <!-- 在 zookeeper 中，提供服务的名称 -->
        <dubbo:application name="students-service"/>
        <!-- 配置 zookeeper 注册中心的地址 -->
        <dubbo:registry protocol="zookeeper" address="zookeeper://192.168.2.128:2181"/>
        <!-- 配置 dubbo 扫描包，dubbo 会扫描以下包中的 RPC 接口 @Service -->
        <dubbo:annotation package="org.students.service.impl"/>
        <context:component-scan base-package="org.students.service.impl">
</context:component-scan>
</beans>
```

④编写提供服务的实现类，通过调用 Dao 来处理具体的业务，代码如下。

▶【源码：demo/ch13/students-service/org/students/service/impl/StudentServiceImpl.java】

```
package org.students.service.impl;
import com.alibaba.dubbo.config.annotation.Service;
/*
注意，此 @Service 接口是 dubbo 提供的，在 com.alibaba.dubbo.config.annotation.Service 包中
该注解与 Spring 提供的 @Service 重名，要注意区分二者
*/
@Service
public class StudentServiceImpl implements StudentService {
        //Service 依赖的 Dao(MyBatis 的 Mapper)
        @Autowired
        @Qualifier("studentMapper")
        private StudentMapper studentMapper ;
        @Override
        public void addStudent(Student student) {
                studentMapper.addStudent(student);
        }
        @Override
        public Student queryStudentByStuNo(int stuNo) {
                return studentMapper.queryStudentByStuno(stuNo) ;
        }
}
```

本项目的结构如图 13-6 所示。

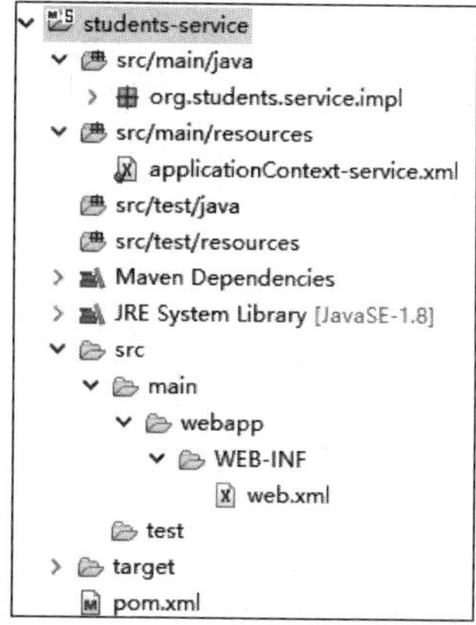


图 13-6 Service 工程结构

### 6. 服务消费方

消费方一般是可以直接与用户交互的 Web 界面，因此消费方 Maven 工程（students-web）的打包方式也是 war，如下所示。

（1）编写依赖文件，引入公共接口并配置一个 Tomcat 服务器，代码如下。

**》【源码**：demo/ch13/students-web/pom.xml**】**

```
<project...>
        <modelVersion>4.0.0</modelVersion>
        <parent>
                <groupId>org.dubbo</groupId>
                <artifactId>student-parent</artifactId>
                <version>0.0.1-SNAPSHOT</version>
        </parent>
        <artifactId>students-web</artifactId>
        <packaging>war</packaging>
        <build>
                <plugins>
                        <plugin>
                                <groupId>org.apache.maven.plugins</groupId>
                                <artifactId>maven-compiler-plugin</artifactId>
                                <version>3.7.0</version>
                                <configuration>
                                        <source>1.8</source>
                                        <target>1.8</target>
                                        <encoding>UTF8</encoding>
```

```
                    </configuration>
                </plugin>
                <!-- 通过 maven 插件给本工程内置 tomcat，并设置本工程的路径是 /、端口号
是 8882 -->
                <plugin>
                    <groupId>org.apache.tomcat.maven</groupId>
                    <artifactId>tomcat7-maven-plugin</artifactId>
                    <configuration>
                        <port>8882</port>
                        <path>/</path>
                    </configuration>
                </plugin>
            </plugins>
        </build>
        <dependencies>
            <dependency>
                <groupId>org.dubbo</groupId>
                <artifactId>students-common-interface</artifactId>
                <version>0.0.1-SNAPSHOT</version>
            </dependency>
        </dependencies>
</project>
```

（2）编写 Web 描述符，引入 SpringMVC 并进行统一的编码设置，代码如下。

**【源码**：demo/ch13/students-web/webapp/WEB-INF/web.xml】

```
<?xml version="1.0" encoding="UTF-8"?>
<web-app xmlns
    <!-- 将 post 请求的编码统一设置为 UTF-8 -->
    <filter>
        <filter-name>CharacterEncodingfilter</filter-name>
        <filter-class>org.springframework.web.filter.CharacterEncodingFilter</filter-class>
        <init-param>
            <param-name>encoding</param-name>
            <param-value>UTF-8</param-value>
        </init-param>
        <init-param>
            <param-name>foreEncoding</param-name>
            <param-value>UTF-8</param-value>
        </init-param>
    </filter>
```

```
        <filter-mapping>
                <filter-name>CharacterEncodingfilter</filter-name>
                <url-pattern>/*</url-pattern>
        </filter-mapping>
        <!-- 加载 SpringMVC -->
        <servlet>
                <servlet-name>dispatcherServlet</servlet-name>
                <servlet-class>org.springframework.web.servlet.DispatcherServlet</servlet-class>
                <init-param>
                        <param-name>contextConfigLocation</param-name>
                        <param-value>classpath:springmvc.xml</param-value>
                </init-param>
        </servlet>
                <!-- 拦截后缀是 .action 的请求，并交给 SpringMVC 处理 -->
        <servlet-mapping>
                <servlet-name>dispatcherServlet</servlet-name>
                <url-pattern>*.action</url-pattern>
        </servlet-mapping>
</web-app>
```

（3）编写 SpringMVC 配置文件，配置 Zookeeper 注册中心的地址，以便消费者可以从 Zookeeper 中获取并使用生产者提供的服务，代码如下。

**【源码：demo/ch13/students-web/resources/springmvc.xml】**

```
<?xml version="1.0" encoding="UTF-8"?>
<beans xmlns...>
        <!-- 配置 SpringMVC 视图解析器 -->
        <bean
                class="org.springframework.web.servlet.view.InternalResourceViewResolver">
                <property name="prefix" value="/views/"></property>
                <property name="suffix" value=".jsp"></property>
        </bean>
        <dubbo:application name="students-web"/>
        <!-- 配置 zookeeper 注册中心的地址 -->
        <dubbo:registry address="zookeeper://192.168.2.128:2181"/>
        <!-- 配置 dubbo 扫描包 -->
        <dubbo:annotation package="org.students.controller"/>
        <!-- 将控制器所在包加入 IOC 容器 -->
        <context:component-scan base-package="org.students.controller"></context:component-scan>
</beans>
```

（4）编写控制器，用于远程调用生产者提供的服务，代码如下。

**【源码**：demo/ch13/students-web/org/students/controller/StudentController.java】

```
...
import com.alibaba.dubbo.config.annotation.Reference;
@Controller
@RequestMapping("controller")
public class StudentController {
        //使用 dubbo 提供的 @Reference，远程调用服务提供方的 StudentService 接口
        @Reference
        private StudentService studentService;
        @RequestMapping("queryStudentByNo")
        public ModelAndView queryStudentByNo() {
                ModelAndView mv = new ModelAndView("success");
                Student student = studentService.queryStudentByStuNo(1);
                mv.addObject("student", student);// 将 student 放入 request 域中
                return mv;
        }
        @RequestMapping("addStudent")
        public String addStudent(Map<String,Object>map) {
                Student student = new Student(1, " 颜群 ", 30);
                studentService.addStudent(student);
map.put("student", student);
                return "success";
        }
}
```

（5）编写结果展示页，用于显示远程调用的结果，代码如下。

**【源码**：demo/ch13/students-web/webapp/views/success.jsp】

```
<body>
                ${requestScope.student.stuNo }、
                ${requestScope.student.stuName }、
                ${requestScope.student.stuAge }
</body>
```

本工程的结构如图 13-7 所示。

图 13-7　Web 工程结构

### 7. 使用测试

最后依次执行以下步骤，对本项目进行测试。

（1）通过 Zookeeper 中的 bin/zkServer.sh 启动 Zookeeper，开启服务注册中心。之后生产者就可以将提供的服务注册到 Zookeeper 中，而消费者也可以从 Zookeeper 中获取需要的服务。

启动 zookeeper 的命令如下。

```
[root@bigdata02 zookeeper-3.4.5]# bin/zkServer.sh start
```

（2）通过 Maven install 命令，依次将 students-pojo、student-parent、students-common-interface、students-dao 安装到 Maven 本地仓库。

（3）通过 Maven 内置的 Tomcat，启动服务提供方（服务端口号是 8881），如图 13-8 所示。

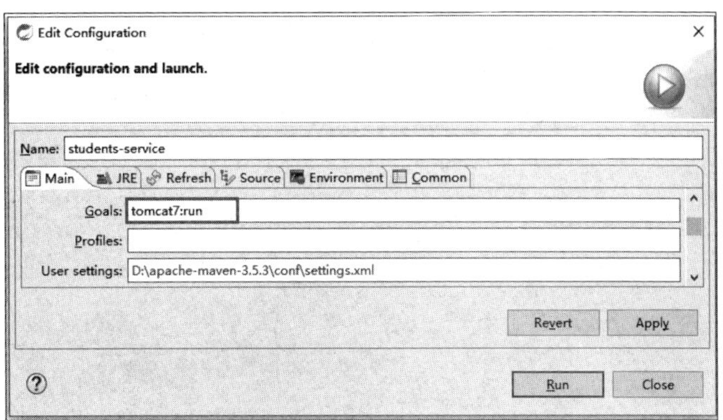


图 13- 8　配置 Tomcat

（4）同样的方法，通过 Maven 内置的 Tomcat，启动服务消费（服务端口号是 8882）。

（5）增加数据：通过浏览器访问 http://localhost:8882/controller/addStudent.action。

（6）查询数据：通过浏览器访问 http://localhost:8882/controller/queryStudentByNo.action，运行

结果如图 13-9 所示。

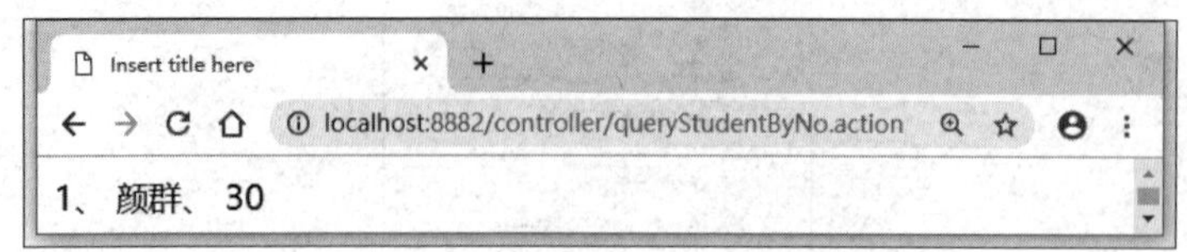


图 13-9　通过消费方访问服务方

综上，本案例就是将 View 层独立作为一个工程（服务消费方），将 Service 层和 Dao 层合起来作为另一个工程（服务生产方），再将这两个工程注册到 Zookeeper 中，并通过 Dubbo 彼此调用。另外，为了提高代码的可维护性和复用度，我们还将项目中的公共依赖提取到了父工程中，将 POJO、公共接口提取到了独立的工程中，并用 Maven 进行统一管理。

不难发现，本章在构建各个服务时，使用的是基础的 Spring+SpringMVC+MyBatis，其中进行了大量的配置工作。而上一章在使用 Spring Boot 整合 SSM 时，Spring Boot 能帮助我们省略大部分的配置，因此在实际工作中，强烈推荐使用 Spring Boot 进行快速开发。

# 第 14 章

14

# MySQL 性能调优案例实战

对数据库进行性能调优可以提升海量数据的访问速度，而海量数据的存取问题也是高并发系统必然要面对的问题。本章先讲解数据库的一些底层原理，这些原理是后续数据优化的理论基础。然后通过案例演示如何对数据访问进行优化，从而提升数据的访问性能。

海量数据最终需要通过 Web 技术进行展示，而本书赠送的配套资源“扩展 / 通过案例快速回顾 Java Web 核心技术 .docx”中，就提供了一个完整的演示案例，读者可以阅读并复习相关数据展示的技术。

# 14.1 数据库的底层原理剖析

在正式学习 SQL 优化前，有必要先了解数据库的底层原理。本节将依次讲解数据库参数、存储引擎和数据库索引等数据库底层的核心知识，为后续学习 SQL 优化打下基础。

## 14.1.1 通过系统参数查看 MySQL 的各种性能指标

本小节使用的环境是 CentOS 6.8+Linux 版 MySQL 5.5。

在进行 SQL 优化时，需要调整许多的 MySQL 参数（如缓存大小、并发连接数等），而这些参数可以通过以下两种方式查看。

登录 MySQL 数据库，通过 show status 和 show variables 命令查看，代码如下。

```
mysql> show status;
+----------------------------------------+-------------+
| Variable_name                          | Value      |
+----------------------------------------+-------------+
| Aborted_clients                        | 0          |
| Aborted_connects                       | 1          |
...
+----------------------------------------+-------------+
312 rows in set (0.00 sec)


mysql> show variables;
| innodb_adaptive_flushing                          | ON                                                    |
| innodb_adaptive_hash_index                        | ON                                                    |
| innodb_additional_mem_pool_size                   | 8388608
|
...

+---------------------------------------------------------------------+
329 rows in set (0.00 sec)
```

也可以通过 LIKE 查询部分参数，如下是只查询变量名中包含“page”的 STATUS。

```
mysql> SHOW STATUS LIKE '%page%';
| Innodb_buffer_pool_pages_data    | 251  |
| Innodb_buffer_pool_pages_dirty   | 0    |
| Innodb_buffer_pool_pages_flushed | 0    |
| Innodb_buffer_pool_pages_free    | 7940 |
```

```
14 rows in set (0.00 sec)
```

show status 实际包含了 Global、Session 两种作用域的状态，并且默认是 Session 状态。如果想观察 Global 作用域，就可以使用 SHOW Global STATUS。

show status 查询的是当前连接的各项指标，可以使用 flush status 重置；show global status 查询的是 MySQL 服务从开启到现在各项指标。

可以直接使用 mysqladmin 查询（不登录 MySQL），也可以使用 mysqladmin -uroot -proot variables status 和 mysqladmin -uroot -proot variables extended-status 在 CMD 或 Shell 命令行中直接查看 MySQL 的相关指标。

### 14.1.2 ▶ MySQL 存储引擎结构与 MyISAM 性能优化

本章学习 SQL 优化，是为了编写出性能较高的 SQL 语句，以及在众多 SQL 语句中快速找到性能较低的 SQL 并对其进行优化。

在优化 SQL 时，首先要知道 SQL 语句的执行顺序。我们平时在编写 SQL 语句时，关键字的先后顺序如下。

select distinct ... from ... join ... on ... where ... group by ... having ... order by ... limit ...

但数据库引擎在真正解析时，是按以下顺序执行的。

from ... on ... join ... where ... group by .... having ... select distinct ... order by ... limit ...

接下来，了解一下数据库的组成结构。图 14-1 是 MySQL 的逻辑分层，需要注意的是，图中"服务层"中内置了一个 SQL 优化器，会在某些情况下对编写的 SQL 语句自动进行一些优化。因此，我们以后可能会遇到"明明自己设置了一套优化方案，但实际却没有按照自己的预期执行"的情况。此外，InnoDB 和 MyISAM 是 MySQL 常用的两种存储引擎，二者的主要区别在于 InnoDB( 默认 ) 是以"事务优先"设计的，使用的是行锁，更加适合于高并发场景；MyISAM 是以"性能优先"设计的，使用的是表锁，不适合高并发场景。

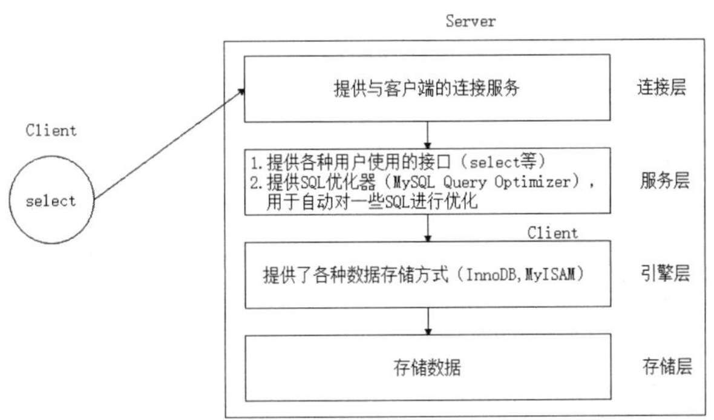


图 14-1 MySQL 逻辑分层

在 MySQL 中，可以通过 show engines 命令查看当前数据库支持的全部引擎，如图 14-2 所示。还可以通过 show variables like '%storage_engine%' 查看当前正在使用的引擎，如图 14-3 所示。

```
mysql>  show engines;
+--------------------+---------+----------------------------------------------------------------+--------------+------+------------+
| Engine             | Support | Comment                                                        | Transactions | XA   | Savepoints |
+--------------------+---------+----------------------------------------------------------------+--------------+------+------------+
| PERFORMANCE_SCHEMA | YES     | Performance Schema                                             | NO           | NO   | NO         |
| CSV                | YES     | CSV storage engine                                             | NO           | NO   | NO         |
| MEMORY             | YES     | Hash based, stored in memory, useful for temporary tables      | NO           | NO   | NO         |
| BLACKHOLE          | YES     | /dev/null storage engine (anything you write to it disappears) | NO           | NO   | NO         |
| MRG_MYISAM         | YES     | Collection of identical MyISAM tables                          | NO           | NO   | NO         |
| MyISAM             | YES     | MyISAM storage engine                                          | NO           | NO   | NO         |
| ARCHIVE            | YES     | Archive storage engine                                         | NO           | NO   | NO         |
| FEDERATED          | NO      | Federated MySQL storage engine                                 | NULL         | NULL | NULL       |
| InnoDB             | DEFAULT | Supports transactions, row-level locking, and foreign keys     | YES          | YES  | YES        |
+--------------------+---------+----------------------------------------------------------------+--------------+------+------------+
9 rows in set (0.00 sec)
```

图 14-2　查看全部支持的引擎

```
mysql> show variables like '%storage_engine%';
+------------------------+--------+
| Variable_name          | Value  |
+------------------------+--------+
| default_storage_engine | InnoDB |
| storage_engine         | InnoDB |
+------------------------+--------+
2 rows in set (0.00 sec)
```

图 14-3　查看当前使用的引擎

从图 14-3 可知，MySQL 默认使用的引擎是 InnoDB。也可以在创建数据库时指定引擎类别，代码如下。

```
create table tb(
                id int(4) auto_increment ,
                name varchar(5),
                dept varchar(5) ,
                primary key(id)
)ENGINE=MyISAM AUTO_INCREMENT=1 DEFAULT CHARSET=utf8  ;
```

如果使用的是 MyISAM 存储引擎，还可以通过设置 key_buffer_size 来提高数据库性能，如图 14-4 所示。

```
mysql> show variables like 'key_buffer_size';
+-----------------+-----------+
| Variable_name   | Value     |
+-----------------+-----------+
| key_buffer_size | 402653184 |
+-----------------+-----------+
1 row in set (0.01 sec)
```

图 14-4　key_buffer_size 参数

其中，key_buffer_size 表示关键字缓冲区的大小，可以被所有线程共享。此值对于数据库索引处理的速度有至关重要的作用。理想情况下，对于索引块的请求都应该来自内存，而不是来自磁盘。但要注意，key_buffer_size 只对 MyISAM 类型的表起作用。

如果读者使用的不是 MyISAM 存储引擎，key_buffer_size 设置为几十 MB 即可，用来缓存一些系统表等（注意，部分系统表、临时表就是 MyISAM 类型的表）。

如果使用的是 MyISAM 存储引擎，可按以下方法设置 key_buffer_size 的值。

如图 14-5，可以根据 Key_read_requests 和 Key_reads 的比例设置 key_buffer_size 的值，两个参数的含义如下。

（1）Key_read_requests：命中磁盘的请求总数。

（2）Key_reads ：命中磁盘的请求个数（即没有命中内存）。

```
mysql> show status like '%key_read%';
+-------------------+-------+
| Variable_name     | Value |
+-------------------+-------+
| Key_read_requests | 0     |
| Key_reads         | 0     |
+-------------------+-------+
2 rows in set (0.00 sec)
```

图 14-5　Key_read_requests 和 Key_reads 参数

key_reads / key_read_requests 的值越低越好，因此如果该值较大，就可以通过增加 key_buffer_size 的值来降低磁盘命中率（即提高内存的命中率）。一般而言，对于 4GB 内存的计算机，key_buffer_size 的值可设置为 256~512MB。

## 14.1.3 ▶ 索引的数据结构

在本章，优化 SQL 的手段主要是“优化索引”。

索引（index）相当于书的目录，是可以让数据库高效查询数据的数据结构。索引的数据结构一般是“树”，如 B 树 ( 默认 )、R- 树、Hash 树等。

图 14-6 是一张 student 表，该表在 age 上建立了索引列（默认使用了 B 树索引：小的数据放在左侧，大的数据放在右侧）。如果此时执行 select *from student where age = 33，那么只需要在 B 树上查询 3 次即可查到存放该数据的硬件地址；但如果不用索引，MySQL 就只能在 student 条中逐条查询 age=33 的数据，需要查询 5 次。

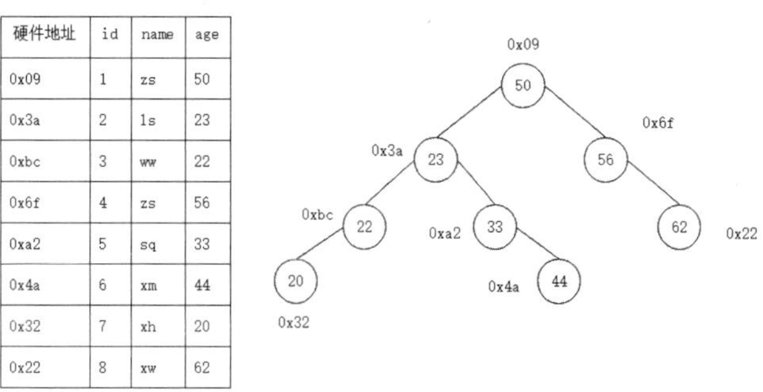

| 硬件地址 | id | name | age |
|---|---|---|---|
| 0x09 | 1 | zs | 50 |
| 0x3a | 2 | ls | 23 |
| 0xbc | 3 | ww | 22 |
| 0x6f | 4 | zs | 56 |
| 0xa2 | 5 | sq | 33 |
| 0x4a | 6 | xm | 44 |
| 0x32 | 7 | xh | 20 |
| 0x22 | 8 | xw | 62 |



图 14-6　student 表的索引结构

因此，使用索引可以降低 IO 次数，从而提高查询速度。并且索引还可以降低 CPU 使用率。例如，在 order by age 等排序时，因为 B 树索引本身就是一个排好序的数据结构，所以在排序时可以直接使用。

但是索引也存在一定的弊端，举例如下。

（1）创建的索引，需要额外占用一定的存储空间。

（2）索引会降低写操作的效率，因为每次写操作时除了要写入数据本身外，还要写入索引表中。但一般而言，使用频率最高、最影响性能的是读操作。因此，总的来说，使用索引是利大于弊。

通常情况下，为了提高索引的使用率，一般建议在数据量大、频繁查询的字段上建立索引。

下面介绍索引的分类，索引可以分为以下 4 类。

（1）主键索引：不能重复，并且索引列的值不能是 NULL。此外，如果某个字段是主键，则该字段默认就会创建一个主键索引。

（2）唯一索引：不能重复，但索引列的值可以是 NULL。

（3）单值索引：单字段（如 age），一个表可以多个单值索引。

（4）复合索引：多个字段构成的索引，相当于二级目录。例如，可以由 (name,age) 共同组成一个复合索引，表示先根据 name 查找，如果 name 相同再根据 age 查询。

## 14.2 通过案例实战高性能系统的必备技术——SQL 优化

随着时间的推移和业务的发展，项目所容纳的数据量必然会不断增大。数据量越大，就越有必要进行 SQL 优化，从而提升数据库的访问性能。本节通过实际案例讲解 SQL 优化的一些典型用法。

### 14.2.1 通过案例详解 SQL 执行计划的十大参数

在进行 SQL 优化前，先在 MySQL 中准备以下表和数据，作为后续 SQL 优化的原材料。

【源码：demo/ch14/table.sql】

```
-- 课程表
create table course
(
cid int(3),
cname varchar(20),
tid int(3)
);
-- 教师表
create table teacher
(
  tid int(3),
  tname varchar(20),
```

```
  tcid int(3)
);
-- 教师证表
create table teacherCard
(
  tcid int(3),

  tcdesc varchar(200)
);
-- 插入测试数据
insert into course values(1,' java ',1);
insert into course values(2,' html ',1);
insert into course values(3,' sql ',2);
insert into course values(4,' web ',3);
insert into teacher values(1,' tz ',1);
insert into teacher values(2,' tw ',2);
insert into teacher values(3,' tl ',3);
insert into teacherCard values(1,' tzdesc ') ;
insert into teacherCard values(2,' twdesc ') ;
insert into teacherCard values(3,' tldesc ') ;
```

3 张表之间的关系如图 14-7 所示。

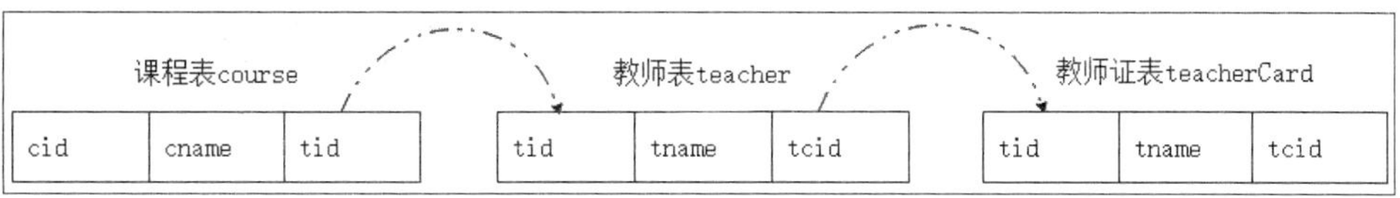


图 14-7　3 张表的关系

在分析 SQL 语句时，可以使用“explain +select 语句”查询 SQL 执行计划，模拟 SQL 引擎的执行逻辑，具体如下。

执行 explain select *from teacher，运行结果如图 14-8 所示。

```
mysql> explain select *from teacher;
+----+-------------+---------+------+---------------+------+---------+------+------+-------+
| id | select_type | table   | type | possible_keys | key  | key_len | ref  | rows | Extra |
+----+-------------+---------+------+---------------+------+---------+------+------+-------+
|  1 | SIMPLE      | teacher | ALL  | NULL          | NULL | NULL    | NULL |    3 |       |
+----+-------------+---------+------+---------------+------+---------+------+------+-------+
1 row in set (0.00 sec)
```

图 14-8　查看 teacher 表的执行计划

各个字段的简介如表 14-1，具体的含义会在后续做详细介绍。

**表 14-1　SQL 执行计划的十大参数**

| 字段名 | 简介 | 字段名 | 简介 |
|---|---|---|---|
| id | 编号 | key | 实际使用的索引 |
| select_type | 查询类型 | key_len | 实际使用的索引的长度 |
| table | 表 | ref | 表之间的引用 |
| type | 索引类型 | rows | 通过索引查询到的数据个数 |
| possible_keys | 预测可能用到的索引 | Extra | 额外的信息 |

其中，table 就是平时使用的数据表。接下来将重点讲解除 table 外的 9 个 explain 参数。

### 1.id 编号

**范例 14-1**　观察 id 值 1

查询课程编号为 2 或教师证编号为 3 的教师信息，并分析此 SQL 的执行计划。

```
explain select t.* from teacher t ,course c,teacherCard tc
where t.tid = c.tid and t.tcid = tc.tcid and ( c.cid = 2 or tc.tcid = 3);
```

运行结果如图 14-9 所示。

```
mysql> explain select t.* from teacher t ,course c,teacherCard tc
    -> where t.tid = c.tid and t.tcid = tc.tcid and ( c.cid = 2 or tc.tcid = 3);
+----+-------------+-------+------+---------------+------+---------+------+------+--------------------------------+
| id | select_type | table | type | possible_keys | key  | key_len | ref  | rows | Extra                          |
+----+-------------+-------+------+---------------+------+---------+------+------+--------------------------------+
|  1 | SIMPLE      | t     | ALL  | NULL          | NULL | NULL    | NULL |    3 |                                |
|  1 | SIMPLE      | tc    | ALL  | NULL          | NULL | NULL    | NULL |    3 | Using where; Using join buffer |
|  1 | SIMPLE      | c     | ALL  | NULL          | NULL | NULL    | NULL |    4 | Using where; Using join buffer |
+----+-------------+-------+------+---------------+------+---------+------+------+--------------------------------+
3 rows in set (0.01 sec)
```

图 14-9　查看 SQL 执行计划

分析表中的 id 值和 table 值：id 值均为 1。SQL 引擎约定：当 id 值相同时，table 按照从上往下顺序执行，即此 SQL 实际的执行顺序是先 t 表，再 tc 表，最后 c 表。注意：此时 t 表和 tc 表各有 3 条数据，c 表有 4 条数据。

如果此时继续向 t 表再插入 3 条数据（即 t 表共 6 条数据、c 表 4 条、tc 表 3 条）， 然后再次执行 explain 语句，此时的执行结果如图 14-10 所示。

```
mysql> explain select t.* from teacher t ,course c,teacherCard tc
    -> where t.tid = c.tid and t.tcid = tc.tcid and ( c.cid = 2 or tc.tcid = 3);
+----+-------------+-------+------+---------------+------+---------+------+------+--------------------------------+
| id | select_type | table | type | possible_keys | key  | key_len | ref  | rows | Extra                          |
+----+-------------+-------+------+---------------+------+---------+------+------+--------------------------------+
|  1 | SIMPLE      | tc    | ALL  | NULL          | NULL | NULL    | NULL |    3 |                                |
|  1 | SIMPLE      | c     | ALL  | NULL          | NULL | NULL    | NULL |    4 | Using where; Using join buffer |
|  1 | SIMPLE      | t     | ALL  | NULL          | NULL | NULL    | NULL |    6 | Using where; Using join buffer |
+----+-------------+-------+------+---------------+------+---------+------+------+--------------------------------+
3 rows in set (0.00 sec)
```

图 14-10　查看 SQL 执行计划

可以发现，3 张表的执行顺序变为先执行 tc 表，再执行 c 表，最后执行 t 表。结合多表查询的笛卡尔积知识可知，多表连接查询时，为了提高查询效率，SQL 引擎会先查询数据量较小的表，再查询数据量较大的表。

**范例 14-2** 观察 id 值 2

查询教授 SQL 课程的教师的描述（desc）。

```
explain select tc.tcdesc from teacherCard tc where tc.tcid =
(select t.tcid from teacher t where  t.tid =
        (select c.tid from course c where c.cname = ' sql ')
);
```

运行结果如图 14-11 所示。

```
mysql> explain select tc.tcdesc from teacherCard tc where tc.tcid =
    -> (select t.tcid from teacher t where  t.tid =
    -> (select c.tid from course c where c.cname = 'sql')
    -> );
+----+-------------+-------+------+---------------+------+---------+------+------+-------------+
| id | select_type | table | type | possible_keys | key  | key_len | ref  | rows | Extra       |
+----+-------------+-------+------+---------------+------+---------+------+------+-------------+
|  1 | PRIMARY     | tc    | ALL  | NULL          | NULL | NULL    | NULL |    3 | Using where |
|  2 | SUBQUERY    | t     | ALL  | NULL          | NULL | NULL    | NULL |    6 | Using where |
|  3 | SUBQUERY    | c     | ALL  | NULL          | NULL | NULL    | NULL |    4 | Using where |
+----+-------------+-------+------+---------------+------+---------+------+------+-------------+
3 rows in set (0.27 sec)
```

图 14-11 查看 SQL 执行计划

可以发现，此时的 id 值不同。SQL 引擎约定：id 值越大，查询的优先级越高。其原因是，在执行子查询时，先查内层 SQL 再查外层 SQL。

**范例 14-3** 观察 id 值 3

分析以下 SQL 的执行过程。

```
explain select t.tname ,tc.tcdesc from teacher t,teacherCard tc where t.tcid= tc.tcid
and t.tid = (select c.tid from course c where cname = ' sql ') ;
```

运行结果如图 14-12 所示。

```
mysql> explain select t.tname ,tc.tcdesc from teacher t,teacherCard tc where t.tcid= tc.tcid
    -> and t.tid = (select c.tid from course c where cname = 'sql') ;
+----+-------------+-------+------+---------------+------+---------+------+------+------------------------------------+
| id | select_type | table | type | possible_keys | key  | key_len | ref  | rows | Extra                              |
+----+-------------+-------+------+---------------+------+---------+------+------+------------------------------------+
|  1 | PRIMARY     | tc    | ALL  | NULL          | NULL | NULL    | NULL |    3 |                                    |
|  1 | PRIMARY     | t     | ALL  | NULL          | NULL | NULL    | NULL |    6 | Using where; Using join buffer     |
|  2 | SUBQUERY    | c     | ALL  | NULL          | NULL | NULL    | NULL |    4 | Using where                        |
+----+-------------+-------+------+---------------+------+---------+------+------+------------------------------------+
3 rows in set (0.00 sec)
```

图 14-12　查看 SQL 执行计划

此时的 id 值既有相同，又有不同。SQL 引擎约定：id 值越大，查询的优先级越高；id 值相同时，按照从上向下顺序执行。

### 2.select_type

select_type 表示 SELECT 语句的查询类型，常见的有以下几种。

（1）SIMPLE：简单查询，不包含子查询、UNION 查询。

（2）PRIMARY：主查询，即包含子查询 SQL 中的最外层 SELECT 语句。

（3）SUBQUERY：子查询，即包含子查询 SQL 中的内层 SELECT 语句（非最外层）。

（4）Derived：衍生查询，使用到了临时表的查询。

（5）UNION：联合查询，使用到了 UNION 的查询。

（6）UNION RESULT：告知 SQL 编写者，哪些表之间存在 UNION 查询。

**范例 14-4　简单查询**

演示简单查询的 SQL 执行计划。

```
explain select * from teacher ;
```

运行结果如图 14-13 所示。

```
mysql> explain select * from teacher ;
+----+-------------+---------+------+---------------+------+---------+------+------+-------+
| id | select_type | table   | type | possible_keys | key  | key_len | ref  | rows | Extra |
+----+-------------+---------+------+---------------+------+---------+------+------+-------+
|  1 | SIMPLE      | teacher | ALL  | NULL          | NULL | NULL    | NULL |    6 |       |
+----+-------------+---------+------+---------------+------+---------+------+------+-------+
1 row in set (0.00 sec)
```

图 14-13　查看 SQL 执行计划

**范例 14-5　volatile 非线程安全**

在 from 子查询中只有一张表，那么该子查询就是一个 Derived。

```
explain select  cr.cname from ( select * from course where tid in (1,2) ) cr ;
```

运行结果如图 14-14 所示。

```
mysql> explain select  cr.cname from ( select * from course where tid in (1,2) ) cr ;
+----+-------------+------------+------+---------------+------+---------+------+------+-------------+
| id | select_type | table      | type | possible_keys | key  | key_len | ref  | rows | Extra       |
+----+-------------+------------+------+---------------+------+---------+------+------+-------------+
|  1 | PRIMARY     | <derived2> | ALL  | NULL          | NULL | NULL    | NULL |    3 |             |
|  2 | DERIVED     | course     | ALL  | NULL          | NULL | NULL    | NULL |    4 | Using where |
+----+-------------+------------+------+---------------+------+---------+------+------+-------------+
2 rows in set (0.00 sec)
```

图 14-14　查看 SQL 执行计划

**范例 14-6　联合查询**

在 from 子查询中如果存在 table1 union table2 ，则 table1 的 select_type 是 Derived，table2 是 UNION。

```
explain select cr.cname      from ( select * from course where tid = 1
union select * from course where tid = 2 ) cr ;
```

运行结果如图 14-15 所示。

```
mysql> explain select  cr.cname from ( select * from course where tid = 1
    -> union select * from course where tid = 2 ) cr ;
+------+--------------+------------+------+---------------+------+---------+------+------+-------------+
| id   | select_type  | table      | type | possible_keys | key  | key_len | ref  | rows | Extra       |
+------+--------------+------------+------+---------------+------+---------+------+------+-------------+
|    1 | PRIMARY      | <derived2> | ALL  | NULL          | NULL | NULL    | NULL |    3 |             |
|    2 | DERIVED      | course     | ALL  | NULL          | NULL | NULL    | NULL |    4 | Using where |
|    3 | UNION        | course     | ALL  | NULL          | NULL | NULL    | NULL |    4 | Using where |
| NULL | UNION RESULT | <union2,3> | ALL  | NULL          | NULL | NULL    | NULL | NULL |             |
+------+--------------+------------+------+---------------+------+---------+------+------+-------------+
4 rows in set (0.00 sec)
```

图 14-15　查看 SQL 执行计划

### 3.type

type 表示使用的索引类型，需要注意，对 type 进行优化的前提是表中存在索引。

索引类型的性能由高到低依次：system > const > eq_ref > ref > fulltext > ref_or_null > index_merge > unique_subquery > index_subquery > range > index > ALL，达到各个索引级别的条件如下。

（1）System：只有一条数据的系统表，或衍生表只有一条数据的主查询。

**范例 14-7** type 类型为 System

衍生表只有一条数据的主查询。

**【源码：demo/ch14/test01.sql】**

```
create table test01
(
        tid int(3),
        tname varchar(20)
);
-- 只插入一条数据
insert into test01 values(1,' a ') ;
-- 创建主键索引
alter table test01 add constraint tid_pk primary key(tid) ;
-- 查看索引类型
explain select * from (select * from test01 )t where tid =1 ;
```

运行结果如图 14-16 所示。

```
mysql> explain select * from (select * from test01 )t where tid =1 ;
+----+-------------+------------+--------+---------------+------+---------+------+------+-------+
| id | select_type | table      | type   | possible_keys | key  | key_len | ref  | rows | Extra |
+----+-------------+------------+--------+---------------+------+---------+------+------+-------+
|  1 | PRIMARY     | <derived2> | system | NULL          | NULL | NULL    | NULL |    1 |       |
|  2 | DERIVED     | test01     | ALL    | NULL          | NULL | NULL    | NULL |    1 |       |
+----+-------------+------------+--------+---------------+------+---------+------+------+-------+
2 rows in set (0.00 sec)
```

图 14-16　查看 SQL 执行计划

（2）const：仅能查到一条数据的查询语句，适用于 Primary key 或 unique 索引。

**范例 14-8** type 类型为 const

执行以下 SQL 语句。

```
explain select tid from test01 where tid =1 ;
```

运行结果如图 14-17 所示。

```
mysql> explain select tid from test01 where tid =1 ;
+----+-------------+--------+-------+---------------+---------+---------+-------+------+-------------+
| id | select_type | table  | type  | possible_keys | key     | key_len | ref   | rows | Extra       |
+----+-------------+--------+-------+---------------+---------+---------+-------+------+-------------+
|  1 | SIMPLE      | test01 | const | PRIMARY       | PRIMARY | 4       | const |    1 | Using index |
+----+-------------+--------+-------+---------------+---------+---------+-------+------+-------------+
1 row in set (0.00 sec)
```

图 14-17　查看 SQL 执行计划

（3）eq_ref：唯一性索引。对于每个索引键的查询，只返回唯一一条数据（即每个索引值有且只有 1 条查询结果，不能多条，也不能 0 条），常见于 Primary key 或 unique 索引。

**范例 14-9 type 类型为 eq_ref**

先给 teacherCard 表和 teacher 表分别加上索引，如下所示。

```
-- 准备工作
alter table teacherCard add constraint pk_tcid primary key(tcid);
alter table teacher add constraint uk_tcid unique index(tcid) ;
```

处理 teacher 和 teacherCard 表中的数据，确保两张表的数据可以一一对应，如图 14-18 所示。

```
mysql> select *from teacher;
+------+-------+------+
| tid  | tname | tcid |
+------+-------+------+
|    1 | tz    |    1 |
|    2 | tw    |    2 |
|    3 | tl    |    3 |
+------+-------+------+
3 rows in set (0.00 sec)

mysql> select *from teacherCard;
+------+--------+
| tcid | tcdesc |
+------+--------+
|    1 | tzdesc |
|    2 | twdesc |
|    3 | tldesc |
+------+--------+
3 rows in set (0.00 sec)
```

图 14-18　查看 SQL 执行计划

再执行以下 SQL 语句。

此条语句的查询结果中，每个索引值只有一条数据：

```
explain select t.tcid from teacher t,teacherCard tc where t.tcid = tc.tcid ;
```

运行结果如图 14-19 所示。

```
mysql> explain select  t.tcid from teacher t,teacherCard tc where t.tcid = tc.tcid ;
+----+-------------+-------+--------+---------------+---------+---------+---------------+------+-------------+
| id | select_type | table | type   | possible_keys | key     | key_len | ref           | rows | Extra       |
+----+-------------+-------+--------+---------------+---------+---------+---------------+------+-------------+
|  1 | SIMPLE      | t     | index  | uk_tcid       | uk_tcid | 5       | NULL          |    3 | Using index |
|  1 | SIMPLE      | tc    | eq_ref | PRIMARY       | PRIMARY | 4       | mydb01.t.tcid |    1 | Using index |
+----+-------------+-------+--------+---------------+---------+---------+---------------+------+-------------+
2 rows in set (0.00 sec)
```

图 14-19　查看 SQL 执行计划

（4）ref：非唯一性索引。对于每个索引键的查询，返回不唯一的数据（0 条或多条）。

**范例 14-10 type 类型为 ref**

根据以下注释准备待测试的数据，并通过 SQL 执行计划查看结果，如下所示。

准备数据：

```
insert into teacher values(4,' tz ',4) ;
insert into teacherCard values(4,' th ');
-- 测试
alter table teacher add index index_name (tname) ;
-- 此条语句的查询结果中，每个索引值都有多条数据
```

```
select * from teacher  where tname = ' tz ';
explain select * from teacher  where tname = ' tz ';
```

运行结果如图 14-20 所示。

```
mysql> explain select * from teacher  where tname = 'tz';
+----+-------------+---------+------+---------------+------------+---------+-------+------+-------------+
| id | select_type | table   | type | possible_keys | key        | key_len | ref   | rows | Extra       |
+----+-------------+---------+------+---------------+------------+---------+-------+------+-------------+
|  1 | SIMPLE      | teacher | ref  | index_name    | index_name | 63      | const |    2 | Using where |
+----+-------------+---------+------+---------------+------------+---------+-------+------+-------------+
1 row in set (0.00 sec)
```

图 14-20　查看 SQL 执行计划

为了区分 system/const、eq_ref 和 ref，现在做以下小结。

① system/const：查询结果只有一条数据。

② eq_ref：查询结果有多条数据，但是每个索引值对应的数据是唯一的。

③ ref：查询结果有多条数据，但是每个索引值对应的数据是 0 或多条。

（5）range：表示在某个范围内使用到了索引，通常见于 where 后面是范围查询的情况，如 between、>、<>、>=、<= 等。需要注意，由于 SQL 优化器会自动优化进而可能造成干扰，因此在使用 in 等关键字进行范围查询时，索引有时候会失效，从而转为无索引的情况，如下所示。

**范例 14-11** type 类型为 range

先给 teacher 表追加一个索引，然后查询两种情况下的 SQL 执行计划，如下所示。

```
alter table teacher add index tid_index (tid) ;
-- 由于 SQL 优化器会自动优化进而造成的干扰，此时 in 的索引查询失效
explain select t.* from teacher t where t.tid in (1,2) ;
explain select t.* from teacher t where t.tid <3 ;
```

运行结果如图 14-21、图 14-22 所示。

```
mysql> explain select t.* from teacher t where t.tid in (1,2) ;
+----+-------------+-------+------+---------------+------+---------+------+------+-------------+
| id | select_type | table | type | possible_keys | key  | key_len | ref  | rows | Extra       |
+----+-------------+-------+------+---------------+------+---------+------+------+-------------+
|  1 | SIMPLE      | t     | ALL  | tid_index     | NULL | NULL    | NULL |    4 | Using where |
+----+-------------+-------+------+---------------+------+---------+------+------+-------------+
1 row in set (0.00 sec)
```

图 14-21　查看 SQL 执行计划

```
mysql> explain select t.* from teacher t where t.tid <3 ;
+----+-------------+-------+-------+---------------+-----------+---------+------+------+-------------+
| id | select_type | table | type  | possible_keys | key       | key_len | ref  | rows | Extra       |
+----+-------------+-------+-------+---------------+-----------+---------+------+------+-------------+
|  1 | SIMPLE      | t     | range | tid_index     | tid_index | 5       | NULL |    1 | Using where |
+----+-------------+-------+-------+---------------+-----------+---------+------+------+-------------+
1 row in set (0.00 sec)
```

图 14-22　查看 SQL 执行计划

（6）index：全索引扫描，会查询全部的索引。

**范例 14-12** type 类型为 index

tid 是索引，此时会查询整个索引表，但不会查询表中的所有数据，如下所示。

```
explain select tid from teacher ;
```

运行结果如图 14-23 所示。

```
mysql> explain select tid from teacher ;
+----+-------------+---------+-------+---------------+-----------+---------+------+------+-------------+
| id | select_type | table   | type  | possible_keys | key       | key_len | ref  | rows | Extra       |
+----+-------------+---------+-------+---------------+-----------+---------+------+------+-------------+
|  1 | SIMPLE      | teacher | index | NULL          | tid_index | 5       | NULL |    4 | Using index |
+----+-------------+---------+-------+---------------+-----------+---------+------+------+-------------+
1 row in set (0.00 sec)
```

图 14-23　查看 SQL 执行计划

（7）all：全表扫描，会查询全部表中的数据。

**范例 14-13** type 类型为 all

cid 不是索引，因此无法从索引中获取要查询的字段，此时就会查询 course 表中的全部数据，如下所示。

```
explain select cid from course ;
```

运行结果如图 14-24 所示。

```
mysql> explain select cid from course ;
+----+-------------+--------+------+---------------+------+---------+------+------+-------+
| id | select_type | table  | type | possible_keys | key  | key_len | ref  | rows | Extra |
+----+-------------+--------+------+---------------+------+---------+------+------+-------+
|  1 | SIMPLE      | course | ALL  | NULL          | NULL | NULL    | NULL |    4 |       |
+----+-------------+--------+------+---------------+------+---------+------+------+-------+
1 row in set (0.00 sec)
```

图 14-24　查看 SQL 执行计划

> **注意**　因为许多的索引类型与具体的使用场景有着密切关系，如要达到 system/const 的条件是结果集中只能有一条数据，因此在实际开发时，我们只要能达到 ref 或 range 级别就已经不错了。

### 4.possible_keys 和 key

possible_keys 是 SQL 引擎预测可能会用到的索引，但仅仅是一种预测，并不一定准确。key 表示实际查询使用到的索引。

**范例 14-14** type 类型为 possible_keys/key

分析以下 SQL 执行计划中 possible_keys 和 key 的值。

```
alter table course add index cname_index (cname);
explain select t.tname ,tc.tcdesc from teacher t,teacherCard tc
where t.tcid= tc.tcid and t.tid = (select c.tid from course c where cname = ' sql ') ;
```

运行结果如图 14-25 所示。

```
mysql> explain select t.tname ,tc.tcdesc from teacher t,teacherCard tc
    -> where t.tcid= tc.tcid and t.tid = (select c.tid from course c where cname = 'sql') ;
+----+-------------+-------+--------+--------------------+------------+---------+--------------+------+-------------+
| id | select_type | table | type   | possible_keys      | key        | key_len | ref          | rows | Extra       |
+----+-------------+-------+--------+--------------------+------------+---------+--------------+------+-------------+
|  1 | PRIMARY     | t     | ref    | uk_tcid,tid_index  | tid_index  | 5       | const        |    1 | Using where |
|  1 | PRIMARY     | tc    | eq_ref | PRIMARY            | PRIMARY    | 4       | mydb01.t.tcid|    1 |             |
|  2 | SUBQUERY    | c     | ref    | cname_index        | cname_index| 63      |              |    1 | Using where |
+----+-------------+-------+--------+--------------------+------------+---------+--------------+------+-------------+
3 rows in set (0.03 sec)
```

图 14-25　查看 SQL 执行计划

上图表示，在此 SQL 语句中，t 表预计会使用到的索引是 uk_tcid 和 tid_index，但实际执行时，仅使用了 tid_index 索引。

如果 possible_key/key 是 NULL，则说明没有使用索引。

**范例 14-15** volatile 非线程安全

目前还没有给 tcdesc 字段设置索引，现在分析以下 SQL 的执行计划。

```
explain select tc.tcdesc from teacherCard tc ;
```

运行结果如图 14-26 所示。

```
mysql> explain select tc.tcdesc from teacherCard tc ;
+----+-------------+-------+------+---------------+------+---------+------+------+-------+
| id | select_type | table | type | possible_keys | key  | key_len | ref  | rows | Extra |
+----+-------------+-------+------+---------------+------+---------+------+------+-------+
|  1 | SIMPLE      | tc    | ALL  | NULL          | NULL | NULL    | NULL |    4 |       |
+----+-------------+-------+------+---------------+------+---------+------+------+-------+
1 row in set (0.00 sec)
```

图 14-26　查看 SQL 执行计划

## 5.key_len

索引的长度，可用于了解索引的定义情况，以及判断复合索引是否被完全使用。

**范例 14-16** 分析 key_len 字段

查看表中某一个索引字段的长度，如下所示。

▶【源码：demo/ch14/test_kl.sql】

```
create table test_kl
(
        name char(20) not null default ''
);
alter table test_kl add index index_name(name) ;
explain select * from test_kl where name ='' ;
```

运行结果如图 14-27 所示。

```
mysql> explain select * from test_kl where name ='' ;
+----+-------------+---------+------+---------------+------------+---------+-------+------+--------------------------+
| id | select_type | table   | type | possible_keys | key        | key_len | ref   | rows | Extra                    |
+----+-------------+---------+------+---------------+------------+---------+-------+------+--------------------------+
|  1 | SIMPLE      | test_kl | ref  | index_name    | index_name | 60      | const |    1 | Using where; Using index |
+----+-------------+---------+------+---------------+------------+---------+-------+------+--------------------------+
1 row in set (0.00 sec)
```

图 14-27　查看 SQL 执行计划

在 UTF-8 编码格式下，1 个字符占 3 个字节，因此 20 个字符长度的 name 共占 60 个字节。此外，GBK 格式下 1 个字符占 2 个字节；Latin-1 格式下 1 个字符占 1 个字节。

**范例 14-17** 分析 key_len 字段

如果索引的字段允许为 NULL，则会占用 1 个字节作为标识，如下所示。

```
--name1 可以为 null
alter table test_kl add column name1 char(20) ;
alter table test_kl add index index_name1(name1) ;
explain select * from test_kl where name1 ='' ;
```

运行结果如图 14-28 所示。

```
mysql> explain select * from test_kl where name1 ='' ;
+----+-------------+---------+------+---------------+-------------+---------+-------+------+-------------+
| id | select_type | table   | type | possible_keys | key         | key_len | ref   | rows | Extra       |
+----+-------------+---------+------+---------------+-------------+---------+-------+------+-------------+
|  1 | SIMPLE      | test_kl | ref  | index_name1   | index_name1 | 61      | const |    1 | Using where |
+----+-------------+---------+------+---------------+-------------+---------+-------+------+-------------+
1 row in set (0.00 sec)
```

图 14-28　查看 SQL 执行计划

**范例 14-18** 分析 key_len 字段

UTF 格式下 1 个字符占 3 个字节，如果允许为 NULL 则需要额外增加 1 个字节，并且对于 VARCHAR 这种可变长字节也有自己的特性：SQL 引擎会额外增加 2 个字节，用于标识可变长字节。

```
drop index index_name on test_kl ;
drop index index_name1 on test_kl ;
-- 增加一个复合索引
alter table test_kl add index name_name1_index (name,name1) ;
explain select * from test_kl where name1 = '' ;
explain select * from test_kl where name = '' ;
-- 可以为 null
alter table test_kl add column name2 varchar(20) ;
alter table test_kl add index name2_index (name2) ;
explain select * from test_kl where name2 = '' ;
```

运行结果如图 14-29 所示，其中 ken_len 的值 63=20*3+1（NULL）+2（可变长字节）。

```
mysql> explain select * from test_kl where name2 = '' ;
+----+-------------+---------+------+---------------+-------------+---------+-------+------+-------------+
| id | select_type | table   | type | possible_keys | key         | key_len | ref   | rows | Extra       |
+----+-------------+---------+------+---------------+-------------+---------+-------+------+-------------+
|  1 | SIMPLE      | test_kl | ref  | name2_index   | name2_index | 63      | const |    1 | Using where |
+----+-------------+---------+------+---------------+-------------+---------+-------+------+-------------+
1 row in set (0.00 sec)
```

图 14-29　查看 SQL 执行计划

### 6.ref

用于指明当前表所参照的字段。需要注意：type 字段中也有一个 ref 选项，与此处的 ref 同名，读者要注意区分二者。

**范例 14-19** 分析 ref 字段

通过以下等值连接语句，查看 SQL 执行计划中的 ref 值。

```
alter table course  add index tid_index (tid) ;
explain select * from course c,teacher t where c.tid = t.tid  and t.tname =' tw ';
```

运行结果如图 14-30 所示。

```
mysql> explain select * from course c,teacher t where c.tid = t.tid  and t.tname ='tw' ;
+----+-------------+-------+------+----------------------+------------+---------+---------------+------+-------------+
| id | select_type | table | type | possible_keys        | key        | key_len | ref           | rows | Extra       |
+----+-------------+-------+------+----------------------+------------+---------+---------------+------+-------------+
|  1 | SIMPLE      | t     | ref  | index_name,tid_index | index_name | 63      | const         |    1 | Using where |
|  1 | SIMPLE      | c     | ref  | tid_index            | tid_index  | 5       | mydb01.t.tid  |    1 | Using where |
+----+-------------+-------+------+----------------------+------------+---------+---------------+------+-------------+
2 rows in set (0.00 sec)
```

图 14-30　查看 SQL 执行计划

从图中可知，t 表的 ref 是 const，即表示 t 表引用的字段是一个常量（... t.tname ='tw'）；c 表的 ref 是 mydb01.t.tid，即表示 c 表引用的字段是 mydb01 数据库中 t 表的 tid（...where c.tid = t.tid）。

## 7.rows

实际执行时，通过索引查询到的数据条数。

**范例 14-20** 分析 rows 字段

通过以下等值连接语句，查看 SQL 执行计划中的 rows 值。

```
explain select * from course c,teacher t
where c.tid = t.tidand t.tname = 'tz';
```

运行结果如图 14-31 所示。

```
mysql> explain select * from course c,teacher t
    -> where c.tid = t.tid and t.tname = 'tz' ;
+----+-------------+-------+------+----------------------+------------+---------+--------------+------+-------------+
| id | select_type | table | type | possible_keys        | key        | key_len | ref          | rows | Extra       |
+----+-------------+-------+------+----------------------+------------+---------+--------------+------+-------------+
|  1 | SIMPLE      | t     | ref  | index_name,tid_index | index_name | 63      | const        |    2 | Using where |
|  1 | SIMPLE      | c     | ref  | tid_index            | tid_index  | 5       | mydb01.t.tid |    1 | Using where |
+----+-------------+-------+------+----------------------+------------+---------+--------------+------+-------------+
2 rows in set (0.00 sec)
```

图 14-31　查看 SQL 执行计划

## 8.Extra

除了 id、select_type、possible_keys、key_len 等字段外，explain 还可观察到的其他字段。常见有以下几种。

（1）using filesort：需要“额外”执行一次排序（查询），如果出现此值就代表性能消耗较大，常见于 order by 语句中。“额外”是指排序时所进行的查询。例如，对于“select ... from 表名 order by 字段”这种 SQL 语句来说，select 本身需要一次查询，而如果在“order by”排序时再进行一次查询，那么“order by”所进行的查询就称为“额外”的查询。

以下是会出现 using filesort 的一些常见 SQL 语句。

①单索引情况。

SQL 引擎约定：对于单索引（如下表中的 a1），如果排序和查找是同一个字段，则不会出现 using filesort；如果排序和查找不是同一个字段，则会出现 using filesort。

**范例 14-21** 分析 using filesort

本例演示在单索引的情况下，产生 using filesort 的原因，代码如下所示。

**【源码：demo/ch14/test02.sql】**

```
- 准备数据
create table test02
(
        a1 char(3),
        a2 char(3),
        a3 char(3),
        index idx_a1(a1),
        index idx_a2(a2),
        index idx_a3(a3)
-);
-- 不会出现 Using filesort
explain select * from test02 where a1 ='' order by a1 ;
-- 会出现 Using filesort
explain select * from test02 where a1 ='' order by a2 ;
```

运行结果如图 14-32 所示。

```
mysql> explain select * from test02 where a1 ='' order by a1 ;
+----+-------------+--------+------+---------------+--------+---------+-------+------+-------------+
| id | select_type | table  | type | possible_keys | key    | key_len | ref   | rows | Extra       |
+----+-------------+--------+------+---------------+--------+---------+-------+------+-------------+
|  1 | SIMPLE      | test02 | ref  | idx_a1        | idx_a1 | 10      | const |    1 | Using where |
+----+-------------+--------+------+---------------+--------+---------+-------+------+-------------+
1 row in set (0.00 sec)
mysql> explain select * from test02 where a1 ='' order by a2 ;
+----+-------------+--------+------+---------------+--------+---------+-------+------+-----------------------------+
| id | select_type | table  | type | possible_keys | key    | key_len | ref   | rows | Extra                       |
+----+-------------+--------+------+---------------+--------+---------+-------+------+-----------------------------+
|  1 | SIMPLE      | test02 | ref  | idx_a1        | idx_a1 | 10      | const |    1 | Using where; Using filesort |
+----+-------------+--------+------+---------------+--------+---------+-------+------+-----------------------------+
1 row in set (0.00 sec)
```

图 14-32　查看 SQL 执行计划

综上可知，using filesort 会造成性能的消耗，而避免出现 using filesort 的第一种方法就是在使用单索引时，where 后使用了哪些字段，就 order by 那些字段。

②复合索引情况。

先看一些使用了复合索引的示例。

**范例 14-22** 分析 using filesort

本例会创建一个由 a1、a2、a3 组成的复合索引，然后演示使用复合索引时出现 using filesort 的一个原因。

```
drop index idx_a1 on test02;
drop index idx_a2 on test02;
drop index idx_a3 on test02;
alter table test02 add index idx_a1_a2_a3 (a1,a2,a3) ;
--where a1 后直接跨列使用了 a3，会出现 using filesort
explain select *from test02 where a1='' order by a3 ;
--where a2 跨过了 a1，会出现 using filesort
explain select *from test02 where a2='' order by a3 ;
--where a1 后，按顺序使用了 a2，不会出现 using filesort
explain select *from test02 where a1='' order by a2 ;
```

运行结果如图 14-33 所示。

```
mysql> explain select *from test02 where a1='' order by a3 ;
+----+-------------+--------+------+---------------+--------------+---------+-------+------+------------------------------------------+
| id | select_type | table  | type | possible_keys | key          | key_len | ref   | rows | Extra                                    |
+----+-------------+--------+------+---------------+--------------+---------+-------+------+------------------------------------------+
|  1 | SIMPLE      | test02 | ref  | idx_a1_a2_a3  | idx_a1_a2_a3 | 10      | const |    1 | Using where; Using index; Using filesort |
+----+-------------+--------+------+---------------+--------------+---------+-------+------+------------------------------------------+
1 row in set (0.00 sec)
mysql> explain select *from test02 where a2='' order by a3 ;
+----+-------------+--------+-------+---------------+--------------+---------+------+------+------------------------------------------+
| id | select_type | table  | type  | possible_keys | key          | key_len | ref  | rows | Extra                                    |
+----+-------------+--------+-------+---------------+--------------+---------+------+------+------------------------------------------+
|  1 | SIMPLE      | test02 | index | NULL          | idx_a1_a2_a3 | 30      | NULL |    1 | Using where; Using index; Using filesort |
+----+-------------+--------+-------+---------------+--------------+---------+------+------+------------------------------------------+
1 row in set (0.00 sec)
mysql> explain select *from test02 where a1='' order by a2 ;
+----+-------------+--------+------+---------------+--------------+---------+-------+------+--------------------------+
| id | select_type | table  | type | possible_keys | key          | key_len | ref   | rows | Extra                    |
+----+-------------+--------+------+---------------+--------------+---------+-------+------+--------------------------+
|  1 | SIMPLE      | test02 | ref  | idx_a1_a2_a3  | idx_a1_a2_a3 | 10      | const |    1 | Using where; Using index |
+----+-------------+--------+------+---------------+--------------+---------+-------+------+--------------------------+
1 row in set (0.00 sec)
```

图 14-33　查看 SQL 执行计划

从结果可知，避免出现 using filesort 的第二种方法是使用复合索引时，where 和 order by 要按照复合索引的顺序使用（如先 where a1，再 order by a2），不要跨列或无序使用。

此外，还需要知道的是如果存在复合索引，就尽量使用复合索引中的全部字段。例如，一本书有多级目录，那么最快查询某一个知识点的方式就是查询该知识点所在的所有级别目录（如第 *a* 篇中第 *b* 章的第 *c* 节）。

（2）using temporary：查询时用到了临时表，如果出现此值也代表性能损耗较大，常见于 group by 语句中。

**范例 14-23** 分析 using filesort

```
--where 后面的是 a1，group by 也是 a1，不会出现 using temporary
explain select a1 from test02 where a1 in ('1','2','3') group by a1 ;
explain select a2 from test02 where a1 in ('1','2','3') group by a1 ;
--where 后面是 a1，grou by 的却是 a2，会出现 using temporary
explain select a1 from test02 where a1 in ('1','2','3') group by a2 ;
explain select a2 from test02 where a1 in ('1','2','3') group by a2 ;
```

运行结果如图 14-34 所示。

```
mysql> explain select a1 from test02 where a1 in ('1','2','3') group by a1 ;
+----+-------------+--------+-------+---------------+-------------+---------+------+------+--------------------------+
| id | select_type | table  | type  | possible_keys | key         | key_len | ref  | rows | Extra                    |
+----+-------------+--------+-------+---------------+-------------+---------+------+------+--------------------------+
|  1 | SIMPLE      | test02 | index | idx_a1_a2_a3  | idx_a1_a2_a3 | 30     | NULL |    1 | Using where; Using index |
+----+-------------+--------+-------+---------------+-------------+---------+------+------+--------------------------+
1 row in set (0.00 sec)
mysql> explain select a2 from test02 where a1 in ('1','2','3') group by a1 ;
+----+-------------+--------+-------+---------------+-------------+---------+------+------+--------------------------+
| id | select_type | table  | type  | possible_keys | key         | key_len | ref  | rows | Extra                    |
+----+-------------+--------+-------+---------------+-------------+---------+------+------+--------------------------+
|  1 | SIMPLE      | test02 | index | idx_a1_a2_a3  | idx_a1_a2_a3 | 30     | NULL |    1 | Using where; Using index |
+----+-------------+--------+-------+---------------+-------------+---------+------+------+--------------------------+
1 row in set (0.00 sec)
mysql> explain select a1 from test02 where a1 in ('1','2','3') group by a2 ;
+----+-------------+--------+-------+---------------+-------------+---------+------+------+-----------------------------------------------------------
-----+
| id | select_type | table  | type  | possible_keys | key         | key_len | ref  | rows | Extra
     |
+----+-------------+--------+-------+---------------+-------------+---------+------+------+-----------------------------------------------------------
-----+
|  1 | SIMPLE      | test02 | index | idx_a1_a2_a3  | idx_a1_a2_a3 | 30     | NULL |    1 | Using where; Using index; Using temporary; Using file
sort |
+----+-------------+--------+-------+---------------+-------------+---------+------+------+-----------------------------------------------------------
-----+
1 row in set (0.00 sec)
mysql> explain select a2 from test02 where a1 in ('1','2','3') group by a2 ;
+----+-------------+--------+-------+---------------+-------------+---------+------+------+-----------------------------------------------------------
-----+
| id | select_type | table  | type  | possible_keys | key         | key_len | ref  | rows | Extra
     |
+----+-------------+--------+-------+---------------+-------------+---------+------+------+-----------------------------------------------------------
-----+
|  1 | SIMPLE      | test02 | index | idx_a1_a2_a3  | idx_a1_a2_a3 | 30     | NULL |    1 | Using where; Using index; Using temporary; Using file
```

图 14-34　查看 SQL 执行计划

避免出现 using temporary 的方式：where 筛选哪些列，就根据那些列 group by。

如果要提高 ORDER BY 和 GROUP BY 的速度，还需要调整 sort_buffer_size 参数。sort_buffer_size 是每个排序线程分配的缓冲区的大小，决定了 ORDER BY 或 GROUP BY 的速度。可以通过 show variables 命令查看 sort_buffer_size 的参数值，如图 14-35 所示。

```
mysql> show variables LIKE "sort_buffer_size";
+------------------+---------+
| Variable_name    | Value   |
+------------------+---------+
| sort_buffer_size | 2097152 |
+------------------+---------+
1 row in set (0.01 sec)
```

图 14-35　查看 sort_buffer_size 的参数值

可以参照 sort_merge_passes 来设置 sort_buffer_size 的值，sort_merge_passes 的参数值如图 14-36 所示。

```
mysql>  show status like "Sort_merge_passes";
+-------------------+-------+
| Variable_name     | Value |
+-------------------+-------+
| Sort_merge_passes | 0     |
+-------------------+-------+
1 row in set (0.00 sec)
```

图 14-36　查看 sort_merge_passes 的参数值

sort_merge_passes 是 MySQL 做归并排序的次数。如果 sort_merge_passes 值较大，就说明 sort_buffer 和要排序的数据差距较大，此时就可以通过增大 sort_buffer_size 来缓解 sort_merge_passes 归并排序的次数。

此外，与 sort_buffer_size 类似，也可以用 join_buffer_size 来设置联合查询时所使用的缓冲区大小。

（3）using index：SQL 在实际执行时，使用到了“覆盖索引”，如果出现此值就代表会提升查询的性能。覆盖索引是指通过索引查询的字段，包含了要查询的所有字段。换句话说就是，where 后面的字段，包含了全部 select 后的字段。使用了覆盖索引的查询，可以让查询操作直接从索引文件中获取数据，而不需要回原表查询。

**范例 14-24** 分析 using index

本例演示在使用复合索引时，出现 using index 的一种常见情况。

```
-- 已存在复合索引 (a1,a2,a3)，查询的 a1,a2 全部在复合索引中，会出现 using index
explain select a1,a2 from test02 where a1='' or a2='';
drop index idx_a1_a2_a3 on test02;
-- 只存在复合索引 (a1,a2)，不能覆盖要查询的 a1,a3，不会出现 using index
alter table test02 add index idx_a1_a2(a1,a2) ;
explain select a1,a3 from test02 where a1='' or a3='';
```

运行结果如图 14-37 所示。

```
mysql> explain select a1,a2 from test02 where a1='' or a2= '' ;
+----+-------------+--------+-------+---------------+--------------+---------+------+------+--------------------------+
| id | select_type | table  | type  | possible_keys | key          | key_len | ref  | rows | Extra                    |
+----+-------------+--------+-------+---------------+--------------+---------+------+------+--------------------------+
|  1 | SIMPLE      | test02 | index | idx_a1_a2_a3  | idx_a1_a2_a3 | 30      | NULL |    1 | Using where; Using index |
+----+-------------+--------+-------+---------------+--------------+---------+------+------+--------------------------+
1 row in set (0.00 sec)

mysql> drop index idx_a1_a2_a3 on test02;
Query OK, 0 rows affected (0.26 sec)
Records: 0  Duplicates: 0  Warnings: 0

mysql> alter table test02 add index idx_a1_a2(a1,a2) ;
Query OK, 0 rows affected (0.02 sec)
Records: 0  Duplicates: 0  Warnings: 0

mysql> explain select a1,a3 from test02 where a1='' or a3= '' ;
+----+-------------+--------+------+---------------+------+---------+------+------+-------------+
| id | select_type | table  | type | possible_keys | key  | key_len | ref  | rows | Extra       |
+----+-------------+--------+------+---------------+------+---------+------+------+-------------+
|  1 | SIMPLE      | test02 | ALL  | idx_a1_a2     | NULL | NULL    | NULL |    1 | Using where |
+----+-------------+--------+------+---------------+------+---------+------+------+-------------+
1 row in set (0.00 sec)
```

图 14-37　查看 SQL 执行计划

综上可知，只要 select 查询的列全部都在索引中，就会出现 using index。

需要注意的是，如果用到了索引覆盖 using index，就会对 possible_keys 及 key 造成影响，具体如下。

①如果没有 where，则索引只出现在 key 中。

②如果有 where，则索引同时出现在 key 和 possible_keys 中。

**范例 14-25** 分析 using index

本例演示 using index 对 key/possible_keys 造成的影响，代码如下。

```
-- 使用到了 using index，但不存在 where
explain select a1,a2 from test02 ;
-- 使用到了 using index，且存在 where
explain select a1,a2 from test02 where a1='' or a2='';
```

运行结果如图 14-38 所示。

```
mysql> explain select a1,a2 from test02  ;
+----+-------------+--------+-------+---------------+-----------+---------+------+------+-------------+
| id | select_type | table  | type  | possible_keys | key       | key_len | ref  | rows | Extra       |
+----+-------------+--------+-------+---------------+-----------+---------+------+------+-------------+
|  1 | SIMPLE      | test02 | index | NULL          | idx_a1_a2 | 20      | NULL |    1 | Using index |
+----+-------------+--------+-------+---------------+-----------+---------+------+------+-------------+
1 row in set (0.00 sec)

mysql> explain select a1,a2 from test02 where a1='' or a2= '' ;
+----+-------------+--------+-------+---------------+-----------+---------+------+------+--------------------------+
| id | select_type | table  | type  | possible_keys | key       | key_len | ref  | rows | Extra                    |
+----+-------------+--------+-------+---------------+-----------+---------+------+------+--------------------------+
|  1 | SIMPLE      | test02 | index | idx_a1_a2     | idx_a1_a2 | 20      | NULL |    1 | Using where; Using index |
+----+-------------+--------+-------+---------------+-----------+---------+------+------+--------------------------+
1 row in set (0.00 sec)
```

图 14-38　查看 SQL 执行计划

（4）using where。

如果 Extra 中出现了 using where，就表示 SQL 引擎在执行查询时，需要回表查询（即无法只从索引字段中获取要查询的数据，必须回到原表中查询）。

例如，假设 age 是索引列，但查询语句是 select age,name from ...where age =...，此 SQL 语句中必须回原表才能查询到 name 数据，因此会显示 using where。

**范例 14-26 分析 using where**

本例演示回表查询不在索引列中的 a3 字段，如下所示。

```
--a1,a2 是索引列，查询 a3 时需要回原表
```

```
explain select a1,a3 from test02 where a3 = '';
```

运行结果如图 14-39 所示。

```
mysql> explain select a1,a3 from test02 where a3 = '' ;
+----+-------------+--------+------+---------------+------+---------+------+------+-------------+
| id | select_type | table  | type | possible_keys | key  | key_len | ref  | rows | Extra       |
+----+-------------+--------+------+---------------+------+---------+------+------+-------------+
|  1 | SIMPLE      | test02 | ALL  | NULL          | NULL | NULL    | NULL |    1 | Using where |
+----+-------------+--------+------+---------------+------+---------+------+------+-------------+
1 row in set (0.00 sec)
```

图 14-39　查看 SQL 执行计划

（5）impossible where。

见名知意，当 where 永远为 False 时，Extra 就会出现 impossible where。

**范例 14-27 分析 impossible where**

本例演示出现 impossible where 的一种情况。

explain select * from test02 where a1=' x 'and a1=' y ' ;

运行结果如图 14-40 所示。

```
mysql> explain select * from test02 where a1='x' and a1='y'  ;
+----+-------------+-------+------+---------------+------+---------+------+------+------------------+
| id | select_type | table | type | possible_keys | key  | key_len | ref  | rows | Extra            |
+----+-------------+-------+------+---------------+------+---------+------+------+------------------+
|  1 | SIMPLE      | NULL  | NULL | NULL          | NULL | NULL    | NULL | NULL | Impossible WHERE |
+----+-------------+-------+------+---------------+------+---------+------+------+------------------+
1 row in set (0.00 sec)
```

图 14-40　查看 SQL 执行计划

## 14.2.2 ▶ SQL 优化案例演示

本小节通过单表和双表进行优化的演示操作。但优化的思路是相通的，也就是说，单表优化的策略，也同样适用于双表或多表。

**范例 14-28 单表优化**

创建一张 book 表，并在其中插入一些测试数据，如下所示。

》【源码：demo/ch14/book.sql】

```
create table book
(
        bid int(4) primary key,
        name varchar(20) not null,
        authorid int(4) not null,
        publicid int(4) not null,
        typeid int(4) not null
);
insert into book values(1,' tjava ',1,1,2) ;
insert into book values(2,' tc ',2,1,2) ;
insert into book values(3,' wx ',3,2,1) ;
```

```
insert into book values(4,' math ',4,2,3) ;
```

查询 authorid=1 且 typeid 为 2 或 3 的 bid。

```
explain select bid from book where typeid in(2,3) and authorid=1  order by typeid desc ;
```

运行结果如图 14-41 所示。

```
mysql> explain select bid from book where typeid in(2,3) and authorid=1  order by typeid desc ;
+----+-------------+-------+------+---------------+------+---------+------+------+-----------------------------+
| id | select_type | table | type | possible_keys | key  | key_len | ref  | rows | Extra                       |
+----+-------------+-------+------+---------------+------+---------+------+------+-----------------------------+
|  1 | SIMPLE      | book  | ALL  | NULL          | NULL | NULL    | NULL |    4 | Using where; Using filesort |
+----+-------------+-------+------+---------------+------+---------+------+------+-----------------------------+
1 row in set (0.00 sec)
```

图 14-41　查看 SQL 执行计划

从图可知，此时的 type 级别为 ALL，需要提升。

现在开始逐步进行优化：先给 book 增加复合索引，代码如下。

```
alter table book add index idx_bta (bid,typeid,authorid);
```

再次查询 explain，运行结果如图 14-42 所示。

```
mysql> explain select bid from book where typeid in(2,3) and authorid=1  order by typeid desc ;
+----+-------------+-------+-------+---------------+---------+---------+------+------+------------------------------------------+
| id | select_type | table | type  | possible_keys | key     | key_len | ref  | rows | Extra                                    |
+----+-------------+-------+-------+---------------+---------+---------+------+------+------------------------------------------+
|  1 | SIMPLE      | book  | index | NULL          | idx_bta | 12      | NULL |    4 | Using where; Using index; Using filesort |
+----+-------------+-------+-------+---------------+---------+---------+------+------+------------------------------------------+
1 row in set (0.00 sec)
```

图 14-42　查看 SQL 执行计划

可以发现，此时 type 级别提升到了 index，并且在 Extra 中出现了 Using index。但是此时仍然存在 Using filesort。

进一步优化，根据 SQL 实际解析的顺序，调整索引的顺序，避免出现 Using filesort。

```
-- 一旦对索引进行升级优化，就需要将之前废弃的索引删掉，防止干扰
drop index idx_bta on book;
```

```
-- 虽然需要回表查询 bid，但是将 bid 放到索引中可以使用 using index 提高查询速度
alter table book add index idx_tab (typeid,authorid,bid);
```

再次查询 explain，运行结果如图 14-43 所示。

```
mysql> explain select bid from book where typeid in(2,3) and authorid=1  order by typeid desc ;
+----+-------------+-------+-------+---------------+---------+---------+------+------+--------------------------+
| id | select_type | table | type  | possible_keys | key     | key_len | ref  | rows | Extra                    |
+----+-------------+-------+-------+---------------+---------+---------+------+------+--------------------------+
|  1 | SIMPLE      | book  | index | idx_tab       | idx_tab | 12      | NULL |    4 | Using where; Using index |
+----+-------------+-------+-------+---------------+---------+---------+------+------+--------------------------+
1 row in set (0.00 sec)
```

图 14-43　查看 SQL 执行计划

可以发现，此时就阻止了 Using filesort 的出现。

目前的 type 级别是 index，能否进一步提升？前面提到过，范围查询 in 有时会失效，因此尝试更改索引的顺序，将 in 放到最后，如下所示。

```
drop index idx_tab on book;
alter table book add index idx_atb (authorid,typeid,bid);
explain select bid from book where  authorid=1 and  typeid in(2,3) order by typeid desc ;
```

再次查询 explain，运行结果如图 14-44 所示。

```
mysql> explain select bid from book where  authorid=1 and  typeid in(2,3) order by typeid desc ;
+----+-------------+-------+------+---------------+---------+---------+-------+------+--------------------------+
| id | select_type | table | type | possible_keys | key     | key_len | ref   | rows | Extra                    |
+----+-------------+-------+------+---------------+---------+---------+-------+------+--------------------------+
|  1 | SIMPLE      | book  | ref  | idx_atb       | idx_atb | 4       | const |    2 | Using where; Using index |
+----+-------------+-------+------+---------------+---------+---------+-------+------+--------------------------+
1 row in set (0.00 sec)
```

图 14-44　查看 SQL 执行计划

可知，此时 type 的级别提升到了 ref。

本例中，为何同时出现了 Using where（需要回原表）和 Using index（不需要回原表）？

在 where authorid=1 and typeid in(2,3) 中，authorid 在索引 authorid,typeid,bid 中，因此不需要回原表（直接在索引表中能查到）；而 typeid 虽然也在索引 authorid,typeid,bid 中，但是含 in 的范围查询已经使该 typeid 索引失效，因此相当于没有 typeid 这个索引，所以需要回原表（using where）查询 typeid。

现在，如果将 in 删除，就不会出现 using where，如下所示。

```
explain select bid from book where  authorid=1 and  typeid =3 order by typeid desc ;
```

运行结果如图 14-45 所示。

```
mysql> explain select bid from book where  authorid=1 and  typeid =3 order by typeid desc ;
+----+-------------+-------+------+---------------+---------+---------+-------------+------+-------------+
| id | select_type | table | type | possible_keys | key     | key_len | ref         | rows | Extra       |
+----+-------------+-------+------+---------------+---------+---------+-------------+------+-------------+
|  1 | SIMPLE      | book  | ref  | idx_atb       | idx_atb | 8       | const,const |    1 | Using index |
+----+-------------+-------+------+---------------+---------+---------+-------------+------+-------------+
1 row in set (0.00 sec)
```

图 14-45　查看 SQL 执行计划

此外，读者还可以通过 key_len 验证是 in 导致了索引失效。

**范例 14-29** 单表优化

创建一张 test03 表，并创建一个由全字段组成的复合索引，代码如下。

**【源码：demo/ch14/test03.sql】**

```
create table test03
(
 a1 int(4) not null,
 a2 int(4) not null,
 a3 int(4) not null,
 a4 int(4) not null
);
-- 注意复合索引的顺序是：a1、a2、a3、a4
alter table test03 add index idx_a1_a2_a3_4(a1,a2,a3,a4) ;
```

前面讲过，为了最大限度提高 SQL 执行效率，在使用复合索引时，建议将 where 后的字段顺序与复合索引的顺序保持一致，如下所示。

```
-- 推荐写法，索引的使用顺序（where 后面的顺序）和复合索引的顺序一致
explain select a1,a2,a3,a4 from test03 where a1=1 and a2=2 and a3=3 and a4 =4 ;
-- 虽然编写的顺序不一致，但是 SQL 在实际执行前经过了 SQL 优化器的调整，结果与上条 SQL 是一致的( SQL 引擎何时会调整，实际是很难把控的，因此不推荐此种写法）
explain select a1,a2,a3,a4 from test03 where a4=1 and a3=2 and a2=3 and a1 =4 ;
-- 编写的 SQL 用到了 a1、a2 两个索引，这两个字段不需要回表查询（using index）；但因为 a4 是跨列使用，造成了该索引失效，需要回表查询，所以出现了 using where。以上可以通过 key_len 进行验证
explain select a1,a2,a3,a4 from test03 where a1=1 and a2=2 and a4=4 order by a3;
-- 编写的 SQL 出现了 using filesort（文件内排序，“多了一次额外的查找 / 排序”）。建议不要跨列使用，即建议将 where 和 order by 的字段连续起来，a1 后面是 a2，a2 后面是 a3，a3 后面是 a4
explain select a1,a2,a3,a4 from test03 where a1=1 and a4=4 order by a3;
-- 不会出现 using filesort
explain select a1,a2,a3,a4 from test03 where a1=1 and a4=4 order by a2 , a3;
```

运行结果如图 14-46 所示。

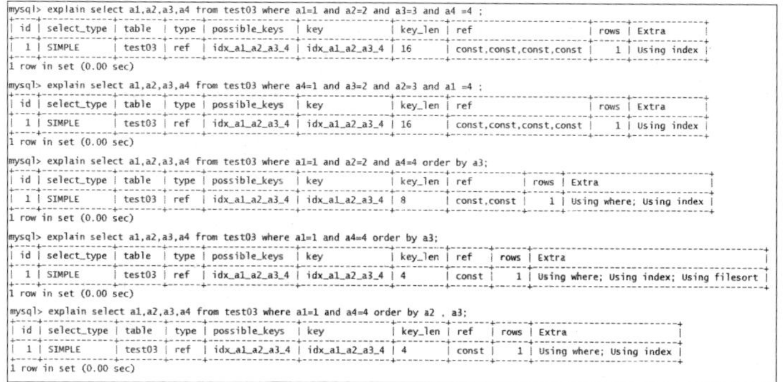

```
mysql> explain select a1,a2,a3,a4 from test03 where a1=1 and a2=2 and a3=3 and a4 =4 ;
+----+-------------+--------+------+----------------+----------------+---------+-------------------------+------+-------------+
| id | select_type | table  | type | possible_keys  | key            | key_len | ref                     | rows | Extra       |
+----+-------------+--------+------+----------------+----------------+---------+-------------------------+------+-------------+
|  1 | SIMPLE      | test03 | ref  | idx_a1_a2_a3_4 | idx_a1_a2_a3_4 | 16      | const,const,const,const |    1 | Using index |
+----+-------------+--------+------+----------------+----------------+---------+-------------------------+------+-------------+
1 row in set (0.00 sec)
mysql> explain select a1,a2,a3,a4 from test03 where a4=1 and a3=2 and a2=3 and a1 =4 ;
+----+-------------+--------+------+----------------+----------------+---------+-------------------------+------+-------------+
| id | select_type | table  | type | possible_keys  | key            | key_len | ref                     | rows | Extra       |
+----+-------------+--------+------+----------------+----------------+---------+-------------------------+------+-------------+
|  1 | SIMPLE      | test03 | ref  | idx_a1_a2_a3_4 | idx_a1_a2_a3_4 | 16      | const,const,const,const |    1 | Using index |
+----+-------------+--------+------+----------------+----------------+---------+-------------------------+------+-------------+
1 row in set (0.00 sec)
mysql> explain select a1,a2,a3,a4 from test03 where a1=1 and a2=2 and a4=4 order by a3;
+----+-------------+--------+------+----------------+----------------+---------+-------------+------+--------------------------+
| id | select_type | table  | type | possible_keys  | key            | key_len | ref         | rows | Extra                    |
+----+-------------+--------+------+----------------+----------------+---------+-------------+------+--------------------------+
|  1 | SIMPLE      | test03 | ref  | idx_a1_a2_a3_4 | idx_a1_a2_a3_4 | 8       | const,const |    1 | Using where; Using index |
+----+-------------+--------+------+----------------+----------------+---------+-------------+------+--------------------------+
1 row in set (0.00 sec)
mysql> explain select a1,a2,a3,a4 from test03 where a1=1 and a4=4 order by a3;
+----+-------------+--------+------+----------------+----------------+---------+-------+------+------------------------------------------+
| id | select_type | table  | type | possible_keys  | key            | key_len | ref   | rows | Extra                                    |
+----+-------------+--------+------+----------------+----------------+---------+-------+------+------------------------------------------+
|  1 | SIMPLE      | test03 | ref  | idx_a1_a2_a3_4 | idx_a1_a2_a3_4 | 4       | const |    1 | Using where; Using index; Using filesort |
+----+-------------+--------+------+----------------+----------------+---------+-------+------+------------------------------------------+
1 row in set (0.00 sec)
mysql> explain select a1,a2,a3,a4 from test03 where a1=1 and a4=4 order by a2 , a3;
+----+-------------+--------+------+----------------+----------------+---------+-------+------+--------------------------+
| id | select_type | table  | type | possible_keys  | key            | key_len | ref   | rows | Extra                    |
+----+-------------+--------+------+----------------+----------------+---------+-------+------+--------------------------+
|  1 | SIMPLE      | test03 | ref  | idx_a1_a2_a3_4 | idx_a1_a2_a3_4 | 4       | const |    1 | Using where; Using index |
+----+-------------+--------+------+----------------+----------------+---------+-------+------+--------------------------+
1 row in set (0.00 sec)
```

图 14-46　查看 SQL 执行计划

综上，在使用索引时建议如下。

（1）如果 (a,b,c,d) 复合索引，并且和使用的顺序全部一致 ( 且不跨列使用 )，则复合索引全部会被使用。如果部分一致 ( 且不跨列使用 )，则部分索引会被使用，如 select a,c where a = ' 'and b=' ' and d=' '，其中 where 后面的 a 和 b 和复合索引中的顺序一致，因此实际只会使用到 a 和 b 两个索引（where 后的 d 存在跨列情况）。

（2）where 和 order by 连续起来使用，不要跨列使用。

## 范例 14-30 单表优化

前面讲过，如果在查询时使用到了临时表（需要额外再多使用一张表），就会提示 using temporary，造成性能的下降。

先观察以下 SQL 语句。

```
explain select * from test03 where a2=2 and a4=4 group by a2,a4 ;
```

运行结果如图 14-47 所示。

```
mysql> explain select * from test03 where a2=2 and a4=4 group by a2,a4 ;
+----+-------------+--------+-------+---------------+----------------+---------+------+------+--------------------------+
| id | select_type | table  | type  | possible_keys | key            | key_len | ref  | rows | Extra                    |
+----+-------------+--------+-------+---------------+----------------+---------+------+------+--------------------------+
|  1 | SIMPLE      | test03 | index | NULL          | idx_a1_a2_a3_4 | 16      | NULL |    1 | Using where; Using index |
+----+-------------+--------+-------+---------------+----------------+---------+------+------+--------------------------+
1 row in set (0.00 sec)
```

图 14-47 查看 SQL 执行计划

可以发现，此时的 Extra 并没有出现 using temporary。

再观察以下 SQL 语句。

```
explain select * from test03 where a2=2 and a4=4 group by a3 ;
```

运行结果如图 14-48 所示。

```
mysql> explain select * from test03 where a2=2 and a4=4 group by a3 ;
+----+-------------+--------+-------+---------------+----------------+---------+------+------+---------------------------------------------------------
-------+
| id | select_type | table  | type  | possible_keys | key            | key_len | ref  | rows | Extra
       |
+----+-------------+--------+-------+---------------+----------------+---------+------+------+---------------------------------------------------------
-------+
|  1 | SIMPLE      | test03 | index | NULL          | idx_a1_a2_a3_4 | 16      | NULL |    1 | Using where; Using index; Using temporary; Using fi
lesort |
+----+-------------+--------+-------+---------------+----------------+---------+------+------+---------------------------------------------------------
-------+
1 row in set (0.00 sec)
```

图 14-48 查看 SQL 执行计划

可以发现，此时的 Extra 出现了 using temporary。对比两个 SQL 可知，避免出现 using temporary 的方法就是 group by 的排序字段要保证被包含在 where 语句中。这是因为 SQL 在执行时，是先执行 where 后执行 group by。假设在执行 where 时没有使用 x 字段，而 x 字段却在 group by 中出现了，那么就需要在执行 group by 时重新再创建一张临时表用来处理 x 字段。

## 范例 14-31 双表优化

本例对两张表的连接查询进行优化。先创建教师表 teacher2 和课程表 course2，并插入一些测试数据，代码如下。

**【源码**：demo/ch14/teacher2.sql**】**

```
create table teacher2
(
        tid int(4) primary key,
        cid int(4) not null
);
insert into teacher2 values(1,2);
insert into teacher2 values(2,1);
insert into teacher2 values(3,3);
create table course2
(
        cid int(4) ,
        cname varchar(20)
);
insert into course2 values(1,' java ');
insert into course2 values(2,' python ');
insert into course2 values(3,' kotlin ');
```

再通过一个左连接查询，观察一下目前的 SQL 执行情况。

```
explain select *from teacher2 t left outer join course2 c
on t.cid=c.cid where c.cname=' java ';
```

运行结果如图 14-49 所示。

```
mysql> explain select *from teacher2 t left outer join course2 c
    -> on t.cid=c.cid where c.cname='java';
+----+-------------+-------+------+---------------+------+---------+------+------+--------------------------------+
| id | select_type | table | type | possible_keys | key  | key_len | ref  | rows | Extra                          |
+----+-------------+-------+------+---------------+------+---------+------+------+--------------------------------+
|  1 | SIMPLE      | t     | ALL  | NULL          | NULL | NULL    | NULL |    3 |                                |
|  1 | SIMPLE      | c     | ALL  | NULL          | NULL | NULL    | NULL |    3 | Using where; Using join buffer |
+----+-------------+-------+------+---------------+------+---------+------+------+--------------------------------+
2 rows in set (0.00 sec)
```

图 14-49　查看 SQL 执行计划

对于这种两张表关联查询的情况，索引应该加在哪张表的哪些字段上？一般建议是，给两张表的关联字段都加上索引。例如，本例的关联条件是 t.cid=c.cid，即 cid 是两张表的关联字段，因此可以给两张表的 cid 字段都加上索引。特殊情况下，如果要求左连接只能给一张表加索引，那么建议优先在右表的关联字段上加索引。

此外，还需要遵循的原则是小表驱动大表。假设小表中有 10 条数据，大表中有 300 条数据。请看以下两条 SQL 语句：

① select ...where 小表 .x= 大表 .x ；

② select ...where 大表 .x= 小表 .x ；

在 SQL 引擎执行时，①的执行效率较高。因此，假设此时 t 表的数据量小，最好将连接条件写成 on t.cid=c.cid ，也就是将数据量小的表放左边。

### 14.2.3 ▶ 通过案例演示索引失效的 4 种常见场景

创建的索引在有些时候会自动失效，以下是避免失效的一些原则。

（1）不要在索引字段上进行任何操作（计算、使用函数、显示 / 隐式类型转换等），否则会导致索引失效。

**范例 14-32** 复合索引失效的情况

先查看在 book 表上存在的索引，如下所示。

```
show index from book ;
```

运行结果如图所 14-50 示。

```
mysql> show index from book ;
+-------+------------+----------+--------------+-------------+
-------+
| Table | Non_unique | Key_name | Seq_in_index | Column_name |
omment |
+-------+------------+----------+--------------+-------------+
-------+
| book  |          0 | PRIMARY  |            1 | bid         |
      |
| book  |          1 | idx_atb  |            1 | authorid    |
      |
| book  |          1 | idx_atb  |            2 | typeid      |
      |
| book  |          1 | idx_atb  |            3 | bid         |
      |
+-------+------------+----------+--------------+-------------+
```

图 14-50　查看 SQL 执行计划

book 表上有一个复合索引 idx_atb，该索引包含了 authorid、typeid、bid3 个字段。

然后通过以下 SQL 语句，演示一些索引失效的情况，代码如下。

**【源码：demo/ch14/test04.sql】**

```
-- 使用到了 authorid、typeid 两个字段的索引
explain select * from book where authorid = 1 and typeid = 2 ;
-- 对 type 字段进行了数值计算，因此 type 上的索引失效，即实际只用到了 authorid 一个字段的索引
explain select * from book where authorid = 1 and typeid*2 = 2 ;
-- 所有的索引均进行了数值计算，因此索引全部失效
explain select * from book where authorid*2 = 1 and typeid*2 = 2 ;
-- 用到了 0 个索引。原因：对于复合索引，如果其中某个索引失效，则该索引及右侧索引全部失效
-- 例如，有索引 (a,b,c)，如果 b 失效，则会导致 b、c 同时失效
explain select * from book where authorid*2 = 1 and typeid = 2 ;
- 测试类型转换
create table test04
(
 id int(4),
 name varchar(10)
);
```

```
-alter table test04 add index idx_name (name) ;
--SQL 执行时进行了类型转换（显式，字符转数字），导致索引失效
explain select * from teacher where tname = CONVERT(' 123 ',SIGNED);
--SQL 执行时进行了类型转换（隐式，字符转数字），导致索引失效
explain select * from teacher where tname = 123 ;
```

运行结果如图 14-51 所示。

```
mysql> explain select * from book where authorid = 1 and typeid = 2 ;
+----+-------------+-------+------+---------------+---------+---------+-------------+------+-------+
| id | select_type | table | type | possible_keys | key     | key_len | ref         | rows | Extra |
+----+-------------+-------+------+---------------+---------+---------+-------------+------+-------+
|  1 | SIMPLE      | book  | ref  | idx_atb       | idx_atb | 8       | const,const |    1 |       |
+----+-------------+-------+------+---------------+---------+---------+-------------+------+-------+
1 row in set (0.00 sec)
mysql> explain select * from book where authorid = 1 and typeid*2 = 2 ;
+----+-------------+-------+------+---------------+---------+---------+-------+------+-------------+
| id | select_type | table | type | possible_keys | key     | key_len | ref   | rows | Extra       |
+----+-------------+-------+------+---------------+---------+---------+-------+------+-------------+
|  1 | SIMPLE      | book  | ref  | idx_atb       | idx_atb | 4       | const |    1 | Using where |
+----+-------------+-------+------+---------------+---------+---------+-------+------+-------------+
1 row in set (0.00 sec)
mysql> explain select * from book where authorid*2 = 1 and typeid*2 = 2 ;
+----+-------------+-------+------+---------------+------+---------+------+------+-------------+
| id | select_type | table | type | possible_keys | key  | key_len | ref  | rows | Extra       |
+----+-------------+-------+------+---------------+------+---------+------+------+-------------+
|  1 | SIMPLE      | book  | ALL  | NULL          | NULL | NULL    | NULL |    4 | Using where |
+----+-------------+-------+------+---------------+------+---------+------+------+-------------+
1 row in set (0.00 sec)
mysql> explain select * from book where authorid*2 = 1 and typeid = 2 ;
+----+-------------+-------+------+---------------+------+---------+------+------+-------------+
| id | select_type | table | type | possible_keys | key  | key_len | ref  | rows | Extra       |
+----+-------------+-------+------+---------------+------+---------+------+------+-------------+
|  1 | SIMPLE      | book  | ALL  | NULL          | NULL | NULL    | NULL |    4 | Using where |
+----+-------------+-------+------+---------------+------+---------+------+------+-------------+
1 row in set (0.00 sec)
mysql> explain select * from teacher where tname = CONVERT('123',SIGNED);
+----+-------------+---------+------+---------------+------+---------+------+------+-------------+
| id | select_type | table   | type | possible_keys | key  | key_len | ref  | rows | Extra       |
+----+-------------+---------+------+---------------+------+---------+------+------+-------------+
|  1 | SIMPLE      | teacher | ALL  | index_name    | NULL | NULL    | NULL |    6 | Using where |
+----+-------------+---------+------+---------------+------+---------+------+------+-------------+
1 row in set (0.00 sec)
mysql> explain select * from teacher where tname = 123 ;
+----+-------------+---------+------+---------------+------+---------+------+------+-------------+
| id | select_type | table   | type | possible_keys | key  | key_len | ref  | rows | Extra       |
+----+-------------+---------+------+---------------+------+---------+------+------+-------------+
|  1 | SIMPLE      | teacher | ALL  | index_name    | NULL | NULL    | NULL |    6 | Using where |
+----+-------------+---------+------+---------------+------+---------+------+------+-------------+
1 row in set (0.00 sec)
```

图 14-51　查看 SQL 执行计划

需要特别注意，以上描述的都是“复合索引”。而如果是单值索引，则不受上述条件限制，如下所示。

### 范例 14-33 单值索引失效的情况

多个单值索引之间彼此独立，某个单值索引的失效不会影响到其他单值索引，代码如下。

```
drop index idx_atb on book ;
alter table book add index idx_authroid (authorid) ;
alter table book add index idx_typeid (typeid) ;
--authorid 和 typeid 是各自独立的单值索引，因此 authorid 索引失效不会影响 typeid 索引
explain select * from book where authorid*2 = 1 and typeid = 2 ;
```

运行结果如图 14-52 所示。

```
mysql> explain select * from book where authorid*2 = 1 and typeid = 2 ;
+----+-------------+-------+------+---------------+------------+---------+-------+------+-------------+
| id | select_type | table | type | possible_keys | key        | key_len | ref   | rows | Extra       |
+----+-------------+-------+------+---------------+------------+---------+-------+------+-------------+
|  1 | SIMPLE      | book  | ref  | idx_typeid    | idx_typeid | 4       | const |    2 | Using where |
+----+-------------+-------+------+---------------+------------+---------+-------+------+-------------+
1 row in set (0.00 sec)
```

图 14-52　查看 SQL 执行计划

（2）不能对复合索引使用大于、不等于（!=、<>）或 is null、is not null，否则可能导致自身及右侧索引全部失效。

**范例 14-34 复合索引失效的情况**

本例演示的是，使用了一些运算符从而导致复合索引失效的一些情况。

```
-- 删除 book 表上的单值索引，并创建由 authorid、typeid、bid 组成的复合索引
drop index idx_authroid on book ;
drop index  idx_typeid on book ;
alter table book add index idx_atb (authorid,typeid,bid);
-- 复合索引中如果存在 >，则自身和右侧索引全部失效
explain select * from book where authorid > 1 and typeid =2 ;
-- 复合索引中如果存在 !=，则自身和右侧索引全部失效
explain select * from book where authorid != 1 and typeid =2 ;
-- 复合索引中的 authorid 和 typeid 均有效
explain select * from book where authorid = 1 and typeid =2 ;
```

运行结果如图 14-53 所示，读者可结合 key 和 key_len 进行验证。

```
mysql> explain select * from book where authorid > 1 and typeid =2 ;
+----+-------------+-------+------+---------------+------+---------+------+------+-------------+
| id | select_type | table | type | possible_keys | key  | key_len | ref  | rows | Extra       |
+----+-------------+-------+------+---------------+------+---------+------+------+-------------+
|  1 | SIMPLE      | book  | ALL  | idx_atb       | NULL | NULL    | NULL |    4 | Using where |
+----+-------------+-------+------+---------------+------+---------+------+------+-------------+
1 row in set (0.04 sec)

mysql> explain select * from book where authorid != 1 and typeid =2 ;
+----+-------------+-------+------+---------------+------+---------+------+------+-------------+
| id | select_type | table | type | possible_keys | key  | key_len | ref  | rows | Extra       |
+----+-------------+-------+------+---------------+------+---------+------+------+-------------+
|  1 | SIMPLE      | book  | ALL  | idx_atb       | NULL | NULL    | NULL |    4 | Using where |
+----+-------------+-------+------+---------------+------+---------+------+------+-------------+
1 row in set (0.00 sec)

mysql> explain select * from book where authorid = 1 and typeid =2 ;
+----+-------------+-------+------+---------------+---------+---------+-------------+------+-------+
| id | select_type | table | type | possible_keys | key     | key_len | ref         | rows | Extra |
+----+-------------+-------+------+---------------+---------+---------+-------------+------+-------+
|  1 | SIMPLE      | book  | ref  | idx_atb       | idx_atb | 8       | const,const |    1 |       |
+----+-------------+-------+------+---------------+---------+---------+-------------+------+-------+
1 row in set (0.00 sec)
```

图 14-53　查看 SQL 执行计划

需要特别注意：在本章已经多次强调，由于 SQL 引擎有时会自动对 SQL 进行调整，因此优化后的 SQL 有些时候可能会不符合我们的预期。

**范例 14-35 优化失效的情况**

本次通过一些示例体验一下“优化失效”的情形，如下所示。

```
-- 复合索引 at 全部使用
explain select * from book where authorid = 1 and typeid =2 ;
-- 复合索引中如果有 >，则自身和右侧索引全部失效
explain select * from book where authorid > 1 and typeid =2 ;
-- 复合索引（authorid、typeid）全部使用（不符合预期）
explain select * from book where authorid = 1 and typeid >2 ;
-- 复合索引 at 只用到了 1 个索引（不符合预期）
explain select * from book where authorid < 1 and typeid =2 ;
```

```
-- 复合索引全部失效（不符合预期）
explain select * from book where authorid < 4 and typeid =2 ;
```

运行结果如图 14-54 所示。

```
mysql> explain select * from book where authorid = 1 and typeid =2 ;
+----+-------------+-------+------+---------------+---------+---------+-------------+------+-------+
| id | select_type | table | type | possible_keys | key     | key_len | ref         | rows | Extra |
+----+-------------+-------+------+---------------+---------+---------+-------------+------+-------+
|  1 | SIMPLE      | book  | ref  | idx_atb       | idx_atb | 8       | const,const |    1 |       |
+----+-------------+-------+------+---------------+---------+---------+-------------+------+-------+
1 row in set (0.00 sec)

mysql> explain select * from book where authorid > 1 and typeid =2 ;
+----+-------------+-------+------+---------------+------+---------+------+------+-------------+
| id | select_type | table | type | possible_keys | key  | key_len | ref  | rows | Extra       |
+----+-------------+-------+------+---------------+------+---------+------+------+-------------+
|  1 | SIMPLE      | book  | ALL  | idx_atb       | NULL | NULL    | NULL |    4 | Using where |
+----+-------------+-------+------+---------------+------+---------+------+------+-------------+
1 row in set (0.00 sec)

mysql> explain select * from book where authorid = 1 and typeid >2 ;
+----+-------------+-------+-------+---------------+---------+---------+------+------+-------------+
| id | select_type | table | type  | possible_keys | key     | key_len | ref  | rows | Extra       |
+----+-------------+-------+-------+---------------+---------+---------+------+------+-------------+
|  1 | SIMPLE      | book  | range | idx_atb       | idx_atb | 8       | NULL |    1 | Using where |
+----+-------------+-------+-------+---------------+---------+---------+------+------+-------------+
1 row in set (0.00 sec)

mysql> explain select * from book where authorid < 1 and typeid =2 ;
+----+-------------+-------+-------+---------------+---------+---------+------+------+-------------+
| id | select_type | table | type  | possible_keys | key     | key_len | ref  | rows | Extra       |
+----+-------------+-------+-------+---------------+---------+---------+------+------+-------------+
|  1 | SIMPLE      | book  | range | idx_atb       | idx_atb | 4       | NULL |    1 | Using where |
+----+-------------+-------+-------+---------------+---------+---------+------+------+-------------+
1 row in set (0.00 sec)

mysql> explain select * from book where authorid < 4 and typeid =2 ;
+----+-------------+-------+------+---------------+------+---------+------+------+-------------+
| id | select_type | table | type | possible_keys | key  | key_len | ref  | rows | Extra       |
+----+-------------+-------+------+---------------+------+---------+------+------+-------------+
|  1 | SIMPLE      | book  | ALL  | idx_atb       | NULL | NULL    | NULL |    4 | Using where |
+----+-------------+-------+------+---------------+------+---------+------+------+-------------+
1 row in set (0.00 sec)
```

图 14-54　查看 SQL 执行计划

因此笔者认为，如果对 SQL 引擎的底层原理不是特别熟悉，那么 SQL 优化在有些时候会表现出一定的失效概率性。但对于大部分业务场景而言，只需尽力去满足 SQL 优化的普遍原则，然后通过 explain 验证自己的优化结果即可。

（3）like 查询不要以“%”开头，否则会导致索引失效。

### 范例 14-36 索引失效的情况

本例演示 like 模糊查询时索引失效的情况，如下所示。

```
--tname 是 teacher 表的索引
alter table teacher add index index_name (tname) ;
--like 以 "%" 开头，tname 索引失效
explain select * from teacher  where tname like ' %x% ';
--like 以常量开头，tname 索引正常使用
explain select * from teacher  where tname like ' x% ';
--like 以 "%" 开头，tname 索引失效；但如果用到了覆盖索引，则有可能使 SQL 引擎重新识别索引
explain select tname from teacherwhere tname like ' %x% ';
```

运行结果如图 14-55 所示。

```
mysql> explain select * from teacher  where tname like '%x%';
+----+-------------+---------+------+---------------+------+---------+------+------+-------------+
| id | select_type | table   | type | possible_keys | key  | key_len | ref  | rows | Extra       |
+----+-------------+---------+------+---------------+------+---------+------+------+-------------+
|  1 | SIMPLE      | teacher | ALL  | NULL          | NULL | NULL    | NULL |    6 | Using where |
+----+-------------+---------+------+---------------+------+---------+------+------+-------------+
1 row in set (0.00 sec)

mysql> explain select * from teacher  where tname like 'x%';
+----+-------------+---------+-------+---------------+------------+---------+------+------+-------------+
| id | select_type | table   | type  | possible_keys | key        | key_len | ref  | rows | Extra       |
+----+-------------+---------+-------+---------------+------------+---------+------+------+-------------+
|  1 | SIMPLE      | teacher | range | index_name    | index_name | 63      | NULL |    1 | Using where |
+----+-------------+---------+-------+---------------+------------+---------+------+------+-------------+
1 row in set (0.00 sec)

mysql> explain select tname from teacher where tname like '%x%';
+----+-------------+---------+-------+---------------+------------+---------+------+------+--------------------------+
| id | select_type | table   | type  | possible_keys | key        | key_len | ref  | rows | Extra                    |
+----+-------------+---------+-------+---------------+------------+---------+------+------+--------------------------+
|  1 | SIMPLE      | teacher | index | NULL          | index_name | 63      | NULL |    6 | Using where; Using index |
+----+-------------+---------+-------+---------------+------------+---------+------+------+--------------------------+
1 row in set (0.00 sec)
```

图 14-55　查看 SQL 执行计划

综上可知，如果因为业务需求，不可避免地用了使索引失效的 SQL 语句（如 select ... from ... where name like '%yq%'），那么可以尝试用覆盖索引使 SQL 引擎重新识别该索引；即使尝试失败，也会因为用到了 Using index 而提高一部分性能。此外，通过本例也能发现，在编写 SQL 时，尽量不要写“select * ...”，否则无法实现覆盖索引。

（4）where 后面不要使用 or，否则会导致索引失效。

**范例 14-37 索引失效的情况**

本例演示 where 子句导致索引失效的一种情况，代码如下。

```
explain select * from teacher where tname ='' or tcid >1 ;
```

运行结果如图 14-56 所示。

```
mysql> explain select * from teacher where tname ='' or tcid >1 ;
+----+-------------+---------+------+---------------+------+---------+------+------+-------------+
| id | select_type | table   | type | possible_keys | key  | key_len | ref  | rows | Extra       |
+----+-------------+---------+------+---------------+------+---------+------+------+-------------+
|  1 | SIMPLE      | teacher | ALL  | index_name    | NULL | NULL    | NULL |    6 | Using where |
+----+-------------+---------+------+---------------+------+---------+------+------+-------------+
1 row in set (0.00 sec)
```

图 14-56　查看 SQL 执行计划

## 14.2.4 ▶ 优化数据库性能的几点补充

下面介绍几点优化数据库性能的建议。

### 1.exist 和 in

一般而言，使用 exist 和 in 的 SQL 可以相互转换，但是为了提高查询的性能，有以下建议。

（1）当主查询的数据集大时，使用 in。

（2）当子查询的数据集大时，使用 exist。

### 2.order by

根据 IO 次数的不同，MySQL 有两种排序算法：单路排序和双路排序。在 MySQL 4.1 前，默认使用的是双路排序。

双路排序是指扫描两次磁盘。第一次：从磁盘读取排序字段，对排序字段进行排序（在 Buffer 中进行的排序）；第二次：扫描其他字段。

但是由于 IO 操作（扫描磁盘）比较消耗性能，从 MySQL 4.1 开始，SQL 引擎改为了默认使用单路排序。单路排序是指只扫描一次磁盘（一次性扫描全部字段），也是在 Buffer 中进行排序。不过单路排序存在一定的隐患，单路实际上并不一定仅“扫描一次磁盘”，也有可能会多次扫描。因为如果数据量特别大，而 Buffer 空间有限，因此无法将所有字段的数据一次性读取完毕，因此必然会进行“分片读取、多次读取”。此外，单路排序会比双路排序占用更多的 Buffer 空间。因此，在使用单路排序时，如果数据较大，就可以考虑通过以下命令调大 Buffer 的容量：

set max_length_for_sort_data = 1024（单位 byte）。

如果 max_length_for_sort_data 值太低，MySQL 也会自动从单路切换到双路。这里的“太低”是指需要排序字段中的总数据大小超过了 max_length_for_sort_data 定义的字节数。

总的来说，在实际排序时可以通过以下策略提高 order by 的效率。

（1）根据数据量大小，适当选择使用单路、双路，并调整 Buffer 的容量大小。

（2）复合索引不要跨列使用，避免出现 using filesort。

（3）全部排序字段在排序时，保持顺序一致性（如对多个字段排序，尽量都是升序或都是降序）。

### 3.Open_tables /Opened_tables 和 table_open_cache

查看之前及现在打开表的数量，如图 14-57 所示。

```
mysql> show global status like 'open%_tables';
+---------------+-------+
| Variable_name | Value |
+---------------+-------+
| Open_tables   | 26    |
| Opened_tables | 33    |
+---------------+-------+
2 rows in set (0.00 sec)
```

图 14-57　查看 Open_tables 和 Opened_tables 参数值

Open_tables ：当前打开的表的数量。

Opened_tables：打开过的表的数量。

查看 table 缓存的数量，如图 14-58 所示。

```
mysql> show variables LIKE "%table_open_cache%";
+------------------+-------+
| Variable_name    | Value |
+------------------+-------+
| table_open_cache | 512   |
+------------------+-------+
1 row in set (0.00 sec)
```

图 14-58　查看 table_open_cache 参数值

如果 open_tables 与 table_open_cache 的值接近，就说明缓存的命中率较低。

如果 Open_tables 的值远远小于 table_open_cache ，就说明 table_open_cache 的值设置过大。

一般情况下，如果节点有 4G 内存，就建议将 table_open_cache 设置为 2048MB，并且节点的内存大小与 table_open_cache 的值成正比。但要注意的是，table_open_cache 并不是越大越好，因为 table_open_cache 过大时，可能会造成文件描述符不足，从而造成性能不稳定。

比较理想的值如下：

Open_tables / Opened_tables >= 0.85

Open_tables / table_open_cache <= 0.95

如果要清空 table_open_cache，可以执行 flush tables 命令。

## 14.2.5 ▶ 定位拖累数据库性能的元凶——慢 SQL 排查与性能分析

### 1. 慢 SQL 排查

在大量的SQL脚本中，如何快速定位性能低、速度慢的SQL？可以通过慢查询日志来快速定位。

慢查询日志是 MySQL 提供的一种特殊的记录日志，用于记录 MySQL 中响应时间超过阀值的 SQL 语句（响应时间可以通过 long_query_time 设置，默认为 10 秒）。

MySQL 默认关闭了慢查询日志，建议大家可以在开发调试时临时打开此功能，而在最终部署时关闭此功能。

```
-- 临时开启慢查询日志功能（重启后失效）
set global slow_query_log = 1 ;
-- 检查是否开启了慢查询日志
show variables like '%slow_query_log%';
```

运行结果如图 14-59 所示。

```
mysql> show variables like '%slow_query_log%' ;
+---------------------+-----------------------------------+
| Variable_name       | Value                             |
+---------------------+-----------------------------------+
| slow_query_log      | ON                                |
| slow_query_log_file | /var/lib/mysql/bigdata02-slow.log |
+---------------------+-----------------------------------+
2 rows in set (0.00 sec)
```

图 14-59　查看 slow_query_log 参数值

上图表示开启了慢查询日志功能，并且将慢 SQL 记录在了 /var/lib/mysql/bigdata02-slow.log 文件中。

除了临时开启外，也可以在配置文件中永久开启慢查询日志功能，如下所示。

在 /etc/my.cnf 的 [mysqld] 中，追加以下配置。

```
-- 永久开启慢查询日志功能
slow_query_log=1
-- 指定慢查询日志的记录文件
slow_query_log_file=/var/lib/mysql/localhost-slow.log
```

而慢查询阀值可以通过 long_query_time 变量设置，代码如下。

```
-- 临时设置阀值。设置完毕后，重新登录后起效（不要重启服务）
set global long_query_time = 5 ;
-- 查看阀值
show variables like '%long_query_time%';
```

运行结果如图 14-60 所示。

```
mysql> set global long_query_time = 5 ;
Query OK, 0 rows affected (0.00 sec)

mysql> exit
Bye
[root@bigdata02 ~]# mysql -uroot -proot
Welcome to the MySQL monitor.  Commands end with ; or \g.
Your MySQL connection id is 4
Server version: 5.5.58-log MySQL Community Server (GPL)

Copyright (c) 2000, 2017, Oracle and/or its affiliates. All rights reserved.

Oracle is a registered trademark of Oracle Corporation and/or its
affiliates. Other names may be trademarks of their respective
owners.

Type 'help;' or '\h' for help. Type '\c' to clear the current input statement.

mysql> show variables like '%long_query_time%' ;
+-----------------+----------+
| Variable_name   | Value    |
+-----------------+----------+
| long_query_time | 5.000000 |
+-----------------+----------+
1 row in set (0.00 sec)
```

图 14-60　设置慢查询阈值

也可以在 /etc/my.cnf 的 [mysqld] 中永久设置阈值，代码如下。

```
long_query_time=5
```

**范例 14-38　慢查询 SQL**

本例依次模拟执行多条慢 SQL，然后查询超过阈值的慢 SQL 个数。

```
--select sleep(n) 表示休眠 n 秒
select sleep(4);
select sleep(5);
select sleep(6);
select sleep(7);
-- 查询超过阈值的慢 SQL 个数（即执行时间大于阈值 5 秒的 SQL 个数）
show global status like '%slow_queries%';
```

运行结果如图 14-61 所示。

```
mysql> show global status like '%slow_queries%' ;
+---------------+-------+
| Variable_name | Value |
+---------------+-------+
| Slow_queries  | 3     |
+---------------+-------+
1 row in set (0.05 sec)
```

图 14-61　查看 slow_queries 参数值

也可以在刚才设置的 /var/lib/mysql/localhost-slow.log 中查看具体的慢查询 SQL 语句，代码如下。

```
var/lib/mysql/localhost-slow.log
/usr/sbin/mysqld, Version: 5.5.58-log (MySQL Community Server (GPL)). started with:
Tcp port: 3306  Unix socket: /var/lib/mysql/mysql.sock
Time                 Id Command    Argument
# Time: 181206 16:29:13
# User@Host: root[root] @ localhost []
# Query_time: 5.000510  Lock_time: 0.000000 Rows_sent: 1  Rows_examined: 0
SET timestamp=1544084953;
```

```
select sleep(5);
# Time: 181206 16:29:29
# User@Host: root[root] @ localhost []
# Query_time: 6.000581  Lock_time: 0.000000 Rows_sent: 1  Rows_examined: 0
SET timestamp=1544084969;
select sleep(6);
# Time: 181206 16:29:51
# User@Host: root[root] @ localhost []
# Query_time: 7.000363  Lock_time: 0.000000 Rows_sent: 1  Rows_examined: 0
SET timestamp=1544084991;
select sleep(7);
```

除了查看 localhost-slow.log 外，还可以通过 mysqldumpslow 工具查看具体的慢 SQL。mysqldumpslow 可以通过过滤条件，快速查找出符合条件的慢 SQL。

mysqldumpslow.pl 是 MySQL 提供的慢查询日志分析工具。但要注意，如果是在 Linux 中安装的 MySQL，则可以直接使用 mysqldumpslow；但如果是在 Windows 中安装的 MySQL，就需要先安装 ActivePerl（用于执行 .pl 格式的文件），之后才能使用 mysqldumpslow。

mysqldumpslow 的使用语法如下：

mysqldumpslow 各种参数 慢查询日志的文件

mysqldumpslow 可以通过命令参数筛选出符合条件的慢 SQL。而命令参数可以通过 mysqldumpslow --help 查看，如图 14-62 所示。

```
[root@bigdata02 ~]# mysqldumpslow --help
Usage: mysqldumpslow [ OPTS... ] [ LOGS... ]

Parse and summarize the MySQL slow query log. Options are

  --verbose    verbose
  --debug      debug
  --help       write this text to standard output

  -v           verbose
  -d           debug
  -s ORDER     what to sort by (al, at, ar, c, l, r, t), 'at' is default
                al: average lock time
                ar: average rows sent
                at: average query time
                 c: count
                 l: lock time
                 r: rows sent
                 t: query time
  -r           reverse the sort order (largest last instead of first)
  -t NUM       just show the top n queries
  -a           don't abstract all numbers to N and strings to 'S'
  -n NUM       abstract numbers with at least n digits within names
  -g PATTERN   grep: only consider stmts that include this string
  -h HOSTNAME  hostname of db server for *-slow.log filename (can be wildcard),
               default is '*', i.e. match all
  -i NAME      name of server instance (if using mysql.server startup script)
  -l           don't subtract lock time from total time
```

图 14-62　mysqldumpslow 命令参数

图中部分参数的简介如表 14-2 所示。

表 14-2 mysqldumpslow 参数简介

<table>
<tr><th colspan="2">参数</th><th>简介</th><th>参数</th><th>简介</th></tr>
<tr><td rowspan="6">-s: 指定排序方式</td><td>c</td><td>访问计数</td><td rowspan="3">-t</td><td rowspan="3">表示 top n，即返回多少条数据</td></tr>
<tr><td>l</td><td>锁定时间</td></tr>
<tr><td>r</td><td>返回记录</td></tr>
<tr><td>al</td><td>平均锁定时间</td><td rowspan="3">-g</td><td rowspan="3">使用正则匹配模式，大小写不敏感</td></tr>
<tr><td>ar</td><td>平均访问记录数</td></tr>
<tr><td>at</td><td>平均查询时间</td></tr>
</table>

**范例 14-39** mysqldumpslow 工具

本例演示使用 mysqldumpslow 工具筛选出符合条件的 SQL 语句。

```
-- 获取返回记录最多的 3 条 SQL
mysqldumpslow -s r -t 3  /var/lib/mysql/localhost-slow.log
-- 获取访问次数最多的 3 条 SQL
mysqldumpslow -s c -t 3 /var/lib/mysql/localhost-slow.log
-- 按照时间排序，前 10 条包含 left join 查询语句的 SQL（笔者的数据库中，暂时不存在此 SQL）
mysqldumpslow -s t -t 10 -g " left join " /var/lib/mysql/localhost-slow.log
```

运行结果如图 14-63 所示。

```
[root@bigdata02 ~]# mysqldumpslow -s r -t 3  /var/lib/mysql/localhost-slow.log

Reading mysql slow query log from /var/lib/mysql/localhost-slow.log
Count: 3  Time=6.00s (18s)  Lock=0.00s (0s)  Rows=1.0 (3), root[root]@localhost
  select sleep(N)

Died at /usr/bin/mysqldumpslow line 161, <> chunk 3.
[root@bigdata02 ~]# mysqldumpslow -s c -t 3 /var/lib/mysql/localhost-slow.log

Reading mysql slow query log from /var/lib/mysql/localhost-slow.log
Count: 3  Time=6.00s (18s)  Lock=0.00s (0s)  Rows=1.0 (3), root[root]@localhost
  select sleep(N)

Died at /usr/bin/mysqldumpslow line 161, <> chunk 3.
[root@bigdata02 ~]# mysqldumpslow -s t -t 10 -g "left join" /var/lib/mysql/localhost-slow.log

Reading mysql slow query log from /var/lib/mysql/localhost-slow.log
Died at /usr/bin/mysqldumpslow line 161, <> chunk 3.
```

图 14-63　根据参数条件筛选 SQL

### 2. 使用 profiles 分析 SQL 性能

现有 emp 员工表和 dept 部门表，并且 emp 表中有 80 万条数据，dept 表中有 30 条数据，如图 14-64 所示。

```
mysql> select count(1) from emp union select count(1) from dept ;
+----------+
| count(1) |
+----------+
|   800000 |
|       30 |
+----------+
```

图 14-64　emp 表和 dept 表的数据量

现在，对于以上海量数据，使用 profiles 分析实际 SQL 的执行情况，具体如下。

（1）开启 profiles。

```
--profiles 功能默认是关闭状态，需要手工开启
set profiling = on ;
```

```
-- 检查 profiles 是否开启
show variables like ' %profiling% ';
```

运行结果如图 14-65 所示。

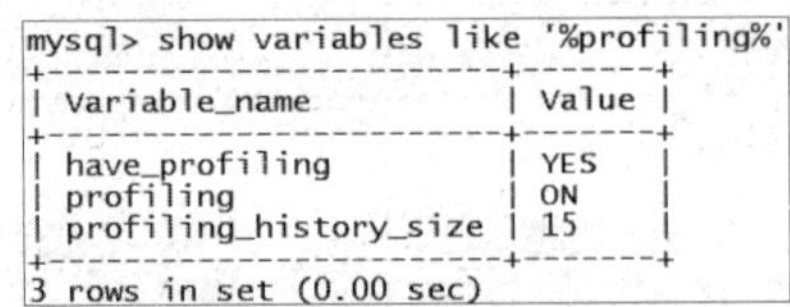

```
mysql> show variables like '%profiling%'
+------------------------+-------+
| Variable_name          | Value |
+------------------------+-------+
| have_profiling         | YES   |
| profiling              | ON    |
| profiling_history_size | 15    |
+------------------------+-------+
3 rows in set (0.00 sec)
```

图 14-65 查看 profiles 参数值

（2）使用 profiles 分析各个查询 SQL 耗费的时间。

当 profiling 功能被打开后，show profiles 会记录所有 select 语句所花费的时间，如图 14-66 所示。

```
mysql> show profiles;
+----------+------------+----------------------------------------------------------------------+
| Query_ID | Duration   | Query                                                                |
+----------+------------+----------------------------------------------------------------------+
|        1 | 0.18563550 | select count(1) from emp                                             |
|        2 | 0.16382650 | select count(1) from emp union select count(1) from dept             |
|        3 | 1.84380025 | select eid,ename from emp e left outer join dept d on e.deptno = d.dno |
+----------+------------+----------------------------------------------------------------------+
3 rows in set (0.06 sec)
```

图 14-66 查看 select 语句的执行时间

可以发现，show profiles 只能看到每条 SQL 消费的总时间，但不能观察 SQL 在查询时，CPU、IO 等各个硬件分别花费的时间。

（3）精确查询各个硬件的执行时间。

show profiles 的查询结果中，各个 SQL 都有一个 Query_Id。可以通过此 Query_Id，精确分析某个 SQL 的具体执行时间，代码如下。

```
-- 查询上一步中，Query_Id 值为 2 的 SQL 执行时间
show profile cpu,block io for query 2 ;
```

运行结果如图 14-67 所示。

```
mysql> show profile cpu,block io for query 2 ;
+--------------------------------+----------+----------+------------+--------------+---------------+
| Status                         | Duration | CPU_user | CPU_system | Block_ops_in | Block_ops_out |
+--------------------------------+----------+----------+------------+--------------+---------------+
| starting                       | 0.000012 | 0.000000 |   0.000000 |            0 |             0 |
| Waiting for query cache lock   | 0.000002 | 0.000000 |   0.000000 |            0 |             0 |
| checking query cache for query | 0.000029 | 0.000000 |   0.000000 |            0 |             0 |
| checking permissions           | 0.000002 | 0.000000 |   0.000000 |            0 |             0 |
| checking permissions           | 0.000003 | 0.000000 |   0.000000 |            0 |             0 |
| Opening tables                 | 0.000011 | 0.000000 |   0.000000 |            0 |             0 |
| System lock                    | 0.000005 | 0.000000 |   0.000000 |            0 |             0 |
| Waiting for query cache lock   | 0.042204 | 0.000000 |   0.000000 |           56 |             0 |
| optimizing                     | 0.000009 | 0.000000 |   0.000000 |            0 |             0 |
| statistics                     | 0.000008 | 0.000000 |   0.000000 |            0 |             0 |
| preparing                      | 0.000006 | 0.000000 |   0.000000 |            0 |             0 |
| executing                      | 0.000004 | 0.000000 |   0.000000 |            0 |             0 |
| Sending data                   | 0.121305 | 0.117982 |   0.002000 |            0 |             0 |
| optimizing                     | 0.000008 | 0.000000 |   0.000000 |            0 |             0 |
| statistics                     | 0.000007 | 0.000000 |   0.000000 |            0 |             0 |
| preparing                      | 0.000005 | 0.000000 |   0.000000 |            0 |             0 |
| executing                      | 0.000002 | 0.000000 |   0.000000 |            0 |             0 |
| Sending data                   | 0.000027 | 0.000000 |   0.000000 |            0 |             0 |
| optimizing                     | 0.000002 | 0.000000 |   0.000000 |            0 |             0 |
| statistics                     | 0.000002 | 0.000000 |   0.000000 |            0 |             0 |
| preparing                      | 0.000002 | 0.000000 |   0.000000 |            0 |             0 |
| executing                      | 0.000001 | 0.000000 |   0.000000 |            0 |             0 |
| Sending data                   | 0.000009 | 0.000000 |   0.000000 |            0 |             0 |
| removing tmp table             | 0.000006 | 0.000000 |   0.000000 |            0 |             0 |
| Sending data                   | 0.000003 | 0.000000 |   0.000000 |            0 |             0 |
| query end                      | 0.000046 | 0.000000 |   0.000000 |            0 |             0 |
| closing tables                 | 0.000006 | 0.000000 |   0.000000 |            0 |             0 |
| freeing items                  | 0.000005 | 0.000000 |   0.000000 |            0 |             0 |
| Waiting for query cache lock   | 0.000001 | 0.000000 |   0.000000 |            0 |             0 |
| freeing items                  | 0.000091 | 0.000000 |   0.000000 |            0 |             0 |
| Waiting for query cache lock   | 0.000003 | 0.000000 |   0.000000 |            0 |             0 |
| freeing items                  | 0.000001 | 0.000000 |   0.000000 |            0 |             0 |
| storing result in query cache  | 0.000002 | 0.000000 |   0.000000 |            0 |             0 |
| logging slow query             | 0.000001 | 0.000000 |   0.000000 |            0 |             0 |
| cleaning up                    | 0.000002 | 0.000000 |   0.000000 |            0 |             0 |
+--------------------------------+----------+----------+------------+--------------+---------------+
35 rows in set (0.06 sec)
```

图 14-67 查询各个硬件的执行时间

(4) 跟踪日志。

如果需要，也可以开启跟踪日志，记录开启后的全部 SQL 语句。

```
-- 开启跟踪日志
set global general_log = 1 ;
-- 验证是否开启
show variables like ' %general_log% ';
-- 将跟踪的 SQL，记录在表中 ( mysql.general_log 表 )
set global log_output=' table ';
-- 测试：进行增加和查询操作
insert into dept values(100,' abc ',' xyz ');
select *from dept;
```

之后，如果再进行数据库操作，就会将 SQL 记录在 mysql.general_log 表中，如图 14-68 所示。

```
mysql> select *from mysql.general_log;
| event_time          | user_host                  | thread_id | server_id | command_type | argument
| 2018-12-07 13:48:00 | root[root] @ localhost []  |         7 |         1 | Query        | insert into dept values(100,'abc','xyz')
| 2018-12-07 13:48:05 | root[root] @ localhost []  |         7 |         1 | Query        | select *from dept
| 2018-12-07 13:48:38 | root[root] @ localhost []  |         7 |         1 | Query        | select *from mysql.general_log
```

图 14-68　查询 mysql.general_log 表

也可以将数据记录在文件中，代码如下。

```
-- 将全部记录的 SQL，记录在 /tmp/general.log 文件中
set global log_output=' file ';
set global general_log = on ;
set global general_log_file=' /tmp/general.log ';
-- 测试：进行删除和查询操作
delete from dept where dno = 100;
select *from dept where dno < 100 ;
```

查看 /tmp/general.log 文件中的记录，如图 14-69 所示。

```
[root@bigdata02 ~]# cat /tmp/general.log
/usr/sbin/mysqld, Version: 5.5.58-log (MySQL Community Server (GPL)). started with:
Tcp port: 3306  Unix socket: /var/lib/mysql/mysql.sock
Time                 Id Command    Argument
181207 13:55:04       7 Query     delete from dept where dno = 100
181207 13:55:07       7 Query     select *from dept where dno < 100
```

图 14-69　查看 /tmp/general.log 文件

注意

“记录跟踪日志”的功能会影响数据库系统的性能，因此建议仅在 SQL 调试、调优中打开该功能，而在最终的部署实施时关闭该功能。

## 14.3 各种类型的锁机制

在 Java 中，可以通过 synchronized 关键字、Lock 接口、CAS 算法等处理并发问题。而在数据库中，也可以通过锁机制解决因资源共享而造成的并发问题。

根据操作类型的不同，锁可以分为读锁和写锁，具体介绍如下。

（1）读锁：共享锁。对同一个数据，多个读操作可以同时进行，互不干扰。

（2）写锁：互斥锁。如果当前写操作没有执行完毕，则其他进程无法同时进行读操作、写操作。

根据操作范围的不同，锁也可以分为表锁、行锁和页锁，具体介绍如下。

（1）表锁：一次性对一张表整体加锁。MyISAM 存储引擎默认使用表锁，优点是开销小、加锁快、无死锁；但锁的粒度较大，容易发生锁冲突，并发度低（容易发生脏读、幻读、不可重复读、丢失更新等并发问题）。表锁在使用时，会在执行查询语句（SELECT）前，自动给表中的所有数据加读锁；在执行更新操作（DML）前，自动的给表中的所有数据加写锁。因此对 MyISAM 表进行操作，会有以下情况。

①对 MyISAM 表的读操作（加读锁），不会阻塞其他进程（会话）对同一表的读请求，但会阻塞对同一表的写请求。只有当读锁释放后，才会执行其他进程的写操作。

②对 MyISAM 表的写操作（加写锁），会阻塞其他进程（会话）对同一表的读和写操作，只有当写锁释放后，才会执行其他进程的读写操作。

在分析表锁时，可以使用 show open tables 查看哪些表被加了锁，或者使用 show status like 'table%' 分析表被锁定的严重程度，如图 14-70 所示。

```
mysql> show status like 'table%';
+-----------------------+---------+
| Variable_name         | Value   |
+-----------------------+---------+
| Table_locks_immediate | 880080  |
| Table_locks_waited    | 0       |
+-----------------------+---------+
2 rows in set (0.00 sec)
```

图 14-70　分析表被锁定的程度

其中，Table_locks_immediate 表示可能获取到的表锁数，Table_locks_waited 表示需要等待的表锁数 (如果该值越大，说明存在越大的锁竞争 )。

一般建议：当 Table_locks_immediate/Table_locks_waited > 5000 时，建议采用 InnoDB 引擎（行锁），否则采用 MyISAM 引擎（表锁）。

（2）行锁：一次性对一条数据加锁。InnoDB 存储引擎默认使用行锁，行锁的开销大、加锁慢，并且容易出现死锁；但行锁的粒度较小，不易发生锁冲突，并发度高。

对于行锁，需要注意：如果某个进程 A 对一条数据 a 正在进行 DML 操作，则其他进程必须等待进程 A 结束事务 (commit/rollback) 后，才能对数据 a 进行操作；也就是说，行锁会在事务结束后自动解锁。但如果是表锁，既可以在事务结束后自动解锁，又可以通过 unlock tables 手动解锁。

还有一种比较特殊行锁“间隙锁”，指定是“查询的值在 where 范围内，但此值却不存在”，代码如下所示。

**》【源码**：demo/ch14/linelock.sql】

```
create table linelock(
id int(5) primary key auto_increment,
name varchar(20)
)engine=innodb ;// 行锁
insert into linelock(name) values(' 1 ') ;
insert into linelock(name) values(' 2 ') ;
-- 不存在 id=3 的数据，即 id=3 的数据是一个“间隙”
insert into linelock(name) values(' 4 ') ;
insert into linelock(name) values(' 5 ') ;
---- 此 where 范围中包含了 id=3 的数据，但实际上并不存在 id=3 的数据库
update linelock set name =' x ' where id<6 ;
```

以上，在执行 update 语句时，即使 id=3 的数据不存在，MySQL 也会自动给 id=3 的数据（间隙）加行锁，即间隙锁。也就是说，对于采用行锁的存储引擎，实际加锁的范围就是 where 后面的范围，与实际的值无关。读者可以尝试：先将 MySQL 事务改为手动 COMMIT，然后再在一个客户端中执行上述 update 语句，但不要 COMMIT；之后再在另一个客户端中对 id=3 的数据进行写操作，尝试能否写入成功。

以上加锁的情景都是“写操作”，能否对读操作（select）加锁呢?

答案是可以，使用 for update，代码如下。

```
-- 通过 for update 对 select 语句进行加锁
select * from linelock where id =2 for update ;
```

此外，在分析行锁时，可以使用 show status like '%innodb_row_lock%' 语句，如图 14-71 所示。

```
mysql> show status like '%innodb_row_lock%';
+-------------------------------+-------+
| Variable_name                 | Value |
+-------------------------------+-------+
| Innodb_row_lock_current_waits | 0     |
| Innodb_row_lock_time          | 0     |
| Innodb_row_lock_time_avg      | 0     |
| Innodb_row_lock_time_max      | 0     |
| Innodb_row_lock_waits         | 0     |
+-------------------------------+-------+
5 rows in set (0.28 sec)
```

图 14-71　分析行锁

其中，各参数的含义如下所示。

① Innodb_row_lock_current_waits：当前正在等待锁的数量。

② Innodb_row_lock_time：等待总时长，从系统启动到现在一共等待的时间。

③ Innodb_row_lock_time_avg：平均等待时长，从系统启动到现在平均等待的时间。

④ Innodb_row_lock_time_max：最大等待时长，从系统启动到现在最大一次等待的时间。

⑤ Innodb_row_lock_waits：等待次数，从系统启动到现在一共等待的次数。

最后要强调的是，对于行锁和表锁，读者一定要知道：高并发场景建议使用 InnoDB 引擎（行锁），否则使用 MyISAM 引擎（表锁）。

（3）页锁：行锁锁定行，表锁锁定表，而页锁是折中实现，即一次锁定相邻的一组记录。页锁在实际开发中很少使用，本章不再过多介绍。

# 第 15 章

# 15

# 基于海量数据的高性能高可用数据库方案的设计与实现

本章将通过详细的步骤讲解基于 MySQL+MyCat+Happroxy+keepalived 架构的高性能高可用数据库，其中包含了主从同步、读写分离、防止单点故障等重要技术。之后将搭建一个基于 Oracle 的分布式数据库。

# 15.1 使用 MySQL 及数据库中间件处理海量数据

本节通过 MySQL 数据库和 MyCat、Haproxy、keepalived 等中间件设计，实现一个完整的海量数据解决方案。本节演示时使用的操作系统是 Windows 10 和 CentOS 7。

## 15.1.1 ▶ 设计基于 MySQL+MyCat+Haproxy+keepalived 架构的数据

从本小节开始，将依次讲解 MySQL 主从同步、读写分离、Haproxy、keepalived 等技术。本章使用的操作系统和软件版本等信息如表 15-1 所示。

表 15-1　软件及环境介绍

<table>
<tr><th>部署节点的 IP</th><th>hostname</th><th>软件及版本</th><th>作用</th><th>操作系统</th><th>端口号</th></tr>
<tr><td>192.168.2.2</td><td>bigdata</td><td>MySQL 5.5.61</td><td>主从同步中的“主”</td><td>Win 10</td><td>3306</td></tr>
<tr><td>192.168.2.128</td><td>bigdata01</td><td>MySQL 5.5.58</td><td>主从同步中的“从”</td><td>CentOS 7</td><td>3306</td></tr>
<tr><td>192.168.2.131</td><td>bigdata04</td><td>mycatMycat-server-1.6.6.1</td><td rowspan="2">对数据库进行分库、分表，并实现读写分离</td><td>CentOS 7</td><td>8066</td></tr>
<tr><td>192.168.2.132</td><td>bigdata05</td><td>mycatMycat-server-1.6.6.1</td><td>CentOS 7</td><td>8066</td></tr>
<tr><td>192.168.2.133</td><td>bigdata06</td><td>haproxy-1.5.18<br>keepalived.x86_64 0:1.3.5</td><td rowspan="2">haproxy：用于实现 MyCat 的高可用。<br>keepalived：用于实现 haproxy 的高可用，防止单点故障</td><td>CentOS 7</td><td rowspan="2">haproxy 是 5000</td></tr>
<tr><td>192.168.2.134</td><td>bigdata07</td><td>haproxy-1.5.18<br>keepalived.x86_64 0:1.3.5</td><td>CentOS 7</td></tr>
<tr><td>192.168.2.222</td><td colspan="5">bigdata06 和 bigdata07 之间，通过 keepalived 生成的虚拟 IP（Virtual IP，简称 VIP）</td></tr>
</table>

具体地讲，本次演示是将 MySQL 部署在了 bigdata 上，然后通过主从同步将 bigdata 的数据备份到 bigdata01 中，之后通过 MyCat 实现读写分离（写操作在 bigdata 上执行，读操作在 bigdata01 上执行）。接着，为了防止单个 MyCat 发生故障导致整个系统崩溃，就建立了两个 MyCat 集群，并通过 haproxy 管理这两个 MyCat。同样的道理，为了防止 haproxy 单节点故障，又创建了两个 haproxy，并且两个 haproxy 之间通过 keepalived 保持心跳，以此彻底解决单节点故障。当某一个 haproxy 节点发生故障时，keepalived 能够将请求自动切换到另一个 haproxy 节点上。最后 bigdata06 和 bigdata07 上的两个 keepalived 会共同维护同一个 VIP，此 VIP 就是整个架构的请求入口。反过来看，客户端先通过 keepalived 的 VIP 访问某一个 haproxy，然后根据 haproxy 中配置的内容访问 MyCat，最后再通过 MyCat 中配置的内容访问两个 MySQL 数据库，如图 15-1 所示。

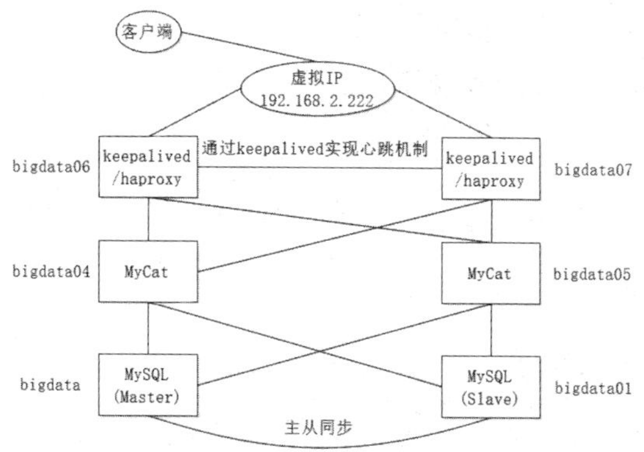


图 15-1 数据库设计架构

keepalived 实际是“去中心化”的一种实现。如果架构的顶层有一个“Master”（这里的 Master 是指设计架构时的 Master，而不是指主从同步的 Master），那么一旦这个 Master 挂掉，就会使整个架构群龙无首，从而导致整个架构整体挂掉。而 keepalived 可以保证架构中存在多个 Master，并且多个 Master 之间通过心跳机制保持通信，以此感知对方的 Master 是处于存活还是死亡状态。重要的是，多个 Master 会共同维护一个 VIP。客户端发来的请求，会直接请求该 VIP。初始时，优先级最高的 Master 拥有此 VIP 的使用权，之后会处理客户请求。当这个优先级最高的 Master 挂掉之后，其他 Master 再去争夺 VIP 的使用权，总会有一个节点争夺成功，抢到该 VIP 的使用权，从而接管客户端发来的请求。以上整个过程，从客户端角度出发，客户端始终访问的是 VIP，而不会感知究竟是哪个 Master 提供的服务。因此，使用“去中心化”可以实现一个高可用的系统架构。

## 15.1.2 ▶ MySQL 主从同步功能的设计与实现

主从同步也称为主从复制，目的是让数据可以从一个数据库自动复制到其他数据库。在复制的过程中，一个数据库充当主数据库（Master），其余的数据库充当从数据库（Slave）。

图 15-2 就是 MySQL 实现主从同步的原理。当 Master 中的数据发生改变时，就会将改变的数据写入本机的 Binary Log 文件中。之后 Slave 通过 I/O 线程远程读取 Master 的 Binary Log 文件，并解析 Binary Log 中的数据，最后将发生改变的数据写入自己的数据库中。需要注意的是，主从复制是异步执行的，因此会有一定的延迟。

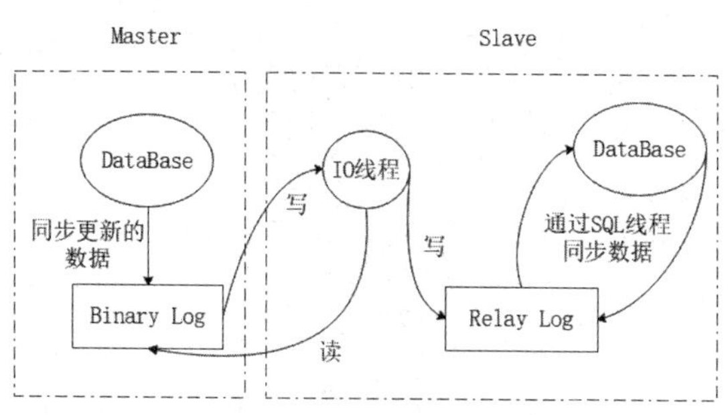


图 15-2 MySQL 主从同步原理

主从同步要求至少有一个Master，可以有多个Slave。图15-3至图15-7是几种常见的主从结构。

（1）一主一从。

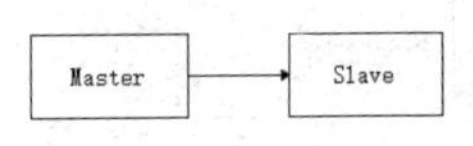


图15-3　一主一从结构

（2）互为主从。

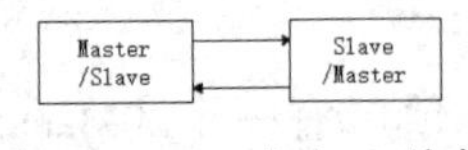

图15-4　互为主从结构

（3）一主多从。

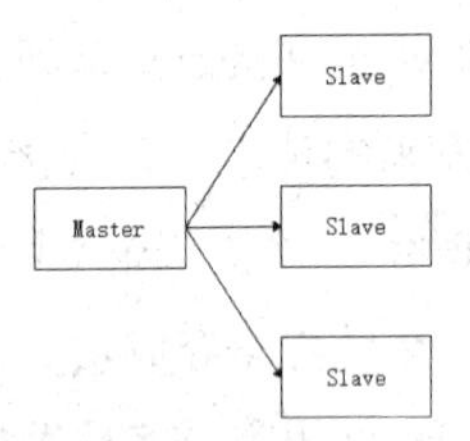

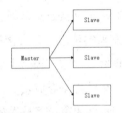

图15-5　一主多从结构

（4）级联主从。

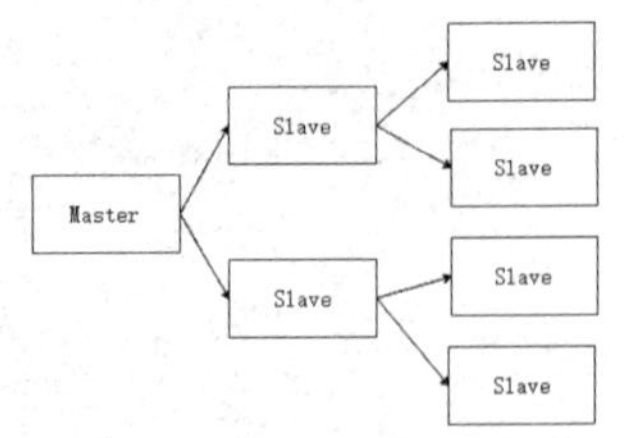


图15-6　级联主从结构

（5）双主从级联。

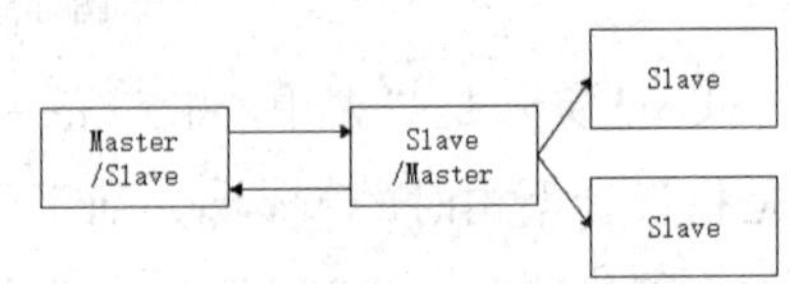


图15-7　双主从级联结构

主从同步是实现数据库读写分离的基础，并且可以防止单点故障（数据同时存在于Master、Slave两种节点上）。本次演示的是“一主一从”结构的实现，使用Windows版MySQL充当Master，CentOS 7中的MySQL充当Slave，具体实现步骤如下。

### 1. 准备工作

为了能成功地远程访问数据库，可以关闭所有节点的防火墙，并打开数据库的远程访问权限。

> **注意**　为了演示方便，本书在涉及一些远程访问或权限问题时，均采用了安全性很低的操作（如关闭防火墙、彻底打开各种权限等）。读者在实际使用时，务必要考虑安全问题，防止存在安全隐患。较为烦琐但相对安全的做法是在防火墙中有选择性地开放某些端口，或者有选择性地打开部分权限。

（1）关闭Windows防火墙，并通过以下命令关闭CentOS 7中的防火墙。

```
-- 关闭防火墙
systemctl stop firewalld
-- 查看防火墙状态
systemctl status firewalld
-- 禁止防火墙开机启动
systemctl disable firewalld
```

（2）允许其他节点使用指定账户（用户名root，密码root）访问本机的MySQL服务。

在Win10和CentOS 7中的MySQL中，登录管理员账户，各自执行以下数据库语句，用于打开远程访问的权限。

```
-- 允许 192.168.2 网段上的所有节点访问本机 MySQL 服务（访问本机时，使用 root/root 登录）
GRANT ALL PRIVILEGES ON *.* TO 'root'@'192.168.2.%' IDENTIFIED BY 'root' WITH GRANT OPTION;
FLUSH PRIVILEGES;
```

### 2. 配置 Master

打开 Windows 版中 MySQL 的配置文件 my.ini，在 [mysqld] 中新增如下配置。

》【源码：demo/ch15/my.ini】

```
...
[mysqld]
# 配置 master 的 id 值
server-id=1
# 指定 Binary Log 文件（注意 windows 中，路径的分隔符是 /，不是 \）
log-bin="D:/programs/MySQL/data/mysql-bin"
# 指定记录异常的日志文件
log-error="D:/programs/MySQL/data/mysql-error"
#MySQL 根目录
basedir="D:/programs/MySQL/"
# 指定主从同步时，忽略的数据库
binlog-ignore-db=mysql
# 也可以设置 binlog-do-db：用于指定主从同步时，需要同步的数据库；如果不指定，就默认同步全部存在的数据库（除了 binlog-ignore-db 配置的）
...
```

### 3. 配置 Slave

打开 CentOS 中 MySQL 的配置文件 etc/my.cnf，在 [mysqld] 中新增如下配置，代码如下。

》【源码：demo/ch15/my.cnf】

```
[mysqld]
# 配置 slave 的 id 值
server-id=2
# 指定 Binary Log 文件（相对路径）
log-bin=mysql-bin
# 指定 slave 同步 master 中哪些数据库中的数据（如果需要同步多个数据库，则编写多行即可）
replicate-do-db=mydb02
replicate-do-db=mydb01
...
```

#### 4. 设置主从关系

（1）在 Master 中，通过 show master status 查看 Master 的一些状态信息（File 和 Position 值），如图 15-8 所示。

```
mysql> show master status;
+------------------+----------+--------------+------------------+
| File             | Position | Binlog_Do_DB | Binlog_Ignore_DB |
+------------------+----------+--------------+------------------+
| mysql-bin.000011 |      107 |              |                  |
+------------------+----------+--------------+------------------+
1 row in set (0.00 sec)
```

图 15-8　查看 Master 的状态信息

（2）在 Slave 中，通过以下 SQL 命令指定 Win 10 中的数据库作为自己的 Master（其中，master_log_file 和 master_log_pos 的值，就是刚才在 Master 中 File 和 Position 的值）。

```
CHANGE MASTER TO
MASTER_HOST = '192.168.2.2', --Master 的 IP 地址
MASTER_USER = 'root',        --Master 的用户名
MASTER_PASSWORD = 'root',   --Master 的密码
MASTER_PORT = 3306,          --Master 的端口号
master_log_file='mysql-bin.000011',
master_log_pos=107;
```

在执行以上命令时，读者可能会遇到以下两个错误信息。

① ERROR 1201 。

ERROR 1201 (HY000): Could not initialize master info structure; more error messages can be found in the MySQL error log

导致此错误的原因可能是数据库之前已经设置过了主从同步。

解决方案：关闭并重置 Salve，如下所示。

```
slave stop;
reset slave;
# 重新执行 CHANGE MASTER TO ...
```

② ERROR 1198。

ERROR 1198 (HY000): This operation cannot be performed with a running slave; run STOP SLAVE first

导致此错误的原因可能是数据库之前已经设置过了主从同步，并且也开启了主从同步。

解决方案：关闭 Salve，如下所示。

```
stop slave ;
# 重新执行 CHANGE MASTER TO ...
```

#### 5. 开启主从同步

（1）在 Slave 中，开启 Slave。

```
start slave ;
```

（2）在 Slave 中，通过 SQL 命令 show slave status，验证主从同步是否启动成功。

```
show slave status \G
```

运行结果如图 15-9 所示。

```
mysql> show slave status \G
*************************** 1. row ***************************
               Slave_IO_State: Waiting for master to send event
                  Master_Host: 192.168.2.2
                  Master_User: root
                  Master_Port: 3306
                Connect_Retry: 60
              Master_Log_File: mysql-bin.000011
          Read_Master_Log_Pos: 107
               Relay_Log_File: bigdata01-relay-bin.000002
                Relay_Log_Pos: 253
        Relay_Master_Log_File: mysql-bin.000011
             Slave_IO_Running: Yes
            Slave_SQL_Running: Yes
              Replicate_Do_DB: mydb02,mydb01
          Replicate_Ignore_DB:
           Replicate_Do_Table:
       Replicate_Ignore_Table:
      Replicate_Wild_Do_Table:
  Replicate_Wild_Ignore_Table:
                   Last_Errno: 0
                   Last_Error:
                 Skip_Counter: 0
          Exec_Master_Log_Pos: 107
              Relay_Log_Space: 413
              Until_Condition: None
               Until_Log_File:
                Until_Log_Pos: 0
           Master_SSL_Allowed: No
           Master_SSL_CA_File:
           Master_SSL_CA_Path:
              Master_SSL_Cert:
            Master_SSL_Cipher:
               Master_SSL_Key:
        Seconds_Behind_Master: 0
Master_SSL_Verify_Server_Cert: No
                Last_IO_Errno: 0
                Last_IO_Error:
               Last_SQL_Errno: 0
               Last_SQL_Error:
  Replicate_Ignore_Server_Ids:
             Master_Server_Id: 1
1 row in set (0.00 sec)
```

图 15-9　查看主从同步状态

图 15-9 中，如果 Slave_I/O_Running 和 Slave_SQL_Running 的值均为 Yes，则表明主从同步启动成功。如果某一个为 No，可以在下面的 Last_I/O_Error 或 Last_SQL_Error 中，查看具体的错误信息。

在执行以上命令时，可能会在 Last_I/O_Error 中看到以下错误信息。

Last_I/O_Error: Fatal error: The slave I/O thread stops because master and slave have equal MySQL server ids; these ids must be different for replication to work (or the --replicate-same-server-id option must be used on slave but this does not always make sense; please check the manual before using it).

导致此错误的原因：MySQL 认为 Master 中的 server-id 和 Slave 中的 server-id 值相同。但我们之前在 MySQL 配置文件中，已经将两个 server-id 设置成了不同值（Master 中的 server-id=1，Slave 中的 server-id=2），而此时仍提示错误。经笔者实验，此错误可能是 Master 和 Slave 的 MySQL 兼容问题造成的。笔者使用的 Windows 版 MySQL 的版本号是 5.5.61，而 Linux 版 MySQL 的版本号是 5.5.58。

解决方案：再通过命令方式，将 Slave 的 server-id 改成不同的值，如下所示。

```
set global server_id =2 ;
```

之后，重新启动 Slave，如下所示。

```
stop slave
start slave ;
# 再次使用 "show slave status \G" 验证主从同步是否开启
```

#### 6. 测试使用

前面在 Slave 的配置文件中，已经指定了主从同步的数据库是 mydb01 和 mydb02。现以 mydb01 为例，进行演示。

（1）在 Master 和 Slave 中各建一个 mydb01 数据库。

（2）在 Master 的 mydb01 库中创建一个 student 表，并插入数据。

（3）Slave 会自动将 Master 中的 student 表及数据同步到自己的 mydb01 库中。

### 15.1.3 ▶ 实战基于 MyCat 的分库分表与读写分离功能

MyCat 是 Java 编写的数据库中间件，因此依赖于 JDK 环境。MyCat 运行在应用程序和数据库之间，主要用于实现数据库的分库、分表，以及数据库的读写分离功能。

#### 1. 分库分表

如果某电商中商品的数据量远远大于单个 MySQL 服务器的容量，那么是无法用一张表甚至一个数据库来保存所有的商品数据。一种解决方案就是分库、分表。例如，可以将某电商中的数据库，通过 MyCat 拆分保存到多个数据库中，再将数据库中的数据拆分到多个表中保存，如图 15-10 所示。

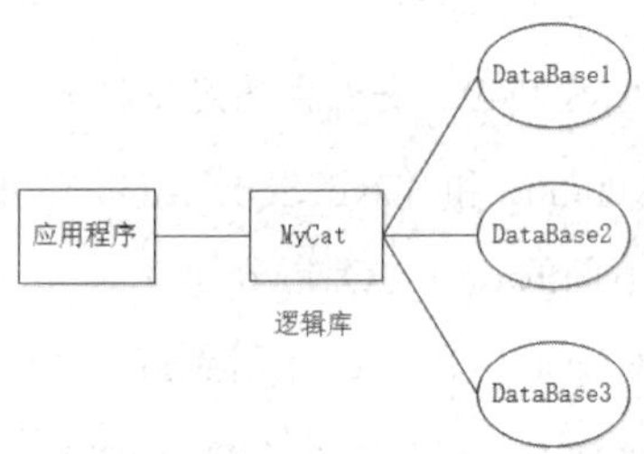


图 15-10　分库结构

以上这种将一个“数据集较大”的数据，拆分到多个数据库中的拆分方式，也称为“水平拆分”。与之对应，还有一种“垂直拆分”，是指将数据根据业务拆分到多个数据库中。例如，可以将电商平台的数据拆分到订单数据库、用户数据库、商品数据库等不同的数据库中，即“专库专用”，指的就是“垂直拆分”。

使用 MyCat 代理 MySQL 与使用 MySQL 的方法基本相同。例如，MyCat 同样是使用以下命令登录。

mysql -u 用户名 -p 密码 -hIP 地址 -P 端口号

> 注意
>
> MyCat 的数据操作端口是 8066，管理端口是 9066。

MyCat 也同样是使用 insert、delete、update、select 进行 DML 操作，使用 create、drop、truncate 进行 DDL 操作等，操作方法与 MySQL 基本相同。唯一不同的是，MyCat 中的 SQL 语句

使用的是“SQL92 标准”，也就是 SQL 语法比较严格、不能省略一些关键字。例如，在 MyCat 中编写 insert 语句时，必须使用 insert into 表名 ( 字段 1, 字段 2) values( 值 1, 值 2)，而不能使用 insert into 表名 values（值 1, 值 2）。

此外，在 MyCat 中还有以下名词概念。

（1）逻辑库。

在 MyCat 中定义的数据是一种逻辑上存在数据库。例如，可以在 MyCat 中定义一个 mydb 逻辑库，该逻辑库实际是 mydb01 和 mydb02 合并后的数据。在配置时，使用 schema 代表逻辑库。

（2）逻辑表。

在 MyCat 中定义的数据表是一种逻辑上存在表。例如，可以在 MyCat 的逻辑库中创建一个逻辑表 student，该逻辑表实际是 mydb01 和 mydb02 中两张 student 表合并后的数据。在配置时，使用 schema 中的 table 代表逻辑表。

（3）数据主机。

实际存放数据的地址也就是真实 MySQL 部署的主机 IP 地址。在配置时，使用 dataHost 代表数据主机。

（4）数据节点。

实际存放数据的数据库也就是逻辑库拆分后的真实数据库。在配置时，使用 dataNode 中的 database 代表数据节点。

（5）分片规则。

分片规则是指逻辑库是根据什么策略，将数据拆分到了不同的数据库或表中。例如，当向逻辑库 mydb 插入 10 条数据时，MyCat 是如何将这 10 条数据分发给 mydb01 和 mydb02 这两个实际存在的 MySQL 数据库的。在 MyCat 中，分片规则是定义在 rule.xml 中，并通过逻辑表 table 的 rule 属性指定实际使用的分片规则。

### 2. 读写分离

在 Java 中，如果多个线程同时对某一个资源进行操作，为了保证数据的安全性，通常会给该资源加锁，但是加锁必然会降低程序的性能。同样，在数据库中，如果存在并发的访问，并且又给数据加了锁，那么也会降低数据库的性能。为此，MyCat 提供了一种高效的解决方案——读写分离。

根据主从同步，我们可以将一个节点上的数据库（如 bigdata 上的 mydb01、mydb02）备份到另一个节点中（如 bigdata01 上的 mydb01、mydb02），也就是说我们可以得到两份完全相同的数据库（如 mydb01 和 mydb02 都有两份）。之后就可以通过读写分离减少加锁的次数。用一个数据库（mydb01）专门处理写请求，用另一个数据库（mydb02）专门处理读请求（当然，为了提高读的速度，也可以部署多个处理读请求的数据库）。这样一来，当写请求对某一数据加锁时，不会影响其他数据库上的读请求。因此，读写分离可以保证读请求永远处于“无锁”的状态。对于绝大多数系统而言，读请求的次数远远大于写请求，因此读写分离会大大提高数据库的访问性能。

主从同步是读写分离的基础，一般建议在 Master 上进行写操作，在 Slave 上进行读操作。

以下是使用 MyCat 实现分库 / 分表，以及读写分离的具体步骤。

（1）下载并解压 MyCat。

下载 Mycat-server-1.6.6.1.tar.gz，并在 bigdata04 节点上解压：

[root@bigdata04 app]# tar -zxvf Mycat-server-1.6.6.1.tar.gz

（2）配置 MyCat。

需要配置 mycat/conf 目录中的 3 个文件，具体如下。

①配置 server.xml 中的 <user> 标签，用于设置 MyCat 的使用账户。

**【源码：demo/ch15/server.xml】**

```
..
<!--
使用 MyCat 的用户名 / 密码是 :root/root
逻辑库是 mydb；如果有多个逻辑库，用逗号隔开即可
-->
<user name="root" defaultAccount="true">
.           <property name="password">root</property>
            <property name="schemas">mydb</property>
</user>
...
```

> **注意** 如果只设置了一个 MyCat 账户，就只能设置一个 <user> 标签，即需要将其他多余的 <user> 标签删掉。

②配置 schema.xml。

**【源码：demo/ch15/schema.xml】**

```
<?xml version="1.0"?>
<!DOCTYPE mycat:schema SYSTEM "schema.dtd">
<mycat:schema xmlns:mycat="http://io.mycat/">
        <schema name="mydb" checkSQLschema="false" sqlMaxLimit="100">
                <!-- 指定分片规则是 rule1 -->
                <table name="student" primaryKey="id" dataNode="dn1,dn2"  rule="rule1"/>
        </schema>
        <!-- 分库 -->
        <dataNode name="dn1" dataHost="host1" database="mydb01" />
        <dataNode name="dn2" dataHost="host1" database="mydb02" />

        <dataHost name="host1" maxCon="1000" minCon="10" balance="3"
```

```
                    writeType="0" dbType="mysql" dbDriver="native"
switchType="1"
slaveThreshold="100">
            <heartbeat>select user()</heartbeat>
    <!-- 192.168.2.2 对应的 hostname 是 bigdata -->
            <writeHost host="hostM1" url="192.168.2.2:3306" user="root" password="root">
    <!-- 192.168.2.128 对应的 hostname 是 bigdata01 -->
            <readHost host="hostS1" url="192.168.2.128:3306"user="root" password="root" />
            </writeHost>
        </dataHost>
</mycat:schema>
```

<schema> 的 name 值必须与 server.xml 中 <user> 的 schenams 属性值保持一致，即二者是一一对应关系。

以上 schema.xml 中的配置，就是将逻辑库 mydb 中的逻辑表 student 拆分到数据库 mydb01 和 mydb02 上的 student 表中。并且指定：192.168.2.2 上的数据库只适用于“写请求”，192.168.2.128 上的数据库只适用于“读请求”。在 dataHost 中，各属性的简介如表 15-2 所示。

表 15-2　dataHost 属性简介

| 属性 | 值 | 简介 |
|---|---|---|
| balance：读请求的负载均衡 | 0 | 不开启读写分离机制，所有读操作都发送到 writeHost 上 |
| | 1 | 全部的 readHost 与 stand by writeHost 都参与读操作的负载均衡 |
| | 2 | 所有读操作都随机分发给 writeHost 和 readhost |
| | 3 | 所有读请求随机分发给 writeHost 中的 readhost；而 writerHost 不处理读请求 |
| writeType：写请求的负载均衡 | 0 | 所有写操作发送给 schema.xml 中的第一个 writeHost。当第一个 writeHost 挂掉后，切换到第二个 writeHost。切换记录会被记在 conf/dnindex.properties 中 |
| | 1 | 所有写操作都随机发送到配置的 writeHost |
| switchType：是否允许“读操作”在 readHost 和 writeHost 上自动切换（可以解决 I/O 延迟问题） | -1 | 不允许自动切换 |
| | 1 | 默认值，允许自动切换 |
| | 2 | 是否会自动切换，取决于“主从同步的状态”：当心跳监测发现了 I/O 的延迟，则读操作自动切换到 writeHost 上；如果没有 I/O 延迟，则读操作自动切换到 readHost 上注意，switchType 使用此属性值时，MySQL 的心跳语句必须为 show slave status |

③配置 rule.xml。

在 MyCat 提供的 rule.xml 中，提供了很多分片规则（如何让逻辑表中的数据分发到多个物理表中）。本次采用的规则是“mod-long”：将数据平均拆分，属性 2 就表示“将数据平均拆分成 2 份，并分发到两张表中”。

【源码：demo/ch15/rule.xml】

```
<?xml version="1.0" encoding="UTF-8"?>
<!DOCTYPE mycat:rule SYSTEM "rule.dtd">
<mycat:rule xmlns:mycat="http://io.mycat/">
	<tableRule name="rule1">
		<rule>
			<columns>id</columns>
			<algorithm>mod-long</algorithm>
		</rule>
	</tableRule>
	<function name="mod-long" class="io.mycat.route.function.PartitionByMod">
		<!-- how many data nodes -->
		<property name="count">2</property>
	</function>
</mycat:rule>
```

（3）使用 MyCat。

准备数据：在 bigdata 和 bigdata04 两个节点上，各自创建 mydb01、mydb02 两个数据库，再在所有的 mydb01 和 mydb02 上都准备一张 student 表。

本次演示的是以下三点。

①读写分离：将数据写入 <writehost> 指定的 bigdata 中；从 <readhost> 指定的 bigdata01 上读数据。

②分库分表：使用 MyCat 将数据划分后，分别保存在 mydb01 和 mydb02 各自的 student 表中。

③主从同步：根据前面配置的主从同步，bigdata 上的数据会自动同步到 bigdata01 上，如图 15-11 所示。

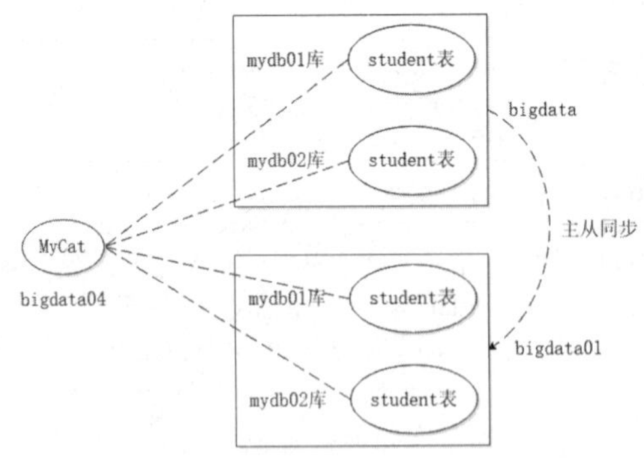


图 15-11　分库分表结构

在 bigdata04 中 Mycat 的 bin 目录中，存在一个可执行脚本“mycat”，可用于启动、停止或查看 Mycat 状态，如下所示。

```
-- 停止 mycat
```

```
[root@bigdata04 mycat]# bin/mycat stop
-- 启动 mycat
[root@bigdata04 mycat]# bin/mycat start
-- 查看 mycat 启动状态
[root@bigdata04 mycat]# bin/mycat status
```

MyCat 启动之后，就可以连接 MyCat，进而通过 MyCat 访问 bigdata 和 bigdata01 中的 mydb01、mydb02 数据库。

在 bigdata 中，远程访问 MyCat（MyCat 端口号是 8066）：

C:\Users\YANQUN>mysql -uroot -proot -h192.168.2.131 -P8066

之后，在 MyCat 中使用逻辑库 mydb，然后向逻辑表 student 中插入 zs 和 ls 两条数据，如图 15-12 所示。

```
C:\WINDOWS\system32\cmd.exe - mysql -uroot -proot -h192.168.2.131 -P8066
mysql> use mydb
Database changed
mysql> insert into student(id,name) values(1,'zs');
Query OK, 1 row affected (0.09 sec)

mysql> insert into student(id,name) values(2,'ls');
Query OK, 1 row affected (0.18 sec)
```

图 15-12　通过 MyCat 插入数据

验证

①之前在 schema.xml 中配置的 <writeHost > 是 bigdata，因此在 MyCat 新增的数据必然会写入 bigdata 的 mydb01、mydb02 中。在 bigdata 中登录 MySQL 进行验证，结果如图 15-13 所示。

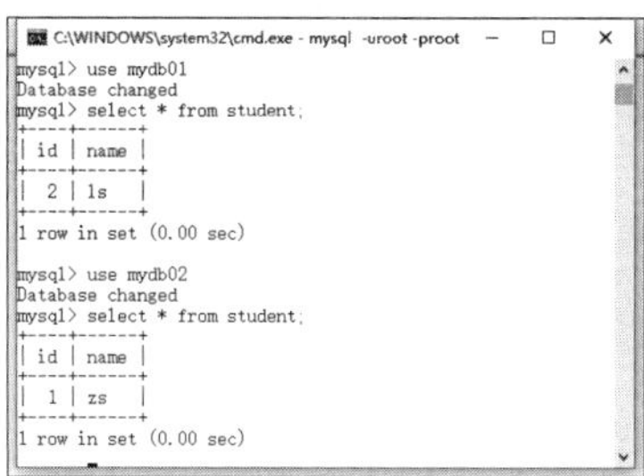

```
C:\WINDOWS\system32\cmd.exe - mysql -uroot -proot
mysql> use mydb01
Database changed
mysql> select * from student;
+----+------+
| id | name |
+----+------+
|  2 | ls   |
+----+------+
1 row in set (0.00 sec)

mysql> use mydb02
Database changed
mysql> select * from student;
+----+------+
| id | name |
+----+------+
|  1 | zs   |
+----+------+
1 row in set (0.00 sec)
```

图 15-13　查看 MySQL 中的数据

可以发现，数据成功插入了 bigdata 中。

②在 schema.xml 中配置的 <readHost > 是 bigdata01。也就是说，如果在 MyCat 中进行读操作，那么读取的数据应该来自 bigdata01。为了验证这点，我们在 bigdata01 中的 mydb01、mydb02 中各增加一条数据，如图 15-14 所示

```
mysql> use mydb01
Database changed
mysql> insert into student(id,name) values(100,'wangwu');
Query OK, 1 row affected (0.00 sec)

mysql> use mydb02
Database changed
mysql> insert into student(id,name) values(101,'zhaoliu');
Query OK, 1 row affected (0.00 sec)
```

图 15-14　在 bigdata01 中增加数据

然后再访问 MyCat 进行查询，结果如图 15-15 所示。

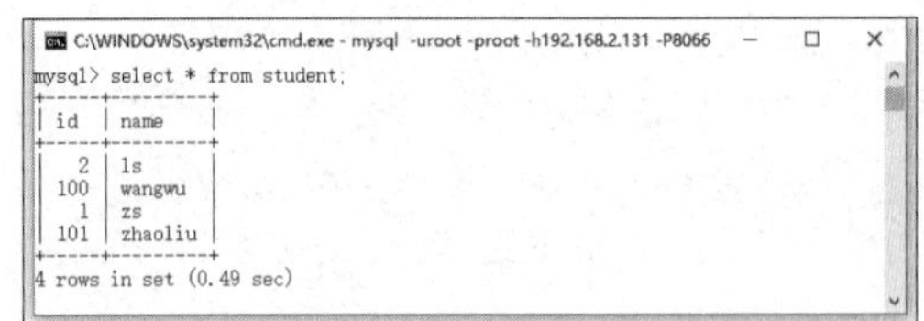

图 15-15　通过 MyCat 查询数据

可以发现，刚才在 bigdata01 中插入的数据的确被查询了出来，但是为何同时也将之前写入 bigdata 的数据查询出来了呢？换句话说，MyCat 为何在查询时，查到了 <writeHost> 中的数据？这是因为之前我们进行了“主从同步”，在使用 MyCat 时的确是将数据写进了 <writeHost> 指定的 bigdata，但由于 bigdata01 是 bigdata 的 Slave，因此根据主从同步，会自动将 Master（bigdata）中的数据复制到 Slave（bigdata01）中，如图 15-16 所示。

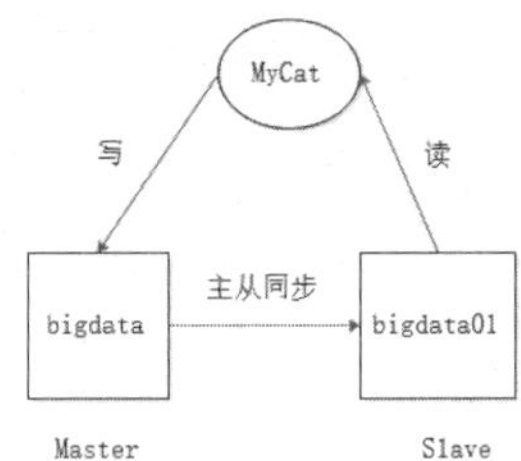


图 15-16　主从同步

以上就在 bigdata04 中完成了 MyCat 的配置。读者可以用同样的方法在 bigdata05 上也配置一个 MyCat 服务。

注意：在 /mycat/logs 目录中，保存着两个日志文件 wrapper.log 和 mycat.log。一般来讲，如果 MyCat 在启动时出错，可以在 wrapper.log 中查看错误原因；而如果 MyCat 是在执行时出错，就可以在 mycat.log 中查看错误原因。笔者在准备本次案例时，出现过“Invalid DataSource:0”异常，在检查了 IP、数据库名、防火墙等之后，最后发现是 MySQL 权限问题，笔者的解决办法是分别在 bigdata 和 bigdata01 中，通过以下 SQL 语句彻底打开了 MySQL 访问权限。

【源码：demo/ch15/privileges.sql】

```
use mysql ;
update user set
`Select_priv` = 'Y',`Insert_priv` = 'Y',`Update_priv` = 'Y',`Delete_priv` = 'Y',
`Create_priv` = 'Y',`Drop_priv` = 'Y',`Reload_priv` = 'Y',`Shutdown_priv` = 'Y',
`Process_priv` = 'Y',`File_priv` = 'Y',`Grant_priv` = 'Y',`References_priv` = 'Y',
`Index_priv` = 'Y',`Alter_priv` = 'Y',`Show_db_priv` = 'Y',`Super_priv` = 'Y',
`Create_tmp_table_priv` = 'Y',`Lock_tables_priv` = 'Y',`Execute_priv` = 'Y',
```

```
`Repl_slave_priv` = 'Y'' ,`Repl_client_priv` = 'Y',`Create_view_priv` = 'Y',
`Show_view_priv` = 'Y',`Create_routine_priv` = 'Y',`Alter_routine_priv` = 'Y',
`Create_user_priv` = 'Y',`Event_priv` = 'Y',`Trigger_priv` = 'Y',`Create_tablespace_priv` = 'Y'
where user = 'root';
-- 刷新权限
flush privileges;
```

再次强调，因篇幅有限，以及为了演示的方便，笔者在本书中对于权限问题的处理都比较简单。读者在实际开发或部署时，一定要仔细研究每个权限的具体作用，慎重决定是否开放每一个权限，务必要注意数据安全。

## 15.1.4 ▶ 使用 Haproxy 实现 MyCat 的高可用

接下来在 bigdata06 上配置使用 Haproxy，用于实现 bigdata04 和 bigdata05 上两台 MyCat 的高可用。

先在 bigdata06 上通过“yum list | grep haproxy”查看可用的 haproxy 版本，如图 15-17 所示。

```
[root@bigdata06 ~]# yum list | grep haproxy
haproxy.x86_64                                    1.5.18-7.el7
pcp-pmda-haproxy.x86_64                           3.12.2-5.el7
```

图 15-17　查看 haproxy 版本

然后通过 yum 指定下载 1.5.18-7.e17 版本对应的 haproxy，如下所示。

```
[root@bigdata06 ~]# yum -y install  haproxy.x86_64
```

执行 haproxy 服务的用户名是 haproxy，因此还需要修改操作 haproxy 目录的权限，如下所示。

```
[root@bigdata06 ~]# chown -R  haproxy:haproxy /etc/haproxy/
配置 haproxy 日志文件
修改日志配置文件 /etc/rsyslog.conf，取消以下两行配置的注释 "#"
$ModLoad imudp
$UDPServerRun 514
并在 rsyslog.conf 中，设置记录 haproxy 日志的文件
local2.*/var/log/haproxy.log
之后，重启 CentOS 日志服务
systemctl restart rsyslog.service
配置 haproxy
```

打开 haproxy 配置文件 /etc/haproxy/haproxy.cfg，设置 haproxy 端口号、服务名等信息，笔者配置的 haproxy.cfg 全部内容如下。

**》【源码：demo/ch15/haproxy.cfg】**

```
global
  log     127.0.0.1 local2
```

```
  chroot     /var/lib/haproxy
  pidfile    /var/run/haproxy.pid
  maxconn    2000
  user       haproxy
  group      haproxy
  daemon
  stats socket /var/lib/haproxy/stats
defaults
  mode              tcp
  log               global
  option            tcplog
  option            dontlognull
  option http-server-close
  option forwardfor    except 127.0.0.0/8
  option            redispatch
  retries           3
  timeout http-request    10s
  timeout queue         1m
  timeout connect       10s
  timeout client        1m
  timeout server        1m
  timeout http-keep-alive 10s
  timeout check         10s
  maxconn               3000
 frontend   mycat
 bind      0.0.0.0:8066
 bind      0.0.0.0:9066
 mode    tcp
 log        global
 default_backend      mycat_server
 backend    mycat_server
   balance    roundrobin
   server  mycat1 192.168.2.131:8066 check inter 5s rise 2 fall 3
   server  mycat2 192.168.2.132:8066 check inter 5s rise 2 fall 3
   server  mycatadmin1 192.168.2.131:9066 check inter 5s rise 2 fall 3
   server  mycatadmin2 192.168.2.132:9066 check inter 5s rise 2 fall 3
 listen stats
 mode http
 bind 0.0.0.0:5000
 stats enable
```

```
stats hide-version
stats uri /haproxy
stats realm Haproxy\ Statistics
stats auth admin:admin
stats admin if TRUE
```

以上，通过 mycat_server 配置了 haproxy 管理的两个 MyCat（mycat1、mycat2），并设置了 haproxy 端口号为 5000，并将 haproxy 的 URI 地址设置为了 /haproxy。

使用 haproxy。

haproxy 的启动、停止等命令如下所示。

```
-- 启动 haproxy
systemctl start haproxy.service
-- 查看 haproxy 状态
systemctl status haproxy.service
-- 重启 haproxy
systemctl restart haproxy.service
-- 关闭 haproxy
systemctl stop haproxy.service
```

启动 haproxy，之后就可以通过访问 http://192.168.2.133:5000/haproxy，查看 haproxy 中 MyCat 的运行情况。登录时的用户名 / 密码是 admin/admin，haproxy 运行情况如图 15-18 所示。

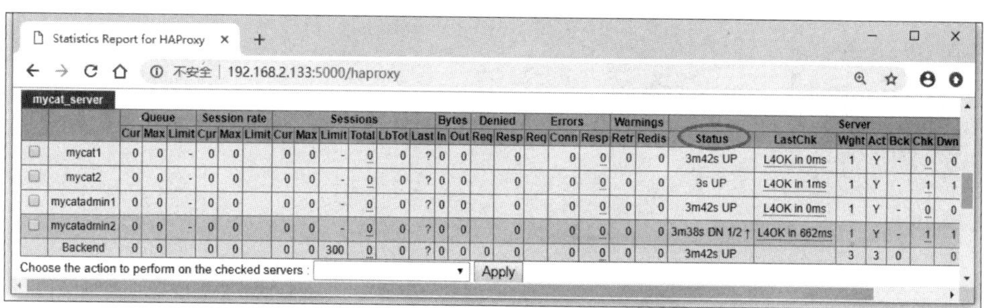


| | Queue | | | Session rate | | | Sessions | | | | | | Bytes | | Denied | | Errors | | | Warnings | | Server | | | | | | |
|---|---|---|---|---|---|---|---|---|---|---|---|---|---|---|---|---|---|---|---|---|---|---|---|---|---|---|---|---|
| | Cur | Max | Limit | Cur | Max | Limit | Cur | Max | Limit | Total | LbTot | Last | In | Out | Req | Resp | Req | Conn | Resp | Retr | Redis | Status | LastChk | Wght | Act | Bck | Chk | Dwn |
| mycat1 | 0 | 0 | - | 0 | 0 | | 0 | 0 | - | 0 | 0 | ? | 0 | 0 | | 0 | | 0 | 0 | 0 | 0 | 3m42s UP | L4OK in 0ms | 1 | Y | - | 0 | 0 |
| mycat2 | 0 | 0 | - | 0 | 0 | | 0 | 0 | - | 0 | 0 | ? | 0 | 0 | | 0 | | 0 | 0 | 0 | 0 | 3s UP | L4OK in 1ms | 1 | Y | - | 1 | 1 |
| mycatadmin1 | 0 | 0 | - | 0 | 0 | | 0 | 0 | - | 0 | 0 | ? | 0 | 0 | | 0 | | 0 | 0 | 0 | 0 | 3m42s UP | L4OK in 0ms | 1 | Y | - | 0 | 0 |
| mycatadmin2 | 0 | 0 | - | 0 | 0 | | 0 | 0 | - | 0 | 0 | ? | 0 | 0 | | 0 | | 0 | 0 | 0 | 0 | 3m38s DN 1/2 ↑ | L4OK in 662ms | 1 | Y | - | 1 | 1 |
| Backend | 0 | 0 | | 0 | 0 | | 0 | 0 | 300 | 0 | 0 | ? | 0 | 0 | 0 | 0 | | 0 | 0 | 0 | 0 | 3m42s UP | | 3 | 3 | 0 | | 0 |

图 15-18　haproxy 运行情况

> **注意**
>
> 如果某个 MyCat 服务异常，就会在图 15-18 的 Status 中显示“DOWN”。

以上就在 bigdata06 中完成了 haproxy 的配置。读者可以用同样的方法，在 bigdata07 上也配置一个 haproxy 服务。

### 15.1.5 ▶ 使用 keepalived 防止 Haproxy 单点故障

接下来配置使用 keepalived，使 bigdata06 和 bigdata07 上的两个 Haproxy 通过心跳机制实现双节点的“去中心化”，防止单点故障带来的灾难。

安装并配置 keepalived。

先在 bigdata06 上，通过“yum list | grep keepalived”查看可用的 keepalived 版本，如图 15-19 所示。

```
[root@bigdata06 logs]# yum list | grep keepalived
keepalived.x86_64                                    1.3.5-6.el7
```

图 15-19 查看 keepalived 版本

然后通过 yum 指定下载 1.3.5-6.el7 版本对应的 keepalived：

yum -y install keepalived.x86_64

修改 keepalived 配置文件 /etc/keepalived/keepalived.conf，笔者配置的 keepalived.conf 全部内容如下所示。

【源码：demo/ch15/keepalived.conf】

```
global_defs {
  router_id NodeA  # 本 Zookeeper 的节点名
}
vrrp_script chk_haproxy {
      script "/etc/haproxy.sh"
      interval 4
      weight 3
}
vrrp_instance VI_1 {
  state MASTER  # 设置为主服务器
  interface ens33  #ens 是本机的网卡名
  virtual_router_id 10 # 各个 zookeeper 的此值必须保持一致（此值必须为 1~255)
  priority 100  # 优先级。各个 zookeeper 需要设置不同的优先级，数值越大优先级越高
  advert_int 1  # 广播周期秒数
  track_script {
   chk_haproxy
  }

  authentication {
  auth_type PASS  #VRRP 认证方式，各个 zookeeper 的此值必须保持一致
  auth_pass 1234  # 密码
          }
          virtual_ipaddress {
                    192.168.2.222/24 # 设置 VIP
          }
}
```

其中引用的 /etc/haproxy.sh 源码如下所示。

```
#!/bin/bash
A=`ps -C haproxy --no-header |wc -l`
if [ $A -eq 0 ];then
systemctl start haproxy.service
fi
```

配置第二个 keepalived。

用同样的方法，在 bigdata07 上安装配置第二个 keepalived。不同的是，需要在 bigdata07 上的 keepalived.conf 中修改 router_id 和 priority，如下所示。

```
global_defs {
  router_id NodeB
}
...
vrrp_instance VI_1 {
...
  priority 90  # 优先级。各个 zookeeper 需要设置不同的优先级，数值越大优先级越高
...
}
```

使用 keepalived。

通过以下命令，在 bigdata06 和 bigdata07 上启动 keepalived：

```
systemctl start keepalived.service
systemctl enable keepalived.service
```

启动之后，可以通过 status 命令查看 keepalivd 状态：

```
systemctl status keepalived.service
```

正常启动后，keepalivd 的状态如图 15-20 所示。

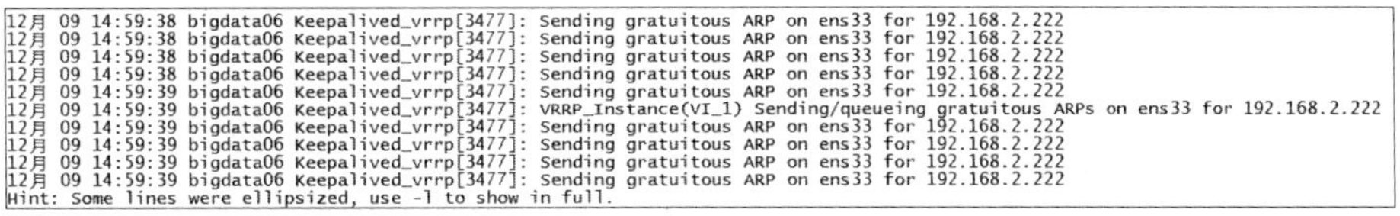

```
12月 09 14:59:38 bigdata06 Keepalived_vrrp[3477]: Sending gratuitous ARP on ens33 for 192.168.2.222
12月 09 14:59:38 bigdata06 Keepalived_vrrp[3477]: Sending gratuitous ARP on ens33 for 192.168.2.222
12月 09 14:59:38 bigdata06 Keepalived_vrrp[3477]: Sending gratuitous ARP on ens33 for 192.168.2.222
12月 09 14:59:38 bigdata06 Keepalived_vrrp[3477]: Sending gratuitous ARP on ens33 for 192.168.2.222
12月 09 14:59:39 bigdata06 Keepalived_vrrp[3477]: Sending gratuitous ARP on ens33 for 192.168.2.222
12月 09 14:59:39 bigdata06 Keepalived_vrrp[3477]: VRRP_Instance(VI_1) Sending/queueing gratuitous ARPs on ens33 for 192.168.2.222
12月 09 14:59:39 bigdata06 Keepalived_vrrp[3477]: Sending gratuitous ARP on ens33 for 192.168.2.222
12月 09 14:59:39 bigdata06 Keepalived_vrrp[3477]: Sending gratuitous ARP on ens33 for 192.168.2.222
12月 09 14:59:39 bigdata06 Keepalived_vrrp[3477]: Sending gratuitous ARP on ens33 for 192.168.2.222
12月 09 14:59:39 bigdata06 Keepalived_vrrp[3477]: Sending gratuitous ARP on ens33 for 192.168.2.222
Hint: Some lines were ellipsized, use -l to show in full.
```

图 15-20　查看 keepalivd 状态

如果启动异常，在执行 status 命令时也会出现异常提示。例如，keepalived.conf 中要求 virtual_router_id 的值必须为 1~255，如果设置的值不在此范围，就会提示图 15-21 中的错误信息。

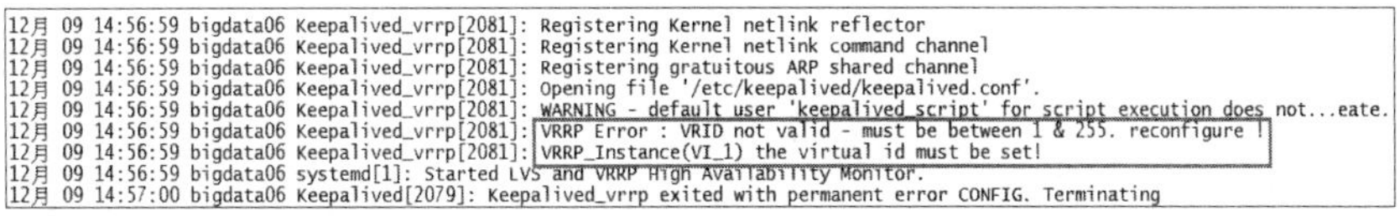

```
12月 09 14:56:59 bigdata06 Keepalived_vrrp[2081]: Registering Kernel netlink reflector
12月 09 14:56:59 bigdata06 Keepalived_vrrp[2081]: Registering Kernel netlink command channel
12月 09 14:56:59 bigdata06 Keepalived_vrrp[2081]: Registering gratuitous ARP shared channel
12月 09 14:56:59 bigdata06 Keepalived_vrrp[2081]: Opening file '/etc/keepalived/keepalived.conf'.
12月 09 14:56:59 bigdata06 Keepalived_vrrp[2081]: WARNING - default user 'keepalived_script' for script execution does not...eate.
12月 09 14:56:59 bigdata06 Keepalived_vrrp[2081]: VRRP Error : VRID not valid - must be between 1 & 255. reconfigure !
12月 09 14:56:59 bigdata06 Keepalived_vrrp[2081]: VRRP_Instance(VI_1) the virtual id must be set!
12月 09 14:56:59 bigdata06 systemd[1]: Started LVS and VRRP High Availability Monitor.
12月 09 14:57:00 bigdata06 Keepalived[2079]: Keepalived_vrrp exited with permanent error CONFIG. Terminating
```

图 15-21　异常提示

分别通过“ip a”命令查看 bigdata06 和 bigdata07 此时的 ip 地址，就可以发现此时 bigdata06

抢占到了 VIP 的使用权（因为 bigdata06 的优先级高），如图 15-22 所示。

```
[root@bigdata06 ~]# ip a
1: lo: <LOOPBACK,UP,LOWER_UP> mtu 65536 qdisc noqueue state UNKNOWN
    link/loopback 00:00:00:00:00:00 brd 00:00:00:00:00:00
    inet 127.0.0.1/8 scope host lo
       valid_lft forever preferred_lft forever
    inet6 ::1/128 scope host
       valid_lft forever preferred_lft forever
2: ens33: <BROADCAST,MULTICAST,UP,LOWER_UP> mtu 1500 qdisc pfifo_fas
    link/ether 00:0c:29:ad:1a:40 brd ff:ff:ff:ff:ff:ff
    inet 192.168.2.133/24 brd 192.168.2.255 scope global ens33
       valid_lft forever preferred_lft forever
    inet 192.168.2.222/24 scope global secondary ens33
       valid_lft forever preferred_lft forever
    inet6 fe80::20c:29ff:fead:1a40/64 scope link
       valid_lft forever preferred_lft forever
3: virbr0: <NO-CARRIER,BROADCAST,MULTICAST,UP> mtu 1500 qdisc noqueu
    link/ether 52:54:00:aa:1c:71 brd ff:ff:ff:ff:ff:ff
    inet 192.168.122.1/24 brd 192.168.122.255 scope global virbr0
       valid_lft forever preferred_lft forever
4: virbr0-nic: <BROADCAST,MULTICAST> mtu 1500 qdisc pfifo_fast maste
    link/ether 52:54:00:aa:1c:71 brd ff:ff:ff:ff:ff:ff
```

图 15-22　查看 VIP

之后，确保各个节点都开启了以下服务。

bigdata 和 bigata01 上开启 MySQL，bigdata04 和 bigdata05 上开启 MyCat，bigdata06 和 bigdata07 上开启 haproxy。最后通过 VIP 访问本架构：

C:\Users\YANQUN>mysql -uroot -proot -h192.168.2.222 -P8066

连接成功后，就可以直接在 MyCat 中操作 MySQL，如图 15-23 所示。

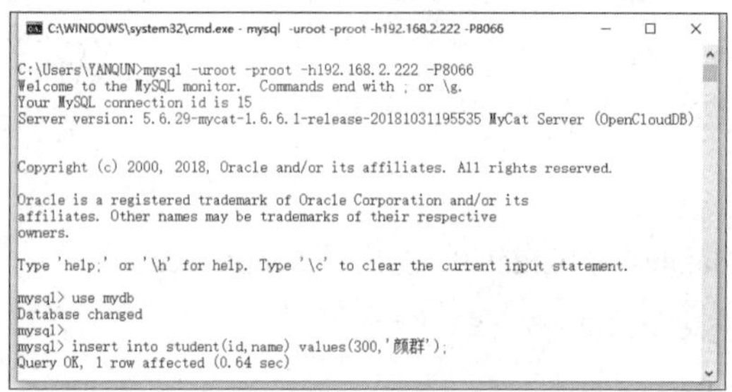


图 15-23　在 MyCat 中操作 MySQL

通过图 15-22 中的“ip a”命令可知，此时 VIP192.168.2.222 实际就是 bigdata06 的 IP 地址 192.168.2.133。现在将 bigdata06 关机（模拟单节点故障），但发现仍然可以在 MyCat 中继续正常操作，如图 15-24 所示。

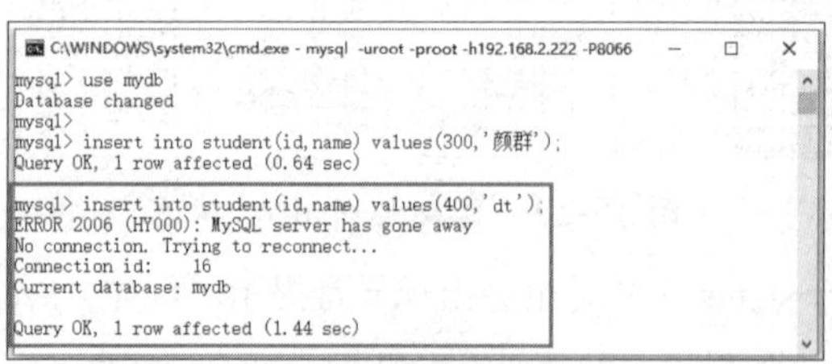


图 15-24　单节点故障时的高可用功能

这是因为 bigdata06 和 bigdata07 之间通过 keepalived 实现了高可用，当 bigdata06 挂掉后，bigdata07 会通过“心跳机制”感知到 bigdata06 的宕机，因此 bigdata07 就会去抢占 VIP 的使用权。也就是说，此时 VIP 的值 192.168.2.222 实际就是 bigdata07 的 IP 地址 IP192.168.2.134。也可以在 bigdata07 上再次通过“ip a”得到验证，如图 15-25 所示。

```
[root@bigdata07 ~]# ip a
1: lo: <LOOPBACK,UP,LOWER_UP> mtu 65536 qdisc noqueue state
    link/loopback 00:00:00:00:00:00 brd 00:00:00:00:00:00
    inet 127.0.0.1/8 scope host lo
       valid_lft forever preferred_lft forever
    inet6 ::1/128 scope host
       valid_lft forever preferred_lft forever
2: ens33: <BROADCAST,MULTICAST,UP,LOWER_UP> mtu 1500 qdisc
    link/ether 00:0c:29:cf:5d:34 brd ff:ff:ff:ff:ff:ff
    inet 192.168.2.134/24 brd 192.168.2.255 scope global en
       valid_lft forever preferred_lft forever
    inet 192.168.2.222/24 scope global secondary ens33
       valid_lft forever preferred_lft forever
    inet6 fe80::20c:29ff:fecf:5d34/64 scope link
       valid_lft forever preferred_lft forever
3: virbr0: <NO-CARRIER,BROADCAST,MULTICAST,UP> mtu 1500 qdi
    link/ether 52:54:00:aa:1c:71 brd ff:ff:ff:ff:ff:ff
    inet 192.168.122.1/24 brd 192.168.122.255 scope global
       valid_lft forever preferred_lft forever
4: virbr0-nic: <BROADCAST,MULTICAST> mtu 1500 qdisc pfifo_f
    link/ether 52:54:00:aa:1c:71 brd ff:ff:ff:ff:ff:ff
[root@bigdata07 ~]#
```

图 15-25　查看 VIP

需要注意，由于 bigdata06 的优先级高，因此如果后续 bigdata06 恢复启动，那么 bigdata06 就又会抢回 VIP 的使用权。

至此，本架构的演示案例全部结束。

### 15.1.6 ▶ 搭建高性能高可用低延迟的 MySQL 架构

在本章中，介绍了很多主从同步的架构。现在思考，主从同步的缺点是什么？延迟！即 Master 同步到 Slave 的数据存在着 I/O 延迟。试想，当我们搭建了“主从同步＋读写分离”的 MySQL 架构时，如果用户向 Master 中写数据，而从 Slave 中读数据就可能出现问题。例如，如果 Master-Slave 之间存在较大的延迟，就可能出现一种不合理的情况，用户刚向 Master 插入了一条数据，但随即从 Slave 读取时却发现刚插入的数据不存在（因为延迟造成了数据的不一致性）。那么应该如何降低延迟呢？

请看图 15-26 所示的结构。

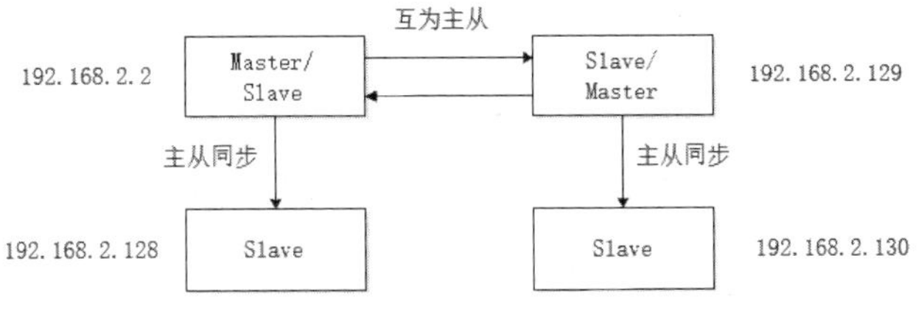


图 15-26　互为主从结构

以上结构在 MyCat 中配置的内容如下所示。

**》【源码：demo/ch15/schema2.xml】**

```
...
<dataHost ... balance="1" writeType="0" switchType="2" slaveThreshold="100">
<!-- 发送的心跳是主从同步的信息 -->
<heartbeat>show slave status </heartbeat>
        <writeHost host="hostM1v url="192.168.2.2:3306" user="root" password="root">
                <readHost host="hostS1" url="192.168.2.128:3306" user="root" password="root" />
```

```
		</writeHost>
		<writeHost host="hostM2"  url="192.168.2.129:3306" user="root" password="root">
				<readHost host="hostS2" url="192.168.2.130:3306" user="root" password="root" />
		</writeHost>
</dataHost>
...
```

需要注意，以上通过心跳发送的 SQL 是“show slave status”，该 SQL 的查询结果包含了 Seconds_Behind_Master 字段，该字段就用于表示主从复制的延迟时间。当 Seconds_Behind_Master>slaveThreshold 时，表示延迟较大，此时 MyCat 就会忽略掉此 Slave 节点，防止读取到陈旧的数据。此外，当主节点挂掉后，MyCat 会检查 Slave 上的 Seconds_Behind_Master 是否为 0，如果为 0 就进行安全切换，否则不会切换。最后，读者可以自行分析以上 balance、writeType 和 switchType 属性值的作用。

## 15.2 搭建基于 Oracle 的分布式数据库

Oracle、MySQL 等传统的数据库都是关系型数据库（RDBMS），并且随着数据量的增大，可以用 MyCat 等中间件对数据进行分库、分表操作。除此以外，有些数据库不需要 MyCat 也能实现分库操作，本节讲解如何利用 Oracle 的自身特性实现分库功能，从而搭建出一个分布式数据库。

### 15.2.1 ▶ 分布式数据库简介

我们可以将同一个服务部署到多个不同的服务器上形成“集群服务”；与之相反，也可以将同一个服务拆分成多个子服务，再分别将每个子服务部署到不同的服务器上，这种部署方式称为“分布式”。也就是说，集群是“将同一个服务部署多次”，而分布式是“将同一个服务拆分部署”。

试想，如果要开发一个火车订票系统，就可以先创建一个数据库，然后让所有客户端来访问这个数据库，如图 15-27 所示。

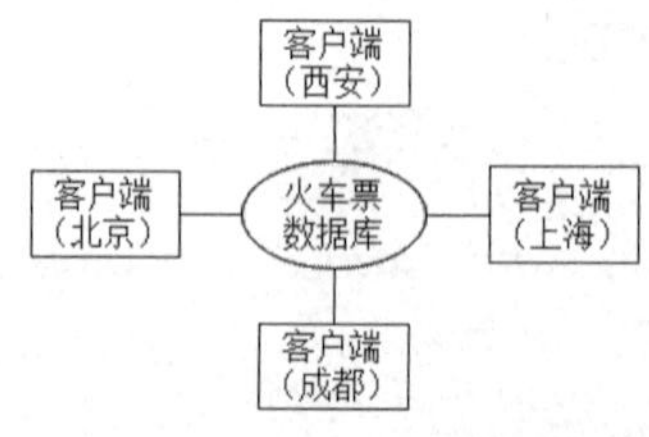


图 15-27　集中式数据库

此种设计的缺点是，各地用户访问同一个数据库，会给数据库造成很大的压力；并且数据过于集中，不便于分类管理。为此，就可以采用“分布式数据库”的结构进行设计，如图 15-28 所示。

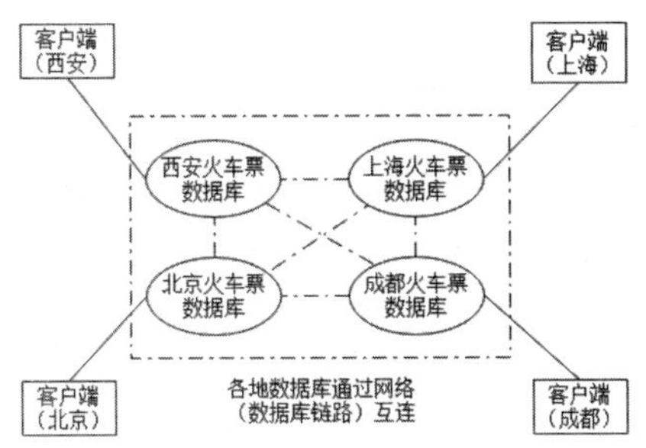


图 15-28　分布式数据库

这种分布式设计的特点如下所示。

（1）物理结构上：将火车票数据库从一个拆分成多个，并分别部署在不同的服务器上。

（2）逻辑结构上：将不同服务器上的数据库通过网络相互连接，逻辑上是一个整体（用户感受不到有多个数据库）。

因为不同地区的 IP 地址不同，因此，如果是北京的用户登录网站购票，服务器就会依据北京地区的 IP 地址网段，将请求转发给北京数据库；如果是西安用户购票，请求就转发给西安数据库……因此对用户而言，虽然访问的是同一个网站，但实际读取的却是不同服务器上的数据库。

不难发现，对于分布式数据库而言，用户不必关心数据是如何被分割和存储的，只需关心数据本身。

## 15.2.2 ▶ 分布式数据库的实现

本小节以 Oracle 为例，介绍分布式数据库的搭建。

因为分布式数据库包含了“多个子数据库”，并且需要“搭建在不同的服务器上，再通过网络相互连接”。因此，如果读者只有一台计算机，就需要通过虚拟机（如 VMWare）来搭建不同的服务器。具体的实现步骤如下。

（1）搭建不同的数据库服务器。

在自己的计算机上安装一个 Oracle 数据库，实例名为 ORCLA；再在虚拟机上安装第二个 Oracle 数据库，实例名为 ORCLB。

（2）连接不同的数据库服务器。

假设本地和远程数据库中各有一张登录表 login。现在的目的是在登录时，同时从本地数据库和远程数据库的 login 表中验证登录信息。因此需要将本地和远程的数据库连通起来。

下面对“连通”做详细讲述。

如图 15-29 所示，分布式数据库中存在着 A、B、C、D 4 条访问路径。

A：本地客户端访问本地数据库。

B：本地客户端访问远程数据库。

C：本地数据库访问远程数据库。

D：远程数据库访问本地数据库。

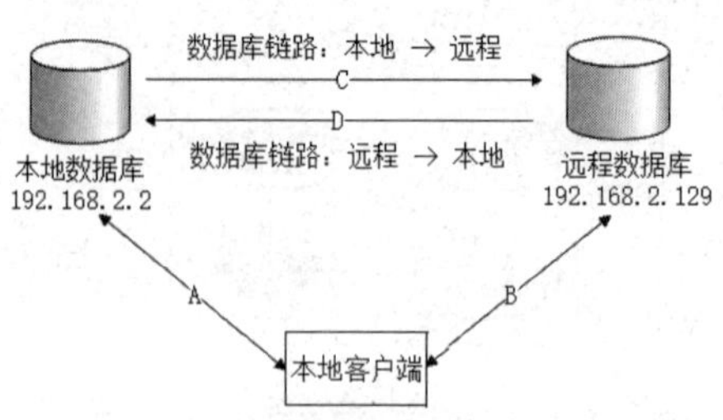


图 15-29　分布式数据库的访问路径

其中，A、B 都是用客户端访问数据库的操作，访问方法基本相同；C、D 是在不同的数据库之间建立一个桥梁，这个桥梁称为“数据库链路”。但要注意，数据库链路是单向的。鉴于篇幅有限，这里不再详细描述，读者可以在本书赠送的配套资源“扩展 1 分布式数据库的实现 .docx”中查看本书小节的具体实现步骤。

# 第 16 章

16

# 使用 Redis 实现持久化与高速缓存功能

本章从 Redis 简介和环境搭建开始，依次对 Redis 的各个基础及核心功能进行介绍，之后通过 Jedis 演示如何在 Java 程序中操作 Redis。Redis 在数据库、Java 和大数据领域中都有着广泛的应用，本章所介绍的内容非常重要。

# 16.1 Redis 实战精讲

本节从零开始介绍 Redis 的概念并演示搭建 Redis 环境的具体步骤，之后通过示例讲解 Redis 的六大常见类型。

## 16.1.1 Redis 核心概念与环境搭建

本小节将对 Redis 的概念和环境搭建的方法进行详细介绍。

### 1.Redis 简介

Redis（全称 Remote Dictionary Server）是一个由 C 语言编写的、基于 key-value 存储结构的开源 NoSQL 数据库，其读写速度可达每秒 10 万次左右（远大于关系型数据的读写速度）。Redis 有两种使用场景，如下所述。

（1）在高并发情况下，可将 Redis 作为应用程序与关系数据库之间的缓存。

①读操作：直接从 Redis 中高速读取数据。

②写操作：写操作有以下两种方式。

方式一，将数据写入 MySQL 等数据库，用于持久化，然后再将写入的数据同步到 Redis 中，便于后续高速读取，如图 16-1 所示。

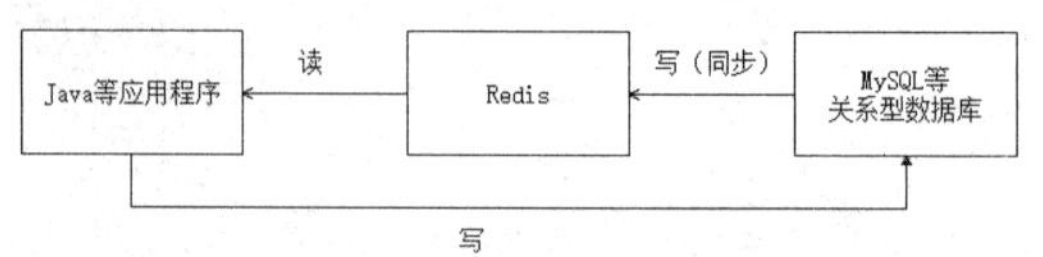


图 16-1　Redis 作为 MySQL 缓存的第一种方式

方式二，为了进一步提高写入速度，也可以将读写操作都放在 Redis 中执行，然后再将 Redis 中的数据写入消息队列 MQ 中，最终通过 MQ 同步到 MySQL 等数据库中备份，如图 16-2 所示。

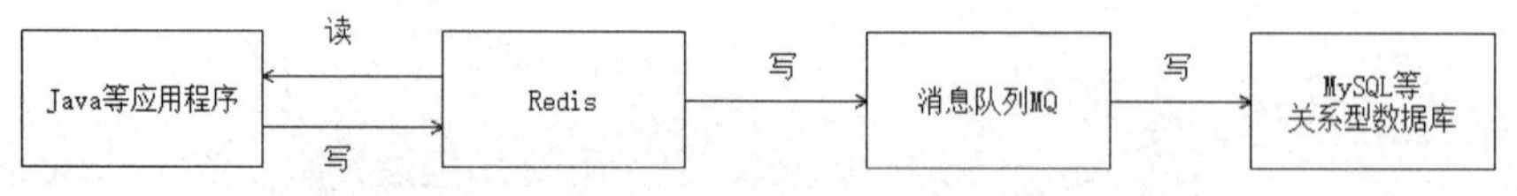


图 16-2　Redis 作为 MySQL 缓存的第二种方式

（2）Redis 本身就是一个分布式 NoSQL 数据库，因此 Redis 可以单独作为数据库使用。

### 2.Redis 环境搭建

现在开始，一步步地搭建 Redis 开发环境。

（1）访问 https://redis.io/，查看最新的 Redis 版本号（如 4.0.11）；然后根据版本号，在 CentOS 的命令行中通过以下命令在线下载 Redis：

wget http://download.redis.io/releases/redis-4.0.11.tar.gz

（2）下载完毕后解压，再将目录重命名为 redis，如下所示。

解压：tar -zxvf redis-4.0.11.tar.gz。

重命名：mv redis-4.0.11 redis。

（3）进入 redis 目录，执行编译命令：make。

①如果报错“缺少 gcc...”。

解决方法：在线安装编译工具 gcc，安装命令为 yum install gcc-c++。

②如果报错 "Newer version of jemalloc required..."。

解决方法：在 make 命令后指定 libc 函数，即执行命令 make MALLOC=libc。

（4）在 redis 目录中，备份 Redis 的配置文件 redis.conf，并开启 Redis 守护进程（可以理解为以“后台”方式运行 Redis）。

备份：cp redis.conf myredis.conf。

编辑 myredis.conf，开启 Redis 守护进程，如图 16-3 所示。

```
################################## GENERAL #####################################

# By default Redis does not run as a daemon. Use 'yes' if you need it.
# Note that Redis will write a pid file in /var/run/redis.pid when daemonized.
daemonize yes
```

图 16-3　开启 Redis 守护进程

（5）测试 Redis。

在 Redis 中的 src 目录下，有很多可执行命令，其中的 redis-server 用于开启 Redis 服务端，redis-cli 用于开启客户端。

①开启 Redis 服务端：

[root@bigdata01 redis]# src/redis-server myredis.conf

注：redis-server 后面可以指定配置文件的路径。

启动后，可以通过 ps -ef|grep redis 命令查看到 Redis 进程，如图 16-4 所示。

```
[root@bigdata01 redis]# ps -ef|grep redis
root       4476      1  0 12:58 ?        00:00:04 src/redis-server 127.0.0.1:6379
root       5234      1  0 13:00 ?        00:00:04 gedit /app/redis/myredis.conf
root       5461   2829  0 14:06 pts/0    00:00:00 grep redis
```

图 16-4　查看 Redis 进程

②开启 Redis 客户端：

[root@bigdata01 redis]# src/redis-cli -p 6379

注：Redis 的默认端口号是 6379，也可以在配置文件 myredis.conf 中修改端口号。

③测试。

在客户端输入 ping，正常情况下，可得到服务端的响应 PONG，如图 16-5 所示。

```
[root@bigdata01 redis]# src/redis-cli -p 6379
127.0.0.1:6379> ping
PONG
```

图 16-5　测试 Redis

注意　如果是以守护进程的方式运行 Redis，Redis 默认会把 pid 写入 /var/run/redis_6379.pid 文件。也可以在 myredis.conf 中的第 158 行附近修改 pid 的文件路径，如图 16-6 所示。

```
# Creating a pid file is best effort: if Redis is not able to create it
# nothing bad happens, the server will start and run normally.
pidfile /var/run/redis_6379.pid
```

图 16-6　修改 pid 的文件路径

### 16.1.2 ▶ Redis 六大常见类型的核心操作

客户端连接到服务端后，就可以进行各种数据操作。因篇幅有限，本节只介绍一些常见操作。

在操作 Redis 时，需要注意以下两点。

（1）Redis 对关键字（或变量等）不区分大小写，但对数据区分大小写。例如，关键字 1MB 等价于 1mb、set 等价于 SeT，但是数据 zhangsan 不等价于 ZhangSan；

（2）在 Redis 中，K 和 kB 的含义不同。Redis 中，1K=1000bytes，而 1kB=1024bytes；M 和 MB、G 和 GB 等有同样的区别。

此外，Redis 默认提供了 16 个数据库（编号 0~15），可以使用“select 编号”指定使用的数据库，图 16-7 表示使用编号为 0 的数据库。

```
127.0.0.1:6379> select 0
OK
```

图 16-7　使用 0 号数据库

Redis 提供了 String（默认）、List、Set、Hash、Zset 等数据类型，并且可以通过 key-value 的形式进行赋值、取值，如下所述。

#### 1.String 操作

给 hello 赋值：set hello world。

获取 hello 的值：get hello。

获取 hello 值的长度：strlen hello。

截取 hello 的值（从第 0 位截取到第 2 位）：getrange hello 0 2。

批量给 k1,k2,k3 赋值：mset k1 v1 k2 v2 k3 v3。

批量获取 k1,k2,k3 的值：mget k1 k2 k3。

给 k4 赋值，并指定该变量的生命周期（过期时间）为 10 秒：setex k4 10 v4。

查看 k4 剩余的过期时间：ttl k4。

如果不存在 k5，给 k5 赋值；如果已存在，则赋值失败：setnx k5 v5。

赋值一个内容为数字形式的字符串：set num 10。

num 自增 1：incr num。

num 自减 1：decr num。

num 自增 5：incrby num 5。

num 自减 5：decrby num 5。

综合操作：SET key value [EX 生命周期（秒）] [PX 生命周期（毫秒）] [NX|XX]，其中，NX 表示“当 key 不存在时，才能执行”，XX 表示“当 key 存在时，才能执行”，示例如下所示。

当 k4 存在时，将 k4 赋值为 v4，并设置生命周期为 10000 毫秒：set k4 v4 PX 10000 XX。

当 k5 不存在时，将 k5 赋值为 v5，并设置 k5 的生命周期为 10 秒：set k5 v5 EX 10 NX。

### 2.List 操作

给 mylist 中增加多个元素： lpush mylist a1 a2 a3 a4 a5 或 rpush mylist a1 a2 a3 a4 a5。

查看 mylist 中的前 3 个元素：lrange mylist 0 3。

查看 mylist 中的全部元素： lrange mylist 0 -1。

只保留 mylist 中第 0 个至第 2 个元素：ltrim mylist 0 2。

将 mylist 的最后一个元素，移动到 mylist2 的第一个元素：rpoplpush mylistmylist2。

将 mylist 的第 2 个元素值设置为 x：lset mylist 2 x。

在 mylist 的 a3 元素前 / 后，插入 y：linsert mylist before/after a3 y。

### 3.Set 操作

List 中的元素可以重复，Set 中的元素不能重复（重复添加的元素将会被忽略）。而且 Set 是“无序”的，因此，Set 不能根据下标获取元素。例如，无法获取第 *n* 个元素，只能随机获取某个（或某些）元素。

给 myset 中增加多个元素：sadd myset a1 a2 a3。

查看 myset 中的全部元素：smembers myset。

判断 myset 中是否包含 a2 元素：sismember myset a2。

删除 myset 中的 a2 元素： srem myset a2。

随机获取（不会删除）myset 中的两个元素： srandmember myset 2。

随机获取（并删除）myset 中的一个元素：spop myset 。

将 myset 中的 a2 移动到 myset2 中：smove myset myset2 a2。

（差集）获取存在于 myset 中，但不存在于 myset2 中的元素：sdiff myset myset2。

（交集）获取存在于 myset 中，且存在于 myset2 中的元素：sinter myset myset2。

（并集）获取存在于 myset 中，或存在于 myset2 中的元素：sunion myset myset2。

#### 4.SortedSet 操作

Set 是无序的，不能根据下标获取元素，这样就给查询操作带来了很大的不便，而 SortedSet 能解决这个问题。和 Set 相比，SortedSet 可以根据 score 值的大小，将集合中的元素排序，进而实现“有序”，举例如下。

给 students 中增加多个元素（zs、ls、ww），并且给每个元素设置 score 值：zadd students 8 zs 9 ls 10 ww。

根据 score 值从小到大的顺序，查询 students 中第 0 个至第 2 个元素：zrange students 0 2。

根据 score 值从小到大的顺序，查询 students 中第 0 个至第 2 个元素，并且显示每个元素的 score：zrange students 0 2 withscores。

根据 score 值从小到大的顺序，查询 students 中第 0 个至第 2 个元素（逆序）：zrevrange students 0 2。

查询 students 中，score 值 >=8 且 <=10 的元素：zrangebyscore students 8 10。

查询 students 中，score 值 >8 且 <10 的元素：zrangebyscore students (8 (10，即“(”会去掉端点的值。

从上条语句的查询结果中，筛选出“从第 2 个元素开始，连续 3 个元素”：zrangebyscore students (8 (10 limit 2 3。

删除 students 中的 zs 和 ww：zrem names zs ww。

统计 students 中，score 值介于 8 和 10 之间的元素个数：zcount students 8 10。

查找 students 中 ww 元素的下标：zrank students ww。

获取 students 中，ww 的 score 值：zscore students ww。

获取 students 中，ww 的 score 值（逆序）：zrevrank students ww。

#### 5.Hash 操作

在 Java 中，如果要给一个 student 对象的 name 属性赋值，可以使用 student.setName(“zs”)。而在 Redis 中，可以使用 Hash 提供的 hset 命令：hset student name zs。

同时给 person 的多个属性（name、age、sex、male）赋值：hmset person name zs age 23 sex male。

同时获取 person 的多个属性值：hmget person name age sex。

获取 student 的 name 属性值：hget student name。

获取 student 的全部属性名：hkeys student。

获取 student 的全部属性值：hvals student。

获取 student 的全部属性名和属性值：hgetall student。

删除 student 的 name 和 age：hdel student name age。

给 student 的 age 属性增加整数 3：hincrby student age 3。

给 student 的 age 属性增加小数 0.5：hincrbyfloat student age 0.5。

#### 6.key 及其他操作

给已存在的 key 设置生命周期：expire k1 10（单位秒）、pexpire k1 10（单位毫秒）。

查看当前数据库中的全部 key：keys *。

根据占位符？对 key 进行模糊查询： keys k?。

判断是否存在某一个 key：exists k1。

查看某个 key-value 的数据类型：type k1。

查看当前数据库中有多少条数据：dbsize。

将当前数据库中的某条数据，移动到其他数据库：move key 数据库编号。例如，将当前数据库中的 k1 移动到编号为 2 的数据库中：move k1 2。

清空当前数据库中的全部数据：flushdb。

清空全部数据库中的全部数据（慎用）：flushall。

## 16.2 Redis 配置文件与持久化实战

本节介绍 Redis 的一些常见参数，然后通过理论和案例详细地讲解 RDB 和 AOF 两种方式的 Redis 持久化。

### 16.2.1 ▶ Redis 配置文件的常见参数

在配置文件 myredis.conf 中，可以设置 Redis 的各种参数。本小节详细介绍一些常见的参数，其余参数读者可以打开 myredis.conf 文件，参照文件中的注释说明自行学习。

#### 1. 设置登录密码

Redis 默认没有密码，可以通过以下两种方式设置密码（本示例将 Redis 密码设置为 abc）。

（1）永久设置：在配置文件的第 500 行左右，将 requirepass foobared 修改为 requirepass abc，如图 16-8 所示。

```
#
requirepass abc

# Command renaming.
```

图 16-8　设置 Redis 密码

此方式设置的密码在重启 Redis 后生效。

（2）临时设置：config set requirepass abc。

在通过 redis-cli -p 6379 连接上 Redis 后，直接使用以上 config set 命令设置密码。设置密码后，需要使用 auth 输入密码，如图 16-9 所示。

```
127.0.0.1:6379> ping
(error) NOAUTH Authentication required.
127.0.0.1:6379> auth abc
OK
```

图 16-9　输入 Redis 密码

并且可以通过 config get requirepass 查看当前的密码，如图 16-10 所示。

```
127.0.0.1:6379> config get requirepass
1) "requirepass"
2) "abc"
```

图 16-10　查看 Redis 密码

此方式设置的密码会在重启 Redis 后失效。

### 2. 最大客户数量

可以在配置文件的第 532 行左右，通过 maxclients 限制同时连接 Redis 服务的最大客户数量（默认是 10000）。当连接的客户端数超过 maxclients 时，新客户端会在尝试连接时将收到 error 信息。

### 3. 内存管理

前面讲过，Redis 可以作为应用程序与关系数据库之间的缓冲。具体地讲，Redis 可以把常用的数据放到内存中，因此可以大大提高访问的效率。不过计算机的内存容量是有限的，如何合理地将有效数据放入内存，并且保证内存容量不会超限呢？ Redis 是通过 maxmemory 、maxmemory-policy 和 maxmemory-samples 3 个参数来管理的，这 3 个参数都在配置文件的第 590 行附近。

（1）maxmemory ：设置 Redis 能够使用的最大内存容量（单位 byte），如果设置为 0 则表示没有限制。

（2）maxmemory-policy：内存淘汰策略。当往 Redis 内存中存放的数据大于 maxmemory 时，就需要使用一种淘汰策略将一部分数据从内存移除。Redis 提供了以下几种淘汰策略。

① volatile-lur：在设置了过期时间的 key 中，使用 LRU 算法从内存中移除。

② allkeys-lru：在全部范围的 key 中，使用 LUR 算法从内存中移除。

③ volatile-random：在设置了过期时间的 key 中，从内存中随机移除。

④ allkeys-random：在全部范围的 key 中，从内存中随机移除。

⑤ volatile-ttl：移除 ttl 值最小的 key（即最近快过期的 key）。

⑥ noeviction（默认）：永不过期，如果溢出就返回 error 信息。

（3）maxmemory-samples ：样本数量。由于 maxmemory-policy 中使用的 LUR 等算法都是基于临近的部分数据计算而来的，并不是基于 Redis 中全部数据计算（为了提高速度）。那么，这些“临近的部分数据”有多少个呢？就可以通过 maxmemory-samples 设置。显然 maxmemory-samples 数值越小，则计算的速度越快，但准确率越低；反之，数值越大，则计算速度越慢，但准确率越高。maxmemory-samples 的默认值是 5。

## 16.2.2 ▶ RDB 及 AOF 方式的持久化操作及灾难恢复实战

将数据存放在内存中可以提高效率，但是要想将数据进行持久化，就必须存放到硬盘文件中。Redis 提供了 RDB 和 AOF 两种持久化方式。

两种方式的核心思路是 Redis 会根据一定条件，定期将内存中的数据备份到 .rdb 或 .aof 文件中。之后在 Redis 重启时，会自动从 .rdb 或 .aof 中将数据还原到 Redis 内存中。

### 1.RDB（Redis DataBase）

RDB 是通过保存数据库中的键值对来备份数据。

RDB 是指在指定的时间间隔内，如果满足“特定条件”，就会将 Redis 内存中的数据同步备份到硬盘中。因此，可以将 RDB 看作一个数据快照。

RDB 中“特定条件”的设置方法如下。

可以在配置文件 myredis.conf 的 218 行附近，设置多个 RDB 备份条件，如图 16-11 所示。

```
#   save ""

save 900 1
save 300 10
save 60 10000
```

图 16-11　设置 RDB 备份条件

设置的格式是 save <seconds> <changes>，并且可以设置多个备份条件。当满足任何一个条件时，Redis 就会将数据从内存同步到硬盘文件中。例如，save 300 10 表示，如果在 300 秒内进行了 10 次写操作，那么 Redis 就会在第 300 秒的时刻，将内存中的数据同步到硬盘文件中。

RDB 的实际操作过程如下所示。

（1）通过 Redis 主进程 fork 的一个子进程执行（实际上，处理 RDB 的子进程就是 fork 主进程的一份复制）。

（2）子进程将内存中的数据写入 RDB 文件（具体是 Redis 根目录中的 dump.rdb 文件）。

（3）RDB 文件写入完毕后，再替换之前已存在的旧的 RDB 文件（上一次的备份文件），并用二进制压缩存储。

不难发现，RDB 存在以下两个缺点。

（1）RDB 是用新的备份文件覆盖旧的备份文件，但是新文件的产生需要一定的时间。如果在新文件产生前，Redis 出现故障，就只能通过最近一次旧的备份文件恢复数据，因而在最近一次旧的备份文件之后的内存数据将会丢失。也就是说，RDB 方式无法保证备份数据的完整性。

（2）既然处理 RDB 的子进程是 fork 主进程的一份复制，那么在进程复制的同时，内存中的数据会被扩大至两倍。因此这是一次重量级的操作，复制期间会对系统性能及内存容量造成影响。

演示：当发生故障或灾难时，使用 RDB 方式恢复数据，具体步骤如下。

（1）RDB 的备份条件是“save 20 5”。

（2）初始时，编号为 0 的数据库中无数据，如图 16-12 所示。

```
[root@bigdata01 redis]# src/redis-cli -p 6379
127.0.0.1:6379> keys *
```

图 16-12　查看 key

（3）在启动 Redis 的第一个 20 秒内，向编号为 0 的数据库中插入 5 条数据（即满足备份条件）；紧接着又在第二个 20 秒内，再次插入 3 条数据（不满足备份条件），如图 16-13 所示。

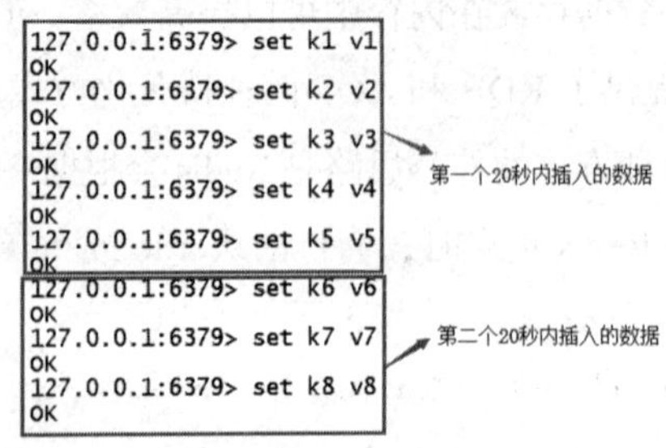


图 16-13　插入数据

（4）此时，模拟 Redis 故障，在 Centos 中新开一个终端，用 ps -ef|grep redis 查看 Redis 的守护进程编号，并用 kill -9 命令结束此进程，如图 16-14 所示。

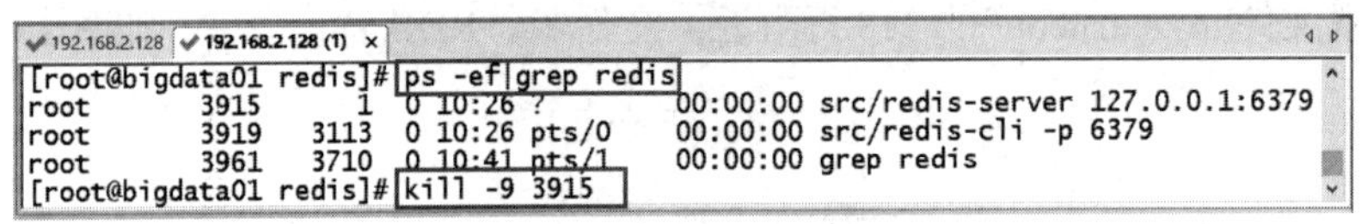


图 16-14　结束 Redis 进程

（5）Redis 发生故障之后，再重新连接 Redis，并再次查看编号为 0 的数据库。可以发现，此时只存在第一次插入的 5 条数据，第二次插入的那 3 条数据因为不满足 RDB 备份条件而没有被保留，如图 16-15 所示。

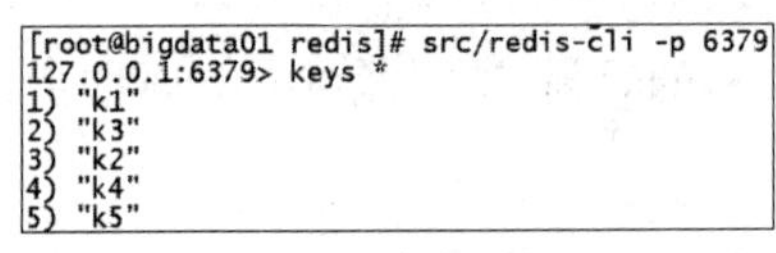


图 16-15　查看 RDB 备份结果

以上，就是让 Redis 根据条件，每隔一段时间就自动备份一次数据。如果要停止 RDB 自动备份，可以使用命令：redis-cli config set save ""。

此外，也可以通过 Redis 指令，手动地备份 RDB 数据。

（1）SAVE：将当前内存的数据以 RDB 文件的形式保存到硬盘。但此操作会阻塞所有客户端，因此不建议使用。

（2）BGSAVE：Redis 会在后台异步进行备份操作，同时还可以响应客户端请求。并且可以通过 LASTSAVE 命令获取最后一次成功备份的时间，用来判断 BGSAVE 是否执行成功。

在学习 RDB 时，还需要注意 FIUSHALL 和 SHUTDOWN 命令，如下所述。

（3）FIUSHALL 命令会产生一个新的 dump.rdb 空文件。因此，如果执行了 FIUSHALL 命令，之前通过 RDB 方式备份的数据，都会被清空。

（4）SHUTDOWN 命令用于关闭 Redis 服务，但也会在关闭前会备份一次 RDB 数据（即产生一个新的 dump.rdb，这点类似 SAVE 命令）。

注意 有些时候，发生的故障是灾难性的，例如，某一台计算机物理损坏，那么此时，这台计算机中的全部数据都会丢失。因此建议在备份 dump.rdb 文件时，可以将它复制到其他计算机，或者存储到阿里云等云服务上。之后在恢复数据时，只需要将 dump.rdb 文件复制到 Redis 根目录中即可（Redis 根目录可以通过 Redis 指令 config get dir 查看）。

除了上述的讲解外，还可以在配置文件 myredis.conf 中对 Redis 进行以下配置，读者可以自行尝试。

（1）stop-writes-on-bgsave-error yes|no：当 RDB 最后一次备份数据失败时，Redis 是否停止接收数据。默认是 yes，并且也建议使用 yes，因为这样能够及时发现备份失败。

（2）rdbcompression yes|no：是否对备份的文件进行压缩。默认值是 yes，并且 Redis 会采用 LZF 算法进行压缩。但要注意，压缩操作虽然能够减少文件的占用空间，但是会消耗 CPU。

（3）rdbchecksum yes|no：是否对备份文件使用 CRC64 算法进行数据校验，默认是 yes，但校验操作会增加约 10% 的性能消耗。

（4）dbfilename 文件名：设置备份的文件名，默认是 dump.rdb。

（5）dir 目录：设置备份文件的目录，默认是 Redis 的根目录。

### 2.aof（Append Only File）

前面讲过，RDB 方式无法保证备份数据的完整性，这应该也是 RDB 最大的一个弊端。为了尽可能地保证备份数据的完整，Redis 提供了另一种备份方式：AOF。AOF 提供了多种同步备份的频率，默认是每秒备份一次，即最多丢失 1 秒的数据。

AOF 通过保存 Redis 服务器所执行的写命令来备份数据。具体地讲，客户端在每次发送写操作时，都会被服务端的日志给记录下来（注意，不会记录读操作）；当 Redis 重新启动时，服务端就会根据日志文件将所有的写操作全部执行一次，用这种方式将数据恢复到内存中。

与 RDB 方式比较，AOF 备份方式可以使备份的数据更加完整，但恢复的速度较慢，并且备份文件的体积较大。

Redis 默认开启了 RDB 的备份方式，但 AOF 方式需要手动开启。在配置文件中，将 appendonly 设置为 yes，即可开启 AOF 备份方式，并且可以通过 appendfilename 参数设置 AOF 的备份文件名（默认是 appendonly.aof），如图 16-16 所示。

```
# Please check http://redis.io/topics/persistence for more information.
appendonly yes
# The name of the append only file (default: "appendonly.aof")
appendfilename "appendonly.aof"
```

图 16-16 开启 AOF 备份

演示：当发生故障或灾难时，使用 AOF 方式恢复数据，具体步骤如下。

（1）在配置文件中通过设置 appendonly yes 开启 AOF，并使用默认的备份频率“一秒备份一次”。

（2）初始时，编号为 1 的数据库为空。

（3）陆续的向编号为 1 的数据库中增加数据，如图 16-17 所示。

```
127.0.0.1:6379> select 1
OK
127.0.0.1:6379[1]> set k1 v1
OK
127.0.0.1:6379[1]> set k2 v2
OK
127.0.0.1:6379[1]> set k3 v3
OK
```

图 16-17 陆续新增数据

（4）此时，通过 kill 命令模拟 Redis 故障（同 RDB 方式）。

（5）Redis 发生故障之后，再重新连接 Redis，并再次查看编号为 1 的数据库。可以发现，全部数据得以恢复，即 Redis 会将 appendonly.aof 中的数据恢复到内存中，如图 16-18 所示。

```
[root@bigdata01 redis]# src/redis-cli -p 6379
127.0.0.1:6379> select 1
OK
127.0.0.1:6379[1]> keys *
1) "k2"
2) "k3"
3) "k1"
```

图 16-18 查看 AOF 备份结果

还可以通过 cat 命令查看 AOF 的文件内容，如图 16-19 所示。

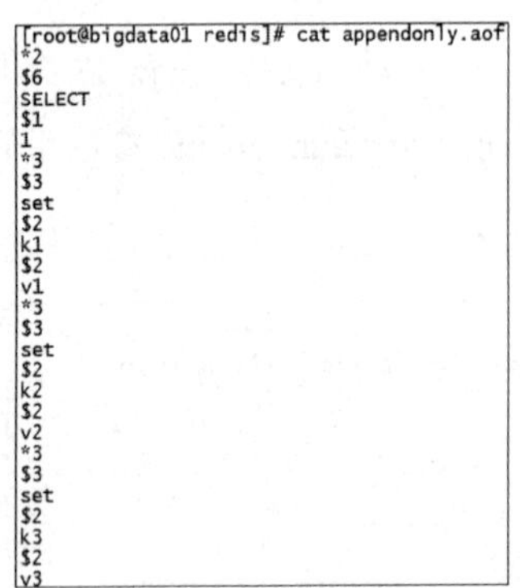

```
[root@bigdata01 redis]# cat appendonly.aof
*2
$6
SELECT
$1
1
*3
$3
set
$2
k1
$2
v1
*3
$3
set
$2
k2
$2
v2
*3
$3
set
$2
k3
$2
v3
```

图 16-19 查看 AOF 文件

如果由于一些原因，使备份的 AOF 文件存在一些异常数据，那么还可以使用 AOF 提供的修复命令来修复数据。具体步骤如下。

（1）编辑 appendonly.aof 文件，模拟插入一些异常数据，如图 16-20 所示。

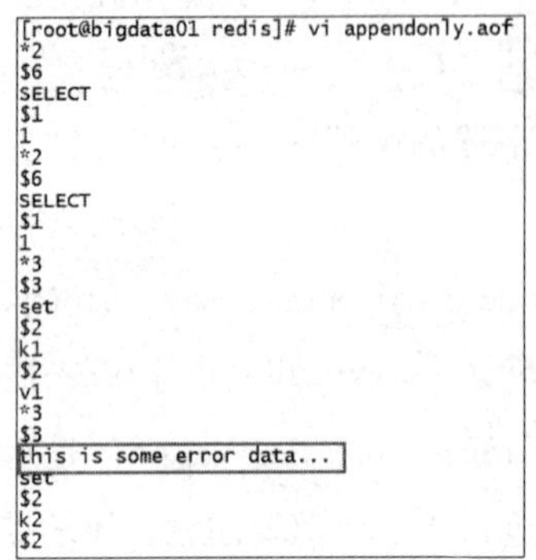

```
[root@bigdata01 redis]# vi appendonly.aof
*2
$6
SELECT
$1
1
*2
$6
SELECT
$1
1
*3
$3
set
$2
k1
$2
v1
*3
$3
this is some error data...
set
$2
k2
$2
```

图 16-20 AOF 文件中存在的异常数据

（2）使用 Redis 的 src 目录中的 redis-check-aof 命令，修复 appendonly.aof 文件，即在 Redis 目录下执行命令 redis-check-aof --fix appendonly.aof，如图 16-21 所示。

```
[root@bigdata01 redis]# redis-check-aof --fix appendonly.aof
-bash: redis-check-aof: command not found
[root@bigdata01 redis]# redis-check-aof: command not found
-bash: redis-check-aof:: command not found
[root@bigdata01 redis]# src/redis-check-aof --fix appendonly.aof
0x              1f: Expected \r\n, got: 7320
AOF analyzed: size=139, ok_up_to=23, diff=116
This will shrink the AOF from 139 bytes, with 116 bytes, to 23 bytes
Continue? [y/N]: y
Successfully truncated AOF
```

图 16-21 修复 AOF 文件中的异常数据

（3）修复之后，可以再次使用 cat 命令验证 AOF 中的数据，如图 16-22 所示。

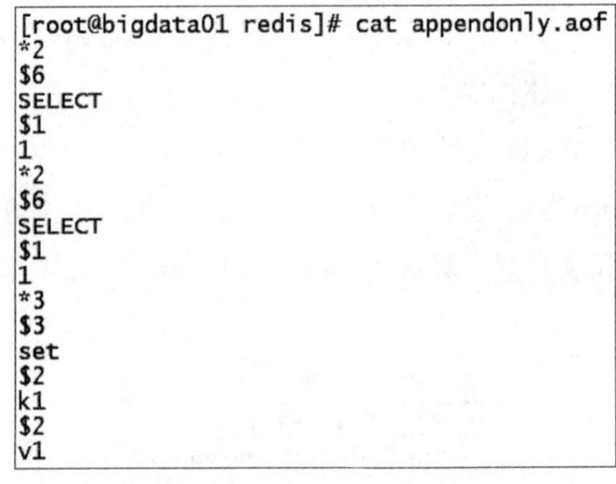

```
[root@bigdata01 redis]# cat appendonly.aof
*2
$6
SELECT
$1
1
*2
$6
SELECT
$1
1
*3
$3
set
$2
k1
$2
v1
```

图 16-22 查看 AOF 文件内容

可以发现，异常数据已经被删除。之后 Redis 就可以正常使用 appendonly.aof 文件进行数据恢复。

与RDB方式类似，为防止计算机物理损坏，建议将appendonly.aof文件备份到其他计算机或云服务中，当需要恢复数据时再复制回Redis目录中即可。

前面讲过，Redis默认的AOF备份频率是“一秒备份一次”。实际上，Redis提供了3种备份频率，可以在配置文件myredis.conf中进行设置，如图16-23所示。

```
# appendfsync always
appendfsync everysec
# appendfsync no
```

图16-23　设置AOF备份频率

3种频率的含义如下。

（1）everysec：每隔一秒备份一次，极端情况下也可能是每隔两秒备份一次，推荐使用。

（2）always：每执行一次写操作都会备份一次。显然，这是最安全的操作，但是对性能的影响较大，因此并不推荐使用。

（3）no：Redis放弃主动备份，而是依赖于操作系统自身的备份特性。例如，Linux系统会每隔30秒备份一次。

在学习AOF时，有一个非常重要的概念——rewrite机制。AOF会将内存中的数据，不断地写入appendonly.aof文件中。因此appendonly.aof文件会随着数据的不断增多而越来越大。为了避免这种appendonly.aof文件无限增大的情况，Redis为AOF设置了rewrite机制，预先设置一个阈值（如64MB），当appendonly.aof文件大小超过该阈值时，Redis就会压缩AOF文件中的数据。如何压缩呢？实际是合并了多个key值相同的数据。例如，假设原数据中包含了set k1 v1、set k1 v2和set k1 v3三条指令，那么压缩后就只存在set k1 v3这一条最终有效的k1指令。因此，在rewrite执行之后，Redis中的每条数据都只有一个set指令。

rewrite机制既可以通过配置，让Redis自动执行；又可以手动触发执行，如下所述。

### 1. 自动执行

可以在Redis配置文件中设置auto-aof-rewrite-percentage和auto-aof-rewrite-min-size两个参数。当同时满足这两个参数的条件时，Redis就会自动执行rewrite机制，这两个参数的含义如下。

（1）auto-aof-rewrite-percentage：当前.aof文件与上一次的.aof文件相比，文件大小增加的百分比。

（2）auto-aof-rewrite-min-size：要触发rewrite机制，.aof文件至少要达到此参数设置的大小。

默认情况下auto-aof-rewrite-percentage是100MB，auto-aof-rewrite-min-size是64MB，即表示当.aof文件达到64MB以上，且当前.aof文件比上一次备份的.aof文件大小增加了100%时，Redis就自动触发rewrite机制。

### 2. 手动触发执行

在连接到Redis服务后，通过bgrewriteaof指令触发执行，如图16-24所示。

```
[root@bigdata01 redis]# src/redis-cli -p 6379
127.0.0.1:6379> bgrewriteaof
```

图 16-24　手动触发 rewrite 机制

最后要说明的是，在 Redis 中可以同时启动 AOF 和 RDB 两种备份方式，一旦出现故障，会优先使用 AOF 方式恢复数据。

# 16.3 Redis 事务操作演示案例

所有的数据库都会面临“事务”问题，本节就介绍 Redis 对事务的实现方式。

## 16.3.1 ▶ Redis 事务的核心概念和操作演示

Redis 事务也同样支持 ACID 特性。例如，Redis 事务是一个单独的隔离操作，在一个 Redis 事务的执行期间，不会让其他客户端请求插入执行。

Redis 事务主要依赖以下 5 条命令。

（1）WATCH：监听一个或多个 key，如果在事务执行期间这些监听的 key 被其他客户端修改了，Redis 就会终止此事务。

（2）UNWATCH：取消监听。

（3）MULTI：开始事务。

（4）EXEC：提交事务。

（5）DISCARD：放弃提交事务。注意与“回滚”区分：Redis 可以通过 DISCARD 放弃当前事务，但如果事务中的某一条命令出现了运行错误，事务里其他的命令依然会继续执行，而不会自动回滚（这点与关系型数据库不一致，关系型数据库是支持回滚的，要么全部成功，要么全部失败）。简言之，Redis 不支持回滚。

**范例 16-1　提交事务**

依次执行图 16-25 中的事务操作。

```
127.0.0.1:6379> select 0
OK
127.0.0.1:6379> multi
OK
127.0.0.1:6379> set k1 v1
QUEUED
127.0.0.1:6379> set k2 v2
QUEUED
127.0.0.1:6379> get k1
QUEUED
127.0.0.1:6379> set k3 v3
QUEUED
127.0.0.1:6379> exec
1) OK
2) OK
3) "v1"
4) OK
```

图 16-25　提交事务

当执行 EXEC 时，事务中的所有指令会被一次性的串行执行。

**范例 16-2　放弃提交事务**

先开启事务，然后执行多条 set 语句，最后再通过 DISCARD 放弃事务，如图 16-26 所示。

```
127.0.0.1:6379[1]> select 1
OK
127.0.0.1:6379[1]> multi
OK
127.0.0.1:6379[1]> set k1 v1
QUEUED
127.0.0.1:6379[1]> set k2 v2
QUEUED
127.0.0.1:6379[1]> get k1
QUEUED
127.0.0.1:6379[1]> set k3 v3
QUEUED
127.0.0.1:6379[1]> discard
OK
127.0.0.1:6379[1]> keys *
(empty list or set)
```

图 16-26　放弃提交

**范例 16-3　事务出错问题**

如果是在事务执行前出错（非运行时错误），则 Redis 自动放弃事务中的全部操作，如图 16-27 所示。

```
127.0.0.1:6379[1]> select 2
OK
127.0.0.1:6379[2]> multi
OK
127.0.0.1:6379[2]> set k1 v1
QUEUED
127.0.0.1:6379[2]> set k2 v2
QUEUED
127.0.0.1:6379[2]> get hello world
(error) ERR wrong number of arguments for 'get' command
127.0.0.1:6379[2]> set k3 v3
QUEUED
127.0.0.1:6379[2]> exec
(error) EXECABORT Transaction discarded because of previous errors.
127.0.0.1:6379[2]>
```

图 16-27　事务执行前出错

**范例 16-4　事务出错问题**

如果是在事务执行时才发现存在错误的命令（运行时错误），则事务中的正确命令仍然会被提交，如图 16-28 所示。

```
127.0.0.1:6379[3]> select 3
OK
127.0.0.1:6379[3]> multi
OK
127.0.0.1:6379[3]> set k1 v1
QUEUED
127.0.0.1:6379[3]> lpop k1      <- lpop是List类型数据的特有命令
QUEUED
127.0.0.1:6379[3]> set k2 v2
QUEUED
127.0.0.1:6379[3]> exec
1) OK
2) (error) WRONGTYPE Operation against a key holding the wrong kind of value
3) OK
127.0.0.1:6379[3]> keys *
1) "k1"
2) "k2"
```

图 16-28　事务执行时出错

### 16.3.2 如何在 Redis 中使用事务监控

如果有多个线程并发地访问某一个资源，就可能造成数据不安全的情况。对此，Java 中解决方案是用 synchronized 或 Lock 给资源加锁。同样在 Redis 中也会面临数据安全问题，解决方案就是使用 WATCH 和 UNWATCH 命令。

**范例 16-5 事务提交失败问题**

当某一个 key 在被 WATCH 监控的同时被其他客户端修改了，则事务提交失败。

本例演示步骤如下。

（1）开启一个客户端（称为 A），监听变量 num，并且 num 将要在一个事务中被使用，如图 16-29 所示。

```
127.0.0.1:6379[3]> select 4
OK
127.0.0.1:6379[4]> set num 10
OK
127.0.0.1:6379[4]> watch num
OK
127.0.0.1:6379[4]> multi
OK
127.0.0.1:6379[4]>
```

图 16-29 监听变量 num

（2）此时，再开启另一个客户端（称为 B），修改 num 的值，如图 16-30 所示。

```
127.0.0.1:6379> select 4
OK
127.0.0.1:6379[4]> set num 20
OK
127.0.0.1:6379[4]>
```

图 16-30 在另一个客户端中修改 num 的值

（3）再回到客户端 A，如果此时在 A 中提交事务，就会提示失败，如图 16-31 所示。

```
127.0.0.1:6379[3]> select 4
OK
127.0.0.1:6379[4]> set num 10
OK
127.0.0.1:6379[4]> watch num
OK
127.0.0.1:6379[4]> multi
OK
127.0.0.1:6379[4]> set num 30
QUEUED
127.0.0.1:6379[4]> exec
(nil)
127.0.0.1:6379[4]>
```

图 16-31 提交事务失败

如果要放弃监控 num，只需要在客户端 A 中执行 UNWATCH 命令即可。

实际上，WATCH 是通过 CAS 算法实现的乐观锁。提交时的版本号，必须大于当前的版本号。

## 16.4 操作 Redis 的 Java 客户端——Jedis

之前，我们是在 CentOS 中通过 shell 命令操作 Redis，现在学习如何通过 Java 程序操作 Redis。

### 16.4.1 使用 Jedis 操作 Redis

在使用 Jedis 操作 Redis 前，需要先进行以下两步准备工作。

（1）设置 Redis 服务地址。

在配置文件 myredis.conf 的 bind 属性中，增加 Linux 的 IP 地址，用于 Jedis 远程访问 Redis 时使用，如图 16-32 所示。

```
# JUST COMMENT THE FOLLOWING LINE.
# ~~~~~~~~~~~~~~~~~~~~~~~~~~~~~~~~~~~~~~~
bind 127.0.0.1 192.168.2.128
```

图 16-32　绑定 IP 地址

（2）准备项目。

新建 Java 项目，并加入 Jedis 依赖 jedis-2.9.0.jar。

》【源码：demo/ch16/JedisTest.java】

Jedis API 与 Redis 命令非常相似。鉴于篇幅有限，读者可以在本书赠送的配套资源中查看本例源码。

### 16.4.2 ▶ 在 Jedis 中通过 ThreadLocal 实现高并发访问

在上例中，我们是使用 new Jedis("192.168.2.128", 6379) 的方式创建了一个 Jedis 连接。那么在高并发环境下，如何创建并安全使用 Jedis 连接呢？

第一次尝试：能否使用以下代码？

》【源码：demo/ch16/JedisCon"nectionUtil.java】

```
public class JedisUtil {
        private static Jedis jedisInstance = null;
    // 获取一个 Jedis 连接对象
        public static Jedis getJedisInstance() throws Exception{
                if (jedisInstance == null)
                                jedisInstance = new Jedis("192.168.2.128", 6379);
        return jedisInstance;
         }

        // 关闭 Jedis 连接对象
        public static void closeConnection() throws Exception{
                if (jedisInstance != null)
                            jedisInstance.close();
         }
}
```

答案是不能！在高并发时，此程序可能造成数据不安全，如以下两种情况所述。

先回顾一下相关的基础知识“一个事务对应一个连接对象”。对本程序来说就是“一个事务对应一个 Jedis 对象”。因此，要想在 Jedis 中实现事务，就必须用同一个 Jedis 对象来操作所有的事务逻辑（例如，会在同一个 Jedis 对象中，执行多个增、删、改、查操作）。而在高并发环境中，如果多个线程同时进入以上程序中 getJedisInstance() 方法的 if 语句，那么就会创建出多个 Jedis 对象，从而无法实现事务操作。

本程序中的 Jedis 对象（jedisInstance）是共享的全局变量，因此 jedisInstance 有可能会被多个线程同时使用。如果在线程 A 正在使用 jedisInstance 操作 Redis 时，线程 B 恰巧调用 closeConnection() 了关闭了 Jedis 连接，必然会使线程 A 发生异常。

对于这样的线程问题，读者可能会想到用“单例模式”来解决。如果使用了单例模式，就能保证 Jedis 对象只能被创建一次，从而解决上述问题，代码如下。

》【源码：demo/ch16/JedisConnectionUtil2.java】

```
package jedis;
import redis.clients.jedis.Jedis;
public class JedisConnectionUtil {
        private volatile static Jedis jedisInstance = null;
        private JedisConnectionUtil() {
        }
        // 获取 Jedis 对象（单例）
        public static Jedis getJedisInstance() {
                if (jedisInstance == null) {
                        synchronized (Jedis.class) {
                                if (jedisInstance == null)
                                        jedisInstance = new Jedis("192.168.2.128", 6379);
                        }
                }
                return jedisInstance;
        }
        // 关闭 Jedis 对象
        public static void closeJedisInstance() {
                if (jedisInstance != null)
                        jedisInstance.close();
        }
}
```

没错，此方法的确可以保证高并发环境下的数据安全，但却会造成极大的性能影响。当一个线程在使用 Jedis 对象时，其他线程只能等待。同理，如果使用加锁机制，也会造成性能的降低。

第二次尝试：再换个思路解决数据不安全的问题，能否不要将 Jedis 对象设置为 static 共享变量？如果 Jedis 对象不是多个线程共享的，那么每个线程就拥有自己独立的 Jedis 对象。既然是各自独立的 Jedis 对象，也就不存在数据安全的问题了，代码如下。

》【源码：demo/ch16/JedisConnectionUtil3.java】

```
public class JedisConnectionUtil3 {
```

```
        //非 static 共享变量
        private  Jedis jedisInstance = null;
        //非 static 方法
        public  Jedis getJedisInstance() throws Exception{
                if (jedisInstance == null)
                                        jedisInstance = new Jedis("192.168.2.128", 6379);
        return jedisInstance;
          }
        //非 static 方法
        public void closeConnection() throws Exception{
                if (jedisInstance != null)
                                jedisInstance.close();
          }
}
class RedisTransaction{
                //模拟转账事务
                public void transportMoney() throws Exception {
                        JedisConnectionUtiljedisUtil = newJedisConnectionUtil();
                        Jedis jedis = jedisUtil.getJedisInstance() ;
                        jedis.watch("k1");
                        //开启事务
                        Transaction tx = jedis.multi();
                        tx.set("money", "1000");
                        tx.incrBy("money", 200);
                        tx.decrBy("money", 100);
                        //提交事务
                        tx.exec();
                        jedis.unwatch();
jedis.close();
                }
}
```

本程序在每个使用 Jedis 对象的方法中（如 transportMoney()）都创建局部变量 Jedis。这样一来，每次都是在方法内部创建的 Jedis 对象，那么多个线程就会各自使用一个独立的 Jedis 对象。因此多个线程之间自然不存在线程安全问题。

但是，Jedis 对象的创建和关闭本身比较消耗资源，而每次执行一个方法，都需要重新创建和关闭一个 Jedis 对象，因此会导致服务器压力非常大，严重影响程序的性能。

现在，给出一个解决方案，既可以不影响性能，又能同时避免线程安全问题。方法就是使用 ThreadLocal。

ThreadLocal 可以为变量在每个线程中都创建一个副本，之后每个线程就会访问自己内部的副本变量，并且该副本在线程内部任何地方都可以共享使用，但不同线程的副本之间互独立。

因此，可以仅创建一个 Redis 连接对象，然后用 ThreadLocal 为每个线程分别创建一个 Redis 连接对象的副本。这样一来，既可以保证各个线程的操作都独立在同一个事务中（不同线程的副本之间互独立），又可以使用多个 Redis 连接对象的副本应对高并发问题。

ThreadLocal 是一个支持泛型的类，可以通过泛型指定存储的数据类型（本次存储的是 Redis 连接对象）。ThreadLocal 的类定义，以及核心方法如下所示。

**【源码：Java.lang.ThreadLocal】**

```
package Java.lang;
public class ThreadLocal<T> {
...
// 获取 ThreadLocal 在当前线程中保存的变量副本
public T get() {...}
// 把当前线程中变量的副本设置到 ThreadLocal 中
public void set(T value) {...}
// 移除 ThreadLocal 中存储的当前线程的变量副本
public void remove() {...}
// 延迟加载的方法，默认返回 null。在使用时需要重写此方法
protected T initialValue() {
    return null;
}
}
```

**范例 16-6 Redis 连接池**

本例演示使用 ThreadLocal 创建 Redis 连接池，具体步骤如下。

（1）加入 commons-pool2-2.6.0.jar 依赖。

（2）配置连接池的参数信息。

**【源码：demo/ch16/redis.properties】**

```
#redis 服务器 ip 地址
redis.ip=192.168.2.128
#redis 服务器端口号
redis.port=6379
#redis 访问密码
redis.passWord=abc
# 连接服务器的超时时间
redis.timeout=5000
#jedis 的最大活跃连接数
jedis.pool.maxActive=20
```

```
#jedis 最大空闲连接数
jedis.pool.maxIdle=10
# 等待可用连接的最大时间（单位毫秒），如果超过等待时间，则抛出异常 JedisConnectionException。
默认值为 -1，表示永久等待。
jedis.pool.maxWait=3000
```

（3）编写 Redis 连接池工具类。

**【源码**：demo/ch16/RedisPoolUtil.java**】**

```
//import...
public class RedisPoolUtil {
        // redis 的连接池对象
        private static JedisPool jedisPool = null;
        // redis 配置文件
        private static final StringREDIS_CONFIG = "redis.properties";
        // 使用 ThreadLocal，确保多个 redis 线程使用的是同一个 redis 连接对象
        private static ThreadLocal<Jedis> local = new ThreadLocal<Jedis>();
        // 初始化连接池
        public static void initialPool() {
                try {
                        Properties props = new Properties();
                        // 读取连接池配置信息
                         props.load(RedisPoolUtil.class.getClassLoader()
.getResourceAsStream(REDIS_CONFIG));
                        // 配置 jedis 连接池
                        JedisPoolConfig config = new JedisPoolConfig();
                        // 设置连接池的配置参数
                        config.setMaxTotal(Integer.valueOf(props.getProperty("jedis.pool.
maxActive")));
                        config.setMaxIdle(Integer.valueOf(props.getProperty("jedis.pool.maxIdle")));
                        config.setMaxWaitMillis(Long.valueOf(props.getProperty("jedis.pool.
maxWait")));
                        // 根据配置信息实例化 jedis 连接池
                        jedisPool = new JedisPool(config, props.getProperty("redis.ip"),
                                Integer.valueOf(props.getProperty("redis.port")),
                                Integer.valueOf(props.getProperty("redis.timeout"))
                        // ,props.getProperty("redis.passWord") 如果 redis 服务设置了密码，则打开
此注释
                        );
```

```
            } catch (Exception e) {
                e.printStackTrace();
            }
        }
        //获取连接
        public static Jedis getConn() {
            Jedis jedis = local.get();
            if (jedis == null) {
                if (jedisPool == null) {
                    initialPool();
                }
                jedis = jedisPool.getResource();
                local.set(jedis);
            }
            return jedis;
        }
        //归还连接
        public static void closeConn() {
            //从本地连接池中获取
            Jedis jedis = local.get();
            if (jedis != null) {
                jedis.close();
            }
            local.set(null);
        }
        //关闭连接池
        public static void closePool() {
            if (jedisPool != null) {
                jedisPool.close();
            }
        }
}
```

（4）测试 Redis 连接池。

**【源码：demo/ch16/TestPoolUtil.java】**

```
import Java.util.UUID;
import redis.clients.jedis.Jedis;
```

```
import Java.util.UUID;
import redis.clients.jedis.Jedis;
public class TestPoolUtil {
        public static void main(String[] args) {
                //初始化连接池
                RedisPoolUtil.initialPool();
                //不断地创建新线程，并让每个线程获取 Redis 连接
        while (true) {
                        new Thread(() -> {
                                Jedis jedis = RedisPoolUtil.getConn();
                                String key = "key-" +(int)(( Math.random()*1000)+9000);//key- 四位
随机数
                                String value = UUID.randomUUID().toString();
                                jedis.set(key, value);
                                try {
                                        //模拟每个线程随机执行一段时间
                                        Thread.sleep((int) (Math.random() * 2000));
                                        System.out.println("key=" + key + ",value=" + value);
                                } catch (InterruptedException e) {
                                        e.printStackTrace();
                                } finally {
                                        RedisPoolUtil.closeConn();
                                }
                        }).start();
                }
        }
}
```

执行 TestPoolUtil，刚开始一段时间的运行情况如图 16-33 所示。

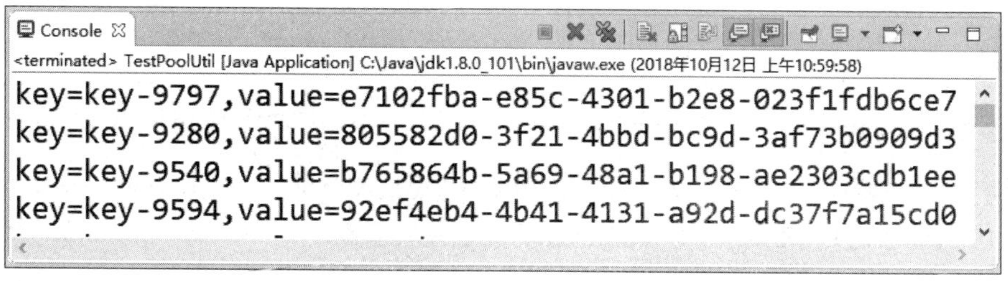


图 16-33　初始时运行结果

但由于在 redis.properties 中配置的 maxActive=20，因此当连接池中全部的 20 个连接对象被使用完毕后，其他线程在等待时间超过 maxWait=3000 毫秒后仍然无法获取连接时，就会出现等待超时的异常，如图 16-34 所示。

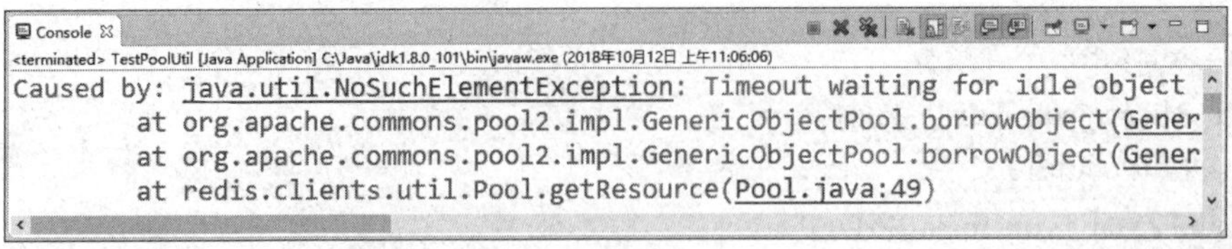

```
Console
<terminated> TestPoolUtil [Java Application] C:\Java\jdk1.8.0_101\bin\javaw.exe (2018年10月12日 上午11:06:06)
Caused by: java.util.NoSuchElementException: Timeout waiting for idle object
        at org.apache.commons.pool2.impl.GenericObjectPool.borrowObject(Gener
        at org.apache.commons.pool2.impl.GenericObjectPool.borrowObject(Gener
        at redis.clients.util.Pool.getResource(Pool.java:49)
```

图 16-34 等待超时后的运行结果

继续等待一段时间，随着正在使用连接对象的线程运行完毕，就会将用完的连接对象归还到连接池中。其他等待的线程就可以获取到该连接对象，从而得到执行的机会，如图 16-35 所示。

```
Console
<terminated> TestPoolUtil [Java Application] C:\Java\jdk1.8.0_101\bin\javaw.exe (2018年10月12日 上午11:09:15)
Caused by: java.util.NoSuchElementException: Timeout waiting for idle object
        at org.apache.commons.pool2.impl.GenericObjectPool.borrowObject(Gener
        at org.apache.commons.pool2.impl.GenericObjectPool.borrowObject(Gener
        at redis.clients.util.Pool.getResource(Pool.java:49)
        ... 4 more
key=key-9074,value=fd9030c1-e88b-4c0b-9c85-6f9b2b36024d
```

图 16-35 得到执行机会的运行结果

## 16.5 Redis 高性能与高可用

上一章介绍了基于 MySQL 的高性能和高可用数据库架构，本节介绍的是如何搭建基于 Redis 的数据库架构。

### 16.5.1 Redis 主从复制与读写分离案例

前面已经学习过 MySQL 的主从复制与读写分离的知识，但 MySQL 配置起来比较烦琐，还需要借助 MyCat 才能实现读写分离功能。现在，Redis 的主从复制与读写分离实现起来却非常简单，具体介绍如下。

#### 1. 环境准备

准备 3 个 Redis 服务器：为了方便演示，本次是将一个 Redis 部署在 192.168.2.129 的服务器上（用作 Master），另外两个 Redis 均部署在 192.168.2.130 的服务器上（用作 Slave）。

修改 192.168.2.129（Master）中 redis.conf 的以下 6 项配置。

【源码：demo/ch16/redis.conf】

```
daemonize yes
port 6379
# 让本机上的 redis 服务，既可以在本机访问，又可以通过局域网访问
bind 127.0.0.1 192.168.2.129
```

```
#redis 实例文件
pidfile /var/run/redis_01.pid
# 日志文件
logfile "master.log"
# 持久化 rdb 文件
dbfilename dump.rdb
```

在 192.168.2.130 中复制出两个 Redis 配置文件（redis1.conf 和 redis2.conf），用于模拟两个 Redis 服务器，并修改以下 5 项配置。

**【源码：demo/ch16/redis1.conf】**

```
daemonize yes
port 7001
pidfile /var/run/redis_7001.pid
logfile "slave1.log"
dbfilename dump1.rdb
```

**【源码：demo/ch16/redis2.conf】**

```
daemonize yes
port 7002
#redis 实例文件
pidfile /var/run/redis_7002.pid
logfile "slave2.log"
dbfilename dump2.rdb
```

分别使用以下命令，启动 3 个 Redis 服务。

在 192.168.2.129 上执行：[root@bigdata02 redis]# src/redis-server redis.conf。

在 192.168.2.130 上执行：[root@bigdata02 redis]# src/redis-server redis1.conf、[root@bigdata02 redis]# src/redis-server redis2.conf。

然后启动 3 个客户端，分别连接每个 Redis 服务。

在 192.168.2.129 上执行：[root@bigdata02 redis]# src/redis-cli -p 6379。

在 192.168.2.130 上执行：[root@bigdata03 redis]#src/redis-cli -p 7001。

在 192.168.2.130 上新开一个 DOS 终端并执行：[root@bigdata03 redis]#src/redis-cli -p 7002。

### 2. 设置主从关系

此次让 192.168.2.129 上的 Redis 作为 Master，让 192.168.2.130 上的两个 Redis 作为 Slave。因此，就需要在 192.168.2.130 上打开两个 redis-cli，并分别执行以下格式的命令，用于绑定 Master：

slaveof master的IP Master中Redis的端口号给两个Slave设置主节点，分别如图16-36、图16-37所示。

```
127.0.0.1:7002> slaveof 192.128.2.129 6379
```

图 16-36 给第一个 Slave 设置主节点

```
127.0.0.1:7001> slaveof 192.128.2.129 6379
```

图 16-37 给第二个 Slave 设置主节点

之后，再在 3 个 redis-cli 中各自通过 info replication 命令验证主从关系。192.168.2.129 上 redis-cli 的执行结果如图 16-38 所示。

```
127.0.0.1:6379> info replication
# Replication
role:master
connected_slaves:2
slave0:ip=192.168.2.130,port=7001,state=online,offset=336,lag=1
slave1:ip=192.168.2.130,port=7002,state=online,offset=336,lag=0
master_replid:1816ae14117308cb4baf20b24ad478b25688f4fe
master_replid2:0000000000000000000000000000000000000000
master_repl_offset:336
second_repl_offset:-1
repl_backlog_active:1
repl_backlog_size:1048576
repl_backlog_first_byte_offset:1
repl_backlog_histlen:336
```

图 16-38 Master 节点的状态

192.168.2.130 上两个 redis-cli 的执行结果类似，端口为 7001 的 Slave 的执行结果如图 16-39 所示。

```
127.0.0.1:7001> info replication
# Replication
role:slave
master_host:192.168.2.129
master_port:6379
master_link_status:up
master_last_io_seconds_ago:7
master_sync_in_progress:0
slave_repl_offset:0
slave_priority:100
slave_read_only:1
connected_slaves:0
master_replid:1816ae14117308cb4baf20b24ad478b25688f4fe
master_replid2:0000000000000000000000000000000000000000
master_repl_offset:0
second_repl_offset:-1
repl_backlog_active:1
repl_backlog_size:1048576
repl_backlog_first_byte_offset:1
```

图 16-39 Slave 节点的状态

可以发现，在 Redis 中配置主从关系时，只需要在从机执行 slaveof 命令即可，不需要配置主机。

通过命令行执行的 slaveof 会在重启后失效（属于临时性配置）；如果要永久地设置主从关系，可以在从机的配置文件中（本例是 redis1.conf 和 redis2.conf）配置：slaveof master 的 IP Master 中 Redis 的端口号。

### 3. 读写分离

如何配置 Redis 读写分离呢？在配置完 Redis 主从复制后，就已经实现了。Redis 遵循的约定是配置了主从复制后，主机 Master 用于写操作，从机 Slave 用于读操作。例如，我们现在就可以在 Master 上设置一个 k-v 对，然后从 Slave 中读取此 k-v 对；但是，如果要在 Slave 上设置 k-v 对，就会提示图 16-40 所示的错误（因为 Slave 只能进行读操作）。

```
127.0.0.1:7001> set k1 v1
(error) READONLY You can't write against a read only slave.
```

图 16-40　写入失败

实际上，Slave 的只读特性默认设置在了配置文件中，如下所示。

slave-read-only yes

注意事项。

（1）目前，192.168.2.129 上的一个 Redis 是 Master，192.168.2.130 上的两个 Redis 是 Slave。默认情况下，如果某一时刻 Master 挂掉，另外两个 Redis 依旧会保持 Slave 状态，而不会去争夺 Master 的地位；并且后续一旦 Master 恢复服务后，就会还原之前的主从关系，即挂掉的 Master 会在启动后依然保持 Master 地位。

（2）继续上一问讨论，如果 Master 无法恢复启动，能否在 Slave 之间手动选举一个新的 Master 呢？可以，在某一个 Slave 中执行 SLAVEOF SNO ONE，就可以将此 Slave 转为新的 Master 角色，并且新 Master 不会丢失之前已经同步到的数据；但是其他 Slave 需要再次执行命令，重新指向新的 Master，即需要重新执行命令： SLAVEOF 新 Master-IP　新 Master-Port。

关于手动选举，还需要注意一点，假设 A 是 Master，B 是 A 的 Slave，C 是一个独立的节点。如果某一时刻 B 执行了命令“slaveof C-IP C-Port”，即 B 从 A 的 Slave，转变成了 C 的 Slave，会造成什么后果？ B 会停止对 A 中数据的同步，清除已经从 A 同步来的所有数据，并且重新同步 C 中的数据。

（3）能否不用手工执行 SLAVEOF NO ONE 命令，而是在 Master 挂掉后，多个 Slave 之间自动选举出一个新 Master 呢？可以使用哨兵模式。

## 16.5.2 ▶ 哨兵模式

哨兵模式的具体实现步骤如下所示。

在 Slave 中，修改 sentinel.conf 文件（与 redis.conf 同目录），修改的内容如下所示。

```
sentinel.conf
bind 127.0.0.1 192.168.2.130
...
# sentinel monitor <master-name><ip><redis-port><quorum>
sentinel monitor myRedisMaster 192.168.2.129 6379 2
```

以上就表示 Slave 会自动监控 192.168.2.129 上的 Master 状态。其中 myRedisMaster 是监控名称，可以自定义命名，最后的“2”是指为了防止网络延迟等原因造成的“误判”，当众多 Slave 中有 2 个 Slave 都认为 Master 已经挂掉后，再执行新的选举机制。

在 Slave 中，通过 redis/src 目录下的 redis-sentinel 命令启动哨兵模式，如下所示。

[root@bigdata03 redis]# src/redis-sentinel sentinel.conf

之后，如果 Master 挂掉，哨兵模式就会自动在所有 Slave 中选取一个新的 Redis 服务作为

Master；而之前的 Mater 如果恢复启动，就会转为 Slave 角色。读者可以自行尝试先通过 shutdown 将 Master 挂掉，然后观察原来各个 Slave 的 info replication 状态，看看是否某个 Slave 变成了 Master。

综上可知，假设 A 是 Master，B、C 是 Slave，那么就有以下几种情况。

（1）在没有启动哨兵模式的情况下，如果 A 挂掉一段时间后再恢复启动，那么 A 仍然会保持 Master 角色。

（2）当启动了哨兵模式，如果 A 挂掉一段时间后再恢复启动，那么 A 会转为 Slave 角色。

（3）无论是否启动了哨兵模式，如果 B 或 C（Slave）在挂掉一段时间后再恢复启动后，有以下两种情况。

①如果之前是通过 SLAVEOF 命令组成的 master-Slave 结构（即临时方式），那么 B 或 C 会脱离原来的 master-Slave 结构（即成为一个独立的节点）；要想恢复成为原先的 Slave 节点，就必须重新执行 SLAVEOF 命令。

②如果之前是将 master-Slave 结构写在了 redis.conf 配置文件中（即永久方式），那么 B 或 C 会恢复成为原先的 Slave 节点。

最后，再体验一下使用 Jedis 实现的主从同步，代码如下。

```
public class JedisMasterSlave {
  public static void main(String[] args) throws Exception {
    /*
    提示：通过网络远程访问 redis 时，需要在 redis 配置文件中绑定服务器的 ip 地址
      一般而言，为了能同时能让本机和远端访问 redis，建议对配置文件（如 redis.conf、redis1.conf、redis2.conf）修改成以下形式：
        #bind 本机 IP 本机在网络中的 IP 地址，具体如下
        bind 127.0.0.1 192.168.2.130
     */
    Jedis master = new Jedis("192.168.2.129", 6379);
    Jedis Slave1 = new Jedis("192.168.2.130", 7001);
    Jedis Slave2 = new Jedis("192.168.2.130", 7001);
    Slave1.slaveof("192.168.2.129", 6379);
    Slave2.slaveof("192.168.2.129", 6379);
    master.set("hello", "redis");
    /*
Java 代码是在内存中执行，速度较快；而 Redis 在主从同步有一定的 I/O 延迟
因此本测试程序给予了 Redis 一定的时间延迟
*/
    Thread.sleep(2000);
    String result1 = Slave1.get("hello");
```

```
        String result2 = Slave1.get("hello");
        System.out.println(result1 + "---"+ result2);
    }
}
```

运行结果如图16-41所示。

图16-41 主从同步结果

# 16.6 使用Redis作为MySQL高速缓存

在本章的开头讲过，为提高数据的读写速度，可将Redis作为应用程序与关系数据库之间的缓存，本节进行具体的实战演示。

先讨论一个问题，Redis中存储数据的格式是key-value，而MySQL等关系型数据库中存储数据的格式是二维表。那么key-value和二维表之间是如何一一对应的呢？实际上，对应的方式有很多种，笔者推荐使用Redis中的Hash结构来实现这种对应关系。例如，Redis中HSET的语法如下：

HSET key field value

那么在Redis中，就可以使用以下格式来存储MySQL中二维表结构的数据：

HSET 表中某条数据的id值 id值对应的某条数据

例如，MySQL表中的数据如图16-42所示。

```
mysql> select * from student;
+-------+---------+---------+
| stuno | stuname | gradeId |
+-------+---------+---------+
|     2 | ls      |      24 |
|     3 | wangwu  |       3 |
+-------+---------+---------+
2 rows in set (0.00 sec)
```

图16-42 student表数据

那么就可以将此数据转成表16-1所示的格式存储在Redis中。

表16-1 Redis中的数据格式

| key | field | value |
|---|---|---|
| student | 2 | 2 ls 24 |
| student | 3 | 3 wangwu 3 |

其中的value值，就是为了保存MySQL中的某条数据，数据内容可以是对象的序列化形式，

也可以是 Json 形式等。

本案例存储 value 的形式是 Json，因此需要一些 Json 准备工作。

导入 Json 需要的 3 个 jar 文件，jackson-annotations-2.9.6.jar、jackson-databind-2.9.6.jar、jackson-core-2.9.6.jar。

编写 Json 工具类，源码如下。

**【源码**：demo/ch16/JsonUtils.java】

```
public class JsonUtils {
    public static ObjectMapper objectMapper;
    static {
        objectMapper = new ObjectMapper();
    }
    // 对象 -> JSON 字符串
    public static String objectToJsonStr(Object value) throws Exception {
        return objectMapper.writeValueAsString(value);
    }
    //JSON 字符串 -> 对象
    public static <T>T jsonStrToObject(String content,Class<T> valueType)
    throws Exception {
        T obj = objectMapper.readValue(content, valueType);
        return obj;
    }
}
```

在实际使用 Redis 作为 MySQL 缓存时，需要从读和写两方面进行操作，如下所示。

读操作：先尝试从 Redis 中读取数据。如果 Redis 中存在此数据。就直接读取；如果 Redis 中不存在此数据，先从 MySQL 中读取，再将读取到的数据写入 Redis。

写操作：将数据同时写入 MySQL 和 Redis 中。

**【源码**：demo/ch16/Test.java】

鉴于篇幅有限，读者可以在本书赠送的配套资源中查看本例源码。

# 第 17 章

# 17 分布式计算框架 MapReduce 入门详解

除了 Jakarta EE 技术栈外，Hadoop、Storm 和 Spark 等大数据领域的技术也非常适合处理高并发及网络编程问题。本章介绍的是 Hadoop 中的并行运算框架 MapReduce，读者可以以此作为大数据学习的开端。

# 17.1 零基础搭建 Hadoop 开发环境运行 MapReduce 程序

MapReduce 是 Google 提出的一个分布式并行计算框架，可以用于 TB 级数据的并行运算，解决海量数据的计算问题。MapReduce 和分布式文件系统 HDFS 是 Hadoop 大数据平台的两大核心组件。新版的 MapReduce 也称为 YARN。

Mapreduce 封装了大量的分布式程序的基础功能，使开发人员能够专注编写自己的业务逻辑代码。也就是说，Mapreduce 的核心功能是将开发人员编写的业务逻辑代码和框架自带的组件整合成一个完整的分布式运算程序，并发运行在一个 Hadoop 集群上。此外，MapReduce 也是一个计算模型，可以将对各种海量数据的计算抽象成 Map 和 Reduce 两个阶段。只要完成这两个阶段代码的编写，就可以实现对各种海量数据的处理。

## 17.1.1 ▶ 从零开始搭建 CentOS 6 集群环境

要想使用 MapReduce 进行并行运算，需要先搭建好 Hadoop 开发环境。Hadoop 一般适合在 Linux 上运行，因此需要先搭建 Linux 集群环境。

市面上流行的 Linux 发行版有 Ubuntu、RedHat、CentOS、Debian、Fedora、SuSE、OpenSUSE 等，本次采用的是 CentOS，先详细介绍 CentOS 6.10 的安装及配置，再补充讲解 CentOS 7。

### 1. 安装虚拟机及 CentOS

本章是在 Windows 计算机上使用 VMWare 模拟了多个 CentOS 6.10 系统（读者也可以使用云服务器 ECS 搭建多个 CentOS 系统环境）。鉴于篇幅有限，读者可以在本书赠送的配套资源中，查看在 VMWare 中安装 CentOS 系统的具体步骤。

### 2. 配置 CentOS

现在逐步对 CentOS 中的网络、JDK、Hadoop 等环境进行配置。

本章中使用到的 Linux 命令如表 17-1 所示。

表 17-1　本章使用的 Linux 命令

| 功能 | 命令 / 操作 |
|---|---|
| 查看计算机名 | hostname |
| 修改文件内容 | 1. 打开文件：vi 文件路径<br>2. 修改文件：文件打开后，单击键盘 A 进入编辑模式，修改内容<br>3. 保存<br>方法一：先单击 ESC 键，然后输入 :wq<br>方法二：先单击 ESC 键，再使用快捷键 Shift+Z+Z |
| 查看文件 | cat 文件路径 |

续表

| 功能 | 命令 / 操作 |
|---|---|
| 显示某个目录中的所有文件名 | ll 目录路径 |
| 重启 | reboot |
| 关机 | halt |
| 远程复制文件 | scp -r 本机目录 远程用户名 @ 计算机名 : 目录名<br>例如，以下是将本机的 /app/hadoop 目录，以及其中包含的所有文件，复制到域名是 bigdata02 且用户名是 root 的 /app 目录中：<br>scp -r /app/hadoop/ root@bigdata02:/app/ |

（1）设置 hostname。

先约定一点，为了方便记忆，将第一个 CentOS 系统中虚拟名、hostname、域名等全部设置为 bigdata01（也就是说，除了用户名是 root 外，其他名字全是 bigdata01）。

查看计算机名的命令是 hostname，如果要修改计算机名，就需要修改 network 文件内容，如图 17-1 所示。

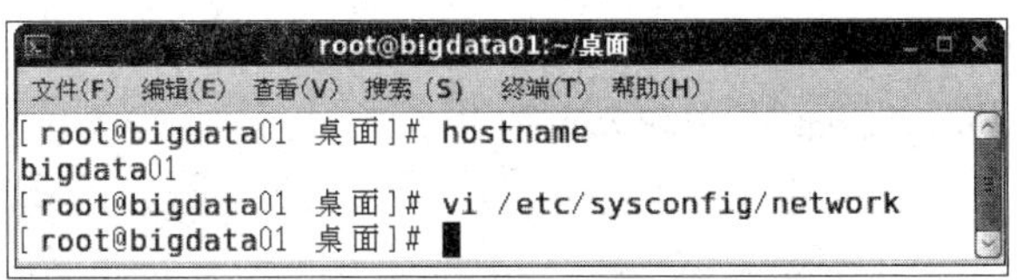


图 17-1 修改 hostname

（2）设计集群结构。

我们约定，本次计划搭建 3 台 CentOS 系统构成的集群，并且通过 Windows 系统来远程操控这个集群，如图 17-2 所示。

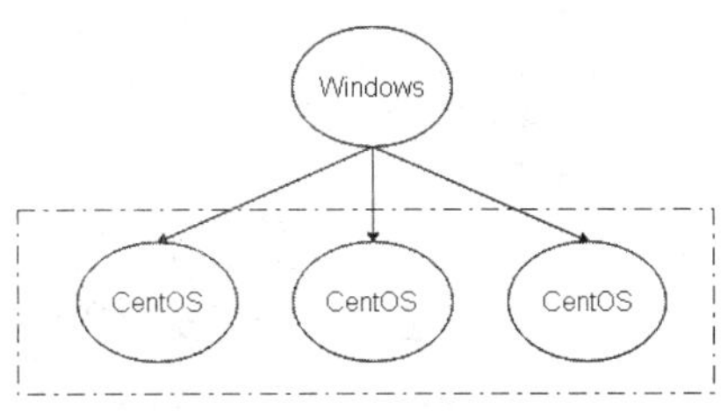


图 17-2 集群组织结构

计划给每个系统设置的域名、IP 及网关如表 17-2 所示。

表 17-2 各个节点的域名、IP 及网关

| 系统 | IP | 网关 |
|---|---|---|
| Windows 系统 | 192.168.2.2 | 192.168.2.1 |
| CentOS，域名为 bigdata01 | 192.168.2.128 | 192.168.2.1 |
| CentOS，域名为 bigdata02 | 192.168.2.129 | 192.168.2.1 |
| CentOS，域名为 bigdata03 | 192.168.2.130 | 192.168.2.1 |

（3）设置 Windows 网络。

在 Windows 系统的网络连接中打开“VMWare Network Adapter VMnet8”（之前安装 CentOS 时选择的网络地址转换模式是 NAT，而 NAT 需要通过这里的“VMWare Network Adapter VMnet8”来设置），如图 17-3 所示。

图 17-3　选择 Vmware Network Adapter Vmnet8 网络连接

打开之后，对其中的 TCP/IPv4 按照图 17-4 中的内容进行配置。

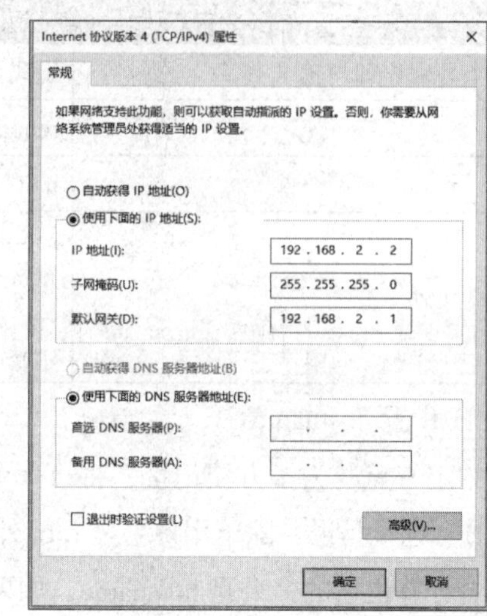


图 17-4　设置 IP 地址

（4）设置 CentOS 网络。

接下来详细地讲解如何在 CentOS 中配置网络。

①配置 IP 地址。

在 CentOS 关机状态下，依次单击 VMWare 的“编辑” → “虚拟网络编辑器（N）...”按钮，如图 17-5 所示。

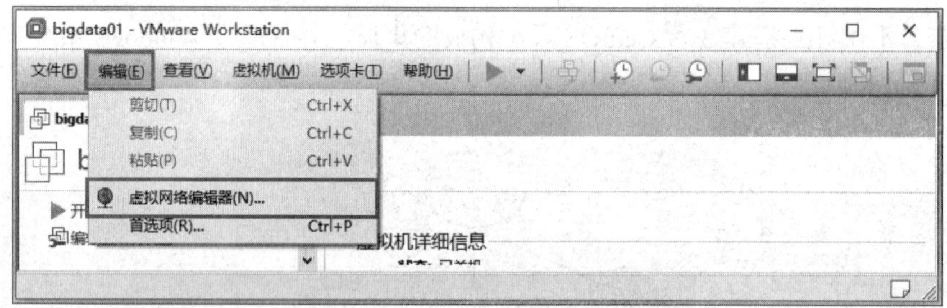


图 17-5　设置虚拟网络编辑器

在“虚拟网络编辑器”对话框中，选择 VMnet8 网络，然后按图 17-6 所示进行设置。注意将子网 IP 设置为 192.168.2.0，子网掩码设置为 255.255.255.0。之后，再分别单击“NAT 设置（S）...”按钮和“DHCP 设置（P）...”按钮。

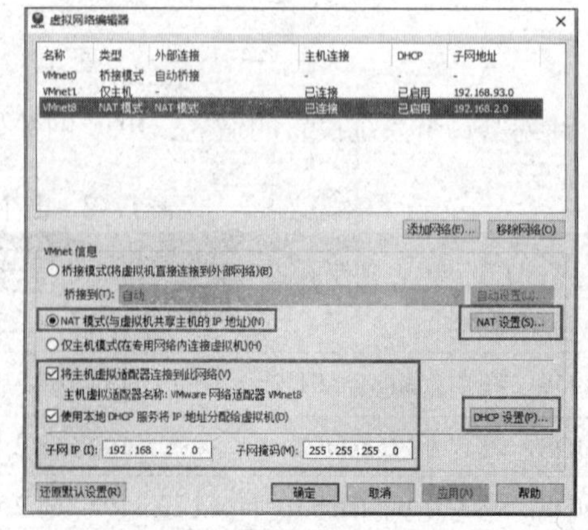


图 17-6　设置网络编辑器

在“NAT 设置”对话框中，将网关 IP（G）设置为 192.168.2.1，如图 17-7 所示。

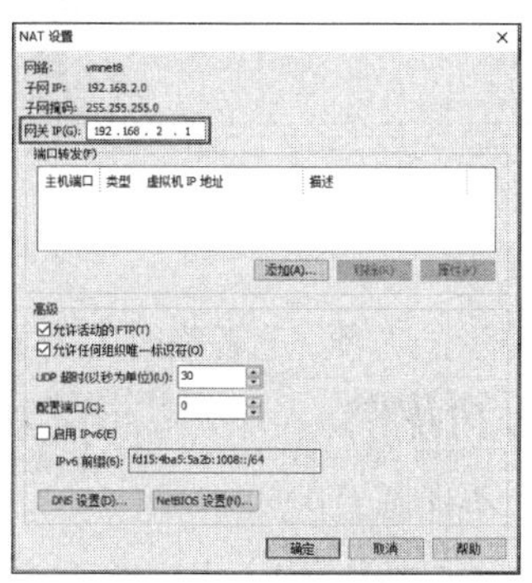

图 17-7 设置网关

在“DHCP 设置”对话框中，将起始 IP 地址设置为 192.168.2.128，结束 IP 地址设置为 192.168.2.254，如图 17-8 所示。

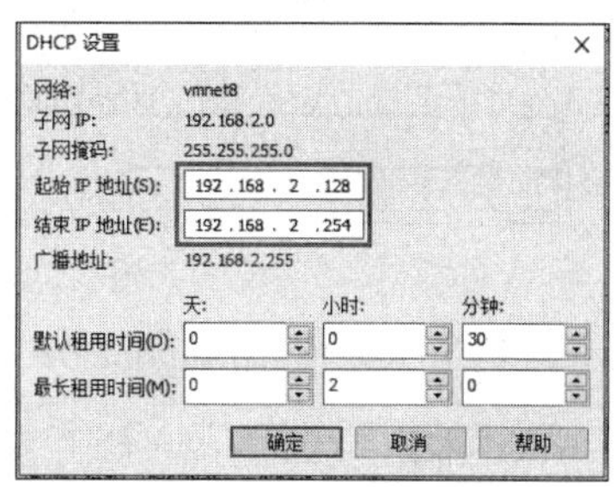


图 17-8 设置 DHCP

②设置 CentOS 网卡。

通过命令打开存储网卡信息的文件 vi /etc/sysconfig/network-scripts/ifcfg-eth0，并将其修改为以下内容。

**【源码：demo/ch17/centos/ifcfg-eth0】**

```
DEVICE=eth0
HWADDR=01:1C:19:7B:D1:C2
TYPE=Ethernet
UUID=b129cd07-0Ba05-419e-a3a1-4e23d3f36813
ONBOOT=yes
NM_CONTROLLED=yes
BOOTPROTO=static
IPADDR=192.168.2.128
GATEWAY=192.168.2.1
BROADCAST=192.168.2.255
DNS1=114.114.114.114
DNS2=8.8.8.8
```

注意：其中的 HWADDR 和 UUID 是每个系统的唯一值，会在系统创建时自动生成。因此读者不用修改自己系统中的 HWADDR 和 UUID，但其他字段可以按照上述显示的内容来修改。

③域名映射。

为了方便记忆，通常会使用域名来代替 IP 地址。例如，访问百度时，输入的是 www.baidu.com，而不是输入百度的 IP 地址。同样的，也可以给 CentOS 的 IP 地址设置一个域名。

在 CentOS 中设置域名映射。

执行 vi /etc/hosts，在文件的最后追加 192.168.2.128 bigdata01，如图 17-9 所示。

图 17-9 配置 CentOS 的域名映射

之后，就可以使用 bigdata01 来代替 192.168.2.128 来访问第一个 CentOS 系统。

在 Windows 中设置域名映射。

最终是要通过 Windows 来操作 CentOS 集群，因此也需要在 Windows 中进行配置。打开 Windows 中的 C:\Windows\System32\drivers\etc\hosts 文件，在最后追加 192.168.2.128 bigdata01，如图 17-10 所示。

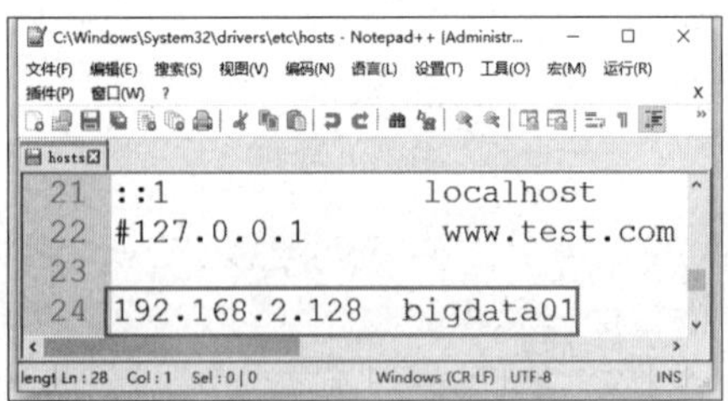


图 17-10 配置 Windows 的域名映射

④配置网络服务。

在 CentOS 命令行中，依次执行以下命令。

service NetworkManager stop

/etc/init.d/network restart

chkconfig NetworkManager off

打开文件 vi /etc/resolv.conf，在最后追加 nameserver 192.168.2.1。

执行命令：service network restart。

以上操作之后，CentOS 系统就可以连接网络了，可以通过 ping 命令进行测试，如图 17-11 所示。

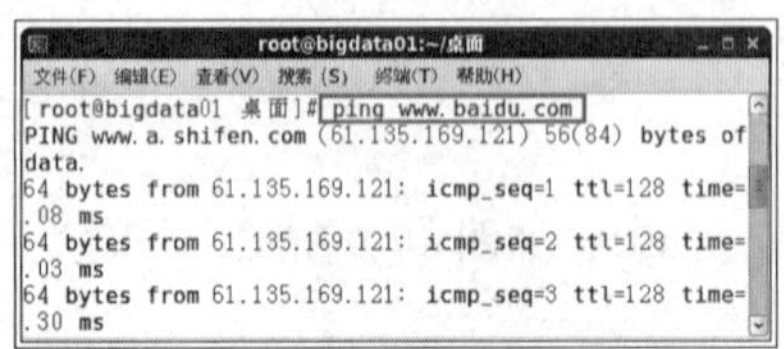


图 17-11 测试网络连接

⑤临时关闭防火墙。

为了演示的方便，笔者临时关闭了防火墙。但在实际使用时，防火墙对于网络安全有着重要的意义，不能随意关闭。

在 CentOS 中，暂时通过以下命令关闭防火墙。

关闭防火墙：service iptables stop。

禁止开机自启：chkconfig iptables off。

在 Windows 中也关闭防火墙。

再次强调，在学习完毕后，一定要及时将防火墙恢复启动，保证计算机的安全。

CentOS 开启防火墙命令：service iptables start。

⑥设置时间同步。

可以通过 NTP 插件让 CentOS 自动同步时间。在联网环境下，依次执行以下命令：

yum -y install ntp ntpdate

ntpdate cn.pool.ntp.org

hwclock --systohc

⑦ Windows 真实机通过 SecureCRT 操作 CentOS 虚拟机。

SecureCRT 是一个操作远程系统的命令行工具。可以在 Windows 上通过 SecureCRT 远程执行 CentOS 系统中的命令。

将 SecureCRT 下载并安装完毕后，单击“Quick Connect”按钮，输入要操作的 CentOS 的 IP 和用户名，如图 17-12 和图 17-13 所示。

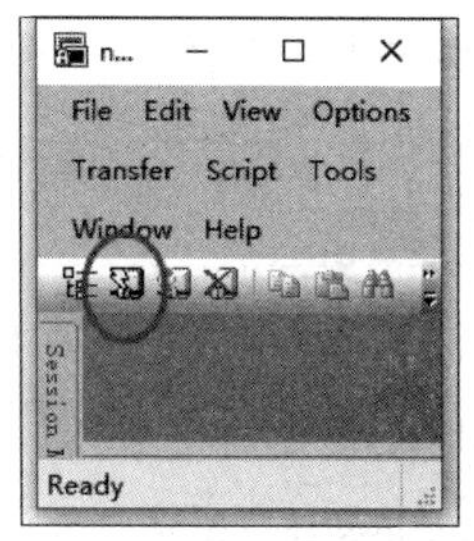


图 17-12　使用 SecureCRT 连接 CentOS

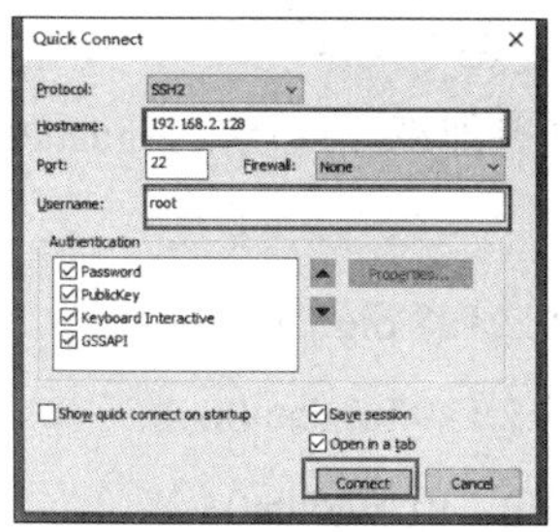


图 17-13　设置连接的主机信息

单击图 17-13 中的“Connect”按钮，在弹出的对话框中输入 root 用户的密码，就可以连接到 CentOS 的系统。之后，就可以在此处的命令行里操作 VMWare 中的 CentOS 系统。

此外，还可以给 SecureCRT 安装 lrzsz 插件，用于给远程系统上传文件。

安装方法：在 SecureCRT 的命令行里输入 yum install lrzsz，如图 17-14 所示。

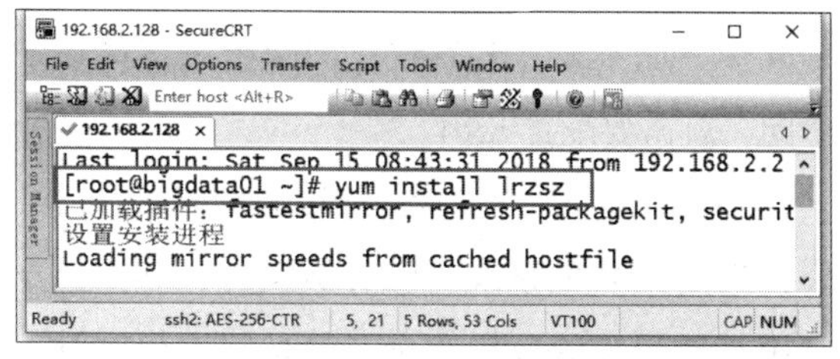


图 17-14　安装 lrzsz 插件

之后，如果要给 bigdata01 系统上传文件，只需要先切换到要上传的目录，然后直接将文件拖入 SecureCRT 命令行，之后选择“Send Zmodem...”即可。图 17-15 所示就是将 Windows 中的“日志 .txt”上传到 bigdata01 的 tmp 目录中。

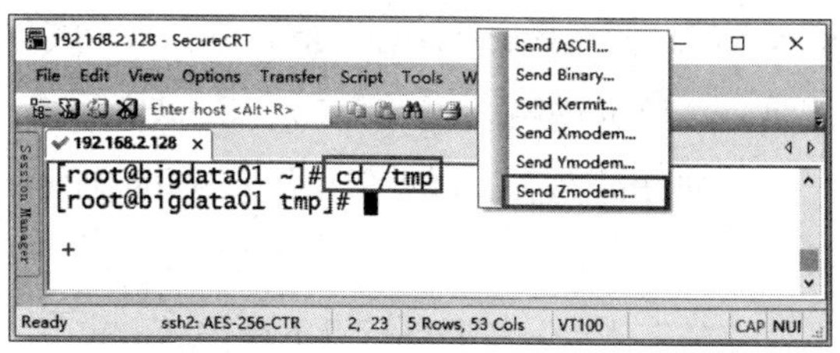


图 17-15　上传文件

⑧配置 Java 环境。

要在 CentOS 中开发 Java 程序，就得先下载并安装 JDK。

可以下载 jdk-8u181-linux-x64.rpm，然后执行安装命令：在 rpm 所在目录中执行 rpm -ivh jdk-8u181-linux-x64.rpm。

RPM 版的软件，会默认安装到 /usr 路径下。例如，此次 JDK 的默认安装路径是 /usr/java/jdk1.8.0_181-amd64。

接下来配置 JDK 环境变量。

打开配置文件：vi /etc/profile。

在文件的末尾追加以下 3 行：

export JAVA_HOME=/usr/java/jdk1.8.0_181-amd64

export CLASSPATH=$JAVA_HOME\lib:$CLASSPATH

export PATH=$JAVA_HOME\bin:$PATH

最后，执行刷新命令，让环境变量立刻生效：source /etc/profile。

至此，终于用 VMWare 将一台 CentOS 系统配置完毕。有了这个配置好了的系统后，就可以直接克隆出其他两台。

⑨使用 VMWare 克隆系统。

在 CentOS 关机状态下，右击 VMWare 列表中的“bigdata01”，之后依次选择“管理”→“克隆”选项。接下来，一直默认单击“下一步”按钮，直到在克隆类型中选择“创建完全克隆 (F)”选项。

之后，将第二台 CentOS 虚拟机命名为

bigdata02，并选择安装路径。最后单击“完成”按钮，VMWare 就会克隆出第二个 CentOS 系统。

用同样的办法，再克隆出第三个 bigdata03 系统。

克隆完毕后，需要进行以下操作。

根据自己计算机的性能情况，适当修改 3 个 CentOS 的内存、CPU 等参数。一般建议将主机（后续会将 bigdata01 设置为主机）的参数调高（如 bigdata01 内存设置为 2GB），从机的参数相对调低（bigdata02 和 bigdata03 内存设为 1GB）。

因为每个系统的 hostname、IP 地址、硬件地址等值是唯一的，因此需要将克隆后的这些唯一值进行处理，具体如下。

分别修改 bigdata02、bigdata03 的网卡信息：

vi /etc/sysconfig/network-scripts/ifcfg-eth0

修改 IP 地址：按照约定，将 bigdata02 的 IP 设置为 192.168.2.129，将 bigdata03 的 IP 设置为 192.168.2.130；并删除网卡中的硬件地址 HWADDR、UUID 等唯一性信息（这些信息会在系统启动时重新生成正确的值），图 17-16 是 bigdata02 修改后的网卡信息。

```
[root@bigdata02 ~]# vi /etc/sysconfig/network-scripts/ifcfg-ens0
DEVICE=eth0
TYPE=Ethernet
ONBOOT=yes
NM_CONTROLLED=yes
BOOTPROTO=static
IPADDR=192.168.2.129
NETMASK=255.255.255.0
GATEWAY=192.168.2.1
BROADCAST=192.168.2.255
DNS1=114.114.114.114
DNS2=8.8.8.8
```

图 17-16　bigdata02 网卡信息

之后，为了确保网卡信息能够生效，还要删除一个文件：执行 rm -r /etc/udev/rules.d/70-persistent-net.rules，并根据提示输入“yes”确认删除。

修改 hostname：

vi /etc/sysconfig/network

将克隆后两个系统的 hostname 分别改为 bigdata02、bigdata03，如图 17-17 所示。

```
[root@bigdata02 ~]# vi /etc/sysconfig/network
NETWORKING=yes
HOSTNAME=bigdata02
```

图 17-17　修改 bigdata02 的 hostname

修改域名映射。

分别在 bigdata01、bigdata02、bigdata03 三台 CentOS 系统中修改映射：

vi /etc/hosts

在末尾追加以下 3 行（bigdata01 已经存在第一行）：

192.168.2.128 bigdata01

192.168.2.129 bigdata02

192.168.2.130 bigdata03

再打开 Windows 系统的 C:\Windows\System32\drivers\etc\hosts 文件，在最后追加以下 3 行（之前已经配置了 bigdata01 的映射）：

192.168.2.128 bigdata01

192.168.2.129 bigdata02

192.168.2.130 bigdata03

⑩配置 SSH 免秘钥登录。

现在有 3 台 CentOS 系统，各系统都有自己的用户名、密码。但是各系统彼此之间相互访问时，每次都需要输入对方的用户名、密码，很麻烦。如果要让各系统之间免密码直接登录访问，就需要配置 SSH。

SSH 需要配置私钥和公钥，私钥留给自己，公钥发送给其他系统。以后访问时，SSH 会直接用其他系统的公钥和自己的私钥进行比对，如果一致，就允许其免秘钥（免密码）访问自己。

现在以 bigdata01 为例，让 bigdata02 和 bigdata03 可以免密码直接访问 bigdata01。

在 bigdata01 中生成秘钥。

执行 ssh-keygen -t rsa，一直按回车键。之后系统会将秘钥存放在 /root/.ssh 目录中，其中的 id_rsa 表示私钥，id_rsa.pub 表示公钥。

私钥发送给本机。

执行 ssh-copy-id localhost，然后输入本机的密码（即 root 用户的密码）。

公钥发送给其他系统。

发送给 bigdata02：执行 ssh-copy-id bigdata02，并输入 bigdata02 的密码。

发送给 bigdata03：执行 ssh-copy-id bigdata03，并输入 bigdata03 的密码。

测试 SSH。

在 bigdata01 中输入 ssh bigdata02，如果能切换到 bigdata02 用户就说明 bigdata01 对 bigdata02 的免秘钥配置成功，如图 17-18 所示。

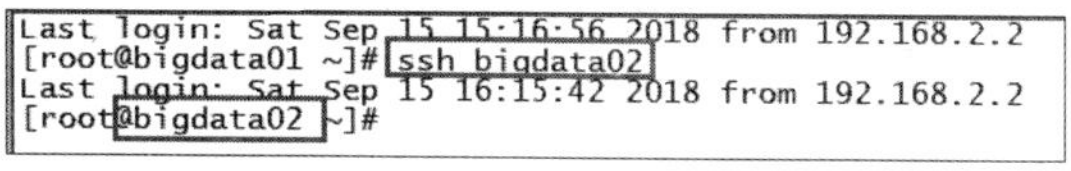

```
Last login: Sat Sep 15 15:16:56 2018 from 192.168.2.2
[root@bigdata01 ~]# ssh bigdata02
Last login: Sat Sep 15 16:15:42 2018 from 192.168.2.2
[root@bigdata02 ~]#
```

图 17-18　测试 SSH

以上，就配置了 bigdata01 对 bigdata02、bigdata03 的免秘钥授权。读者可以用同样的方法，将 bigdata02 和 bigdata03 分别对其他两个系统均进行免秘钥授权。

增加用户组和用户。

为了操作方便，本章是直接使用超级管理员 root 进行操作。如果有需要，读者也可以创建出普通用户组和用户，然后使用 Linux 的权限命令进行各种操作。

创建用户。

创建用户组： groupadd 组名。

在用户组中创建用户: useradd -g 组名 用户名。

给用户设置密码：passwd 用户名，先单击回车键再根据提示输入密码。

设置用户权限。

我们可以提升普通用户的权限。CentOS 的权限信息是保存在 /etc/sudoers 文件中，而该文件默认是只读的，因此需要先将该文件改为可写状态：chmod 777 /etc/sudoers。

之后再修改用户权限：vi /etc/sudoers。在文件中追加：

用户名　ALL=(ALL)　ALL

图 17-19 就是将一个 test 用户的权限提升到了管理员级别。

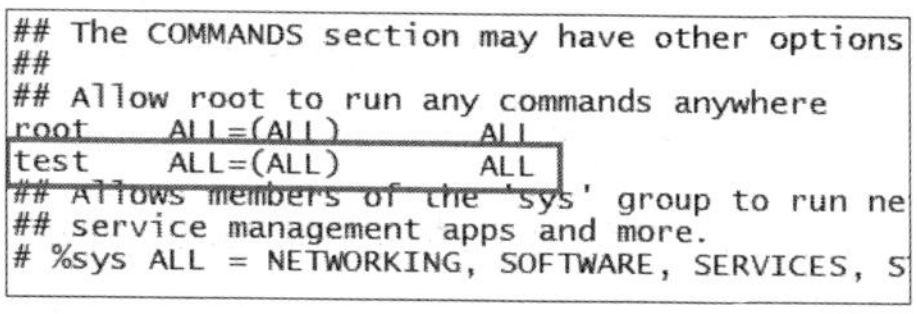

```
## The COMMANDS section may have other options
##
## Allow root to run any commands anywhere
root    ALL=(ALL)       ALL
test    ALL=(ALL)       ALL
## Allows members of the 'sys' group to run ne
## service management apps and more.
# %sys ALL = NETWORKING, SOFTWARE, SERVICES, S
```

图 17-19　提升 test 用户的权限

修改完后，再将 /etc/sudoers 文件恢复为只读：chmod 440 /etc/sudoers。

切换用户。

如果要在多个用户之间切换，可以使用 su 命令。

例如，从当前 root 用户切换到 test 用户：su test。

特殊的，从普通用户切换到 root 用户：su。

删除用户。

语法：userdel 用户名。

## 17.1.2 ▶ 搭建 CentOS 7 集群环境

上一小节是配置及使用 CentOS 6 的具体介绍。如果读者使用的是 CentOS 7，那么与上述 CentOS 6 相比，仅仅需要修改以下几处。

### 1. 修改计算机名 hostname

CentOS 7 可直接使用“hostnamectl set-hostname”命令永久设置 hostname，如图 17-20 所示。

```
[root@bigdata01 network-scripts]# hostnamectl set-hostname bigdata01
[root@bigdata01 network-scripts]# hostname
bigdata01
```

图 17-20 设置 hostname

### 2. 设置网卡

CentOS 6 的网卡名一般是 ifcfg-eth0，而 CentOS 7 的网卡名需要实际查看。例如，经查看，笔者使用的 CentOS 7 网卡名是 ifcfg-ens33，如图 17-21 所示。

```
[root@bigdata01 ~]# cd /etc/sysconfig/network-scripts/
[root@bigdata01 network-scripts]# ll
总用量 248
-rw-r--r--. 1 root root   361 11月 27 22:31 ifcfg-ens33
-rw-r--r--. 1 root root   254 1月   3 2018 ifcfg-lo
lrwxrwxrwx. 1 root root    24 11月 17 20:25 ifdown -> ../../../usr/sbin/ifdown
-rwxr-xr-x. 1 root root   654 1月   3 2018 ifdown-bnep
-rwxr-xr-x. 1 root root  6569 1月   3 2018 ifdown-eth
```

图 17-21 查询 CentOS 7 系统的网卡名

将网卡设置为与 CentOS 6 中的 ifcfg-eth0 相同的内容。

此外，CentOS 7 在修改网卡后，不需要删除 70-persistent-net.rules。

最后，CentOS 7 中重启网卡的命令是 systemctl restart network。

启用 / 关闭服务。

CentOS 7 启用服务的命令是“systemctl start 服务名”；关闭服务的命令是“systemctl stop 服务名”。以启停防火墙为例，命令如下。

启动防火墙：systemctl start firewalld。

关闭防火墙：systemctl stop firewalld。

上述几点只是本书目前使用到的 CentOS 7 与 CentOS 6 的不同之处，但掌握这些足以完成本书中的相关操作。关于 CentOS 6 和 CentOS 7 的具体区别，读者可以自行查阅资料详细了解。

此外，CentOS 7 系统安装完毕后自带 VMWare Tools 的插件功能，因此不需要再次安装。

> **注意** 在虚拟机中安装软件、配置系统或软件开发时，如果对某些操作没有十分的把握，可以在操作之前给当前虚拟机拍摄一个快照，之后如果发现操作失败就可以通过“恢复到快照”对虚拟机进行还原，如图 17-22 所示。

图 17-22 拍摄快照

### 17.1.3 ▶ 搭建基于 CentOS 的 Hadoop 集群环境并初步使用

本小节从零开始搭建 CentOS 下的 Hadoop 开发环境。在搭建环境时会遇到很多配置文件，但是为了学习的方便，读者可以在初学时只对这些配置作简单的了解，等到后续对 Hadoop 有了一定理解后再返回来深入研究这些配置。

登录 https://hadoop.apache.org/releases.html，下载 hadoop-2.9.1.tar.gz，如图 17-23 所示。

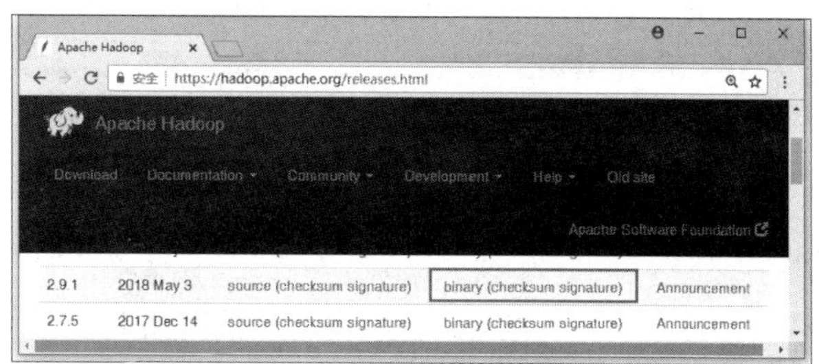


图 17-23　Hadoop 下载页面

在 bigdagta01 中创建 /app 目录（mkdir /app），并将 hadoop-2.9.1.tar.gzapp 放入 /app 中。之后再将其解压（tar -zxvf hadoop-2.9.1.tar.gz），并将解压后的目录重命名为 hadoop（mv hadoop-2.9.1 hadoop）。

将 Hadoop 配置到 bigdata01 的环境变量中。

打开配置文件（vi /etc/profile），在末尾追加以下两行：

export HADOOP_HOME=/app/hadoop

export PATH=$HADOOP_HOME/bin:$PATH

之后，刷新环境变量（source /etc/profile）。

在 /app/hadoop/etc/hadoop/ 中，配置以下 7 个文件。

（1）slaves。

》【源码：demo/ch17/hadoop/slaves】

```
bigdata02
bigdata03
```

给当前节点 bigdata01 设置 2 个从节点 bigdata02、bigdata03。也就是说，本次的 Hadoop 集群采用了 master-slave 结构，bigdata01 是主，bigdata02 和 bigdata03 是从。

（2）hadoop-env.sh。

》【源码：demo/ch17/hadoop/hadoop-env.sh】

我们是使用 Java 语言开发 Hadoop 的，因此需要将 Hadoop 依赖的 JDK 路径写到 hadoop-env.sh 的 JAVA_HOME 值中，如图 17-24 所示。

图 17-24　在 hadoop-env.sh 中指定 JAVA_HOME

（3）yarn-env.sh。

【源码：demo/ch17/hadoop/yarn-env.sh】

同样的，在 MapReduce(YARN) 环境中，也指定好 JAVA_HOME，如图 17-25 所示。

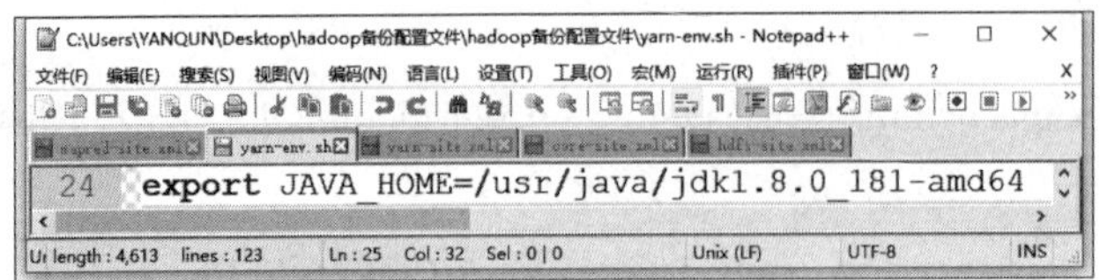


图 17-25　在 yarn-env.sh 中指定 JAVA_HOME

（4）core-site.xml。

【源码：demo/ch17/hadoop/core-site.xml】

将 HDFS 设置为默认的文件系统，并指定访问的路径，代码如下。

```
<configuration>
        <!-- hdfs 访问路径 -->
        <property>
                <name>fs.defaultFS</name>
                <value>hdfs://bigdata01:9000</value>
        </property>

        <!-- 临时文件的存储路径 -->
        <property>
                <name>hadoop.tmp.dir</name>
                <value>file:/home/bigdata01/hadoop/tmp</value>
        </property>
</configuration>
```

（5）hdfs-site.xml。

【源码：demo/ch17/hadoop/hdfs-site.xml】

设置 HDFS 的具体信息，代码如下。

```
<configuration>
        <!-- SecondaryNamenode（备份用的二级节点）的 Http 地址 -->
        <property>
                <name>dfs.namenode.secondary.http-address</name>
                <value>bigdata01:50090</value>
        </property>
        <!-- hdfs 主节点 namenode 的路径 -->
        <property>
                <name>dfs.namenode.name.dir</name>
                <value>file:/home/bigdata01/hadoop/dfs/name</value>
        </property>
```

```
        <!-- hdfs 工作节点 datanode 的路径 -->
        <property>
                <name>dfs.datanode.data.dir</name>
                <value>file:/home/bigdata01/hadoop/dfs/data</value>
        </property>

        <!-- 在 hdfs 中存储数据的 datanode 的冗余个数 -->
        <property>
                <name>dfs.replication</name>
                <value>2</value>
        </property>

        <!--
                开启通过 web 界面访问 hdfs 的方式，开启后就可以通过 http://bigdata01:50070 访问
hdfs 的显示界面
        -->
        <property>
                        <name>dfs.webhdfs.enabled</name>
                        <value>true</value>
        </property>

        <property>
                <name>dfs.permissions</name>
                <value>false</value>
        </property>

</configuration>
```

（6）mapred-site.xml。

》【源码：demo/ch17/hadoop/mapred-site.xml】

```
<configuration>
        <!-- 采用 yarn 作为 MapReduce 的实际使用版本 -->
        <property>
                <name>mapreduce.framework.name</name>
                <value>yarn</value>
        </property>
        <property>
                <name>mapreduce.jobhistory.address</name>
                <value>bigdata01:10020</value>
        </property>
```

```
            <value>bigdata01:19888</value>
        </property>
</configuration>
```

（7）yarn-site.xml。

【源码：demo/ch17/hadoop/yarn-site.xml】

```
<configuration>
        <property>
                <name>yarn.nodemanager.aux-services</name>
                <value>mapreduce_shuffle</value>
        </property>

        <property>
                <name>yarn.nodemanager.aux-services.mapreduce.shuffle.class</name>
                <value>org.apache.hadoop.mapred.ShuffleHandler</value>
        </property>

        <property>
                <name>yarn.resourcemanager.address</name>
                <value>bigdata01:8032</value>
        </property>
        <property>
                <name>yarn.resourcemanager.scheduler.address</name>
                <value>bigdata01:8030</value>
        </property>

        <property>
                <name>yarn.resourcemanager.resource-tracker.address</name>
                <value>bigdata01:8035</value>
        </property>

        <property>
                <name>yarn.resourcemanager.admin.address</name>
                <value>bigdata01:8033</value>
        </property>

        <property>
                <name>yarn.resourcemanager.webapp.address</name>
                <value>bigdata01:8088</value>
        </property>
</configuration>
```

至此，bigdata01 的 Hadoop 环境已经搭建完毕。接下来，使用 scp 命令直接将 bigdata01 中的 Hadoop 目录复制到 bigdata02 和 bigdata03 的 app 目录中，如下所示。

```
scp -r /app/hadoop/ root@bigdata02:/app/
scp -r /app/hadoop/ root@bigdata03:/app/
```

之后，再模仿 bigdata01 中的操作，将 Hadoop 增加到 bigdata02 和 bigdata03 系统的环境变量中，如图 17-26 所示（以 bigdata02 为例）。

图 17-26　配置 Hadoop 环境变量

保存，并通过 source /etc/profile 刷新环境变量。

接下来验证配置情况。

（1）验证 HDFS 是否配置成功。

思路：先启动 HDFS，再检查是否能够通过浏览器或命令来访问 HDFS。

在主节点（bigdata01）上格式化 NameNode：

```
cd /app/hadoop/bin
hdfs namenode -format
```

重启 bigdata01：

```
reboot
```

启动 hdfs：

```
cd /app/hadoop/
sbin/start-dfs.sh
```

检查能否访问 HDFS。

通过 jps 查看系统中的进程，如果出现以下进程，说明 HDFS 配置成功。

在 bigdata01 上执行 jps，可以看到 jps、NameNode、SecondaryNameNode 3 个进程。

在 bigdata02 和 bigdata03 上执行 jps，可以看到 jps、DataNode 两个进程。

此外，还可以通过浏览器访问 HDFS：在 Windows 或 CentOS 上打开浏览器，访问 http://bigdata01:50070，就可以看到 HDFS 的显示界面，如图 17-27 所示。

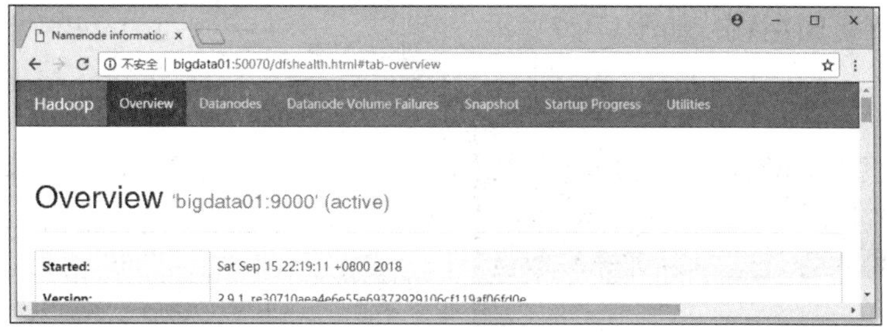


图 17-27　HDFS 界面

还可以通过命令检查 HDFS 的状态：bin/hdfs dfsadmin -report，如图 17-28 所示。

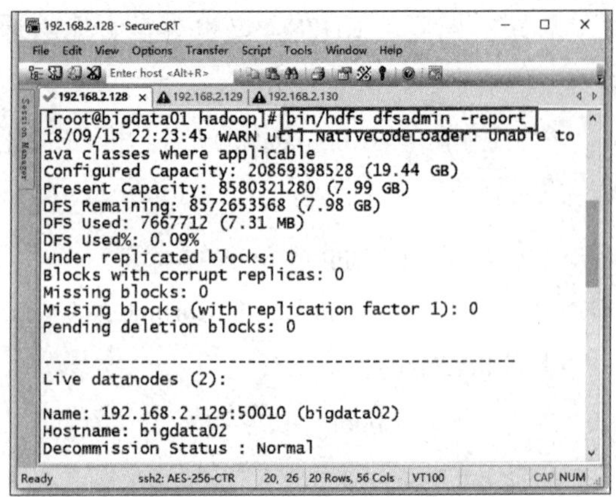


图 17-28　查看 HDFS 的状态

如果要停止 HDFS，可以在 Hadoop 目录下执行 sbin/stop-dfs.sh。

（2）验证 MapReduce 是否配置成功。

思路：Hadoop 环境中包含了很多 MapReduce 的示例程序，可以尝试运行其中的一个，看看是否能够成功计算出结果。

本次用于测试的示例程序是 WordCount，用于统计文本文件中每个单词出现的次数。

准备两个有内容的文本文件 file1.txt 和 file2.txt，并传入 HDFS 集群中。可以在启动 HDFS 后，用浏览器访问 http://bigdata01:50070，直接将 file1 和 file2 上传到 HDFS 中，如图 17-29 所示。

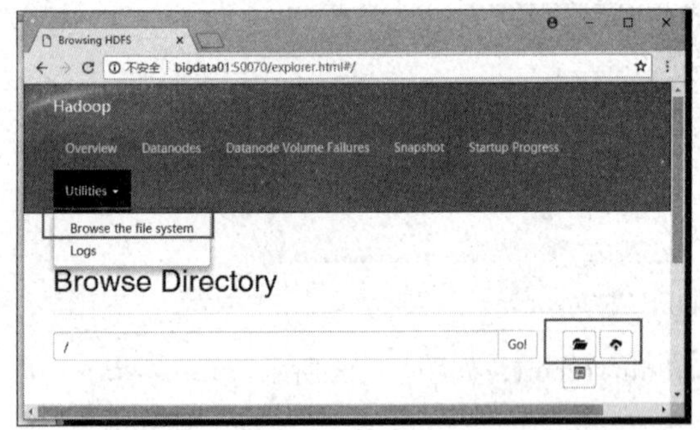


图 17-29　向 HDFS 中上传文件

笔者是将 file1.txt 和 file2.txt 上传到了 HDFS 中的 /inputfiles 目录下，如图 17-30 所示。

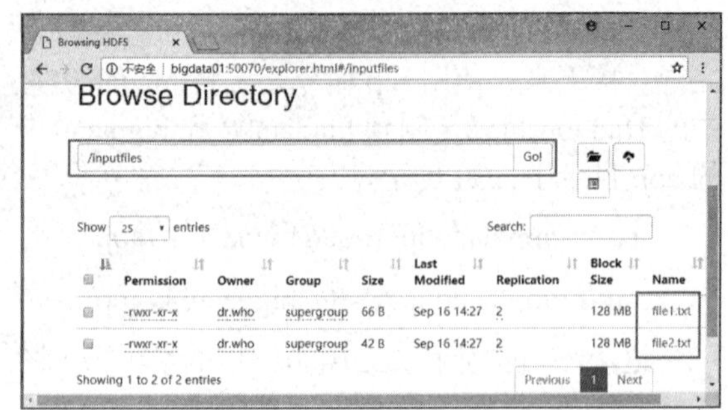


图 17-30　文件上传的结果

其中 file1.txt 和 file2.txt 的内容如图 17-31、图 17-32 所示。

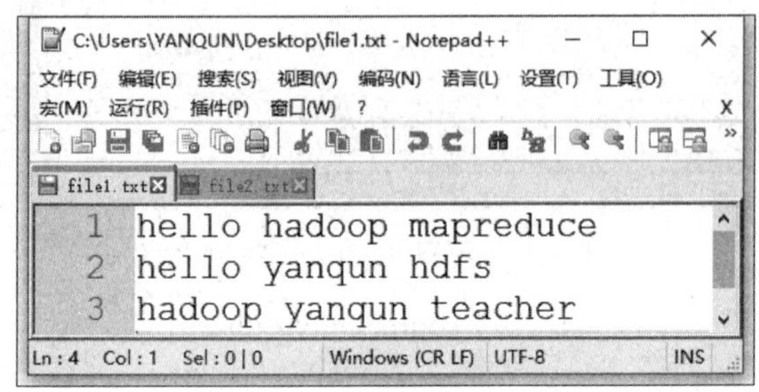


图 17-31　file1.txt 文件内容

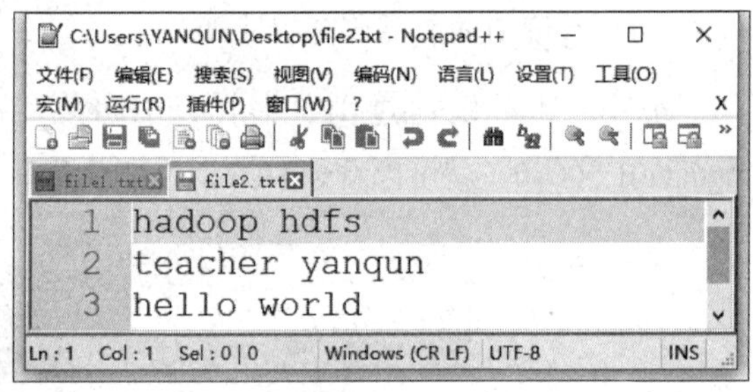


图 17-32　file2.txt 文件内容

运行 Hadoop 环境中自带的 MapReduce 示例程序。

执行 MapRedcue 程序前，先要启动 HDFS 和 MapRedcue(YARN)。HDFS 在之前已经启动了，现在在 bigdata01 上，通过以下命令启动 YARN：

```
cd /app/hadoop/
sbin/start-yarn.sh
```

启动之后，此次尝试运行的是 hadoop-mapreduce-examples-2.9.1.jar 中包含的 WordCount

程序。现在通过 Hadoop 的 bin 目录提供的“hadoop”命令，来执行这个 WordCount 程序，如下：

cd /app/hadoop/

bin/hadoop jar share/hadoop/mapreduce/hadoop-mapreduce-examples-2.9.1.jar wordcount /inputfiles//outputfiles

执行命令的语法：

bin/hadoop jar mapreduce 程序所在 jar 包 jar 包中具体的类 HDFS 中的输入文件路径 HDFS 中的输出文件路径

说明：本例使用的“jar 包中具体的类”是“wordcount”，而不是“org.apache.hadoop.examples.WordCount”，因为 hadoop-mapreduce-examples-2.9.1.jar 中设置了 META-INF/MANIFEST.MF 和 Main-Class。对于这点我们了解即可，以后自己开发时使用“包名 . 类名”是完全可以的。

此外需要注意的是，命令执行之前“HDFS 中的输入文件路径”必须已经存在，但“HDFS 中的输出文件路径”必须不存在。

运行完毕后，MapReduce 程序的结果就会输出到 HDFS 中的 /outputfiles 目录中，如图 17-33 所示。

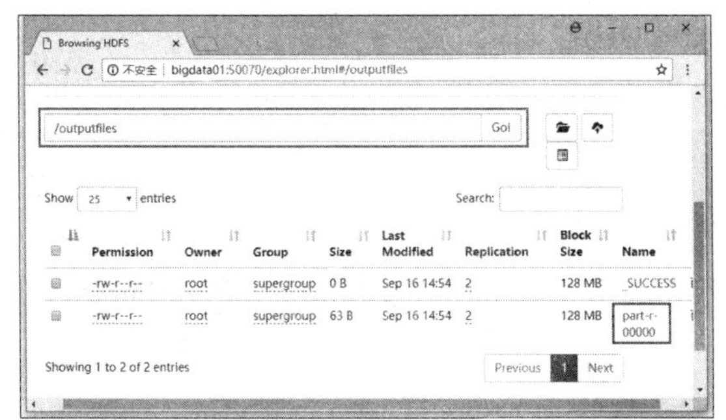


图 17-33　MapReduce 程序的输出文件

可以通过浏览器将此文件下载后查看，如图 17-34 所示。

图 17-34　下载输出文件

下载后的文件内容，如图 17-35 所示。

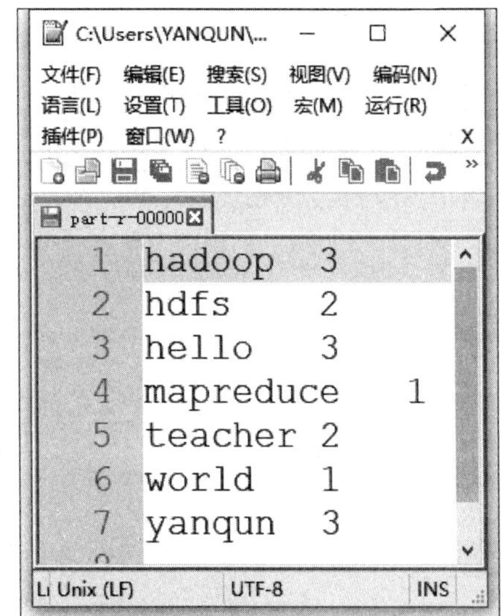


图 17-35　输出文件的内容

可以看到，WordCount 程序将之前 file1.txt 和 file2.txt 中所有单词出现的次数进行了统计。也同时说明，MapReduce 环境已搭建成功。

# 17.2 图文详解 MapReduce

本节使用图文并茂的方式阐述 MapReduce 的技术细节，之后会在第 18 章中通过案例详尽地演示各个细节地具体应用。

## 17.2.1 ▶ 内存区域与内存模型

先通过图 17-36 了解一下 MapReduce 和 HDFS 的关系。

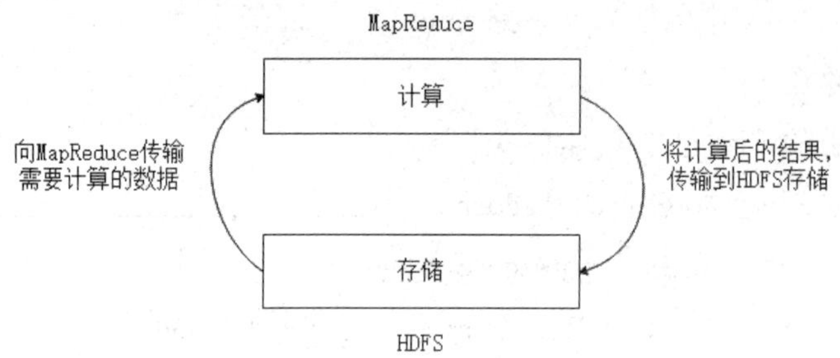


图 17-36　MapReduce 和 HDFS 的关系

HDFS 是一个分布式文件系统，MapReduce 是一个分布式计算框架。

再通过一个简化的流程图（图 17-37），学习一下之前 WordCount 程序的执行流程。为了便于理解，本次用一个字母来代表一个单词，并且只计算一个输入文件。

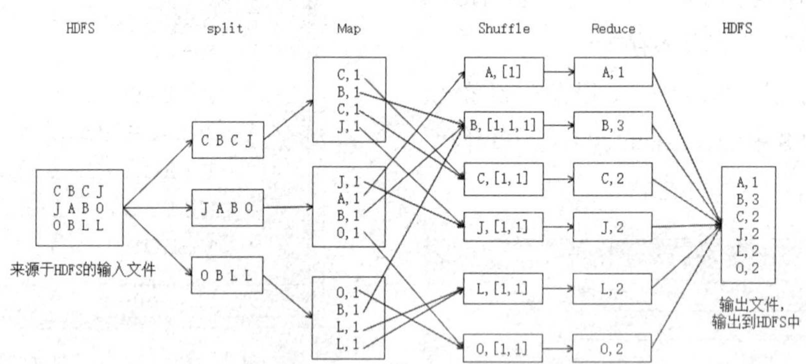


图 17-37　WordCount 的执行流程

可以看到，MapReduce 框架（以后简称 MR）在计算过程中，主要经历了 Map、Shuffle 和 Reduce 3 个阶段。

（1）Map 阶段：将读取到的每行数据，默认以空格为分隔符进行了拆分，并将拆分后的每个元素作为 key，将 value 设置为 1（即表示当前出现的次数是 1）。

（2）Shuffle 阶段：对 Map 处理后的数据进行了排序，并将相同的元素进行了合并。合并后，key 就是相同的那个元素，value 是一个数组，数组中包含了该元素出现的所有次数。

（3）Reduce 阶段：将每个元素的 value 数组进行累加，即可求出每个元素出现的次数。

可以发现，在 Map、Shuffle 和 Reduce 3 个阶段中，每个阶段的输入值和输出值都是 Java 中的 Map 类型。例如，“C,1”实际就是 Map 对象的一个 Entry 元素。

接下来，再了解一下 MapReduce 各个阶段的源码，并自己编写一个 WordCount 程序。

### 1.Map 阶段

自定义 Map 类需要继承自 Hadoop 提供的 Mapper 类，并通过重写的 map() 方法实现业务逻辑，Mapper 类的部分源码如下。

**【源码**：org.apache.hadoop.mapreduce.Mapper**】**

```
public class Mapper<KEYIN, VALUEIN, KEYOUT, VALUEOUT> {
 // 初始化方法，相当于 Servlet 中的 init() 方法
 protected void setup(Context context  ) throws ... {
  // NOTHING
 }
  /*
处理 map 阶段的主要方法，map 阶段的业务逻辑，就是通过重写此 map() 方法来完成的；
maptask 会对每一行输入数据调用一次我们重写的 map() 方法；
以 wordcount 为例，map() 方法会在每次读取一行数据后调用一次
 */
 protected void map(KEYIN key, VALUEIN value, Context context) throws ... {
   //...
// 将 map 处理后的数据，输出到下一阶段
   context.write((KEYOUT) key, (VALUEOUT) value);
 }
  // 销毁操作，相当于 Servlet 中的 destroy() 方法
 protected void cleanup(Context context) throws ... {
  // NOTHING
 }
  ...
}
```

Mapper 类 4 个泛型的含义如下所示。

前两个表示输入类型，其 KEYIN 是输入元素 key 的类型，VALUEIN 是输入元素 value 的类型。例如，在 WordCount 程序中，Map 读入的数据是文本文件的“一行数据”，那么读入的 key 就是每行数据起始位置距离文件开始位置的偏移量（用于区分不同行的数据，相当于“行号”的概念），偏移量是个数字，所以 KEYIN 可以是 int 或 long 类型；value 是一行数据的内容，因此 VALUEIN 可以是 String 类型。Map 的输出是“单词，1”的形式，因此输出的 key 是字符串，KEYOUT 是 String 类型；而 Map 输出的 value 就是常量 1，因此 VALUEOUT 可以是 int 或 long 类型。

Mapper 类中 Map(KEYIN key, VALUEIN value, Context context) 方法的 key 和 value 类型，与 Mapper 类中的两个输入类型保持一致。

此外，Hadoop 会频繁地将数据通过网络传输到其他计算机，因此使用的数据必须是序列化类型的。读者可能会想到使用 Integer、Long 等包装类，因为包装类都实现了 Serializable 接口。没错，的确可以。但是 Hadoop 为了节省数据空间，以及提高数据在集群之间的传递效率，还专门提供了一种新的数据类型，如表 17-3 所示。

**表 17-3　Java 和 Hadoop 数据类型对照表**

| Java 数据类型 | Hadoop 提供的数据类型 |
|---|---|
| int/Integer | IntWritable |
| long/Long | LongWritable |
| float/Float | FloatWritable |
| double/Double | DoubleWritable |
| byte/Byte | ByteWritable |
| Boolean | BooleanWritable |
| String | Text（UTF-8 格式） |
| null | NullWritable |

因此，在 WordCount 程序中，Mapper 类的 4 个泛型分别是 LongWritable、Text、Text、IntWritable。

WordCount 的 Map 类：MyWordCountMapper.java。

**【源码：demo/ch17/mr/MyWordCountMapper.java】**

```
package mr;
import java.io.IOException;
import org.apache.hadoop.io.IntWritable;
import org.apache.hadoop.io.LongWritable;
import org.apache.hadoop.io.Text;
import org.apache.hadoop.mapreduce.Mapper;

public class MyWordCountMapper extends Mapper<LongWritable, Text, Text, IntWritable> {


 /*
 将读取到的每行数据，以空格为分隔符进行了拆分，并输出成 “单词,1” 的形式
 MapReduce 每读取一行数据，就会调用一次本方法
   */
        @Override
        protected void map(LongWritable key, Text value, Context context) throws IOException,
InterruptedException {
```

```
                String line = value.toString();
                String[] words = line.split(" ");
                for (String word : words) {
                        context.write(new Text(word), new IntWritable(1));
                }
        }
}
```

Map 阶段的产物 (C,1)、(B,1)、(C,1)、(J,1)、...，经过 Shuffler 处理后，会以 (A,[1])、(B,[1,1,1])、... 的形式传递给 Reduce 阶段。

## 2.Reduce 阶段

自定义 Reduce 类需要继承自 Hadoop 提供的 Reducer 类，并通过重写的 reduce() 方法实现业务逻辑，Reducer 类的部分源码如下所示。

**》【源码：org.apache.hadoop.mapreduce.Reducer】**

```
public class Reducer<KEYIN,VALUEIN,KEYOUT,VALUEOUT> {
protected void setup(Context context) throws... {
// NOTHING
 }
 /*
  处理 reduce 阶段的主要方法。reduce 阶段的业务逻辑，就是通过重写此 reduce() 方法来完成；
reducetask 会对每一条 shuffle 产出物调用一次我们重写的 reduce() 方法；
以 wordcount 为例，reduce() 方法会在每次读取一条类似于 (B,[1,1,1]) 的数据后调用一次
 */
protected void reduce(KEYIN key, Iterable<VALUEIN>values, Context context) throws...{
 ...
 }
protected void cleanup(Context context) throws... {
// NOTHING
 }
...
}
```

Reduce 读入的数据格式类似于 (B,[1,1,1])，输出数据类似于“B,3”。因此，在 WordCount 程序中，Reducer 类的 4 个泛型分别是 Text、IntWritable、Text、IntWritable。

Reducer 类中 reduce(KEYIN key, Iterable<VALUEIN> values, Context context) 方法的 key 和 values 所迭代的元素类型，与 Reducer 类的两个输入类型保持一致。

WordCount 的 Reduce 类：MyWordCountReducer.java。

❯【源码：demo/ch17/mr/MyWordCountReducer.java】

```
import org.apache.hadoop.mapreduce.Reducer;
...
public class MyWordCountReducer extends Reducer<Text, IntWritable, Text, IntWritable> {
        /*
         reduce 拿到的是 shuffle 处理后的数据，数据形式为“单词 ,[1,1,...,1]”；
         reduce 要将这些数据，处理成“单词 , 出现次数”的形式，如“B,3”表示统计结果中有 3 个 B。
   reduce 阶段在读取每一条 shuffle 产出的数据时，就会调用一次本方法
         */
        @Override
        protected void reduce(Text key, Iterable<IntWritable>values, Context context)
                        throws IOException, InterruptedException {
                int count = 0;
                for (IntWritable value : values) {
                        // value.get() 可以获取数组 [1,1,...,1] 中的每一个元素值
                        count += value.get();
                }
                context.write(key, new IntWritable(count));
        }
}
```

WordCount 的驱动类：MyWordCountDriver.java。

❯【源码：demo/ch17/mr/MyWordCountDriver.java】

```
import org.apache.hadoop.mapreduce.lib.output.FileOutputFormat;
// 设置 MapReduce 程序的各种参数，最后以 job 的形式提交到 MapReduce 中执行
public class MyWordCountDriver {
        public static void main(String[] args) throws Exception {
                Configuration conf = new Configuration();
                Job job = Job.getInstance(conf);

                //MapReduce 会根据传入的 class 参数找到 job 依赖的 jar 包
                job.setJarByClass(MyWordCountDriver.class);

                // 指定本程序的 Map、Reduce 类
                job.setMapperClass(MyWordCountMapper.class);
                job.setReducerClass(MyWordCountReducer.class);

                // 指定 map 输出数据的 key/value 类型
```

```
            job.setMapOutputKeyClass(Text.class);
            job.setMapOutputValueClass(IntWritable.class);

            // 指定 reduce 输出数据的 key/value 类型
            job.setOutputKeyClass(Text.class);
            job.setOutputValueClass(IntWritable.class);

            // 指定需要处理文件的 hdfs 文件（输入文件）
            FileInputFormat.setInputPaths(job, new Path(args[0]));
            // 在 MR 计算完毕后，将结果输出到 hdfs 文件（输出文件）
            FileOutputFormat.setOutputPath(job, new Path(args[1]));
            // 向 MR 提交任务
            boolean result = job.waitForCompletion(true);
            System.exit(result?0:1);
        }
}
```

不难发现，以上只写了 Map 和 Rreduce 阶段的代码，并没有写 Shuffle 代码。这是因为 MR 会自动执行 Shuffle 逻辑，不需要手动编写。当然，也可以对 Shuffle 阶段进行一些自定义的控制，这些将在本章后续讲解，并在第 18 章中通过案例进行演示。

将本项目用 Eclipse 打包成 MyMR.jar，右击项目名 → Export... → JAR file →选择 jar 包生成路径并输入名称，如图 17-38 ~ 图 17-40 所示。读者也可以使用 Maven、Gradle 或 IDEA 等工具进行打包操作。

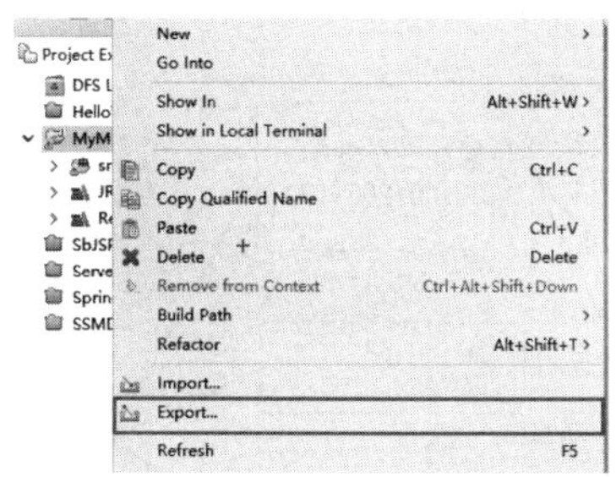


图 17-38 将项目打成 jar

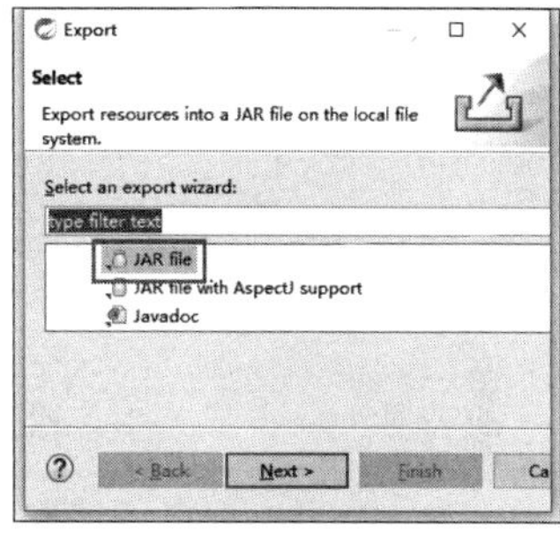


图 17-39 选择 jar 形式

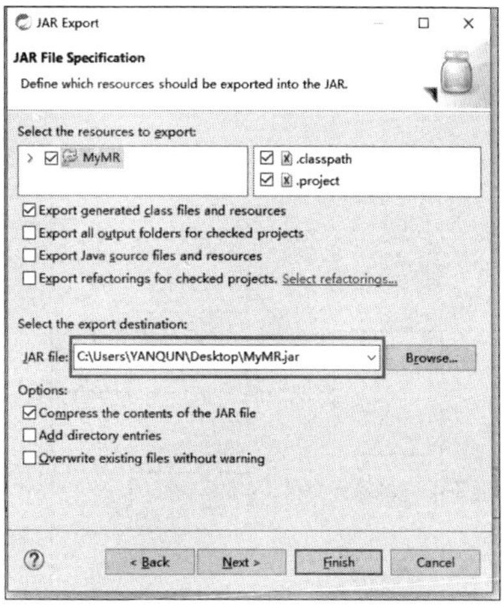

图 17-40 选择 jar 的输出路径

然后将生成的 MyMR.jar 传到 bigdata01 的 /app 目录下。再启动 HDFS 和 YARN，并通过以下命令执行我们自己编写的 WordCount 程序：

cd /app/hadoop/

bin/hadoop jar /app/MyMR.jar mr.MyWordCountDriver /inputfiles /outputfiles2

运行结果与之前使用 Hadoop 自带的 WordCount 程序完全一致。

### 17.2.2 ▶ 通过 Combiner 及压缩手段优化 MapReduce 网络传输

能否对 WordCount 程序进行优化？试想，如果某一个 Map 节点处理的文件中有 10 万个 A，按照之前的做法：该节点上的这 10 万个 A 会以 (A,1) 的形式从 Map 节点向 Reduce 节点传输，一共会传输 10 万次，如图 17-41 所示。

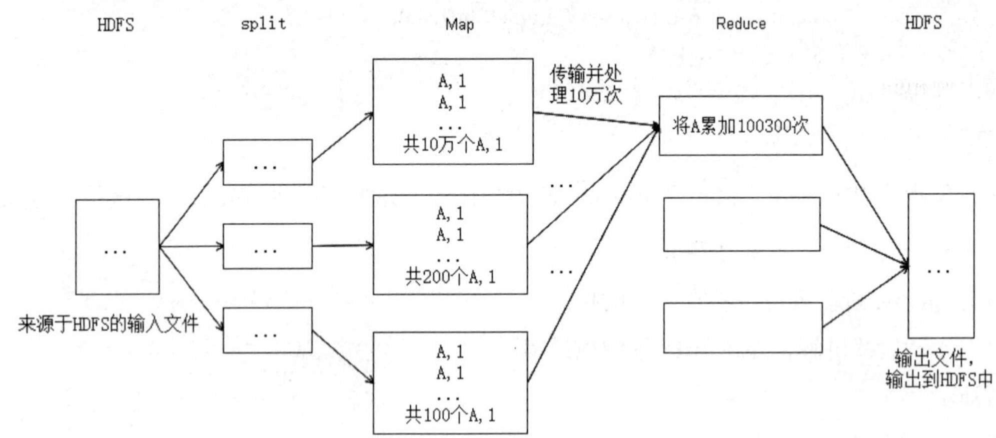


图 17-41 大量数据传输问题

每个 Map 节点能否先把自己读取的内容计算完毕，然后再将计算结果发送给 Reduce 呢？例如，第一个 Map 节点自己先将 A 在本地累加 10 万次，然后再将结果（A，100000）发送到 Reduce 节点，如图 17-42 所示。

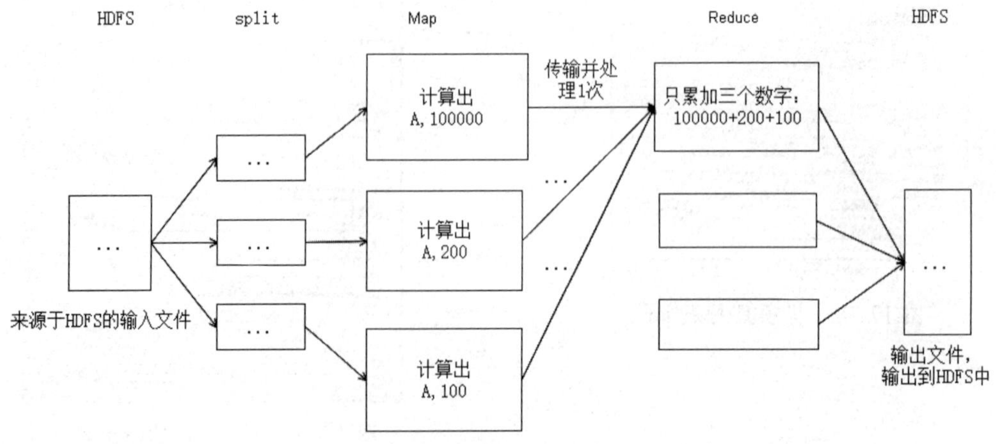


图 17-42 本地预处理

很明显，如果这样，就能将网络传输次数从 100300 次减少到 3 次，而且 MR 也支持这种操作，并提供了实现本地运算的组件：Combiner。

通过以上分析发现，Combiner 是在 Map 本地计算的组件，而 Reduce 是计算所有 Map 及 Shuffle 结果的组件。因此，Combiner 也称为“本地 Reduce”。在语法上，自定义 Combiner 也需要继承 Reducer 父类。

实现自定义 Combiner 的具体步骤如下。

（1）自定义类，并继承 Reducer。

（2）将自定义类设置到 job 参数中。

如下，是使用了 Combiner 的 WordCount 程序。

MyWordCountMapper.java

与上例相同。

MyWordCountReducer.java

与上例相同。

**》【源码：demo/ch17/mr/MyWordCountDriver.java】**

```
public class MyWordCountDriver {
        public static void main(String[] args) throws Exception {
                Configuration conf = new Configuration();
                Job job = Job.getInstance(conf);
                ...
                job.setCombinerClass(MyWordCountReducer.class);//combiner：map 本机求和
                // 指定本程序的 Map、Reduce 类
                job.setMapperClass(MyWordCountMapper.class);
                job.setReducerClass(MyWordCountReducer.class);//reduce：全局求和
                ...
        }
}
```

因为在 WordCount 程序中，Combiner 和 Reduce 的代码完全相同，因此可以直接使用 Reduce 类作为 Combiner。

再对本程序做进一步优化，通过压缩文件减少网络传输的数据量。可以在 Map 及 Reduce 阶段，先将数据文件进行压缩，然后再进行网络传输，传输完毕后再解压缩处理。这些步骤看起来复杂，但是 Hadoop 底层已经实现好了，我们只需要通过几行代码指定压缩方式并开启压缩功能即可，代码如下。

**》【源码：demo/ch17/mr/MyWordCountDriver.java】**

```
public class MyWordCountDriver {
        public static void main(String[] args) throws Exception {
                Configuration conf = new Configuration();
```

```
                // 开启 map 阶段的压缩功能
                conf.setBoolean("mapreduce.map.output.compress", true);
                // 设置压缩方式
                conf.setClass( "mapreduce.map.output.compress.codec", BZip2Codec.class,
CompressionCodec.class);
    ...
                Job job = Job.getInstance(conf);
                ...
                // 开启 reduce 阶段的压缩功能
                FileOutputFormat.setCompressOutput(job, true);
                /-/ 设置压缩方式
                FileOutputFormat.setOutputCompressorClass(job, BZip2Codec.class);
                ...
        }
}
```

Hadoop 支持以下 6 种压缩方式，如表 17-4 所示。

表 17-4　Hadoop 支持的压缩方式

| 压缩格式 | split | 压缩率 | 速度 | 实现类 |
| --- | --- | --- | --- | --- |
| default | 否 | — | 较快 | org.apache.hadoop.io.compress.DefaultCodec |
| bzip2 | 是 | 最高 | 慢 | org.apache.hadoop.io.compress.BZip2Codec |
| gzip | 否 | 较高 | 较快 | org.apache.hadoop.io.compress.GzipCodec |
| lzo | 是 | 一般 | 快 | com.hadoop.compression.lzo.LzopCodec |
| lz4 | 否 | — | 快 | org.apache.hadoop.io.compress.Lz4Codec |
| snappy | 否 | 一般 | 快 | org.apache.hadoop.io.compress.SnappyCodec |

其中，使用 lzo 格式时需要先创建索引并指定输入格式，之后才能使用。

### 17.2.3 ▶ 图解 MapReduce 全流程中的各个细节

MapReduce 程序在执行时，究竟有哪些细节？下面通过 WordCount 程序，详细地加以介绍，如图 17-43 所示。

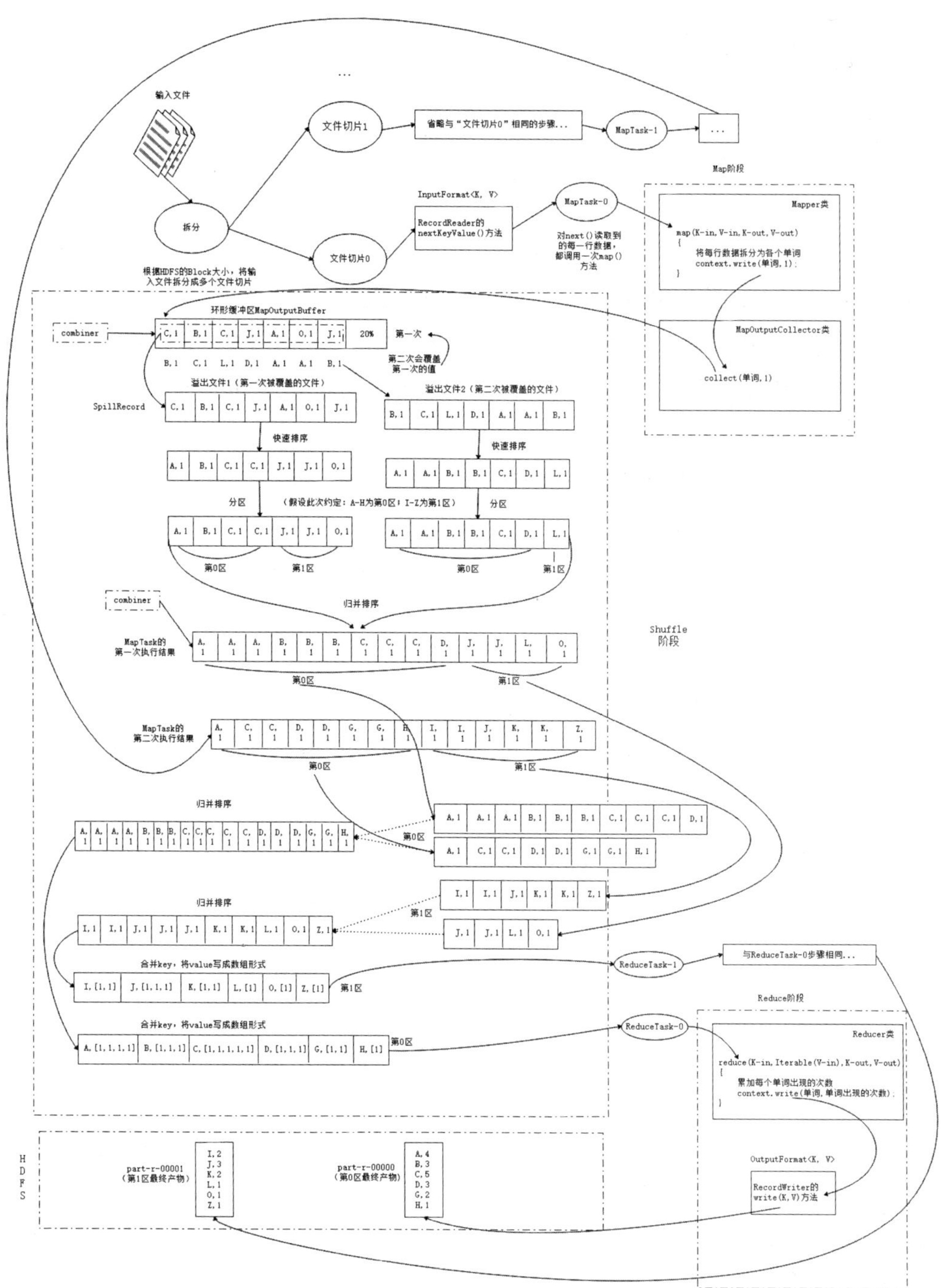

图 17-43　WordCount 程序详细流程

从图中明显能够看到：在 Map 阶段和 Reduce 阶段之间的全部过程，都属于 Shuffle 阶段，因此 Shuffle 在 MR 中有着至关重要的作用。

现在开始详细分析图 17-43 的流程。

假设输入文件的部分内容如下：

C B C J A O J B C L D A A B

K H C A G K D I J G C Z D I

O B L L B C J B A O J B J B

...

输入文件（假定文件特别大）在进入 Map 阶段以前，会先被 MR 拆分成多个“文件切片”的形式，一个文件切片对应一个 MapTask；默认切片的大小和 HDFS 中 Block 块大小相同（Block 默认是 128MB）。之后，每个文件切片会被 InputFormat 对象中 RecordReader 成员的 nextKeyValue() 方法读取，nextKeyValue() 会以 Key-Value 的形式读取每一行。

在 WordCount 程序中，默认使用的是 InputFormat 的子类，该类会将切片中的数据“一行一行”的读取；所以在 WordCount 程序中，nextKeyValue() 的 key 就是当前读取行的偏移量（用于区分每一行数据，相当于行号），value 就是当前行的内容。

nextKeyValue() 每读取一行数据，会被 Maptask 进程调用 Map() 方法处理一次。在 WordCount 程序中，map() 方法的处理逻辑是，拿到一行数据（如“C B C J A...”），然后将其以空格为分隔符，拆分成字符串数组（如 {C,B,C,J,A,...}）；最后再遍历该数组，将数组元素作为 Key，将常量 1 作为 value，输出到下一个流程。

接下来，MapOutputCollector 会陆续接收到刚刚 map() 输出的 key-value 值，并将这些 key-value 值持续不断地传递到一个数组中，该数组的最后一个元素指向了数组开头的元素，所以该数组也称为环形缓冲区（在源码中是 MapOutputBuffer 类定义的 byte[] kvbuffer 数组），如图 17-44 所示。

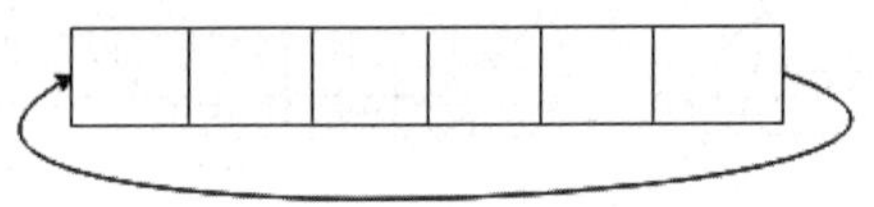

图 17-44　环形缓冲区

环形缓冲区的参数默认由 MRJobConfig 接口提供，部分源码如下所示。

**【源码：org.apache.hadoop.mapreduce.MRJobConfig】**

```
public interface MRJobConfig {
 //环形缓冲区参数名
public static final String IO_SORT_MB = "mapreduce.task.io.sort.mb";
//环形缓冲区默认大小
public static final int DEFAULT_IO_SORT_MB = 100; “
 //环形缓冲区溢出阀值(百分比)
public static final String MAP_SORT_SPILL_PERCENT = "mapreduce.map.sort.spill.percent";
...
}
```

其中，DEFAULT_IO_SORT_MBDEFAULT_IO_SORT_MB 指定了环形缓冲区默认的大小是 100MB，并且溢出阀值在 MapOutputBuffer 类中被设置为了 0.8，即 80%。当环形缓冲区中的数据达到 80% 时，如果再往缓冲区中增加数据，数据就会被溢出到“溢出文件 SpillRecorder”中。由于每次 map() 读取的一行数据可能很大，因此可能会生成多个溢出文件。例如，如果一行有 500MB 数据，环形缓冲区可用容量只有 80MB，因此缓冲区会被溢出多轮，每一轮都会生成一个溢出文件。

MR 会对每个溢出文件进行排序和分区两个操作，具体介绍如下。

### 1. 排序

对每个溢出文件中的内容根据 key 进行排序，如将“{(C,1),(B,1),(C,1),(J,1),(A,1),(O,1),(J,1)}”排序成“(A,1),(B,1),(C,1),(C,1),(J,1),(J,1),(O,1)”。

MR 提供了一套默认的排序规则（上面是根据字典顺序进行的升序），也可以自定义排序规则，用排序对象实现 Comparable 接口，然后通过重写 compareTo() 方法实现。

### 2. 分区

可以根据业务需求，将溢出文件中的内容分为多个不同的区。要想在 MR 中实现分区，就必须继承自 Partitioner 抽象类（默认使用的是 HashPartitioner 子类）。

溢出文件分区的个数由 ReduceTask 的个数决定，源码如下所示。

**【源码：org.apache.hadoop.mapreduce.lib.partition.HashPartitioner】**

```
public class HashPartitioner<K, V>extends Partitioner<K, V> {
 //返回值就是分区的个数，由 ReduceTask 的数量决定
public int getPartition(K key, V value,intnumReduceTasks) {
return (key.hashCode() & Integer.MAX_VALUE) % numReduceTasks;
 }
}
```

ReduceTask 的数量由 mapred.reduce.tasks 指定，默认为 1。因此，之前编写的 WordCount 程序中区的个数也是 1（即没有分区）。但是为了研究 MR 的执行流程，在上图中，我们是假设将 WordCount 分成了两个区，第 0 区存放 A~H，第 1 区存放 I~Z。

如果以后要实现自定义分区，只需要继承 Partitioner，然后重写 getPartition() 方法。

排序及分区阶段完毕后，MR 会将多个溢出文件根据区号进行一次归并排序。具体就是，将所有溢出文件的第 0 区内容合并在一起，并排序；再将所有溢出文件的第 1 区内容合并在一起，并排序。

至此，第一个 Map Task 就已经执行完毕。但第一个 Map Task 执行的同时，其他 Map Task 也执行着相同的步骤，也会输出各自的第 0 区和第 1 区产物。因此，MR 就会拿到很多个第 0 区文件、很多个第 1 区文件。之后，MR 又会将相同区的文件再次进行合并、排序，例如，将所有 Map Task 生成的多个第 0 区文件先进行合并，再排序。之后，再在各个区内，将相同的 Key 合并，并将 value 写成数组的形式。例如，假设所有第 0 区合并及排序后的内容是“(A,1),(A,1),(A,1),(A,1),(B,1),(B,1),(B,1),...”，那么就会被改写成“(A,[1,1,1,1]),(B,[1,1,1]),...”。这也就是 Shuffle 阶段“最终的第 0 区文件”，其中合并后的 A 等 key 值，实际使用的是 (A,1),(A,1),(A,1)... 等多

个相同 key 中的第一个 A。再深入思考，能否让 MR 根据自定义的规则“合并”呢？例如，能否将 A 和 B 的 value 值写在一起，类似于 (A 或 B,[1,1,1,1]) 的形式？可以！可以通过在 job 中设置 setGroupingComparatorClass() 来实现，将会在下一章中通过具体的案例讲解。

最后，不同的“最终的第 *n* 区文件”会交给不同的 Reduce Task 去执行。Reduce Task 会将这些最终文件交给各自的 reduce(k,v) 方法执行。以 WordCount 执行第 0 区为例，reduce(k,v) 方法在得到“最终的第 0 区文件”（即“(A,[1,1,1,1]),(B,[1,1,1]),...”）后，reduce(k,v) 方法的参数 k 就是需要统计的字母（如 A），参数 v 就是表示该字母出现次数的数组（如 [1,1,1,1]）。因此，只需要遍历累加该数组，就能得到 A 出现的总次数。同样的办法，也会得到第 0 区中所有字母出现的次数。之后，再将这些统计结果通过 c.write() 输出给 OutputFormat 对象，OutputFormat 对象再通过 RecordWriter 成员的 write() 方法将最终的统计结果输出到 HDFS 的 part-r-00000 文件中。与之类似，第 1 区的统计结果也会被传输到 HDFS 的 part-r-00001 文件中。至此，拥有 2 个分区的 WordCount 程序的流程结束。

此外，如果在程序中使用了 Combiner，那么会在以下 2 个时机进行“本地 Reduce”计算。

（1）从环形缓冲器溢出文件时。

（2）合并多个溢出文件时。

# 第 18 章

18

# 通过典型案例剖析 MapReduce 内部机制

在上一章对 MapReduce 整个流程的解析中，介绍了 Shuffle 阶段两个重要的操作——排序和分区，并且介绍了 MapReduce 的整个流程。本章通过一个示例，详细讲解 MapReduce 内部的各个技术细节。

# 18.1 实战 MapReduce 七大经典问题及优化策略

假设某个公路收费站的出站口记录了以下数据（本章中的数据均为随机产生的模拟数据，不是真实数据）。各字段从左往右依次是入站时间、出站时间、行驶公里数、车型、车牌号码，且各字段之间使用“\t”作为分隔符。其中，“行驶公里数”是指入站口到出站口之间的实际距离，在本案例中作为车辆的行驶距离进行分析。

**【源文件**：demo/ch18/tollstation.txt】

```
2018-09-15.06:31:31	2018-09-15.08:58:58	262	中型	浙KL69T0
2018-09-15.14:15:51	2018-09-15.18:59:06	387	小型	云F6ER60
2018-09-15.13:45:54	2018-09-15.15:10:23	133	特大型	蒙GZG880
2018-09-15.04:15:11	2018-09-15.09:40:35	585	中型	云DUU495
2018-09-15.00:31:07	2018-09-15.03:50:32	262	大型	粤KV8L50
2018-09-15.15:45:33	2018-09-15.16:56:18	112	小型	蒙GJA911
2018-09-15.05:41:44	2018-09-15.10:52:20	616	大型	云BX74X2
2018-09-15.11:58:06	2018-09-15.14:22:01	237	小型	琼FP4U76
2018-09-15.16:44:47	2018-09-15.17:36:42	84	大型	浙HEJ206
2018-09-15.09:04:03	2018-09-15.10:26:38	112	小型	冀BQT378
2018-09-15.05:40:08	2018-09-15.09:17:21	380	小型	青B0K305
...
```

现要求根据以上数据进行如下计算。

（1）计算各种车型的平均行驶时间、平均行驶公里数和平均行驶速度。

（2）将上一问的结果，按照平均行驶时间升序显示。

（3）将各个车型的平均行驶时间、平均行驶公里数和平均行驶速度，按照车型输出到不同的文件中。

（4）假设目前所有的信息都保存在了同一个 tollstation.txt 文件中。请在所有车辆信息中，找出各个省份的最大行驶公里数所对应的行驶信息。例如，在陕西省的车辆中，行驶的最大公里数是 700，就显示 700 公里数所对应那辆车的信息。

（5）实际上，每天的行驶记录都会被单独记录在一个文件中，并且文件名是以每天的日期结尾，例如，tollstation20180919.txt、tollstation20180920.txt 等。现在假设该收费站每天的行驶记录最多只有几千条数据，也就是说，多个 tollstationyyyyMMdd.txt 这样的小文件能否在 MR 计算之前，先合并成一个较大的文件，然后再用这个大文件进行一次性的 MR 处理呢？

（6）由于设备故障，在记录的数据中存在一些脏数据（部分字段丢失或数据重复），如下所示。

```
...
// 部分字段丢失
```

```
31:07    2018-09-15.03
2018-09-15.00:31:07                                  大型
2018-09-15.00:31:07                                           粤 KV8L50
...
//数据重复
2018-09-15.15:45:33    2018-09-15.16:56:18    112    小型    蒙 GJA911
2018-09-15.15:45:33    2018-09-15.16:56:18    112    小型    蒙 GJA911
2018-09-15.15:45:33    2018-09-15.16:56:18    112    小型    蒙 GJA911
```

请对 tollstation.txt 中的数据进行清洗，使清洗后的数据全部符合要求（无缺失字段，无重复数据）。

（7）假设收费站的设备进行了升级。升级后在记录数据时，将 tollstation.txt 中的“车型”改为了“车型 id”，并将车型信息存放到了第二个文件 cartype.txt 中，如下所示。

升级后的 tollstation.txt（倒数第二列为“车型 id”）。

**【源码：demo/ch18/upgrade/tollstation.txt】**

```
2018-09-15.06:31:31    2018-09-15.08:58:58    262    2    浙 KL69T0
2018-09-15.14:15:51    2018-09-15.18:59:06    387    1    云 F6ER60
2018-09-15.13:45:54    2018-09-15.15:10:23    133    4    蒙 GZG880
2018-09-15.04:15:11    2018-09-15.09:40:35    585    2    云 DUU495
2018-09-15.00:31:07    2018-09-15.03:50:32    262    3    粤 KV8L50
...
```

cartype.txt（各字段依次是车型 id、车型名称、排量参考值）。

**【源码：demo/ch18/upgrade/cartype.txt】**

```
1    小型      1.5
2    中型      2.5
3    大型      3.5
4    特大型    4.5
```

请使用 MapReduce 技术，将以上 2 个文件根据“车型 id”合并显示（类似于 SQL 中的多表连接查询）。合并后的文件格式如下所示。

```
2018-09-15.06:31:31    2018-09-15.08:58:58    262    浙 KL69T0 中型      2.5
2018-09-15.14:15:51    2018-09-15.18:59:06    387    云 F6ER60 小型      1.5
2018-09-15.13:45:54    2018-09-15.15:10:23    133    蒙 GZG880 特大型    4.5
...
```

现就这些问题解析如下。

### 1. 问题一

第 1 问：先求出各个车型的行驶总时间、行驶总公里数，再除以各个车型的车辆数，就可以得到各个车型的平均行驶时间、平均行驶公里数。最后用平均行驶公里数除以平均行驶时间，得到平均行驶速度。具体代码如下所示。

（1）编写封装车辆行驶信息的实体类。

**》【源码：demo/ch18/recorder/CarInfoBean.java】**

```
public class CarInfoBean implements Writable {
        // 行驶公里数
        private long distance;
        // 行驶时间
        private long minutes;
        // 行驶速度
        private double speed;
// 省略 setter、getter 和各种重载的构造方法
// 序列化
        @Override
        public void write(DataOutput dataOutput) throws IOException {
                dataOutput.writeLong(distance);
                dataOutput.writeLong(minutes);
                dataOutput.writeDouble(speed);
        }
// 反序列化（注意：各属性的顺序要和序列化保持一致）
        @Override
        public void readFields(DataInput dataInput) throws IOException {
                this.distance = dataInput.readLong() ;
                this.minutes = dataInput.readLong();
                this.speed = dataInput.readDouble() ;
        }
        @Override
        public String toString() {
                return distance + "\t" + minutes + "\t" + speed;
        }
}
```

以上是存储车辆信息的 JavaBean，可以发现它实现了 Writable 接口，Writable 是 Hadoop 提供的序列化接口（相当于 JAVA 中的 Serializable）。在 MapReduce 程序中，数据会在多个计算机节点上通过网络传递（如 Map 和 Reduce 阶段可能是在不同的节点上执行），因此需要对传输的数据进行序列化操作。

（2）编写 MapReduce 程序。

**【源码**：demo/ch18/recorder/MyTollStation.java】

```
public class MyTollStation {
        static class CarDriveMapper extends Mapper<LongWritable, Text, Text, CarInfoBean>{
                @Override
                protected void map(LongWritable key, Text value, Context context) throws IOException,
 InterruptedException {
                        // 将一行内容转成 string
                        String line = value.toString();
                        // 得到车辆的各个行驶信息（入站时间、出站时间、行驶公里数 ...）
                        String[] fields = line.split("\t");
                        // 获取车的类别
                        String carType = fields[3];
                        // 获取行驶公里数
                        long distance = Long.parseLong(fields[2]);

                        SimpleDateFormat sdf = new SimpleDateFormat("yyyy-MM-dd.HH:mm:ss") ;
                        // 进站时间
                        String startDateStr = fields[0] ;
                        // 出站时间
                        String endDateStr = fields[1] ;
                        Date startDate = null ;
                        Date endDate = null ;
                        try {
                                startDate = sdf.parse(startDateStr ) ;
                                endDate = sdf.parse(endDateStr ) ;
                        } catch (...){...
                        // 计算行驶时间（单位：分钟）
                        long betweenMinutes = (int)((endDate.getTime() - startDate.
getTime())/1000/60);
                        /*
                         输出
key: 车型    value：（行驶距离，行驶时间）
                         例如：
                         中型    (300,200)
                         小型    (200,105)
                         特大型   (100,65)
                        */
                        context.write(new Text(carType), new
CarInfoBean(distance,betweenMinutes));
```

```
        }
    }

    /*
     经过 shuffle 阶段的排序、分区等流程后，reduce 获取到的输入数据类似以下格式：
     key          value
     中型         [ (300,200), (180,106), (500,310),..., (100,56)]
     小型         [ (400,290), (380,196), (200,130),..., (300,210)]

     reduce 的目标：输出以下格式的数据
                  车型      平均行驶公里数  平均行驶时间  平均行驶速度
    */
    static class CarDriveReduce extends Reducer<Text, CarInfoBean, Text, CarInfoBean>{
        @Override
        protected void reduce(Text key, Iterable<CarInfoBean>values, Context context)
throws IOException, InterruptedException {
            //统计车辆个数
            int carCount = 0 ;
            //总行驶公里数
            long sumDistance = 0;
            //总行驶时间
            long sumMinutes = 0 ;


            for(CarInfoBean bean: values){
                carCount++ ;
                sumDistance += bean.getDistance() ;
                sumMinutes += bean.getMinutes() ;
            }
            //平均行驶公里数
            long avgDistance = sumDistance/carCount ;// 忽略小数
            //平均行驶时间
            long avgMinutes = sumMinutes/carCount ;
            //平均行驶速度（单位：公里 / 小时）
            double avgSpeed = avgDistance/(avgMinutes/60.0) ;
            context.write(key, new CarInfoBean(avgDistance,avgMinutes,avgSpeed));
        }
    }
    public static void main(String[] args) throws Exception {
        Configuration conf = new Configuration();
```

```
            Job job = Job.getInstance(conf);
            job.setJarByClass(MyTollStation.class);
            job.setMapperClass(CarDriveMapper.class);
            job.setReducerClass(CarDriveReduce.class);
            job.setMapOutputKeyClass(Text.class);
            job.setMapOutputValueClass(CarInfoBean.class);
            job.setOutputKeyClass(Text.class);
            job.setOutputValueClass(CarInfoBean.class);
            FileInputFormat.setInputPaths(job, new Path(args[0]));
            FileOutputFormat.setOutputPath(job, new Path(args[1]));
            boolean res = job.waitForCompletion(true);
            System.exit(res?0:1);
    }
}
```

将上述程序所在项目打成 Jar 包，再放入 Hadoop 集群中运行，运行结果如图 18-1 所示。

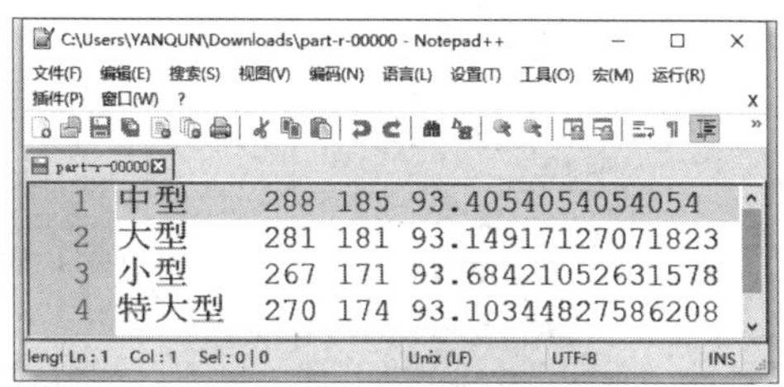


图 18-1　MR 运行结果

**注意** 在 Hadoop 中运行本程序前，需要先将 tollstation.txt 上传至 HDFS 中。而 MR 默认读取的文件编码格式是 UTF-8，因此在将数据上传到 HDFS 时一定要保证 tollstation.txt 是以 UTF-8 格式存储，如图 18-2 所示，否则可能会出现中文乱码问题。

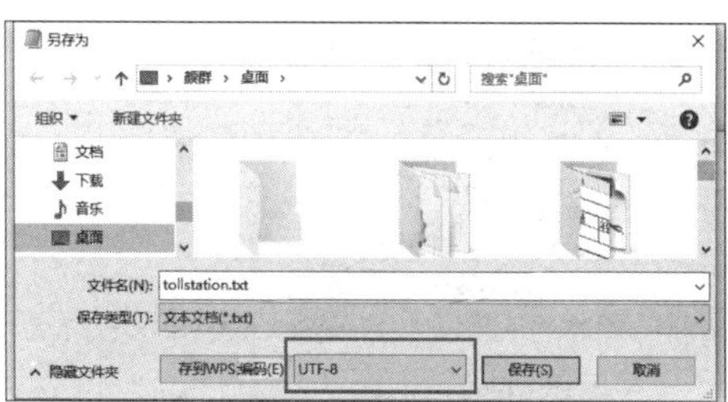


图 18-2　文件编码格式

### 2. 问题二

第 2 问：前面讲过，MR 在执行时会对 key 以默认的方式排序。如果要自定义排序，就需要先用待排序的对象实现 Comparable 接口，然后重写 compareTo() 方法。

第 2 问是基于第 1 问的结果。也就是说，我们将用第 1 问的输出文件作为第 2 问的输入文件，进行第二轮 MR 运算。

（1）编写实体类。

让 CarInfoBean 实现 WritableComparable 接口，从而自定义排序规则。

【源码：demo/ch18/sort/CarInfoBean.java】

```
//WritableComparable 继承自 Writable, Comparable<T>
public class CarInfoBean implements WritableComparable<CarInfoBean>{
        // 其他代码与第 1 问相同
        // 根据行驶时间升序
        public int compareTo(CarInfoBeanbean) {
                return this.getMinutes() >bean.getMinutes() ? 1:-1 ;
        }
}
```

（2）编写 MapReduce 程序。

【源码：demo/ch18/sort/TollStationSort.java】

```
// 根据行驶时间，对第 1 问的结果进行升序显示
public class TollStationSort {
        static class TollStationSortMapper extends Mapper<LongWritable, Text, CarInfoBean, Text> {
                CarInfoBean carBean = new CarInfoBean();
                Text v = new Text();
                @Override
                protected void map(LongWritable key, Text value, Context context) throws IOException,
InterruptedException {
                        //map 输入数据的格式（第 1 问的输出结果），例如：中型      288
185     93.4054054054054
                        String line = value.toString();
                        String[] fields = line.split("\t");
                        // 车型
                        String carType = fields[0];
                        // 平均行驶公里数
                        long distance =Long.parseLong(fields[1]);
                        // 平均行驶时间
                        long minute =Long.parseLong(fields[2]);
                        // 平均行驶速度
                        double speed = Double.parseDouble(fields[3]);
                        // 将平均行驶公里数、平均行驶时间和平均行驶速度，封装到一个 bean 中
                        carBean.setBean(distance,minute,speed);
                        v.set(carType);
```

```
                /*
                 因为 shuffle 阶段会根据“key”排序，因此必须将需要排序的字段放到 key 中；
                 MR 会根据 carBean 中的 compareTo() 方法排序
                */
                context.write(carBean,v);
            }
        }
        /*
         经过 shuffle 阶段的排序、分区等流程后，reduce 获取到的输入数据类似以下形式：

            key         value
         267    17193.68421052631578    [小型]
         270    17493.10344827586208    [特大型]
         281    18193.14917127071823    [大型]
         288    18593.4054054054054     [中型]

            因为，map 输出的 key 没有重复值、无须合并 key，因此 reduce 每次得到的 value 中
也就只有一个元素。

         reduce 的目标：输出以下形式的数据（根据行驶时间升序），
                车型          平均行驶公里数    平均行驶时间          平均行驶速度
            例如： 267            171      93.68421052631578         [小型]

         因此，reduce 的处理逻辑就是，将拿到的每条数据的 key 和 value 交换位置即可
        */
        static class TollStationSortReducer extends Reducer<CarInfoBean, Text, Text, CarInfoBean> {
            @Override
            protected void reduce(CarInfoBean bean, Iterable<Text>values, Context context)
throws IOException, InterruptedException {
                // 将 key 和 value 交换位置
                context.write(values.iterator().next(), bean);
            }
        }
        public static void main(String[] args) throws Exception {
...


job.setMapOutputKeyClass(CarInfoBean.class);
job.setMapOutputValueClass(Text.class);
// 其余代码与第 1 问相同
```

```
        }
}
```

运行程序，最终结果会根据平均行驶时间升序显示，如图 18-3 所示。

```
1 小型   267 171 93.68421052631578
2 特大型 270 174 93.10344827586208
3 大型   281 181 93.14917127071823
4 中型   288 185 93.4054054054054
```

图 18-3　根据平均行驶时间升序

### 3. 问题三

第 3 问：之前讲过，要实现分区，就必须继承 Partitioner 抽象类，并重写其中的 getPartition() 方法，并且分区的个数也要通过 ReduceTask 来设置。此外，getPartition() 的返回值就是分区后的“区号”。如果多条数据的返回值相同，就代表这些数据处于同一个分区中。也就是说，MR 是根据 getPartition() 的返回值进行分区的。

（1）编写实体类。

CarInfoBean.java 与第 1 问相同。

（2）编写自定义分区类。

通过 getPartition() 方法的返回值设置分区。

**【源码：demo/ch18/partition/TollStationPartitioner.java】**

```
public class TollStationPartitioner extends Partitioner<Text, CarInfoBean>{
        public static HashMap<String, Integer>typeToPartition = new HashMap<String, Integer>();
        static{
                //规定不同车型存放的区
                typeToPartition.put(" 小型 ", 0);
                typeToPartition.put(" 中型 ", 1);
                typeToPartition.put(" 大型 ", 2);
                typeToPartition.put(" 特大型 ", 3);
        }
        /*
          分区是在 shuffle 阶段执行的操作，因此 map 的输出值就是分区的输入值
          即，getPartition() 拿到是数据格式如下：
                key             value
                车型            行驶公里数      行驶时间        行驶速度
        例如    中型            300             200             90
        */
        @Override
        public int getPartition(Text key, CarInfoBean bean, int numPartitions) {
                // 车型
                String carType = key.toString();
                // 根据车型分区
                Integer partitionId = typeToPartition.get(carType);//key->value
                return partitionId;// 返回值：区号
```

```
        }
}
```

**》【源码：demo/ch18/partition/MyTollStation.java】**

（3）编写 MapReduce 程序。

```
public class MyTollStation {
        static class CarDriveMapper extends Mapper<LongWritable, Text, Text, CarInfoBean>{
                @Override
                protected void map(LongWritable key, Text value, Context context) throws... {
                        // 与第 1 问完全相同
                }
        }
        static class CarDriveReduce extends Reducer<Text, CarInfoBean, Text, CarInfoBean>{
                @Override
                protected void reduce(Text key, Iterable<CarInfoBean>values, Context context)
throws...{
                                // 与第 1 问完全相同
                }
        }

        public static void main(String[] args) throws Exception {
                ...
                // 设置自定义分区
                job.setPartitionerClass(TollStationPartitioner.class);
                // 设置 ReduceTask 的个数，用于指定分区的数量
                job.setNumReduceTasks(4);
                ...
        }
}
```

程序执行之后，就可以在 HDFS 上看到 4 个输出文件，分别代表 4 个分区的数据，如图 18-4 所示。

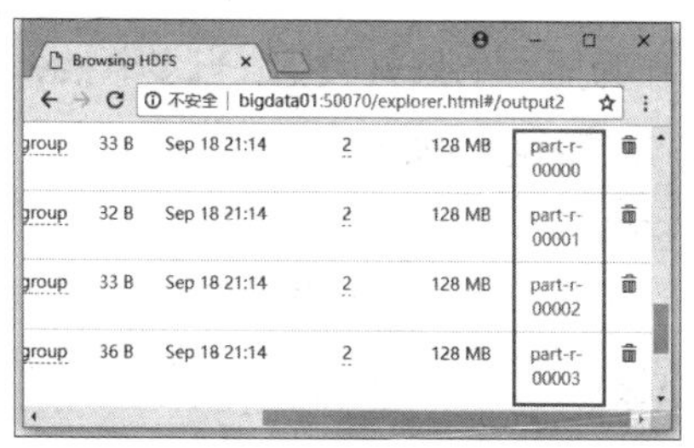


图 18-4　HDFS 输出文件

各个区的数据分别如图 18-5~图 18-8 所示。

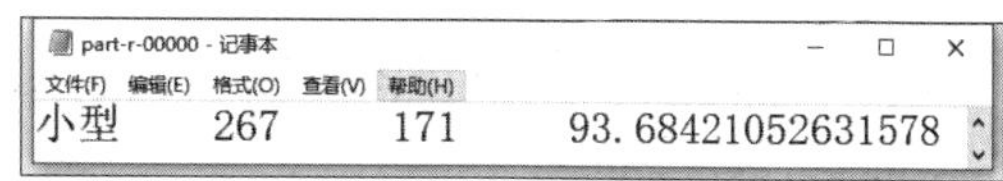


图 18-5　part-r-00000 文件内容

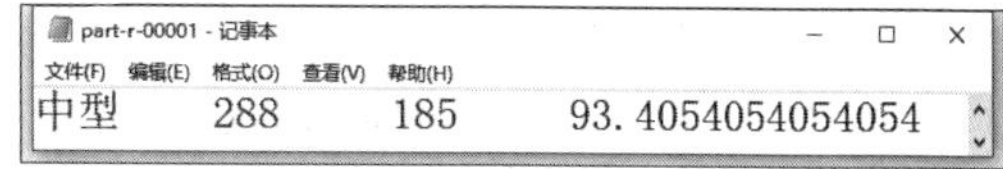


图 18-6　part-r-00001 文件内容

| 大型 | 281 | 181 | 93.14917127071823 |
|---|---|---|---|

图 18-7　part-r-00002 文件内容

| 特大型 | 270 | 174 | 93.10344827586208 |
|---|---|---|---|

图 18-8　part-r-00003 文件内容

**4. 问题四**

第 4 问：之前提到过“在 WordCount 程序中，可以将 A 和 B 的 value 值写在一起，类似于 (A 或 B,[1,1,1,1]) 的形式”。也就是说，在 Shuffle 阶段将元素排序及合并时，可以自定义“合并”的规则，如可以“欺骗”MR，让它觉得 A 和 B 是相同的字母。对于本题，处理思路如下。

（1）将各个车辆的全部信息，以 JavaBean 的形式作为 Map 阶段的 KEYOUT，VALUEOUT 为 NULL。

（2）MR 会自动根据 key 排序，我们要自定义车辆信息 JavaBean 的排序规则（使用二次排序），先根据省份排序，省份相同时再根据公里数降序。因此排序后，各个省份中的第一个 key 就是该省份中行驶最大公里数的车辆 JavaBean。

（3）之后，根据 MR 流程，就会进入“合并 key”阶段。在合并时，“欺骗”MR，让 MR 认为如果车牌号第一个字符（如“陕”）相同，那么就认为是同一个 key。之后，MR 就会将“陕 HSG276”“陕 EVW273”“陕 EL4N80”等车辆信息当作相同 key 来处理。

假设步骤（2）根据 key 排序后的结果如下所示。

```
key:        JavaBean(京   京 EKD509    607) ...
value:  null
key:        JavaBean(京   京 HQ8T62    327)   ...
value:  null
key:        JavaBean(陕   陕 EVW273    398)   ...
value:  null
key:        JavaBean(陕   陕 EL4N80    370)   ...
value:  null
key:        JavaBean(陕   陕 HSG276    257)   ...
value:  null
key:        JavaBean(浙   浙 KBW176    525) ...
value:  null
```

受到“欺骗”的 MR 会将车牌号第一个字符相同的 key 作为同一个 key（注意：当多个 key“相同”时，MR 默认会用第一个 key 作为合并后的 key），因此合并后的结果如下。

```
key:        JavaBean(京   京 EKD509    607) ...
value: [ null ,null ]
key:        JavaBean(陕   陕 EVW273    398)   ...
value: [ null ,null,null ]
```

key: JavaBean( 浙 浙 KBW176 525) ...

value: [ null ]

...

至此，在 Map 和 Shuffle 阶段执行完毕后，就已经得到了各个省份行驶公里数最大的车辆信息，也就是各个 reduce() 拿到的 key 值。

本问题的核心步骤是，先根据省份排序再根据公里数降序，然后“欺骗”MR，让 MR 把相同省份的车辆合并在一起，最后利用 MR 自身的特性，在合并 key 时，默认使用第一个 key。从而获取各个省份最大行驶公里数的车辆信息。代码如下所示。

**【源码：demo/ch18/group/MyTollStation.java】**

（1）实体类。

```
// 车辆的行驶信息
public class CarInfoBean implements WritableComparable<CarInfoBean> {
        // 行驶公里数
        private long distance;
        // 行驶时间
        private long minutes;
        // 行驶速度
        private double speed;
        // 车牌号
        private String carPlate ;
        // 自定义排序：先根据省份排序，省份相同时再根据公里数降序
        public int compareTo(CarInfoBean bean) {
                int result = getCarPlate().substring(0,1).compareTo( bean.getCarPlate().
substring(0,1) );
                if(result == 0)
                        result = -Long.compare(  this.getMinutes() , bean.getMinutes() );
                return result;
        }
        // 省略 setter、getter 和各种构造方法
        @Override
        public void write(DataOutput dataOutput) throws IOException {
                // 将各个属性值序列化 ...
        }
        @Override
        public void readFields(DataInput dataInput) throws IOException {
// 将各个属性值反序列化 ...
        }
        @Override
        public String toString() {
```

```
            return carPlate.substring(0, 1) +"\t"+carPlate+"\t"+ distance + "\t" + minutes
+ "\t" + speed;
        }
}
```

（2）编写“欺骗”MR 的类。

此类必须继承自 WritableComparator，并且重写其中的 compare() 方法。

**【源码：demo/ch18/group/PrvoinceGroup.java】**

```
public class PrvoinceGroup extends WritableComparator{
        // 语法上，要将“欺骗”MR 的元素类型放入 super() 中
        public PrvoinceGroup(){
                super(CarInfoBean.class,true) ;
        }
        // 具体的“欺骗”策略：在判断两个 CarInfoBean 是否相同时，只判断 CarInfoBean 中 carPlate
属性的第一个字符（即车牌号上的“省份”）
        @Override
        public int compare(WritableComparable carType1, WritableComparable carType2) {
                CarInfoBean c1  =  (CarInfoBean)carType1 ;
                CarInfoBean c2  =  (CarInfoBean)carType2 ;
                String car1Province = c1.getCarPlate().substring(0,1) ;
                String car2Province = c2.getCarPlate().substring(0,1) ;
                return car1Province.compareTo(car2Province);
        }
}
```

（3）编写 MapReduce 程序。

**【源码：demo/ch18/group/MyTollStation.java】**

```
public class MyTollStation {
        static class CarDriveMapper extends Mapper<LongWritable, Text, CarInfoBean,
NullWritable>{
                CarInfoBean car = new CarInfoBean();
                @Override
                protected void map(LongWritable key, Text value, Context context) throws... {
                        // 将一行内容转成 string
                        String line = value.toString();
                        // 得到车辆的行驶信息（入站时间、出站时间、行驶公里数 ...）
                        String[] fields = line.split("\t");
                        // 获取车牌
                        String carPlate = fields[fields.length-1];
```

```
                //获取行驶公里数
                long distance = Long.parseLong(fields[2]);
                ...
                //计算行驶时间（单位：分钟）
                long betweenMinutes = (int)((endDate.getTime() - startDate.g
                //将车辆信息封装到 JavaBean 中
                car.setCarPlate(carPlate);
                car.setMinutes(betweenMinutes);
                car.setDistance(distance);
                car.setSpeed(distance*1.0/betweenMinutes*60 );
                context.write(car, NullWritable.get());
            }
        }
        static class CarDriveReduce extends Reducer<CarInfoBean, NullWritable, CarInfoBean,
NullWritable>{
            @Override
            protected void reduce(CarInfoBean key, Iterable<NullWritable>values,Context context)
                        throws IOException, InterruptedException {
                context.write(key,NullWritable.get() );
            }
        }
        public static void main(String[] args) throws Exception {
            ...
    //将"欺骗"策略设置到 job 中
            job.setGroupingComparatorClass(PrvoinceGroup.class);
            ...
        }
}
```

执行程序，处理最原始的 tollstation.txt 数据，结果如图 18-9 所示。

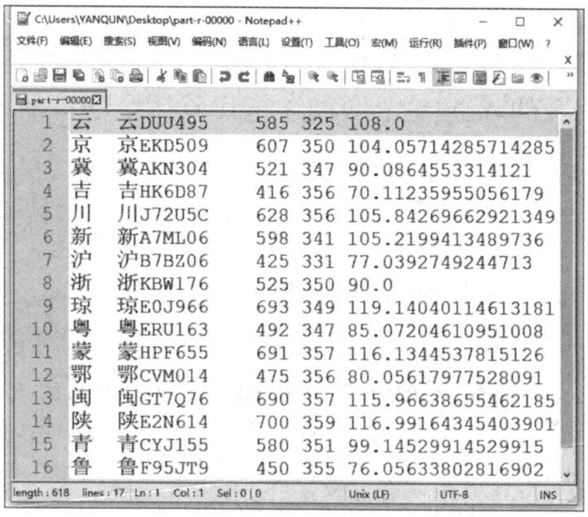

```
C:\Users\YANQUN\Desktop\part-r-00000 - Notepad++
1  云  云DUU495  585 325 108.0
2  京  京EKD509  607 350 104.05714285714285
3  冀  冀AKN304  521 347 90.0864553314121
4  吉  吉HK6D87  416 356 70.11235955056179
5  川  川J72U5C  628 356 105.84269662921349
6  新  新A7ML06  598 341 105.2199413489736
7  沪  沪B7BZ06  425 331 77.0392749244713
8  浙  浙KBW176  525 350 90.0
9  琼  琼E0J966  693 349 119.14040114613181
10 粤  粤ERU163  492 347 85.07204610951008
11 蒙  蒙HPF655  691 357 116.1344537815126
12 鄂  鄂CVM014  475 356 80.05617977528091
13 闽  闽GT7Q76  690 357 115.96638655462185
14 陕  陕E2N614  700 359 116.99164345403901
15 青  青CYJ155  580 351 99.14529914529915
16 鲁  鲁F95JT9  450 355 76.05633802816902
length : 618  lines : 17  Ln : 1  Col : 1  Sel : 0 | 0  Unix (LF)  UTF-8  INS
```

图 18-9　MR 运行结果

### 5. 问题五

第 5 问：总的来说，在进行 MR 之前，有以下几种合并文件的方法。

（1）使用 MR 提供的 CombineFileInputFormat，对预处理的小文件进行合并。

（2）自定义 MR 执行方式。

（3）通过 Java 等程序语言、各种文件合并工具等，先将大量小文件进行合并（如使用 JAVA 的 I/O 操作进行合并）。

前两种的具体实现方法如下。

（1）使用 CombineFileInputFormat 合并文件。

CombineFileInputFormat 是一个抽象类，用于合并各种类型的文件。如果要对多个文本文件进行合并，就可以使用其子类 CombineTextInputFormat。

①本次不使用 CombineFileInputFormat，先进行以下测试。

将 10 个 tollstationXxx.txt 同时放到“第 4 问”的输入路径中并执行。即在 Hadoop 目录下执行“bin/hadoop jar 项目名 .jar 类名 /inputfiles/tollstation*.txt /output”，运行时会出现图 18-10 所示的日志。

```
input.FileInputFormat: Total input files to process : 10
mapreduce.JobSubmitter: number of splits:10
```

图 18-10　MR 运行日志

从图中可知，MR 已经读取 10 个文件切片（默认情况下，每个小文件都会作为一个切片）。

从日志中还能发现，此种情况下的 MR 运行时间也较长，如图 18-11 所示。

```
Job Counters
        Killed map tasks=6
        Launched map tasks=16
        Launched reduce tasks=1
        Data-local map tasks=16
        Total time spent by all maps in occupied slots (ms)=4619057
        Total time spent by all reduces in occupied slots (ms)=352497
        Total time spent by all map tasks (ms)=4619057
        Total time spent by all reduce tasks (ms)=352497
        Total vcore-milliseconds taken by all map tasks=4619057
        Total vcore-milliseconds taken by all reduce tasks=352497
        Total megabyte-milliseconds taken by all map tasks=4729914368
        Total megabyte-milliseconds taken by all reduce tasks=360956928
```

图 18-11　MR 运行时间

②使用 CombineFileInputFormat 合并小文件，再次测试。

使用 CombineFileInputFormat 的操作非常简单，只需要在 job 参数中进行设置，再指定合并后的文件切片大小。在“第 4 问”的 main() 中增加 3 行代码即可如下所示。

【源码：demo/ch18/group/MyTollStation.java】

```
...
    public static void main(String[] args) throws Exception {
...
        job.setInputFormatClass(CombineTextInputFormat.class);
        /*
         设置合并后切片的大小为 100MB~128MB。注意，这里是指，当多个小文件合并
```

```
后，如果合并后的文件正好在 100MB~128MB，就执行合并操作。但是，如果全部的小文件合并后仍然
<100MB，也是会将全部的小文件进行合并
            */
    //设置合并后的切片最小值为 100M
            CombineTextInputFormat.setMinInputSplitSize(job,100*1024*1024 );
    //设置合并后的切片最大值为 128M
            CombineTextInputFormat.setMaxInputSplitSize(job,128*1024*1024 );

            FileInputFormat.setInputPaths(job, new Path(args[0]));
            ...
    }
```

再次执行，可以观察到图 18-12 所示的 MR 运行日志。

```
INFO input.FileInputFormat: Total input files to process : 10
INFO input CombineFileInputFormat  DEBUG: Terminated node allocation with

INFO mapreduce.JobSubmitter: number of splits:1
```

图 18-12　MR 运行日志

从 MR 运行日志可知，本次输入文件的个数已由 10 个合并成了 1 个，并且 MR 的执行时间也大大缩短了，如图 18-13 所示。

```
Job Counters
        Launched map tasks=1
        Launched reduce tasks=1
        Other local map tasks=1
        Total time spent by all maps in occupied slots (ms)=12340
        Total time spent by all reduces in occupied slots (ms)=5811
        Total time spent by all map tasks (ms)=12340
        Total time spent by all reduce tasks (ms)=5811
        Total vcore-milliseconds taken by all map tasks=12340
        Total vcore-milliseconds taken by all reduce tasks=5811
        Total megabyte-milliseconds taken by all map tasks=12636160
        Total megabyte-milliseconds taken by all reduce tasks=5950464
```

图 18-13　MR 运行时间

（2）自定义 MR 执行方式。

除了 Map、Shuffle 和 Reduce 阶段外，MR 在执行时还会涉及一些其他步骤。例如，文件读取方式、输出方式、运行参数设置时机等。对于这些步骤，MR 已经设置好了默认值，可以直接使用，也可以根据具体的业务情况，对某些步骤进行自定义设置。

例如，在 MR 读取文本文件时，InputFormat 对象中的 RecordReader 默认会将文件中每行的偏移量作为 key，并将每行的内容作为 value；在输出文件时，MR 也会根据分区返回值将处理后的数据输出到相应的文件中；并且通常都是在 main() 方法中设置 job 的各种参数。

现在以自定义的方式重写以上步骤。

**范例 18-1**

HDFS 的 /inputfiles 目录中有 10 个 tollstationXxx.txt 文件，请通过自定义的读取方式将这 10 个文件逐个读取（注意，不是逐行读取），然后合并成一个大文件，并且要求 job 的各种参数值只能

在 main() 以外的其他方法中设置。

（1）自定义 InputFormat 和 RecordReader，实现自定义读取方式，读取文件时，一次读取一个文件（而不再是一行内容）。

①自定义 InputFormat 类。

❯【源码：demo/ch18/mymr/MyInputFormat.java】

```
public class MyInputFormat  extends FileInputFormat<NullWritable, Text>{
        //读取到文件后，不用拆分文件的内容
        @Override
        protected boolean isSplitable(JobContext context, Path filename) {
                return false;
        }
        /*
自定义 RecordReader：每次读取一个文件，读取形式如下
key:null，value: 读取到的文件
*/
        @Override
        public RecordReader<NullWritable, Text> createRecordReader(InputSplit split,
TaskAttemptContext context)
                        throws IOException, InterruptedException {
                MyFileRecorderReader reader = new MyFileRecorderReader() ;
                reader.initialize(split, context);
                return reader;
        }
}
```

②自定义 RecordReader 类。

❯【源码：demo/ch18/mymr/MyFileRecorderReader.java】

```
// 自定义 RecordReader
public class MyFileRecorderReader extends RecordReader<NullWritable, Text>  {
        private FileSplit fileSplit  ;
        private Configuration config ;
        private boolean isProcessedFinish = false ;
        private Text value = new Text() ;
        @Override
        public void initialize(InputSplit split, TaskAttemptContext context) throws IOException,
InterruptedException {
                //拿到输入数据的文件切片
                fileSplit = (FileSplit)split ;
                config = context.getConfiguration() ;
```

```
	}
	// 通过重写 nextKeyValue() 方法，将读取到的文件放入 value 中
	@Override
	public boolean nextKeyValue() throws IOException, InterruptedException {
		if(!isProcessedFinish){
			byte[] buf = new byte[(int)fileSplit.getLength()] ;
			Path filePath = fileSplit.getPath() ;
			FileSystem fs = filePath.getFileSystem(config) ;
			FSDataInputStream in =null ;
			try{
				in = fs.open(filePath) ;
				IOUtils.readFully(in, buf,0,buf.length);

				value.set(buf, 0, buf.length);
			}finally{
				IOUtils.closeQuietly(in);
			}
			isProcessedFinish = true ;
			return true ;
		}
		return false ;
	}
	@Override
	public NullWritable getCurrentKey() throws IOException, InterruptedException {
		return NullWritable.get();
	}
	@Override
	public Text getCurrentValue() throws IOException, InterruptedException {
		return value;
	}
	//getProgress() 会返回读取的进度，1.0f 代表 100%、0.0f 代表 0%；可据此判断是否已
经读取完毕
	@Override
	public float getProgress() throws IOException, InterruptedException {
		return isProcessedFinish? 1.0f : 0.0f ;
	}
	@Override
	public void close() throws IOException {
	}
}
```

（2）在 Tool 接口中的 run() 方法中设置 Job 参数，并通过 ToolRunner.run() 调用（如果需要，还可以通过 Configured 类提供的 getConf() 和 setConfig() 方法，获取或设置 Configurable 对象），代码如下所示。

▶【源码：demo/ch18/mymr/MyMapReduce.java】

```
public class MyMapReduce extends Configured  implements Tool {
        static class MyMapper extends Mapper<NullWritable, Text, Text, NullWritable>{
                //处理输入的文件，并以“key= 文件内容，value=null”的形式输出
                @Override
                protected void map(NullWritable key, Text value,Context context)
                                        throws IOException, InterruptedException {
                        context.write(value,NullWritable.get() );
                }
        }
        @Override
        public Configuration getConf() {
                return super.getConf();
        }
        @Override
        public void setConf(Configuration conf) {
                super.setConf(conf);
        }

        //根据题目要求，可以在 Tool 接口中的 run() 方法设置 Job 参数，而不用再在 main() 中设置
        @Override
        public int run(String[] args) throws Exception {
                Configuration conf = new Configuration() ;
                Job job = Job.getInstance(conf);
                job.setJarByClass(MyMapReduce.class);
                job.setMapperClass(MyMapper.class);
                //指定输入方式为自定义的 MyInputFormat
                job.setInputFormatClass(MyInputFormat.class);

                FileInputFormat.setInputPaths(job, new Path(args[0]));
                FileOutputFormat.setOutputPath(job, new Path(args[1]));

                job.setOutputKeyClass(Text.class);
                job.setOutputValueClass(NullWritable.class);
                return job.waitForCompletion(true) ? 0:1;
        }
        public static void main(String[] args) throws Exception {
```

```
            ToolRunner.run( new MyMapReduce(), args) ;
        }
}
```

执行程序，并输入 10 个 tollstationXxx.txt 文件，MR 就会通过我们自定义的读取方式将这 10 个文件逐个读取，然后合并成一个大文件并输出。

**范例 18-2**

将 tollstation.txt 中的数据，根据“车型”分别输出到 small.txt、normal.txt、big.txt、super.txt 4 个文件中。

分析：之前用“自定义分区”实现过根据车型，将数据分别输出到 part-r-00000、part-r-00001、part-r-00002、part-r-00003 4 个文件中。而现在，是要将数据输出到指定名字的文件中。

本题目就可以通过自定义 FileOutputFormat 和 RecordWriter 来实现自定义输出，代码如下所示。

（1）自定义 FileOutputFormat 类和 RecordWriter 类。

**【源码**：demo/ch18/myoutput/MyOutputFormat.java**】**

```
public class MyOutputFormat extends FileOutputFormat<Text, NullWritable> {
        @Override
        public RecordWriter<Text, NullWritable> getRecordWriter(TaskAttemptContext context)
                        throws InterruptedException, IOException {
                FileSystem fs = FileSystem.get(context.getConfiguration());
                //将数据根据车型分别输出到以下文件中
                Path smallCarPath = new Path("hdfs://bigdata01:9000/tolllstation/small.txt");
                Path normalCarPath = new Path("hdfs://bigdata01:9000/tolllstation/nomal.txt");
                Path bigCarPath = new Path("hdfs://bigdata01:9000/tolllstation/big.txt");
                Path superCarPath = new Path("hdfs://bigdata01:9000/tolllstation/super.txt");
                FSDataOutputStream smallCarOut = fs.create(smallCarPath);
                FSDataOutputStream normalCarOut = fs.create(normalCarPath);
                FSDataOutputStream bigCarOut = fs.create(bigCarPath);
                FSDataOutputStream superCarOut = fs.create(superCarPath);
                return new MyRecordWriter(smallCarOut, normalCarOut, bigCarOut,
superCarOut);
        }
        static class MyRecordWriter extends RecordWriter<Text, NullWritable> {
                FSDataOutputStream smallCarOut = null;
                FSDataOutputStream normalCarOut = null;
                FSDataOutputStream bigCarOut = null;
                FSDataOutputStream superCarOut = null;
                public MyRecordWriter(FSDataOutputStream smallCarOut, FSDataOutputStream
normalCarOut,
```

```
                    FSDataOutputStream bigCarOut, FSDataOutputStream superCarOut) {
            this.smallCarOut = smallCarOut;
            this.normalCarOut = normalCarOut;
            this.bigCarOut = bigCarOut;
            this.superCarOut = superCarOut;
        }
        // MR 最终是通过 write() 输出文件，且 write() 的实参就是文件中的每行内容
        @Override
        public void write(Text key, NullWritable value) throws InterruptedException,
IOException {
            String line = key.toString().trim();
            String[] carInfo = line.split("\t");
            String carType = carInfo[3];
            switch (carType) {
            case " 小型 ":
                smallCarOut.write((line + "\r\n").getBytes());
                break;
            case " 中型 ":
                normalCarOut.write((line + "\r\n").getBytes());
                break;
            case " 大型 ":
                bigCarOut.write((line + "\r\n").getBytes());
                break;
            case " 特大型 ":
                superCarOut.write((line + "\r\n").getBytes());
                break;
            default:
                break;
            }
        }
        @Override
        public void close(TaskAttemptContext context) throws InterruptedException,
// 依次调用 smallCarOut、normalCarOut 、bigCarOut 和 superCarOut 的 close() 方法
IOException {
        }
    }
}
```

（2）编写 MapReduce 程序。

**【源码：demo/ch18/myoutput/MyTollStation.java】**

```
public class MyTollStation {
	static class TollStationMapper extends Mapper<LongWritable, Text, Text, NullWritable> {
		// 输入： key：偏移量 value: 一行的内容
		@Override
		protected void map(LongWritable key, Text value, Context context){
			try {
				// 输出： key: 一行内容 value:null
				context.write(value, NullWritable.get());
			} catch (IOException | InterruptedException e) {
				e.printStackTrace();
			}
		}
	}
	public static void main(String[] args) throws Exception {
		...
		// 将 OutputFormat 制定为自定义输出类
		job.setOutputFormatClass(MyOutputFormat.class);
		...
	}
}
```

将 tollstation.txt 上传至 /inputfiles 目录中，启动 MR，并执行以下命令：

bin/hadoop jar 项目名 .jar 包名 .MyTollStation /inputfiles/tollstation.txt /output

MR 执行完毕后，就会生成 5 个文件，如下所示。

（1）在 /output 中，生成 SUCCESS 文件，用于标识 MR 执行成功。

（2）在 /tolllstation 中，也会根据车型生成 4 个文件，如图 18-14 所示。

| | Permission | Owner | Group | Size | Last Modified | Replication | Block Size | Name |
|---|---|---|---|---|---|---|---|---|
| | -rw-r--r-- | root | supergroup | 7.12 KB | Sep 25 20:12 | 2 | 128 MB | big.txt |
| | -rw-r--r-- | root | supergroup | 8.21 KB | Sep 25 20:12 | 2 | 128 MB | nomal.txt |
| | -rw-r--r-- | root | supergroup | 6.76 KB | Sep 25 20:12 | 2 | 128 MB | small.txt |
| | -rw-r--r-- | root | supergroup | 8.49 KB | Sep 25 20:12 | 2 | 128 MB | super.txt |

图 18-14　HDFS 中的输出文件

以 super.txt 为例，super.txt 中就保存了输入文件 tollstation.txt 中全部的“特大型”车的行驶信息，如图 18-15 所示。

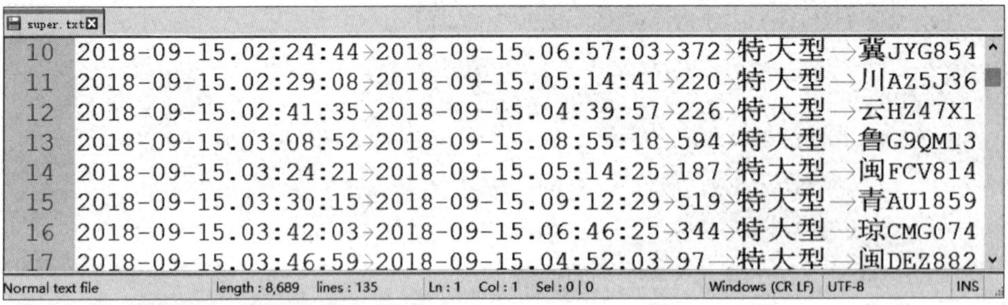

| 行 | 内容 |
|---|---|
| 10 | 2018-09-15.02:24:44→2018-09-15.06:57:03→372→特大型→冀JYG854 |
| 11 | 2018-09-15.02:29:08→2018-09-15.05:14:41→220→特大型→川AZ5J36 |
| 12 | 2018-09-15.02:41:35→2018-09-15.04:39:57→226→特大型→云HZ47X1 |
| 13 | 2018-09-15.03:08:52→2018-09-15.08:55:18→594→特大型→鲁G9QM13 |
| 14 | 2018-09-15.03:24:21→2018-09-15.05:14:25→187→特大型→闽FCV814 |
| 15 | 2018-09-15.03:30:15→2018-09-15.09:12:29→519→特大型→青AU1859 |
| 16 | 2018-09-15.03:42:03→2018-09-15.06:46:25→344→特大型→琼CMG074 |
| 17 | 2018-09-15.03:46:59→2018-09-15.04:52:03→97→特大型→闽DEZ882 |

Normal text file length : 8,689 lines : 135 Ln : 1 Col : 1 Sel : 0 | 0 Windows (CR LF) UTF-8 INS

图 18-15 super.txt 的文件内容

### 6. 问题六

（1）删除有缺失字段的数据。

分析：正常的记录数据，应该包括了“入站时间、出站时间、行驶公里数、车型、车牌”5 个字段。因此可以根据每行数据是否包含了全部的 5 个字段，来判断是否有字段丢失。

此外，MR 中的 Context 是一个全局的上下文对象（全局变量），可以用来统计存在丢失字段的行数。

①编写 Mapper 类。

**【源码：demo/ch18/etl/MyETLMapper.java】**

```
public class MyETLMapper extends Mapper<LongWritable, Text, Text, NullWritable> {
        enum MyCount{ERROR,NORMAL}
        // 清洗数据不全的脏数据
        @Override
        protected void map(LongWritable key, Text value, Context context) throws IOException,
InterruptedException {
                String line = value.toString() ;
                // 对每行数据进行拆分，根据拆分后的个数判断是否为脏数据（正常情况下，每行数据应该有 5 个字段）
                String[] values = line.split("\t") ;
                if(values.length ==5){
// 记录完整字段的行数
                        context.write(value,NullWritable.get());
                        context.getCounter(MyCount.NORMAL).increment(1);
                }else{
                        // 记录有缺失字段的行数
                        context.getCounter(MyCount.ERROR).increment(1);
                        return ;
                }
        }
}
```

②编写 MapReduce 程序的驱动类。

**【源码**：demo/ch18/etl/MyETLDriver.java】

```
public class MyETLDriver {
        public static void main(String[] args) throws Exception {
                ...
                job.setMapperClass(MyETLMapper.class);
                // 本程序不需要 reduce 阶段
                job.setNumReduceTasks(0);
                ...
                job.waitForCompletion(true);
    // 打印有缺失字段的行数
                System.out.println(job.getCounters().findCounter(MyCount.ERROR).getValue());
    // 打印完整字段的行数
                System.out.println(job.getCounters().findCounter(MyCount.NORMAL).getValue());
        }
}
```

执行此程序，MR 就会将有缺失字段的数据进行删除，并且可以在命令行上看到有缺失字段的行数，如图 18-16 所示。

```
Map-Reduce Framework
        Map input records=516
        Map output records=503
        Input split bytes=114
        Spilled Records=0
        Failed Shuffles=0
        Merged Map outputs=0
        GC time elapsed (ms)=88
        CPU time spent (ms)=500
        Physical memory (bytes) snapshot=103677952
        Virtual memory (bytes) snapshot=2063683584
        Total committed heap usage (bytes)=18157568
mr.etl.MyETLMapper$MyCount
        ERROR=13
        NORMAL=503
File Input Format Counters
        Bytes Read=32018
File Output Format Counters
        Bytes Written=30989
```

图 18-16　有缺失字段的行数

（2）删除重复的数据。

分析：在 Shuffle 阶段，MR 会将 Map 的 KEYOUT 进行合并（去重），因此只需要将所有数据放到 Map 的 KEYOUT 中，之后就能在 Reduce 阶段拿到合并后（没有重复）的 KEYIN。

①编写 Maper 类。

**【源码**：demo/ch18/etl/distinct/MyWordCountMapper.java】

```
// 数据清洗：去除重复数据
public class MyWordCountMapper extends Mapper<LongWritable, Text, Text, NullWritable> {
        // 将每行数据以 key 的形式输出到 MR 的下一个阶段（为了利用 shuffle 根据 key 合并
的特点）
```

```
        @Override
        protected void map(LongWritable key, Text value, Context context) throws IOException,
InterruptedException {
                context.write(value, NullWritable.get());
        }
}
```

②编写 Reducer 类。

**【源码：demo/ch18/etl/distinct/MyWordCountReducer.java】**

```
public class MyWordCountReducerextends Reducer<Text, NullWritable, Text, NullWritable> {
        @Override
        protected void reduce(Text key, Iterable<NullWritable>values, Context context)
                        throws IOException, InterruptedException {
                //key: 合并后的数据，也就是说已经将重复的数据进行了合并（去重）
                context.write(key, NullWritable.get());
        }
}
```

③编写 MapReduce 驱动类 MyWordCountDriver.java。

**【源码：demo/ch18/etl/distinct/MyWordCountDriver.java】**

### 7. 问题七

第 7 问：要模拟 SQL 多表连接查询，就必须先知道 SQL 多表关联的核心。多张表进行等值连接时，需要在每两张表中维护一个共同的字段（在一张表中作为外键、在另一张表中作为主键）。本次的 2 个文件 tollstation.txt（行驶信息）和 cartype.txt（车型信息）相当于 2 张表，它们共同维护的字段就是“车型 id”。

将 tollstation.txt 和 cartype.txt 进行关联的具体步骤如下。

（1）在 map() 方法中创建一个 JavaBean，该 JavaBean 的属性包含 tollstation.txt 和 cartype.txt 中的全部字段；然后再将 tollstation.txt 和 cartype.txt 中的全部数据，逐次读入该 JavaBean 中。

map() 中封装后各个 JavaBean 的内容形式如下所示（flag 用于区分 tollstation.txt 和 cartype.txt）。

```
JavaBean  驶入      驶出     公里数  车型 id    车牌   车型 id 车型 排量   flag
JavaBean1 2018...   2018...   262    2  浙 KL69T0              0
JavaBean2 2018...   2018...   387    1  云 F6ER60              0
JavaBean3 2018...   2018...  133    4  蒙 GZG880              0
JavaBean4 2018...   2018...   585    2  云 DUU495              0
```

```
...
JavaBean1001                1   小型  1.5    1
JavaBean1002                2   中型    2.5    1
JavaBean1003                3   大型    3.5    1
JavaBean1004                4   特大型 4.5    1
```

可以发现，有的 JavaBean 只存放了行驶信息，另一些 JavaBean 则存放了车型信息。

（2）两个文件都有“车型 id”，因此可以将“车型 id”作为连接两个文件的字段。在 map() 中将各个 JavaBean 的“车型 id”作为 key，“车型 id”相对应的 JavaBean 作为 value。利用 MR 框架的特性，在 Shuffle 阶段以后，相同“车型 id”的 JavaBean 就会被合并在一个数组里，如下所示。

(1,(JavaBean2,JavaBean1001,...))

(2,(JavaBean1,JavaBean3,JavaBean1002,...))

Reduce 接收到这些存放 JavaBean 的 values 数组后执行以下操作。

首先能够明确的是 values 数组中只有一个 JavaBean 存放的是车型信息，其余 JavaBean 全都存放的是行驶信息。（因为 cartype.txt 文件中，每个“车型 id”只有一条数据；而 tollstation.txt 中，每个“车型 id”对应着很多条数据）。

用 flag 字段区分数组中各个 JavaBean 存放的是行驶信息，还是车型信息，再将相同“车型 id”的行驶信息 JavaBean 和车型信息 JavaBean 进行合并，合并成一个既有行驶信息又有车型信息的 JavaBean。此 JavaBean 就是需要的结果，直接将其输出即可。

具体代码如下所示。

①实体类。

**【源码：demo/ch18/join/CarInfoBean.java】**

```
// 车辆的行驶信息，拥有 tollstation.txt 和 cartype.txt 的全部字段
public class CarInfoBean implements Writable {
        //tollstation.txt 中的字段
        private String startTime ;
        private String endTime ;
        private long distance;
        private int carTypeId ;
        private String carPlate ;
        //cartype.txt 中的字段
        private String typeName ;
  // 排量
        private float pl ;
        //0：行驶信息 ，1：车型信息
        private int flag ;
```

```
        // 省略 setter、getter

        // 设置行驶属性
        public void setTollStationBean(String startTime, String endTime, long distance, String
carPlate) {
                        this.startTime = startTime;
                        this.endTime = endTime;
                        this.distance = distance;
                        this.carPlate = carPlate;
                }
        // 设置车型属性
        public void setCarTypeBean(String typeName,floatpl) {
                        this.typeName = typeName;
                        this.pl = pl;
        }

        // 设置全部属性
        public void setBean(String startTime, String endTime, long distance, String carPlate, String
typeName,float pl,int flag) {
                this.startTime = startTime;
                this.endTime = endTime;
                this.distance = distance;
                this.carPlate = carPlate;
                this.typeName = typeName;
                this.pl = pl;
                this.flag = flag;
        }
        @Override
        public void write(DataOutput dataOutput) throws IOException {
                // 序列化代码
        }
        @Override
        public void readFields(DataInput dataInput) throws IOException {
// 反序列化代码
        }
        @Override
        public String toString() {
                return startTime + "\t" + endTime + "\t" + distance        + "\t"
                                + carPlate + "\t" + typeName + "\t" + pl ;
        }
```

```
}
```

②编写 MapReduce 程序。

**》【源码**：demo/ch18/join/MyTollStation.java】

```
public class MyTollStation {
        static class TollStationMapper extends Mapper<LongWritable, Text, IntWritable,
CarInfoBean> {
                CarInfoBean bean = new CarInfoBean();
                IntWritable k = new IntWritable();
                @Override
                protected void map(LongWritable key, Text value, Context context) throws
IOException, InterruptedException {
                        // 获取输入的文件名，区分 tollstation.txt 和 cartype.txt
                        FileSplit inputSplit = (FileSplit) context.getInputSplit();
                        String name = inputSplit.getPath().getName();

                        String line = value.toString();
                        Integer carTypeId = -1;
                        String[] fields = line.split("\t");
                        // 将 tollstation.txt 中的数据，放入 JavaBean
                        if (name.startsWith("tollstation")) {
                                //2 个文件都包含的 " 车型 id"，作为 map 的 KEYOUT
                                carTypeId = Integer.parseInt(fields[3] );
                                String startTime = fields[0] ;
                                String endTime = fields[1] ;
                                long distance = Integer.parseInt(fields[2]) ;
                                String carPlate = fields[4] ;
                                int flag = 0 ;
                                // 将行驶信息的字段放入 JavaBean (cartype.txt 字段
的值用 ""、0.0f 等初始值占位)，作为 map 的 VALUEOUT
                                bean.
setBean(startTime,endTime,distance,carPlate,"",0.0f,flag);
                        } else {
                                //2 个文件都包含的 " 车型 id"，作为 map 的 KEYOUT
                                carTypeId = Integer.parseInt(fields[0] );
                                String carTypeName = fields[1] ;
                                float pl = Float.parseFloat(fields[2]) ;
                                int flag = 1 ;
```

```
                                        // 车型信息的字段，放入 JavaBean (tollstation.txt 字段的值
用 ""、0 等初始值占位），作为 map 的 VALUEOUT
                                        bean.setBean("","",0,"",carTypeName,pl,flag);
                                }
                                k.set(carTypeId);
                                context.write(k, bean);
                        }
                }
        // 在 reduce 阶段，将行驶信息和车型信息合并
                static class TollStationReducer extends Reducer<IntWritable, CarInfoBean, CarInfoBean,
NullWritable> {
                        @Override
                        protected void reduce(IntWritable carTypeId, Iterable<CarInfoBean>beans,
Context context) throws IOException, InterruptedException {
                                // 每次 reduce 获取的数据中，只有一条车型信息
                                CarInfoBean carTypeBean = new CarInfoBean();
                                // 每次 reduce 获取的数据中，有多条行驶信息
                                ArrayList<CarInfoBean>tollStationBeans = new
ArrayList<CarInfoBean>();

                                for (CarInfoBean bean : beans) {
                                        // 车型信息
                                        if (bean.getFlag() == 1) {
                                                try {
                                                        // 将车型信息组装到 carTypeBean 中
                                                        carTypeBean.
setCarTypeBean(bean.getTypeName(), bean.getPl());
                                                } catch (Exception e) {
                                                        e.printStackTrace();
                                                }
                                        } else {

                                                // 行驶信息
                                                CarInfoBean car = new CarInfoBean();
                                                try {
                                                        // 将行驶信息组装到 CarInfoBean 中
                                                        car.setTollStationBean(bean.
getStartTime(), bean.getEndTime(), bean.getDistance(), bean.getCarPlate() );
                                                        tollStationBeans.add(car);
                                                } catch (Exception e) {
                                                        e.printStackTrace();
```

```
                    }
                }
            }
            // 组装两种 JavaBean 形成最终结果（将 CarTypeBean 的内容，组装
到 CarInfoBean 中）
            for (CarInfoBean bean : tollStationBeans) {
                bean.setTypeName(carTypeBean.getTypeName());
                bean.setPl(carTypeBean.getPl());
                context.write(bean, NullWritable.get());
            }
        }
    }
    public static void main(String[] args) throws Exception {
        ...
    }
}
```

运行结果如图 18-17 所示。

```
C:\Users\YANQUN\Desktop\part-r-00000 - Notepad++
113 2018-09-15.06:31:31 2018-09-15.08:58:58 262 浙KL69T0 中型 2.5
114 2018-09-15.04:00:16 2018-09-15.09:22:01 396 鄂B2VM70 中型 2.5
115 2018-09-15.03:43:45 2018-09-15.04:08:39 44  闽DX6686 中型 2.5
116 2018-09-15.11:52:25 2018-09-15.15:16:17 404 沪FVE314 中型 2.5
117 2018-09-15.05:11:16 2018-09-15.10:42:43 425 沪B7BZ06 中型 2.5
118 2018-09-15.01:36:39 2018-09-15.04:58:10 335 青ENC886 中型 2.5
Normal text file   length : 32,806   lines : 501   Ln : 113   Col : 52   Sel : 0 | 0   Unix (LF)   UTF-8   INS
```

图 18-17 HDFS 输出文件的内容

本问题虽然已经得到了解决，但深究一下，是否存在性能上的问题？如果 tollstation.txt 中的数据中有 10 万条“小型”车辆的数据，但只有 10 条“特大型”数据。那么 MR 的处理过程将如图 18-18 所示。

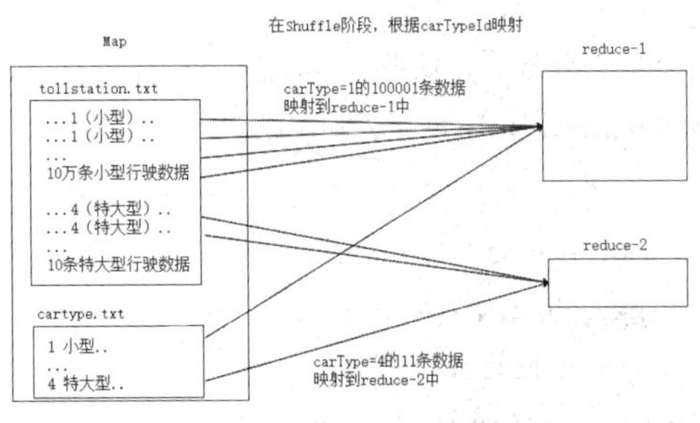


图 18-18 数据倾斜

很明显，在 Shuffle 阶段对 Map 的结果排序及分区以后，会有大量 carType=1 的数据被分发到 reduce-1 节点上，少量 carType=4 的数据被分发到 reduce-2 节点上，这样就造成了“数据倾斜”问题。

产生“数据倾斜”的原因是 Shuffle 会根据 key 排序及分区，如果某个 key 数据量很大（如 carType=1），而其他 key 数据量小（如 carType=4），就会造成倾斜的问题。

“数据倾斜”会造成各个 Reduce 节点严重的“负载不均衡”，进而影响整个集群的性能。

解决“数据倾斜”的方案：既然各个 Reduce 节点的负载不均衡，那么就干脆不要 Reduce 了，将所有的计算全部放在 Map 和 Shuffle 阶段完成，Map 和 Shuffle 处理完毕后直接将结果输出到 HDFS。

本问题，按照之前的做法，Reduce 负责将接收到的 carTypeId 相同的行驶信息和车型信息合并到一个 JavaBean 中。因此，如果要省略 Reduce，就得将合并操作也放入 Map 阶段执行。

再深入思考，如果有多个 Map 节点并发执行，每个 Map 的输入数据有什么特点？在不同 Map 节点的输入数据中，tollstation.txt 的内容可能不一样。例如，可以将每天的行驶信息单独放到一个 tollstationyyyyMMdd.txt 中，再用每个 Map 节点独立计算每一个 tollstationyyyyMMdd.txt 文件；但是所有 Map 节点所输入的 cartype.txt 中的内容都是相同的（因为无论是哪一天的行驶记录，车型信息都是一样的）。

因此，可以对 Map 节点进行预处理。在每个 Map 节点执行前，先将存储车型信息的固定数据文件 cartype.txt 文件存入 MapTask 中；之后在执行 map() 方法时，直接取出该文件。取出 cartype.txt 后，再通过 HDFS 读取 tollstation.txt 的信息，然后将二者合并输出。整个过程没有涉及 Reduce 阶段，具体代码如下所示。

**【源码：demo/ch18/join/soultion/MyTollStation.java】**

```
public class MyTollStation {
        public static void main(String[] args) throws Exception {
                Configuration conf = new Configuration();
                Job job = Job.getInstance(conf);
                job.setJarByClass(MyTollStation.class);
                job.setMapperClass(MyTollStationMapper.class);
                //本程序没有使用 reduce
                job.setNumReduceTasks(0);

                //预处理：在 MR 执行前，预先将 cartype.txt 放置到 hdfs 中
                job.addCacheFile(new URI("hdfs://bigdata01:9000/inputfiles/cartype.txt"));

                job.setMapOutputKeyClass(CarInfoBean.class);
                job.setMapOutputValueClass(NullWritable.class);
                //指定最终输出的数据的 kv 类型
                job.setOutputKeyClass(CarInfoBean.class);
                job.setOutputValueClass(NullWritable.class);
                FileInputFormat.setInputPaths(job, new Path(args[0]));
                FileOutputFormat.setOutputPath(job, new Path(args[1]));
```

```
            boolean res = job.waitForCompletion(true);
            System.exit(res ? 0 : 1);
    }
    static class MyTollStationMapper extends Mapper<LongWritable, Text, CarInfoBean, NullWritable>
{
            //将车型信息放入 hashMap 中
            HashMap<String, CarInfoBean>hashMap = new HashMap<>();
            CarInfoBean typeBean;
            @Override
            protected void setup(Context context) throws IOException, InterruptedException {
                    /*
 在 MR 执行前，已经通过 main() 中的 job 对象将 cartype.txt 文件放在了 MR 中；
因此可以在 map() 初始化阶段，直接取出该文件
    */
                    BufferedReader reader = new BufferedReader(new FileReader("cartype.txt"));
                    String line = null;
                    while ((line = reader.readLine()) != null) {
                            String[] fields = line.split("\t");
                            String carTypeId = fields[0];
                            typeBean = new CarInfoBean();
                            typeBean.setCarTypeBean(fields[1], Float.
parseFloat(fields[2]));
                            //将 carTypeId 作为 key，carTypeName 和 pl 以 bean 的形式作为
value
                            hashMap.put(carTypeId, typeBean);
                    }
                    reader.close();
            }
            CarInfoBean carBean ;
            //在 map 阶段，只接收 tollstation.txt 文件
            @Override
            protected void map(LongWritable key, Text value, Context context) throws
IOException, InterruptedException {
                    //1. 获取行驶信息
                    String fields[] = value.toString().split("\t");
                    if (fields.length == 5) {//排除空白行等脏数据
                            String startTime = fields[0];
                            String endTime = fields[1];
                            long distance = Long.parseLong(fields[2]);
```

```
                    String carTypeId = fields[3];
                    String carPlate = fields[4];
                    // 2. 从 hashMap 中，获取对应的车型信息 (carTypeName 和 pl)
                    carBean = hashMap.get(carTypeId);
                    // 3. 将行驶信息和车型信息进行合并
                    if (carBean != null) {
                        carBean.setTollStationBean(startTime, endTime,
distance, carPlate);
                    }

                }
                context.write(carBean, NullWritable.get());
            }
        }
}
```

运行结果与之前相同。

## 18.2 使用 MapReduce 解决共同关注问题

MR 经常会用于计算"共同关注"问题。例如，可以计算"不同用户在微信中的共同好友"，"不同用户共同关注的新闻热点"等。本次计算的是"不同学校的共同专业"。

假设存在以下文件，请计算输出任意两个学校之间开设的共同专业（各专业之间通过"\t"作为分隔符）。

**【源文件**：demo/ch18/major/major.dat】

```
西 1 大学 : 软件	戏剧	英语	土木	法学	数学	考古
西 2 大学 : 法学	通信	力学	戏剧	物联网	工商	考古	艺术
西 3 大学 : 统计学	艺术	英语	土木	中医学	数学	天文学	农林
西 4 大学 : 社会学	生物	会计	土木	生物	数学	考古	戏剧
西 5 大学 : 软件	法学	英语	统计学	物联网	数学	力学	工商
西 6 大学 : 天文学	工商	植物	土木	戏剧	数学	考古	法学
西 7 大学 : 软件	通信	生物	力学	物联网
```

实现步骤如下。

完成本题目需要进行两轮 MR 运算。

（1）第一轮 MR 运算。

Map 阶段：读取每行数据，并按"key= 专业，value= 大学"的形式输出，形式如下。

( 软件 , 西 1 大学 )
( 戏剧 , 西 1 大学 )
( 英语 , 西 1 大学 )
( 土木 , 西 1 大学 )
( 法学 , 西 1 大学 )
( 数学 , 西 1 大学 )
( 考古 , 西 1 大学 )
( 法学 , 西 2 大学 )
( 通信 , 西 2 大学 )
......

Shuffle 阶段：根据 Shuffle 内部机制，MR 会将 Map 的输出数据根据 key 排序且分区，Shuffle 处理后的数据形式如下。

( 软件 ,[ 西 1 大学 , 西 5 大学 , 西 7 大学 ])
( 法学 ,[ 西 1 大学 , 西 2 大学 , 西 5 大学 , 西 6 大学 ])
......

Reduce 阶段 ：Reduce 获取到 Shuffle 的输出数据后，将 values 中的元素两两组合，并作为 key 输出；同时，将获取的 key 作为 value 输出。输出形式为 (A-B,C)，如下所示：

......
( 西 1 大学 - 西 5 大学 , 软件 )
( 西 1 大学 - 西 7 大学 , 软件 )
( 西 5 大学 - 西 7 大学 , 软件 )
......

以上各条结果的含义是，A-B 两个大学的共同专业是 C。

注意，在进行两两组合前，需要先对 values 按照统一的规则排序。因为，如果不排序，那么在不同的 Reduce 阶段，可能会拿到类似于“A-B,C”和“B-A,C”这样的数据，这种数据在逻辑上含义相同，但是在对其进行字符串处理时，“A-B”却不等于“B-A”。

（2）第二轮 MR 运算。

本轮主要是利用了 Shuffle 阶段的排序功能。

Map 阶段：将输入的数据以“key= 大学 A- 大学 B，value= 专业”的形式输出；

Shuffle 阶段：根据 key 排序后，结果如下所示。

......
( 西 1 大学 - 西 5 大学 , [ 软件 , 法学 , 数学 ])
......

Reduce 阶段：在 shuffle 阶段已经拿到了最终的结果，例如，( 西 1 大学 - 西 5 大学 , [ 软件 , 法学 , 数学 ]) 就表示：西 1 大学和西 5 大学共同开设的专业是软件、法学和数学。因此，只需要将

Reduce 拿到的数组以字符串的形式显示出结果即可。

具体代码如下所示。

（1）第一轮 MR。

①编写 Mapper 类。

》【源码：demo/ch18/major/first/SchoolCommonMajorsMapper.java】

```
public class SchoolCommonMajorsMapper extends Mapper<LongWritable, Text, Text, Text> {
        Text k = new Text();
        Text v = new Text();
        @Override
        protected void map(LongWritable key, Text value, Context context) throws IOException,
InterruptedException {
                String line = value.toString().trim() ;
                String[] infos  = line.split(":") ;

                String school =  infos[0] ;
                String[] majors = infos[1].split("\t") ;
                for(String major :majors){
                        k.set(major);
                        v.set(school);
                        context.write( k, v);
                }
        }
}
```

②编写 Reducer 类。

》【源码：demo/ch18/major/first/SchoolCommonMajorsReducer.java】

```
public class SchoolCommonMajorsReducer extends Reducer<Text, Text, Text, Text> {
        Text k = new Text();
        Text v = new Text();
        @Override
        protected void reduce(Text key, Iterable<Text>values, Context context) throws IOException,
InterruptedException {
                List<String>list = new ArrayList<>();
                for(Text major : values){
                        list.add(major.toString()) ;
                }
                // 排序
                Collections.sort(list);
```

```
                //把 values 两两组合，并以的"A-B"形式显示
                for(int i=0;i<list.size()-1;i++)
                  {
                    for(int j=i+1;j<list.size();j++)
                    {
                                k.set(list.get(i)+"-"+list.get(j) );
                                v.set(key);
                                context.write( k,v);
                    }
                  }
        }

}
```

③编写 MapReduce 驱动类。

▶【源码：demo/ch18/major/first/SchoolCommonMajorsDriver.java】

运行结果如下所示。

```
西 3 大学 - 西 6 大学        中医学
西 2 大学 - 西 5 大学        力学
西 2 大学 - 西 7 大学        力学
...
西 2 大学 - 西 7 大学        通信
西 5 大学 - 西 7 大学        通信
```

（2）第二轮 MR。

①编写 Mapper 类。

▶【源码：demo/ch18/major/second/SchoolCommonMajorsMapper.java】

```
public class SchoolCommonMajorsMapper extends Mapper<LongWritable, Text, Text, Text> {
        Text k = new Text();
        Text v = new Text();
        @Override
        protected void map(LongWritable key, Text value, Context context) throws IOException,
InterruptedException {
                String line = value.toString();
                String[] infos = line.split("\t");
                //有共同专业的两个学校
                String twoShools = infos[0];
                //共同的专业
```

```
                String major = infos[1];
                k.set(twoShools);
                v.set(major);
                context.write(k, v);
        }
}
```

②编写 Reducer 类。

【源码：demo/ch18/major/second/SchoolCommonMajorsReducer.java】

```
public class SchoolCommonMajorsReducer extends Reducer<Text, Text, Text, Text> {
        Text v = new Text() ;
        //将两个学校之间的共同专业，以“软件，法学，力学，...”的字符串形式输出
        @Override
        protected void reduce(Text key, Iterable<Text>values, Context context)
                        throws IOException, InterruptedException {
                StringBuffer  majors= new StringBuffer();
                for(Text value:values){
                        majors.append(value.toString()).append(",") ;
                }
                String majorStr = majors.toString().substring(0,majors.length()-1 );
                v.set(majorStr);
                context.write(key, v);
        }

}
```

③编写 MapReduce 驱动类。

【源码：demo/ch18/major/second/SchoolCommonMajorsDriver.java】

将第一轮的输出文件，作为第二轮的输入文件，第二轮完整的运行结果如下。

```
西1大学-西2大学        戏剧,考古
西1大学-西3大学        英语,数学,天文学,土木
西1大学-西4大学        土木,考古,数学,戏剧
西1大学-西5大学        英语,软件
```